全国科学技术名词审定委员会

公　布

天文学名词

（第三版）

CHINESE TERMS IN ASTRONOMY

（Third Edition）

2024

天文学名词审定委员会

国家自然科学基金资助项目

科 学 出 版 社

北　京

内 容 简 介

本书是全国科学技术名词审定委员会审定公布的第三版天文学名词，内容包括第一部分的天文学、天体测量学、天体力学、天体物理学、天文学史、天文仪器与技术、星系和宇宙学、恒星和银河系、太阳、太阳系10类，以及第二部分的星座、黄道十二宫、二十四节气、恒星、天然卫星、月面、流星群、火星8个专用名和天体名表，共5 046条。本书对1998年公布的《天文学名词》做了少量修改，增加了一些名词，并对第一部分的名词基本上都给出了定义或注释。这些名词是科研、教学、生产、经营及新闻出版等部门应遵照使用的天文学规范名词。

图书在版编目（CIP）数据

天文学名词／天文学名词审定委员会审定．—3版．—北京：科学出版社，2024.8

ISBN 978-7-03-076435-5

Ⅰ．①天… Ⅱ．①天… Ⅲ．①天文学-名词术语 Ⅳ．①P1-61

中国国家版本馆CIP数据核字（2023）第184603号

责任编辑：刘金婷 杜振雷 胡庆家／责任校对：彭珍珍

责任印制：赵 博／封面设计：马晓敏

科学出版社出版

北京东黄城根北街16号

邮政编码：100717

http://www.sciencep.com

北京建宏印刷有限公司印刷

科学出版社发行 各地新华书店经销

*

1987年9月第 一 版 开本：787×1092 1/16

2001年2月第 二 版 印张：30 1/4

2024年8月第 三 版 字数：773 000

2025年4月第四次印刷

定价：198.00元

（如有印装质量问题，我社负责调换）

全国科学技术名词审定委员会
第七届委员会委员名单

天文学名词审定委员会历届委员名单

第一届(1983—1986)

主　任：张钰哲

副主任：许邦信　龚树模　李　竞

委　员(以姓名笔画为序)：

许邦信　李　竞　李启斌　杨　建　杨世杰

杨海寿　吴守贤　何妙福　何香涛　沈良照

张钰哲　杭恒荣　周又元　洪韵芳　黄天衣

黄润乾　龚树模　章振大　彭云楼　潘君骅

薄树人

秘　书：蔡贤德

第二届(1986—1990)

顾问委员：王绶琯　龚树模

主　任：许邦信

副主任：李　竞　叶式辉

委　员(以姓名笔画为序)：

王传晋　卞毓麟　方　成　叶式辉　全和钧

许邦信　李　竞　李启斌　杨　建　杨世杰

杨海寿　吴铭蟾　何妙福　何香涛　沈良照

杭恒荣　周又元　赵君亮　黄天衣　彭云楼

蔡贤德　漆贯荣　熊大润　潘君骅　薄树人

第三届(1990—1993)

主　任：李　竞

副主任：许邦信　叶式辉　赵君亮

委　员(以姓名笔画为序)：

王传晋　卞毓麟　方　成　叶式辉　朱慈墭
全和钧　刘麟仲　许邦信　孙　凯　李　竞
李启斌　杨世杰　何妙福　何香涛　沈良照
杭恒荣　周又元　赵君亮　黄天衣　彭云楼
蔡贤德　潘君骅　薄树人

第四届(1993—1996)

主　任：李　竞

副主任：叶式辉　许邦信　卞毓麟

委　员(以姓名笔画为序)：

王传晋　卞毓麟　方　成　卢炬甫　叶式辉
朱慈墭　全和钧　刘　炎　刘麟仲　许邦信
李　竞　李启斌　杨世杰　吴智仁　何妙福
何香涛　沈良照　林元章　杭桓荣　周又元
赵君亮　黄天衣　萧耐园　彭云楼　潘君骅
薄树人

第五届(1996—1999)

主　任：卞毓麟

副主任：黄天衣　赵君亮

委　员(以姓名笔画为序)：

王传晋　卞毓麟　方　成　卢炬甫　叶式辉
朱慈墭　全和钧　刘　炎　刘麟仲　许邦信
李　竞　李启斌　杨世杰　萧耐园　吴智仁
何妙福　何香涛　沈良照　林元章　杭恒荣
周又元　赵君亮　黄天衣　彭云楼　潘君骅
薄树人

第六届(1999—2002)

主　任：李启斌

副主任：陆　埮　林元章　萧耐园

委员(以姓名笔画为序)：

王传晋　卞毓麟　方　成　卢炬甫　叶式辉
朱慈墭　全和钧　刘　炎　刘麟仲　江晓原
许邦信　李　竞　李启斌　杨世杰　束成刚
吴智仁　何妙福　何香涛　沈良照　陆　埮
林元章　杭恒荣　周又元　赵　刚　赵君亮
黄天衣　萧耐园　彭云楼　潘君骅

第七届(2002—2006)

主　任：卞毓麟

副主任：赵　刚　赵君亮　萧耐园

委　员(以姓名笔画为序)：

王传晋　卞毓麟　方　成　卢炬甫　叶式辉
全和钧　刘　炎　刘麟仲　江晓原　许邦信
李　竞　李启斌　杨世杰　束成钢　吴智仁
何妙福　何香涛　沈良照　陆　埮　林元章
杭恒荣　周又元　赵　刚　赵永恒　赵君亮
黄天衣　萧耐园　崔石竹　彭云楼　潘君骅

第八届(2006—2011)

主　任：卞毓麟

副主任：赵君亮　萧耐园　崔辰州

委　员(以姓名笔画为序)：

王传晋　卞毓麟　方　成　卢炬甫　叶式辉
刘　炎　刘麟仲　江晓原　许邦信　孙小淳
李　竞　杨世杰　何妙福　何香涛　沈良照
陆　埮　林元章　杭恒荣　周又元　赵　刚
赵永恒　赵君亮　黄天衣　萧耐园　崔石竹
崔辰州　潘君骅

第九届(2011—2014)

主　任：赵永恒

副主任：卞毓麟　陈　力　萧耐园　崔辰州

委　员(以姓名笔画为序)：

王玉民　王传晋　方　成　卞毓麟　邓劲松
卢仙文　卢炬甫　叶式辉　刘　炎　刘麟仲
孙小淳　李　竞　李　鉴　杨大卫　杨世杰
何妙福　何香涛　余　恒　陆　埮　陈　力
陈学雷　林元章　周又元　赵　刚　赵永恒
赵君亮　黄天衣　萧耐园　崔辰州　谢　懿
潘君骅

第十届(2014—2018)

顾　问：王传晋　卢炬甫　叶式辉　刘麟仲　许邦信
李　竞　何妙福　沈良照　林元章　周又元
黄天衣　潘君骅

主　任：赵永恒

副主任：卞毓麟　陈力　萧耐园　崔辰州

委　员(以姓名笔画为序)：

马月华　王玉民　卞毓麟　方　成　邓劲松
刘　炎　孙小淳　杨大卫　何香涛　余　恒
邹振隆　陈　力　陈学雷　邵正义　季海生
赵　刚　赵　晖　赵永恒　赵君亮　萧耐园
崔辰州　鲁暘筱懿　谢　懿

第十一届(2019—)

白春礼序

科技名词伴随科技发展而生，是概念的名称，承载着知识和信息。如果说语言是记录文明的符号，那么科技名词就是记录科技概念的符号，是科技知识得以传承的载体。我国古代科技成果的传承，即得益于此。《山海经》记录了山、川、陵、台及几十种矿物名;《尔雅》19篇中，有16篇解释名物词，可谓是我国最早的术语词典;《梦溪笔谈》第一次给“石油”命名并一直沿用至今;《农政全书》创造了大量农业、土壤及水利工程名词;《本草纲目》使用了数百种植物和矿物岩石名称。延传至今的古代科技术语，体现着圣哲们对科技概念定名的深入思考，在文化传承、科技交流的历史长河中做出了不可磨灭的贡献。

科技名词规范工作是一项基础性工作。我们知道，一个学科的概念体系是由若干个科技名词搭建起来的，所有学科概念体系整合起来，就构成了人类完整的科学知识架构。如果说概念体系构成了一个学科的“大厦”，那么科技名词就是其中的“砖瓦”。科技名词审定和公布，就是为了生产出标准、优质的“砖瓦”。

科技名词规范工作是一项需要重视的基础性工作。科技名词的审定就是依照一定的程序、原则、方法对科技名词进行规范化、标准化，在厘清概念的基础上恰当定名。其中，对概念的把握和厘清至关重要，因为如果概念不清晰、名称不规范，势必会影响科学研究工作的顺利开展，甚至会影响对事物的认知和决策。举个例子，我们在讨论科技成果转化问题时，经常会有“科技与经济‘两张皮’”“科技对经济发展贡献太少”等说法，尽管在通常的语境中，把科学和技术连在一起表述，但严格说起来，会导致在认知上没有厘清科学与技术之间的差异，而简单把技术研发和生产实际之间脱节的问题理解为科学研究与生产实际之间的脱节。一般认为，科学主要揭示自然的本质和内在规律，回答“是什么”和“为什么”的问题，技术以改造自然为目的，回答“做什么”和“怎么做”的问题。科学主要表现为知识形态，是创造知识的研究，技术则具有物化形态，是综合利用知识于需求的研究。科学、技术是不同类型的创新活动，有着不同的发展规律，体现不同的价值，需要形成对不同性质的研发活动进行分类支持、分类评价的科学管理体系。从这个角度来看，科技名词规范工作是一项必不可少的基础性工作。我非常同意老一辈专家叶笃正的观点，他认为：“科技名词规范化工作的作用比我们想象的还要大，是一项事关我国科技事业发展的基础设施建设工作！”

科技名词规范工作是一项需要长期坚持的基础性工作。我国科技名词规范工作已经有110年的历史。1909年清政府成立科学名词编订馆，1932年南京国民政府成立国立编译馆，是为了学习、引进、吸收西方科学技术，对译名和学术名词进行规范统一。中华人民共和国成立后，随即成立了“学术名词统一工作委员会”。1985年，为了更好地促进我国科学技术的发展，推动我国从科技弱国向科技大国迈进，国家成立了“全国自然科学名词审定委员会”，主要对自然科学领域的名词进行规范统一。1996年，国家批准将“全国自然科学名词审定委员会”改为“全国科学技术名词审定委员会”，是为了响应科教兴国战略，促进我国由科技大国向科技强国迈进，而将工作范围由自然科学技术领域扩展到工程技术、人文社会科学等领域。科学技术发展到今天，信息技术和互联网技术在不断突进，前沿科技在不断取得突破，新的科学领域在不断产生，新概念、新名词在不断涌现，科技名词规范工作仍然任重道远。

110年的科技名词规范工作，在推动我国科技发展的同时，也在促进我国科学文化的传承。科技名词承载着科学和文化，一个学科的名词，能够勾勒出学科的面貌、历史、现状和发展趋势。我们不断地对学科名词进行审定、公布、入库，形成规模并提供使用，从这个角度来看，这项工作又有几分盛世修典的意味，可谓“功在当代，利在千秋”。

在党和国家重视下，我们依靠数千位专家学者，已经审定公布了65个学科领域的近50万条科技名词，基本建成了科技名词体系，推动了科技名词规范化事业协调可持续发展。同时，在全国科学技术名词审定委员会的组织和推动下，海峡两岸科技名词的交流对照统一工作也取得了显著成果。两岸专家已在30多个学科领域开展了名词交流对照活动，出版了20多种两岸科学名词对照本和多部工具书，为两岸和平发展做出了贡献。

作为全国科学技术名词审定委员会现任主任委员，我要感谢历届委员会所付出的努力。同时，我也深感责任重大。

十九大的胜利召开具有划时代意义，标志着我们进入了新时代。新时代，创新成为引领发展的第一动力。习近平总书记在十九大报告中，从战略高度强调了创新，指出创新是建设现代化经济体系的战略支撑，创新处于国家发展全局的核心位置。在深入实施创新驱动发展战略中，科技名词规范工作是其基本组成部分，因为科技的交流与传播、知识的协同与管理、信息的传输与共享，都需要一个基于科学的、规范统一的科技名词体系和科技名词服务平台作为支撑。

我们要把握好新时代的战略定位，适应新时代新形势的要求，加强与科技的协同发展。一方面，要继续发扬科学民主、严谨求实的精神，保证审定公布成果的权威性和规范性。科技名词审定是一项既具规范性又有研究性，既具协调性又有长期性的综合性工作。在长期的科技名词审定工作实践中，全国科学技术名词审定委员会积累了丰富的经验，形成了一套完整的组织和审定流程。这一流程，有利于确立公布名词的权威性，有利于保证公布名词的规范性。但是，我们仍然要创新审定机制，高质高效地完成科技名词审定公布任务。另一方面，在做好科技名词审定公布工作的同时，我们要瞄准世界科技前沿，服务于前瞻性基础研究。习总书记在报告中特别提到“中国天眼”、“悟空号”暗物质粒子探测卫星、“墨子号”量子科学实验卫星、天宫二号和“蛟龙号”载人潜水器等重大科技成果，这些都是随着我国科技发展诞生的新概念、新名词，是科技名词规范工作需要关注的热点。围绕新时代中国特色社会主义发展的重大课题，服务于前瞻性基础研究、新的科学领域、新的科学理论体系，应该是新时代科技名词规范工作所关注的重点。

未来，我们要大力提升服务能力，为科技创新提供坚强有力的基础保障。全国科学技术名词审定委员会第七届委员会成立以来，在创新科学传播模式、推动成果转化应用等方面做了很多努力。例如，及时为 113 号、115 号、117 号、118 号元素确定中文名称，联合中国科学院、国家语言文字工作委员会召开四个新元素中文名称发布会，与媒体合作开展推广普及，引起社会关注。利用大数据统计、机器学习、自然语言处理等技术，开发面向全球华语圈的术语知识服务平台和基于用户实际需求的应用软件，受到使用者的好评。今后，全国科学技术名词审定委员会还要进一步加强战略前瞻，积极应对信息技术与经济社会交汇融合的趋势，探索知识服务、成果转化的新模式、新手段，从支撑创新发展战略的高度，提升服务能力，切实发挥科技名词规范工作的价值和作用。

使命呼唤担当，使命引领未来，新时代赋予我们新使命。全国科学技术名词审定委员会只有准确把握科技名词规范工作的战略定位，创新思路，扎实推进，才能在新时代有所作为。

是为序。

2018 年春

路甬祥序

我国是一个人口众多、历史悠久的文明古国，自古以来就十分重视语言文字的统一，主张“书同文、车同轨”，把语言文字的统一作为民族团结、国家统一和强盛的重要基础和象征。我国古代科学技术十分发达，以四大发明为代表的古代文明，曾使我国居于世界之巅，成为世界科技发展史上的光辉篇章。而伴随科学技术产生、传播的科技名词，从古代起就已成为中华文化的重要组成部分，在促进国家科技进步、社会发展和维护国家统一方面发挥着重要作用。

我国的科技名词规范统一活动有着十分悠久的历史。古代科学著作记载的大量科技名词术语，标志着我国古代科技之发达及科技名词之活跃与丰富。然而，建立正式的名词审定组织机构则是在清朝末年。1909 年，我国成立了科学名词编订馆，专门从事科学名词的审定、规范工作。到了新中国成立之后，由于国家的高度重视，这项工作得以更加系统地、大规模地开展。1950 年政务院设立的学术名词统一工作委员会，以及 1985 年国务院批准成立的全国自然科学名词审定委员会(现更名为全国科学技术名词审定委员会，简称“全国科技名词委”)，都是政府授权代表国家审定和公布规范科技名词的权威性机构和专业队伍。他们肩负着国家和民族赋予的光荣使命，秉承着振兴中华的神圣职责，为科技名词规范统一事业默默耕耘，为我国科学技术的发展做出了基础性的贡献。

规范和统一科技名词，不仅在消除社会上的名词混乱现象，保障民族语言的纯洁与健康发展等方面极为重要，而且在保障和促进科技进步，支撑学科发展方面也具有重要意义。一个学科的名词术语的准确定名及推广，对这个学科的建立与发展极为重要。任何一门科学(或学科)，都必须有自己的一套系统完善的名词来支撑，否则这门学科就立不起来，就不能成为独立的学科。郭沫若先生曾将科技名词的规范与统一称为“乃是一个独立自主国家在学术工作上所必须具备的条件，也是实现学术中国化的最起码的条件”，精辟地指出了这项基础性、支撑性工作的本质。

在长期的社会实践中，人们认识到科技名词的规范和统一工作对于一个国家的科技发展和文化传承非常重要，是实现科技现代化的一项支撑性的系统工程。没有这样一个系统的规范化的支撑条件，不仅现代科技的协调发展将遇到极大困难，而且在科技日益渗透人们生活各方面、各环节的今天，还将给教育、传播、交流、经贸等多方面带来困难和损害。

全国科技名词委自成立以来，已走过近20年的历程，前两任主任钱三强院士和卢嘉锡院士为我国的科技名词统一事业倾注了大量的心血和精力，在他们的正确领导和广大专家的共同努力下，取得了卓著的成就。2002年，我接任此工作，时逢国家科技、经济飞速发展之际，因而倍感责任的重大；及至今日，全国科技名词委已组建了60个学科名词审定分委员会，公布了50多个学科的63种科技名词，在自然科学、工程技术与社会科学方面均取得了协调发展，科技名词蔚成体系。而且，海峡两岸科技名词对照统一工作也取得了可喜的成绩。对此，我实感欣慰。这些成就无不凝聚着专家学者们的心血与汗水，无不闪烁着专家学者们的集体智慧。历史将会永远铭刻着广大专家学者孜孜以求、精益求精的艰辛劳作和为祖国科技发展做出的奠基性贡献。宋健院士曾在1990年全国科技名词委的大会上说过："历史将表明，这个委员会的工作将对中华民族的进步起到奠基性的推动作用。"这个预见性的评价是毫不为过的。

科技名词的规范和统一工作不仅仅是科技发展的基础，也是现代社会信息交流、教育和科学普及的基础，因此，它是一项具有广泛社会意义的建设工作。当今，我国的科学技术已取得突飞猛进的发展，许多学科领域已接近或达到国际前沿水平。与此同时，自然科学、工程技术与社会科学之间交叉融合的趋势越来越显著，科学技术迅速普及到了社会各个层面，科学技术同社会进步、经济发展已紧密地融为一体，并带动着各项事业的发展。所以，不仅科学技术发展本身产生的许多新概念、新名词需要规范和统一，而且由于科学技术的社会化，社会各领域也需要科技名词有一个更好的规范。另一方面，随着香港、澳门的回归，海峡两岸科技、文化、经贸交流不断扩大，祖国实现完全统一更加迫近，两岸科技名词对照统一任务也十分迫切。因而，我们的名词工作不仅对科技发展具有重要的价值和意义，而且在经济发展、社会进步、政治稳定、民族团结、国家统一和繁荣等方面都具有不可替代的特殊价值和意义。

最近，中央提出树立和落实科学发展观，这对科技名词工作提出了更高的要求。我们要按照科学发展观的要求，求真务实，开拓创新。科学发展观的本质与核心是以人为本，我们要建设一支优秀的名词工作队伍，既要保持和发扬老一辈科技名词工作者的优良传统，坚持真理、实事求是、甘于寂寞、淡泊名利，又要根据新形势的要求，面向未来、协调发展、与时俱进、锐意创新。此外，我们要充分利用网络等现代科技手段，使规范科技名词得到更好的传播和应用，为迅速提高全民文化素质做出更大贡献。科学发展观的基本要求是坚持以人为本，全面、协调、可持续发展，因此，科技名词工作既要紧密围绕当前国民经济建设形势，着重开展好科技领域的学科名词审定工作，同时又要在强调经济社会以及人与自然协调发展的思想指导下，开展好社会科学、文化教育和资源、生态、环境领域的科学名词审定工作，促进各个学科领域的相互融合和共同繁荣。科学发展观非常注重可持续发展的理念，因此，我们在不断丰富和发展已建立的科技名词体系的同时，还要进一步研究具有中国特色的术语学理论，以创建中国的术语学派。研究和建立中国特色的术语学理论，也是一种知识创新，是实现科技名词工作可持续发展的必由之路，我们应当为此付出更大的努力。

当前国际社会已处于以知识经济为走向的全球经济时代，科学技术发展的步伐将会越来越快。我国已加入世贸组织，我国的经济也正在迅速融入世界经济主流，因而国内外科技、文化、经贸的交流将越来越广泛和深入。可以预言，21 世纪中国的经济和中国的语言文字都将对国际社会产生空前的影响。因此，在今后 10 到 20 年之间，科技名词工作就变得更具现实意义，也更加迫切。“路漫漫其修远兮，吾今上下而求索”，我们应当在今后的工作中，进一步解放思想，务实创新、不断前进。不仅要及时地总结这些年来取得的工作经验，更要从本质上认识这项工作的内在规律，不断地开创科技名词统一工作新局面，做出我们这代人应当做出的历史性贡献。

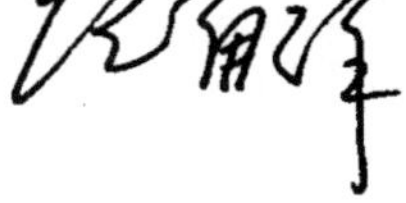

2004 年深秋

卢嘉锡序

科技名词伴随科学技术而生，犹如人之诞生其名也随之产生一样。科技名词反映着科学研究的成果，带有时代的信息，铭刻着文化观念，是人类科学知识在语言中的结晶。作为科技交流和知识传播的载体，科技名词在科技发展和社会进步中起着重要作用。

在长期的社会实践中，人们认识到科技名词的统一和规范化是一个国家和民族发展科学技术的重要的基础性工作，是实现科技现代化的一项支撑性的系统工程。没有这样一个系统的规范化的支撑条件，科学技术的协调发展将遇到极大的困难。试想，假如在天文学领域没有关于各类天体的统一命名，那么，人们在浩瀚的宇宙当中，看到的只能是无序的混乱，很难找到科学的规律。如是，天文学就很难发展。其他学科也是这样。

古往今来，名词工作一直受到人们的重视。严济慈先生 60 多年前说过，“凡百工作，首重定名；每举其名，即知其事”。这句话反映了我国学术界长期以来对名词统一工作的认识和做法。古代的孔子曾说“名不正则言不顺”，指出了名实相副的必要性。荀子也曾说“名有固善，径易而不拂，谓之善名”，意为名有完善之名，平易好懂而不被人误解之名，可以说是好名。他的“正名篇”即是专门论述名词术语命名问题的。近代的严复则有“一名之立，旬月踟躇”之说。可见在这些有学问的人眼里，“定名”不是一件随便的事情。任何一门科学都包含很多事实、思想和专业名词，科学思想是由科学事实和专业名词构成的。如果表达科学思想的专业名词不正确，那么科学事实也就难以令人相信了。

科技名词的统一和规范化标志着一个国家科技发展的水平。我国历来重视名词的统一与规范工作。从清朝末年的科学名词编订馆，到 1932 年成立的国立编译馆，以及新中国成立之初的学术名词统一工作委员会，直至 1985 年成立的全国自然科学名词审定委员会(现已改名为全国科学技术名词审定委员会，简称“全国科技名词委”)，其使命和职责都是相同的，都是审定和公布规范名词的权威性机构。现在，参与全国科技名词委领导工作的单位有中国科学院、科学技术部、教育部、中国科学技术协会、国家自然科学基金委员会、新闻出版署、国家质量技术监督局、国家广播电影电视总局、国家知识产权局和国家语言文字工作委员会，这些部委各自选派了有关领导干部担任全国科技名词委的领导，有力地推动科技名词的统一和推广应用工作。

全国科技名词委成立以后，我国的科技名词统一工作进入了一个新的阶段。在第一任主任委员钱三强同志的组织带领下，经过广大专家的艰苦努力，名词规范和统一工作取得了显著的成绩。1992 年三强同志不幸谢世。我接任后，继续推动和开展这项工作。在国家和有关部门的支持及广大专家学者的努力下，全国科技名词委 15 年来按学科共组建了 50 多个学科的名词审定分委员会，有 1800 多位专家、学者参加名词审定工作，还有更多的专家、学者参加书面审查和座谈讨论等，形成的科技名词工作队伍规模之大、水平层次之高前所未有。15 年间共审定公布了包括理、工、农、医及交叉学科等各学科领域的名词共计 50 多种。而且，对名词加注定义的工作经试点后业已逐渐展开。另外，遵照术语学理论，根据汉语汉字特点，结合科技名词审定工作实践，全国科技名词委制定并逐步完善了一套名词审定工作的原则与方法。可以说，在 20 世纪的最后 15 年中，我国基本上建立起了比较完整的科技名词体系，为我国科技名词的规范和统一奠定了良好的基础，对我国科研、教学和学术交流起到了很好的作用。

在科技名词审定工作中，全国科技名词委密切结合科技发展和国民经济建设的需要，及时调整工作方针和任务，拓展新的学科领域开展名词审定工作，以更好地为社会服务、为国民经济建设服务。近些年来，又对科技新词的定名和海峡两岸科技名词对照统一工作给予了特别的重视。科技新词的审定和发布试用工作已取得了初步成效，显示了名词统一工作的活力，跟上了科技发展的步伐，起到了引导社会的作用。两岸科技名词对照统一工作是一项有利于祖国统一大业的基础性工作。全国科技名词委作为我国专门从事科技名词统一的机构，始终把此项工作视为自己责无旁贷的历史性任务。通过这些年的积极努力，我们已经取得了可喜的成绩。做好这项工作，必将对弘扬民族文化，促进两岸科教、文化、经贸的交流与发展做出历史性的贡献。

科技名词浩如烟海，门类繁多，规范和统一科技名词是一项相当繁重而复杂的长期工作。在科技名词审定工作中既要注意同国际上的名词命名原则与方法相衔接，又要依据和发挥博大精深的汉语文化，按照科技的概念和内涵，创造和规范出符合科技规律和汉语文字结构特点的科技名词。因而，这又是一项艰苦细致的工作。广大专家学者字斟句酌，精益求精，以高度的社会责任感和敬业精神投身于这项事业。可以说，全国科技名词委公布的名词是广大专家学者心血的结晶。这里，我代表全国科技名词委，向所有参与这项工作的专家学者们致以崇高的敬意和衷心的感谢！

审定和统一科技名词是为了推广应用。要使全国科技名词委众多专家多年的劳动成果——规范名词，成为社会各界及每位公民自觉遵守的规范，需要全社会的理解和支持。国务院和 4 个有关部委[国家科委(今科学技术部)、中国科学院、国家教委(今教育部)和新闻出版署]已分别于 1987 年和 1990 年行文全国，要求全国各科研、教学、生产、经营以及新闻出版等单位遵照使用全国科技名词委审定公布的名词。希望社会各界自觉认真地执行，共同做好这项对于科技发展、社会进步和国家统一极为重要的基础工作，为振兴中华而努力。

值此全国科技名词委成立 15 周年、科技名词书改装之际，写了以上这些话。是为序。

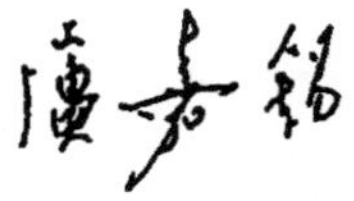

2000 年夏

钱三强序

科技名词术语是科学概念的语言符号。人类在推动科学技术向前发展的历史长河中，同时产生和发展了各种科技名词术语，作为思想和认识交流的工具，进而推动科学技术的发展。

我国是一个历史悠久的文明古国，在科技史上谱写过光辉篇章。中国科技名词术语，以汉语为主导，经过了几千年的演化和发展，在语言形式和结构上体现了我国语言文字的特点和规律，简明扼要，蓄意深切。我国古代的科学著作，如已被译为英、德、法、俄、日等文字的《本草纲目》《天工开物》等，包含大量科技名词术语。从元、明以后，开始翻译西方科技著作，创译了大批科技名词术语，为传播科学知识，发展我国的科学技术起到了积极作用。

统一科技名词术语是一个国家发展科学技术所必须具备的基础条件之一。世界经济发达国家都十分关心和重视科技名词术语的统一。我国早在 1909 年就成立了科学名词编订馆，后又于 1919 年中国科学社成立了科学名词审定委员会，1928 年大学院成立了译名统一委员会。1932 年成立了国立编译馆，在当时教育部主持下先后拟订和审查了各学科的名词草案。

新中国成立后，国家决定在政务院文化教育委员会下，设立学术名词统一工作委员会，郭沫若任主任委员。委员会分设自然科学、社会科学、医药卫生、艺术科学和时事名词五大组，聘请了各专业著名科学家、专家，审定和出版了一批科学名词，为新中国成立后的科学技术的交流和发展起到了重要作用。后来，由于历史的原因，这一重要工作陷于停顿。

当今，世界科学技术迅速发展，新学科、新概念、新理论、新方法不断涌现，相应地出现了大批新的科技名词术语。统一科技名词术语，对科学知识的传播，新学科的开拓，新理论的建立，国内外科技交流，学科和行业之间的沟通，科技成果的推广、应用和生产技术的发展，科技图书文献的编纂、出版和检索，科技情报的传递等方面，都是不可缺少的。特别是计算机技术的推广使用，对统一科技名词术语提出了更紧迫的要求。

为适应这种新形势的需要，经国务院批准，1985 年 4 月正式成立了全国自然科学名词审定委员会。委员会的任务是确定工作方针，拟定科技名词术语审定工作计划、实施方案和步骤，组织审定自然科学各学科名词术语，并予以公布。根据国务院授权，委员会审定公布的名词术语，科研、教学、生产、经营以及新闻出版等各部门，均应遵照使用。

全国自然科学名词审定委员会由中国科学院、国家科学技术委员会、国家教育委员会、中国科学技术协会、国家技术监督局、国家新闻出版署、国家自然科学基金委员会分别委派了正、副主任担任领导工作。在中国科协各专业学会密切配合下，逐步建立各专业审定分委员会，并已建立起一支由各学科著名专家、学者组成的近千人的审定队伍，负责审定本学科的名词术语。我国的名词审定工作进入了一个新的阶段。

这次名词术语审定工作是对科学概念进行汉语订名，同时附以相应的英文名称，既有我国语言特色，又方便国内外科技交流。通过实践，初步摸索了具有我国特色的科技名词术语审定的原则与方法，以及名词术语的学科分类、相关概念等问题，并开始探讨当代术语学的理论和方法，以期逐步建立起符合我国语言规律的自然科学名词术语体系。

统一我国的科技名词术语，是一项繁重的任务，它既是一项专业性很强的学术性工作，又涉及亿万人使用习惯的问题。审定工作中我们要认真处理好科学性、系统性和通俗性之间的关系；主科与副科间的关系；学科间交叉名词术语的协调一致；专家集中审定与广泛听取意见等问题。

汉语是世界五分之一人口使用的语言，也是联合国的工作语言之一。除我国外，世界上还有一些国家和地区使用汉语，或使用与汉语关系密切的语言。做好我国的科技名词术语统一工作，为今后对外科技交流创造了更好的条件，使我炎黄子孙，在世界科技进步中发挥更大的作用，做出重要的贡献。

统一我国科技名词术语需要较长的时间和过程，随着科学技术的不断发展，科技名词术语的审定工作，需要不断地发展、补充和完善。我们将本着实事求是的原则，严谨的科学态度做好审定工作，成熟一批公布一批，提供各界使用。我们特别希望得到科技界、教育界、经济界、文化界、新闻出版界等各方面同志的关心、支持和帮助，共同为早日实现我国科技名词术语的统一和规范化而努力。

钱三强

1992年2月

第三版前言

《天文学名词》第二版于 2001 年出版，是经全国科学技术名词审定委员会批准公布，并确定为科研、教学、生产、经营以及新闻出版等部门应遵照使用的天文学规范名词。第二版的实际收词止于 1996 年。自那时以来，天文学的发展迅速，新发现、新方法、新理论、新概念不断涌现，在科学著作、媒体和网络上相应地出现了一大批新的名词。

在此期间，天文学名词审定委员会通过其设立的官方网站不断积累新词并进行名词审定的网上讨论。天文学名词审定委员会在其历届年会上也做一些局部的新名词的规范工作，并通过官方网站及时公布。如此历经十余年，已然出现了审定《天文学名词》第三版的需求。

2011 年 10 月在天文学名词审定委员会第九届委员会第一次会议上，决定开展《天文学名词》第三版的审定工作。

《天文学名词》第三版所采用的体例依然是：一、收录的词主要是天文学中经常出现的专业基本词；二、每一汉语名词均配以符合国际习惯用法的英文或其他外文名；三、对一些新词和概念易于混淆的名词加上定义性注释；四、汉语名词按学科分支和天体层次分类排列；五、正文之后另加若干天文专用名和天体专名的附表；六、备有英汉索引和汉英索引。

《天文学名词》第三版的审定工作以《天文学名词》第二版为基础，继续遵循全国科学技术名词审定委员会制定的《科学技术名词审定原则及方法》（修订版）进行审定。审定中遵循了定名的单义性、科学性、系统性、简明性和约定俗成的原则。对实际应用中存在的不同命名方法，公布时确定一个与之相对应的、规范的汉文名词，其余用“又称”“简称”“曾称”或“俗称”等加以注释。收词范围不但包括了天文学所属基础名词、常用名词和重要名词，也适当收录了一些与本学科交叉的其他学科的名词，特别是物理学名词，同一个名词被不同分支学科应用，但在不同学科中含义不同，这类相同的名词原则上只出现一次，主要是基于学科系统性和重要性的原则，通过学科组间协调决定放在某一学科。同一名词在不同分支学科中不同内涵的释义以（1）、（2）等条目列出。

本届审定委员会确定对本版本的要求是：一、对第二版做必要的修订，增补必要的基本名词，对第二版中某些名词因循学科发展而修改释义；二、增添新出现的重要的天文学名词；三、将第三版新入选的天文学名词全部加上定义或注释。2012 年 12 月在天文学名词审定委员会第九届委员会第二次会议上，决定由学科工作组担负新词收集、名词初审等任务，施行委员会指导下的学科工作组负责制，并讨论决定了《天文学名词》修订的时间表。2015 年第十届委员会成立，吸收了相当数量的年轻委员，他们与部分老委员结合，成为吸收和注释新词的中坚力量，促进了工作广泛和深入的开展。截至 2017 年年初，各组已先后完成了初步的选词和定义或注释工作。此后经过在通看和统稿基础上的修改以及分支学科组之间的协调于 2021 年年初完成定稿。同年，经全国科学技术名词审定委员会复审后批准向社会征询意见。

此次修订收录的条目由第二版的 2 290 条增加到 5 046 条。其中第一部分的基本名词和新名词共 4 290 条，比第二版第一部分的基本名词 1 897 条多收录了 2 393 条。除“时间”和“空间”两个最上位词以外，所有名词全部加上了定义或注释。第二部分列出星座、黄道十二宫、二十四节气、恒星、天然卫星、月面、流星群和火星共 8 个附表。

本次修订工作是在全国科学技术名词审定委员会的指导下完成的，中国天文学会、中国科学院国家天文台也给予了大力支持；汪景琇院士、林元章研究员、金文敏研究员、陈阳教授、向守平教授、蒋世仰研究员对稿件进行了复审，提出了很多宝贵意见和建议；在审定过程中，还有许多专家、学者给予关心和支持，提出很多有益的建议，在此一并向他们致以衷心的感谢。

天文学名词审定委员会
2021 年 6 月

第二版前言

《天文学名词》第一版及其海外版分别出版于 1987 年和 1989 年，是经全国科学技术名词审定委员会(原名为全国自然科学名词审定委员会)批准公布，并确定为科研、教学、生产、经营以及新闻出版等部门应遵照使用的天文学规范名词。随后《天文学名词》所采用的体例被全国名词委作为此后审定公布的其他学科名词的范例。它们是：一、收录的词主要是天文学中经常出现的专业基本词；二、每一汉语名词均配以符合国际习惯用法的英文或其他外文名；三、对一些新词和概念易于混淆的名词加上定义性注释；四、汉语名词按学科分支和天体层次分类排列；五、正文之后另加若干天文专用名和天体专名的附表；六、备有英汉索引和汉英索引。

1989 年，全国科学技术名词审定委员会下达审查第二版《天文学名词》的任务。对新版本的要求是：一、对第一版做必要的修订，增补必要的基本名词；二、增添新出现的重要的天文学名词；三、除第一版中已注释的 100 个名词外，将第一版内其余的基本名词以及第一版新入选的天文学名词全部加上定义或注释。1990 年，天文学名词审定委员会拟就第二版的编辑和审定计划。从 1991 年到 1995 年，经过五次全体委员的审定，于 1996 年定稿。1998 年经全国科学技术名词审定委员会复审后批准公布。

《天文学名词》第二版共收天文学名词 2 290 条。其中第一部分的基本名词和新名词共 1897 个，比第一版第一部分的基本名词多收 325 个。除“宇宙”“时间”和“空间”三个最上位词以及“证认”和“定标”等极个别名词外，所有名词全部加上了定义或注释。第二部分列出星座、黄道十二宫、二十四节气、星系、星团、星云、恒星、天然卫星、月面和流星群共 10 个附表，删除了第一版附表中的星际分子。共收录天体和天象的专名 393 个，其中 50 个为新天体。《天文学名词》第二版备有英文索引和汉文索引。

天文学名词审定委员会
1998 年 9 月

第一版前言

天文学名词术语的审定和统一，对于天文知识的传播，天文文献的编纂、出版和检索以及国内外学术交流，都具有重要的意义。我国天文学界一向重视天文学名词的定名和编译。中国天文学会在 1922 年成立以后不久，就开始拟定统一的天文学名词，1933 年经当时的教育部核定出版了第一本《天文学名词》，以部令公布。中华人民共和国成立以后，中国天文学会名词审定委员会又修订和增补编辑了新的《天文学名词》，于 1952 年由中央人民政府政务院文化教育委员会学术名词统一工作委员会颁布。

近三十多年来，天文学有了很大发展，建立了新的分支学科，发现了新的天体和天象，出现了新的理论和技术，相应的天文名词术语也有了大幅度的增加。中国天文学会天文学名词审定委员会受全国自然科学名词审定委员会的委托，作为全国自然科学名词审定委员会天文学名词审定分委员会，承担了天文学名词的审定工作。1984 年 7 月召开了第一次审定会议，拟定了选词规范和审定条例，并编出天文学名词草案，印发有关专家和单位征求意见。1985 年 6 月举行了第二次审定会议，对各方面的意见进行讨论和研究，经修改、整理，编出了二审稿。1986 年 4 月召开第三次审定会议，确定了第一批送审的 1956 条天文学名词，并对一些新词和概念易于混淆的名词的注释审查定稿。会后，上报全国自然科学名词审定委员会。1987 年 4 月经全国自然科学名词审定委员会复审后批准公布。

本次审定的天文学名词，第一部分是天文学中经常出现的专业基本词，同时配以符合国际习惯用法的英文或其他外文名词。汉语名词按学科分支和天体层次分 10 类排列。类别的划分主要是为了便于查索，而非严谨的分类研究。第二部分是专用名和天体名的 11 个附表。

在三年的审定过程中，天文学界以及有关学科的专家、学者曾给予热情支持，提出了许多有益的意见和建议，在此深表感谢。希望各界使用者继续提出宝贵意见，以便讨论修订。

天文学名词审定委员会
1987 年 5 月

编 排 说 明

一、本书公布的第三版天文学基本名词，是在第二版《天文学名词》的基础上进行的修订和补充，并给出了定义或注释。

二、本书的第一部分为基本名词和新名词，包括天文学、天体测量学、天体力学、天体物理学、天文学史、天文仪器与技术、星系和宇宙学、恒星和银河系、太阳、太阳系等 10 类。

三、本书的第二部分为附表，共有星座、黄道十二宫、二十四节气、恒星、天然卫星、月面、流星群、火星等 8 个专用名表和天体名表。

四、汉文名词按所属学科的相关概念体系排列，定义一般只给出基本内涵。汉文名后给出了与该词概念对应的英文(或其他外文)名。当一个汉文名有不同的概念时，则用(1)、(2)等表示。一个汉文名对应几个英文同义词时，英文词之间用“,”分开。

五、凡英文词的首字母大小写均可时，一律小写；英文除必须用复数者，一般用单数形式。

六、“[ ]”中的字为可省略的部分。

七、主要异名和释文中的条目用楷体表示。“全称”“简称” 是与正名等效使用的名词；“又称”为非推荐名，只在一定范围内使用；“俗称”为非学术用语；“曾称”为被淘汰的旧名。

八、正文后所附的英汉索引按英文字母顺序排列；汉英索引按汉语拼音顺序排列。所示号码为该词在正文中的序码。索引中带 “*” 者为规范名的异名或在释文中出现的条目。

目　录

第一部分

01. 天　文　学

01.001　天文学　astronomy
对宇宙所有层次的天体及各种形态的物质进行实测和理论研究的学科。

01.002　普通天文学　general astronomy
天文学概貌和基础知识。

01.003　实测天文学　observational astronomy
又称"观测天文学"。研究天文观测的仪器、技术和方法，并通过观测揭示天文现象的学科。

01.004　理论天文学　theoretical astronomy
用理论力学或理论物理学揭示天文现象本质规律的学科。

01.005　计算天文学　computational astronomy
以使用计算机进行海量数据处理为主要手段，模拟各种天体力学和天体物理学过程的学科。

01.006　基本天文学　fundamental astronomy
研究天体的位置和运动的学科，主要内容为天文参考系和天体轨道动力学。

01.007　天文信息学　astroinformatics
天文学与信息科学的交叉学科。以基于虚拟天文台框架建立起来的数据网格为基础，为开展数据密集型天文学研究与应用提供信息化的方法和手段。

01.008　天文统计学　astrostatistics
天文学与统计学的交叉学科。旨在通过统计学方法分析处理天文数据，推导天文学研究对象的结构、性质与规律。

01.009　天体化学　astrochemistry
研究天体和其他宇宙物质的化学组成和化学过程的学科。

01.010　天体地理学　astrogeography
研究太阳系行星和卫星表面结构与状态的学科。

01.011　天体地质学　astrogeology
研究太阳系行星和卫星深层结构与性质的学科。

01.012　生物天文学　bioastronomy
用天文方法研究地球以外生物现象的学科。

01.013　地外生物学　exobiology
又称"外空生物学(xenobiology)"。研究太阳系中除地球外的其他天体上和系外行星上及星际空间可能存在的生命物质和现象的理论，以及探讨探测方法和手段的交叉学科。

01.014　天体生物学　astrobiology
研究天体上生物存在的条件及探测天体上是否有生物存在的学科。

01.015　宇宙生物学　cosmobiology
研究宇宙演化中生命起源、演化、分布和

未来发展的交叉学科。

01.016　地面天文学　ground-based astronomy
实测天文学的分支。用位于地球表面的仪器所做的天文观测研究的学科。

01.017　空间天文学　space astronomy
实测天文学的分支。用位于地球大气高层、外层或行星际空间的天文仪器所做的天文观测研究的学科。

01.018　球载天文学　balloon astronomy
实测天文学的分支。用气球携至地球高层大气的仪器所做的天文观测研究的学科。

01.019　南极天文学　Antarctic astronomy
实测天文学的分支。用设在南极高海拔地区的天文仪器所做的天文观测研究的学科。

01.020　CCD 天文学　CCD astronomy
实测天文学的分支。用电荷耦合器件(CCD)为辐射接收器所做的天文观测研究的学科。

01.021　天体年代学　astrochronology
测定宇宙中各种类型天体年龄的理论和方法的学科。

01.022　定年　dating
用科学方法对天体或天象进行年代估计。

01.023　射电天文学　radio astronomy
在射电波段开展天体和其他宇宙物质观测与研究的学科。

01.024　亚毫米波天文学　submillimeter-wave astronomy
射电天文学的分支。研究覆盖波长范围约为 0.1～1mm。

01.025　毫米波天文学　millimeter-wave astronomy
射电天文学的分支。研究覆盖波长范围约为 1～10mm。

01.026　米波天文学　meter-wave astronomy
射电天文学的分支。研究覆盖波长约为 1～30m。

01.027　光学天文学　optical astronomy
自近红外、可见光至近紫外波段开展天体和其他宇宙物质观测研究的学科。

01.028　红外天文学　infrared astronomy
在红外波段观测与研究天体和其他宇宙物质的学科。

01.029　紫外天文学　ultraviolet astronomy
在紫外波段观测与研究天体和其他宇宙物质的学科。

01.030　X 射线天文学　X-ray astronomy
在X射线波段观测与研究天体和其他宇宙物质的学科。

01.031　γ射线天文学　γ-ray astronomy
在γ射线波段观测与研究天体和其他宇宙物质的学科。

01.032　多波段天文学　multi-wavelength astronomy
在两个以上不同波段，对比观测与研究天体和其他宇宙物质的学科。

01.033　多信使天文学　multi-messenger astronomy
使用电磁波、宇宙线、中微子、引力波中的两种或多种手段开展协同观测研究的学科。

01.034 业余天文学 amateur astronomy
由非专业天文人员利用业余时间开展的天文观测和学术研究。

01.035 空间 space

01.036 时间 time

01.037 天体 celestial body, astronomical object
除弥漫物质以及各种微粒辐射流外，宇宙空间的各种实体。

01.038 天象 sky phenomena
(1)古代对星空中发生的各种自然现象的泛称。(2)现代通常指发生在地球大气层外的现象。

01.039 [天文]观测 astronomical observation
借助肉眼、辐射聚集装置和探测器件对宇宙中各种天体和天象进行观察、记录、测量和分析研究的统称。

01.040 肉眼观测 naked-eye observation
以人眼作为辐射接收器的天文观测。

01.041 照相观测 photographic observation
以照相乳胶或数字成像系统作为辐射接收器的天文观测。

01.042 光电观测 photoelectric observation
以光电转换器件作为辐射接收器的天文观测。

01.043 CCD 观测 CCD observation
以电荷耦合器件(CCD)作为辐射接收器的天文观测。

01.044 地基观测 ground-based observation
在地球表面进行的天文观测。

01.045 巡天观测 sky survey
用同一种方法和手段对全天或部分天区进行的系统性观测。

01.046 同步观测 synchronous observation
同一时刻在不同地点对同一天体或同一天象进行的联合观测。

01.047 较差观测 differential observation
用相同的探测器、方法和手段，对两个或多个天体的对比观测。

01.048 偏带观测 off-band observation
将狭缝或光栏置于偏离待测的天体谱或谱带之波长处的观测方法。

01.049 证认 identification
将新发现天体或天象与已知天体或天象认同为同一个或同一类的过程。

01.050 光学证认 optical identification
对非光学波段观测到的辐射源所对应的光学天体的搜寻和确认。

01.051 光学天体 optical object
在可见光及近红外、近紫外波段观测到的天体。

01.052 光学对应体 optical counterpart
与非光学波段观测到的辐射源证认为同一对象的光学天体。

01.053 证认图 finding chart，identification chart
指示待观测天体所在方位的天区图。

01.054 照度 illuminance, illumination, luminous flux density
单位面积上接收的光通量。

01.055 辐射照度 radiation illumination

单位面积上接收的电磁辐射功率，单位为瓦/平方米（W/m^2）。

01.056 光照度 light illumination

人眼视觉感受到的照度，即单位面积上接收的可见光通量。单位为流明/平方米（lm/m^2），即勒克斯（lux）。光照度=$k_m \cdot V(\lambda)$ · 辐射照度，k_m为相应视觉条件下的视见当量（流明/瓦（lm/W）），$V(\lambda)$为视见度函数。

01.057 明视觉 photopic vision

在较亮条件下人眼视锥细胞获得的视觉，峰值在555nm处。

01.058 暗视觉 scotopic vision

在较暗条件下人眼视杆细胞获得的视觉，峰值在505nm处。

01.059 辐射功率 radiation power

天体在单位时间内发射的全部电磁辐射能量。单位为瓦（W）或太阳光度（$L_\odot$）。

01.060 光通量 luminous flux

人眼所能感受到的电磁辐射通量。单位为流明（lm）。

01.061 辐出度 radiant exitance

全称“辐射出射度”。天体表面单位面积上电磁辐射功率。单位为W/m^2。

01.062 光出射度 luminous exitance

天体表面单位面积上可见光辐射通量，单位为流明/平方米（lm/m^2）。

01.063 辐射强度 radiation intensity

天体表面某处在某方向上单位立体角内的电磁辐射功率。单位为瓦/球面度（W/sr）。

01.064 发光强度 luminous intensity

天体表面某处在某方向上单位立体角内可见光辐射通量。单位为坎德拉(cd)，即流明/球面度（lm/sr）。

01.065 辐射亮度 radiance

天体表面单位面积在某方向上单位立体角内的电磁辐射功率。单位为瓦/（球面度·平方米）（$W/(sr \cdot m^2)$）。

01.066 光亮度 luminance

天体表面单位面积在某方向上单位立体角内可见光辐射通量。单位为坎德拉/平方米(cd/m^2)。

01.067 亮度 brightness

天体的电磁辐射产生的照度。有视亮度与绝对亮度之分。

01.068 视亮度 apparent brightness

曾称“表观亮度”。天体的电磁辐射对测量它的接收器的照度。

01.069 绝对亮度 absolute brightness

天体电磁辐射对距离为10秒差距的接收器的照度。

01.070 光度 luminosity

天体表面单位时间内电磁辐射的总能量。即天体真正的发光能力。

01.071 星等 magnitude

对恒星和其他天体亮度的一种量度。在地球大气外，视目视星等m_v= 0等的恒星，其照度为2.54×10^{-6}勒克斯。

01.072 星等标 magnitude scale

表示星等和天体亮度之间的数值关系。规定 $m-m_0 = -2.5\lg(b/b_0)$，即两星的亮度之比 b/b_0，若为 $10^{-0.4} \approx 1/2.512$，则所对应的星等之差 $m-m_0$ 为 1。

01.073 视星等 apparent magnitude

观测者测得的天体的星等。

01.074 [视]目视星等 apparent visual magnitude

有效波长为 555nm 的视星等。符号表示为 m_V。

01.075 绝对星等 absolute magnitude

天体光度的一种量度。假定天体距离为 10 秒差距时的视星等。

01.076 绝对目视星等 absolute visual magnitude

有效波长为 555nm 的绝对星等。符号表示为 M_V。

01.077 照相星等 photographic magnitude

用照相波段的亮度计算出的星等。

01.078 仿视星等 photovisual magnitude

用正色底片前加黄滤光片测得的亮度计算出的星等。

01.079 光电星等 photoelectric magnitude

用光电转换器件测得的亮度计算出的星等。

01.080 红外星等 infrared magnitude

用红外波段的亮度计算出的星等。

01.081 热星等 bolometric magnitude

用热辐射测量方法并延拓到全波段得到的亮度所计算出的星等。

01.082 距离模数 distance modulus

天体距离的一种量度。等于该天体的视星等减去绝对星等。

01.083 秒差距 parsec，PC

天体距离的一种单位。等于恒星周年视差为 1 角秒所对应的距离，约等于 3.26 光年。

01.084 光年 light year

天体距离的一种单位。等于光在真空中一儒略年内行经的距离，约等于 0.946×10^{13}km。

01.085 太阳半径 solar radius

天文学中的一种长度单位。其值等于太阳的半径，即 6.9599×10^5km。

01.086 太阳质量 solar mass

天文学中的一种质量单位。其值等于太阳的质量，即 1.989×10^{30}kg。

01.087 太阳光度 solar luminosity

天文学中的一种光度单位。其值等于太阳的光度，即 3.826×10^{26}J/s。

01.088 角秒 arcsecond, as

角度单位。等于 1 度的 1/3600。

01.089 毫角秒 milliarcsec，mas

角度的分数单位。等于 10^{-3} 角秒。

01.090 微角秒 microarcsec，μas

角度的分数单位。等于 10^{-6} 角秒。

01.091 秒 second，s

国际制时间单位。铯-133 原子基态的两个超精细能级之间跃迁所辐射电磁波的周期的 9 192 631 770 倍。

01.092 毫秒 millisec，ms
时间的分数单位。等于 10^{-3}s。

01.093 微秒 microsecond，microsec，μs
时间的分数单位。等于 10^{-6}s。

01.094 纳秒 nanosecond，ns
时间的分数单位。等于 10^{-9}s。

01.095 岱[克斯] dex
又称“底拾”。用以度量某物理量两值间数量级之差。若 $A/B=10^{\alpha}$，则 A 与 B 的数量级之差为 α dex。

01.096 视宁度 seeing
评价观测台站在望远镜观测时间内的观测条件的一种天文气候标度。其优劣取决于大气湍动的大小。

01.097 视宁像 seeing image
通过地球的湍动大气，星光在光学系统中呈现的图像。

01.098 视宁圆面 seeing disk
通过地球的湍动大气，星光在光学系统的焦平面上呈现的有一定直径的模糊圆。

01.099 圆面 disc，disk
又称“视圆面(apparent disc)”。球形天体在天球上的非点状投影。如月亮圆面、太阳圆面、木星圆面等。

01.100 极限曝光时间 limiting exposure
一架用于天文照相的望远镜，在既定的观测台址受夜天光背景制约的最长曝光时间。

01.101 极限星等 limiting magnitude
(1)既定的光学望远镜在既定的观测台址所能探测到的最暗的星等。(2)星图和星表中所载天体的最暗星等。

01.102 极限分辨率 limiting resolution
观测或测试系统所能达到的最高分辨率。

01.103 定标 calibration
(1)确定天文测量中被测量的零点和/或标度因子。(2)确定天文测量仪器的度盘零点或望远镜的正确指向，亦或测定其偏差的改正值。

01.104 定标星 calibration star
在天体测量和天体物理观测中用作参考标准的恒星。

01.105 定标源 calibration source
在天体测量和天体物理观测中用作参考标准的辐射源。

01.106 比较星 comparison star
在测光、光谱分类等天体物理观测中用作对比的恒星。

01.107 参考星 reference star
在确定天体的位置和运动时，用作参考标准的恒星。

01.108 标准星 standard star
在测光、光谱分类等天体物理观测中用作基准的恒星。

01.109 拱极星 circumpolar star
赤纬绝对值大于 80°的恒星。有时也指在低纬度地区可见其下中天的恒星。

01.110　前景星　foreground star
在同一视场内处在观测者和观测对象之间的恒星。

01.111　背景星　background star
(1)在同一视场内除观测对象以外的恒星。(2)有时特指其中距离比观测对象更远的恒星。

01.112　深空　deep space，deep sky
(1)月球以远的空间。(2)太阳系以外的空间。(3)银河系以外的空间。

01.113　数字[化]巡天　digital sky survey
以数字化记录和描述的方式进行巡天观测，并据此建立可通过互联网使用的海量数据信息系统的方法。

01.114　巡天星表　survey catalogue，Durchmusterung(德)
(1)由巡天观测资料汇编的天体和宇宙辐射源表册之统称。(2)波恩星表及其补编和科尔多瓦星表之总称。

01.115　深空天体　deep sky object
业余天文学中指不能由人眼直接看到的星云、星团、星系。

01.116　正向天体　face-on object
扁平面或盘面朝向观测者的扁平结构天体。

01.117　侧向天体　edge-on object
边缘朝向观测者的扁平结构天体。

01.118　极向天体　pole-on object
自转轴或磁轴指向观测者的天体。

01.119　端向天体　end-on object
顶端或底端朝向观测者的非球状天体。

01.120　视场　field of view
一个天文观测装置在指向固定时，所能观测到的天区的大小。

01.121　像场改正　field correction
对因光学系统的像差、观测设备制造和安装的缺陷导致的天体成像位置与亮度的系统性失真所做的改正。

01.122　平场　flat fielding
按照观测天体的同样方式，用高度均匀的面光源照明 CCD 探测器所得的图像。

01.123　平场改正　flat field correction
用平场图像去改正 CCD 像元的不均匀性的方法。

01.124　图像处理　image processing
依据不同的目的，用不同的方法，对天文图像进行加工和再现的技术。

01.125　图像综合　image synthesis
(1)对利用干涉原理得到相关信号的振幅和相位进行傅里叶变换处理，综合出更高分辨率的图像的一种图像处理技术。(2)将同一天体在不同波段进行观测所获得的多张图像经过处理合并成含更多信息量的图像的一种图像处理技术。

01.126　图像复原　image restoration
利用模拟数字处理方法，来改善地球大气湍动或观测仪器缺陷等因素所歪曲的天文图像的一种图像处理技术。

01.127　误差棒　error bar

一维观测量的中误差。因在图上用一根棒的长短来表示而得名。

01.128　误差框　error box

二维观测量的中误差。因在图上用一个矩形框的高度和宽度来表示而得名。

01.129　选址　site testing

根据天文观测的特定要求，对台址候选地的自然条件和社会环境的考察和评估。

01.130　天文气候　astroclimate

影响天文观测质量和数量的各种气候因素。

01.131　光污染　light pollution

影响光学望远镜所能检测到的最暗天体极限的因素之一。通常指天文台上空的大气辉光、黄道光和银河系背景光、城市夜天光等使星空背景变亮的效应。

01.132　星座　constellation

为了识别星空，按恒星在天球上所排列的各个图形，将星空相应划分的各片区域。

01.133　星表　star catalogue

记载恒星或其他天体在天球上的位置以及其他参数的表册。

01.134　星图　star map

将恒星或其他天体在天球上的视位置投影在平面上，以表示它们的方位、亮度和形态的图片。

01.135　星图集　star atlas

汇编成套的星空图册。

01.136　天文台　astronomical observatory，observatory

曾称“观象台”。从事天文观测和研究的机构。

01.137　观测站　observing station

从事一项或几项天文观测的台站。

01.138　高山观测站　high altitude station

海拔较高的地基天文观测台站。现有最高者为位于智利的阿塔卡马天文台，海拔5 640m。

01.139　天文馆　planetarium

专门从事传播天文知识的科学普及机构。

01.140　地外生命　extraterrestrial life

又称“外星生命”。地球之外可能存在的生命体。

01.141　地外文明　extraterrestrial civilization

地球以外的天体上可能存在的智慧生物及其文明。

01.142　地外智慧生物　extraterrestrial intelligence

可能存在于地球外的对事物能认识、判断和处理，并有创造能力的生命。

01.143　地外生命搜寻　search for extraterrestrial life

用天文方法对地球以外可能存在的生命的探测。

01.144　地外文明探索　search for extraterrestrial intelligence，SETI

对于地球之外可能存在的文明世界进行搜寻、联络等各种探索活动。

01.145 奥兹玛计划 Ozma project

美国天文学家德雷克(F. D. Drake)于1960年提出的搜索地外文明智能信号的开创性计划。利用位于西弗吉尼亚州绿岸(Green Bank)天文台的26m射电望远镜实施。

01.146 独眼神计划 Cyclips project

20世纪70年代初美国提出的搜索地外文明的科学项目。基于由1 500面口径100m的抛物面天线组成的射电望远镜阵。

01.147 不明飞行物 unidentified flying object, UFO

又称“幽浮”。尚未判明和证认的空中飞行物的统称。

01.148 帕洛玛天图 Palomar Sky Survey

美国帕洛玛天文台和美国地理学会于20世纪50年代用口径122cm的施密特望远镜拍摄的北天蓝红双色深空照相天图。20世纪八九十年代又完成了北天蓝红和近红外三色深空天图。

01.149 HD星表 Henry Draper Catalogue

又称“德雷伯星表”。由美国哈佛大学于1918～1924年编辑出版，共载225 300颗恒星的一元分类光谱型。

01.150 依巴谷星表 Hipparcos Catalogue

基于欧洲空间局依巴谷卫星的高精度观测数据生成的星表。包含约12万颗恒星的位置、三角视差、自行等天体测量数据。

01.151 第谷星表 Tycho Catalogue

全称“依巴谷-第谷星表(Hipparcos-Tycho Catalogue)”。欧洲空间局在依巴谷星表问世后，再次利用依巴谷卫星获取的观测资料生成的第2部星表，包括近100万颗恒星的位置、三角视差、自行、双色测光等5种天体测量数据。

01.152 IAU天文常数系统 IAU system of astronomical constants

国际天文学联合会(IAU)审定和公布的天文常量系统。

01.153 国际天文学联合会 International Astronomical Union, IAU

世界各国天文学家和天文学术团体联合组成的学术组织。成立于1919年。

01.154 中国天文学会 Chinese Astronomical Society, CAS

中国天文学家和天文工作者组成的中国学术团体。成立于1922年。

01.155 国家天文科学数据中心 National Astronomical Data Center, NADC

中国天文科学数据管理和开放共享的国家平台，2019年6月被正式列入国家科技资源共享服务平台名单，属于基础支撑与条件保障类国家科技创新基地。

02. 天体测量学

02.001 天体测量学 astrometry
主要内容是测定和研究天体及地面点的位置和运动，并研究地球和空间参考系的建立和维持的学科。

02.002 球面天文学 spherical astronomy
天体测量学的分支。主要内容是研究各种天球坐标系及时间系统的建立和转换的学科。

02.003 实用天文学 practical astronomy
天体测量学的分支。主要内容是通过对天体的观测确定时间、地面点坐标和方位的学科。

02.004 航海天文学 nautical astronomy
通过观测天体确定海面船只位置的学科。

02.005 天文导航 astronavigation，celestial navigation
通过观测天体确定航行中的船只、飞机或其他飞行器位置和航向。

02.006 方位天文学 positional astronomy
天体测量学的分支。主要内容是测定各类天体的位置和运动的学科。

02.007 基本天体测量学 fundamental astrometry
方位天文学的分支。主要内容是利地面或空间光学仪器测定天体的位置和运动，综合编制基本星表的学科。

02.008 照相天体测量学 photographic astrometry
方位天文学的分支。主要内容是利用照相方法测定天体的位置和运动，编制照相星表的学科。

02.009 射电天体测量学 radio astrometry
利用射电天文技术，主要是射电天文干涉技术进行天体测量工作的学科。

02.010 空间天体测量学 space astrometry
利用空间技术在地球大气高层、外层或行星际空间进行天体测量工作的学科。

02.011 矢量天体测量学 vectorial astrometry
以三维矢量取代传统的球面三角作为运算工具描述天体测量学规律的学科。

02.012 天文地球动力学 astrogeodynamics
利用天文方法研究地球的各种运动状态及其力学机制的学科。

02.013 天球 celestial sphere
天文学中引进的以选定点为中心，以任意长为半径的假想球面。用以标记和度量天体的位置和运动。

02.014 天球坐标系 celestial coordinate system
天球上各种球面正交坐标系的统称。

02.015 地平坐标系 horizontal coordinate system
以地面上一点为天球中心，以该点的地平圈为基本平面的天球坐标系。

02.016　天顶　zenith

过天球中心的铅垂线向上延伸后与天球的交点。

02.017　天底　nadir

过天球中心的铅垂线向下延伸后与天球的交点。

02.018　地平圈　horizon

过天球中心且与铅垂线相垂直的平面与天球所交的大圆。

02.019　地平经圈　vertical circle

又称"垂直圈"。天球上过天顶的任意大圆。

02.020　地平纬圈　altitude circle

又称"平行圈"。天球上与地平圈相平行的任意小圆。

02.021　子午圈　meridian

过天极的地平经圈，与地平圈交于南点和北点。

02.022　卯酉圈　prime vertical

与子午圈正交的地平经圈，与地平圈交于东点和西点。

02.023　方位角　azimuth

地平坐标系的经向坐标，过天球上一点的地平经圈与子午圈所交的球面角。

02.024　地平纬度　altitude

地平坐标系的纬向坐标，从地平圈沿过天球上一点的地平经圈量到该点的弧长。

02.025　天顶距　zenith distance

天球上一点与天顶间的大圆弧长。

02.026　赤道坐标系　equatorial coordinate system

以天赤道为基本平面的天球坐标系。

02.027　天极　celestial pole

又称"赤极(pole of the equator)"。过天球中心与地球自转轴平行的直线与天球相交的两个点，是北天极和南天极的总称。

02.028　北天极　north celestial pole

北半天球包含的天极。当以左手法则描述天球周日运动方向时，大拇指所指由天赤道划分的半个天球为北半天球，另半个天球为南半天球。

02.029　南天极　south celestial pole

南半天球包含的天极。参见北天极。

02.030　四方点　cardinal points

地平圈上东、南、西、北四点的总称。子午圈与地平圈的两个交点中距北天极小于90°的一点为北点，另一点为南点。与南、北两点相距90°，位于天体周日运动上升一边的一点为东点，另一点为西点。

02.031　天赤道　celestial equator

过天球中心与地球赤道面平行的平面与天球相交的大圆。

02.032　黄道　ecliptic

过天球中心与地月质心绕太阳系质心转动的平均轨道面平行的平面与天球相交的大圆。

02.033　春分点　vernal equinox, spring equinox

二分点之一，黄道对赤道的升交点。

02.034　秋分点　autumnal equinox, autumnal point
二分点之一，黄道对赤道的降交点。

02.035　二分点　equinoxes
黄道和天赤道的两个交点，是春分点和秋分点的总称。

02.036　二分圈　equinoctial colure
天球上过天极和二分点的大圆。

02.037　二至点　solstices
黄道上与二分点相距90°的两个点，是夏至点和冬至点的总称。

02.038　二至圈　solstitial colure
天球上过天极和二至点的大圆。

02.039　夏至点　summer solstice
二至点中位于天赤道以北的一点。

02.040　冬至点　winter solstice
二至点中位于天赤道以南的一点。

02.041　赤经圈　circle of right ascension
天球上过天极的任意大圆。

02.042　赤纬圈　declination circle
天球上与天赤道相平行的任意小圆。

02.043　赤经　right ascension
赤道坐标系的经向坐标，过天球上一点的赤经圈与过春分点的二分圈所交的球面角。

02.044　赤纬　declination
赤道坐标系的纬向坐标，从天赤道沿过天球上一点的赤经圈量到该点的弧长。

02.045　时角　hour angle
过天球上一点的赤经圈与子午圈所交的球面角。

02.046　极距　polar distance
又称“北极距”。天球上一点与北天极间的大圆弧长。

02.047　黄道坐标系　ecliptic coordinate system
以黄道为基本平面的天球坐标系。

02.048　黄极　ecliptic pole
天球上与黄道相距90°的两点，是北黄极与南黄极的总称。

02.049　北黄极　north ecliptic pole
北半天球包含的黄极。

02.050　南黄极　south ecliptic pole
南半天球包含的黄极。

02.051　黄赤交角　obliquity of the ecliptic
黄道平面与天赤道平面的交角。

02.052　黄道带　zodiac
天球上以黄道为中心线的一条宽约18°的环带状区域。太阳、月球以及所有行星的视运动轨迹都位于这条带内。

02.053　黄经圈　longitude circle
天球上过黄极的任意大圆。

02.054　黄纬圈　latitude circle
天球上与黄道相平行的任意小圆。

02.055　黄经　ecliptic longitude, celestial longitude
黄道坐标系的经向坐标，过天球上一点的

黄经圈与过二分点黄经圈所交的球面角。

02.056　黄纬　ecliptic latitude, celestial latitude
黄道坐标系的纬向坐标，从黄道沿过天球上一点的黄经圈量到该点的弧长。

02.057　白道　moon's path
月球绕地球瞬时轨道面与天球相交的大圆。

02.058　银道坐标系　galactic coordinate system
以银道面为基本平面的天球坐标系。

02.059　银极　galactic poles
天球上与银道相距 90°的两个点，是北银极与南银极的总称。

02.060　北银极　north galactic pole
北半天球包含的银极。

02.061　南银极　south galactic pole
南半天球包含的银极。

02.062　银道　galactic equator
银道面与天球相交的大圆。

02.063　银经　galactic longitude
银道坐标系的经向坐标，从银道上银心所在位置起沿银道量到过银极与天球上一点的大圆与银道交点的弧长。

02.064　银纬　galactic latitude
银道坐标系的纬向坐标，从银道沿过银极与天球上一点的大圆量到该点的弧长。

02.065　站心坐标　topocentric coordinate
以观测站为原点或天球中心的天体坐标。

02.066　地心坐标　geocentric coordinate
以地心为原点或天球中心的天体坐标。

02.067　日心坐标　heliocentric coordinate
以日心为原点或天球中心的天体坐标。

02.068　月心坐标　selenocentric coordinate
以月心为原点或天球中心的天体坐标。

02.069　行星心坐标　planetocentric coordinate
以行星中心为原点或天球中心的天体坐标。

02.070　质心坐标　barycentric coordinate
以天体系统(通常指太阳系)质心为原点或天球中心的天体坐标。

02.071　地球坐标系　terrestrial coordinate system
地球上用以确定地面点位置的坐标系。

02.072　地极　earth pole
地球自转轴与地面的交点。

02.073　形状极　pole of figure
(1)天体形状轴(即最大惯量主轴)与天体表面的交点。(2)过天球中心与形状轴平行的直线与天球的交点。

02.074　自转极　pole of rotation
(1)天体自转轴与天体表面的交点。(2)过天球中心与自转轴平行的直线与天球的交点。

02.075　角动量极　pole of angular momentum
(1)天体角动量轴与天体表面的交点。(2)过天球中心与角动量轴平行的直线与天球的交点。

02.076　赤道　equator

过天体中心且与天体自转轴相垂直的平面与天体表面相交的大圆。

02.077　子午线　meridian

过天体表面一点和自转轴的平面与其表面相交的弧线。

02.078　本初子午线　prime meridian

天体上过经度起算点的子午线。

02.079　格林尼治子午线　Greenwich meridian

原指过英国格林尼治天文台旧址的子午线，现被沿用称地球上的本初子午线。

02.080　历书子午线　ephemeris meridian

假定地球按历书时定义均匀自转所得的格林尼治子午线位置。

02.081　天文经度　astronomical longitude

过地球表面上一点的子午线与格林尼治子午线所交的球面角。

02.082　天文纬度　astronomical latitude

过地球上一点的铅垂线与赤道平面的交角。

02.083　赤道隆起　equatorial bulge

实际天体形状在赤道附近地区相对于球形的突起部分。

02.084　公转　revolution

天体绕天体系统的主天体或质心的轨道运动。

02.085　自转　rotation

天体或天体系统绕质心的定点旋转。

02.086　日运动　daily motion

太阳系天体在天球上相对于恒星背景每天的位移。

02.087　周日运动　diurnal motion

因地球自转引起的、以一天为周期的天体视运动。

02.088　周年运动　annual motion

因地球公转引起的、以一年为周期的天体视运动。

02.089　中天　culminations，transits

天体经过观测者的子午圈，是上中天和下中天的总称。

02.090　上中天　upper culmination

天体周日运动中,地平高度最大时的位置。

02.091　下中天　lower culmination

天体周日运动中,地平高度最小时的位置。

02.092　天文三角形　astronomical triangle

由天极、天顶和天球上一点所构成的球面三角形。

02.093　星位角　parallactic angle

过天球上一点的赤经圈与地平经圈所交的球面角。

02.094　位置角　position angle

过天球上一点的任意大圆与过该点的参考大圆所交的球面角。

02.095　大气折射　astronomical refraction，atmospheric refraction

天体发出的辐射在经过地球大气层时所产

生的折射现象，以及由上述现象所造成的天体观测方向的改变。

02.096　视差　parallax
天体方向因在不同位置观测引起的差异。

02.097　视差位移　parallactic displacement
因视差效应引起的天体视位置的改变量。

02.098　视差椭圆　parallactic ellipse
因周年视差效应引起的恒星视位置的椭圆形周年变化轨迹。

02.099　周年视差　annual parallax
地球公转轨道半长径对天体的最大张角，常用来量度天体的距离。

02.100　三角视差　trigonometric parallax
用三角方法测定的天体的视差。

02.101　地平视差　horizontal parallax
过观测者的地球半径对天体的最大张角。

02.102　周日视差　diurnal parallax
因观测者位置随地球自转改变而引起的天体的视差。

02.103　赤道地平视差　equatorial horizontal parallax
地球赤道半径对天体的最大张角。

02.104　太阳视差　solar parallax
太阳距地球为 1AU 处的赤道地平视差。

02.105　长期视差　secular parallax
因太阳空间运动引起的天体的视差。

02.106　光行差　aberration
天体方向因不同观测者之间的相对运动引起的差异。

02.107　恒星光行差　stellar aberration
由光行差效应引起的恒星视位移，包括周日光行差、周年光行差和长期光行差。

02.108　周日光行差　diurnal aberration
地面与地心观测者相对运动引起的光行差。

02.109　周年光行差　annual aberration
地球与太阳系质心观测者的相对运动引起的光行差。

02.110　长期光行差　secular aberration
因太阳系在星际空间运动而引起的天体的光行差。

02.111　行星光行差　planetary aberration
由光行差效应引起的太阳系天体视位移和光行时差的合成。

02.112　光行时　light time
光线从发播到接收所经历的时间。

02.113　光行时差　equation of light
对太阳系天体的观测位置应加的光行时改正。

02.114　岁差　precession
因地球自转轴的空间指向和黄道平面的长期变化而引起的春分点移动现象。

02.115　总岁差　general precession
又称“*黄经岁差*”。日月岁差和行星岁差的黄经分量之总和。

02.116　日月岁差　lunisolar precession
因日月引力矩作用，春分点沿固定历元的黄道长期运动的速率。

02.117　行星岁差　planetary precession
因行星的引力作用，春分点沿天赤道长期运动的速率。

02.118　测地岁差　geodetic precession
岁差中的广义相对论效应分量。

02.119　赤经岁差　precession in right ascension
总岁差的赤经分量。

02.120　赤纬岁差　precession in declination
总岁差的赤纬分量。

02.121　章动　nutation
地轴指向在空固坐标系中的周期变化。

02.122　日月章动　lunisolar nutation
因日月引力矩引起的天极的章动。

02.123　黄经章动　nutation in longitude
行星赤道与黄道交点因章动引起在黄道上的移动量。

02.124　黄赤交角章动　nutation in obliquity
曾称“倾角章动”。因章动引起的黄赤交角的改变量。

02.125　测地章动　geodetic nutation
章动中的广义相对论效应分量。

02.126　赤经章动　nutation in right ascension
章动的赤经分量。

02.127　自行　proper motion
(1)恒星和其他天体相对太阳系在垂直于观测者视线方向上的角位移或单位时间内角位移量。(2)太阳黑子相对于光球表面的运动。

02.128　本动　peculiar motion
(1)恒星相对本地静止标准的运动。(2)星系实际运动相对哈勃定律的偏离。

02.129　视差动　parallactic motion
因太阳系空间运动引起的恒星视运动。

02.130　视向速度　radial velocity
被测天体在视线方向上单位时间内的位移。

02.131　历元　epoch
作为时间参考标准的一个特定瞬时。

02.132　历元赤道　equator of epoch
某一历元的天赤道。

02.133　瞬时赤道　equator of date
对应某一时刻的天赤道，通常指观测瞬间的天赤道。

02.134　平赤道　mean equator
天赤道的瞬时平均位置，其变化只包括岁差的影响。

02.135　平极　mean pole
(1)又称“平天极”。对应平赤道的天极。(2)地球形状极的平均位置。

02.136　平春分点　mean equinox
黄道对平赤道的升交点。

02.137　平黄赤交角　mean obliquity
黄道对平赤道的倾角。

02.138　平位置　mean position，mean place
天体在平赤道和平春分点构成的天球坐标系中的坐标。

02.139　真赤道　true equator
天赤道的瞬时位置，其变化包括岁差和章动的影响。

02.140　真天极　true pole
对应于真赤道的天极。

02.141　真春分点　true equinox
黄道对真赤道的升交点。

02.142　真位置　true place，true position
天体在真赤道和真春分点构成的天球坐标系中的坐标。

02.143　视位置　apparent place，apparent position
相对于地心处观测者的天体观测位置。

02.144　天体测量位置　astrometric position，astrometric place
天文年历所载，参考于标准历元的坐标系并已加光行时改正的太阳系天体的位置。

02.145　贝塞尔日数　Besselian day number
天文年历所载，与贝塞尔恒星常数配合，作为恒星平位置与视位置换算所用的一组与时间有关的参量。

02.146　贝塞尔恒星常数　Besselian star constant
为恒星平位置与视位置换算所用的一组与恒星坐标有关的参量。

02.147　独立日数　independent day number
天文年历所载，以三角函数作为恒星平位置与视位置换算所用的一组与时间有关的参量。

02.148　空固坐标系　space-fixed coordinate system
以地心或太阳系质心为原点，相对河外天体无整体旋转的直角坐标系。

02.149　地固坐标系　body-fixed coordinate system，earth-fixed coordinate system
以地心为原点，相对地球本体无整体旋转的直角坐标系。

02.150　天球历书极　celestial ephemeris pole，CEP
消除周日极移的地球角动量极或其轴延伸与天球的交点，曾作为章动系列的参考极。

02.151　动力学参考系　dynamical reference system
以动力学理论为基础，由太阳系天体的星历表体现的准惯性系。

02.152　恒星参考系　stellar reference system
基本星表体现的准惯性系。

02.153　射电源参考系　radio source reference system
河外射电源位置表体现的准惯性系。

02.154　动力学分点　dynamical equinox
太阳系天体的观测位置与动力学理论比较所确定的春分点位置。

02.155　星表分点　catalogue equinox
根据星表中恒星赤经所确定的春分点位置。

02.156　真恒星时　apparent sidereal time
真春分点的时角。

02.157 平恒星时 mean sidereal time

平春分点的时角。

02.158 格林尼治平恒星时 Greenwich mean sidereal time

平春分点对于本初子午线的时角。

02.159 真太阳时 apparent solar time

又称"视太阳时"。阳时角加 12 小时。

02.160 平太阳 mean sun

在天赤道上运行的假想天体，其速度为太阳周年运动平均速度。

02.161 平正午 mean noon

平太阳上中天的瞬间。

02.162 平太阳时 mean solar time

又称"平时(mean time)"。平太阳时角加 12 小时。

02.163 时差 equation of time

真太阳时与平太阳时之差。

02.164 地方时 local time

春分点、太阳或平太阳相对于地方子午圈的时角(或加 12 小时)。

02.165 区时 zone time

地球表面按经度每跨约 15°划分为一个时区，每时区内统一采用中央子午线的地方平时。

02.166 日界线 date line

日期变更的地理界线，大致上与经度 180°子午线相合。

02.167 世界时 universal time

相对于本初子午线的平太阳时。

02.168 夏令时 summer time, daylight saving time

按国家法令，在夏季及其前后实施的法定时间。

02.169 法定时 legal time

根据社会需要按国家法令实施的法定时间。

02.170 历书时 ephemeris time

按牛顿力学定律建立的太阳历表的时间参量，其秒长在 1960 年至 1968 年曾被采用为时间的基本单位。

02.171 地心坐标时 geocentric coordinate time, TCG

IAU 决议推荐使用的地心天球参考系的时间变量。

02.172 地球时 terrestrial time, TT

曾称"地球动力学时(terrestrial dynamical time, TDT)"。IAU 定义的地心参考系的坐标时之一，与 TCG 成比例关系，用作视地心系历表的时间变量。

02.173 质心坐标时 barycentric coordinate time, TCB

IAU 决议推荐使用的太阳系质心天球参考系的时间变量。

02.174 质心力学时 barycentric dynamical time, TDB

IAU 定义的太阳系质心参考系的坐标时之一，与 TCB 成线性关系，用作质心系历表的时间变量。

02.175 原子时 atomic time

(1)以原子跃迁的稳定频率为基准的时间尺度。(2)特指以铯-133(^{133}Cs)的基态超精细结构的跃迁频率确定的秒长计量的均匀时间。

02.176 国际原子时 international atomic time，TAI

由国际计量局综合全球数十个实验室的数百台原子钟的读数，通过一定算法平均而得的时间计量系统。

02.177 协调世界时 coordinated universal time，UTC

以国际原子时为基准的一种时间计量系统，其时刻与世界时时刻差不超过±0.9s。

02.178 闰秒 leap second

为保持协调世界时接近于世界时时刻，由国际计量局统一规定在年底或年中(也可能在季末)对协调世界时增加或减少的 1s。

02.179 时间服务 time service

天文工作部门为社会提供精确时间资料的系列化工作，包括测时、守时、播时和订时号改正数等环节。

02.180 测时 time determination

观测某种天文或物理过程，以被测对象处于某种运动状态的瞬时来计量时刻。

02.181 守时 time keeping

通过维持天文钟组的运行和其他手段建立和保持标准时间的过程。

02.182 播时 time broadcasting

时间服务部门通过播发无线电时号和时号改正数为社会提供精确时间资料的过程。

02.183 计时 timing

通过观测确定某一天文现象发生的时刻。

02.184 时号 time signal

时间服务部门为供实际应用而播发的载有时间标志的无线电讯号。

02.185 时号站 time signal station

根据其测时或守时结果发布时号的时间服务台站。

02.186 时号改正数 correction to time signal

时间服务部门经过精确的事后处理求得的对于已发播的时号所应加的改正数，以使时号所载的时间标称值精确化。

02.187 时间同步 time synchronization

通过一定的比对手段使两只钟时刻保持一致。

02.188 极移 polar motion

地球自转极在地面上运动的现象，以 IAU 定义的真天极在地面上的位移来表示。

02.189 纬度变化 latitude variation

地面上固定点的天文纬度随时间的变化，包括由极移引起的极性变化和由其他原因引起的非极性变化。

02.190 木村项 Kimura term

又称“Z 项(Z-term)”。日本天文学家木村在由实测纬度变化解算地极坐标的方程组中加入的一个未知数，其值反映各测站共同的非极性纬度变化。

02.191 钱德勒周期 Chandler period

地球极移的主要周期之一。约等于 430 天。

02.192 长期极移 secular polar motion

极移的长期分量。

02.193 国际协议原点 Conventional International Origin，CIO

国际统一采用的地极坐标原点，由 1903.0 历元的地球自转极的平均位置定义。

02.194 地球自转参数 earth rotation parameter，ERP

地极坐标和世界时的测定值之总称。

02.195 地球定向参数 earth orientation parameter，EOP

地球自转参数和章动两个分量改正的测定值之总称。

02.196 国际纬度服务 International Latitude Service，ILS

成立于 1899 年，由位于北纬 39°8′，经度分布大致均匀的若干个纬度站组成，使用相同的仪器和观测纲要，确定并发布地极坐标。

02.197 国际时间局 Bureau International de l'Heure（法），BIH

综合全球数十个天文台站测量结果开展时间和极移服务的国际机构，设于巴黎，1922 年成立，1988 年改组为国际地球自转服务。

02.198 国际极移服务 International Polar Motion Service，IPMS

综合全球数十个天文台站测量结果确定并发布地极坐标的国际机构，设于日本水泽，1962 年由国际纬度服务（ILS）改组而成，1988 年起停止活动。

02.199 国际地球自转服务 International Earth Rotation and Reference Systems Service，IERS

综合全球各个新技术观测处理中心的结果开展地球定向参数服务，建立协议天球和地球参考系的国际机构。

02.200 日 day

以地球自转周期为基准的时间单位。等于 86 400s。

02.201 积日 day of year

从历年的第一天起连续累计的日数。

02.202 恒星日 sidereal day

春分点连续两次过同一子午圈的时间间隔。

02.203 太阳日 solar day

真太阳连续两次过同一子午圈的时间间隔。

02.204 平太阳日 mean solar day

平太阳连续两次过同一子午圈的时间间隔。

02.205 天文日 astronomical day

从正午开始计量的平太阳日。曾于 1925 年以前应用。

02.206 民用日 civil day

从子夜开始计量的平太阳日。

02.207 儒略日期 Julian date，JD

一种长期纪日法。从公元前 4713 年儒略历 1 月 1 日格林尼治平正午起连续累计平太阳日数及日的小数。

02.208 儒略日数 Julian day number

儒略日期的整数部分。

02.209 儒略历书日期 Julian ephemeris date，JED

从公元前 4713 年儒略历 1 月 1 日历书时 12 时起连续累计的历书日数及日的小数。

02.210 简化儒略日期 modified Julian date, MJD

儒略日期的一种简略表示，其值为JD-2400000.5。

02.211 格林尼治恒星日期 Greenwich sidereal date, GSD

从公元前4713年儒略历1月1日格林尼治平恒星时12时起连续累计的恒星日数及日的小数。

02.212 月 month

以月球绕地球公转周期为基准的时间单位。

02.213 恒星月 sidereal month

月球相对于恒星背景运行一周的时间间隔。

02.214 朔望月 synodic month

月球连续两次合朔的时间间隔。

02.215 分至月 tropical month

又称“回归月”。月球黄经连续两次为零的时间间隔。

02.216 交点月 nodical month

月球连续两次过白道对黄道升交点的时间间隔。

02.217 近点月 anomalistic month

月球连续两次过近地点的时间间隔。

02.218 年 year

以地球公转周期为基准的时间单位。

02.219 历年 calendar year

历法规定的年，年长为整数日。

02.220 回归年 tropical year

又称“太阳年(solar year)”。太阳平黄经变化360°的时间间隔。

02.221 恒星年 sidereal year

平太阳连续两次过同一恒星黄经圈的时间间隔。

02.222 近点年 anomalistic year

太阳连续两次过近地点的时间间隔。

02.223 食年 eclipse year

又称“交点年”。太阳连续两次过白道对黄道升交点的时间间隔。

02.224 贝塞尔年 Besselian year

以太阳平黄经等于280°的瞬间为年首的回归年。

02.225 儒略年 Julian year

长度等于365.25日，以2000年1月1.5日(记作J2000.0)为标准历元。

02.226 儒略世纪 Julian century

100儒略年的时间长度，从1984年起作为所有天文历表的时间单位。

02.227 纪元 era

(1)历法中顺序纪年的起算年份。(2)历法中顺序纪年的体系。

02.228 格里历 Gregorian calendar

1582年由罗马教皇格里高利十三世颁行的一种历法，即现行公历。历年平均长度为365.2425日。

02.229 儒略历 Julian calendar

16世纪以前西方采用的一种历法，在公元前46年由罗马统治者儒略·凯撒颁行。历年平均长度为 365.25 日。

02.230　平年　common year
阳历或阴历中无闰日的年，或阴阳历中无闰月的年。

02.231　闰日　leap day
(1)阳历中为使其历年平均长度接近回归年而增设的日。(2)阴历中为使其历月平均长度接近朔望月而增设的日。

02.232　闰月　leap month
阴阳历中为使历年平均长度接近回归年而增设的月。

02.233　闰年　leap year
阳历或阴历中有闰日的年，或阴阳历中有闰月的年。

02.234　天文常数系统　system of astronomical constants
表示地球和太阳系其他天体的主要力学特性和运动规律的一组自洽的常量。

02.235　天文单位　astronomical unit
天文常数系统中定义的空间距离单位。其长度等于 49 597 870 700m，接近日地平均距离。

02.236　高斯引力常数　Gaussian gravitational constant
天文常数系统中的定义常数之一。在天文单位系统中其值定义为 0.017 202 098 95。

02.237　地月质量比　earth-moon mass ratio
天文常数之一。月球质量与地球质量的比值。

02.238　日心引力常数　heliocentric gravitational constant
天文常数之一。是引力常数与太阳质量的乘积。

02.239　底片比例尺　plate scale
天文底片上每单位长度所对应的天球上的角度值，由望远镜焦距而定。

02.240　底片常数　plate constant
照相天体测量工作中，用于转换底片上天体坐标的一组与底片有关的常数。

02.241　标准坐标　standard coordinates
(1)为建立天体的赤道坐标与其底片上量度坐标间的联系而引入的一种直角坐标。(2)为建立不同历元底片上天体量度坐标间联系而引入的一种直角坐标。

02.242　依数法　dependence method
照相天体测量工作中，利用与参考星坐标有关的一组参数(即依数)进行坐标转换的一种方法。

02.243　照相星表　photographic star catalogue
用照相方法测定的恒星位置和自行表。

02.244　较差星表　differential star catalogue
又称“相对星表”。由测定待测星与参考星的相对位置所编成的星表。

02.245　绝对星表　absolute star catalogue
不依赖任何参考星直接测定恒星位置和自行所编成的星表。

02.246　基本星表　fundamental catalogue
综合多本绝对星表编制而成的高精度恒星位置和自行表，用以体现恒星参考系。

02.247　卫星多普勒测量　satellite Doppler tracking
接收人造卫星所发射的无线电波的多普勒

频移，以测定卫星轨道的技术。

02.248　激光测月　lunar laser ranging，LLR
从观测站向月面上后向反射器发射激光并接收反射光以测定地月距离的技术。

02.249　卫星激光测距　satellite laser ranging，SLR
又称“激光测卫”。从观测站向卫星上后向反射器发射激光并接收反射光以测定卫星距离的技术。

02.250　甚长基线干涉测量　very long baseline interferometry，VLBI
利用甚长基线干涉仪或甚长基线干涉仪阵，进行天体测量和天体物理研究的技术方法。

02.251　全球定位系统　Global Positioning System，GPS
由美国发射的 24 颗卫星组成的导航定位测时系统。

02.252　光干涉测量　optical interferometry
两架或两架以上的望远镜同时接收同一天体的光线，通过干涉进行天体测量和天体物理研究的技术方法。

02.253　时延　time delay
(1) 电磁波在介质中传播由于路径弯曲和速度变慢而引起的传播时间的延长。(2) 干涉测量中不同测量仪器接收到同一波前的时间差。(3) 天文观测接收的讯号电流经过仪器电路产生响应所经历的时间。

02.254　扫描大圆　scanning great circle
依巴谷空间天体测量卫星望远镜的视场中心随卫星自转在天球上扫描形成的大圆。

02.255　参考大圆　reference great circle
为处理空间天体测量观测资料，在若干扫描大圆中，取一平均位置作为归算各种参数的基准而选定的大圆。

02.256　姿态参数　attitude parameter
确定空间天体测量卫星望远镜的指向在天球上位置的一组参数，包括卫星自转轴的赤经、赤纬和望远镜扫描大圆与天赤道交点的角距。

02.257　局域惯性系　local inertial system
在每一个时空点的无穷小邻域内用闵可夫斯基度规张量表示的参考系。

02.258　自然基　natural tetrad
四维时空中以观测者为原点的一个局域参考架，这时假定观测者在选定的时空参考系中为静止。

02.259　本征基　proper tetrad
四维时空中以实际观测者为原点的一个局域参考架。

02.260　自然方向　natural direction
观测者以其自然基为参考架时测得的天体的方向。

02.261　本征方向　proper direction
观测者以其本征基为参考架时测得的天体的方向，与自然方向的差为周年光行差。

02.262　坐标方向　coordinate direction
观测者和天体连线方向的单位矢量。

02.263　多普勒定位　Doppler positioning
用多个测站对目标天体的大量多普勒测速资料确定目标天体或测站位置的方法。

02.264　双频多普勒　Doppler system with dual frequency

为消除电离层效应同时用两个频率进行的多普勒测量。

02.265　国际天球参考架　International Celestial Reference Frame，ICRF

(1)用于实现国际天球参考系坐标轴的一组精确观测的河外射电源的位置。(2)列有前述这些坐标的射电星表的名称。

02.266　光行差椭圆　aberration ellipse

因周年光行差效应引起的天体视位置的椭圆形周年变化轨迹。长轴在恒星的黄纬圈上，短轴在黄经圈上。

02.267　天文参考系　astronomical reference system

研究和表示天体位置和运动的参照物、采用的坐标系和有关的参数的总称。

02.268　天轴　celestial axis

天球做周日旋转所绕的轴线，即通过天球中心与地球瞬时自转轴平行的直线。

02.269　天球坐标　celestial coordinates

标志天体在天球坐标系中位置的两个正交量，即经向坐标和纬向坐标。

02.270　民用时　civil time

世界各地由国家法定使用的时间。根据协调世界时确定的区时，参照各国的行政区划、自然界线或节令而调整。

02.271　时钟比对　clock comparison

不同时钟的钟面时之差的测量。

02.272　钟差　clock offset

(1)两个钟的钟面时之差。(2)一个钟的钟面时和参考标准时之差。

02.273　钟速　clock rate

单位时间一个钟的钟差改变量。

02.274　分至圈　colure

二分圈和二至圈的总称。

02.275　坐标时　coordinate time

时空坐标系中表示时间的那个坐标。

02.276　较差天体测量　differential astrometry

天体位置的一种相对测量，即通过测量未知位置天体与已知位置天体的坐标差确定天体位置的方法。

02.277　东点　east point

四方点之一。天赤道与地平圈的两个交点中，位于天体周日运动上升一边的一点。

02.278　受迫章动　forced nutation

在外力矩的作用下，自转着的地球的轴在空间坐标系里的周期变化。

02.279　自由章动　free nutation

无外力矩作用时，自转着的地球的轴在空间坐标系里的周期变化

02.280　地心引力常数　geocentric gravitational constant

天文常数之一，地球质量与牛顿引力常数的乘积。

02.281　地心纬度　geocentric latitude

连接地球上一点和地球质心的直线与相对

于地球平极的赤道平面之间的交角。

02.282　地心经度　geocentric longitude
过地球上一点，地球质心和地球平极形成的子午线与格林尼治子午线所交的球面角。

02.283　大地坐标　geodetic coordinates
相对于过地面上一点的参考椭球体法线计量的该地的经纬度和高程，是大地经度、大地纬度和大地高程的总称。

02.284　大地经度　geodetic longitude
过地面上一点的参考椭球体法线和地球质心形成的子午线与格林尼治子午线所交的球面角。

02.285　大地纬度　geodetic latitude
过地面上一点的参考椭球体法线与对应于地球平极的赤道平面之间的交角。

02.286　大地高程　geodetic altitude
沿过地面上一点的参考椭球体法线计量的该点与参考椭球面之间的距离，以地面点在椭球面之上为正值，反之为负值。

02.287　地理坐标　geographic coordinates
相对于地球平极和地面上一点的铅垂线计量的该地的经纬度，是地理经度和地理纬度的总称。

02.288　地理纬度　geographic latitude
过地球表面上一点的铅垂线与对应于地球平极的赤道平面之间的交角，即天文纬度改正极移效应的值。

02.289　地理经度　geographic longitude
过地球表面上一点的地理子午线与格林尼治地理子午线所交的球面角，即天文经度改正极移效应的值。

02.290　地理子午线　geographic meridian
过地球表面上一点的铅垂线与地球平极构成的平面与其表面相交的弧线。

02.291　平赤纬　mean declination
天体在平赤道和平春分点构成的天球坐标系中的纬向坐标。

02.292　平赤经　mean right ascension
天体在平赤道和平春分点构成的天球坐标系中的经向坐标。

02.293　平恒星日　mean sidereal day
平春分点在同一子午圈连续两次中天的时间间隔。

02.294　中天观测　meridian observation
当天体在周日视运动中过子午圈时对之进行的观测。

02.295　微角秒天体测量　microarcsec astrometry
观测和资料处理达到方位精度 10^{-6} 角秒或相对精度 10^{-12} 左右的天体测量。

02.296　北点　north point
四方点之一。地平圈与子午圈的两交点之中距北天极较近的一点。

02.297　主章动　principal nutation
章动系列中周期为 18.6 年的周期项。

02.298　时秒　second of time
时间计量单位之一，即 1 日的 1/86400。天文学上也用作测量时角和赤经的单位，等于 15″。

02.299　南点　south point

四方点之一。地平圈与子午圈的两交点之中距北天极较远的一点。

02.300　地球参考系　terrestrial reference system，TRS

为标记地面上目标和测站的位置和运动而建立的参考系。

02.301　时区　time zone

地球表面按经线划分的 24 个等间距瓜瓣形区域，每一区域内统一应用中央经线的地方平时。

02.302　真赤经　true right ascension

天体在真赤道和真春分点构成的天球坐标系中的经向坐标。

02.303　真赤纬　true declination

天体在真赤道和真春分点构成的天球坐标系中的纬向坐标。

02.304　西点　west point

四方点之一。天赤道与地平圈的两个交点中，位于天体周日运动下降一边的一点。

02.305　国际天球参考系　International Celestial Reference System，ICRS

IAU 推荐的以河外源位置定义的参考系，它以太阳系质心为原点，坐标轴在运动学意义下没有转动。

02.306　国际地球参考系　International Terrestrial Reference System，ITRS

国际大地测量学和地球物理学联合会(IUGG)推荐的地心地球参考系。其定向保持了与过去的国际协议之间的连续性，共转条件定义为地球表面没有残余的转动，并且地心定义为包括海洋和大气在内的整个地球的质量中心。

02.307　天球参考系　celestial reference system，CRS

为标记天体的位置和运动而建立的天文参考系。

02.308　国际地球参考架　International Terrestrial Reference Frame，ITRF

分布在地球表面上一组参考点的瞬时坐标和速度，用于实现国际地球参考系。

02.309　下行光行时　down-leg light time

电磁信号从目标天体返回测站的时间间隔。

02.310　参数化后牛顿形式　parameterized post-Newtonian formalism

包含 10 个参数的多体问题的一阶后牛顿时空度规。对不同的引力理论参数取不同的值,用于观测资料处理和引力理论检验。

02.311　上行光行时　up-leg light time

电磁信号从测站到目标天体的时间间隔。

02.312　天球中间零点　Celestial Intermediate Origin，CIO

GCRS 里的无旋转零点。天球中间参考系里中间赤道上的赤经起算点。

02.313　天球中间极　Celestial Intermediate Pole，CIP

地心赤极，从 2003 年 1 月 1 日起使用。它是从 GCRS 到 ITRS 变换的中间极，分离了章动和极移，对应传统的真天极。

02.314　[太阳系]质心天球参考系　Barycentric Celestial Reference System，BCRS

太阳系的一组时空坐标系，以太阳系质心

为原点，空间轴与 ICRS 轴保持一致，以广义相对论为理论框架，度规张量由 IAU 决议给定。

02.315 天球中间参考系 Celestial Intermediate Reference System，CIRS

对 GCRS 进行岁差章动随时间变化的转动后的天球参考系。它对应传统的真赤道参考系，只是用天球中间零点取代了真春分点。

02.316 天极偏差 celestial pole offsets

参考架偏差中 J2000.0 平极相对 GCRS 的偏差。

02.317 参考架偏差 frame bia

J2000.0 平极和平春分点相对 GCRS 的三个偏差，前两个是平极的偏差，第三个是平春分点的赤经偏差。

02.318 地心天球参考系 Geocentric Celestial Reference System，GCRS

地球附近的一组时空坐标系，以地心为原点，坐标轴相对 BCRS 在运动学意义下无转动，以广义相对论为理论框架，其度规张量为 IAU 决议所给定。

02.319 地心地球参考系 Geocentric Terrestrial Reference System，GTRS

以地心为原点，与地心和地球表面一起运动，用于标明地面点位置的地球参考系。

02.320 地球中间零点 Terrestrial Intermediate Origin，TIO

ITRS 里的无旋转零点，是地球中间参考系里的经度起算点。

02.321 北斗卫星导航系统 BeiDou Navigation Satellite System

由中国发射的数十颗高、中轨道卫星组成的导航定位授时系统。

02.322 视地平 apparent horizon

地面上观测者的视线与地球表面相切而投影在天球上所得的小圆。

02.323 日心纬度 heliocentric latitude

日心坐标系中的纬度。

02.324 日心经度 heliocentric longitude

日心坐标系中的经度。

03. 天 体 力 学

03.001 天体力学 celestial mechanics
研究天体和天体系统在引力作用下的轨道、自转和动力学演化的天文学分支学科。

03.002 天文动力学 astrodynamics
又称"航天动力学"。研究星际航行轨道动力学问题的学科。

03.003 摄动 perturbation，disturbance
(1)天体轨道对圆锥曲线的偏离。(2)使天体轨道偏离圆锥曲线的扰动过程。

03.004 摄动理论 perturbation theory
研究天体轨道对圆锥曲线的偏离及其变化规律的理论。

03.005 普遍摄动 general perturbation
又称"天体力学分析方法"。给出天体运动方程解的分析表达式的方法。

03.006 特殊摄动 special perturbation
又称"天体力学数值方法"。用数值分析来解算天体运动方程的方法。

03.007 摄动体 disturbing body
其作用力使所研究的天体轨道偏离圆锥曲线的天体。

03.008 受摄体 disturbed body
因受到摄动而轨道对圆锥曲线有偏离的天体。

03.009 摄动函数 disturbing function
一个标量函数，其梯度为作用在受摄体上的除中心天体球体部分引力之外的其他引力。

03.010 力函数 force function
一个标量函数，其对一天体的位置矢量的偏导数等于该天体所受的引力。

03.011 长期摄动 secular perturbation
天体轨道对圆锥曲线的偏离中随时间积累而增长的部分。

03.012 周期摄动 periodic perturbation
天体轨道对圆锥曲线的偏离中随时间积累而做周期变化的部分。

03.013 长周期摄动 long period perturbation
周期摄动中周期长于轨道周期的部分。

03.014 短周期摄动 short-period perturbation
周期摄动中周期等于或短于轨道周期的部分。

03.015 二体问题 two-body problem
由两个质点及其相互引力作用组成的力学模型。

03.016 三体问题 three-body problem
由三个质点及其相互引力作用组成的力学模型。

03.017　限制性三体问题　restricted three-body problem

三体问题里一个质点与其他两个质点相比其质量小到可忽略的特殊情形。

03.018　圆型限制性三体问题　circular restricted three-body problem

限制性三体问题里两质量较大的质点相互绕转轨道为圆的特殊情形。

03.019　椭圆型限制性三体问题　elliptic restricted three-body problem

限制性三体问题里两质量较大的质点相互绕转轨道为椭圆的特殊情形。

03.020　希尔问题　Hill problem

平面圆型限制性三体问题的一种近似。来源于月球运动理论,在摄动函数中忽略了以月球和太阳平均运动之比作为因子的项。

03.021　多体问题　many-body problem

由三个或三个以上的质点及其相互引力作用组成的力学模型。

03.022　经典积分　classical integral

表示动量守恒、角动量守恒和能量守恒定律的数学表达式。

03.023　雅可比积分　Jacobi's integral

圆型限制性三体问题存在的唯一积分，它表示匀速旋转坐标系中的能量守恒定律。

03.024　孤立积分　isolating integral

当积分常数给定后能用来预报运动可能发生的区域的积分。

03.025　零速度面　surface of zero velocity

在圆型限制性三体问题的雅可比积分中令速度为零后该积分所决定的曲面。也可用于其他力学模型。

03.026　二体碰撞　binary collision

多体问题中的两个质点相碰的现象。

03.027　三体碰撞　triple collision

多体问题中的三个质点同时在同一地点相碰的现象。

03.028　中心构形　central configuration

多体问题中在所有质点碰撞到一起的过程中，质点趋于组成一定的形状。这时每个质点受到的力指向系统的质心，大小与质点到质心的距离成比例。

03.029　正规化变换　regularization transformation

能消除天体运动方程中碰撞奇点的坐标变换。

03.030　截面法　method of surface of section

探讨天体运动方程的周期解及其邻近轨道性质的一种方法，由法国天文学家庞加莱(Poincaré)提出。

03.031　埃农-海利斯模型　Hénon-Helies model

法国天文学家埃农等在 1963 年构造的一种简化的星系力学模型，对这种模型所做的数值模拟揭示了混沌现象。

03.032　*n* 体模拟　*n*-body simulation

在天体集团结构形成与演化过程中，把系统假设为 *n* 个质点，仅考虑相互引力作用的一种数值模拟方法。

03.033　秤动点　libration point

天体系统运动方程的一种静态特解。当一

质点置于该点且初始速度为零时，它将在该点保持静止。

03.034 拉格朗日点 Lagrangian points
圆型限制性三体问题中存在的五个秤动点的总称，包括两个等边三角形点和三个共线点。

03.035 等边三角形点 equilateral triangle points
拉格朗日点中位于两较大质量的质点相互绕转平面上并与它们构成等边三角形的两个点。

03.036 共线点 collinear points
拉格朗日点中位于两较大质量的质点连线上的三个点。

03.037 内拉格朗日点 inner Lagrangian point
共线点中位于两较大质量的质点之间的一点。

03.038 外拉格朗日点 outer Lagrangian points
共线点中位于两较大质量的质点两侧的两个点。

03.039 希尔稳定性 Hill stability
当能量低于某个特定数值时，天体保持在一个局部范围内运动的特性。

03.040 较差自转 differential rotation
天体或天体系统的各部分有不同自转角速率的现象。

03.041 安多耶变量 Andoyer variable
用于天体自转研究的一组正则共轭变量。

03.042 潮汐形变 tidal deformation
天体上各质点与天体质心所受外部天体引力有差别而引起的天体弹性形变现象。

03.043 潮汐摩擦 tidal friction
天体发生潮汐形变时，天体物质因黏性或摩擦而产生的能量耗散现象。

03.044 洛希极限 Roche limit
行星与其卫星间的最小可能距离，小于这一距离时，行星对卫星的潮汐作用将造成卫星解体。也常用于双星系统。因法国天文学家洛希首先求得而得名。

03.045 定轨 orbit determination
从观测资料确定天体轨道的过程。

03.046 初轨 preliminary orbit
天体被发现或发射后由首批观测资料第一次确定的轨道。

03.047 轨道改进 orbit improvement
用观测资料对天体的近似轨道作修正，以求出精确轨道的过程。

03.048 吻切平面 osculating plane
天体的瞬时位置矢量和速度矢量决定的平面。

03.049 吻切椭圆 osculating ellipse
天体的瞬时位置矢量和速度矢量决定的椭圆。

03.050 轨道根数 orbital element
确定圆锥曲线轨道的基本要素。一般情况下为六个，分别表示轨道的大小、形状、轨道在轨道面上的方位、轨道面的取向和天体在轨道上的初始位置。

03.051 吻切根数 osculating element
吻切椭圆所对应的轨道根数。

03.052　**平根数**　mean element
轨道根数中扣除周期变化后剩余的只做长期变化的部分。

03.053　**近点**　periapsis
又称“近拱点”。轨道椭圆上离引力中心最近的点。

03.054　**远点**　apoapsis
又称“远拱点”。轨道椭圆上离引力中心最远的点。

03.055　**拱点**　apsis，apse
近点和远点的统称。

03.056　**拱线**　apsidal line
连接两拱点的直线。即轨道椭圆的长轴。

03.057　**交点线**　nodal line
轨道平面与基本坐标平面的交线。

03.058　**交点**　nodes
交点线与天球相交的两个点。

03.059　**升交点**　ascending node
两交点中的一个。天体自南向北在该点越过基本坐标平面。

03.060　**降交点**　descending node
两交点中的一个。天体自北向南在该点越过基本坐标平面。

03.061　**近日点**　perihelion
绕日运动的天体轨道椭圆上离太阳最近的点。

03.062　**远日点**　aphelion
绕日运动的天体轨道椭圆上离太阳最远的点。

03.063　**近地点**　perigee
绕地运动的天体轨道上离地心最近的点。

03.064　**远地点**　apogee
绕地运动的天体轨道上离地心最远的点。

03.065　**近心点**　pericenter
二体问题中一质点的轨道上离两质点的质量中心最近的点。

03.066　**远心点**　apocenter
二体问题中一质点的轨道上离两质点的质量中心最远的点。

03.067　**近星点**　periastron
双星系统中一子星轨道上离另一子星最近的点。

03.068　**远星点**　apoastron
双星系统中一子星轨道上离另一子星最远的点。

03.069　**半长径**　semi-major axis
轨道椭圆长轴的一半。

03.070　**轨道偏心率**　orbital eccentricity
轨道椭圆焦点到中心的距离与半长径之比。

03.071　**轨道倾角**　orbital inclination
轨道平面与基本坐标平面的夹角。

03.072　**近点幅角**　argument of periapsis
轨道近点和升交点间的角距离，从升交点起沿运动方向度量。

03.073　**升交点经度**　longitude of ascending node
轨道升交点和经度起算点间的角距离，从

经度起算点起沿经度增加方向度量。

03.074　平运动　mean motion
天体沿轨道椭圆运动的平均角速度。

03.075　近点角　anomaly
轨道面上从近点起沿运动方向量度的角度。

03.076　平近点角　mean anomaly
天体从近点起假想地以平均角速度运动时其向径扫过的角度。

03.077　真近点角　true anomaly
天体从近点起沿轨道运动时其向径扫过的角度。

03.078　偏近点角　eccentric anomaly
二体问题的解中坐标和时间之间的中介变量，坐标和时间都能用它和它的三角函数来表示。

03.079　近日点进动　advance of the perihelion
天体轨道近日点幅角不断增加的现象。

03.080　交点退行　regression of the node
天体轨道升交点经度不断减少的现象。

03.081　开普勒定律　Kepler's law
行星运动的三条基本定律。因德国天文学家开普勒发现而得名。

03.082　面积定律　law of area
表示二体问题中质点的向径在相同时间里扫过相同面积的定律。

03.083　开普勒方程　Kepler's equation
表示天体轨道偏心率、平近点角和偏近点角之间关系的一个方程。

03.084　开普勒轨道　Kepler orbit
二体问题里质点运动所遵循的轨道。

03.085　周期轨道　periodic orbit
天体反复地以相同的时间回到原来位置的轨道。

03.086　中间轨道　intermediate orbit
接近天体的真实运动，能以准确的解析式表达的一种假想轨道。

03.087　轨道共振　orbit resonance
在引力相互作用下的两个或多个天体的某种运动频率之间接近简单整数比时发生的轨道运动状态。按其成因,可分为平运动共振、轨旋共振和长期共振等。

03.088　临界倾角　critical inclination
取值为 63°26′ 或 116°34′的人造地球卫星轨道倾角，此时卫星拱线无长期运动。

03.089　拉普拉斯矢量　Laplace vector
沿轨道椭圆的拱线方向且其大小与轨道偏心率成正比的一个矢量。

03.090　不变平面　invariable plane
经过太阳系质心并且垂直于太阳系总角动量矢量的平面。

03.091　拉格朗日行星运动方程　Lagrange's planetary equation
受摄体的吻切根数满足的微分方程。

03.092　科威尔方法　Cowell method
天体运动方程求解的一种数值积分方法，它尤适用于运动方程为不显含速度的二阶常微分方程的情形。因英国天文学家科威尔成功地应用于预报 1910 年哈雷彗星回归而得名。

03.093 平均法 averaging method
解轨道根数的微分方程的一种方法。用不断地进行变量变换来消除轨道根数的周期变化，最后得到平根数。

03.094 环绕速度 circular velocity
绕中心天体做圆周运动的速度。

03.095 逃逸速度 escape velocity
绕中心天体做抛物线运动的速度。

03.096 第一宇宙速度 first cosmic velocity
地球表面处的环绕速度，其值约为 7.9km/s。

03.097 第二宇宙速度 second cosmic velocity
地球表面处的逃逸速度，其值约为 11.2km/s。

03.098 第三宇宙速度 third cosmic velocity
从地球表面出发，为摆脱太阳系引力场的束缚，飞向恒星际空间所需的最小速度，其值约为 16.7km/s。

03.099 天文年历 astronomical almanac
按年度出版，反映本年度内主要天体运动规律和发生的天象，载有天文和大地测量工作所需的各种基本天文数据的专门历书。

03.100 航海历书 nautical almanac
供航海人员观测天体以确定船舰位置的专门历书。

03.101 历表 ephemeris
以一定的时间间隔列出的天体位置表。

03.102 地心历表 geocentric ephemeris
列出天体地心坐标的历表。

03.103 合 conjunction
由地球上看到太阳系里两个天体（常是太阳和行星）的赤经或黄经相等的现象。也指此现象发生的时刻。

03.104 上合 superior conjunction
内行星和地球位于太阳两侧发生的合。

03.105 下合 inferior conjunction
内行星位于地球与太阳之间发生的合。

03.106 冲 opposition
由地球上看到外行星或小行星与太阳的赤经或黄经相差 180°的现象。也指此现象发生的时刻。

03.107 大冲 favorable opposition
外行星或小行星最接近地球时发生的冲。

03.108 方照 quadrature
由地球上看到外行星与太阳的黄经相差 90°的现象。也指此现象发生的时刻。

03.109 东方照 eastern quadrature
外行星位于太阳东侧发生的方照。

03.110 西方照 western quadrature
外行星位于太阳西侧发生的方照。

03.111 距角 elongation
行星与太阳，或卫星与其母行星对地心的张角。

03.112 大距 (1) greatest elongation, (2) elongation
(1) 内行星或卫星距角达到极大时的位置。

(2) 天极与天顶之间上中天的恒星在周日运动过程中其所在地平经圈与子午圈交角达到极大时的位置。

03.113　东大距　(1) greatest eastern elongation，(2) eastern elongation

(1) 内行星在太阳，或卫星在其母行星的东侧达到大距。(2) 恒星在周日运动过程中，在当地子午圈东侧发生的大距。

03.114　西大距　(1) greatest western elongation，(2) western elongation

(1) 内行星在太阳，或卫星在其母行星的西侧达到大距。(2) 恒星在周日运动过程中，在当地子午圈西侧发生的大距。

03.115　顺行　direct motion

(1) 行星在地心天球上自西向东的视运动。(2) 从北黄极或北天极看，行星、彗星或卫星等天体做逆时针方向的轨道运动。

03.116　逆行　retrograde motion

(1) 行星在地心天球上自东向西的视运动。(2) 从北黄极或北天极看，行星、彗星或卫星等天体做顺时针方向的轨道运动。

03.117　顺留　direct stationary

行星视运动由顺行转变为逆行时发生的停滞不动的现象。

03.118　逆留　retrograde stationary

行星视运动由逆行转变为顺行时发生的停滞不动的现象。

03.119　留　stationary

顺留和逆留的统称。

03.120　食　eclipse

一个天体被另一个天体的影子所遮掩，其视面变暗甚至消失的现象。

03.121　日食　solar eclipse

日面被月面遮掩而变暗甚至完全消失的现象。

03.122　月食　lunar eclipse

月球被地影遮掩而发生的食。

03.123　全食　total eclipse，totality

天体视面全部被另一个天体的影子遮掩的现象。

03.124　偏食　partial eclipse

天体视面的一部分被另一天体的影子遮掩的现象。

03.125　日环食　annular solar eclipse

日面的中央部分被月面所遮掩而周围仍呈现一个明亮光环的现象。

03.126　全环食　total-annular eclipse

在特殊情况下，同一次日食，对某些地区为全食，另一些地区为环食的现象。

03.127　中心食　central eclipse

日全食和日环食的总称。

03.128　本影　umbra

(1) 天体的光在传播过程中被另一天体所遮挡，在其后方形成的光线完全不能照到的圆锥形内区。(2) 太阳黑子中央较暗的部分。

03.129　半影　penumbra

(1) 天体的光在传播过程中被另一天体所遮挡，在其后方形成的只有部分光线可以照到的外围区域。(2) 太阳黑子周围稍亮的部分。

03.130　本影食　umbral eclipse
月球进入地球本影，被全部或部分遮掩的现象。

03.131　半影食　penumbral eclipse
月球进入地球的半影，被全部或部分遮掩的现象。

03.132　《食典》　Canon der Finsternisse（德）
1887 年奥地利天文学家奥伯尔泽（Oppolzer）所著，刊载公元前 1208 年至公元 2161 年间日月食资料的一部著作。

03.133　交食概况　circumstances of eclipse
一次日食或月食发生的有关情况，包括各食相的时刻、食分、日食可见地点的经纬度、月球在天顶的地点的经纬度等。

03.134　交食要素　element of eclipse
计算日月食发生情况必需的基本数据，包括月球和太阳的赤经相等或相差 180°的时刻，月球和太阳的赤经、赤纬及其变化率，月球和太阳的地平视差、角半径等。

03.135　全食带　zone of totality
月球的本影在地面扫过的区域。

03.136　环食带　zone of annularity
月球本影锥顶点以外的延伸部分在地面扫过的区域。

03.137　日食限　solar eclipse limit
在朔日，使日食成为可能时月球中心与黄道和白道的交点之间的角距离极限，在下限（15°21′）以内必发生日食，在上限（18°31′）以外无日食。

03.138　食相　phase of eclipse
日月食过程中，被遮掩日面或月面部分所呈现的各种形状的统称。

03.139　食分　magnitude of eclipse
表示日月被食程度的量。分别以太阳和月球的角直径为单位来计算。

03.140　初亏　first contact
主要食相之一，月面和日面外切或月球与地球本影外切的现象。也常指此食相发生的时刻。

03.141　食既　second contact
主要食相之一，月面和日面内切或月球和地球本影内切的现象。也常指此食相发生的时刻。

03.142　食甚　middle of eclipse
主要食相之一，月面中心和日面中心最接近或月面中心与地球本影中心最接近时的现象。也常指此食相发生的时刻。

03.143　生光　third contact
主要食相之一，月面与日面或月球与地球本影第二次内切时的现象。也常指此食相发生的时刻。

03.144　复圆　last contact，last contact of umbra
主要食相之一，月面与日面或月球与地球本影第二次外切的现象。也常指此食相发生的时刻。

03.145　凌　transit
较小天体围绕大天体运行时其圆面投影在大天体表面的现象。

03.146　入凌　ingress
凌开始的时刻。

03.147　出凌　egress
凌结束的时刻。

03.148　掩　occultation
一个天体被另一个角直径较大的天体所遮蔽的现象。

03.149　月相　phase of the moon, lunar phase
月球视面圆缺变化的各种形状的统称。

03.150　月龄　moon's age
用数字 0 至 29 表示每日的月相。以 0 表示朔，依次类推。

03.151　朔　new moon
月球与太阳的黄经相等的时刻，也指当时的月相。此时地面观测者看不到月面任何明亮的部分。

03.152　上弦　first quarter
从地球上看，月球在太阳东 90° 时所呈现的一种月相，此时地面观测者可看到月球明亮的西半圆面。

03.153　望　full moon
又称"满月"。月球与太阳的黄经相差 180° 的时刻，也指当时的月相。此时地面观测者可看到月球的完整明亮的圆面。

03.154　秤动　libration
在平衡状态附近振动的现象。

03.155　天平动　libration
由于几何和物理的原因，地面观测者所看到的月球正面边缘部位的微小变化。

03.156　视天平动　apparent libration
又称"几何天平动""光学天平动"。由于地面观测者在不同的时刻从稍有差异的方向看月球所引起的天平动。

03.157　物理天平动　physical libration
月球自转不均匀，月球赤道与黄道交角有微小变化等物理原因引起的天平动。

03.158　经天平动　libration in longitude
月球绕地球运行速度和自转速度的不均匀性所引起的天平动。

03.159　纬天平动　libration in latitude
由于月球赤道与白道不重合，又与黄道的交角有微小变化所引起的天平动。

03.160　周日天平动　diurnal libration
又称"视差天平动"。周日视差引起的天平动。

03.161　中心差　equation of the center
循椭圆轨道运行的天体的真近点角与平近点角之差。它在月球运动里是对周期为一个恒星月的圆运动的主要改正项。

03.162　二均差　variation
月球运动里因太阳和地球引力的联合作用而产生的周期为半个朔望月的摄动项。

03.163　出差　evection
月球运动里因月球轨道偏心率的变化而产生的周期为 31.8 天的摄动项。

03.164　月角差　parallactic inequality
月球运动里因太阳引力作用而产生的周期为一个朔望月的小摄动项。

03.165　周年差　annual equation
月球运动里因地球轨道偏心率致使太阳

引力变化而产生的周期等于近点年的摄动项。

03.166　长期加速度　secular acceleration
潮汐摩擦和某些地球物理因素造成的月球轨道角速度变慢的现象。

03.167　卡西尼定律　Cassini's law
描述月球运动的三条定律。因发现者法国天文学家卡西尼而得名。

03.168　德洛奈变量　Delaunay variable
以天体的平近点角、近点幅角、升交点经度及其正则共轭变量组成的轨道根数。

03.169　恩克方法　Encke's method
天体直角坐标的摄动量为变量对天体运动方程进行数值积分的方法。因德国天文学家恩克提出而得名。

03.170　麦克劳林旋转椭球体　MacLaurin spheroid
均匀流体球自转时的平衡形状之一。因英国数学家麦克劳林证明了这种旋转椭球体在一定条件下存在而得名。

03.171　雅可比椭球　Jacobi ellipsoid
均匀流体球自转时的一种稳定平衡形状。因法国数学家雅可比证明了这种三轴互不相等的椭球体在一定条件下存在而得名。

03.172　林德布拉德共振　Lindblad resonance
天体或流体元的径向振动频率和摄动力的频率为接近整数比时发生的轨道共振。

03.173　庞加莱变量　Poincaré variable
以天体的平经度、近点经度和升交点经度及其正则共轭变量组成的无奇点轨道根数。

03.174　庞加莱截面　Poincaré surface of section
截面法中用来显示动力学系统轨道拓扑结构的平面。

03.175　平经度　mean longitude
天体的平近点角、近点经度和升交点经度三者之和。

03.176　近点经度　longitude of periapsis
天体的近点幅角和升交点经度之和。

03.177　水星近日点进动　advance of Mercury's perihelion
水星绕日公转轨道的近日点与升交点的角距离以每世纪 5 600.73″不断增长,比由牛顿定律得出的理论值每世纪快约 43″的现象。

03.178　拱线共振　apsidal resonance
两个小天体绕同一个中心天体的轨道拱线进动的速率几乎相等时的轨道共振。属“长期共振”的一种。

03.179　面积速度　areal velocity
二体问题中质点的向径在单位时间里扫过的面积。

03.180　密近交会　close encounter
天体间以甚短距离互相接近。

03.181　摄动力　perturbative force
使天体轨道偏离圆锥曲线的作用力。

03.182　平运动共振　mean motion resonance
两个天体绕同一个中心天体公转的周期之

比接近简单分数时的轨道共振。

03.183　后牛顿近似　post-Newtonian approximation

广义相对论解在牛顿解的基础上所做的近似。

03.184　本征根数　proper element

天体吻切根数中的半长径、轨道偏心率和轨道倾角去除所有周期变化得到的不随时间改变的根数，用于表示天体的轨道特征。

03.185　掩带　occultation band

在地面上能观测到掩星现象的区域。

03.186　长期共振　secular resonance

两个小天体绕同一个中心天体的轨道拱线进动或升交点退行的速率几乎相等时的轨道共振。

03.187　轨旋共振　spin-orbit resonance

一个天体的公转周期与其本身或中心天体的自转周期之比接近简单分数时的轨道共振。

03.188　会合周期　synodic period

三个天体相对位置的几何构形循环一次所经历的时间。

03.189　潮滞　tidal lag

因潮汐摩擦促使潮汐发生滞后的现象。

03.190　下蛾眉月　waning crescent

月球与太阳的黄经差在(270°，360°)区间内，即下弦后下一个新月前所呈现的月相。此时地面观测者可看到月面日渐细长的蛾眉状明亮部分。

03.191　亏凸月　waning gibbous

月球与太阳的黄经差在(180°，270°)区间内，即满月后下弦前所呈现的月相。此时地面观测者可看到月面从西侧日渐亏损的明亮部分。

03.192　上蛾眉月　waxing crescent

月球与太阳的黄经差在(0°，90°)区间内，即朔后上弦前所呈现的月相。此时地面观测者可看到月面日渐丰盈的蛾眉状明亮部分。

03.193　盈凸月　waxing gibbous

月球与太阳的黄经差在(90°，180°)区间内,即上弦后满月前所呈现的月相。此时地面观测者可看到月面向东侧日渐凸出的明亮部分。

03.194　盈月　crescent moon

上蛾眉月、下蛾眉月的总称。

03.195　古在共振　Kozai resonance

天体的近点幅角保持在 90°或 270°左右振动时的轨道共振。因其发现者之一是日本天文学家古在由秀而得名。

03.196　拉普拉斯共振　Laplace resonance

三个天体间发生的平运动共振。因法国天文学家拉普拉斯首先发现而得名。

03.197　第四宇宙速度　fourth cosmic velocity

从地球表面出发，为摆脱银河系引力场的束缚，飞向星系际空间所需的最小速度，其值约为 110km/s。

03.198　后牛顿天体力学　post-Newtonian celestial mechanics

以广义相对论为理论框架的天体力学，通

常采用后牛顿近似。

03.199　混合摄动　mixed perturbation

其振幅随时间积累而有长期变化的周期摄动。

03.200　活力积分　vis viva equation

又称“活力公式”。二体问题的一个积分，表示能量守恒定律。

03.201　蒂塞朗判据　Tisserand's criterion

证认不同时期观测到的周期彗星是否属同一颗的判别式。因法国天文学家蒂塞朗提出而得名。

03.202　月食限　lunar ecliptic limit

在望日，使月食成为可能时地影中心在天球上的投影与黄道和白道的交点之间的角距离极限；在下限(9°30′)以内必定发生月食，在上限(12°15′)以外无月食。

03.203　升交角距　argument of latitude

轨道面上从升交点起沿运动方向量度的角度。

04. 天体物理学

04.001 天体物理学 astrophysics

研究天体和其他宇宙物质的性质、结构和演化的天文学分支。

04.002 实测天体物理学 observational astrophysics

天体物理学的分支。研究天体物理观测技术与方法以及通过观测揭示天体的物理性质与演变的学科。

04.003 理论天体物理学 theoretical astrophysics

天体物理学的分支。通过理论分析揭示天体的辐射机制、物质性质、内部结构与演变规律的学科。

04.004 等离子天体物理学 plasma astrophysics

天体物理学的分支。研究天体和其他宇宙物质中的等离子过程的学科。

04.005 高能天体物理学 high energy astrophysics

天体物理学的分支。研究天体和其他宇宙物质中有 X 射线、γ 射线或宇宙线参与并释放极高总能量的现象和过程的学科。

04.006 γ 射线谱线天文学 γ-ray line astronomy

γ 射线天文学的一个分支。探讨和研究宇宙中产生γ 射线谱线辐射的源，产生该种辐射的各种物理过程以及空间观测仪器和处理方法等问题。

04.007 粒子天体物理学 particle astrophysics

又称“天体粒子物理(astroparticle physics)”。研究天体和其他宇宙物质中基本粒子过程的学科，是粒子物理学和天体物理学的交叉学科。

04.008 中微子天文学 neutrino astronomy

又称“中微子天体物理学”。研究天体和其他宇宙物质发射中微子的过程与中微子在宇宙空间的性质的学科。

04.009 相对论天体物理学 relativistic astrophysics

天体物理学的分支。研究天体和其他宇宙物质中的狭义与广义相对论效应不可忽视的高速度、强引力现象与过程的学科。

04.010 引力波天文学 gravitational wave astronomy

探查与研究天体引力波辐射的存在及其辐射过程与性质的学科。

04.011 天体光谱学 astrospectroscopy, astronomical spectroscopy

天体物理学的分支。研究天体辐射连续谱和谱线的形成与变化机制以揭示其化学成分和物理状态的学科。

04.012 天体照相学 astrophotography, astronomical photography, astrography

通过照相观测研究天体的位置、形态、运动、光度及其变化的学科。

04.013　天体演化学　cosmogony

研究天体和其他宇宙物质向不同存在形式转化的规律的学科。

04.014　天文地球物理学　astrogeophysics

用天文方法研究地球的物理性质以及天体对地球的影响的学科，是天文学和地球物理学的交叉学科。

04.015　宇宙纪年术　cosmochronology

根据某一宇宙学模型确定的宇宙演化各个阶段的基本特征的时间表。

04.016　天体测光　astronomical photometry, astrophotometry

简称“测光(photometry)”。测量来自天体的辐射流量以决定其亮度的技术。

04.017　阿格兰德法　Argelander method

又称“光阶法”。由德国天文学家阿格兰德首创的利用比较星进行目视估计变星亮度的方法。

04.018　目视测光　visual photometry

以人眼为探测器的测光。

04.019　照相测光　photographic photometry

以天文照相底片为探测器的测光。

04.020　光电测光　photoelectric photometry, electrophotometry

以光电转换器件为探测器的测光。

04.021　较差测光　differential photometry

同时或轮流来测量变星与比较星辐射通量，以决定天体亮度变化的方法。

04.022　绝对测光　absolute photometry

结果以物理单位表达的测光。

04.023　等光度测量　isophotometry

测定和研究天体面亮度二维分布的技术。

04.024　斑点干涉测量　speckle interferometry

一种减少大气湍流对光学、红外波段天体成像干扰，充分发挥望远镜固有的分辨本领的天体物理方法，可提高分辨率50倍。

04.025　高速测光　high-speed photometry

为研究天体亮度快速变化而设计的高时间分辨率的测光。

04.026　测光系统　photometric system

为使测光结果稳定和便于比较，对测光所用设备、器件和方法做出种种特殊规定，每种规定决定一个测光系统。

04.027　UBV系统　UBV system

有目视、蓝和紫外三个宽波段的测光系统。

04.028　uvby 系统　uvby system

又称“四色测光系统”。一种天文学上常用的在 u，v，b，y 四个波段上进行测光的系统。

04.029　真空波长　vacuum wavelength

电磁波在真空中传播时的波长。

04.030　振动谱线　vibrational line

在分子振动能级之间跃迁产生的谱线。

04.031　两色测光　two-color photometry

对于所要观测的每一天体同时或近同时地在两个波段进行测光。

04.032　三色测光　three-color photometry

对于所要观测的每一天体同时或近同时地在三个波段进行测光。

04.033　四色测光　four-color photometry
对于所要观测的每一天体同时或近同时地在四个波段进行测光。

04.034　多色测光　multicolor photometry
对于所要观测的每一天体同时或近同时地在多个波段进行测光。

04.035　CCD 测光　CCD photometry
利用 CCD 进行的二维测光。

04.036　孔径测光　aperture photometry
对由焦平面光阑或像处理系统所选取的小天区进行的测光。

04.037　二维测光　two-dimensional photometry
又称“成像测光(image photometry)”。利用二维探测器对天体像进行的测光。

04.038　通带　passband
一个天文观测系统的波长响应范围。

04.039　半宽　half width
响应函数最大值处与 1/2 处所对应的波长之差。

04.040　半峰全宽　full width at half-maximum
辐射通量按波长的分布曲线最大值 1/2 处所对应的波长之差。

04.041　宽带测光　broadband photometry
通带半宽大于 30nm 的测光。

04.042　中带测光　intermediate band photometry，medium-band photometry
通带半宽大于 10nm、小于 30nm 的测光。

04.043　窄带测光　narrow-band photometry
通带半宽小于 10nm 的测光。

04.044　测光序　photometric sequence
在一定测光系统中精确量度过的一系列稳定恒星的亮度序列．可作为该测光系统中的标准光源——标准星。

04.045　北极星序　north polar sequence
北天极附近的恒星亮度序列，其 96 颗恒星的照相星等和仿视星等已精确测定，可作恒星测光标准。

04.046　目视星等　visual magnitude
用目视波段的亮度计算出的星等。

04.047　累积星等　integrated magnitude
按有视面的天体或天体系统的总亮度确定的星等。

04.048　色指数　color index
在不同波段近同时测得的同一天体的星等差，可以反映天体的颜色。

04.049　色余　color excess
天体的实测色指数与光谱型相同的天体的正常色指数之差。

04.050　红外超　infrared excess
天体的红外辐射大于相同光谱型天体的正常红外辐射的现象。

04.051　紫外超　ultraviolet excess
天体的紫外辐射大于相同光谱型天体的正常紫外辐射的现象。

04.052　红化　reddening
恒星光线通过星际空间或地球大气，由于尘埃的选择消光效应，造成星光变红的现象。

04.053　天体偏振测量　astronomical polarimetry，astropolarimetry

测定和研究天体辐射偏振状态和变化的学科领域。

04.054　光电成像　photoelectronic imaging，electrophotonic imaging

将光学像投射到光电阴极，使之发射电子，再通过电子光学系统聚焦成与原光学像共形的电子像并加速至探测元件上读出以提高感光能力的技术。

04.055　光谱型　spectral type，spectral class

恒星按光谱分类确定的类型。

04.056　光度级　luminosity class

恒星按光度高低区分的七个等级，即超巨星、亮巨星、巨星、亚巨星、主序星、亚矮星、白矮星，分别用Ⅰ～Ⅶ表示。

04.057　光谱分类　spectral classification

恒星按光谱特性反映其温度序列的分类方法。

04.058　哈佛分类　Harvard classification

18世纪90年代哈佛天文台天文学家制定，后来被普遍采用的一种光谱分类方法，将恒星分成O，B，A，F，G，K，M 7种类型。

04.059　波恩星表　Bonner Durchmusterung

又称"BD星表"。1859～1862年间普鲁士天文学家弗里德里奇·阿基兰德在波恩编撰的包括32 418颗星的总星表。

04.060　赫罗图　Hertzsprung-Russell diagram

又称"光谱-光度图(spectrum luminosity diagram)"。1911年丹麦天文学家赫兹伯隆和1913年美国天文学家罗素分别独立采用的显示恒星序列性的光谱型-光度关系图。

04.061　双色图　two-color diagram，color-color diagram，color-color plot

天体两个色指数的关系图。

04.062　颜色-星等图　color-magnitude diagram，c-m diagram

以天体的颜色-星等所绘出的关系图。

04.063　主序　main sequence

赫罗图上从左上(高温、高光度)至右下(低温、低光度)大部分恒星集聚的序列。位于其上的恒星处于核心氢聚变阶段。

04.064　赫氏空隙　Hertzsprung gap

赫罗图上主星序右方的无恒星区。

04.065　巨星支　giant branch

赫罗图的右上方巨星集聚成带状的序列。

04.066　红巨星支　red-giant branch

赫罗图的右上方红巨星集聚成带状的序列，巨星支的一部分。

04.067　水平支　horizontal branch

在球状星团赫罗图上的一个光度基本恒定的分支。

04.068　零龄水平支　zero-age horizontal branch

质量约小于两个太阳质量的恒星，紧接着氦闪演化阶段之后，由非简并均匀氦核和富氢包层组成的质量不同的模型计算得出的赫罗图上的一条曲线。

04.069　光变曲线　light curve

变星和其他有亮度变化的天体的亮度随时

间变化的曲线。

04.070 热光变曲线 bolometric light curve
观测到的全波段能量随时间的变化。

04.071 光变周期 period of light variation, light period
光变曲线上相邻两个同位相点之间的时间间隔。

04.072 周光关系 period-luminosity relation
造父变星的光变周期与平均光度间的关系。

04.073 周光色关系 period-luminosity-color relation
为了利用周光关系，推算出造父变星的更精确的绝对星等，在关系式中，加上一个反映恒星表面温度的色指数项，称为周光色关系。

04.074 周谱关系 period-spectrum relation
造父变星的光变周期与光谱变化之间的关系。

04.075 质量函数 mass function
(1)单谱分光双星中已测得视向速度曲线的第一子星质量为 m_1，未测得视向速度曲线的第二子星质量为 m_2，轨道倾角为 i，$(m_2\sin i)^3/(m_1+m_2)^2$ 称为此双星的质量函数。其单位为太阳质量，通常用 $f(m)$ 表示。(2)单位体积内质量在 M 与 $M+\mathrm{d}M$ 间的某类型天体数。用于统计其质量的分布。

04.076 光度函数 luminosity function
一种类型的天体在一定时空范围内按光度的分布。

04.077 质光关系 mass-luminosity relation
主序星的质量与光度间的近似关系。

04.078 光度质量 luminosity mass
根据天体质量和光度的关系所估计出的质量。

04.079 动力学质量 dynamical mass
运用动力学方法所求得的天体质量，如利用物理双星的轨道运动、星系自转或位力定理求得的恒星、星系和星系团质量。

04.080 质光比 mass-to-light ratio, mass-luminosity ratio, mass-to-luminosity ratio
星系中某一光谱型恒星的质量和某一特定波长的光度的比值，它反映星系的星族特征。星系团中成员星系的质量和观测到的光度之比值，则反映星系团位力质量和光度质量之差。可用于判断天体中暗物质的含量。

04.081 位力定理 virial theorem
曾称“维里定理”。多质点体系的一个动力学定理。在一个位置和速度都有界的稳定的自引力体系中，体系长期的平均总动能等于体系总引力势能的一半。

04.082 距离尺度 distance scale
通过天文观测或理论模型所确定的天体间的大致距离范围。

04.083 估距关系 distance estimator
用于估计星系距离的一些统计关系。

04.084 天测距离 astrometric distance
又称“天体测量距离”。比较球状星团中恒星的自行弥散度和径向速度而得到的距离，与红化或标准烛光假设无关。

04.085 测光距离 photometric distance
根据天体的亮度和色指数的测量数据，运

用赫罗图拟合法所求出的天体距离。主要适用于星团的距离测定。

04.086　分光距离　spectroscopic distance
根据天体谱线特征得到的距离。

04.087　天空背景　sky background
夜间观测时天体周围没有其他天体的天空部分。

04.088　天空亮度　sky brightness
天空背景的亮度。

04.089　背景辐射　background radiation
来自宇宙空间的不可分辨其来源的辐射。

04.090　闪烁　scintillation，twinkling
由大气折射扰动引起的星光亮度的快速变化。

04.091　大气视宁度　atmospheric seeing
对受地球大气扰动影响的天体图像品质的一种量度，主要用以描述点源图像的角大小和面源图像的清晰度。

04.092　大气透明度　atmospheric transparency
地球大气容许天体辐射通过的百分率，用位于天顶方向的天体投到地面上和大气上界的流量之比表示。

04.093　吸收　atmospheric absorption
天体的辐射经过地球大气时，因部分能量传给大气中分子、原子或其他粒子而减弱的现象。

04.094　晨昏蒙影　twilight
日出前或日没后由高空大气散射太阳光引起的天空发亮的现象。

04.095　天文晨昏蒙影　astronomical twilight
太阳中心在地平下 18° 时称为天文晨光始或天文昏影终。从天文晨光始到日出或从日没到天文昏影终的一段时间称为天文晨昏蒙影。

04.096　民用晨昏蒙影　civil twilight
太阳中心在地平下 6° 时称为民用晨光始或民用昏影终。从民用晨光始到日出或从日没到民用昏影终的一段时间称为民用晨昏蒙影。

04.097　光学窗口　optical window
能透过地球大气的天体可见光的波长范围，约从 320nm 到 1 000nm。

04.098　红外窗口　infrared window
能透过地球大气的天体红外辐射的波长范围，主要包括 J(1.25μm)，H(1.6μm)，K(2.2μm)，L(3.6μm)，M(5.0μm)，N(10.0μm)和 Q(21.0μm)等窄带。

04.099　射电窗口　radio window
能透过地球大气的天体无线电辐射的波长范围，约从 0.35mm 到 30m。

04.100　射电对应体　radio counterpart
在非射电波段观测到，又在射电波段得以证认的天体。

04.101　红外对应体　infrared counterpart
在非红外波段观测到，又在红外波段得以证认的天体。

04.102　X 射线对应体　X-ray counterpart
在非 X 射线波段观测到，又在 X 射线波段得以证认的天体。

04.103　γ射线对应体　γ-ray counterpart

在γ射线波段观测到，又在其他波段得以证认的天体。

04.104　光度标准星　photometric standard star, standard star for photometry

在天体连续谱绝对光度测量中连续谱精确已知的比较星，如天琴α为一级标准星。

04.105　分光光度标准星　spectrophotometric standard star, standard star for spectrophotometry

天体光谱绝对分光光度测量中，用作比较的绝对光谱能量分布已知的恒星。

04.106　偏振标准星　polarimetric standard star, polarization standard star

天体偏振测量中，偏振量精确已知的比较星。

04.107　视向速度标准星　radial-velocity standard star, standard star for radial-velocity, standard-velocity star

恒星视向速度测量中，视向速度精确已知的比较星。

04.108　色温度　color temperature

又称"分光光度温度"。与恒星在某波段内连续能量谱相近的绝对黑体的温度。色温度和天体颜色有关。

04.109　有效温度　effective temperature

与某一恒星具有相同半径和相等总辐射能的绝对黑体的温度。

04.110　激发温度　excitation temperature

在局部热动平衡条件下，分子或原子的各个能级上的布局符合玻尔兹曼分布律时，该公式内的温度。

04.111　电离温度　ionization temperature

将原子(或离子)最里面轨道上的电子拉出，但又不给拉出的电子以动能时的温度。

04.112　等效温度　equivalent temperature

天体辐射的能谱分布或辐射总功率若与某温度黑体辐射的能谱分布或总辐射功率近似对应，则称此温度为该天体的等效温度。

04.113　运动温度　kinetic temperature

对应麦克斯韦速度分布的温度。

04.114　亮温度　brightness temperature

又称"辐射温度(radiation temperature)"。与天体在给定频率上有相同亮度的绝对黑体的温度。

04.115　赞斯特拉温度　Zanstra temperature

使星云电离的恒星紫外辐射强度的等效黑体温度。

04.116　反照率　albedo

表示不发光天体的反射能力，等于所有方向的反射光总流量和入射光总流量之比。

04.117　宇宙丰度　cosmic abundance

宇宙中每种元素的原子数目或质量的相对含量。

04.118　金属丰度　metal abundance

天体和其他宇宙物质中除氢和氦以外的所有元素的原子总数或总质量的相对含量。

04.119　富度指数　richness index

表示艾贝尔富度等级的数字。

04.120　艾贝尔富度　Abell richness class

一种富星系团分类的标度，首先由艾贝尔提出，在星系团的中心区域内星等在第三亮的星系的星等 m_3 和 m_3+2 内的成员星系数。

04.121　消光　extinction

天体辐射受到中介宇宙尘和地球大气的吸收与散射而造成的强度的减弱和颜色的变化。

04.122　磁阻尼　magnetic braking

电子在磁场中受洛仑兹力作用做加速运动而产生辐射，电子在辐射中能量的渐减使得辐射场中任一点的场强具有阻尼振动形式。

04.123　无力场　force-free field

一种磁场理论模型，其中带电粒子所受的洛仑兹力处处为零，主要用于描述太阳活动区磁场。

04.124　光球活动　photospheric activity

发生于太阳和恒星光球层中局部区域的偶发现象，如太阳黑子和光斑等。

04.125　色球活动　chromospheric activity

发生在太阳和恒星色球层中局部区域的偶发现象，如色球谱斑和色球耀斑等。

04.126　星冕活动　coronal activity

发生于日冕和星冕中局部区域的偶发现象，如日冕凝块和物质抛射等。

04.127　冕区气体　coronal gas

太阳和恒星大气的最外层气体，是处在非热动平衡态的高温等离子体。

04.128　临边昏暗　limb darkening，darkening towards the limb

太阳或其他恒星的亮度从视面中心向边缘逐渐减小和红化的现象。

04.129　临边增亮　limb brightening，brightening towards the limb

太阳或其他恒星的射电亮度或X射线亮度从中心向边缘渐增的现象。

04.130　光深　optical depth

又称"光学厚度(optical thickness)"。物质层的不透明性的量度。设入射到吸收物质层的辐射强度为 I_0，透射的辐射强度为 I，则 $I=I_0e^{-\tau}$，其中 τ 称为光深。

04.131　不透明度　opacity

介质对辐射进行吸收和散射能力的量度，等于入射辐射强度与出射辐射强度之比。

04.132　光薄介质　optically thin medium

光深 $\tau<1$ 的介质。

04.133　标高　scale height

若某物理量(如温度、压强、密度)随高度增大而减小，当其值减至 1/e 时所对应的高度，称为此物理量的标高。

04.134　光厚介质　optically thick medium

光深 $\tau>1$ 的介质。

04.135　振子强度　oscillator strength

在给定的谱线内，和一个原子的吸收作用相等效的谐振子的数目。

04.136　截断因子　guillotine factor

当恒星气体的温度高到足以使原子的K壳层电子电离时，用来量度其不透明度减小程度的因子。

04.137　负氢离子　negative hydrogenion，H-ion

有一个附加电子的氢原子，以符号"H-"

表示。

04.138 非热电子 non-thermal electron
速度分布远离麦克斯韦分布(或费米分布)的电子。

04.139 简并气体 degenerate gas
密度高到使量子效应对其物态起主导作用的气体。

04.140 稀化因子 dilution factor
辐射场的辐射密度和热动平衡状态下平衡辐射密度之比。

04.141 灰大气 gray atmosphere
连续吸收系数与频率无关的一种大气模型。

04.142 非灰大气 non-gray atmosphere
连续吸收系数与频率有关的一种大气模型。

04.143 局部热动平衡 local thermodynamic equilibrium
气体中实现的一种平衡，其中发出的辐射由气体温度和密度的局域值决定。

04.144 非局部热动平衡 non-local thermodynamic equilibrium
任一局部区域都不能简单地用一个局部温度的热动平衡关系式来描述的状态。

04.145 辐射转移 radiative transfer，radiative transport，radiation transport
以辐射方式转移能量的过程。

04.146 辐射转移方程 equation of radiative transfer
简称“转移方程(transfer equation)”。辐射通过一个既能发射又能吸收辐射的介质时辐射强度所遵循的微分方程。

04.147 萨哈方程 Saha equation
描述在热动平衡状态下单位体积内某种元素的原子数按电离度分布的公式。因印度物理学家萨哈首先导出而得名。

04.148 热辐射 thermal radiation
辐射源处于热动平衡或局部热动平衡状态下的辐射。

04.149 非热辐射 non-thermal radiation
辐射源处于远离热动平衡状态下的辐射。天体物理中常见的非热辐射有同步加速辐射、轫致辐射、逆康普顿散射、曲率辐射和切伦科夫辐射。

04.150 轫致辐射 Bremsstrahlung，braking radiation
又称“阻尼辐射(damping radiation)”。高能带电粒子在减速时产生的一种辐射。

04.151 荧光辐射 fluorescent radiation
能量较高的光子和原子作用后，转变为较低能量的光子时所发生的辐射。

04.152 回旋加速辐射 cyclotron radiation
非相对论电子在磁场中受洛伦兹力作用而加速运动产生的辐射。

04.153 逆康普顿效应 inverse Compton effect
低能光子和高能电子相碰撞获得能量而变成高能光子的一种散射现象。

04.154 康普顿硬化 up-Comptonization
当辐射穿过等离子体介质，且辐射场光子的平均能量显著小于介质中热电子平均热能时，散射光频率变大的辐射转移过程。

04.155 自由-自由跃迁 free-free transition
自由电子在原子核的电场里从一个自由态到另一个自由态的跃迁。

04.156 束缚-自由跃迁 bound-free transition
束缚在原子里的电子获得能量成为自由电子的过程。

04.157 束缚-束缚跃迁 bound-bound transition
束缚在原子里的电子从一个能态到另一能态的跃迁。

04.158 容许跃迁 permitted transition，allowable transition，allowed transition
满足原子能态跃迁选择定则的跃迁。

04.159 受迫跃迁 forced transition
又称“感应跃迁(induced transition)”。在外辐射场作用下发生的原子能态跃迁。

04.160 禁戒跃迁 forbidden transition
不满足原子能态跃迁选择定则的跃迁。

04.161 谱线证认 line identification
确定某谱线来自何种原子、离子或分子的何种能态之间的跃迁。

04.162 比较光谱 comparison spectrum
天体光谱测量中作为比较标准的光谱，其谱线波长或分光辐射强度通常为已知。

04.163 谱线位移 line displacement，line shift，spectral line shift
谱线偏离正常波长位置的现象。最常见的原因为该谱线发射源区的视向运动，还有强引力场和二次斯塔克效应等。

04.164 多普勒频移 Doppler shift
因辐射源与观测者的相对视向运动而导致的辐射频率漂移。

04.165 多普勒图 Dopplergram
又称“视向速度二维分布图”。通常用实和虚等值线分别表示观测区域中正和负视向速度区的绘制图。

04.166 视向速度描迹 radial-velocity trace，radial-velocity tracing
用视向速度仪记录到的双星之间视向速度变化的分光资料。

04.167 谱线轮廓 line profile，line contour
谱线所在的波长范围内辐射强度随波长变化的曲线，可用于推断谱线辐射源区诸物理参数。

04.168 等值宽度 equivalent width，equivalent breadth
与吸收(或发射)谱线轮廓和连续谱之间所包围的面积相当的高度为 1 的矩形的宽度。

04.169 生长曲线 curve of growth，growth curve
表征吸收谱线的强弱程度与此吸收线的低能态原子数之间关系的一族曲线。在恒星光谱分析中，用于研究恒星大气结构。

04.170 线心 line core，core of a line，line center
发射或吸收谱线的中心频率点。对于正常对称且无反变的谱线，分别为辐射强度最高和最低的频率点。

04.171　谱线致宽　line broadening
由仪器或辐射源性质引起的谱线宽度增加。由辐射源引起的变宽因素有辐射阻尼、碰撞阻尼、统计加宽、自转、膨胀、湍流，以及热动和宏观多普勒效应等。

04.172　谱线分裂　line splitting, spectral line splitting
原子能态因电场或磁场而发生分裂，致使辐射谱线分裂的现象。

04.173　谱线覆盖　line blanketing, line blocking
太阳和大多数恒星的光谱为连续谱附加吸收谱线。这样的连续谱中的吸收线分布称为谱线覆盖。

04.174　覆盖效应　blanketing effect
(1) 在太阳和恒星连续光谱中吸收线对确定太阳和恒星大气温度分布的影响。(2) 研究太阳或恒星大气温度随深度变化时，原则上必须同时考虑辐射的连续吸收和覆盖谱线的线吸收。但作为近似，通常只考虑前者，而把后者视作附加改正。这样，吸收线对确定太阳或恒星大气温度分布的影响。

04.175　温室效应　greenhouse effect
行星所接受的来自太阳的辐射能量和向周围发射的辐射能量达到平衡时，行星表面具有各自确定的温度。如果行星大气中二氧化碳含量增加，则因为太阳的可见光和紫外线容易穿透二氧化碳成分，行星表面发射的红外线不易穿透这种大气成分，引起上述平衡温度升高。这种效应与玻璃可提高温室内的温度类似，故得名。

04.176　禁线　forbidden line
不满足原子能态跃迁选择定则的跃迁概率并非为零，在某些条件下仍可发生的跃迁产生的谱线。

04.177　巴尔末减幅　Balmer decrement
天体光谱中常出现氢的巴尔末系发射线，其强度按 Hα，Hβ等顺序递减(通常以 Hβ 强度为单位)。

04.178　巴尔末跳跃　Balmer jump
又称“巴尔末跃变(Balmer discontinuity)”。由氢原子的束缚-自由跃迁造成的光谱中巴尔末系限两边的强度突变。

04.179　射电亮度　radio brightness
又称“射电辐射强度”。天体在视线方向上的单位投影面积在单位频宽、单位立体角内发出的射电功率。

04.180　射电指数　radio index
天体的射电连续谱流量密度随频率的分布呈幂律谱时的幂指数。

04.181　平谱　flat spectrum
当天体的辐射能量随频率的分布呈幂律谱时，幂指数小的谱。在射电波段是指幂指数小于 0.4 的谱。

04.182　陡谱　steep spectrum
当天体的辐射能量随频率的分布呈幂律谱时，幂指数大的谱。在射电波段是指幂指数大于 0.4 的谱。

04.183　喷流　jet stream，jet
天体喷出的狭长、高速、定向物质流。

04.184　热斑　hot spot，warm spot
射电子源或密近双星上特别亮的发射区。

04.185 流量密度 flux density

垂直于天体辐射方向的单位面积所接收到的单位频宽内的功率，单位为央(Jy)。

04.186 央 jansky

天体射电流量密度单位，等于 $10^{-26}W \cdot m^{-2} \cdot Hz^{-1}$。以首先发现银河系射电的美国无线电工程师央斯基命名。

04.187 乌呼鲁 uhuru

天体 X 射线流量密度单位。在 2～11keV 能谱范围内，1 乌呼鲁指自由号卫星每秒 1 次计数的流量密度，相当于 11μJy。

04.188 γ 射线谱线 γ-ray line, γ-ray spectral line

位于电磁波谱 γ 射线波段的有特定频率的谱线。

04.189 γ 射线谱线辐射 γ-ray line emission

γ 射线谱线频率上的电磁辐射。

04.190 阿尔文波 Alfvén wave

阿尔文于 1942 年首先预言的一种磁流波，是一种沿磁力线传播的横向波动。

04.191 多方球 polytrope

按多方物态方程 $P=K\rho^{\gamma}$ 建立的恒星结构模型，其中 P 和 ρ 分别为物质的压强和密度，K 为常数，γ 为多方指数。

04.192 对流层 convection zone

恒星内部冷热气体不断升降对流的区域。

04.193 对流元 convective cell

对流层中不断上升或下降的小气流团。

04.194 超射 overshooting

又称“过冲”。大质量恒星中对流核的外层由于湍流效应渗透到辐射区，对流核的扩大导致恒星比理论模型更亮。

04.195 混合长理论 mixing length theory

描述恒星内部对流现象的半经验理论：流体中的对流元流过一段特征距离后，它便把过量的能量转移给周围的介质而自身瓦解。

04.196 核合成 nucleosynthesis

宇宙中核子形成各种核素的过程。通常认为它们发生于宇宙早期、恒星演化过程中以及宇宙线粒子与星际介质的碰撞事件中。

04.197 质子-质子反应 proton-proton reaction

四个氢核聚变为一个氦核的一系列热核反应过程，是低光度、小质量的主序星的主要能源来源。

04.198 碳氮循环 carbon-nitrogen cycle

恒星中心核反应中碳氮氧循环的子循环。

04.199 碳氮氧循环 carbon-nitrogen-oxygen cycle

又称“贝蒂-魏茨泽克循环(Bethe- Weizsäcker cycle)”。由碳、氮、氧起催化作用，四个氢核聚变为一个氦核的一系列热核反应过程，是高光度、大质量主序星的主要能源来源。

04.200 氢燃烧 hydrogen burning

发生在 $T \geqslant 10^{7}K$ 条件下四个氢核聚变为氦核的过程。

04.201 氦燃烧 helium burning

发生在 $T \geqslant 10^{8}K$ 条件下氦核聚变为碳核和氧核的过程。

04.202 热核剧涨 thermonuclear runaway

一定条件下发生的不稳定热核反应，反应

温度和反应速度均急剧升高，如氦闪。

04.203　氦闪　helium flash
红巨星演化到核心氢耗尽，中心温度高达 10^8K 时，氦核突然燃烧的现象。这只能在氦核质量小于 1.4 倍太阳质量时发生。

04.204　富氦核　helium-rich core
由于碳、氮、氧循环，恒星演化成一种由氢含量丰富的包层和氦丰富的内核构成的结构。

04.205　星暴　star burst，starburst
大量恒星快速形成的现象。

04.206　爱丁顿极限　Eddington limit
在球对称前提下天体的辐射压力不超过引力时的光度上限值，如太阳的爱丁顿极限是 10^{-6}J/s。

04.207　钱德拉塞卡极限　Chandrasekhar limit
白矮星的一种极限质量。当白矮星的质量超过此值时，它的核心电子简并压不能支撑外层负荷。假定白矮星无自转，且平均分子量为 2 时，此极限值为太阳质量的 1.44 倍。

04.208　开尔文-亥姆霍兹收缩　Kelvin-Helmholtz contraction
恒星在自引力作用下的收缩过程。

04.209　林忠四郎线　Hayashi line
赫罗图上与主序接近垂直的一段演化程。在这段演化程中，恒星的大部分或整体处于对流平衡状态。

04.210　零龄主序　zero-age main sequence
各种质量的恒星在开始稳定的氢燃烧而刚成为主序星时，在赫罗图上形成的从左上方到右下方的一条线。

04.211　演化程　evolutionary track
恒星在赫罗图上的演化路径。

04.212　等龄线　isochrone，isochron
演化年龄相同的各种质量的恒星在赫罗图上的位置线。

04.213　脉动不稳定带　pulsation instability strip
赫罗图上大多数脉动变星所在的带状区域。

04.214　氢主序　hydrogen main sequence
恒星以其核心稳定的氢燃烧为能源的阶段。

04.215　广义主序　generalized main sequence
氢主序、氦主序和碳主序等的总称。

04.216　径向脉动　radial pulsation
恒星内的流体元沿径向做球对称的周期性收缩和膨胀。

04.217　非径向脉动　non-radial pulsation
恒星内的流体元有非径向位移的周期性收缩和膨胀。

04.218　脉动相位　pulsation phase
周期脉动变星处在脉动周期中的相位。

04.219　脉动极　pulsation pole
非径向脉动恒星的振荡状态通常存在一个对称轴，轴端指向即脉动极。

04.220　耀发　flare
天体局部区域光度突然增强的现象，表明该区域发生剧烈的物理过程，如太阳耀斑和恒星耀斑。

04.221　闪变　flickering
(1)天体的急剧大幅度增亮。(2)振动系统的非周期性变化。

04.222　吸积　accretion
天体因自身的引力俘获其周围物质而使其质量增加的过程。

04.223　吸积盘　accretion disk
有角动量物质被天体吸积时形成的环绕天体的盘状结构。

04.224　吸积流　accretion stream, accretion flow
被天体吸积的物质流。

04.225　吸积柱　accretion column
受天体的偶极磁场作用而落向其磁极区的柱状吸积流。

04.226　开普勒盘　Kepler's disk, Keplerian disk
一种薄吸积盘模型，其中物质的径向运动速度远小于转动速度，故物质运动轨道近似为圆形。

04.227　自转突变　glitch
脉冲星自转周期的不连续变化。

04.228　自转突变活动　glitch activity
某些脉冲星发生的自转突然加快现象。

04.229　星震　starquake
中子星外壳的一种突然坍缩运动。

04.230　星震学　asteroseismology, stellar seismology, astroseismology
观测恒星振荡特性并结合理论分析来研究恒星内部结构的学科。

04.231　爆缩　implosion
恒星在结构上失去平衡时向内急剧收缩的现象。

04.232　质量损失　mass loss
恒星演化过程中通过星风、喷射、暴发、外流等损失质量的过程。

04.233　质量损失率　mass-loss rate
天体以各种方式在单位时间所失掉的物质质量。

04.234　短缺质量　missing mass
星团、星系或星系团的动力学质量与光度质量之差。

04.235　动力学年龄　dynamical age
运用动力学方法所求得的天体系统如双星、聚星、星团、星系团的年龄。

04.236　引力坍缩　gravitational collapse
天体在压力不足以与自身引力抗衡时的急剧收缩过程。

04.237　引力收缩　gravitational contraction
星际云和原恒星在引力作用下缓慢收缩的过程。

04.238　引力红移　gravitational redshift
强引力场中天体发射的电磁波波长变长的现象。

04.239　引力波　gravitational wave
又称“引力辐射(gravitational radiation)”。广义相对论预言的引力场的波动形式，其传播速度等于光速。

04.240　X 射线暴　X-ray burst
宇宙 X 射线流量在短时间内急剧变化的现象。

04.241　γ 射线暴　γ-ray burst，gamma-ray burst
宇宙γ射线流量在短时间内急剧变化的现象。

04.242　黑洞　black hole
由一个只允许外部物质和辐射进入而不允许物质和辐射从中逃离的边界，即视界所规定的时空区域。

04.243　施瓦西黑洞　Schwarzschild black hole
没有角动量也不带电荷、球对称的静态黑洞。

04.244　克尔黑洞　Kerr black hole
具有角动量但不带电荷的黑洞。

04.245　灰洞　gray hole
尚属猜测的视界内物质和辐射向外喷射但不足以越过视界的情形。

04.246　白洞　white hole
尚属猜测的视界内的物质和辐射喷射到视界外的情形。

04.247　能层　ergosphere
旋转黑洞的事件视界与无限红移面之间的区域，因进入其中的物质逃出时可以获得能量而得名。

04.248　黑体　black body
又称“绝对黑体(absolute black body)”。能全部吸收任何频率的电磁辐射的物体。

04.249　绝对热星等　absolute bolometric magnitude
将天体在真实距离处的视热星等归算到距离观测者 10 秒差距处的星等。

04.250　吸收[谱]线　absorption line
由于物质对通过其中的某些频率的光的选择性吸收，使得天体在其连续光谱上出现的一条条离散的暗线。

04.251　超距作用　action at a distance
物理学史上出现的关于作用力及传递媒介的一种观点，认为相隔一定距离的两物体间存在着直接、瞬时的相互作用，不需要任何媒介传递，也不需要任何传递时间。

04.252　径移吸积流　advection-dominated accretion flow
低密度物质落入中心天体时辐射其能量极少部分(<1%)的现象。

04.253　大气质量　air mass
计算大气消光时所引入的表征大气光学性质的量，即在天顶距为 z 的方向上大气光学厚度与天顶方向上大气光学厚度之比。

04.254　湮灭　annihilation
粒子与反粒子碰撞后消失并转化为光子的过程。

04.255　电子对湮灭　annihilation of electron pair
电子与正电子碰撞后消失并转化为光子的过程，是电子对产生的逆过程。

04.256　反物质　antimatter
全部由反粒子组成的物质。

04.257 视热星等 apparent bolometric magnitude

由多波段测光数据结合理论计算求得的天体在整个电磁波段辐射总量的视星等。

04.258 视直径 apparent diameter

又称“角直径”。天体直径对观测者的张角。

04.259 视半径 apparent semi-diameter

天体视直径的一半。

04.260 弧光谱线 arc line

利用弧光放电使受激物质的原子电离后发光而得到的谱线。

04.261 弧光谱 arc spectrum

利用弧光放电使受激物质的原子电离后发光而得到的谱线的集合。

04.262 氩钾纪年法 argon-potassium method, potassium-argon method

放射性纪年法中根据核素钾-40 经由 K 层电子捕获衰变为稳定核素氩-40 的规律建立的方法，纪年范围为 5×10^4～4×10^9 年。

04.263 天文光学 astronomical optics

涉及天文望远镜及其他各种天文仪器的光学系统的成像原理、像差优化、元件工艺等的学科。

04.264 天体物理方法 astrophysical method

研究天体物理学中的基本观测技术与方法，各种天文仪器设备的原理与结构以及观测结果(如图像和光谱等数据)的存储、分类、处理方法的一门学科。

04.265 渐晕 vignetting

图像从中心到边缘的照度逐渐减弱的现象。

04.266 大气消光 atmospheric extinction

在地球大气中传播的电磁波被气溶胶和气体分子散射和吸收而强度衰减的现象。

04.267 原子谱线 atomic line

原子或离子在发生能级跃迁时发射或吸收的有特定频率的电磁波通过光谱仪后在特定位置上显示的明线或暗线。

04.268 轴子 axion

为解决强 CP 破坏而提出的一种假想的质量极小的弱作用粒子，电荷与自旋均为零，是冷暗物质(CDM)候选者之一。

04.269 重子 baryon

由三个夸克组成的、自旋为约化普朗克常数的奇数倍的强子，如质子和中子。

04.270 重子物质 baryonic matter

由重子构成的物质。

04.271 双极喷流 bipolar jet

又称“双侧喷流”。天体沿两个相对方向喷出的狭长、高速、定向物质流，常见于新生星、相互作用双星、致密天体、活动星系核吸积盘旋转轴两端流。

04.272 黑洞吸积 black hole accretion, accretion by black hole

黑洞用引力俘获周围物质的过程。

04.273 黑体辐射 black radiation, blackbody radiation

某一温度下的黑体以电磁波的形式向外发射的能量。

04.274 热改正 bolometric correction

目视星等换算成热星等所必须加的改正

值，常用符号 BC 表示。

04.275　热光度　bolometric luminosity
与绝对热星等对应的光度值，表征天体在全电磁波段的辐射总功率。

04.276　暴　burst
一种剧烈的天体活动，释放大量能量，通常伴随该天体光度急速增强后又迅速衰弱的现象。

04.277　暴源　burster，burst source
发生暴现象的对应体。

04.278　碳燃烧　carbon burning
发生在耗尽了较轻元素的大质量恒星的核内的一系列以碳为主要原料的核聚变反应。

04.279　厘米波　centimeter wave
频率范围从 3GHz 到 30GHz 的电磁波。相应在真空中的波长范围从 100mm 到 10mm。

04.280　特征年龄　characteristic age
利用脉冲星的自转受其磁场阻碍而稳定减慢的现象与测得的自转周期来确定的脉冲星的大致年龄。

04.281　化学增丰　chemical enrichment
恒星核心的核聚变反应产生更重元素，当恒星死亡，这些更重元素重回星际介质，逐渐形成下一代新恒星，使每一代恒星所拥有的更重元素比率比上一代恒星更高的现象。

04.282　化学演化　chemical evolution
化学元素的丰度随时间的演化。

04.283　成团　clustering
由较小的结构持续集聚形成较大结构的过程。

04.284　不透明系数　coefficient of opacity，opacity
表征某种物质对光的吸收和散射能力的强弱，与光的波长有关。

04.285　坍缩天体　collapsed object
恒星坍缩后形成的天体，根据其核的质量大小不同，可能形成中子星或黑洞。

04.286　碰撞致宽　collision broadening
又称“压力致宽(pressure broadening)”。因原子受周围粒子碰撞(扰动、摄动)导致其谱线宽度增加的机制。因其效应随压强增大而加剧。

04.287　颜色-视星等图　color-apparent magnitude diagram
以天体的色指数和视星等为坐标的，显示这二者间关系的二维图。

04.288　颜色-光度图　color-luminosity diagram
以天体的色指数和光度为坐标的，显示这二者间关系的二维图。

04.289　颜色-红移图　color-redshift diagram
以星系的色指数和其谱线红移为坐标的，显示这二者间关系的二维图。

04.290　柱密度　column density
沿视线方向单位面积上的某种物质或粒子的总量。

04.291　共动坐标系　comoving coordinate system
空间坐标轴随宇宙膨胀而共同膨胀，其标

度不随时间改变的坐标系。

04.292 连续吸收系数 continuous absorption coefficient
表征物质对连续谱辐射吸收能力的物理量。

04.293 连续谱 continuum
天体光谱中没有吸收线和发射线的连续部分。

04.294 连续谱辐射 continuum radiation
在能谱上只有连续谱的辐射。

04.295 核心坍缩 core collapse
天体核心区内向外的压强无法抵抗引力时向内部崩溃的过程。

04.296 核心坍缩超新星 core collapse supernova
大质量恒星演化到晚期的灾变性爆发现象，其核心区先经引力坍缩过程形成致密星，随即部分反弹而引发极大规模的能量释放和物质抛射，此类超新星的光谱型表现为Ⅱ型或Ⅰb，Ⅰc型。

04.297 核心坍缩前身天体 core collapse progenitor
核心坍缩型超新星的前身天体，其外部氢壳、氦壳的有无以及质量决定了爆炸后产生超新星的类型。

04.298 元素宇宙丰度 cosmic abundance of element
宇宙中各种元素的相对含量。

04.299 临界质量 critical mass
(1)使恒星内部发生热核聚变所需的最低质量。(2)使中等质量恒星晚年核心形成电子简并的白矮星所需的最低质量。(3)不至于使白矮星引力坍缩成中子星的质量上限 $1.4M_{\odot}$。(4)不至于使中子星引力坍缩成黑洞的质量上限白矮星的质量上限 $3M_{\odot}$。

04.300 曲率辐射 curvature radiation
高能电子沿强磁场磁感线方向运动时，因磁感线本身的弯曲而产生的电磁辐射。该过程在脉冲星附近有重要意义。

04.301 十米波 decameter wave, decametric wave
频率范围从 3MHz 到 30MHz 的电磁波。相应在真空中的波长范围从 100m 到 10m。

04.302 分米波 decimeter wave，decimetric wave
频率范围从 0.3GHz 到 3GHz 的电磁波。相应在真空中的波长范围从 1m 到 100mm。

04.303 光线偏折 deflection of light
在引力场作用下光的行进方向发生偏转的现象。广义相对论认为其实质是物质或能量使空间弯曲的效应。

04.304 简并压 degeneracy pressure
费米气体受泡利不相容原理限制，而同一量子态只能有一个粒子，由此产生的对压缩的抵抗。

04.305 简并物质 degenerate matter
由简并压起主导作用的物质。

04.306 密度波理论 density-wave theory
解释旋涡星系的螺旋结构的一种理论。1942 年，瑞典天文学家 B. 林德布拉德首次提出密度波的概念。20 世纪 60 年代初，美籍华裔科学家林家翘、徐遐生等发展并建立了系统的密度波理论。

04.307 红化改正 dereddening
改正星际介质对光波吸收和散射产生的红化效应，得到天体真实色指数的操作。

04.308 偶极磁场 dipole magnetic field
均匀磁化球体所产生的磁场。

04.309 偶极辐射 dipole radiation
由电偶极子振荡运动所产生的电磁辐射。亦可类推到旋转的磁偶极磁场所产生的电磁辐射。

04.310 盘吸积 disk accretion
有角动量物质被天体吸积时形成环绕天体的盘状结构的过程。

04.311 色散 dispersion
利用介质中波速对波长或频率的依赖将复色光分解为单色光的现象。可以利用棱镜或光栅等作为“色散系统”的仪器来实现。

04.312 速度弥散 dispersion of velocities
天体系统中各天体运动速度相对于系统平均速度的弥散度。

04.313 康普顿化 Comptonization
电子与光子非弹性散射造成的辐射转移过程。

04.314 康普顿软化 down-Comptonization
当辐射穿过等离子体介质，且辐射场光子的平均能量显著大于等离子体中热电子平均热能时，散射光频率变小的辐射转移过程。

04.315 发电机理论 dynamo theory
天体通过内部导电流体的转动和对流生成并维持宏观磁场的理论。

04.316 电磁波谱 electromagnetic spectrum
各种电磁波按照波长或频率顺序形成的排列。一般包括射电、红外、光学、紫外、X射线、γ射线等波段的电磁波。

04.317 电子简并压 electron degeneracy pressure
电子气体所产生的简并压。

04.318 电子回旋频率 electron gyro-frequency
电子在垂直于磁场的平面中做圆周运动的角频率，与磁场强度成正比。

04.319 电子中微子 electron neutrino, e-neutrino
三代不同味的中微子中的第一代与电子具有相同轻子味的数子。

04.320 电子-正电子对产生 electron-positron pair creation
能量大于两倍电子静质量的光子在碰撞中产生电子-正电子对的过程。

04.321 元素丰度 element abundance，abundance of element，elemental abundance
简称“丰度”。某天体或天体系统乃至宇宙的化学组成总量中某一元素所占有的相对份额。

04.322 高能粒子事件 energetic particle event
天体高能粒子流量短时间内显著增加的现象。

04.323 辐射能量密度 energy density of radiation
在单位时间、单位立体角内辐射出的能量。

04.324　能量分布　energy distribution
天体的亮度或流量密度与波长的关系。

04.325　能流[量]　energy flux，energy-flux density
能量通过一个面的速率，指单位面积、单位时间通过的能量。

04.326　能谱　energy spectrum
粒子的数量或强度随粒子能量的分布曲线。

04.327　能流密度　energy-flux density
单位时间内通过与传播方向垂直的单位面积的能量。

04.328　能级图　energy-level diagram
一种分析原子或分子中电子从所在轨道跃迁到另一轨道时能够接收或释放的能量的工具。也用于原子核的能级跃迁分析。

04.329　物态方程　equation of state
描述一组给定的物理条件下物质状态的热力学方程，提供与该物质相关联的两个或多个状态函数，如温度、压强、体积或内能之间的数学关系。

04.330　黑洞蒸发　evaporation of the black hole
黑洞捕获虚粒子对中的反粒子而损失质量，粒子则逃出形成粒子流的过程。

04.331　事件视界　event horizon
广义相对论时空中的一种类光超曲面边界，边界内的事件无法影响边界外的观测者。

04.332　粒子视界　particle horizon
在有限年龄的宇宙中光从宇宙开始时刻到现在或所讨论的时刻所能传播的最大距离，等于光速与共形时间的乘积。

04.333　视界　horizon
(1)因光速有限或光子传播时间有限，光子传播所及的有限范围，包括粒子视界和事件视界等。(2)黑洞因有强引力场而存在事件视界，使光或任何其他粒子无法从其内部逃逸。

04.334　曝光时间　exposure time
快门打开辐射探测器接收辐射的时间。

04.335　广延大气簇射　extensive air shower
宇宙线和地球大气发生相互作用，产生次级粒子，次级粒子进一步产生三级粒子，如此发展下去并最终覆盖一个很广区域的现象。

04.336　消光系数　extinction coefficient
表征地球大气对天体辐射减弱的程度。

04.337　极端克尔黑洞　extreme Kerr black hole
归一化的无量纲自旋参数为 1，即转动达到最大值的黑洞。

04.338　极紫外　extreme-ultraviolet，EUV
波长在 10nm 到 121nm 之间的电磁波。

04.339　远红外　far infrared，Far IR，FIR
波长在 40μm 到 0.35mm 之间的电磁波。

04.340　远紫外　far ultraviolet，FUV
波长在 121nm 到 200 nm 的电磁波。

04.341　光纤分光　fiber-optic spectroscopy
使用光纤选取天体进行分光观测的技术。

04.342　精细结构常数　fine-structure constant

由电子电量的平方比上约化普朗克常数和光速二者乘积得到的无量纲常数，是电磁相互作用强度的表征，约等于 1/137。最早是索末菲在解释光谱的精细结构时引入的。

04.343　流量　flux

单位时间内通过给定面积的能量或粒子数量的量度。

04.344　流量标准星　flux standard star

分光光度测量中，以其流量作为标准来校准其他天体流量的恒星。

04.345　自由-束缚跃迁　free-bound transition

自由电子失去能量被原子核束缚的过程。

04.346　完全电离气体　fully ionized gas

电离程度极高的气体，气体中的中性粒子全部电离。

04.347　气体云　gas cloud

由星际气体聚集在一起形成的集团，氢占主要成分，根据其环境的不同以不同的方式存在。

04.348　广义相对论效应　general-relativistic effect

利用广义相对论理论来计算对时间和空间的相关物理量的修正。

04.349　掠射　grazing incidence

入射角接近 90° 的反射，如 X 射线在金属表面的反射。

04.350　半光半径　half-light radius

星系光度达到其总光度一半时的半径。

04.351　硬 X 射线　hard X-ray

光子能量在 10keV 和 100keV 之间的电磁波。

04.352　热不稳定性　heat instability，thermal instability

加热和冷却速率满足一定条件而使系统中小扰动指数增长的情况。

04.353　氦时期　helium era

氦元素作为主要原料发生核聚变为恒星供能的阶段。

04.354　高能辐射　high energy radiation

光子能量较高的辐射，紫外线、X 射线、γ 射线都属于高能辐射。

04.355　羟基微波激射　hydroxyl maser

又称“羟基脉泽”。羟基分子受激发射产生微波放大效应。

04.356　红外　infrared

全称“红外辐射”。波长介于 1μm 和 0.35mm 之间的电磁波。

04.357　初始质量函数　initial mass function

形成时单位体积内恒星数目在质量上的分布函数。

04.358　中等质量黑洞　intermediate-mass black hole

质量约为 10^3～10^5 倍太阳质量的黑洞。

04.359　内激波　internal shock

γ 暴理论中速度较快的内部壳层与速度较慢的外部壳层碰撞产生的现象，是能量传导和γ 辐射产生的主要机制。

04.360　星际谱线　interstellar line

恒星光谱中由星际介质的吸收而产生的暗线。

04.361　本征亮度　intrinsic brightness

(1)改正星际消光和大气消光后的天体亮度。(2)河外天体经 K 改正和消光改正后的亮度。

04.362　本征光度　intrinsic luminosity

由本征亮度和距离测定推算的天体光度。

04.363　逆康普顿散射　inverse Compton scattering

高能电子与低能光子相碰撞而使低能光子获得能量的一种散射过程。

04.364　光锥　light cone，pencil

闵可夫斯基时空中能够与一个单一事件通过光速存在因果联系的所有点的集合。因在时空的示意图中呈锥形而得名。

04.365　线宽　line width

光谱线的宽度，即其所跨过的波长范围。

04.366　线翼　line wing

光谱线的两侧边缘部分。

04.367　磁偶极辐射　magnetic dipole radiation

由旋转的磁偶极磁场所产生的电磁辐射。

04.368　巨微波激射　megamaser

又称“巨脉泽”。活动星系核中极强的脉泽源，可比银河系内的脉泽强一百万倍以上。

04.369　贫金属天体　metal-poor object

大气中的重元素丰度远比太阳低得多的一类恒星。

04.370　米波　meter wave

频率范围从 30MHz 到 300MHz 的电磁波。相应在真空中的波长范围从 1m 到 10m。

04.371　微波背景辐射　microwave background radiation

来自宇宙空间各方向，峰值在 1nm 附近的弥漫黑体辐射。

04.372　中红外　mid-infrared

波长范围在 5μm 到 40μm 之间的电磁波。

04.373　毫米波　millimeter wave

频率范围从 30GHz 到 300GHz 的电磁波。相应在真空中的波长范围从 10mm 到 1mm。

04.374　模型大气　model atmosphere

根据恒星大气理论建立的模型。

04.375　分子天文学　molecular astronomy

研究宇宙空间中分子的天文学分支学科。

04.376　分子谱线　molecular line

由宇宙空间中分子造成的狭窄的光谱吸收或发射特征，主要分布在红外、毫米和射电波段。

04.377　分子微波激射　molecular maser

又称“分子脉泽”。分子受激发射产生的微波放大效应。

04.378　多重线　multiplet

数条相关谱线的集合。一般具有几乎相同的波长，如原子谱线的精细结构。

04.379 ***n* 点相关函数** *n*-point correlation function

描述宇宙中星系的分布，*n* 个星系彼此间距为给定距离的概率。

04.380 **谱线自然致宽** natural line-broadening

由量子力学测不准原理所导致的原子谱线变宽。

04.381 **近红外** near infrared，near IR，NIR

波长在 1μm 到 5μm 之间的电磁波。

04.382 **近紫外** near ultraviolet，NUV

波长在 200nm 到 320 nm 之间的电磁波。

04.383 **星云谱线** nebular line

星际电离气体中发现的禁线，由若干种粒子(如 O, O^+, O^{++}, N+, S^{++})中电子由亚稳态跃迁到基态产生。

04.384 **中性流片** neutral current sheet

两个等离子间的非传导边界，与磁场相切。

04.385 **中性氢** neutral hydrogen

不带电的氢原子。

04.386 **中子俘获** neutron capture

一个原子核同一个或多个中子碰撞融合成更重的核的过程。

04.387 **中子化** neutronization

恒星核坍缩过程中质子与电子被挤压在一起形成中子并释放中微子的过程。

04.388 **夜天亮度** night brightness，nightsky brightness

无光污染时夜晚天空背景的亮度，主要来自大气辉光、黄道光及星光。

04.389 **夜天透明度** night transparency

夜间用肉眼可以看到的最暗的星的星等，表征天空的透明程度。

04.390 **非相对论性粒子** non-relativistic particle

动能远小于静止能量的粒子。

04.391 **非热射电源** non-thermal radio source

连续谱是非黑体谱的射电源。

04.392 **核天体物理学** nuclear astrophysics

核物理学和天体物理学的交叉学科，主要研究元素的起源和演变、恒星能源和演化。

04.393 **核燃烧** nuclear burning

在恒星的核心内进行的能将轻的元素燃烧成更重的元素的核反应。

04.394 **观测星表** observational catalogue

基于观测数据获得的汇总天体信息的数据集。

04.395 **可见光** optical light，visible light

电磁波谱中人眼可以感知的部分。人眼感知的波长在 400nm 到 760nm 之间，也有天文学家将其定义在 320nm 到 1 000nm 之间。

04.396 **元素起源** origin of elements

宇宙中各种元素(核素)的形成条件、时间、处所及过程的研究。

04.397 **曝光过度** over-exposure

辐射探测器曝光量过大导致图像部分信息丧失的现象。

04.398　超密物质　overdense matter

致密星中处于极高压强下具有极高密度的物质。

04.399　氧燃烧　oxygen burning

比氧轻的元素耗尽后大质量恒星内部发生的以氧元素为原料的一系列核聚变反应。

04.400　质子过程　p-process

一个原子核俘获质子并合成更重的核的过程。

04.401　粒子对湮灭　pair annihilation

粒子和其反粒子碰撞，成对湮灭释放能量的过程。

04.402　粒子对产生　pair creation，pair production

基本粒子与其反粒子成对的创生。例如，电子与其反粒子正子，μ子与反μ子，τ子与反τ子的成对创生。通常当一个光子或另外一个中性玻色子，与原子核或另外一个中性玻色子或甚至自己本身相互作用时，会发生成对产生。

04.403　粒子创生　particle creation

无质量粒子转变为有质量粒子的过程。

04.404　过去光锥　past light-cone

闵可夫斯基时空中与现在发生于一个空间点的事件用光信号联系的所有过去事件的集合。

04.405　未来光锥　future light cone

闵可夫斯基时空中与现在发生于一个空间点的事件用光信号联系的所有未来事件的集合。

04.406　本动速度　peculiar speed，peculiar velocity

(1)一颗恒星相对于本地静止标准的空间速度。(2)一个星系偏离哈勃流的速度。

04.407　容许谱线　permitted line

满足选择定则的原子能态跃迁产生的谱线。

04.408　测光误差　photometric error

在测光过程中，由于系统原因和外界干扰产生的与真实数据的偏差。

04.409　测光夜　photometric night

满足测光条件可完成观测目标的夜晚，一般指无风无云且视宁度良好、夜天光较低的夜晚。

04.410　测光精度　photometric precision，photometric accuracy

测光的精确程度。

04.411　点扩散函数　point spread function

描述光学系统的点源成像的函数。

04.412　偏振测量　polarimetry，polarization measurement

测量电磁波中电场和磁场振动方向和振幅的方法。

04.413　偏振参数　polarization parameter

又称“斯托克斯参量(Stokes paramter)”。分别描述电磁波的总强度、圆偏振量、线偏振分量的四个参数。

04.414　正电子素　positronium

又称“电子偶素”。一个电子和一个正电子被束缚在一个系统内形成的异原子。

04.415　主序后演化　post-main-sequence evolution

恒星主序阶段之后的演化进程。

04.416　幂律谱　power-law spectrum

分布规律呈幂律形式的谱。

04.417　主序前　pre-main sequence

恒星到达主序之前的演化阶段。

04.418　γ射线光度　γ-ray luminosity

单位时间辐射出的处于γ射线波段的总能量。

04.419　原始星云　primeval nebula，primordial nebula

正在发生引力坍缩，最终将形成恒星的气体区域。

04.420　原星云　primitive nebula，proto-nebula

正在形成中的星际气体尘埃云。

04.421　原初元素丰度　primordial element abundance

宇宙大爆炸核合成形成的最初元素丰度。

04.422　质子-质子链　proton-proton chain

恒星核合成反应中氢原子两两发生核聚变生成氦原子的过程。

04.423　量子引力　quantum gravitation

用量子力学原理来描述引力的尝试性理论。

04.424　准周期振荡　quasi-periodic oscillation

一系列相近频率的振荡运动的叠加。

04.425　雷达天文学　radar astronomy

应用雷达技术研究天体的一门学科，为射电天文学的一个分支。通过主动向天体(或人造天体)发射电磁波，处理回波信号，提取有关天体信息，研究其物理性质和几何结构。

04.426　径向运动　radial motion

天体在其视线方向上靠近或远离地球的运动。

04.427　径向振荡　radial oscillation

球形天体沿半径方向周期性膨胀和收缩的运动。

04.428　辐射能　radiant energy，radiation energy

电磁辐射所具有的能量。它的大小可以通过计算辐射流量对时间的积分得到。

04.429　辐射　radiation

以波或粒子流的形式传送能量的过程。

04.430　辐射压　radiation pressure

又称“光压”。电磁辐射对所有暴露在其中的物体表面所施加的压力。

04.431　辐射谱　radiation spectrum

辐射能量随波长的分布。

04.432　射电余辉　radio afterglow

γ射线暴爆发后在射电波段观测到的对应辐射。

04.433　射电天线　radio antenna

射电望远镜用于收集射电辐射的天线。

04.434　射电辐射　radio emission

波长处于射电波段的辐射。

04.435　射电流量　radio flux
单位时间内通过给定表面面积的射电辐射能量。

04.436　射电干涉　radio interference
在射电波段应用波干涉原理，更好地获取有效信号的方法。

04.437　射电喷流　radio jet
从活动星系中心喷出带有强烈射电辐射的喷流。

04.438　射电谱线　radio line，radio spectral line
射电波段高于或低于背景平滑连续谱的线状特征，表征光子能量在此频率处增强或被吸收。

04.439　射电瓣　radio lobe
星系射电图中最常见的大尺度结构，有些是对称存在于活动星系核两侧。

04.440　射电强星系　radio loud
活动星系核分类中的一种，来自喷流和瓣中的辐射在该活动星系核亮度中占据主导地位。

04.441　射电光度　radio luminosity
在射电波段测得的天体光度。

04.442　射电偏振测量　radio polarimetry
射电波电矢振动方向偏向于某一方向的程度的测量。

04.443　射电宁静星系　radio quiet
活动星系核分类中的一种，来自喷流和瓣中的辐射在该活动星系核亮度中可以忽略。

04.444　射电谱指数　radio spectral index
射电波段辐射流量密度对频率依赖性的表征。

04.445　射电[波]　radio wave
波长在 0.35mm 到 10m 之间的电磁波。

04.446　放射性计年　radioactive dating
又称“同位素计年”。通过比较自然存在的放射性同位素与其衰变产物的丰度来测算物质年龄的技术。

04.447　复合线　recombination line
离子俘获自由电子的复合过程导致的光谱发射线。可用于解释在气体星云和其他一些天体的光谱中出现的氢氦等元素的容许谱线的发射线。

04.448　红水平支　red horizontal-branch
近似太阳质量的恒星在红巨星之后的演化阶段，核心由氦核聚变供能。

04.449　红化定律　reddening law
由于星际介质对星光的散射和吸收而导致观测到的星光偏红的规律。

04.450　相对论效应　relativistic effect
物体或粒子以接近光速运动时产生的物理现象。

04.451　相对论性粒子　relativistic particle
以相对论性速度(即接近光速)运动的粒子。

04.452　转动-振动光谱　rotation-vibration spectrum
又称“转动-振动谱带(rotation-vibration band)”。在分子的振动能级及附加其上的转动能级之间跃迁所产生的成带分布的谱线系。

04.453　自转致宽　rotational broadening
由于天体自转的多普勒效应而引发的谱线变宽。

04.454　转动跃迁　rotational transition
在分子转动能级之间的跃迁。

04.455　转动谱线　rotational line
因转动跃迁产生的谱线。

04.456　星际散射　scattering by interstellar media
星际介质对星光的散射作用

04.457　次级宇宙线　secondary cosmic radiation, secondary cosmic rays
由初级宇宙线与大气作用产生的各种粒子。

04.458　自引力天体　self-gravitating body
受天体自身引力束缚的天体。

04.459　自引力　self-gravitation
天体自身质量产生的引力。

04.460　硅燃烧　silicon burning
发生在耗尽了氢、氦、碳、氖、氧等较轻元素的大质量恒星的核内的以硅为原料的一系列核聚变反应。

04.461　天空背景辐射　sky background radiation
观测上未能解析出单个天体的夜空区域所发出的辐射。

04.462　量天尺　sky measuring scale, cosmic yardstick
测量遥远天体距离(和尺度)的方法。

04.463　天光光谱　sky spectrum
天空背景的光谱。

04.464　有缝光谱　slit spectrum, slit spectrogram
在望远镜焦点处用狭缝光谱仪所拍摄的天体光谱。

04.465　无缝光谱　slitless spectrum, slitless spectrogram
用无缝光谱仪所拍摄的天体光谱。

04.466　软 X 射线　soft X-ray
光子能量在0.1keV到10keV之间的电磁波。

04.467　软 X 射线源　soft X-ray source
发出软 X 射线的天体。

04.468　软γ射线　soft γ-ray
光子能量在 100keV 到 511keV 之间的电磁波。

04.469　软γ射线源　soft γ-ray source
发出软γ射线的天体。

04.470　源亮度　source brightness
观测源的亮度。

04.471　源证认　source identification
将观测源对应到某一天体的过程或方法。

04.472　源巡天　source survey
巡视大面积天区发现某类天体并对其特性进行测量的过程。

04.473　时空奇点　space-time singularity
时空曲率无限大，目前所知物理定律失效

的处所。

04.474　空间分辨率　spatial resolution
能分辨的两条线(点)之间的最小间隔，是描述探测器鉴别空间细节能力的参数。

04.475　光谱能量分布　spectral energy distribution，SED
天体的辐射流量与波长的关系。

04.476　谱线展宽　spectral line broadening
由于各种物理过程而造成的天体谱线宽度增加的现象。

04.477　谱线　spectral line，spectrum line
在均匀且连续的光谱上明亮或黑暗的线条。起因于光子在一个狭窄的频率范围内比附近的其他频率超过或缺乏。

04.478　光谱范围　spectral range
光谱所涵盖的波长范围。

04.479　光谱响应　spectral response
仪器设备的量子效率与光子波长之间的关系。

04.480　光谱序　spectral sequence
将恒星依光谱类型(O, B, A, F, G, K, M)由高温到低温排序。

04.481　光谱红移　spectroscopic redshift
天体光谱特征的观测波长相对于静止波长朝红端移动，即波长变长、频率降低。

04.482　光谱学　spectroscopy
通过物质发射、吸收或散射的光波能谱来研究其性质的方法。

04.483　光谱　spectrum
又称“频谱”。辐射强度随光子波长(能量、频率)的分布。

04.484　光谱分析　spectral analysis
根据物质的光谱来鉴别物质及确定其化学组成和相对含量的方法。

04.485　球对称吸积　spherical accretion
没有足够角动量的物质在致密中心天体的引力作用下沿径向流向它的过程。

04.486　球面反照率　spherical albedo
又称“邦德反照率(Bond albedo)”。表征天体反射本领的物理量。

04.487　产星率　star formation rate
又称“恒星形成率”。星系中恒星形成的速率。

04.488　物态　state of matter
一般物质在一定的温度和压强条件下所处的相对稳定的状态。

04.489　恒星大气　stellar atmosphere
恒星的外层低密度区域，肉眼可见，质量小，光学薄。

04.490　恒星光谱学　stellar spectroscopy
使用光谱技术研究恒星的辐射以了解恒星特性的学科。

04.491　恒星光谱　stellar spectrum
通过分光得到的恒星的光谱，显示恒星在不同波长处的辐射强度。

04.492　奇异粒子　strange particle，exotic particle
由现代物理学理论预言存在的具有极端异常性质的粒子。

04.493　亚巨星支　subgiant branch

与普通主序星有着相同光谱类型但亮度略高，但又低于巨星的一类恒星。氢核聚变移向壳层，氦元素填充核心部分。

04.494　亚毫米波　submillimeter wave

频率范围从300GHz到857GHz的电磁波。相应在真空中的波长范围从 1mm 到 0.35mm。

04.495　超光速喷流　superluminal jet

由于喷流方向和视线方向恰好接近而可能观测到的其某些成分看起来超过光速的往外运动。

04.496　面亮度　surface brightness

延展天体单位面积的亮度，常用每平方角秒的星等表示。

04.497　面亮度轮廓　surface brightness profile

延展天体面亮度随中心距的变化曲线。

04.498　表面重力　surface gravity

非常接近天体表面且质量可忽略的试验粒子受到的重力加速度。

04.499　表面温度　surface temperature

恒星的连续谱辐射层的温度，通常指其大气各层温度的平均值。

04.500　时标　time scale

某种天体物理过程所需时间的估计。

04.501　暂现源　transient

突然出现于天空并在不久之后强度逐渐减弱而消失的天体。

04.502　渡越辐射　transition radiation

带电粒子穿过非各向同性介质而发出的电磁辐射。

04.503　透明度　transparency

物质允许光通过的程度。

04.504　三α过程　triple-α process

恒星中氦原子核发生核聚变成为碳核的一系列反应。

04.505　折向点年龄　turn-off age

又称“拐点年龄”。赫罗图中由主序过渡到红巨星阶段拐点位置决定的恒星年龄。

04.506　折向点质量　turn-off mass

又称“拐点质量”。赫罗图中由主序过渡到红巨星阶段拐点位置决定的恒星质量。

04.507　主序折向点　turn-off point from main-sequence

又称“主序拐点”。星团赫罗图中恒星离开主序阶段的点。

04.508　二元光谱分类　two-dimensional spectral classification, two- dimensional classification

20 世纪 20 年代美国威尔逊山天文台根据有缝摄谱仪拍得光谱建立的以温度和光度(或绝对星等)为参量的二元分类系统。

04.509　极端相对论性电子　ultra-relativistic electron

运动速度极为接近光速的电子。

04.510　极端相对论性粒子　ultra-relativistic particle

运动速度极为接近光速的粒子。

04.511　紫外[线]　ultraviolet

波长在 10nm～320nm 之间的电磁波。

04.512　紫外光度　ultraviolet luminosity
天体在紫外波段的光度。

04.513　紫外天体　ultraviolet object
辐射强度主要集中在紫外波段的天体。

04.514　紫外辐射　ultraviolet radiation
天体在紫外波段的辐射。

04.515　紫外巡天　ultraviolet survey
在紫外波段对大片天区进行的观测。

04.516　位力平衡　virial equilibrium
系统的引力势能等于平均动能两倍的状态。

04.517　水微波激射　water maser
又称“水脉泽”。水分子受激发射产生的微波放大效应。

04.518　波前　wave front
光波在传播时，某时刻具有相同相位的点所构成的曲面。

04.519　X 射线　X-ray
波长在 0.01～10nm 之间的电磁波，相应光子能量在 100eV 到 100keV 之间。

04.520　塞曼分裂　Zeeman splitting
处在磁场中的光源，其原子发射的谱线发生分裂的现象。

04.521　γ 辐射　γ radiation
γ射线波段的辐射。

04.522　γ 射线　γ-ray
波长短于 0.01nm 的电磁波，相应光子能量大于 100keV。

04.523　γ 射线巡天　γ-ray survey
在γ射线波段进行的巡天观测。

04.524　γ 暴余辉　γ-ray burst afterglow
γ射线暴爆发过后会在其他波段观测到辐射的现象。

04.525　γ 暴能量　γ-ray burst energy
γ 暴释放出的能量。

04.526　γ 暴集群灭绝　γ-ray burst mass extinction
近距离暴发的γ 暴现象可能会使地球上大部分生物在很短时间内遭到毁灭。

04.527　γ 暴前身天体　γ-ray burst progenitor
发生γ暴之前的前身天体。

04.528　γ 射线证认　γ-ray identification
在其他波段确认γ 射线源对应体的过程。

05. 天 文 学 史

05.001 上元 grand epoch
古代计算历法的一种方法和数据。根据观测回溯推算，直到求出一个出现夜半甲子冬至、日月经纬度相同、五大行星又聚集同一方位的时刻，此时刻称“上元”。《新唐书·律历志》：“治历之本，必推上元”。上元本质上就是多种天文周期的共同起点，不同时期历法考虑的天文周期种类略有不同，除日月五星之外，一般还考虑白道升交点和月球轨道近地点的周期。

05.002 上元积年 accumulated years from the grand epoch
古代计算历法的一种数据。从上元到编算历书之年的总年数。

05.003 天干 celestial stem
中国古代的一种在历法和其他领域使用的文字计序符号，包括“甲、乙、丙、丁、戊、己、庚、辛、壬、癸”10个字，循环使用。

05.004 地支 terrestrial branch
中国古代的一种在历法和其他领域使用的文字计序符号，包括“子、丑、寅、卯、辰、巳、午、未、申、酉、戌、亥”12个字，循环使用。

05.005 六十干支周 sexagesimal cycle
中国古代把天干和地支各循序取一字相配成一对干支，构成以60为周期的计序符号系统，如：甲子、乙丑、丙寅……用于纪年、月、日、时。

05.006 二十四节气 twenty-four solar terms
中国古代把从冬至开始的一个回归年分成24段，每到一个分段点就叫一个节气，总称二十四节气。

05.007 节气 solar term
(1)二十四节气的组成单位。(2)以冬至为第一个节气，从冬至开始的二十四节气中逢偶序数的节气。中国古代民用历谱中一般以立春为第一个节气。

05.008 中气 mid-terms
以冬至为第一个节气，从冬至开始的二十四节气中逢奇序数的节气。

05.009 七十二候 seventy-two micro-season
在二十四节气基础上更为细致的时间划分，五日为一候，三候为一气，六气为一时，四时为一岁，一年共七十二候。

05.010 正朔 beginning of the year
一年的开始月份和一月的开始时日，用于王朝历法的起始，新王朝改历称“改正朔”。

05.011 辰 double-hours，Chen
(1)时间单位，中国古代一昼夜分为十二时辰，一个单位称为一辰。(2)十二时辰中从子时起的第五个单位。(3)十二地支中的第五个。(4)十二生肖以龙为辰。(5)星空分区系统中十二辰系统的一个组成单位。(6)日月之会，《左传·僖公五年》：“龙尾伏辰。”(7)标志一年四季的一些天体。《尔雅·释天》："大辰，房、心、尾也。"随历代所观测星象不同，辰有参、北斗、大火星等多个意义。

05.012　十二辰　twelve Chen，twelve double-hours

(1)中国古代沿天赤道将周天均匀分为十二等分，以十二地支命名，用以太岁纪年的方法，即：子、丑、寅、卯、辰、巳、午、未、申、酉、戌、亥。(2)用十二地支计时的时刻制度。

05.013　十二次　twelve Jupiter-stations，duodenary series，twelvefold equatorial division

中国古代为观测日、月、五星位置，把黄赤道带自西向东均匀分成十二等分的办法。十二次的名称依次是：星纪、玄枵、娵訾、降娄、大梁、实沈、鹑首、鹑火、鹑尾、寿星、大火、析木。《汉书·律历志》："星纪，五星起其初，日月起其中，凡十二次。"

05.014　黄道十二宫　zodiacal signs

古代巴比伦把整个黄道圈从春分点开始均分为十二段，每段均称为宫，各以其所含黄道带星座之名命名。总称黄道十二宫。因岁差关系，21世纪黄道十二宫与黄道十二星座已大致错开一宫。

05.015　朔日　first day of lunar month

月球与太阳的地心黄经相同的时刻。中国古代历法规定，朔日为每月的第一天，即初一。

05.016　日躔　solar equation

字面意思即太阳的运行，抽象为古代历法中表示太阳在黄道上运行的度次、位置及其变化的观念方法。

05.017　月离　lunar equation

字面意思即月亮的运行，抽象为古代历法中表示月球在白道上运行的度次、位置及其变化的观念方法。

05.018　盈缩　being ahead and lag

由于日、月、五星运行的不均匀现象，其实际位置与推算平均位置的差数。实际位置在平均位置之前叫作盈，反之叫缩。

05.019　岁实　tropical year

回归年长度。唐代边冈首次使用，用"分"为单位表示。它把一日分为13 500分，4 930 801分即"岁实"。清《时宪历》始用日为单位。

05.020　朔实　length of the lunation，synodic month

又称"朔策"。朔望月长度，后周王朴《钦天历》首次采用。《大统历》将一日分为10 000分，295 305.93分为一朔实。

05.021　闰周　intercalary cycle

中国传统历法中设置闰月的周期。阴阳历中12个朔望月比一个回归年约少11天，需要设置闰月来调整与回归年同步。春秋战国时期就出现了"19年7闰"的闰周。后世历法家逐渐认识到闰周的不精确性和不合理性，祖冲之等曾经提出过新的闰周，李淳风在《麟德历》中开始彻底废除闰周。

05.022　闰余　epact

(1)阳历岁首的月龄。(2)阴阳历岁首后节气的月龄。《汉书·律历志》："推天正，以章月乘入统岁数，盈章岁得一，名曰积月，不盈者名曰闰余。"

05.023　阳历　solar calendar

(1)全称“太阳历”。以太阳的周年视运动为主要依据制定的历法，它的一年约 365 日。(2)中国古代历法称月亮在黄道南时为入阳历。

05.024　阴历　lunar calendar

(1)全称“太阴历”。主要按月亮的月相周期来安排的历法。它的一年有 12 个朔望月，约 354 或 355 日。希腊历和伊斯兰教历都是阴历。(2)中国古代历法称月亮在黄道北时为入阴历。

05.025　阴阳历　lunisolar calendar

(1)一种兼顾阴历和阳历特性的历法。月长为朔望月长，一年有十二个月，过若干年安置一个闰月，使年的平均值大约与回归年相当。(2)古代历法对月在黄道南、黄道北情况的统称。

05.026　岁星纪年　Jupiter cycle

中国古代一种以岁星所在位置配合十二次顺序的一种纪年法。

05.027　太岁纪年　counter-Jupiter annual system

古人假想一匀速运行天体“太岁”，它与岁星运行方向相反，十二年经行一周天。用太岁位置配合十二辰的顺序记录年序的方法称太岁纪年法。

05.028　斗建　direction of big dipper's handle

中国古代将北斗星斗柄指示的方向、地平方位、月份三者配合起来纪月序的一种方法。

05.029　三正　three kinds of different first month

3 种不同岁首的历法，即夏正、殷正、周正。古代认为夏、商、周三朝分别选取寅月(冬至后第二个月)、丑月(冬至后第一个月)、子月(冬至月)为正月，并发展出三正交替之说。三正说实际上反映了先秦时期各国历法不统一的局面。

05.030　三统说　theory of three interconnected systems

又称“三正说”。西汉董仲舒创造的历史循环思想，谓夏、商、周三代之正朔，夏为黑统，商为白统，周为赤统，三统依次循环。

05.031　太初历　Taichu calendar

历法名，西汉武帝太初元年由邓平、落下闳等创制，行用于公元前 104 年至公元 84 年。

05.032　三统历　three sequences calendar, Santong calendar

历法名，西汉刘歆根据董仲舒的三统说改编太初历而成的历法。

05.033　四分历　quarter-remainder calendar

(1)通指一年为 364 又 1/4 日、19 年 7 闰的历法。例如，古代历法家认为，所谓的“先秦古六历”都是四分历。(2)历法名，东汉编訢、李梵创制，修成于公元 85 年，行用于东汉、魏、蜀。

05.034　九执历　Navagrāha

历法名，唐代印度裔天文学家瞿昙悉达编译的一部具有印度传统的历法，该历法保存于《大唐开元占经》。

05.035　授时历　Shoushi calendar

历法名，元代王恂、郭守敬等创制。是中国传统历法最高成就的代表，废除了上元积年、选取近距历元作起算点，行用于 1281～1384 年。

05.036　时宪历　Shixian calendar
历法名，清代 1645 年据传教士汤若望的《西洋新法历书》编出的日用历书。1742 年重修，称“癸卯元历”，行用于 1645～1665，1670～1911 年。

05.037　儒略纪元　Julian era
儒略日的计算起点，定在公元前 4713 年儒略历 1 月 1 日格林尼治平午。

05.038　沙罗周期　saros
古巴比伦人发现的日、月食周期，他们称之为“沙罗”（“沙罗”即“周期”）。该周期的时间长度为 223 个朔望月。

05.039　默冬章　Metonic cycle
古希腊人默冬在公元前 432 年提出的置闰周期：在 19 个阴历年中安置 7 个闰月，即可与 19 个回归年相协调。在历法计算中使用时，其长度称之为 1 章。

05.040　玛雅历日　atautun
玛雅人的历日制度有 3 种表达方法：(1)用累计积日数来表达(积日法)。(2)卓尔金(Tzolkin)历日，即典祀用历日。一年为 260 天，不分月，顺序用 20 个专名。(3)一般民用历法，一年为 19 个月，第 1 至 18 月每月 20 天，第 19 月为 5 天，共 365 天。

05.041　白克顿　Baktun
玛雅历法中的计日单位，1 白克顿为 144 000 天，约 394.26 个回归年。

05.042　晨出　heliacal rising
行星或恒星在日出前刚刚在东方地平线上出现而消失。中国古代称为晨出东方，现代称偕日升。

05.043　夕没　heliacal setting
行星或恒星在日落后刚刚没入西方地平线附近不见。中国古代称为“夕没西方”，现代称为“偕日落”。

05.044　伏日　dog days
一年中最热的时段。中国传统以夏至后第三个庚日入初伏，第四个庚日入中伏，立秋后第一个庚日入末伏，总称“三伏”。

05.045　守　staying
中国古代指行星在留前后(顺逆行转换期间)徘徊在某一星宿的状态。

05.046　伏　conceal
中国古代称行星运行到视线距太阳过近而消失不见的现象。

05.047　偕日法　method of contiguity
一种在日出前或日没后的分别观察最后升起而消失或最先出现而落下的恒星以确定季节的方法。

05.048　旬星　decans，ten-day star
古埃及人将赤道附近的星分为 36 组，每组代表十天，这种星群叫作旬星。当某一组星在黎明前恰好升到地平线上时，标志着某一旬到来。

05.049　天狗周　Sepedet
古埃及人观察一年当中天狗(即天狼星)偕日升情况，确定一历年为 365 天。这与实际回归年长差 0.25 天，经过 1 461 年后才会恢复原状，因此 1 460 年就称为天狗周。

05.050　月站　Nakshatra
古印度为了研究太阳、月亮的运动，将黄道分成二十八等份，其中的一份。意为月亮每日停留的地方。印度也有去掉牛宿的二十七月站体系。

05.051　马纳吉尔　al-manazil

古代阿拉伯对月亮每日停留之处(月站)的称谓。

05.052　本轮中心　epicenter

在古希腊天文学家阿波罗尼的本轮-均轮模型体系中，行星在一个被称为“本轮”的小圆上做匀速圆周运动，该小圆的圆心即本轮中心。本轮中心又沿大圆“均轮”做匀速运动。

05.053　本轮轨道　epicyclic orbit

本轮中心以匀速绕地球在均轮上的转动轨迹。

05.054　儒略日　Julian day

一种不用年、月，直接按日的顺序计数的方法。起点是公元前4713年1月1日格林尼治平时12时。

05.055　格里年　Gregorian year

格里历的年平均长度，年长为365.2425日。

05.056　天狼年　Sothic year

古埃及人通过对一年中天狼星偕日升情况的长期观察定出的一年，年长定为365日。

05.057　埃及历　Egypt calendar

又称“柯比特历”。埃及历一年12个月，每月30日，每年加岁余5日，一年365日，以天狼星偕日升那天为岁首。每年分为泛滥季、播种季、收获季三季，每季四个月。

05.058　巴比伦历　Babylonian calendar

古巴比伦使用的历法。阴阳历，岁首固定在春分，以新月为月首。一年12个月，大小月相间，平年一年354天，采用19年7闰法置闰。

05.059　犹太历　Jewish calendar

又称“希伯来历”。阴阳历的一种，每月以新月为一月的开始，以每年秋分后的第一个新月为一年的开始。置闰采用19年7闰，闰月总在第6个月之后。

05.060　耆那历　Jaina calendar

公元前6世纪到公元2世纪期间印度所使用的主要历法。在这个历法中一星宿年等于327又51/67日，一太阴年等于354又12/62日，一世间年等于360日，一太阳年等于366日。

05.061　古希腊亚历山大历　Alexandrian calendar

又称“科普特历(Coptic calendar)”。来自古埃及历法，一年有13个月，其中12个月为平月，每月30天，另有1月为闰月，位于年末，平年5天，闰年6天。

05.062　伊斯兰历　Mohammedan calendar, Islamic calendar

伊斯兰教的历法主要以月亮的运动安排历法，是一种纯阴历。

05.063　印度纪元　Indian era

印度历法的3种起算点：(1)自天地开辟算起。(2)自公元前3102年2月17日星期五算起，这个历元称为卡利·尤几(Kali Yuga)。(3)以释迦(Saka)纪年算起。

05.064　犹太纪元　Jewish era

又称“创世纪元”。犹太历的起算点。古代

希伯来人据《塔纳赫》推算出上帝创造世界第一个星期一为开始年份（相当于公历公元前3760年）。

05.065　日本纪元　Japanese era
日本从大化改新时开始仿中国使用年号制度。从公元645年起年号为大化。到明治天皇时改为一个天皇使用一个年号，称为“一世一元”。

05.066　黄帝纪年　Huangdi era
中国传统纪年之一，以传说中的黄帝即位之年即公元前2698年算起。孙文就任中华民国临时大总统后，宣布将黄帝纪元4609年11月13日作为中华民国元年元旦，即1912年1月1日，之后行用公历，黄帝纪元停止使用。

05.067　檀君纪年　Dangun Era
韩国的一种纪年，始于1948年9月25日。檀君是传说中“檀君朝鲜”（意思是“宁静晨曦之国”）的建立者，据传其在公元前2333年建国。

05.068　拜占庭纪年　Byzantine era
拜占庭历法基于儒略历创造，但在历法起算上沿用了犹太历的创世纪元。它有两种元年，一个是公元前5500年，另一个则采用公元前4000年。

05.069　希腊纪元　Grecian era
古希腊历法以公元前776年（即第一次奥林匹亚竞技会）为纪元。

05.070　星官　asterism
中国古代恒星的基本组织单位。指一组星，包含的星数从一颗到几十颗不等。

05.071　二十八宿　twenty-eight lunar mansions
中国古代在黄赤道带附近所选取的28组恒星，用来作为量度日、月、五星及其他天体（包括其他恒星）位置的相对标志。每组星称为宿，总称二十八宿。印度和阿拉伯民族古代也有自己的二十八宿。

05.072　四象　four symbolic animals, images of the four directions, four Xiang
古人将黄赤道带的二十八宿分成四组，每组以一种动物象征，称为：东方苍龙、西方白虎、北方玄武、南方朱雀。

05.073　苍龙　azure dragon, grey dragon
四象之一，由角、亢、氐、房、心、尾、箕七宿组成。按阴阳五行给五方配色之说，东方为青色，故名“苍龙（青龙）”。

05.074　玄武　black tortoise, black warrior
四象之一，由斗、牛、女、虚、危、室、壁七宿组成。按阴阳五行给五方配色之说，北方为黑色，故名“玄武”。

05.075　白虎　white tiger
四象之一，由奎、娄、胃、昴、毕、觜、参七宿组成。按阴阳五行给五方配色之说，西方为白色，故名“白虎”。

05.076　朱雀　vermilion bird, red bird
又称“朱鸟”。四象之一，由井、鬼、柳、星、张、翼、轸七宿组成。按阴阳五行给五方配色之说，南方为红色，故名“朱雀”。

05.077　三垣　three enclosures
古代三个星官及三个星空区划，包括紫微垣、太微垣、天市垣。最初作为三个星官名出现。到了唐代《步天歌》中，三垣成为三个天区，仍保留原有名称。

05.078 紫微垣 purple forbidden enclosure

又称“中宫”“紫微宫”。“三垣”中的中垣，位于北天中央，包括北天极附近的天区。

05.079 太微垣 supreme subtlety enclosure

“三垣”中的上垣，在紫微垣与张宿、翼宿之间。

05.080 天市垣 celestial market enclosure

“三垣”中的下垣，在紫微垣与心宿、尾宿之间。

05.081 五宫 five palaces

《史记·天官书》划分的五大天区，包括中宫北极、东宫苍龙、北宫玄武、西宫咸池（后世改称白虎）、南宫朱鸟（朱雀）。

05.082 [天]狼星 Sirius

大犬座α，全天最亮的恒星。在中国古代占星术中是一颗“主侵略之兆”的恶星。古埃及人利用天狼星和太阳同时升起作为一年的标志。

05.083 老人星 Canopus，Suhail

俗称“寿星”。船底座α，全天第二亮的恒星。亮度仅次于天狼星。中国古人认为它象征长寿是一颗象征国泰民安的吉星。

05.084 南门二 Rigil Kent，Rigil Kentaurus

半人马座α。全天第三亮星，半人马座第一亮星，也是距太阳最近的亮星。明清时期被认定为是南门星官中的主要星之一。它是由三颗恒星组成的目视三合星，距离太阳最近的恒星比邻星通常被认为是它的成员。

05.085 大角 Arcturus，Alramech，Abramech

牧夫座α。全天第四亮星，天上最亮的红巨星。常常把它作为识别星座和判别方向的标志。在古代，大角星曾作为东方苍龙的一只角，后来被角宿二所替代。

05.086 织女一 Vega，Fidis

俗称“织女星”。天琴座α，全天第五亮星。距离地球约 25.3 光年，是太阳附近最明亮的恒星之一。在古代汉民族的“牛郎织女”神话中，织女为天帝孙女。由于岁差的缘故，织女星在公元前 12000 年曾是北极星。

05.087 五车二 Capella，Singer，Alhajoth

御夫座α。全天第六亮星，是由 4 颗恒星组成的两对联星。

05.088 参宿七 Rigel，Algebar，Elgebar

猎户座β。全天第七亮星，是一颗蓝超巨星，亮度超过猎户座α。

05.089 南河三 Procyon

小犬座α。全天第八亮星。

05.090 水委一 Achernar

波江座α。全天第九亮星。水委一的位置偏南，对于北半球北纬 33°以北的地区，永远位于地平线之下无法观测。由于岁差现象，水委一在公元前 3000 年时曾经是南极星。

05.091 参宿四 Betelgeuse，Al Mankib，Al Dhira

猎户座α。全天第十亮星。是一颗红超巨星，猎户座第二亮星。

05.092 马腹一 Agena，Hadar

半人马座β。全天第十一亮星，半人马座第二亮星。清代把它与南门二并称为“南门双星”。属于大犬座β型变星，亮度在 0.61 到 0.66 等之间变化，周期为 0.157 日。

05.093　河鼓二　Altair

俗称“牛郎星”“牵牛星”。天鹰座α。天鹰座最亮星。河鼓二的两侧各有一颗较暗的星，分别称为河鼓一、河鼓三，它们与河鼓二合称为“河鼓三星”。传说河鼓二即为牛郎，挑着他的两个儿子河鼓一和河鼓三，在追赶织女。

05.094　毕宿五　Aldebaran，Cor Tauri

金牛座α。金牛座最亮星，是一颗红巨星。

05.095　十字架二　Acrux

南十字座α。南十字座最亮星，葡萄牙人称其为“麦哲伦星”，以纪念第一个环球航行的探险家麦哲伦。

05.096　心宿二　Antares，Cor Scorpii

又称“大火”。天蝎座α。天蝎座最亮星，中国古代称为“大火”，是东方苍龙的心宿的主要星，是夏季星空中十分醒目的恒星之一。它是一颗红超巨星，全天最大的恒星之一，还是一个射电源。

05.097　角宿一　Spica，Azimech，Epi，Spica Virginis

室女座α。室女座最亮星，是一颗蓝巨星。其位置接近黄道，因此有可能与月球或其他行星发生掩星现象。它是中国二十八宿的第一宿——角宿的主要星，古人把它当作东方苍龙的龙角。

05.098　北河三　Pollux

双子座β。双子座最亮星，比同星座中的双子座α更亮。是一颗橙色巨星。

05.099　北落师门　Fomalhaut

南鱼座α。南鱼座最亮星，是秋季星空中比较明亮的恒星。2008 年通过光学方式发现其有一颗大小与木星相仿的行星。

05.100　天津四　Deneb，Deneb Cygni，Sudr

天鹅座α。天鹅座最亮星，是一颗白色超巨星。它是夏季星空中的亮星之一，与织女星和牛郎星共同组成夏季大三角。它是一颗典型的脉动变星，视星等在 1.21 到 1.29 等之间变化，没有明确的变光周期。

05.101　十字架三　Becrux，Mimosa

南十字座β。南十字座的第二亮星，是一对双星，其中蓝色巨星是主星，属于仙王座β型变星，亮度变化为 0.08 星等，周期约为 0.19 天，伴星比主星暗约 2.9 等。它还是一个 X 射线源。

05.102　轩辕十四　Regulus，Cor Leonis

狮子座α。狮子座最亮星，是最靠近黄道的亮星。在中国古代是轩辕星官中的代表星。

05.103　北极星　pole star，north star，Polaris，Cynosura

又称“勾陈一”。小熊座α。小熊座最亮星，是当前全天最靠近北天极的星，作为指示正北方向的星，是野外活动、航海导航的重要参考。它与天北极的角距在公元 2100 年前后达到最小，约 28 角分。

05.104　帝　Kocab

又称“北极二”。小熊座β。离北极星最近的较亮星。

05.105　北斗　Big Dipper，Plough，Triones，Wain

大熊座中 7 颗比较明亮的恒星。是中国古代重要的定方向、定季节用星，由天枢、天璇、天玑、天权、玉衡、开阳、摇光组成。

05.106　天枢　Dubhe
又称"北斗一"。大熊座α。是北斗七星勺口的第一颗星，为一颗橙色巨星。

05.107　右枢　Adib，Thuban
又称"紫微右垣一"。天龙座α。由于岁差的缘故，在4 000年前是当时的北极星。

05.108　五帝座一　Deneb Alased，Deneb Aleet，Denebola，Denebolan
狮子座β。狮子座的第二亮星，位于狮子的尾部。属盾牌座δ型变星，变光幅度不大，周期只有几个小时。

05.109　大陵五　Algol，Demon Star
英仙座β。著名的食变双星。视星等在2.13～3.31等之间变化，周期为2天20小时49分，其亮度变化由双星公转时互相遮掩而造成。

05.110　造父一　Cepheid
仙王座δ。造父变星的代表星。造父变星是一类亮度呈周期性变化的恒星，其光度与变光周期呈正相关。根据此关系可以确定星团、星系的距离，因此造父变星被誉为"量天尺"。

05.111　渐台二　Sheliak，Shelyak，Shiliak
天琴座β。著名的食变星，视星等以12.907 5天的周期在3.4～4.6等之间变化。

05.112　蒭藁增二　Mira，Stella Mira
鲸鱼座o。红巨星，是一类脉动变星的代表之一，即Mira型变星(蒭藁变星)。是天空中最明亮的长周期变星之一。

05.113　北冕座R　Variabilis Coronae
一颗黄色的超巨星，是一类不规则变星的代表之一，即北冕座R型变星。其亮度会不定期地变暗，随后亮度回升比较缓慢。

05.114　南极星　Polaris Australis
南极座σ。肉眼可见最靠近南天极点的恒星，它的视星等只有5.45等。

05.115　银河　Milky way
俗称"天河"。在晴天夜晚可见，由无数恒星组成的横跨星空的一条乳白色亮带。是银盘在天空的投影。

05.116　黄道星座　Zodiac constellation，Zodiacal constellation
在全天88个星座中，黄道经过的13个星座，包括双鱼座、白羊座、金牛座、双子座、巨蟹座、狮子座、室女座、天秤座、天蝎座、蛇夫座、人马座、摩羯座、宝瓶座。

05.117　拜耳星座　Bayer constellation
德国天文学家约翰·拜尔划分的星座，大多数与动物有关。

05.118　托勒玫星座　Ptolemaic constellation
作为希腊划时代著名的天文学家和星占学家，托勒玫将全天划分为48个星座，后人称之为托勒玫星座。这些星座是现代天文学星座划分的重要基础。

05.119　希腊字母命名　Greek alphabet
依照小写希腊字母的顺序，将一个星座中的恒星按亮度从大到小的顺序命名的方法。例如，某星座中最亮恒星称为该星座的α星。

05.120　拜耳命名法　Bayer designation
德国天文学家约翰·拜耳于1603年在他

的《测天图》中为亮星系统命名所采用的方法。他使用小写希腊字母为前导，分配给星座中的每一颗星，再与所在星座的拉丁文名称相连组成恒星的名字。

05.121　弗兰斯蒂德命名法　Flamsteed designation

最早出现在 1712 年英国天文学家约翰·弗兰斯蒂德编著的《不列颠星表》中。与拜耳命名法类似，弗兰斯蒂德用数字取代希腊字母，数字最早是随赤经的增加而增加，不过由于岁差的影响，现在已经有了很大出入。这种命名法在 18 世纪获得了普遍认同，没有拜耳名称的恒星几乎都会以数字来命名。

05.122　赫维留结构　Hevelius formation

月面地形特征之一。由波兰天文学家赫维留提出，他是月面学的创始人，在 17 世纪中叶，经过十年辛勤观测绘出详细的月面图。

05.123　鲁道夫星表　Rudolphine table

约翰·开普勒使用第谷观测和收集的资料所编制的星表，发表于 1627 年。为纪念神圣罗马帝国皇帝鲁道夫二世而命名。

05.124　距星　determinative star

为了确定和测量天体在天空中的位置，在二十八宿中所选定的标准星。

05.125　距度　distance angles of 28 Lunar Manssions

二十八宿距星与下一宿距星间距的量度，分为赤道距度和黄道距度。

05.126　入宿度　determinative star distance

中国古代赤道坐标系中的经度量值。当被测天体在某宿的距度范围内时，以该宿的距星为标准，所测天体和这个距星的赤经差即入宿度。

05.127　去极度　north polar distance，codeclination

所测天体距北极的角距离。

05.128　九道　nine roads，moon’s path

中国古代称月行经过之道。春行东方有青道二，夏行南方有赤道二，秋行西方有白道二，冬行北方有黑道二，加上中道(黄道)，总称九道。

05.129　罗睺　Rāhu

古印度设想的与交食有关的假想天体，不可见，被赋予较为凶险的星占含义，其天文本义即白道过黄道的升交点。该概念被引入中国之后，到唐宋之际含义发生变化，扩充为包括罗睺、计都、月孛、紫气在内的四个不可见天体，罗睺变为白道与黄道的降交点。

05.130　计都　Ketu

古印度设想的与交食有关的假想天体，不可见，汉译佛经《七曜禳灾诀》中的计都历表显示，计都是月球绕地轨道的远地点。到唐宋之际其含义发生变化，成为包括罗睺、计都、月孛、紫气在内的四个不可见天体中的一个，天文含义变为白道与黄道的升交点。

05.131　月孛　Yue-bei

与古印度天文学有关的一个假想天体，不可见，曾经为计都的别称，在中国唐宋之际成为包括罗睺、计都、月孛、紫气在内的四个不可见天体中的一个，天文含义为月球绕地轨道远地点。

05.132 **紫气** Zi-qi
中国唐宋之际形成的包括罗睺、计都、月孛、紫气在内的四个不可见天体中的一个，与置闰有关，每日行 1/28 度。

05.133 **暗虚** dark shadow
又称“闇虚”。东汉张衡为解释月食现象设想的与太阳方向相对的暗影状天体，月蚀时月亮即为暗虚遮蔽，所以其实质为地球的本影。

05.134 **三辰** three kinds of celestial bodies
中国古代指日、月、星。

05.135 **三光** three luminaries
(1)日、月、星的总称。(2)日、月、五星。(3)大火、伐、北辰三大辰。

05.136 **五星** five planets
中国古代指金、木、水、火、土五颗行星。

05.137 **七政** seven celestial bodies
中国古代指日、月、五星。

05.138 **七曜** seven luminaries
中国古代对日、月、五星的一种总称。

05.139 **辰星** Mercury，double-hours planet
中国古代对水星的称谓。

05.140 **太白** Venus
中国古代对金星的称谓。

05.141 **荧惑** Mars
中国古代对火星的称谓。

05.142 **岁星** Jupiter
中国古代对木星的称谓。

05.143 **镇星** Saturn
又称“填星”。中国古代对土星的称谓。

05.144 **太岁** counter-Jupiter
又称“岁阴”“太阴”。古人对照岁星假想的一匀速运行天体。它与岁星运行方向相反，十二年经行一周天，用来记录年序。

05.145 **启明星** Phosphorus
黎明出现于东方天空的金星。

05.146 **长庚星** Hesperus
黄昏出现于西方天空的金星。

05.147 **祝融星** Vulcan
又称“火神星”。法国天文学家勒维耶为了解释水星近日点进动残差而在理论上引入的行星，实际不存在。

05.148 **五星连珠** assembly of five planets
古时用以表示五星同时并现于某一天区的现象。

05.149 **等周律** law of isochronous rotation
有关行星、小行星的初始自转周期具有相似性的假说，由瑞典天文学家阿尔文提出。

05.150 **客星** guest star
中国古代指在夜空中突然出现，若干时间后又慢慢消失的星，主要指彗星、新星、超新星。

05.151 **孛星** deluding star
中国古代对彗星的一种称谓，有时也指新星或超新星。

05.152 **彗星** broom star，sweeping star
又称“扫帚星”。中国古代对尾部宽大如扫帚的彗星的一种称谓。

05.153 蓬星 sailing star
中国古代对有蓬松彗发彗星的一种称谓。

05.154 景星 splendid star
中国古代对新月或残月辉光的称谓，有时也指大而明亮的超新星等天象。

05.155 瑞星 auspicious star
星占家认为一种预示吉祥的星体。《晋书·天文志》："瑞星：二曰周伯星。黄色，煌煌然，所见之国大昌。"

05.156 天关客星 Tian-guan guest star
又称"1054 *超新星*(supernova of 1054)""*金牛 CM*"。北宋时期公元 1054 年在天关星(金牛ξ)附近出现的一次超新星爆发现象。中国和日本等地史书中都有记载，其遗迹为蟹状星云。

05.157 第谷超新星 Tycho's supernova, SN Cas 1572
位于仙后座的一颗历史超新星，1572 年 11 月 11 日爆发，由丹麦天文学家第谷·布拉赫观测并进行了详细记录，是近代少数能用肉眼看见的超新星之一。

05.158 开普勒超新星 Kepler's supernova, SN Oph 1604
位于蛇夫座的一颗历史超新星，1604 年 10 月爆发，德国天文学家开普勒进行了详细观测记录，是近代少数能用肉眼看见的超新星之一。

05.159 六合 six cardinal points, contrary months
(1)天地四方。《列子·汤问》："大禹曰：六合之间，四海之内，照之以日月，经之以星辰。"(2)一年相对的月份有相反的季节变化，统称六合。《淮南子·时则训》："孟春与孟秋为合。"

05.160 天圆地方 vaulting heaven and square earth
中国古代最原始最直观的宇宙观。《大戴礼记·曾子天圆篇》："如诚天圆而地方，则是四角之不揜也。"

05.161 盖天说 theory of canopy-heavens
中国古代的一种宇宙学说，分旧、新两种观点：(1)"天圆如张盖，地方如棋局"为旧盖天说；(2)"天似盖笠，地法覆盘，天地各中高外下"，记载于《周髀算经》，为新盖天说，或称周髀说，成书于西汉早期。

05.162 浑天说 theory of sphere-heavens
中国古代的一种宇宙学说，认为天是一圆球，大地在球内正中，如同蛋黄在蛋内一样，载水而漂浮。可能始于战国时期。其集大成者为东汉张衡。

05.163 宣夜说 theory of expounding appearance in the night sky
中国古代的一种宇宙学说，认为天没有一层固体的壳，而是高远无极的虚空，日月众星自然浮生在这个虚空中，由气控制着它们的运动。

05.164 安天说 discourse on the conformation of the heavens
晋代虞喜创立的一种宇宙理论，认为"天高穷于无穷，地深测于不测。天确乎在上，有常安之形，地魄焉在下，有居静之体。"

05.165 穹天说 discourse on the vaulting heaven
晋代虞耸创立的一种宇宙理论，认为天形穹隆覆地，气充其中。

05.166 平天说 discourse on the flat heaven, theory of the flat heavens

东汉王充提出的一种宇宙理论，认为天、地都是无限大的平行平面。

05.167 昕天说 discourse on the tilting of the heavens

三国时吴国姚信提出的一种宇宙理论，认为天北高南低。《晋书·天文志》："吴太常姚信造昕天论云：人为灵虫，形最似天。今人颐前侈临胸，而项不能覆背。近取诸身，故知天之体南低入地，北则偏高。"

05.168 右旋说 right-handed rotation theory

中国古代认为恒星和日、月、五星随天自东向西周日运动，日、月、五星又附在天上慢慢东移的学说。

05.169 左旋说 left-handed rotation theory

中国古代认为恒星、日、月、五星各自以不同的速度作自东向西周日运动的学说。

05.170 盖图 circular map

中国最早的写实星图，以北极为中心，源于盖天说。《隋书·天文志上》："依准三家星位，以为盖图。旁摛始分，甄表常度，并具赤黄二道，内外两规。"

05.171 地中 centre of the earth

中国古代认为的大地正中。《周礼·地官·大司徒》："正日景以求地中。"相传认为周公测定阳城为地中。

05.172 里差 difference of li

中国古代原始的经度概念。金末元初耶律楚材在西域观察天象时发现。

05.173 地心说 geocentric theory

认为地球静止不动并位于宇宙中心，太阳、月亮和行星都围绕地球运行的宇宙模型。早期文明一般都接受这个宇宙模型。

05.174 地心体系 geocentric system

认为地球位于宇宙中心的宇宙体系。西方的地心体系在公元前 4 世纪由古希腊哲学家亚里士多德给以哲学和物理学上的论证，公元 2 世纪希腊天文学家托勒玫加以发展，提出了完备的几何模型。

05.175 宗动天 primum mobile

西方古代天文学认为，在各种天体所居的各层天球之外，还有一层无天体的天球称为宗动天，它带动其内部各层天球做周日运动。

05.176 水晶天 crystalline heaven

在托勒玫体系中，为解释天体运行而想象出的透明球层，处于恒星球层和宗动天之间。

05.177 托勒玫体系 Ptolemaic system

古希腊天文学家提出的一种地心宇宙体系，主张地球居宇宙中心静止不动，日、月、行星及恒星均绕地球运行。因托勒玫给予最完整的论述而得名。

05.178 第谷体系 Tychonic system

丹麦天文学家第谷于 16 世纪提出的一种介于地心和日心体系之间的宇宙体系，认为地球静止居于中心，行星绕日运动，而太阳则率行星绕地球运行。

05.179 本轮 epicycle

古希腊天文学家阿波罗尼提出的用来解释地心体系的一种假想圆圈，行星沿本轮运转，而本轮中心则沿均轮绕地球运转。可以解释行星视运动的“逆”和“留”等现象。

05.180 均轮 deferent

古希腊天文学家阿波罗尼提出的用来解释地心体系的一种假想圆圈。本轮中心沿均轮绕地球运转。

05.181 日心说 heliocentric theory

古希腊部分哲学家和天文学家如阿里斯塔克等持有的宇宙学说，到16世纪哥白尼发展了日心说并做出系统的理论证明，认为太阳是宇宙中心，而不是地球。

05.182 日心体系 heliocentric system

古希腊天文学家阿里斯塔克于公元前3世纪提出，认为太阳是宇宙中心的宇宙体系。到16世纪，哥白尼发展了日心说，并做出系统的理论证明。

05.183 《天文志》 Tian Wen Zhi，Astronomical Treatise

中国古代纪传体史书中专门记载天文学和天文异象的篇章。

05.184 《历志》 Calendrical Treatise

中国古代纪传体史书中记载一个朝代历法内容的篇章。

05.185 《律历志》 Lu Li Zhi，Tone and Calendar Treatise

中国古代纪传体史书中根据"律历一体"观念记载一个朝代乐律和历法内容的篇章。

05.186 《夏小正》 Xia Xiao Zheng，Lesser Annual of the Xia Dynasty

天文著作，相传是夏代的历书，是中国古代最早的一部物候历。

05.187 《石氏星经》 Star Classic of Master Shi，Star Catalogue of Master Shi

又称"石氏星表"。天文著作，战国魏石申夫著。原书已佚，现存内容辑自《开元占经》，含有公元前测定的最早星表。

05.188 《灵宪》 Ling Xian，Spiritual Constitution of the Universe

天文著作，东汉张衡著，系统论述了浑天说理论，总结了当时的天文学成果。

05.189 《乙巳占》 Yi Si Zhan，Yisi Treatise on Astrology

天文著作，唐代李淳风编撰，是唐以前数十种星占风角书的分类汇编。

05.190 《开元占经》 Kai Yuan Zhan Jing，Prognostication Classic of the Kai-Yuan Reign-period

天文著作，唐代瞿昙悉达撰。一度失传，明万历年间重新被发现，辑唐代以前大量天文、星占、历法及纬书内容，保存了大量天文资料。

05.191 《步天歌》 Song of Pacing the Heavens

系统介绍星座的天文著作，唐代王希明著。以诗歌的形式介绍了全天星官，为历代初习天文者的观天指南。

05.192 《敦煌星图》 Star Atlas of Dunhuang

发现于敦煌经卷中的古星图，约绘于唐中宗年间，现存于大英博物馆。

05.193 《新仪象法要》 New Design for an Armillary Clock

天文著作，北宋苏颂著，为水运仪象台的设计说明书。

05.194 《苏州石刻天文图》 Suzhou Inscriptive Planisphere

石刻星图，南宋黄裳绘，王致远刻制，高

2.16m，宽 1.06m，为投影精确的、以北极为中心的盖天圆图，有恒星 1 434 颗。

05.195 《崇祯历书》 Chong Zhen Reign-period Treatise on Calendrical Science

天文著作，明代徐光启、李天经主编，西方传教士龙华民、邓玉函、汤若望、罗雅谷等参加编译。是欧洲古典天文学原理与中国传统历书形式的结合，采用第谷体系和 360°制。

05.196 《西洋新法历书》 Treatise on Calendrical Science According to the New Western Methods

天文历法著作，清初传教士汤若望将《崇祯历书》删改而成。

05.197 《灵台仪象志》 On the Armillary Sphere and Celestial Globe of the Observatory

天文著作，清代比利时传教士南怀仁主编，介绍了南怀仁监制的六架天文仪器的构造、原理及使用方法，并附有新编的全天星表。

05.198 《历象考成》 Compendium of Calendrical Science and Astronomy

天文历算著作，清康熙年间钦天监据西洋新法历书集体修订编撰，采用第谷体系。

05.199 《仪象考成》 Compendium of the Imperial Astronomical Instruments

天文著作，清乾隆年间传教士戴进贤主编，介绍了玑衡抚辰仪的制造和使用，以及含 3 083 颗恒星的星表。

05.200 《伊尔汗历表》 Al-Zij-Ilkhani，Zīj-i īlkhānī

又称“《波斯历书》”。成吉思汗之孙旭烈兀攻克巴格达后，于 1295 年建立马腊格天文台，任命奈绥尔・突斯担任台长，并在天文台上安装各种精密天文仪器。伊尔汗历表即奈绥尔丁编撰的天文表，为纪念旭烈兀建立伊尔汗国而命名。

05.201 悉檀多历算书 siddhānta

印度古代的一种历算体系，类似中国古代的“历法”和阿拉伯的“积尺”。

05.202 《天文学大成》 Almagest

又称“《至大论》”。托勒玫的主要天文著作，希腊天文学的总结，中世纪欧洲和阿拉伯天文学的经典读物，共 13 卷。明代末年传入中国。

05.203 《天体运行论》 On the Revolution of the Heavenly Spheres

波兰天文学家哥白尼的著作，1543 年出版。正式创立了日心说，是天文学史上的一次革命，引起人类宇宙观的重大变革。

05.204 《彗星志》 Cometography

剑桥大学出版社出版的 6 卷本图书，提供历史上曾出现过的各个彗星的详细信息。

05.205 《创世奇迹录》 The Wonders of Creation

最早的宇宙志著作，被认为是 14 世纪阿拉伯裔波斯物理学家、天文学家和地理学家扎卡里亚・加兹维尼(Zakariya al-Qazwini)的作品 'Aja'ib al-Makhluqat waGhara'ib al-Mawjudat。

05.206 《星空史》 Geschichte des Fixsternhimmels

1964 年完成的 24 卷本，收集 1750～1900

年间恒星位置历史资料的汇编。

05.207 康德-拉普拉斯星云说 Kant-Laplace nebular theory

德国康德于1755年,法国拉普拉斯于1796年各自分别提出的有关太阳系起源于旋转星云的学说。

05.208 岛宇宙 island universe

19世纪中叶,德国科学家洪堡提出的宇宙结构图像,将宇宙比喻为大海,银河系和其他类似天体系统则是海洋中的小岛。

05.209 十二生肖 animal cycle

十二种用作纪年标志的动物,与纪年的十二地支有固定关系。

05.210 占星术 astrology

又称"星占术"。根据天象来预卜人间吉、凶、祸、福的一种方术。在中国古代主要是根据各种罕见的或"反常"的天象来预卜国家大事及帝王将相的命运,一般称为军国占星术,西方则主要根据日、月、五星在星空中的位置来预卜个人的命运,一般称为生辰占星术。西方生辰占星术在唐代以后传入中国并对本土星占术产生一定影响。占星术在客观上提高了天象观测和天象预测的水平,在一定程度上推动了天文学的发展。

05.211 占星术士 astrologer

掌握占星方法为人算命的人。

05.212 天人合一 correspondence between man and heaven

中国传统文化中一种重要观念,认为天、人本就是一个整体,天能干预、支配人事,人的行为也能感动上天。《春秋繁露·深察名号》:"天人之际,合而为一。"

05.213 分野 field division

古代将地上州、国与星空区域相对应的一种划分法,用于占卜军国大事。

05.214 芒角 ray and horn

中国古代星占术语,指星体变亮、光芒显著的状况。

05.215 候气 waiting and watching for qi

中国古代试图将律和历结合在一起测定节气的一种神秘实验方法。《后汉书·律历志上》:"候气之法,为室三重,涂衅必周,密布缇缦。室中以木为案,每律各一,内庳外高,从其方位,加律其上,以葭灰抑其内端,案历而候之。气至者灰动。"

05.216 望气 to observe cloud and vapour

中国古代天文星占的一种操作方式。南宋岳珂《桯史》卷八:"崇宁间,望气者上言景州阜城县有天子气甚明,徽祖弗之信。"

05.217 天宫图 horoscope

西方占星术中所使用的一种表明某一时刻日、月、五星(后来也包括新发现的行星和小行星)与黄道十二宫相对方位的图表。

05.218 巨石阵 stonehenge

英国南部索尔兹伯里平原上的古代巨石建筑遗迹。阵中巨石的排列,可能是远古人类为观测天象而设置的,对巨石阵天文意义的研究推动了考古天文学的发展。

05.219 圭 gnomon shadow template

位于南北方向水平安置用来测量正午表影长度具有分划的标尺。

05.220 表 gnomon

具有一定高度竖直安置用来测量正午日

影长度的标杆。在中国古代表高一般为8尺。(1尺=1/3米)

05.221 土圭 gnomon shadow template
又称“度圭”。圭表的早期称呼。

05.222 圭表 gnomon
测量正午日影长度的天文仪器。由竖直安放的表及在表足朝正北方向水平安置的圭组成。

05.223 景符 shadow definer
一种天文仪器附件。元朝郭守敬发明，主体是一块有小孔的薄板，把它斜置在圭面上方，利用小孔成像原理，可在圭面观测到清晰的太阳和表端的像，可以大大提高圭表测影的精确度。

05.224 窥几 observing table
一种天文观测辅助仪器。元代郭守敬创制，用以配合高表来测量星及月亮的高度角，以解决圭表观测过程中，星光及月光暗弱难以测量的不足。

05.225 窥管 sighting-tube
又称“望筒”。古代天文测量仪器上用来照准天体的瞄准管。

05.226 浑象 celestial globe
古代根据浑天说来演示天体在天穹上的视运动及在天球上进行黄赤道坐标转换的仪器。

05.227 浑仪 armillary sphere
由相应天球坐标系各基本圈的环规及瞄准器构成的古代天文测量仪器。

05.228 六合仪 component of the six cardinal points
浑仪上的三大组件之一，浑仪外层的环规，由地平、赤道、子午三环组成。

05.229 三辰仪 ecliptic, colure and movable equatorial rings
浑仪上的三大组件之一，浑仪中层的环规，由赤道、黄道、白道三环组成。

05.230 四游仪 component of the four displacements, sighting-tube ring
浑仪上的三大组件之一，浑仪内层的环规，安装有照准天体的窥管，因可用以对准天球上的任一目标而得名。

05.231 [漏水转]浑天仪 celestial globe moved by a clepsydra
东汉张衡创制的一种浑象，可以演示天体周日视运动，由漏刻的流水推动。

05.232 瑞轮蓂荚 mechanical calendar
东汉张衡制造的水运浑象上的部件。蓂荚是传说中生长于帝尧时代的一种植物，从每月初一开始每天长出一荚，相当于天然日历。

05.233 黄道浑仪 ecliptic armillary sphere
又称“浑天黄道仪”。唐贞观七年李淳风制造，是首次加入白道环的带黄道的浑仪。当把赤道环对准天球上二十八宿赤道位置时，黄道环和天球上的黄道也刚好对准，白道环和黄道环的交点可以调整。

05.234 黄道游仪 movable ecliptic armillary sphere
一种改进的浑仪。将李淳风黄道浑仪上六合仪的赤道环改为卯酉环，在三辰仪的赤道环上打孔，使黄道环可以在赤道环上游移，以模拟岁差变化。唐开元十一年，由僧一行提出要求，梁令瓒制造。

05.235　水运仪象台　clockwork water-driven armillary sphere, water-driven astronomical clock tower

又称“*元佑浑天仪象*”。一座包含浑仪、浑象、自动报时机构三部分，由水力驱动的大型天文计时仪器。北宋元佑七年苏颂和韩公廉合作创制。苏颂后写成《新仪象法要》，详细介绍了这一仪器。

05.236　简仪　abridged armilla

元代郭守敬将浑仪结构简化重新组合而创造的天文测量仪器。

05.237　立运环　standing-rotating instrument, vertical revolving circle

在元代郭守敬创制的简仪上，地平经纬仪部分的垂直环规。

05.238　候极仪　pole-observing instrument

在元代郭守敬创制的简仪上，用于校正极轴方向的辅助装置。

05.239　玲珑仪　iingenious planetarium

一种在内部进行天象演示的假天仪。元代郭守敬创制。

05.240　正方案　square table

一种正方形的、晷面上有多重圆环，且外重圆环有周天刻度的特殊的地平日晷，主要用来测定子午线。元代郭守敬创制。

05.241　象限仪　quadrant zenith sector, Quadrant

(1)由一竖直安放的 90°象限弧及瞄准器构成的用来测量天体地平经度的古代天文测量仪器。(2)特指康熙年间由比利时传教士南怀仁监制的清代八件大型铜制天文仪器中的一种。

05.242　墙仪　mural circle

由子午线方向的竖直墙壁上悬挂的全圆或半圆环规及一个瞄准器组成，用来测定天体的地平纬度和去极度。

05.243　墙象限仪　mural quadrant

在子午线方向的竖直墙壁上安置的象限仪。

05.244　西域仪象　seven astronomical instruments from the western regions

元代西域人札马鲁丁制作的七件天文仪器，包括浑天仪、测验周天星曜仪、测春秋分晷影仪、测冬夏至晷影仪、斜丸浑天图、地理志仪、测昼夜时刻器。《元史·天文志》中通称为“西域仪象”。

05.245　天体仪　stellar globe, celestial globe

清制八件大型铜铸天文仪器之一，为直径 6 尺(1.86m)的浑象。康熙年间由比利时传教士南怀仁监制。

05.246　纪限仪　Sextant

清制八件大型铜铸天文仪器之一，由一 60°流云纹饰的扇形及瞄准器构成，用来测量天球上任意两天体间的角距离。康熙年间由比利时传教士南怀仁监制。

05.247　玑衡抚辰仪　elaborate equatorial armillary sphere, new armilla

清制八件大型天文测量仪器之一，结构与浑仪基本相同。乾隆年间由德国传教士戴进贤、斯洛文尼亚传教士刘松龄监制。

05.248　赤道经纬仪　equatorial armillary sphere

清制八件大型铜铸天文仪器之一，用来测量天体的赤经、赤纬值及视太阳时刻。康熙年间由比利时传教士南怀仁监制。

05.249　黄道经纬仪　ecliptic armillary sphere
清制八件大型铜铸天文仪器之一，用来测定天体的黄经和黄纬值。康熙年间由比利时传教士南怀仁监制。

05.250　赤基黄道仪　torquetum
一种黄道仪。它的底座安装在一个仪器的赤道面上。黄道仪本身可以绕天轴转动，以使仪器的黄道面与天空的黄道面随时保持一致。

05.251　地平经纬仪　Altazimuth
清制八件大型铜铸天文仪器之一，用来测定天体(或目标)的地平经度、地平纬度。康熙年间由德国传教士纪理安监制。

05.252　地平经仪　horizon circle instrument
清制八件大型铜铸天文仪器之一，用来测量天体的地平经度。康熙年间由比利时传教士南怀仁监制。

05.253　仰仪　upward-looking bowl sundial
又称"仰釜日晷"。元代郭守敬创制的一种天文仪器，主体是一水平仰置的铜质半球体，球心处有一带小孔的板，利用小孔成像原理来测定太阳的赤纬和时角，在日食时也可用以测定各食相的时刻。

05.254　日晷　sundial
观测日影测定真太阳时的天文仪器，由晷针和晷面两部分构成，按晷面放置的方向，可分为赤道、地平、竖立、斜立等型式。

05.255　地平式日晷　horizontal sundial
晷面呈水平放置的日晷，其特点是刻度分布不均匀，需用三角函数计算确定。

05.256　月晷　moon-dial
一种测时仪器，用于夜间观测月亮以确定视地方时。

05.257　星晷　star-dial
一种测时仪器，用于夜间观测恒星以确定视地方时。

05.258　漏刻　Clepsydra
中国古代用水从容器中流出的量来计量时刻的计时仪器，由置水的容器漏壶和计量水量有刻划的漏箭组成。

05.259　漏壶　drip vessel
漏刻的置水容器。

05.260　漏箭　indicator-rod
漏刻中测量水位高度的带有分划的标杆。

05.261　沙漏　sand glass，sand filter
用颗粒均匀的沙粒从容器中流出的量来计量时刻的计时工具。

05.262　秤漏　steelyard clepsydra
中国古代用杆秤称量流入(容器)的液体的重量来计量时间的计时仪器。

05.263　莲花漏　lotus clepsydras
中国古代计时仪器，属多级漏刻，有溢出装置以保证漏壶的水位恒定，宋朝燕肃创制。

05.264　马上漏刻　clepsydra on horseback
中国古代一种行军时携带的计时器，北朝耿询创制。

05.265　香漏　burning incense-clock
又称"火钟(fire-clock)"。中国古代用香篆或蜡烛来计时的工具。

05.266　水钟　water-clock

以漏水的动力通过传动装置带动指示部件以给出时刻的计时仪器。

05.267　雪特钟　Shortt clock

石英钟出现前精密度最高的一种天文机械摆钟。在恒温、真空中由电路连接的双摆机构，每日稳定度达千分之几秒。由英国人雪特(Shortt)发明。

05.268　夜间定时仪　nocturnal

夜间测定时刻的装置,流行于16世纪的欧洲，由一中心带孔的多重刻度盘和一可绕中心转动的长尺构成。观测时，先按当日太阳位置调整好各盘，再将小孔对向北极星，转动长尺，对准大熊座α，β二星，即可读得地方真太阳时。

05.269　星盘　astrolabe

古代天文学家、占星师和航海家用来天文测量和演示的仪器，由底盘和星盘组成，可用于定位和预测太阳、月亮、行星的位置,确定本地时间和经纬度、三角测距等。

05.270　平仪　planisphere astrolabe

欧洲、阿拉伯中世纪的天文仪器——星盘，传入中国时被明代李之藻译为平仪。

05.271　简平仪　elementary astrolabe

清制小型天文仪器，用于测定太阳赤经、赤纬、时刻等。明末来华传教士熊三拔制造。

05.272　三角仪　triquetum

又称“星位仪(organon parallaction)”。托勒玫发明用于测定天体天顶距的仪器。由一根垂直放置的定尺、一根挂在定尺上端可上下转动的动尺和一根连接定尺及动尺下端的横尺构成。动尺上装有窥管，从横尺上的动尺位置可以读出指定点的天顶距。

05.273　方位仪　azimuth telescope，azimuthal telescope

用于测量天体(目标)地平方位的仪器。

05.274　行星定位仪　equatorium

一种中世纪的器具，用于图解托勒玫的方程式，以求出行星的位置。

05.275　太阳系仪　Orrery

又称“七政仪”。演示太阳系内大天体运动的仪器。1706年,英国格雷厄姆(G. Graham)为奥雷里(Orrery)伯爵制造，因而称之为Orrery，后演变为这类仪器的统称。

05.276　日月食仪　instrument for solar and lunar eclipses

用于演示日食、月食成因的一种教学仪器。

05.277　陶寺观象台　Taosi Observatory

位于山西省襄汾县的史前地平历观测系统，距今约4 700年。根据考古发现推断，它由13根柱组成,从观测点通过柱间狭缝观测日出方位，可以确定日期，为21世纪初中国天文考古重大发现。

05.278　灵台　numinous observatory

中国古代天文台。周朝称观测天象和奉神占星的场所为灵台。

05.279　周公测景台　Observatory of the Duke of Zhou

传说周代以土圭测日影定地中之处。遗址位于今河南省登封市告城镇，现存唐代南宫说所刻石表一座。

05.280　东汉灵台　Observatory of Eastern Han Dynasty

中国古代天文台，位于河南偃师，东汉时

建，现存有遗址。

05.281　登封观星台　Dengfeng Star Observation Platform

中国古代天文台，位于河南省登封市告成镇。元朝在周公测景台相邻处建立观星台，有台体、量天尺等遗存。

05.282　北京观象台　Beijing Observatory

中国古代天文台，位于北京建国门附近。建于明正统年间，是明清两代的皇家天文台。有完好的台体、院落，且有清代八大天文仪器留存。明称“观星台”，清改称“观象台”。

05.283　钟楼　clock tower

中国古代城镇用钟声报时的官方建筑。

05.284　鼓楼　drum tower

中国古代城镇用鼓声报时的官方建筑。

05.285　太史令　astronomer-royal，head of the imperial astronomical bureau

中国古代从秦汉开始掌管天文历法的长官。秦汉属太常；隋属秘书省，官署为太史监，长官为太史令；唐属秘书省，官署为太史局时，长官亦为太史令；元初设太史院时及朱元璋吴元年(1367 年)前亦设太史令。

05.286　司天监　directoralte of astronomy and calendar，astronomical bureau

(1)中国古代掌管天文历法的长官。唐自乾元元年(758 年)起官署称司天台；五代及北宋元丰年改制前官署称司天监，主官称监；金官署称司天台，长官提点以下有监；元官署司天监长官称监。(2)中国古代掌管天文历法的官署。

05.287　钦天监监正　head of the imperial astronomer bureau

中国明清两代掌管天文历法的长官。

05.288　皇家天文学家　Astronomer Royal

自 1675 年格林尼治天文台建立时开始，英格兰授予杰出天文学家的称号，也是格林尼治天文台的台长。直到 1971 年两者才分开。苏格兰爱丁堡天文台台长也是皇家天文学家。

05.289　考古天文学　archaeoastronomy

天文学史的分支之一。应用考古学手段和天文学方法，从古代人类文明的遗址、遗物来研究探讨有关古代天文学的发展和内容。

05.290　天文考古学　astroarchaeology

考古学的分支之一。通过对古代人类的天文观测活动，或受某种传统的天文观念支配所遗留下来的实物及文献进行研究，进而探讨人类古代社会活动的学科。

05.291　埃及古代天文学　Egyptian ancient astronomy

公元前 30 世纪到公元前 4 世纪古埃及人创立的天文学。

05.292　玛雅天文学　Mayan astronomy

公元 3～9 世纪，美洲印第安人的一支——玛雅人在古典文化时期中创立的天文学。

05.293　美索不达米亚天文学　Mesopotamian astronomy

今伊拉克共和国境内底格里斯河和幼发拉底河一带美索不达米亚(意为两河之间地区)于公元前 30 世纪到公元前 1 世纪创造

的天文学。

05.294 巨石天文学 Megalithic astronomy
对英国南部索尔兹伯里平原上的巨石阵遗址的天文意义进行研究的学术方向。

05.295 牵星术 method of reckoning by the stars
中国古代航海测天体高度以定船位的方法，航海者平伸手臂持牵星板即可测出星体高度。

05.296 尺度体系 scale system
中国古代用“丈”“尺”“寸”以及“大如”等方式对天体和天象的地平高度、角距、角跨度、直径、亮度等的一种估测体系。

05.297 元气说 original qi hypothesis
中国古代关于天体演化的一种学说，认为元气是宇宙的基本组成部分，天地万物都是由元气化生的，宇宙的发生、发展和变化都离不开元气的运动。元气说始于汉代的纬书。

05.298 阴阳 yin and yang，negative and positive principles
中国古代对世界上两种最基本的矛盾势力或属性的称谓。凡动的、热的、在上的、外在的、明亮的、强壮的、亢进的都被称为阳，凡静的、寒的、在下的、内在的、晦暗的、虚弱的、减退的都被称为阴。并认为阴阳的相互作用对万物的产生和发展起到至关重要的作用。

05.299 五行 five elements
金、木、水、火、土五种原质，后亦演变为自然界五种运行势力。中国古代传统思想借此说明世界万物的生成和变化。

05.300 八卦 eight trigrams
中国古代一种用来代表自然规律的符号体系，由阳爻—、阴爻- -的变化组合排列而成乾、坤、震、离、巽、兑、坎、艮八种卦形。

06. 天文仪器与技术

06.001　天文望远镜　astronomical telescope
收集天体辐射并能确定辐射源方向的天文观测装置。通常指有聚光和成像功能的天文光学望远镜。

06.002　空间望远镜　space telescope, free-flying telescope
设置在大气层外进行天文观测的望远镜。

06.003　轨道望远镜　orbiting telescope
工作在环绕地球轨道上的望远镜。

06.004　天文卫星　astronomy satellite, astronomical satellite
从事天文观测的人造卫星。

06.005　巡天望远镜　survey telescope
主要从事某类或各种天文巡天观测，特别是经过专门设计以适合所开展巡天任务的望远镜。

06.006　光学望远镜　optical telescope
使用在可见光区并包括近紫外和近红外波段(波长 300～1 000nm)的望远镜。

06.007　紫外望远镜　ultraviolet telescope
在紫外波段(波长 91.2～300nm)进行天文观测的望远镜。

06.008　红外望远镜　infrared telescope
在红外波段(波长 1～300nm)进行天文观测的望远镜。

06.009　低温望远镜　cryogenic telescope
为抑制自身热发射可能导致的探测背景，整体制冷到低温的望远镜。用于中、远红外和亚毫米波天文观测以及宇宙微波背景探测，多为空基或球载设备。

06.010　宇宙微波背景实验装置　cosmic microwave background experiment, CMB experiment
接收和研究宇宙微波背景辐射的观测装置。

06.011　射电望远镜　radio telescope
接收和研究天体无线电波(频率 20kHz～3GHz)的天文观测装置。

06.012　亚毫米波望远镜　submillimeter telescope
工作在亚毫米波段(波长约 450μm～1mm)的射电望远镜。

06.013　毫米波望远镜　millimeter telescope
又称“*毫米波射电望远镜*(millimeter radio telescope)”。工作在毫米波段(波长约 1～10mm)的射电望远镜。

06.014　低频射电望远镜　low-frequency radio telescope
工作在低频射电波段(频率约低于 30MHz)的望远镜。

06.015　X 射线望远镜　X-ray telescope
探测和研究天体X射线发射(波长0.0024～

12nm，或 0.1～500keV 能段）的望远镜。

06.016　γ射线望远镜　γ-ray telescope
接收和研究天体γ射线（光子能量约大于100keV）的观测装置。

06.017　宇宙线望远镜　cosmic-ray telescope
接收和研究宇宙线的观测装置。

06.018　中微子望远镜　neutrino telescope
接收和研究宇宙中微子的观测装置。

06.019　引力波望远镜　gravitational wave telescope
接收和研究引力波的观测装置。

06.020　程控[自主]望远镜　robotic telescope
又称“自动化望远镜(automated telescope)”。能够在没有任何人为协助的情况下进行自动观测的望远镜。一般可自主适应天气、仪器状态等各种条件变化，有些也能全部或部分实现观测计划编排、观测数据处理等的自动化。

06.021　虚拟天文台　virtual observatory
通过先进的信息技术将全球范围内的研究资源无缝透明连接，以此形成的数据密集型、网络化的天文学研究与科普教育平台。

06.022　天象仪　planetarium
又称“行星仪”。一种可在室内演示各种天体及其运动和变化规律的光学仪器。

06.023　能视域　field of regard
望远镜或天文仪器在给定时刻的全部可指向观测天区构成的最大角度范围。

06.024　有效孔径　effective aperture
又称“有效口径”。光学或射电望远镜实际能通过的光束或微波束的直径。

06.025　光阑孔径　diaphragm aperture
光学系统中轴上光束及轴外光束共同通过的区域的直径。

06.026　透光率　throughput
天文仪器对光子通过的比率。

06.027　集光本领　light gathering power
由口径平方所表征的望远镜光收集能力。过去也常用望远镜口径平方与人眼瞳径平方的比值表示。

06.028　光展量　etendue
(1)由口径平方与视场大小的乘积所表征的望远镜观测能力。常作为巡天观测的技术指标。(2)光谱仪中准直镜或色散元件的有效面积与入射光束立体角（如狭缝所致）的乘积。

06.029　等值焦距　equivalent focal distance, equivalent focal length
一个复杂光学系统所具有的与单个光学元件相等效的焦距数值。

06.030　能量集中度　encircled energy
对远处点光源到达像面的光能中指定的百分比部分（如 80%），在像斑上集中分布的范围大小，是望远镜等光学系统成像质量的常用评价指标。

06.031　斯特列尔比　Strehl ratio
设计或实际光学系统的像斑中心能量与理想系统衍射斑中心能量的比值，是望远镜等光学系统成像质量的常用评价指标，以提出者命名。

06.032　哈特曼检验　Hartmann test
一种基于几何光学原理检验天文望远镜光

学系统质量的方法。因发明者而得名。

06.033　杂散光　stray light
像面接收到的由视场外漏入或来自视场内亮源的非成像光线，会造成对比度和信噪比的下降，由光学或结构部件表面的杂乱散射所致，对于红外系统也包括望远镜及仪器的热发射。

06.034　鬼像　ghost image
(1)由于透镜表面反射而在光学系统焦面附近产生的附加像，其亮度一般较暗，且与原像错开。(2)光栅摄谱仪中由于光栅刻制的缺陷而产生的较暗的寄生谱线。

06.035　焦比衰退　focal ratio degradation
会聚光束通过光纤后，引起出射光束的发散度增加的现象。

06.036　视轴　boresight
望远镜中的镜筒基准线。通常与光轴非常接近，但并非一定重合。

06.037　离轴望远镜　off-axis telescope
副镜位置偏离主镜对称轴的反射望远镜，可以避免副镜对入射光路的遮挡。

06.038　主焦点　principal focus，prime focus
(1)天文望远镜的物镜直接成像的焦点位置。(2)抛物面天线的焦点位置。

06.039　牛顿焦点　Newtonian focus
用45°平面镜将抛物面主镜的成像光束转折到镜筒侧面的焦点。

06.040　卡塞格林焦点　Cassegrain focus
简称"卡氏焦点"。卡塞格林望远镜的焦点位置。

06.041　内氏焦点　Nasmyth focus
将卡氏焦点用45°平面镜引到赤纬轴上或水平轴上而得到的焦点位置。因内史密斯提出而得名。

06.042　折轴焦点　coude focus
用平面镜将望远镜的焦点引到极轴或垂直轴上，以得到在观测室内不随望远镜指向改变而移动的焦点位置。

06.043　焦面仪器　focal plane instrument
放置在望远镜焦平面上的观测仪器。

06.044　焦面阵　focal plane array
放置在望远镜焦平面上的光电测量阵列。

06.045　折射望远镜　refractor，refracting telescope，dioptric telescope
物镜为透镜的光学望远镜。

06.046　反射望远镜　reflecting telescope，catoptric telescope，mirror telescope
物镜为反射镜的光学望远镜。

06.047　折反射望远镜　catadioptric telescope，reflector-corrector
物镜由反射和透射元件相组合的光学望远镜。

06.048　反射镜　reflector，mirror
用于光束会聚、发散和改变方向的高反射率光滑表面。

06.049　主镜　primary mirror
反射式望远镜中对入射光而言的第一块反射镜，一般是望远镜中最大的镜面。

06.050　副镜　secondary mirror
星光射向反射式望远镜经主镜反射后遇到

的第二块反射镜，其直径一般比主镜要小。

06.051 微晶玻璃 cervit，zerodur，glass-ceramic
内部结构为微晶体，具有极低热膨胀系数的玻璃。天文上主要用作反射镜坯。

06.052 单块镜 monolithic mirror
由实心的整块材料制成的望远镜反射镜。一般难以实现 8m 以上的大口径。

06.053 蜂窝镜 honeycomb mirror
为实现望远镜轻量化，由双面板和蜂窝结构夹心板组成的三明治式反射镜。也可指早期在背面密布蜂窝状减重孔的反射镜。

06.054 弯月[形]薄镜 thin meniscus mirror
背面一般与反射面相平行、形似弯月、超薄的单块反射镜，用于实现大口径望远镜，通常需采用主动光学技术对镜面面形做实时校正。

06.055 拼接镜 segmented mirror
一种用于实现大口径望远镜，由多面子镜紧密拼接而成的反射镜。各面子镜可采用六角形或其他形状，需单独支撑并结合主动光学实现对齐和共焦。

06.056 拼接镜面望远镜 segmented mirror telescope
主镜由多块子镜面拼接而成的一种反射望远镜。

06.057 多镜面望远镜 multi-mirror telescope，multiple mirror telescope
由多个反射望远镜系统共同装在一个机架上并将各个系统的光路引导到一个公共焦点位置进行接收观测的一种望远镜。

06.058 液态镜面望远镜 liquid mirror telescope
一种用液态的低熔点金属（如水银）作为主镜镜面的反射望远镜。主镜固定指向天顶并以此为轴旋转，在重力和离心力作用下自然形成精确的凹抛物镜面。

06.059 伽利略望远镜 Galilean telescope
用负透镜作为目镜的目视用望远镜，成正像。因伽利略首先用这种望远镜进行天文观测而得名。

06.060 开普勒望远镜 Keplerian telescope
采用正透镜作为目镜的目视用望远镜。成倒像，但光学性能优于伽利略望远镜。

06.061 牛顿望远镜 (1) Isaac Newton telescope，INT，(2) Newtonian telescope
(1)英国建造的、以牛顿命名的一架口径 2.5m 的光学望远镜。(2)在反射望远镜主镜的焦点前放置一块与光轴倾斜为 45°的平面镜，将焦面引出到镜筒一侧便于进行观测的一种反射望远镜。

06.062 赫歇尔望远镜 Herschelian Telescope，William Herschel Telescope，WHT
(1)使反射望远镜的主镜直接成像在镜筒的边缘便于观测的一种最简单的反射望远镜。因发明者而得名。(2)英国和荷兰于 1987 年建成的、坐落于拉帕尔马岛、口径 4.2m 的光学望远镜，以近代英国天文学家赫歇尔命名。

06.063 消球差系统 aplanatic system
又称“齐明系统”。同时消除了球差和彗差的光学成像系统。

06.064 格里高利望远镜 Gregorian telescope
一种由凹抛物面主镜和凹椭球面镜组成的

反射望远镜，主镜焦点位于两镜之间，以发明者 17 世纪苏格兰数学家和天文学家命名。

06.065 卡塞格林望远镜 Cassegrain telescope，cassegrain reflector

一种双镜面反射望远镜，由凹面主镜与一个凸面副镜组成，其焦点一般位于主镜中央孔后面。因发明者而得名。

06.066 R-C 系统 Ritchey-Chretien system

一种同时消除了球差和彗差的改进型卡塞格林望远镜光学系统，其主镜和副镜均为双曲面。因发明者而得名。

06.067 施密特望远镜 Schmidt telescope

由一块凹球面镜和一块置于球面镜曲率中心处的薄板状非球面改正透镜所组成的一种折反射望远镜。因发明者而得名。

06.068 施密特照相机 Schmidt camera

专门用于照相的施密特望远镜。有时亦指以同样原理构成的照相系统。

06.069 超施密特相机 super-Schmidt camera

一种结合施密特改正板和弯月形透镜来消除球面主镜球差的施密特望远镜变型，可实现几十度的弯曲像面视场，常用于流星观测。

06.070 贝克-纳恩相机 Baker-Nunn camera

一种用三透镜式改正镜组代替施密特改正板的施密特望远镜变型。视场非常大，被设计用于跟踪人造卫星。以两位发明者命名。

06.071 反射式施密特望远镜 reflecting Schmidt telescope，reflective Schmidt telescope

一种仿照施密特望远镜的原理、以反射镜代替施密特改正板的大视场望远镜。改正用反射镜可为非球面或面形可微调的平面，可实现比施密特望远镜更大的口径，典型如 4m 口径的郭守敬望远镜。

06.072 施密特-卡塞格林望远镜 Schmidt-Cassegrain telescope

由球面主、副镜的卡塞格林系统变型和前端放置的施密特改正板组成的折反射望远镜，焦点位于主镜中央孔之后，结构紧凑，常用于爱好者望远镜。

06.073 马克苏托夫望远镜 Maksutov telescope

由一块凹球面镜和一块置于球面镜前面的厚弯月形透镜所组成的一种大视场折反射望远镜。因发明者而得名。

06.074 D-K 式卡塞格林望远镜 Dall-Kirkham Cassegrain telescope

由凹椭球面主镜和凸球面副镜组成的卡塞格林望远镜变型。彗差较大，主要在天文爱好者中使用，以两位发明者命名。

06.075 相交式德拉贡望远镜 crossed-Dragone telescope

由抛物面主镜和大角度离轴的双曲面副镜组成的，入、反射光束相交的紧凑望远镜系统。可获得大的衍射极限视场，引入的交叉偏振小，适合宇宙微波背景辐射测量应用。以发明者命名。

06.076 三反消像散系统 three-mirror anastigmat，TMA

又称“柯尔施光学系统(Korsch system)”。一类同时消除球差、彗差和像散的三镜面反射望远镜，可实现比双镜面反射望远镜更大的视场。又称名以相应通用解的提出者命名。

06.077　缩焦器　focal reducer，focuser
为增大望远镜系统的焦比并扩大可用视场而设计的光学系统。

06.078　改正镜　corrector
又称“改正器”。为改正某些像差而设计的专用光学元件或元件组，一般为透镜或透镜组，也有在平行平板上修磨出的高次曲面平板状改正镜。

06.079　改正板　corrector plate，correcting plate
望远镜等光学系统中用于校正像差的薄板状透镜。通常需采用特殊非球面。

06.080　像场消旋器　field derotator
对地平式望远镜等在观测过程中焦面上的像场旋转进行补偿抵消的光学-机械装置。

06.081　施密特改正镜　Schmidt correcting plate, Schmidt corrector, Schmidt plate
设置在球面反射镜球心处的非球面平行平板状改正镜，用以消除轴上球差而得到具有优良像质的大视场光学系统。因发明者而得名。

06.082　马克苏托夫改正镜　Maksutov corrector
置于马克苏托夫望远镜主镜前方的像差校正用厚弯月形透镜，背面中央也常可兼做副镜。以发明者命名。

06.083　弯月形透镜　meniscus lens，meniscus
由两个曲率半径较小、数值相差也很小的球面构成的新月形透镜。选择适当的厚度时具有自消色差的能力，产生负光焦度及负球差。

06.084　弯月形改正镜　meniscus corrector
望远镜等光学系统中用于校正像差的弯月形透镜。两面分别为曲率半径及二者差值都较小的凸球面和凹球面，因形似弯月而得名。

06.085　平场透镜　field flattener，field flattening lens
放置在望远镜的像平面附近用于校正像面弯曲的透镜。

06.086　像场改正镜　field lens，field corrector
放置在望远镜的像平面附近主要用于校正轴外像差的光学器件，通常为透镜组或改正板。

06.087　奥夫纳中继　Offner relay
用于在望远镜等光学系统中转移光瞳位置的消像差的两镜三次反射系统，在凹球面镜上进行两次反射，凸球面镜与其共球心并具有一半大小的曲率半径。以发明者美国工程师命名。

06.088　韦恩改正镜组　Wynne corrector
一种用于R-C系统主焦点并由三片分立透镜组成的像场改正镜，可校正多种轴内和轴外像差。以发明者命名。

06.089　像消旋器　image derotator
为抵消望远镜的折轴焦点上或地平式望远镜的内氏焦点上星像的绕光轴旋转运动而设计的光学机械机构。

06.090　大气色散补偿器　atmospheric dispersion compensator
又称“大气色散改正器(atmospheric dispersion corrector)”。补偿和消除地球大气折射造成的观测天体轻度色散的光学器件，通常由两组逆向转动的棱镜组成。

06.091 分束器 beam splitter
在光学系统中用于将光束一分为二的光学器件。分开的光束具有不同的光强、谱段或偏振等性质。通常为斜置平板或用棱镜胶合成的立方块，也有其他的棱镜或组合形式。

06.092 滤光片转轮 filter wheel
装有多个滤光片以实现观测波段切换的转轮式器件，可通过转动选择不同的滤光片放入观测光路。

06.093 干涉偏振滤光器 polarization interference filter
利用偏振干涉原理制成的滤光器。一般透过带很窄。

06.094 遮光罩 baffle
望远镜或光学系统中沿光路放置，用于阻拦不需要光线的部件。对消除像面杂散光起重要作用，多为锥形或筒形，常见于镜筒的前端、副镜前方、主镜中央孔等处。

06.095 冷光阑 cold stop
通常放置在红外望远镜或红外天文仪器的出瞳或其共轭像处的一种被加以制冷的光阑，用于消减可能被探测器接收到的来自望远镜或仪器自身的热发射。

06.096 李奥光阑 Lyot stop
放置在入瞳共轭面上，孔径比入瞳稍小的光阑。源于在日冕仪上阻抑衍射条纹之用，也常用来消除杂散光或作为红外望远镜中的冷光阑。以发明者法国天文学家李奥命名。

06.097 准直镜 collimator
光谱仪等光学天文仪器中用于提供准直光束的镜面或者镜组。

06.098 快速偏转镜 fast steering mirror
又称“精密转向镜(fine-steering mirror)”“快摆镜”。光学系统中用于快速改变和精确控制光束方向的反射镜，常见的天文应用包括自适应光学、观测目标跟踪、光学稳像等。

06.099 定星镜 siderostat
类似于定日镜的平面镜装置，用于观测恒星。

06.100 望远镜机架 telescope mounting, telescope mount
用来支承望远镜，使其能指向观测天区和跟踪观测天体的机械装置，有多种结构形式。

06.101 固定式装置 fixed mounting
指向的仰角和方位角基本或完全固定的望远镜机架形式，为天顶望远镜等采用。

06.102 天顶望远镜 zenith telescope
固定指向天顶或其附近天区的望远镜，主要用于恒星等天体的位置测量，也为液态镜面望远镜所采用。

06.103 中天望远镜 transit telescope
装置于东西向水平轴上，指向仅沿子午圈仰角可调的望远镜。仅当目标经过中天附近时观测，通常用于天体测量，也为一些大型单碟射电望远镜采用。

06.104 固定高度式装置 fixed altitude mounting
高度角(即仰角)固定，指向仅方位角可变

的望远镜机架形式，如霍比-埃伯利望远镜和南非大型望远镜。

06.105 地平装置 azimuth mounting, altazimuth mounting

望远镜的一种机架，其中一根转动轴位于垂直方向，为方位轴；另一转动轴位于水平位置，为高度轴；望远镜按地平坐标指向目标。为跟踪天体的周日运动，二轴必须做非匀速运动，而且视场是旋转的。

06.106 X-γ 能谱探测器 Spectrum-Röntgen-Gamma, Spectrum-RG, Spektr-RG, SRG

俄罗斯和德国联合研制于 2019 年发射的 X 射线天文台。在日地第二拉格朗日点轨道开展 X 射线全天巡天及定点观测。载荷为德国的 eROSITA（工作能段约 0.3～11keV）和俄罗斯的 ART-XC（工作能段约 5～30keV），均由 7 台全同且指向一致的掠射望远镜组成。

06.107 高度轴 altitude axis, elevation axis

地平装置中用于调整望远镜俯仰（即指向高度角）的机架旋转轴。

06.108 方位轴 azimuth axis

地平装置中用于调整望远镜指向方位角的机架旋转轴。

06.109 赤道装置 equatorial mounting

望远镜的一种机架。其中一根转动轴与地球自转轴平行，为极轴；另一转动轴与之垂直，为纬轴。这种装置在跟踪天体的周日运动时，只需匀速转动极轴。

06.110 赤道仪 equatorial instrument, equatorial telescope

配备有赤道装置机架的各种天文望远镜及仪器的统称。

06.111 转仪装置 driving mechanism

用以驱动赤道式天文望远镜做跟星运动的机电装置。

06.112 极轴 polar axis

赤道装置中指向北极或南极的望远镜机架旋转轴。

06.113 赤纬轴 declination axis

赤道装置中垂直于极轴，能使望远镜指向不同赤纬处天体的机架旋转轴。

06.114 时角度盘 hour circle

赤道式望远镜中用于测量指向的赤经角度（即时角）的刻度装置。

06.115 赤纬度盘 declination circle

赤道式望远镜中用于测量指向的赤纬角度的刻度装置。

06.116 叉式装置 fork mounting, forked mounting

一种对称式装置。极轴（或地平装置中的方位轴）的上端为一叉状构件，赤纬轴（或地平装置中的高度轴）通过镜筒的重心并支承于叉臂上，使其转动部分的重心位于极轴（或地平装置的方位轴）的轴线上。

06.117 马蹄式装置 horseshoe mounting

改进叉式赤道装置，上端为马蹄形构件支撑，下端为极轴的叉式构件的望远镜机架形式。相比叉式装置能支承更大的望远镜，相比轭式装置没有极轴方向盲区。

06.118 德国式装置 German mounting

一种非对称的赤道装置。其纬轴与极轴的上端作 T 字形的连接；纬轴的一端固定望远镜，另一端安装平衡重。

06.119　英国式装置　English mounting
一种非对称式赤道装置。其纬轴以十字形构件连接于极轴的中部；纬轴的一端固定望远镜，另一端安装平衡重；极轴则支撑在南、北两个立柱的轴承座上。

06.120　轭式装置　yoke mounting
一种对称式赤道装置。类似于英国式装置，其纬轴通过一长的框架与极轴相连并位于框架平面内，使转动部分的重心位于极轴上。

06.121　高度-高度式装置　altitude-altitude mounting，alt-alt mounting
一种类似轭式赤道装置，以水平轴取代极轴的望远镜机架形式，可替代地平装置并避免出现天顶盲区，主要用于卫星跟踪，其结构不适合大型望远镜。

06.122　偏轴式装置　off-axis mounting
镜筒不与机架旋转轴及其延长线在空间相交，而是偏置于其一侧的望远镜机架形式。

06.123　六杆式装置　hexapod mounting
采用6杆构成的3个并立三角形桁架，实现全部6个自由度可控的机械装置。最早为飞行模拟器发明，在望远镜中常用于副镜的支承和姿态调整，也可用作望远镜机架。

06.124　码盘　coded disk
望远镜控制角度自动测量系统中的编码式关键器件。可通过电学或光电方法为角位置的绝对值或增量提供二进制编码。

06.125　较差弯沉　differential flexure
两组仪器的主轴在共同外力(如重力)的作用下产生的弯曲变形量不相等的现象。

06.126　镜室　mirror cell
用以支放望远镜主镜或副镜的机械部件。

06.127　赛路里桁架　Serrurier truss
支撑大型望远镜主镜室和副镜室的一种桁架结构，可使望远镜在倾斜或水平位置时，主镜和副镜产生同等的下沉量而不出现主、副镜光轴之间的交角，从而保持良好的光学像质。因发明者而得名。

06.128　围罩　enclosure
用于容纳和保护望远镜的建筑结构，可以是传统的半球形圆顶，也可以是共转式建筑、滑动式机库等。

06.129　圆顶　dome
又称“圆顶室(cupola)”。安置和保护天文望远镜的专用建筑物。通常其下部为圆柱形结构，顶部为一可转动的半球壳体，其上有可启闭的天窗。

06.130　圆顶随动　dome servo
使圆顶的天窗开口随时跟进不断移动的望远镜观测指向的机电控制系统。

06.131　天线罩　radome
为放置其中的射电望远镜或天线提供保护和环境隔离的围护结构。因与天文圆顶相比缺少开口，多数射电天文望远镜选择露天放置。

06.132　露罩　dew-cap，dew-shield
在物镜的前端附加的一节薄壁筒，用以防止镜头在长时间晚间观测时表面结露。

06.133　视宁度监测仪　seeing monitor
用于在光学天文台址(或候选台址)对大气

视宁度进行测量或监测的仪器。

06.134 差分图像运动测量仪 differential image motion monitor，DIMM

将同一颗星经望远镜两个直径数厘米的子孔径成像，通过监测两像间的差分运动来测量视宁度的仪器。通常取两个子孔径间的距离约为 20cm。

06.135 圆顶视宁度 dome seeing

因望远镜及圆顶或围罩的存在引发对流湍动，导致星像质量下降的现象。类似大气视宁度。

06.136 镜面视宁度 mirror seeing

因望远镜主镜前方贴近镜面的空间存在对流湍动而导致星像质量下降的现象。类似大气视宁度。

06.137 导星 guiding

以观测对象或其附近天区内的恒星为目标，控制望远镜及其辐射探测器的运转，使之达到对观测目标的指向保持不变或按既定方式改变指向的步骤。

06.138 引导星 guide star

(1)供导星用的恒星。(2)自适应光学中用于采样标定大气湍流所致动态波像差的参考点光源。方向应在观测天体目标附近，可以是真实的亮星，也可以通过激光照射大气层人工形成。

06.139 导星装置 guiding device，guider

用目视或光电手段实现导星目的的技术装置。

06.140 偏置导星 offset guiding

不以观测对象作为引导星的导星方式。

06.141 偏置导星装置 offset guiding device

利用观测目标附近的恒星进行导星的技术装备。

06.142 导星镜 guiding telescope，guidscope，sighting telescope

与望远镜主光学镜筒平行设置的较小的望远镜筒，用于目视或光电自动导星。

06.143 电视导星镜 television guider

用电视手段实现导星的导星装置。

06.144 导星相机 acquisition camera

帮助望远镜和观测仪器获取并指向天体目标，并保证对目标精密跟踪的成像系统。

06.145 自动导星装置 autoguider，automatic guider

用光电或电视手段，在导星过程中不需要人参与的导星装置。

06.146 精细导星传感器 fine guiding sensor，FGS

又称“精密导星仪”。空间天文望远镜上用于实现精密指向跟踪的焦面设备。通过探测视场内的导星位置来确定指向，并将信息反馈给指向控制系统。

06.147 指向抖动 pointing jitter

望远镜观测指向不可预测的干扰性运动，可造成观测目标的位置无法连续稳定以及探测信噪比的下降等，在空间天文中尤需重视。

06.148 圆顶平场 dome flat

通过拍摄望远镜入射孔径前方被照亮的圆顶内壁或漫反射幕布获得的平场改正

图像。

06.149　天光平场　sky flat

通过拍摄夜天光背景获得的平场改正图像，一般需用抖动法获得多幅图像，通过叠加消除多余星像。

06.150　晨昏天光平场　twilight flat

在晨昏时刻拍摄天光背景(即晨昏蒙影)而获得的平场改正图像，可避免大气辉光谱线造成的条纹现象。

06.151　超级平场　super flat

使用多幅平场改正图像或天文观测图像，经叠加等特定后期处理所得的高质量平场改正图像。

06.152　仪器星等　instrumental magnitude

天文仪器测量得到的、尚未经定标校正的天体视星等，一般可用于比较同一幅图像中的不同天体目标。

06.153　散焦　defocusing

使光学系统的焦点在前或在后偏离焦面探测器的技术。常用于高精度的光学天文测光，通过增大观测目标在焦面探测器上的像斑尺寸，从而消除响应的空间不均匀性带来的误差。

06.154　红外分光　infrared spectroscopy

红外波段的分光技术。

06.155　斩波　chopping

使望远镜观测指向在天体目标和紧邻天空背景之间反复快速切换的天文技术。用于克服强天空背景及其涨落，以实现红外、亚毫米波或射电的弱源探测。典型切换频率为每秒数次。

06.156　斩波器　chopper

在红外、亚毫米波和射电等望远镜中实现斩波观测的器件。

06.157　斩波副镜　chopping secondary

在红外、亚毫米波或射电等望远镜中兼做斩波器使用的副镜。

06.158　点头法　nodding

改变望远镜的整体指向，使对天体目标和天空背景做较差观测的光路互换的红外和亚毫米波天文技术。与斩波法结合使用，可消除因望远镜光学或结构的温度不均衡所导致的热背景偏移。

06.159　抖动法　dithering

对同一天区连续曝光，在焦面探测器生成相互有微小位置差的多幅图像的天文观测技术。尺度达数个像元的位置差可用于缺陷像元扣除、光谱观测天光背景扣除、天光平场等，亚像元的位置差可用于图像合并以实现亚像元级分辨率。

06.160　漂移扫描　drift scan，drift scanning

在最终读出前对曝光中的 CCD 做积分电荷转移，同时反向补偿移动 CCD 以避免星像模糊的扫描式天文观测技术。因星像对应的积分电荷沿转移方向依次扫过各物理像元，可消除该方向的响应不均匀性从而获得良好的平场改正。

06.161　时延积分　time-delay integration，TDI

使望远镜及 CCD 保持不动，一边曝光一边对 CCD 做积分电荷转移的扫描式天文观测技术。积分电荷的转移与星像在 CCD

上的漂移保持一致(在地面即为恒星周天转速),可用于天顶望远镜,也有助于观测的平场改正。

06.162　福勒采样　Fowler sampling

在复位后(曝光前)和曝光结束两个时刻均对红外面阵探测器做非破坏性采样读出的技术。取二者之差为有效信号,可消除复位噪声。若在两个时刻多次读出,可进一步将读出噪声降低到读出次数的平方根分之一。以发明者命名。

06.163　斑点成像法　speckle imaging

利用高速曝光(约 1~100ms)下像的组成斑点来克服大气视宁度效应的高分辨率成像技术,通过多幅斑点图像的移位堆叠或傅里叶分析(即斑点干涉),可实现衍射极限成像。

06.164　幸运成像法　lucky imaging

为获得高分辨率,在多幅高速曝光中仅选用受大气干扰小的图像进行移位堆叠的一种斑点成像法技术。

06.165　光子计数　photon counting

用电子学方法记录光电子的数目以测定入射光量的技术。

06.166　主动光学　active optics

补偿望远镜的光学系统及支架在重力和温度等因素下变形的一种波面校正技术。

06.167　自适应光学　adaptive optics

由可变形镜面对大气引起的波面误差进行实时校正的光学技术。

06.168　波前传感器　wavefront sensor

实时测量成像系统的波前畸变并反馈给波前校正元件的光学器件,通用于自适应光学中对来自大气湍流的像差做实时校正。

06.169　夏克-哈特曼波前传感器　Shack-Hartmann wavefront sensor

又称“哈特曼-夏克波前传感器(Hartmann-Shack wavefront sensor)”。由微透镜阵列和面阵探测器(如 CCD)组成的波前传感器。测量微透镜对应探测器像斑的质心偏移,得到波前的局部倾斜,再经全体微透镜的采样可计算出波像差,常用于自适应光学。以发明者美国光学家和原型的发明者德国天文学家命名。

06.170　曲率波前传感器　curvature wavefront sensor

比较焦面前后的等距离面光强,对波前误差的局部曲率做推算的波前传感器。常用于自适应光学,通常需要做高速的散焦调制。

06.171　四棱锥波前传感器　pyramid wavefront sensor

在焦面用四棱锥切割星像,再经透镜在探测器上对入瞳成四组像的波前传感器。比较四组像在对等像元上的光强,并旋转四棱锥加以调制,即可测出波前的局部倾斜,常用于自适应光学。

06.172　近地层自适应光学　ground-layer adaptive optics,GLAO

仅对接近地表的大气湍流所致像差采用变形镜校正的自适应光学系统。可在较大视场内均匀实现较高分辨率,适用于近地层湍流占主导的很多天文台址,特别是在南极地区。

06.173　多[重]共轭自适应光学　multi-conjugate adaptive optics,MCAO

用多个变形镜分别校正不同高度区域内大

气湍流像差的自适应光学系统。变形镜各与一主要的湍流层成物像共轭，能在较大视场内提高成像质量。

06.174 多目标自适应光学 multi-object adaptive optics，MOAO

针对视场内多个天体所对应不同方向的大气湍流，分别用微系统校正相应像差的自适应光学系统，可用于同一视场多个星系的高分辨率成像观测。

06.175 极端自适应光学 extreme adaptive optics，ExAO

为可变形镜配置上千个促动器，以数千赫兹的频率对来自大气湍流的动态波像差等做高速精确校正的自适应光学系统。校正精度需达到上百阶，以获得优于 0.8 的斯特列尔比，可用于直接成像观测系外行星的星冕仪。

06.176 钠[引]导星 sodium guide star

自适应光学中利用大气钠原子层对波长 589nm 激光的共振散射形成的近似的参考点光源，位于离地面约 85～100km 的高空。

06.177 瑞利[引]导星 Rayleigh guide star

自适应光学中利用大气分子原子对激光的瑞利散射形成的近似的参考点光源，一般位于离地面约 10～20km 的高空。

06.178 激光[引]导星 laser guide star，LGS

自适应光学中通过发射激光使大气原子分子激发或散射，在观测天体目标方向附近形成的近似的参考点光源。

06.179 镜面促动器 mirror actuator

一般置于镜面下方的，控制产生移动或伸缩以驱动镜面面形变化的器件，通常用于自适应光学和主动光学。

06.180 变形镜 deformable mirror

自适应光学中通过改变镜面面形来控制或校正波前误差的光学反射镜。

06.181 双压电晶片镜 bimorph mirror

包括一层压电或电致伸缩材料构成的活动层，由两层或多层材料组成的变形镜。对活动层中排布的电极施加电压来驱动面形的改变。

06.182 薄膜镜 membrane mirror

将高反射率导电薄膜在平整的框架上张开固定而形成的变形镜。对置于薄膜一面的静电电极施加电压，通过静电力驱动面形改变。

06.183 倾斜镜 tip-tilt mirror

可实现快速的二维小角度转动的光学反射镜，在自适应光学中用于校正波前的整体倾斜，并能减小变形镜的动态范围。

06.184 记时仪 chronograph，time keeper

用以记录天文事件发生时刻的机械记时设备。

06.185 恒星钟 sidereal clock

以恒星时为计时单位的时钟。

06.186 石英钟 quartz clock，quartz crystal clock

以石英晶体片的压电振荡原理工作的精确时间和频率标准制成的时钟。

06.187 原子钟 atomic clock

以某种原子的特定能级之间的量子跃迁原理工作的精确时间和频率标准制成的

时钟。

06.188 分子钟 molecular clock
以某种分子在特定能级之间的量子跃迁原理工作的精确时间和频率标准制成的时钟。

06.189 氨钟 ammonia clock
以氨分子为工作物质的分子钟。

06.190 铷钟 rubidium clock
以铷原子为工作物质的原子钟。

06.191 铯钟 cesium clock，cesium-beam clock
以铯原子为工作物质的原子钟。

06.192 氢钟 hydrogen clock
以氢原子为工作物质的原子钟。

06.193 坐标量度仪 coordinate measuring instrument
利用精密刻度尺和测微器组成的直角坐标读数系统来测定照相底片上天体位置的专用光学仪器。

06.194 闪视仪 blink comparator
全称“闪视比较仪”。将不同时间拍摄同一天区的两张底片交替出现在目镜视场内加以比较，以确定该天区内个别天体有无位置或亮度变化的天文测量仪器。

06.195 等高仪 astrolabe
观测恒星在不同方位相继通过一个固定天顶距的时刻来同时测定时间和纬度的仪器。

06.196 丹戎等高仪 Danjon astrolabe
又称“超人差[棱镜]等高仪(impersonal astrolabe)”。使用棱镜同时成直接像和反射像，通过两像重合来测定恒星位置的等高仪。可消除调焦等观测者引入的个体测量偏差，观测指向天顶距30°。以发明者命名。

06.197 光电等高仪 photoelectric astrolabe
用光电方法自动记录恒星经过等高圈时刻的等高仪。

06.198 天顶仪 zenith instrument，zenith telescope
观测在天顶南北中天的一对恒星的天顶距差来测定纬度的仪器。

06.199 浮动天顶筒 floating zenith telescope
天顶仪的一种，其主要特征是整个装置浮在圆周形水银槽内代替垂直轴。

06.200 照相天顶筒 photographic zenith tube
通过对天顶附近恒星照相，以测定世界时和纬度的仪器。

06.201 中星仪 transit instrument
又称“子午仪(meridian instrument)”。观测恒星过子午圈时刻的一种天体测量仪器。

06.202 光电中星仪 photoelectric transit instrument
用光电装置自动记录恒星通过子午圈时刻的中星仪。

06.203 子午环 meridian circle，transit circle
测定恒星过子午圈时刻及天顶距以求恒星赤经及赤纬的天体测量仪器，备有精密的垂直度盘。

06.204 水平式子午环 horizontal transit circle，horizontal meridian circle
望远镜筒固定在水平位置，用平面镜在物镜

前转动来指向不同天顶距恒星的子午环。

06.205 CCD 子午环 CCD meridian circle
在焦面使用 CCD 探测器测定恒星过子午圈时刻的天体测量仪器，可同时跟踪多颗恒星，并可通过时延积分等技术测量较暗的恒星。

06.206 照准标 mire
为检查子午环正南北偏差而设立在离子午环正北或正南几十米远处的观测目标。

06.207 太阳望远镜 solar telescope
专门用来研究太阳的光学望远镜。

06.208 太阳塔 solar tower
又称“塔式望远镜(tower telescope)”。高塔状太阳观测设备。光线沿垂直方向，通过一封闭圆筒引至地面或地下装有测量仪器的观测室。

06.209 真空太阳望远镜 vacuum solar telescope，vacuum solar tower
又称“真空太阳塔”。放置在真空的高塔中的太阳观测设备。相比普通太阳塔能更好地隔绝空气扰动带来的不利影响。

06.210 组合太阳望远镜 spar
又称“多筒望远镜”。能同时观测多种太阳物理现象的多镜筒望远镜。

06.211 定日镜 heliostat
以二分之一周日运动速度转动的一块平面镜组成的太阳跟踪系统，经反射后的光束平行于地球极轴。

06.212 定天镜 coelostat
由两个平面镜组成的太阳跟踪系统，第一镜以二分之一周日运动速度绕极轴转动。

06.213 日冕仪 coronagraph，coronograph
能在非日食时用来研究太阳日冕和日珥的形态和光谱的仪器。

06.214 色球望远镜 chromospheric telescope
观测太阳色球用的望远镜。一般摄取 Hα 单色像，少数拍摄电离钙 K 线或其他色球线的单色像。

06.215 太阳单色光照相仪 spectroheliograph
装在太阳望远镜上使用的仪器。通过入射狭缝和出射狭缝沿太阳像同步扫描的方法，可获得各种波长的单色太阳像。

06.216 莱曼α相机 Lyα camera
将无缝光谱中的氢莱曼α(Lyα)谱线隔离使成单色像的紫外天文相机，用于空基的太阳观测或太阳系天体观测。

06.217 双折射滤光器 birefringent filter
又称“李奥滤光器(Lyot filter)”。广泛用于太阳单色像的干涉偏振窄带滤光器。由法国天文学家李奥(Lyot)发明。

06.218 磁光滤光器 magneto-optical filter，MOF
太阳观测用共振散射光谱仪中带宽极窄的偏振滤光器，基于封装的钠等蒸气对塞曼分裂偏振光的共振散射吸收效应。

06.219 共振散射光谱仪 resonance scattering spectrometer
一种用来精确测量谱线移动的太阳观测仪器。利用磁光滤光器中封装的钠等蒸气，基于塞曼分裂偏振光的共振散射吸收效应。

06.220 磁像仪 magnetograph

测量太阳活动区的磁场和普遍磁场并显示磁图的一种仪器。它是根据逆塞曼效应设计的。

06.221 矢量磁像仪 vector magnetograph

基于塞曼分裂谱线的解析光谱来测量磁场三维矢量的太阳成像观测设备。

06.222 射电日像仪 radio heliograph

一般为空间分辨力很高的射电干涉仪。常用来绘制太阳射电日面分布图。

06.223 面阵探测器 detector array

由多个光子探测单元(即像元)纵横有序紧密排列集成的二维探测器，像元的信号相互独立。

06.224 天文底片 astronomical plate，astro-negative

用于天文观测的照相底片。按颗粒大小、光谱响应及灵敏度分成多种规格型号，适应不同用途。

06.225 图像数字仪 photo-digitizing system，PDS

又称“测光数据系统(photometric data system)”。一种对图像底片的密度与位置进行测量，并进行计算机处理的设备。

06.226 敏化 sensitization，hypersensitization，hypersensitizing

天文底片经技术处理以提高感光灵敏度的措施。

06.227 底片雾 photographic fog

未经曝光的照相底片用正常方法冲洗后所呈现的背景密度。

06.228 像管 image tube

又称“像增强器(image intensifier)”。将光学图像成于光阴极面，通过光电子发射、电场加速，使电子束成像在荧光屏上的方法，得到较原图增亮许多倍的光学像的电真空成像器件。

06.229 变像管 image convertor

像管的一种。能使不可见的图像，如红外像、紫外像或X射线像，变成可见光波段的像，以便观察和记录。

06.230 电子照相机 electrographic camera，electronographic camera，electron camera，electronic camera

以细颗粒底片代替像管中荧光屏的电真空成像装置。

06.231 图像光子计数系统 image photon counting system

对像增强器输出的增亮信号，用摄像管实时做快速扫描读出的二维光子计数系统。

06.232 光电倍增管 photomultiplier tube

一种用于弱光测量的高压真空电子管。光电阴极产生光电子，电场加速后的电子轰击倍增极导致数目倍增，经多级倍增后由阳极收集输出。

06.233 雪崩光电二极管 avalanche photodiode

一种加有较高反向偏置电压的光电二极管。光子产生的电子和空穴在半导体内被电场加速，从而发生多次碰撞电离，导致电子和空穴的数目雪崩式倍增。

06.234 微通道板 microchannel plate，MCP

在薄玻璃板上并排集成大量微孔而成的光

电面阵探测器。光电阴极产生光电子，微孔两端加有高压，电子在微孔内被电场加速并反复轰击内壁导致数目倍增。

06.235　多阳极微通道阵　multi-anode micro-channel array，MAMA

一种由微通道板和多阳极定位器组成的面阵探测器。多阳极定位器有两层多根并排的极细的条形电极，方向相互垂直，接受微通道板输出的电子团并对光子事件定位。

06.236　固体成像探测器　solid-state imaging detector

利用半导体材料的光敏特性制成的二维光电探测器。

06.237　本底　bias

探测器正常工作时对应零积分时间的输出信号。

06.238　暗场　dark field

固体成像探测器中暗流(即无光照时的输出信号)的像元分布，是积分时间和工作温度的函数。

06.239　热像元　hot pixel

固体成像探测器中因暗流(即无光照时的输出信号)过大，不能用于信号正常收集的像元。

06.240　潜像　latent image

探测器的前一帧图像因未能完全清零而在后帧图像中残留的影像。

06.241　电荷耦合器件　charge-coupled device, CCD

一种作为光辐射接收器的固态元件。光子转换成的电荷累积在该器件各像元的势阱内，通过转移，顺次读出电荷，以得到相应的图像信息。

06.242　CCD 拼接　CCD mosaic

将多块 CCD 紧密排列起来使能联合覆盖望远镜的可用大视场焦面。

06.243　CCD 条纹　CCD fringing

CCD 芯片输出图像中的自身干涉条纹。由来自芯片前、后表面或玻璃封窗的入射光和反射光相互干涉产生。

06.244　CCD 宇宙线事件　CCD cosmic-ray events

环境中单个高能粒子特别是宇宙线在单帧 CCD 图像中导致的瞬态伪信号。源自高能粒子穿越 CCD 芯片时产生的大量电荷，可影响一个或数个像元，常表现为点状或不规则的线状。

06.245　三相 CCD　three-phase CCD

用相位差 120°的三组时钟脉冲驱动工作的 CCD。三组时钟脉冲分别加载在每个像元的三个电极上。

06.246　埋沟型 CCD　buried-channel CCD

在埋入的N型硅沟道进行电荷收集和转移的 CCD。N 型硅沟道被埋入二氧化硅-硅分界面和 P 型硅衬底之间，可避免表面层的较多缺陷对 CCD 性能特别是电荷转移效率的影响。

06.247　深耗尽 CCD　deep-depletion CCD

采用高阻硅材料制造并施加大幅时钟电压以扩深载流子耗尽区的 CCD，用于探测 X 射线或波长小于 1.1μm 的近红外。

06.248　全帧式 CCD　full-frame CCD

主要像元都用于图像曝光的 CCD。一般需要快门以控制曝光时间。

06.249 帧转移 CCD frame transfer CCD
由上半部的成像像元区和下半部不曝光的帧转移像元区组成的 CCD。曝光结束后，图像先被快速逐行转移到帧转移区，在帧转移区被逐像元读出的同时曝光区可进行下一帧曝光。

06.250 正交转移 CCD orthogonal transfer CCD，OTCCD
一种结构特殊、像元电荷团可以往左右和上下两个正交方向灵活转移的 CCD。为美国泛星计划望远镜所设计，用以改善大气扰动下的星像质量。

06.251 全耗尽 PN 结 CCD fully depleted PN-junction CCD
一种像元结构为加反向偏置电压使载流子完全耗尽的 PN 结（而不是传统 MOS 结构）的 CCD。最早是为 XMM 牛顿望远镜的焦面 X 射线探测器研制。

06.252 电子倍增 CCD electron-multiplying CCD，EMCCD
又称“微光 CCD（low light level CCD，L3CCD）”。紧邻输出放大器前有一串较高电压的水平移位寄存器，可实现电荷逐级倍增的 CCD。每个移位寄存器的倍增量仅一两个百分点，经多级倍增后获得很大增益，主要用于弱光探测和快速曝光观测。

06.253 像增强 CCD intensified CCD, ICCD
一种由像增强器和 CCD 组合而成的探测器。像增强器的输出图像经光学系统投射到 CCD 上，用于弱光探测和光子计数，具有高速电子快门功能。

06.254 CMOS 探测器 CMOS detector
全称“互补金属氧化物半导体探测器”。采用互补金属氧化物半导体（CMOS）集成电路工艺制造的光电面阵探测器。光电探测单元（即像元）的信号通过行列寻址读出，像元通常都集成或连接各自单独的读出放大电路单元。

06.255 单片型 CMOS monolithic CMOS
用单块硅基板制造的，在光电探测像元中各自集成有读出电路单元的 CMOS 探测器。根据单个像元集成的晶体管数目，又可分为 3T 型、4T 型、6T 型等。

06.256 混成型 CMOS hybrid CMOS
由上层的二维光敏阵列和下层的读出用 CMOS 集成电路组成的 CMOS 探测器。上层各像元与下层 CMOS 芯片各读出单元一一对应并用微铟球焊接连通。

06.257 红外面阵 infrared array
主要工作在红外波段的二维光子探测器。

06.258 混成型红外面阵 hybrid infrared array
由上层的二维红外光敏阵列和下层的读出用二维多路器组成的红外面阵。上层各像元与下层读出芯片各单元一一对应并用微铟球焊接连通。

06.259 光伏红外探测器 photovoltaic infrared detector
利用内置势垒的半导体的光生伏特效应，即光照生成的电子-空穴对导致内部电势积累的红外探测器。

06.260 光导红外探测器 photoconductive infrared detector
利用半导体的光导效应，即光照生成的电

子–空穴对导致电导率增大的红外探测器。

06.261 阻杂带探测器 blocked impurity band detector，BIB detector

又称“杂带传导探测器(impurity band conduction detector，IBC detector)”。探测单元由重掺杂非本征半导体和未掺杂阻挡层组成的红外探测器。非本征半导体的杂质带对中、远红外光子敏感，阻挡层用来阻断杂质带暗电流的传导。

06.262 测辐射热计面阵 bolometer array

由多个测辐射热计并排组成的面阵探测器。各测辐射热计可视为像元，因电磁辐射的热效应而发生电阻变化，用于测量远红外、亚毫米波和毫米波时，需在小于1K的极低温下工作。

06.263 量子阱红外探测器 quantum well infrared photodetector，QWIP

由半导体薄层交错构成量子阱结构作为探测单元的红外探测器。阱内的束缚基态电子被红外光子激发到阱外能态，从而形成光电流。

06.264 微波动态电感探测器 microwave kinetic induction detector，MKID

以超导材料制成的高Q值的微波共面波导谐振器作为探测单元的光子探测器。光子破坏库珀对造成电路中动态电感的改变，进而导致谐振相移，以此实现单光子测量。

06.265 超导隧道结探测器 superconducting tunnel junction detector，STJ

探测单元由两片超导电极和薄绝缘夹层组成的光子探测器。工作温度低于超导临界温度，入射的单光子破坏库珀对，导致正比于光子能量的隧穿电流。

06.266 超导相变边缘传感器 transition edge sensor

探测单元基于临界温度处超导材料相变的光子探测器。临界温度处的超导材料吸收单光子后，因温度上升几毫开尔文导致相变，造成电阻剧增及工作电流变化，采用超导量子干涉器件读出。

06.267 超导量子干涉器件 superconducting quantum interference device，SQUID

使用含约瑟夫森结的超导回路，基于量子干涉效应对微弱磁通的敏感性原理的精密测量器件，常用于射电天文中的混频器。

06.268 热电子测辐射热计 hot electron bolometer，HEB

基于与晶格解耦的自由热电子在微小电磁辐射下温度升高，导致极低温材料的电阻变化制成的测辐射热计。具有高灵敏度和极小时间常数的特点，可在远红外波段到毫米波段用作混频器。

06.269 天体照相仪 astrograph，astrophotograph

专供使用照相底片直接接收和记录焦平面图像的天文望远镜。

06.270 双筒天体照相仪 double astrograph

具有两个平行镜筒的天体照相仪，主要用于天体的发现、证认和双色照相测光等工作。

06.271 巡天照相机 patrol camera

用于对天空进行有计划的天区覆盖性摄影的一种大视场天体照相仪。

06.272 CCD照相机 CCD camera

用CCD作为辐射接收器的照相装置。

06.273　辐射计　radiometer

测量电磁辐射通量的仪器，如光学天文的光度计、红外和亚毫米波天文的测辐射热计等。在射电天文中又常指需对信号做反复比对的相干式接收机。

06.274　光度计　photometer

测量恒星或其他天体的亮度或亮度变化的光学天文仪器。在现代天文观测中，常为输出直接正比于入射光强的光电光度计和成像光度计。

06.275　光瞳光度计　iris photometer，iris diaphragm photometer

用于测量恒星星等差的光度计。用一旋转盘调制星像的光束和比较光束，调节星像光束内的光瞳，使两束光的光强相等。光瞳大小的读数作为该星亮度的度量。比较二颗星的光瞳读数即得星等差。

06.276　光电光度计　photoelectric photometer

采用将入射光信号转变为电信号的光电探测器来测量天体亮度的光度计，常用的探测器包括 CCD、红外面阵探测器、光电倍增管、光电二极管等。

06.277　多通道光度计　multi-channel photometer

设有多个光学通道，可对目标天体在不同光谱段的亮度做同步测量的光度计。各光学通道对应不同的观测波段。

06.278　成像光度计　imaging photometer

将天体及所在天区在 CCD 或红外面阵探测器等上成像，以此来测量天体亮度的光度计。方便实现较差测光，可对图像中的多个天体做批量测光。

06.279　分光光度计　spectrophotometer

结合光谱仪和光度计的功能，可测量天体在各波长处亮度的光学天文仪器。采用 CCD 或红外面阵探测器的现代天文光谱仪原则上都可作为分光光度计使用。

06.280　法布里透镜　Fabry lens

光度计中将望远镜的入瞳成像在光电探测器上的透镜。放置于分隔出目标天体的焦面光阑之后，用于消除因大气扰动等的像移导致的探测响应变化，以发明者命名。

06.281　摄谱仪　spectrograph

又称“光谱仪(spectrometer)”“分光镜(spectroscope)”。将来自天体的光色散成光谱并拍摄记录的光学天文仪器。

06.282　天体摄谱仪　astrospectrograph，astronomical spectrograph

附加于天文望远镜焦点之后，用来获得天体光谱的仪器。

06.283　CCD 摄谱仪　CCD spectrograph

用 CCD 作为辐射接收器的摄谱仪。

06.284　卡塞格林摄谱仪　Cassegrain spectrograph

又称“卡焦摄谱仪”。接在望远镜的卡氏焦点处的摄谱仪。

06.285　内氏焦点摄谱仪　Nasmyth spectrograph

置于反射望远镜内氏焦点的天体摄谱仪。

06.286　折轴摄谱仪　coude spectrograph

接在望远镜折轴焦点处的摄谱仪。

06.287　切尔尼-特纳光谱仪　Czerny-Turner spectrometer

天文平面光栅光谱仪一种采用两面球面反

射镜的设计和安装方式。两面球面反射镜并置，分别作为狭缝光的准直镜和色散光的会聚镜。以发明者命名。

06.288 艾勃特-法斯梯光谱仪 Ebert-Fastie spectrometer

天文平面光栅光谱仪的一种，采用单面球面反射镜的设计和安装方式。单面大的球面反射镜同时作为狭缝光的准直镜和色散光的会聚镜。以先后的两位发明者命名。

06.289 利特罗光谱仪 Littrow spectrometer

天文光谱仪的一种，采用狭缝光的准直镜和色散光的会聚镜二者合一的常见设计和安装方式。以发明者 19 世纪奥地利天文学家利特罗命名。

06.290 多天体摄谱仪 multi-object spectrograph

能在一次观测中同时得到多个目标光谱的摄谱仪，一般指多光纤摄谱仪。

06.291 成像光谱仪 imaging spectrograph

可同时获得观测天区或天体的空间分布信息和光谱信息的光学天文仪器，如物端棱镜光谱仪、法布里-波罗光谱仪、集成视场光谱仪等。

06.292 阿贝比长仪 Abbe comparator

根据阿贝提出的原理，通过与一精密标尺相比较，以测定光谱底片上谱线间距离的仪器。

06.293 光谱定标灯 spectral calibration lamp

提供原子发射光谱作为参考标准用于光谱仪的天体光谱波长标定的设备。

06.294 狭缝 slit

一种细长开孔型的视场光阑，常在光谱仪中用于选取和隔离观测天体并排除背景天光。

06.295 狭缝光谱仪 slit spectrograph

又称“有缝光谱仪”。使用狭缝从视场中选取和隔离观测天体并排除背景天光的单目标光谱仪。狭缝宽度可与望远镜角分辨率大致匹配，但不应过宽以避免降低谱分辨率。

06.296 无缝摄谱仪 slitless spectrograph

在望远镜物镜之前用小顶角棱镜分光或在物镜的会集光路中用棱栅分光的摄谱仪。一般色散很小，无狭缝。

06.297 长缝光谱仪 long slit spectrograph

使用显著加长了的狭缝的有缝光谱仪，可用于同时获取天体面源沿狭缝方向不同区域的光谱。

06.298 多缝光谱仪 multi-slit spectrograph

使用多个视场狭缝的光谱仪，用于同时获取多个天体的光谱或天体面源不同区域的光谱。

06.299 光纤摄谱仪 fiber-optic spectrograph

用光纤将星像从望远镜的主焦点或卡氏焦点引到狭缝上的天体摄谱仪。摄谱仪可以放置在光纤可及的某一固定位置，光纤沿狭缝高度排列，能同时观测多个目标。

06.300 棱镜光谱仪 prism spectrograph

采用棱镜作为光谱生成用的主色散元件的光谱仪。

06.301 物端棱镜光谱仪 object prism spectrograph

将前置并覆盖望远镜整个入射孔径的薄棱

镜作为主色散元件的光谱仪，在像面同时生成视场内各个天体的低分辨率光谱。

06.302　物端棱镜　objective prism

附加在天体照相机前的一个小顶角棱镜。星光先经它色散，再经望远镜聚焦成光谱。

06.303　物端光栅　objective grating

置于望远镜入射光瞳处的一种透射光栅，作用与物端棱镜相同。

06.304　光栅光谱仪　grating spectrograph

采用光栅作为光谱生成用的主色散元件的光谱仪。

06.305　定向光栅　blazed grating

刻槽形状经计算而选定的衍射光栅，在一定的入射角下，其色散后的光能量大部分集中于特定级次的一段波长范围内。

06.306　浸没光栅　immersion grating，immersed grating

一种光线需经由高折射率的介质(而非空气或真空)与光栅面发生作用的光栅。可用于缩减光栅(及光谱仪)尺寸而维持谱分辨率不变，或用于提高谱分辨率。

06.307　体相全息光栅　volume-phase holographic grating，VPH grating

一种用全息方法制成的内部折射率呈周期性变化的光栅。通常为三明治结构，基于布拉格衍射工作原理，闪耀效率非常高，并且能制成较大尺寸。

06.308　棱栅光谱仪　grism spectrograph

采用棱栅作为光谱生成用主色散元件的光谱仪。棱栅可作为物端棱镜使用，也可安装在滤光片转轮上方便光谱和成像模式之间的切换。

06.309　棱栅　grism

复制在直角棱镜斜边上的直视透射光栅。

06.310　透镜棱栅　grens

由置于望远镜焦前的像场改正透镜与棱栅组合而成的光学元件，能对整个视场内的天体分光。

06.311　阶梯光栅光谱仪　echelle spectrograph

采用阶梯光栅作为光谱生成用的主色散元件的光谱仪，用于在较宽波长范围内获得高谱分辨率的光谱。

06.312　阶梯光栅　echelle grating

一种刻线稀疏、闪耀角很大、能量集中在高级次光谱的衍射光栅。需加横向色散器将重叠的各级次光谱分开，通常使用高级次以获得高谱分辨率。

06.313　横向色散器　cross disperser

光谱仪中用于分开主色散元件的不同级次光谱，色散方向与主色散方向垂直的附加色散元件，常用于阶梯光栅光谱仪和法布里-波罗光谱仪等。

06.314　法布里-波罗光谱仪　Fabry-Perot spectrometer

又称“法布里-波罗标准具”。使光束在平行平板(称为标准具)之间多次反射，相互干涉后输出单一波长的光谱仪。改变平板间距即可改变输出波长从而实现光谱扫描，常用于获取展源天体的高谱分辨率的成像光谱，以发明者命名。

06.315　傅里叶变换光谱仪　Fourier transform spectrometer

一种基于工作在扫描方式下的迈克耳孙干涉仪的光谱仪。对干涉仪的两臂光程差进行扫描得到一系列干涉条纹图，经由傅里叶变换可解析出天体的高谱分辨率光谱。

06.316 迈克耳孙干涉仪 Michelson interferometer

利用光分束后再合成所得干涉条纹精确测定长度或长度改变的仪器。曾用于1887年的以太风测量实验，也用于引力波探测和傅里叶分光测量。以发明者美国物理学家迈克耳孙命名。

06.317 视向速度扫描仪 radial-velocity scanner，RVS

用两个晚型星光谱中共有吸收线系的整体相对位移量来测定它们之间相对视向速度的观测装置。

06.318 恒星视向速度仪 radial-velocity spectrometer，stellar speedometer

利用多普勒现象测定恒星视向速度的仪器。

06.319 精确视向速度仪 precision radial-velocity spectrometer

专用于开展高精度天体视向速度测量的光谱仪，一般需要采用特殊的波长定标技术。

06.320 碘吸收池 iodine absorption cell

将真空封装的碘加热形成蒸气得到的一种光谱仪波长标定设备。利用了碘蒸气在约500～600nm波长范围内密集分布的分子吸收谱线，可为天体的精确视向速度测量提供精确波长定标。

06.321 激光频率梳 laser frequency comb，LFC

用激光生成一系列等频率间距的离散元，以此构成的定标光谱。可为光谱仪，特别是天体的精确视向速度测量提供精确波长定标。

06.322 外部色散干涉仪 externally dispersed interferometer

附加在光谱仪之前用以生成色散干涉条纹的小型迈克耳孙干涉仪，用于实现高精度的天体视向速度测量。

06.323 集成视场光谱仪 integral field spectrograph

将观测视场分割为若干空间单元，同时生成各单元光谱的光学天文仪器。一般采用像切分器、小透镜阵等视场(或像场)分割技术，并多结合使用光纤组。

06.324 集成视场单元 integral field unit，IFU

集成视场光谱仪中用于分割观测视场的前置光学组件，主要由像切分器或小透镜组等构成，也常包含将各空间单元的观测信号传输给后置光谱仪的光纤组。

06.325 星像切分器 image slicer

在有缝摄谱仪中，星像大于狭缝宽度时，将不能进入狭缝的星光用光学方法分成若干份并使之沿狭缝排在原星像之上及下方通过狭缝而被利用的光学装置。

06.326 集成光子[学]光谱仪 integrated photonic spectrograph

针对天文观测对光通信器件阵列波导光栅进行改造所得的光谱仪。可与光子灯笼等技术结合，仪器的体积和造价与传统光谱仪相比可呈数量级减小。

06.327 偏振计 polarimeter

又称“偏振分析器”。用于测量天体辐射的偏振情况，如斯托克斯参量的光学天文仪器。通常由偏振调制器、检偏器、测量光强的探测器等构成。

06.328　仪器偏振　instrumental polarization
入射光束在望远镜等光学设备中因折射和反射所产生的附加偏振，通常源自光路中光束相对于某些光学表面的不对称性。

06.329　偏振调制器　polarization modulator
偏振计中用于改变入射光束的偏振类型或方向，以使检偏器输出按时间调制的光强信号的器件。一般通过双折射现象引入相位差并做周期性调制，可以采用旋转波片、电光效应、光弹性效应等。

06.330　单光束偏振计　single-beam polarimeter
仅采用单路光束，一次只对偏振调制器和检偏器输出的单一偏振态进行光强测量的偏振计。

06.331　双光束偏振计　double-beam polarimeter，dual-beam polarimeter
采用偏振分束器获得偏振态正交的两路分离光束，对它们同时进行光强测量的偏振计，常用的偏振分束器有沃拉斯顿棱镜和萨瓦尔板等。

06.332　偏振分束器　polarization beam-splitter
可以将入射光束分离成偏振态正交的两路光束的器件，是双光束偏振计的核心组成部分，常用的偏振分束器有沃拉斯顿棱镜和萨瓦尔板等。

06.333　光电偏振计　photoelectric polarimeter
采用光电探测器测量偏振调制器和检偏器所输出的偏振光强的偏振计。探测器要求高速读出并需抑制读出噪声，常用光电倍增管、雪崩光电二极管、电子倍增 CCD、CMOS 探测器等。

06.334　成像偏振计　imaging polarimeter
将天体及所在天区的偏振光成分经偏振调制器和检偏器输出，以成像形式记录并做光强测量的偏振计，一般采用 CCD 等光电面阵探测器。

06.335　苏黎世成像偏振计　Zürich imaging polarimeter，ZIMPOL
一种采用隔行转移 CCD 的高灵敏度的天体成像偏振计。CCD 与偏振调制周期保持同步，对光电荷做快速来回转移，以此对不同偏振态实现位置交错的累积曝光成像。因发明地而得名。

06.336　分光偏振计　spectropolarimeter
能测量天体辐射的偏振情况随波长变化的光学天文仪器，可由光谱仪和在狭缝前加装的偏振调制器、检偏器等组成。

06.337　塞曼-多普勒成像法　Zeeman-Doppler imaging
测量塞曼效应下的谱线偏振，以此绘制高速自转恒星表面的矢量磁场分布的技术。磁场测量位置信息由自转视向速度造成的谱线多普勒频移提供。

06.338　星冕仪　stellar coronagraph，coronagraph
遮蔽或阻抑亮天体及周边衍射条纹，实现紧邻亮天体的暗弱结构探测的天文光学仪器

06.339　李奥日冕仪　Lyot coronagraph
又称“李奥星冕仪”。日冕仪和星冕仪结合使用遮罩和李奥光阑的原型类型。遮罩放置在望远镜焦面上以遮蔽亮天体，李奥光

阑放置在其后的入瞳共轭面处以阻抑衍射条纹。以发明者法国天文学家李奥命名。

06.340　切趾法　apodization
调制望远镜入瞳或其共轭面的透过率分布，以削减星像周边衍射条纹幅度的光学技术。

06.341　切趾瞳李奥星冕仪　apodized-pupil Lyot coronagraph
李奥星冕仪的一种改进类型。在入瞳或其共轭面采用切趾法优化亮天体周边的衍射条纹，以更好地阻抑亮天体。

06.342　带限星冕仪　band-limit coronagraph
李奥星冕仪的一种改进类型。通过调制焦面遮罩的透过率分布来优化亮天体周边的衍射条纹，以更彻底地遮蔽亮天体。

06.343　相位遮罩星冕仪　phase mask coronagraph
李奥星冕仪的一种改进类型。采用焦面遮罩在波前中引入相移分布，以使亮天体的光线在入瞳共轭面上干涉相消。

06.344　光瞳整形星冕仪　shaped-pupil coronagraph
调制入瞳的形状或相位，定制亮天体像的特殊光强分布，可实现紧邻暗弱结构探测的星冕仪。

06.345　差分成像法　differential imaging
星冕仪比较不同工作条件(如波长、绕光轴旋转角度、偏振等)下的成像，以区分真实暗弱结构与光学缺陷所致亮斑的方法。

06.346　消零星冕仪　nulling coronagraph
又称"干涉星冕仪(interferometric coronagraph)"。为实现对亮天体的遮蔽，将分束后的亮天体光线做消零干涉的星冕仪。

06.347　消零干涉仪　nulling interferometer
通过人工引入相移造成相消干涉来选择性遮蔽亮天体的天文干涉仪，用于探测亮天体周边的暗弱天体，特别是系外行星。

06.348　外遮星冕仪　external occultor coronagraph
采用外遮星器的星冕仪。

06.349　外遮星器　external occultor，starshade
放置在远离望远镜的前方，遮蔽亮天体阻止其光线进入望远镜的器件。

06.350　天文干涉仪　astronomical interferometer
由两个或多个望远镜、光收集单元或天线组成信号干涉阵列的天文观测系统，可获得与阵列的最长基线相对应的高角分辨率。

06.351　射电天文干涉仪　radio astronomical interferometer
工作在射电波段的天文干涉仪。

06.352　红外天文干涉仪　infrared astronomical interferometer
工作在红外波段的天文干涉仪。

06.353　光学天文干涉仪　optical astronomical interferometer
工作在光学波段的天文干涉仪。

06.354　综合孔径　synthetic aperture，aperture synthesis，synthesis aperture，synthesized aperture
将若干天线或镜面按一定的形式排列成

阵，以得到大接收面积和高分辨率的成像技术。

06.355 综合孔径阵 aperture-synthesis array
基于综合孔径技术进行观测的望远镜阵列或天线阵列。

06.356 综合孔径望远镜 aperture-synthesis telescope
基于综合孔径技术进行观测的望远镜系统。

06.357 光学综合孔径成像技术 optical aperture-synthesis imaging technique
用两个或多个小口径光学系统得到高分辨率光学图像的技术。

06.358 自转综合孔径 rotation synthesis
由若干天线按一定方式排列，利用地球自转获得等效于一个大天线的射电成像观测技术。

06.359 u-v 覆盖 (u,v) coverage
又称“u-v *平面覆盖*((u,v) plane coverage)”。综合孔径阵所有基线矢量在 u-v 平面上的投影取值点对该平面的采样覆盖，反映成像对各空间频率的还原能力。

06.360 u-v 平面 (u,v) plane
综合孔径中可用于描述空间频率采样的、垂直观测天体方向的平面。将任一基线矢量投影于其上，得到东-西、南-北分量以波长为单位的长度量度值(u,v)，作为平面上的采样点。

06.361 脏束 dirty beam
综合孔径阵之 u-v 平面采样分布的傅里叶变换，即阵列的点源扩展函数。

06.362 脏图 dirty map
综合孔径之脏束与观测天体真实亮度分布的卷积，即干涉测量数据经傅里叶变换处理后得到的，待反卷积的原始图像。

06.363 洁化 clean
综合孔径图像处理中一种迭代式找源、扣源的反卷积技术。从现图中证认出最强点源，扣除与其位置及强度相匹配的脏束，重复以上步骤得到全体点源，与近似的理想化点源扩展函数卷积成图。

06.364 混合成图 hybrid mapping
用试生成图的傅里叶逆变换得到可见度幅度和相位信息来补充实测数据的综合孔径图像处理技术，常与洁化联合使用。

06.365 最大熵法 maximum entropy method, MEM
综合孔径图像处理中通过信息熵的最大化生成“最优”图像，使图像与观测数据及脏束信息一致的反卷积技术，适合于处理天文展源图像。

06.366 自定标 self-calibration
利用观测视场(即原波束)内源本身测量数据(如闭合相位、闭合幅度等)的综合孔径定标技术，原理是基于阵列内的基线数目大于阵列单元数目。

06.367 闭合幅度 closure amplitude
综合孔径阵任意四个单元组成的基线闭合四边形之上，四个可见度幅度的测量值与各单元增益无关的比值。可用于定标补偿增益变化。

06.368 闭合相位 closure phase
综合孔径阵任意三个单元组成的基线闭合

三角形之上，三个相位测量值的顺序求和值。不随单元或大气造成的相位移动而变，是定标的重要基础。

06.369 相位参考法 phase referencing
选取观测目标的近邻亮源作为相位的参考源，与目标源一起做准同步观测的射电天文定标技术。

06.370 连续孔径 filled aperture
光学或射电望远镜口径由连续的几何面形决定的镜面结构。

06.371 分立孔径 unfilled aperture
光学或射电望远镜的口径由独立的几个镜面之和决定而具有合成焦点的镜面结构。

06.372 延迟线 delay line
为实现不同射电干涉单元间的信号共相，为信号引入精确时延的物理装置或数字方法。

06.373 光程差补偿器 optical path length equalizer，path length equalizer
用于光学或红外天文干涉仪，为实现不同干涉单元间的信号共相而对信号光程差进行精确补偿的物理装置，相当于射电天文中的延迟线。

06.374 条纹跟踪 fringe tracking
光学或红外天文干涉仪中为实现信号光程差的精确补偿而对干涉条纹进行的实时定位和锁定跟踪。

06.375 恒星干涉仪 stellar interferometer
取恒星或密近双星发来的光波波前的不同部位并使其产生干涉条纹以测定恒星角直径或双星角距离的光学干涉装置。

06.376 迈克耳孙恒星干涉仪 Michelson stellar interferometer
将不同望远镜或光收集单元的光束在公共焦点合成干涉条纹的光学或红外天文干涉仪，最早被用于测量恒星直径。以发明者美国物理学家迈克耳孙命名。

06.377 强度干涉仪 intensity interferometer
基于光信号强度的时变涨落，以其空间相关性作为测量原理的天文干涉仪。曾用于光学波段的亮恒星直径测量。

06.378 孔径遮挡干涉测量 aperture masking inteferometry
遮挡望远镜的孔径，仅保留少量开孔，将开孔阵列视为天文干涉仪的测量技术，可用于实现地基望远镜的衍射极限成像。

06.379 天线方向图 antenna pattern
又称“辐射方向图(radiation pattern)”。射电望远镜或天线的目标响应灵敏度随方向的变化图。也等同于天线的远场辐射分布模式，可划分出主瓣和旁瓣。

06.380 极坐标方向图 polar diagram
通常采用极坐标系所呈现的射电望远镜或天线的辐射方向图。

06.381 主瓣 main lobe
又称“主波束(main beam)”。射电望远镜天线方向图中包含响应灵敏度最大值的一定方向范围，该范围内的响应灵敏度远超其余方向。

06.382 旁瓣 side lobe
射电望远镜天线方向图中主瓣之外的、响应灵敏度的各次级峰值对应的方向瓣。类似于光学望远镜的衍射环。

06.383　原波束　primary beam

又称“初级波束”。射电干涉阵中单个望远镜或天线的衍射极限所对应的响应方向范围。有时被类比于光学望远镜的视场。

06.384　抛物面天线　paraboloid antenna，paraboloidal antenna，parabolic antenna

反射面为旋转对称抛物面的天线，用以接收或发射无线电波。

06.385　抛物面镜　paraboloidal mirror，paraboloid mirror，parabolic mirror

反射面为旋转对称抛物面的反射镜。

06.386　保形设计　homologous design，conformal deformation

允许主反射面重力变形但保证其维持为旋转抛物面的射电望远镜结构设计的方法。

06.387　主反射镜　main reflector，primary reflector

又称“主反射面”。单孔径射电望远镜中对入射电波而言的第一个反射面，对应着望远镜的孔径。

06.388　副反射镜　sub-reflector

又称“副反射面”。单孔径射电望远镜中入射电波经主反射面反射后遇到的第二个反射面，比主反射面小。

06.389　单孔径射电望远镜　single-aperture radio telescope

又称“单碟射电望远镜(single-dish radio telescope)”。入射电波由单个连续孔径碟形天线收集的射电望远镜，主反射面通常为大型的旋转抛物面，可独立观测，也可作为干涉阵列的单元。

06.390　固定式射电望远镜　fixed radio telescope

仰角和方位角相对固定的射电望远镜，应用于单孔径射电望远镜，有助于实现更大的主反射面。

06.391　中天射电望远镜　transit radio telescope

仅当目标经过中天附近时观测的射电望远镜。观测指向仅沿子午圈仰角可调。

06.392　全动射电望远镜　fully steerable radio telescope

可通过调整仰角和方位角，灵活选择观测指向的单孔径射电望远镜。

06.393　馈源　feed

又称“馈源系统(feed system)”。放置在射电望远镜焦点处用来收集入射电波的小型天线系统，通常为偶极天线或喇叭天线(即喇叭馈源)。

06.394　喇叭馈源　horn feed

又称“馈源喇叭”。形似喇叭的射电望远镜馈源，由向外张开的金属波导构成。

06.395　天线阵　antenna array

按特定规则排列并协同工作的一组天线。

06.396　偶极天线阵　dipole array

由偶极天线组成的射电阵列。

06.397　米尔斯十字　Mills cross

由两具分别沿东西和南北向交叉放置的抛物柱面天线组成的具有二维高分辨率的射电望远镜。因创制者而得名。

06.398　克里斯琴森十字　Christiansen cross

用分立的天线排列成十字形的一种具有高分辨率的射电望远镜阵。因创制者而得名。

06.399　相控阵　phased array

通过调节各天线间信号的相对相位来改变辐射方向图，可强化指定方向信号的天线阵。在射电天文中多为排列紧密的偶极天线。

06.400　相控阵馈源　phased array feed

作为馈源系统对射电望远镜焦平面做空间采样的相控阵，是一种可大幅提高观测效率特别是巡天效率的射电相机。

06.401　射电天文接收机　radio astronomical receiver

将射电望远镜天线收集的天体信号经调制、放大、变频、检波、滤波、定标等适当处理后转变为易记录形式的设备。

06.402　前端　front end

对天线在观测频率(即射频)上收集的天体信号进行混频、放大、滤波等处理的射电天文接收机设备。

06.403　后端　back end

射电天文接收机设备中根据科学目标的需要，对前端输出信号提取偏振、时变、频谱等物理信息的部分。通常工作在中频。

06.404　迪克辐射计　Dicke radiometer

又称“迪克接收机(Dicke receiver)”。将输入在天线和参考噪声源间做高频次切换，进行锁相放大探测的射电接收机。适合噪声环境中的微弱信号测量，曾显著提高射电天文的探测灵敏度。以发明者美国物理学家迪克命名。

06.405　迪克开关　Dicke switch

迪克辐射计中实现对两路输入信号做高频次切换的装置，切换频次通常在每秒 10 次至 1 000 次之间。

06.406　差分辐射计　differential radiometer

将两路信号混合后再放大，消除相对噪声涨落，输出所需信号差的射电辐射计，在空基的宇宙微波背景辐射测量中有重要应用。

06.407　多通道滤波器频谱仪　multichannel filter spectrometer

又称“滤波器组频谱仪(filter bank spectrometer)”。由多个不同中心频率的滤波器通道组成，并行对射电谱各部分开展检波测量的频谱测量用射电天文后端仪器。目前多用于毫米波和亚毫米波。

06.408　声光频谱仪　acousto-optical spectrometer，AOS

基于中频信号在材料中生成的超声波对激光衍射效应的调制，以测量射电频谱的仪器。

06.409　啁啾变换频谱仪　chirp transform spectrometer

将射电信号在延迟线转换成强色散声波，经傅里叶变换得到啁啾声信号的频谱测量用射电天文后端仪器。带宽在几百兆赫兹量级。

06.410　自相关频谱仪　autocorrelation spectrometer

将信号与其延迟相乘得到自相关函数，再做傅里叶变换的频谱测量用射电天文后端仪器。多采用数字化自相关操作，因灵活性获得广泛应用。

06.411　脉冲星后端　pulsar back end

针对信号的周期性快速变化，专用于脉冲星观测的射电天文后端仪器，对平均脉冲形状、未知周期搜寻、频散移除等方面测量做了优化。

06.412　甚长基线干涉仪　very long baseline interferometer，VLBI

用两架具有独立原子频标和记录设备的射电望远镜同步观测同一目标并进行事后相关处理的射电干涉仪，其基线长度可达几千千米以上。

06.413　空基甚长基线干涉测量　space VLBI

由空基(如环绕地球轨道上的)射电望远镜或天线作为阵列单元的甚长基线干涉测量。因基线大为延长，可获得比地基干涉测量更高的角分辨率。

06.414　网络化甚长基线干涉测量　e-VLBI

通过各射电望远镜的高速网络连接实现记录数据近实时相关处理的甚长基线干涉测量。

06.415　主动屏蔽　active shielding

在高能光子探测器的周边配置反符合探测器，逐一甄别并排除干扰探测的带电粒子或本底高能光子的技术。

06.416　反符合　anticoincidence

在高能光子天文观测中排除粒子干扰以提高探测灵敏度的一种方法。在主探测器周边配置仅对干扰粒子敏感的屏蔽探测器，通过快速电子学相连通，若二者中出现相符合的探测信号脉冲，即视为干扰粒子事件予以摒弃。

06.417　被动屏蔽　passive shielding

在高能光子探测中，使用屏蔽材料通过吸收来直接抑制入射带电粒子流量或探测能段外光子流量的技术。

06.418　行星际观测网　interplanetary network，IPN

一组携带有γ射线暴探测器，利用γ暴光子的到达时间差来对源定位的空间飞行器。为获得实用的γ射线暴定位精度，通常包含行星际飞船以实现尽可能长的测量基线。

06.419　位置灵敏正比计数器　position sensitive proportional counter

能够记录入射X射线光子位置的正比计数器，如多丝正比计数器。

06.420　多丝正比计数器　multiwire proportional counter

一种采用多根平行阳极丝的位置灵敏正比计数器。X射线光子电离气体生成电子云，在且仅在最紧邻的阳极丝的周边强场区发生雪崩式倍增，产生与入射位置对应的、正比于光子能量的电信号。

06.421　气体电子倍增器　gas electron multiplier，GEM

一种由漂移电极、微孔网格薄膜和读出电极三层组成的微电极型气体式探测器。可用于X射线成像探测，X射线电离气体产生的电子云在微孔的强电场区发生雪崩式倍增。

06.422　闪烁计数器　scintillation counter

又称“闪烁体(scintillator)”。基于记录原子分子受激后发出的可见或近紫外荧光的高能光子和带电粒子探测器。通常由闪烁材料和光电倍增管组成，常用闪烁材料有无机盐晶体、芳香族的有机晶体和塑料、液体等。

06.423　层叠闪烁体　phoswitch

一种将两层相异的闪烁材料相叠并光学耦合而成的闪烁计数器。两种材料的闪烁发光产生不同的信号脉冲，通过脉冲形状甄别来分离信号。

06.424　气体闪烁正比计数器　gas scintillation proportional counter

用电场加速X射线光子电离气体生成的电子云，再用光电倍增管收集后者激发气体发射的可见或近紫外光的探测器。发光强度正比于X射线光子的能量，能量分辨率优于正比计数器。

06.425　固体X射线探测器　solid-state X-ray detector

通常指使用半导体材料如硅、碲锌镉等作为光子探测介质的X射线探测器，常制成面阵探测器。

06.426　固体γ射线探测器　solid-state γ-ray detector

通常指使用半导体材料如锗、碲锌镉等作为光子探测介质的γ射线探测器，常制成面阵探测器。

06.427　X射线CCD　X-ray CCD

用于探测约 0.1～10keV 能段 X 射线的 CCD。采用快速读出的单光子计数模式，单个X射线光子在硅像元中每产生一对电子-空穴所需平均电离能约为 3.6eV。

06.428　扫电荷器件　swept charge device

一种结构特殊、电荷沿人字形转移到对角线且从同一读出放大器连续“扫”出的面阵 X 射线 CCD，相当于异形的线阵，为时钟结构的简化和高速读出而舍弃了二维成像能力。

06.429　DEPFET 像元传感器　depleted P-channel field effect transistor pixel sensor，DEPFET pixel sensor

又称“耗尽P沟道场效应管像元传感器”。以耗尽N型硅衬底上的P沟道场效应管，同时作为像元和放大单元的光电面阵探测器。光电子漂向栅极，在P沟道感应出正电荷，从而增大源极-漏极电流，常用于X射线探测。

06.430　硅条探测器　silicon strip detector，SSD

由加电压后全耗尽的N型硅片、正面的多根并排 P^+型硅微条、背面的 N^+型硅层或并排硅微条组成的粒子和辐射探测器。利用 PN 结工作原理，位置分辨率高，时间响应快。

06.431　硅漂移探测器　silicon drift detector，SDD

测量硅耗尽层中电子向正极的漂移时间，以此来确定入射事件位置的粒子和辐射探测器。在 N 型硅片的两面并排有多根 P^+型硅微条负极，单面边缘处为 N^+型硅微条正极。

06.432　微量能器　microcalorimeter

通过测量极低温材料吸收光子后的温度微升来确定光子能量的高能谱分辨率X射线微探测器，由X射线吸收材料、量热计、低温热沉弱链接组成，常用于制成面阵探测器。

06.433　聚焦成像 X 射线望远镜　focusing X-ray telescope

为实现高分辨率成像和高信噪比，通过光

学手段将观测目标发出的X射线会聚到焦面探测器组成单元上的望远镜。

06.434　聚焦成像γ射线望远镜　focusing γ-ray telescope

为实现高分辨率成像和高信噪比，通过光学手段将观测目标发出的γ射线会聚到焦面探测器组成单元上的望远镜。

06.435　正入射[式]望远镜　normal incidence telescope

以与光学反射望远镜相类似的正入射方式聚焦成像的软X射线或远紫外望远镜。为使小入射角的软X射线或远紫外光发生反射，反射镜表面需采用多层膜技术。

06.436　掠射望远镜　grazing incidence telescope

由入射角接近于90°状态下进行反射的镜面聚焦成像的望远镜，通常使用于远紫外及软X射线波段。

06.437　K-B型X射线望远镜　Kirkpatrick-Baez X-ray telescope

由两组正交的平移抛物面一前一后放置组成的X射线掠射望远镜。是最早实现的掠射成像光学设计。以两名发明人命名。

06.438　沃尔特Ⅰ型X射线望远镜　Wolter type-Ⅰ X-ray telescope

由共焦的旋转双曲面和旋转抛物面一前一后放置组成的X射线掠射望远镜，近似满足阿贝正弦条件，常采用多组镜面嵌套以增大集光面积。以发明人命名。

06.439　沃尔特-史瓦西型X射线望远镜　Wolter-Schwarzschild X-ray telescope

在沃尔特Ⅰ型的基础上调整镜面形状，使严格满足阿贝正弦条件的X射线掠射望远镜，可同时消除球差和彗差，基于德国天文学家史瓦西阐述的光学设计理论。

06.440　龙虾眼X射线望远镜　lobster-eye X-ray telescope

仿生龙虾眼，由沿球面排列的方形微通道网孔构成的X射线望远镜。远处目标发出的X射线在微通道两个正交内壁上各反射一次后，聚焦在球面焦面上，可实现非常大的观测视场。

06.441　微通道板光学系统　microchannel plate optics，MCP optics

又称“微孔光学系统(micropore optics，MPO)”。借用方形网孔微通道板作为聚焦光学元件的轻量化X射线成像系统。通常用玻璃材料制成，可设计为龙虾眼X射线望远镜，也可近似组合成沃尔特Ⅰ型X射线望远镜。

06.442　硅孔光学系统　silicon pore optics，SPO

用高度光洁的硅晶片经叠合、整形、集成等工艺制成的网孔状X射线成像系统。可在兼顾成像角分辨率的同时，实现轻量化、低成本的沃尔特Ⅰ型X射线望远镜。

06.443　菲涅耳X射线望远镜　Fresnel X-ray telescope

通过菲涅耳波带片、相位菲涅耳透镜等衍射光学元件实现聚焦成像的X射线望远镜。工作能段可覆盖到硬X射线，有望用于实现超高角分辨率成像，且具有大的集光面积。

06.444　菲涅耳γ射线望远镜　Fresnel γ-ray telescope

通过菲涅耳波带片、相位菲涅耳透镜等衍

射光学元件实现聚焦成像的γ射线望远镜。工作在软γ射线能段。

06.445 劳厄透镜望远镜 Laue lens telescope

一种基于晶体劳厄衍射现象的软γ射线与硬X射线望远镜。将一组晶体沿特定几何形式组成劳厄透镜，使来自远处观测目标的入射光满足布拉格条件，衍射聚焦成像。

06.446 布拉格[晶体]能谱仪 Bragg crystal spectrometer, Bragg spectrometer

通过晶体的布拉格衍射实现分光观测的X射线能谱仪。可倾斜晶体或采用弯曲晶体来获得谱段覆盖，能谱分辨率非常高，比较适合太阳研究，也用于观测其他天体。

06.447 X射线光栅能谱仪 X-ray grating spectrometer

采用光栅作为色散元件实现分光观测的X射线能谱仪。X射线光栅或为透射光栅，或为掠入射式反射光栅，可获得比较高的能谱分辨率。

06.448 调制准直器 modulation collimator

为实现X射线天文的时间调制成像，在探测器前方放置的按特定周期方式排列的准直器。因其产生的视场限制，对观测天区进行扫描即可得到随时间调制的强度信号，由此反解出空间成像。

06.449 编码遮罩 coded mask

一种开有多个透明小孔，小孔按某种编码方式排列的遮光板。在硬X射线和软γ射线观测中放置于位置灵敏探测器的前方，对投射在探测器上的阴影图案做数学反卷积获得观测目标的成像。

06.450 编码遮罩成像 coded mask imaging

又称“编码孔径成像(coded aperture imaging)”。以编码遮罩为基础的硬X射线和软γ射线成像技术。

06.451 编码遮罩望远镜 coded mask telescope

又称“编码孔径望远镜(coded aperture telescope)”。以编码遮罩为成像基础的硬X射线或软γ射线望远镜。

06.452 康普顿[散射]望远镜 Compton scattering telescope, Compton telescope

基于康普顿散射过程的γ射线望远镜。工作能段从零点几到几十兆电子伏特。γ光子在低原子量材料中发生康普顿散射，散射光子被另处的高原子量材料吸收，由散射和吸收事件的位置及能量损失推出入射γ光子的能量和方向。

06.453 [正负电子]对生成望远镜 pair production telescope

基于正负电子对生成过程的γ射线望远镜，工作能段一般从约20MeV到数百吉电子伏特。

06.454 成像大气切伦科夫望远镜 imaging atmospheric Cherenkov telescope, imaging air Cherenkov telescope, IACT

基于对切伦科夫辐射的成像观测重建大气簇射分布图样，以此来探测甚高能γ射线的光学望远镜。由大口径的拼接主镜和光电倍增管焦面阵组成，探测能段约0.05～50TeV，常组成相距约百米的望远镜阵以筛除宇宙线事件。

06.455 广延大气簇射阵 extensive air shower array

简称“大气簇射阵(air shower array)”。为探测原初宇宙线，针对其产生的广延的大气簇射在地面布置的高能粒子探测器阵列。

06.456 大气荧光[式][宇宙线]探测器 air fluorescence detector，atmospheric fluorescence detector

捕捉被宇宙线大气簇射粒子激发的氮所发射的微弱可见光或紫外光的宇宙线探测装置。通常由大口径的光收集用光学望远镜和焦面相机两部分组成。

06.457 环形成像切伦科夫探测器 ring imaging Cherenkov detector，RICH

又称“环形成像切伦科夫计数器(ring imaging Cherenkov counter)”。通过获取切伦科夫辐射光锥的环形成像来识别高能带电粒子的探测器。在天文中可用于分析宇宙线粒子，或通过次级粒子来探测高能宇宙中微子。

06.458 放射化学[式]中微子探测器 radiochemical neutrino detector

基于中微子与介质相互作用生成放射性元素的过程的中微子探测器。通过探测放射性衰变来发现原初的中微子，曾用于首次探测到太阳中微子。

06.459 切伦科夫[式]中微子望远镜 Cherenkov neutrino telescope

通过捕捉次级粒子的切伦科夫辐射来探测高能宇宙中微子的装置。常用大量的纯净水或冰作为探测介质，与中微子相互作用生产次级粒子。一般采用光学波段探测，也有射电探测。

06.460 共振[型]引力波探测器 resonant gravitational wave detector

又称“共振质量[型]引力波探测器(resonant-mass gravitational wave detector)”。最早应用的一种引力波探测器。基于引力波在大的试验质量(又称为“天线”)上引起的微小的共振形变，可探测共振频率处的引力波。

06.461 激光干涉仪[型]引力波探测器 laser interferometer gravitational wave detector

一种基于迈克耳孙干涉仪的引力波探测器。相距较远的两个或多个试验质量被置于不同干涉臂，使用激光干涉法测量引力波造成的相对臂长的微小变化。

06.462 普适图像传输系统 Flexible Image Transport System，FITS

在天文学中应用最广的开放的数字文件格式，由一个或多个数据头和数据块交织组成，用于科学数据的存储、传输、交换和处理,特别是多维阵列数据(如光谱、图像、数据立方体等)和二维表列数据。数据头用ASCⅡ格式储存描述数据的元数据。

06.463 天文图像处理系统 Astronomical Image Processing System，AIPS

美国国家射电天文台早期开发的射电天文数据分析处理软件包，特别适用于射电天文望远镜干涉阵列的数据，一度成为射电天文领域的事实标准。

06.464 通用天文软件系统 Common Astronomy Software Applications，CASA

在美国国家射电天文台领导下，国际合作开发的新一代射电天文数据处理软件包，取代 APIS 天文图像处理系统作为射电天文望远镜的数据处理基础。

06.465 欧洲南方天文台慕尼黑图像数据分析系统 European Southern Observatory-Münich Image Data Analysis System，ESO-MIDAS

欧洲南方天文台开发的通用的图像和数据

处理软件系统，提供天文图像和光谱处理、恒星测光、面测光、图像锐化和分解、统计分析等各种功能。

06.466 图像处理和分析软件 Image Reduction and Analysis Facility，IRAF

美国国家光学天文台开发的通用的天文数据分析处理软件系统。在光学和红外天文领域应用广泛，采用任务包式组织结构，可添加另行开发的任务包。

06.467 空间望远镜科学数据分析系统 Space Telescope Science Data Analysis System，STSDAS

美国空间望远镜科学研究所基于 IRAF 开发的通用天文数据处理和分析软件包。也特别针对哈勃空间望远镜的数据处理进行了相应开发。

06.468 源提取器 source-extractor，SExtractor

从天文图像中自动提取和编目目标源的常用软件程序，特别适用于大规模河外巡天数据和中等密集程度的星场。

06.469 自治领天体物理台测光包 Dominion Astrophysical Observatory Photometry，DAOPHOT

加拿大自治领天体物理台开发的恒星测光和位置测量软件。特别适用于密集星场，通常在IRAF和ESO-MIDAS的集成环境中使用。

06.470 高能天文软件包 HEASoft

X 射线分析和数据应用包与 FITS 工具包的官方集成发布，广泛应用于空间高能天文数据的处理和分析。

06.471 FITS 工具包 FTOOLS

用于 FITS 数据文件的创建、修改、检验、显示等操作的一套实用程序包。由美国航天局高能天体物理科学数据库研究中心开发整理。

06.472 X 射线分析和数据应用包 X-ray Analysis and Data Utilization，XANADU

美国航天局高能天体物理科学数据库研究中心开发集成，涵盖图像、光谱、时域的 X 射线天文数据分析处理软件系统。

06.473 IRAM 30 米望远镜 IRAM 30m Telescope

欧洲毫米波射电天文研究所（IRAM）口径 30m 的毫米波射电望远镜，坐落于西班牙安达卢西亚区内华达山脉的贝莱塔峰附近。

06.474 麦克斯韦望远镜 James Clerk Maxwell Telescope，JCMT

坐落于美国夏威夷莫纳克亚天文台、口径 15m 的亚毫米波望远镜。最初由英国、加拿大、荷兰联合运行，2015 年移交东亚天文台。以英国物理学家麦克斯韦命名。

06.475 南极点望远镜 South Pole Telescope，SPT

坐落于南极点的美国阿蒙森-斯科特科考站的、口径 10m 的亚毫米波和毫米波望远镜。设计针对宇宙微波背景测量优化，采用离轴格里高利系统和地平装置（在极点等效于赤道装置）。

06.476 阿塔卡马宇宙学望远镜 Atacama Cosmology Telescope，ACT

坐落于智利阿塔卡马沙漠的查南托高原天文台附近的托科火山，口径 6m 的宇宙微波背景测量专用望远镜。工作于毫米波段，由隔地屏围绕，采用主反射面为椭球面的离轴格里高利系统。台址海拔 5 190m。

06.477 [阿方索·塞拉诺]大型毫米波望远镜 Large Millimeter Telescope Alfonso Serrano，LMT

坐落于墨西哥普埃布拉州的内格罗火山顶。墨西哥和美国合建的口径 50m 毫米波射电望远镜，主反射面采用主动控制。以奠基人墨西哥天文学家冠名。

06.478 亚毫米波[射电望远镜]阵 Sub-Millimeter Array，SMA

坐落于美国夏威夷莫纳克亚天文台，由 8 面口径 6m 的抛物面天线组成的亚毫米波和毫米波干涉阵列。波长范围 0.4～1.7mm，最长基线 509m，是最早的专用亚毫米波射电天文干涉阵。

06.479 毫米波[天文研究组合]阵 Combined Array for Research in Millimeter-Wave Astronomy，CARMA

坐落于美国加利福尼亚州因约山的欧文斯谷天文台，由 17 面抛物面天线组成的毫米波射电干涉阵列，口径分别为 6 面 10.4m、9 面 6.1m、8 面 3.5m，已于 2015 年关闭拆除。

06.480 阿塔卡马大型毫米[亚毫米]波阵 Atacama Large Millimeter Array，ALMA

坐落于智利阿塔卡马沙漠的查南托高原天文台，由多面高精密度抛物面天线组成的毫米波和亚毫米波干涉阵列，由多国合作建造和运行，现有 54 面口径 12m 和 12 面口径 7m 的天线，天线位置可移动，基线长度从 150m 到 16km。

06.481 埃菲尔斯伯格望远镜 Effelsberg Telescope

德国马普射电天文研究所运行，坐落于德国北莱茵-威斯特法伦州的全动射电望远镜。抛物面天线口径 100m，以所在台址命名。

06.482 [罗伯特·伯德]绿岸[射电]望远镜 Robert C. Byrd Green Bank Telescope，Green Bank Telescope，GBT

美国国家射电天文台在美国西弗吉尼亚州绿岸镇的全动射电望远镜。椭圆形抛物面天线长 110m、宽 100m，取代 1988 年垮塌的上一代口径 90m 望远镜，工作波长从毫米波到米波。以推动重建工程的美国参议员冠名。

06.483 威廉·戈登望远镜 William E. Gordon Telescope

又称“阿雷西沃望远镜(Arecibo Telescope)”。坐落于美国波多黎各的阿雷西沃文台固定式的巨型单孔径射电望远镜。球面主反射面口径 305m，通过移动馈源可在天顶角 20°内改变观测方向，用于射电天文、雷达天文和大气科学。以奠基人命名。

06.484 500 米口径球面射电望远镜 Five-hundred-meter Aperture Spherical radio Telescope，FAST

又称“中国天眼”。借助贵州省平塘县的喀斯特洼地大窝凼建造的固定式巨型单孔径射电望远镜。口径 500m 的球面主反射面由 4 600 块可主动控制的面板组成，观测中实时形成有效口径 300m 的抛物面，可观测天顶角 40°以内天区。

06.485 韦斯特博克综合孔径射电望远镜 Westerbork Synthesis Radio Telescope，WSRT

荷兰东北部由 14 面口径 25m 的抛物面天线组成的综合孔径射电干涉阵列，为东西向一字形阵，与大多数射电望远镜不同的是抛物面天线采用赤道装置。以所在台址命名。

06.486 默林[多元射电联合]干涉网 Multi-Element Radio Linked Interferometer Network，MERLIN

英格兰境内由 7 台各不相同的单孔径射电望远镜组成的干涉阵列，最长基线 217km。由曼彻斯特大学的焦德雷班克天文台负责运行。

06.487 央斯基甚大阵 Karl G. Jansky Very Large Array，Jansky VLA

简称“甚大阵(Very Large Array，VLA)”。美国于 1981 年在新墨西哥州建成的大型综合孔径射电望远镜，由 27 架直径 25m 的天线沿 Y 字形分布组成，最长基线约 35km。在大规模技术升级后以射电天文学的奠基人央斯基冠名。

06.488 澳大利亚望远镜致密阵 Australia Telescope Compact Array，ATCA

坐落于澳大利亚新南威尔士州的怀尔德天文台，由 6 面口径 22m 的抛物面天线组成的射电干涉阵列，靠近悉尼市西北 500km 处的纳拉布赖镇，是澳大利亚国立巨型望远镜的组成成员。

06.489 大型米波射电望远镜 Giant Metrewave Radio Telescope，GMRT

坐落于印度德干高原西部城市浦那附近，由 30 面口径 45m 的抛物面天线组成的米波射电干涉阵列。14 面天线在 $1km^2$ 范围内组成核心阵，另 16 面天线在外围成 Y 形分布，最长基线 25km。

06.490 艾伦望远镜阵 Allen Telescope Array，ATA

美国 SETI 协会由大量离轴射电望远镜组成的厘米波干涉阵列。坐落于旧金山市东北 470km 处，以主要资助人命名。2007 年年底，首期建成的 42 台 6.1m×7m 口径望远镜开始运行，基线最长 300m。

06.491 甚长基线[射电望远镜]阵 Very Long Baseline Array，VLBA

美国国家射电天文台由 10 台口径 25m 的单孔径射电望远镜组成的甚长基线干涉阵列。8 台坐落于美国大陆，另 2 台分别坐落于夏威夷和美属维尔京群岛，最长基线约 8 611km。

06.492 中国甚长基线干涉网 Chinese VLBI Network，CVN

由中国境内的多台单孔径射电望远镜组成的甚长基线干涉阵列，成员有上海 65m 天马射电望远镜、上海佘山 25m 射电望远镜、北京密云 50m 射电望远镜、云南昆明 40m 射电望远镜和新疆乌鲁木齐 25m 射电望远镜等。

06.493 欧洲甚长基线干涉网 European VLBI Network，EVN

以欧洲为主也包括中国、南非等在内，由多台单孔径射电望远镜组成的甚长基线干涉阵列。由荷兰的欧洲甚长基线联合研究所主持运行，也可与美国的甚长基线阵等连接组成全球网。

06.494 低频阵 Low-Frequency Array，LOFAR

荷兰射电天文研究所主持建造、由大量全向偶极天线组成的低频射电干涉阵列。探测频率范围 10～240MHz，截至 2019 年共有集中于48个站(荷兰境内40个)的约 2 万个天线，总有效收集面积约 30 万平方米，各站之内组成相控阵，各站之间采用综合孔径技术。

06.495　默奇森广角阵　Murchison Widefield Array，MWA

坐落于澳大利亚西部的默奇森射电天文台、由2 048个双极化偶极天线组成的大视场低频射电干涉阵列，频率范围80～300MHz,每16个天线集中为一个“方片”，大多数位于1.5km的核心区内，可实现数十度的视场和角分级的分辨率，位于外围的方片提供约3km长的基线。

06.496　麦克马思-皮尔斯太阳望远镜　McMath-Pierce Solar Telescope

坐落于美国亚利桑那州基特峰。美国国家太阳天文台口径1.6m的固定式太阳光学望远镜及两台附属望远镜，通过定日镜跟踪太阳。以主持建造的两名天文学家命名。

06.497　全球太阳振荡监测网　Global Oscillation Network Group，GONG

由地理经度均匀分布的智利、美国加利福尼亚州和夏威夷、澳大利亚、印度以及西班牙加那利群岛共六个观测站组成的太阳整体振荡观测网。

06.498　新太阳望远镜　New Solar Telescope，NST

坐落于美国加利福尼亚州大熊湖太阳天文台，口径1.6m的新型离轴格里高利式太阳光学望远镜，采用赤道装置。

06.499　格里高利太阳望远镜　Gregor Solar Telescope，GREGOR

坐落于西班牙加那利群岛特内里费岛的泰德峰天文台，口径1.5m的太阳望远镜。由德国建造和运行，为格里高利望远镜的三镜式变型，采用高阶自适应光学和地平装置，以17世纪苏格兰数学家和天文学家命名。

06.500　井上太阳望远镜　Daniel K. Inouye Solar Telescope，DKIST

曾称“先进技术太阳望远镜(Advanced Technology Solar Telescope)”。美国国家太阳天文台口径4m的离轴式太阳光学望远镜,放置在夏威夷毛伊岛哈莱阿卡拉火山。以日裔美国政治家冠名。

06.501　卡尔斯伯格自动子午环　Carlsberg Automatic Meridian Circle，CAMC

英国-丹麦联合研制的全自动子午环。

06.502　卡普坦望远镜　Jacobus Kapteyn Telescope，JKT

英国的1m口径大视场天体测量望远镜。

06.503　海尔望远镜　Hale Telescope

美国帕洛玛天文台口径5m的反射望远镜。因其倡建者而得名。

06.504　英澳望远镜　Anglo-Australian Telescope，AAT

英国和澳大利亚联合建设的口径3.9m光学望远镜，1974年落成于澳大利亚新南威尔士州赛丁泉山。

06.505　NASA红外望远镜　NASA Infrared Telescope Facility，IRTF

美国航天局于1979年在夏威夷建成的地基红外望远镜，口径3m。

06.506　加拿大-法国-夏威夷望远镜　Canada-France-Hawaii Telescope，CFHT

坐落于美国夏威夷莫纳克亚天文台，口径3.6m的光学望远镜。最早由加拿大、法国、夏威夷大学三方协议建造和运行，因而得名。

06.507　英国红外望远镜　UK Infrared Telescope，UKIRT

英国的口径 3.8m 地基红外望远镜，1979 年建成于夏威夷。

06.508　MMT 望远镜　MMT Telescope

曾称“多镜面望远镜(Multiple-Mirror Telescope)”。坐落于美国亚利桑那州霍布金斯山的惠普尔天文台，口径 6.5m 的光学望远镜。较早采用地平式装置，主镜现为非拼接的单块镜，而 2000 年前为有效口径 4.5m、含 6 块子镜的拼接镜。

06.509　新技术望远镜　New Technology Telescope，NTT

欧洲南方天文台的口径 3.5m 光学/红外望远镜，1988 年建成，为 VLT 甚大望远镜的中间试验品。

06.510　凯克望远镜　Keck Telescope

坐落于美国夏威夷 4 200m 高的莫纳克亚山顶。两台全同、口径各 10m 的拼接镜面光学/红外望远镜，其中凯克Ⅰ 1993 年建成，凯克Ⅱ 1996 年建成。以资助人凯克(Keck)夫人的姓氏命名。

06.511　霍比-埃伯利望远镜　Hobby-Eberly Telescope，HET

美国得克萨斯州麦克唐纳天文台有效口径 9.2m 的固定高度式光学望远镜。坐落于戴维斯山福尔克斯峰，主镜由 91 面子镜拼接而成，仰角固定为 55°，目标跟踪靠终端仪器在焦面上的移动来实现。以地方官员和赞助人共同命名。

06.512　海军精确光学干涉仪　Navy Precision Optical Interferometer，NPOI

美国海军天文台和海军实验室共同建立的、坐落于亚利桑那州洛厄尔天文台的光学天文干涉阵列。由基于 50cm 定星镜的 4 个固定天测单元和 6 个可移动成像单元组成 Y 形阵，后又加入 4 台 1.8m 望远镜，最长基线 437m。

06.513　双子望远镜　Gemini Telescope

美国、英国、加拿大、智利、巴西、阿根廷合作建设的两台全同的光学/近红外 8m 望远镜。双子北位于美国夏威夷莫纳克亚山，1998 年建成；双子南位于智利瑟罗帕奇，2000 年建成。

06.514　昴星团望远镜　Subaru Telescope

日本口径 8m 的地基光学/红外望远镜，坐落于美国夏威夷莫纳克亚山。

06.515　甚大望远镜　Very Large Telescope，VLT

欧洲南方天文台研制的地基大型光学天文设备，由 4 架口径均为 8.2m 的光学望远镜组成，于 2000 年全部建成。

06.516　甚大望远镜干涉仪　Very Large Telescope Inteferometer，VLTI

欧洲南方天文台由 VLT 甚大望远镜阵的 4 台 8.2m 单元望远镜加上 4 台可移动的 1.8m 辅助望远镜组成的红外天文干涉阵列，坐落于智利阿塔卡马沙漠的帕拉纳尔天文台，最长基线 200m，可实现毫角秒级的角分辨率。

06.517　麦哲伦望远镜　Magellan Telescope

智利阿塔卡马沙漠的拉斯坎帕纳斯天文台一对口径 6.5m 的光学望远镜。以 16 世纪葡萄牙航海家麦哲伦命名，又分别以天文学家沃尔特·巴德和慈善家兰德勒·克雷冠名。

06.518　高角分辨率天文望远镜阵　Center For High Angular Resolution Astronomy Array，CHARA

坐落于美国加利福尼亚州的威尔逊山天文台，由美国佐治亚州立大学高角分辨率天文中心运行，包含6台1m望远镜的光学和红外天文干涉阵列，为最长基线330m的Y形阵。

06.519　大型双筒望远镜　Large Binocular Telescope，LBT

坐落于美国亚利桑那州的格雷厄姆山国际天文台，由两面共机架的8.4m主镜组成的光学望远镜。主镜为非拼接的单块镜，两面主镜中心距离14.4m，合成的集光本领和角分辨率本领分别等效于口径11.8m和口径22.8m的单面主镜。

06.520　大型双筒望远镜干涉仪　large binocular telescope interferometer，LBTI

由大型双筒望远镜构成的红外天文干涉仪。综合孔径成像工作模式下最长基线22.8m，消零干涉工作模式下最长基线15m。

06.521　南非大型望远镜　Southern African Large Telescope，SALT

坐落于南非北开普省萨瑟兰镇附近的、南非天文台有效口径9.2m的固定高度式光学望远镜，主要沿袭霍比-埃伯利望远镜的设计方案，主镜由91面子镜拼接而成，仰角固定为53°，通过终端仪器在焦面上的移动实现目标跟踪。

06.522　加那利大型望远镜　Gran Telescopio Canarias，GTC

西班牙加那利群岛拉帕尔玛岛有效口径10.4m的光学望远镜，坐落于穆查丘斯罗克（“男孩岩”）天文台，主镜由36面子镜拼接而成。

06.523　大天区面积多目标光纤光谱天文望远镜　Large Sky Area Multi-Object Fiber Spectroscopic Telescope，LAMOST

又称“郭守敬望远镜(Guo Shoujing Telescope)”。坐落于中国科学院国家天文台兴隆基地，有效口径4m的光谱巡天用光学望远镜。为新型的卧式中星仪式反射施密特望远镜，反射施密特改正板和球面主镜均为拼接镜，通过主动光学控制改正板以兼得大口径和大视场，在焦面借助光纤定位同时获得5°视场内4 000个天体的光谱。

06.524　天文可见光及红外巡天望远镜　Visible and Infrared Survey Telescope for Astronomy，VISTA

欧洲南方天文台坐落于智利阿塔卡马沙漠的帕拉纳尔天文台的、口径4.1m的巡天用大视场光学望远镜。配备1.65°视场的近红外相机，计划配备多目标光纤光谱仪。

06.525　高能立体视野望远镜阵　High Energy Stereoscopic System，H.E.S.S.

坐落于纳米比亚霍马斯高原，多国合作探测甚高能γ射线的成像大气切伦科夫望远镜阵列。探测能段0.03～100TeV，立体成像系统由边长120m正方形四个顶点上的口径12m望远镜和中心的口径28m望远镜组成。英文名缩写对应宇宙线发现者美籍奥地利物理学家赫斯。

06.526　大型大气γ射线成像切伦科夫望远镜阵　Major Atmospheric Gamma-Ray Imaging Cherenkov Telescopes，MAGIC

西班牙加那利群岛拉帕尔玛岛两台口径17m的甚高能γ射线探测用成像大气切伦

科夫望远镜。坐落于穆查丘斯罗克（“男孩岩”）天文台，探测能段 0.025～30TeV，两台望远镜相距 85m 组成立体成像系统，能快速指向观测。

06.527 甚高能辐射成像望远镜阵 Very Energetic Radiation Imaging Telescope Array System，VERITAS

美国坐落于亚利桑那州霍布金斯山的惠普尔天文台的 4 台口径 12m 的甚高能γ射线探测用成像大气切伦科夫望远镜。探测能段 0.05～50TeV，由相邻约 100m 的 4 台望远镜组成立体成像系统，英文名缩写对应拉丁语“真理”。

06.528 羊八井 ARGO 实验 Astrophysical Radiation Ground-based observatory at YangBaJing，ARGO-YBJ

坐落于中国西藏羊八井国际宇宙线观测站，中国和意大利合建的大视场宇宙线和甚高能γ射线探测设施。为高阻性板探测器组成的地毯式全覆盖的大气簇射阵，面积约 6 700m^2，可全天候探测，能段从 0.1TeV 直到覆盖“膝区”，瞬时视场约 2 个球面度。

06.529 高海拔水切伦科夫天文台 High-Altitude Water Cherenkov Observatory，HAWC

美国和墨西哥合建的大视场宇宙线和甚高能γ射线探测设施，坐落于墨西哥普埃布拉州的内格罗火山侧翼，用 55 000t 纯净水作为切伦科夫探测介质，组成 300 个水罐的大气簇射阵，探测宇宙线能段 0.1～50TeV，瞬时视场为 2 个球面度。

06.530 皮埃尔·俄歇天文台 Pierre Auger Observatory

坐落于阿根廷门多萨省安第斯山脚下，多国合作建造运行的甚高能宇宙线探测设施，包括 2 600 罐水切伦科夫探测器组成的大气簇射阵和 24 台大气荧光望远镜，广布于潘帕阿马里洛（“黄色大草原”）的 3 000km^2 地域，探测能段 0.1EeV～1 泽电子伏特。以大气簇射的发现者命名。

06.531 高海拔宇宙线观测站 Large High Altitude Air Shower Observatory，LHAASO

又称“拉索”。位于中国四川稻城海子山的大型宇宙线和高能γ射线观测装置，由 1km^2 的地面簇射粒子探测器阵、7.8×10^{4}m^2 的水切伦科夫探测器阵和 12 台成像大气切伦科夫望远镜组成。英文名缩写的中文译名为“拉索”。

06.532 天蝎座α中微子望远镜 Astronomy with a Neutrino Telescope and Abyss Environmental Research，ANTARES

坐落于法国土伦港附近地中海深处的高能中微子望远镜，由 900 个光电倍增管组成多根上百米长的垂直长串，固定于海底形成 0.1km^2 的阵列，借助次级μ介子的切伦科夫辐射探测来自下方的南天球宇宙中微子，主要探测能段为 0.01～100TeV。英文名缩写 ANTARES 意为天蝎座α。

06.533 冰立方中微子天文台 IceCube Neutrino Observatory

坐落于南极点美国阿蒙森-斯科特科考站，多国合作于 2010 年建成的高能中微子望远镜。由 1km^3 冰盖中多串垂直排列的。由几千个光电倍增管组成，通过次级粒子的切伦科夫辐射探测来自下方的北天球宇宙中微子，能段从 10GeV 到 1PeV，另有地面部分探测来自上方的宇宙线。

06.534　激光干涉仪引力波天文台　Laser Interferometer Gravitational-Wave Observatory，LIGO

在美国路易斯安那州利文斯顿和华盛顿州汉福德的两个观测站同步工作的引力波探测设施。多国合作参与，两站各有一台迈克耳孙激光干涉仪,两条正交臂各长 4km。2015 年升级为“先进激光干涉仪引力波天文台(Advanced LIGO)”后，首次成功探测到引力波事件。

06.535　室女[团]引力波探测器　Virgo Gravitational Wave Detector

由法国和意大利发起的欧洲多国合作建设运行，坐落于意大利比萨附近的引力波探测器，为两条正交臂各长 3km 的迈克耳孙激光干涉仪，2007 年起与美国的激光干涉仪引力波天文台联合工作并共同发表结果，2016 年升级为“先进室女[团]引力波探测器(Advanced Virgo)”。

06.536　月球号　Luna

1959～1974 年发射的苏联月球探测器系列，实现了人类的首颗月球探测器以及首次月面着陆、绕月飞行、取样返回、月面巡视等。

06.537　金星号　Venera

苏联的金星探测器系列。从 1961 年的金星 1 号到 1983 年的金星 16 号，实现了首次进入金星大气层、金星表面软着陆、绕金星飞行等。

06.538　水手号　Mariner

美国 1962～1973 年发射的火星、金星和水星探测器系列。水手 4 号和水手 9 号分别是首颗成功飞越火星和首颗绕火星飞行的探测器，水手 10 号是首颗水星探测器，三次飞掠水星。

06.539　阿波罗号　Apollo

美国 20 世纪载人登月计划的飞行器系列。从 1967 年的阿波罗 1 号到 1972 年的阿波罗 17 号，其中阿波罗 11 号在 1969 年 7 月 21 日实现了人类的首次载人登月。

06.540　先驱者 10 号飞船　Pioneer 10

美国 1972 年发射的外太阳系探测器,1973 年成为首颗飞掠木星的探测器，2003 年失去联系。

06.541　先驱者 11 号飞船　Pioneer 11

美国 1973 年发射的外太阳系探测器,1979 年成为首颗飞掠土星的探测器，1995 年失去联系。

06.542　旅行者 1 号飞船　Voyager 1

美国 1977 年发射的、后成为首颗进入星际空间的人类飞行器的外太阳系探测器。1979 年和 1980 年分别飞掠木星和土星，2013 年前后离开太阳风圈。

06.543　旅行者 2 号飞船　Voyager 2

美国 1977 年发射的、将继旅行者 1 号飞船进入星际空间的外太阳系探测器。1979 年、1981 年、1986 年和 1989 年分别飞掠土星、木星、天王星和海王星，2018 年离开太阳风圈。

06.544　海盗号火星探测器　Viking

美国 1975 年发射的两颗火星探测器。1976 年进入绕火星轨道，轨道飞行器分别工作到 1980 年和 1978 年，释放的着陆器分别工作到 1982 年和 1980 年。

06.545　先驱者金星号　Pioneer Venus

美国 1978 年发射的两颗金星探测器。先驱者金星 1 号是轨道飞行器，工作到 1992 年；先驱者金星 2 号到达后与所携带的 4 个大气层探测器先后进入金星大气层。

06.546 维加号 VEnera-GAllei，VEGA
全称“金星-哈雷号”。苏联和欧洲国家合作于1984年发射的两颗金星与哈雷彗星探测器。1985 年先后飞掠金星并释放着陆器和探测气球，1986 年先后与哈雷彗星相遇。

06.547 乔托号彗星探测器 Giotto
欧洲空间局 1985 年发射的彗星探测器。1986 年和 1992 年分别近距离飞掠哈雷彗星和格里格-斯凯勒鲁普彗星的彗核。以意大利中世纪画家乔托命名。

06.548 伽利略号探测器 Galileo Probe
美国航天局 1989 年发射至木星的探测器。采用了引力助推轨道，一次飞掠金星，两次飞掠地球，途中与两颗小行星交会，于 1995 年抵达木星。

06.549 麦哲伦号金星探测器 Magellan
美国航天局 1989 年发射的金星探测器。由亚特兰蒂斯号航天飞机携带升空，1990 年进入绕金星飞行的椭圆轨道，用雷达绘制分辨率 300m 的全图。

06.550 克莱芒蒂娜号 Clementine
美国于 1994 年发射的环月轨道探测器。

06.551 火星全球勘探者 Mars Global Surveyor
美国 1996 年发射的火星探测器。1997 年进入绕火星轨道，工作到 2006 年。

06.552 火星探路者 Mars Pathfinder
美国 1996 年发射的火星着陆探测器。1997 年在火星着陆并释放了索杰纳号火星巡视器，着陆器工作了 3 个月，被命名为“卡尔·萨根纪念站”，以纪念同名美国天文学家。

06.553 索杰纳号火星巡视器 Sojourner
美国发射的首颗火星巡视器。由 1996 年发射的“火星探路者”于 1997 年着陆后释放，工作了 3 个月。

06.554 会合-舒梅克号小行星探测器 Near Earth Asteroid Rendezvous Shoemake，NEAR Shoemaker
又称“近地小行星会合-舒梅克”。美国 1996 年发射的小行星探测器，1997 年飞越梅西尔德小行星，2000 年进入绕爱神星的轨道并于 2001 年着陆。以美国行星科学家冠名。

06.555 卡西尼-惠更斯号土星探测器 Cassini-Huygens
美国和欧洲空间局联合研制，于 1997 年发射的土星探测器。以 17 世纪的意大利裔法国天文学家卡西尼和荷兰科学家惠更斯的名字命名。2014 年进入环绕土星轨道，搭载的惠更斯探测器于 2015 年着陆土卫六泰坦。

06.556 月球勘探者 Lunar Prospector
美国 1998 年发射的月球探测器。任务持续 19 个月，在低轨开展月面测绘和水冰搜寻。

06.557 星尘号彗星探测器 Stardust
美国 1999 年发射的带返回舱的彗星探测器。2004 年近距离飞掠维尔特 2 号彗星的彗核，返回舱携带采集到的彗发尘埃和行星际尘埃于 2006 年返回地球，探测器于

2011年近距离飞掠坦普尔1号彗星的彗核。

06.558 2001火星奥德赛号 2001 Mars Odyssey

美国2001年发射的火星探测器。在绕火星轨道上开展科学探测，并为多个巡视器提供通信中继。

06.559 起源号探测器 Genesis

美国2001年发射的返回式深空探测器。采集太阳风粒子后于2004年返回地球。

06.560 火星快车 Mars Express

欧洲空间局2003年发射的火星探测器。轨道飞行器开展综合科学探测，释放的巡视器着陆失败。

06.561 勇气号火星巡视器 Spirit

美国2003年6月发射的火星巡视器。2004年1月着陆在古谢夫撞击坑，持续工作到2011年。

06.562 机遇号火星巡视器 Oppurtunity

美国2003年7月发射的火星巡视器。2004年2月着陆在子午线平原，巡视路程截至2018年通讯中断时约45km。

06.563 隼鸟号小行星探测器 Hayabusa

日本的小行星采样返回探测器系列。首颗于2003年发射，2005年在糸川小行星上着陆采集样本，2010年返回地球。2014年底发射的2号于2018年到达龙宫小行星并释放巡视器，2019年着陆并采集样本后返航。

06.564 信使号水星探测器 Mercury Surface Space Environment Geochemistry and Ranging，MESSENGER

全称“水星表面、空间环境、地化学及测距[探测器]”。美国2004年发射的水星探测器，2008年首次飞掠水星，2011年进入绕水星轨道，2015年撞击水星。

06.565 罗塞塔号彗星探测器 Rosetta

欧洲空间局2004年发射的彗星探测器。2014年到达楚留莫夫-格拉希门克彗星并进入绕彗核的轨道，释放的菲莱号彗星着陆器在彗核软着陆。

06.566 菲莱号彗星着陆器 Philae

欧洲空间局搭载罗塞塔号彗星探测器的人类首颗彗星着陆器。2014年在楚留莫夫-格拉希门克彗星的彗核软着陆，三天后进入休眠状态。

06.567 深度撞击彗星探测器 Deep Impact

2005年发射的美国彗星探测器。到达坦普尔1号彗星后，释放撞击器撞击彗核以研究内部成分。

06.568 火星勘察轨道飞行器 Mars Reconnaissance Orbiter

美国2005年发射的火星探测器。2006年进入绕火星轨道，开展高分辨率测绘、大气监测、水的搜寻等，并为后续火星任务提供通信中继。

06.569 金星快车 Venus Express

欧洲空间局2005年发射的金星探测器。2006年进入绕金星轨道，开展对金星大气层的长期观测研究。

06.570 新视野号飞船 New Horizons

美国2006年发射的冥王星探测器。2015年飞掠并近距离考察冥王星和冥卫，此后继续向其他柯伊伯带天体的飞行。

06.571 黎明号小行星探测器 Dawn

2007发射的美国小行星探测器。2011年进入绕灶神星的轨道，2012年离开，2015年进入绕谷神星的轨道。

06.572 凤凰号火星探测器 Phoenix

美国2007年发射的火星着陆探测器。2008年在火星北极区着陆后工作了5个月，开展火星土壤的就位采样分析，搜寻生命和水的存在迹象。

06.573 月亮女神号 Selenological and Engineering Explorer, Kaguya, SELENE

全称“月球学与工程探测器”。日本2007年发射的首颗成功的月球探测器，任务持续22个月。

06.574 嫦娥号 Chang'e

中国嫦娥工程的月球探测器系列。2007年发射的中国首颗月球探测器嫦娥一号实现了绕月飞行；2010年发射的嫦娥二号离开月球后开展了深空探测；2013年底发射的嫦娥三号实现了软着陆和月面巡视；2018年底发射的嫦娥四号为人类首次实现了月球背面的软着陆和月面巡视，通过地月第二拉格朗日点的鹊桥卫星与地面联系。

06.575 月船1号 Chandrayaan-1

2008年发射的印度首颗月球探测器。任务持续10个月，绕月期间释放了月球撞击探测器。

06.576 月球陨坑观测与遥感卫星 Lunar Crater Observation and Sensing Satellite, LCROSS

美国2009年发射的月球探测器。通过推进火箭和飞船先后撞击存在永久阴影区的陨击坑，制造探测水冰的机会。

06.577 月球勘测轨道飞行器 Lunar Reconnaissance Orbiter, LRO

美国2009年发射的月球探测器。为美国的后续登月计划开展高精度月面测绘和技术试验。

06.578 朱诺号木星探测器 Juno

美国2011年发射的木星探测器。2016年到达木星，在绕木星的极轨开展科学探测。

06.579 圣杯号月球探测器 Gravity Recovery and Interior Laboratory, GRAIL

又称“重力回溯及内部结构实验室”。2011年底发射的两颗美国月球探测器，开展月球的重力场测绘和地质结构研究，任务持续11个月。

06.580 好奇号火星巡视器 Curiosity

2012年在火星南极区盖尔撞击坑登陆的美国火星巡视器。由2011年发射的专用飞行器“火星科学实验室号”携带释放，针对火星的可居住性等开展研究，为载人登陆火星准备科学数据。

06.581 月球大气及尘埃环境探测器 Lunar Atmosphere and Dust Environment Explorer, LADEE

美国2013发射的月球探测器。任务持续7个月，开展月球的大气外逸层和尘埃环境的探测及月地激光通信试验。

06.582 专家号火星探测器 Mars Atmosphere and Volatile Evolution, MAVEN

又称“火星大气与挥发物演化任务”。美国2013年发射的火星探测器。2014年进入绕火星轨道，开展火星大气演化研究。

06.583 奥西里斯王号小行星探测器 Origins-Spectral Interpretation-Resource Identification-Security-Regolith Explorer，OSIRIS-REx

全称“起源-光谱判读-资源鉴定-安全-风化层探测器”。美国 2016 年发射的小行星采样返回探测器。对贝努鸟小行星进行测绘和机械臂采样。英文名缩写对应古埃及的神名。

06.584 火星生命计划 Exobiology on Mars，ExoMars

欧洲空间局与俄罗斯合作的星探测计划。轨道飞行器(名为“痕量气体轨道器”)和搭载的着陆器于 2016 年初发射，巡视器(名为“罗莎琳德·富兰克林号”)原计划于 2022 年发射(因故推迟)，对火星过去或现在的生命迹象展开搜寻。

06.585 洞察号火星探测器 Interior Exploration Using Seismic Investigations，Geodesy and Heat Transport，InSight

全称“震波、测地和热传输法内部探测器”。美国 2018 年发射的火星探测器。在火星表面着陆后开展地质演化研究。

06.586 贝皮科隆博水星探测器 BepiColombo

欧洲空间局和日本联合研制于 2018 年发射的两颗水星探测器。以意大利行星科学家的昵称命名。

06.587 太阳辐射卫星 Solar Radiation Satellite，SOLRAD

1960～1976 年发射的美国太阳观测卫星系列。太阳辐射卫星 1 号是人类首颗天文卫星。

06.588 轨道太阳观测台 Orbiting Solar Observatory，OSO

美国航天局 1962～1975 年发射的太阳卫星系列。在整个太阳活动周中观测太阳紫外、γ 射线、X 射线辐射。

06.589 天空实验室载人空间站 Skylab

美国航天局 1973 年发射的载人空间站。载有 6 台望远镜观测太阳色球和日冕的光学、紫外和 X 射线辐射，工作至 1979 年。

06.590 阿波罗镜架太阳观测台 Apollo Telescope Mount，ATM

美国 1973 年天空实验室 2 号任务上的太阳观测台。安装有从 X 射线到红外波段的多台太阳观测设备。

06.591 太阳风卫星 Solwind，P78-1

又称“空间实验程序 P78-1 号[卫星]”。美国 1978 发射的实验卫星与太阳观测卫星。开展多波段的日冕观测，任务持续到 1985 年。

06.592 太阳极大使者 Solar Maximum Mission，SMM

为了迎接太阳活动峰年，美国和欧洲合作于 1980 年 2 月发射的太阳探测器，载有日冕仪、偏振计、X 波谱仪、γ 波谱仪、太阳常数测定计等，超期运作到 1989 年 11 月。

06.593 火鸟太阳探测器 Hinotori

日本于 1981 年 2 月发射的太阳探测器。主要进行太阳软、硬γ 射线观测。

06.594 尤利西斯号太阳探测器 Ulysses

欧洲空间局和美国航天局于 1990 年 10 月联合发射研究日球层特别是太阳极区的航天器。1994～1995 年、2000～2001 年、2007～2008 年期间，先后三次飞越太阳南极和北极上空。

06.595 阳光太阳卫星 Yohkoh

日本于 1991 年发射，在 X 射线和γ 射线波段研究太阳活动的卫星。

06.596 风号探测器 Global Geospace Science Wind，Wind

又称“地球空间科学计划风星”。1994 年美国发射的太阳风与日地空间探测器。在日地第一拉格朗日点轨道上持续监测太阳风活动。

06.597 索贺太阳和日球层探测器 Solar and Heliospheric Observatory，SOHO

欧洲空间局和美国航天局 1995 年联合发射的太阳监测航天器。位于日地之间的内拉格朗日点 L1，在紫外和可见光波段观测太阳，研究太阳风和太阳表面小振荡。

06.598 高新成分探测器 Advanced Composition Explorer，ACE

1997 年发射的美国太阳探测器。在日地第一拉格朗日点轨道上持续探测太阳风粒子和宇宙射线。

06.599 过渡区与日冕探测器 Transition Region and Coronal Explorer，TRACE

美国 1998 年发射的太阳观测卫星。开展太阳磁场结构的光学和紫外高分辨率成像研究，任务持续到 2010 年。

06.600 拉马第高能太阳光谱成像仪 Reuven Ramaty High Energy Solar Spectroscopic Imager，RHESSI

美国 2002 年发射的太阳观测卫星。开展太阳耀发的 X 射线和γ 射线高分辨率成像观测。以项目主要推动者之一冠名。

06.601 太阳辐射与大气实验卫星 Solar Radiation and Climate Experiment，SORCE

美国 2003 年发射的太阳观测卫星。测量太阳从近红外到 X 射线的各波段辐射及总辐射。

06.602 日出太阳卫星 Hinode，Solar-B

日本领导研制，于 2006 年发射的太阳观测卫星。开展太阳磁场结构的光学、极紫外和 X 射线高分辨率成像研究。

06.603 日地关系天文台 Solar Terrestrial Relations Observatory，STEREO

美国 2006 年发射的两颗太阳探测器。分别运行在地球轨道的内外两侧，对太阳和日冕物质抛射开展立体观测。

06.604 太阳动力学天文台 Solar Dynamics Observatory，SDO

美国 2010 年发射的“与星同在”计划的首颗卫星。在光学、紫外和极紫外波段开展多种手段的太阳观测。

06.605 界面区成像光谱仪 Interface Region Imaging Spectrograph，IRIS

美国 2013 年发射的太阳观测卫星。在紫外波段开展太阳色球和过渡区的高分辨率成像与光谱观测。

06.606 帕克太阳探测器 Parker Solar Probe

美国 2018 年发射的太阳探测器。深入日冕区开展太阳观测。以美国太阳物理学家帕克命名。

06.607 环日轨道器 Solar Orbiter，SolO

欧洲空间局 2020 年初发射的太阳探测器。工作在较高纬度的近距离日心轨道，开展太阳的多波段观测以及日球层的就位探测。

06.608　射电天文探测器　Radio Astronomy Explorer，RAE

美国 1968 年和 1973 年发射的两颗射电天文探测器。A 星是首颗射电天文卫星，B 星开创了大气窗口之外的甚低频射电天文观测，两星在绕月轨道工作到 1977 年。

06.609　宇宙背景探测器　Cosmic Background Explorer，COBE

又称“COBE 卫星”。1989 年 11 月发射的宇宙微波背景辐射测量卫星。在远红外和毫米波段探测背景辐射及其起伏变化。

06.610　遥射电天文卫星　Highly Advanced Laboratory for Communications and Astronomy，HALCA，MUSES-B

又称“通信与天文先进实验室”。日本 1997 年为“甚长基线干涉测量空间天文台计划”发射的射电天文卫星。用于开展天地联合甚长基线干涉测量，任务持续到 2005 年。

06.611　亚毫米波天文卫星　Submillimeter Wave Astronomy Satellite，SWAS

美国 1998 年发射的亚毫米波天文卫星。任务持续到 2005 年。

06.612　威尔金森微波各向异性探测器　Wilkinson Microwave Anisotropy Probe，WMAP

美国 2001 年发射到日地第二拉格朗日点轨道的宇宙微波背景辐射探测器。任务持续到 2010 年。以美国天文学家威尔金森冠名。

06.613　普朗克探测器　Planck

欧洲空间局 2009 年发射到日地第二拉格朗日点轨道的宇宙微波背景辐射探测器，任务持续到 2013 年。以德国物理学家普朗克命名。

06.614　射电天文号卫星　RadioAstron

又称“光谱射电号(Spektr-R)”。2011 年发射，用于天地联合甚长基线干涉测量的俄罗斯射电天文卫星。

06.615　轨道天文台　Orbiting Astronomical Observatory，OAO

美国航天局 20 世纪 60 年代开始发射的主要工作于紫外波段的天文卫星系列，最后一颗 OAO-3 命名为哥白尼卫星。

06.616　哥白尼天文卫星　Copernicus

轨道天文台 OAO 系列中的第 3 号(OAO-3)。

06.617　雷神-德尔塔 1 号天文卫星　Thor Delta-1，TD-1

欧洲空间研究组织(欧洲空间局的前身)1972 年发射的紫外和高能天文卫星。开展了首次紫外全天巡天，任务持续 2 年，以发射所用火箭命名。

06.618　荷兰天文卫星　Astronomical Netherlands Satellite，ANS

荷兰 1974 年发射的紫外和 X 射线天文卫星。任务持续到 1976 年。

06.619　柯伊伯机载天文台　Kuiper Airborne Observatory，KAO

美国航天局的由大型运输机 C-141 运载的红外望远镜。口径 41cm，1975 年首航。以机载红外望远镜的倡导者天文学家柯伊伯命名。

06.620　国际紫外探测器　International Ultraviolet Explorer，IUE

欧美共同研制的紫外天文卫星。1978 年 1

月进入环地轨道，载有口径 43cm 光学望远镜和光栅摄谱仪。

06.621 红外天文卫星 Infrared Astronomical Satellite，IRAS

欧美联合研制的红外天文探测卫星。载有口径 60cm 红外望远镜，在 1983 年的运作期间，记录到 25 万个宇宙红外点源。

06.622 依巴谷天文卫星 High Precision Parallax Collecting Satellite，Hipparcos

欧洲空间局于 1989 年 8 月 8 日发射的天体测量卫星。装有口径 30cm 的望远镜，到 1993 年停止运作前，已测定 12 万颗恒星的位置、自行和视差。

06.623 哈勃空间望远镜 Hubble Space Telescope，HST

美国 1990 年 4 月 24 日发射，设置在地球轨道上、通光口径 2.4m 的反射式天文望远镜。用于从紫外到近红外(90～2 400nm)探测宇宙目标。为纪念美国天文学家哈勃而得名。

06.624 红外空间天文台 Infrared Space Observatory，ISO

欧洲空间局于 1995 年发射的天文卫星。载有口径 60cm 红外望远镜。

06.625 远紫外分光探测器 Far Ultraviolet Spectroscopic Explorer，FUSE

1999 年发射的美国紫外天文卫星。在远紫外波段开展高光谱分辨率分光测量，任务持续到 2007 年。

06.626 星系演化探测器 Galaxy Evolution Explorer，GALEX

美国 2003 发射的紫外天文卫星。开展近紫外和远紫外的全天巡天，任务持续到 2012 年。

06.627 斯皮策空间望远镜 Spitzer Space Telescope

美国 2003 年发射到地球尾随轨道的红外天文台。观测波段覆盖近红外到中、远红外，2009 年制冷剂耗尽后仅延续近红外观测。以美国天文学家命名。

06.628 光亮号红外天文卫星 Akari，Astro-F

2006 年发射的日本红外天文卫星。开展从近红外到中、远红外的全天巡天及定点观测，任务持续到 2011 年。

06.629 柯罗号天文卫星 Convection Rotation and Planetary Transits，CoRoT

全称“对流、旋转与行星凌星[卫星]”。2006 年发射的法国光学天文卫星。开展恒星的星震观测和系外行星的凌星法搜索，任务持续到 2012 年。外文名缩写对应法国近代风景画家柯罗。

06.630 开普勒空间望远镜 Kepler Space Telescope

2009 年发射到地球尾随轨道的美国空间天文台。望远镜固定指向天鹅座、天琴座和天龙座之间一块约 100 平方度的天区，在光学波段开展系外行星的凌星法搜索。2014 年转入延续任务，持续到 2018 年。以德国天文学家开普勒命名。

06.631 赫歇尔空间天文台 Herschel Space Observatory

欧洲空间局 2009 年发射到日地第二拉格朗日点轨道的远红外和亚毫米波天文台。望远镜口径 3.5m，任务持续到 2013 年。以近代英国天文学家赫歇尔命名。

06.632 索菲亚平流层红外天文台 Stratospheric Observatory for Infrared Astronomy，SOFIA

美国航天局改装的一架波音 747 飞机，载有一台 2.5m 反射望远镜。工作波长 0.3～1 600μm，在约 11～14km 高度的平流层飞行，进行红外观测的天文学设备。

06.633 广域红外巡天探测器 Wide-Field Infrared Survey Explorer，WISE

美国 2010 年发射的红外天文卫星。开展了 10 个月的近、中红外全天成像巡天，制冷剂耗尽后仅延续近红外观测，任务转为近地天体搜寻。

06.634 近地天体广域红外巡天 Near-Earth Object WISE，NEOWISE

美国于 2010 年底开始的近地天体搜寻项目，是广域红外巡天探测器的延续任务，在近红外波段开展近地天体搜寻。

06.635 盖亚天体测量探测器 Gaia

欧洲空间局 2013 年发射到日地第二拉格朗日点轨道的天体测量航天器。在光学波段对全天区天体开展位置和运动测量以及分光测光。

06.636 凌星系外行星巡天卫星 Transiting Exoplanet Survey Satellite，TESS

美国 2018 年发射的光学天文卫星。工作在月球共振轨道上，用凌星法对全天亮星开展系外行星搜索，包括地球大小的行星。

06.637 系外行星特性探测卫星 Characteri-Sing Exoplanet Satellite，CHEOPS

欧洲空间局 2019 年底发射的光学天文卫星。对已探测到系外行星的亮恒星开展凌星现象的光变监测。英文名缩写对应古埃及法老名“基奥普斯”（希腊语）。

06.638 [詹姆斯 ·]韦布空间望远镜 James Webb Space Telescope，JWST

美国于 2021 年底发射的工作在日地第二拉格朗日点轨道的红外天文台。被视为哈勃空间望远镜的继任，主镜展开后望远镜口径 6.5m，观测波段主要覆盖近、中红外，以美国航天局次任局长命名。

06.639 探险者 11 号天文卫星 Explorer 11，S15

美国 1961 年发射的人类首颗高能天文卫星。开展γ射线观测，任务持续 7 个月。

06.640 看守者号核监测卫星 Vela

美国 1963～1970 年发射的核试验监测卫星系列。看守者 3 号和看守者 4 号意外发现了宇宙γ射线暴。

06.641 乌呼鲁号 X 射线卫星 Uhuru，Small Astronomical Satellite-1，SAS-1

美国 1970 年发射的首颗 X 射线天文卫星。是小型天文卫星（SAS）系列的第一颗。通过巡天共发现 339 个 X 射线源。因发射恰逢肯尼亚独立纪念日而以斯瓦希里语中的自由一词“Uhuru”（乌呼鲁）命名。

06.642 小天文卫星 2 号 Small Astronomical Satellite-2，SAS-2

美国 1972 年发射的γ射线天文卫星，任务持续 6 个月。

06.643 小天文卫星 3 号 Small Astronomical Satellite-3，SAS-3

美国 1975 年发射的 X 射线天文卫星，任务持续到 1979 年。

06.644 宇宙线卫星 B 号 Cosmic-Ray Satellte-B，COS-B

欧洲空间局 1975 年发射的γ射线天文卫

星。任务持续到1982年。

06.645 高能天文台1号 High Energy Astronomy Observatory-1，HEAO-1

美国1977年发射的高能天文卫星。观测波段覆盖从软X射线到软γ射线，任务持续到1979年。

06.646 爱因斯坦天文台 Einstein Observatory

为高能天文台系列卫星中的第二号(HEAO-2)，安装有直径60cm的多层重叠的掠射式X射线望远镜。发射于1978年11月，为纪念爱因斯坦而命名。

06.647 天鹅X射线天文卫星 Hakucho，Corsa-B

日本于1979年2月发射的X射线天文卫星。

06.648 高能天文台3号 High Energy Astronomical Observatory-3，HEAO-3

美国1979年发射的高能天文卫星。开展硬X射线和软γ射线天文观测以及宇宙射线探测，任务持续到1981年。

06.649 天马天文卫星 Tenma，Astro-B

又称“天马号X射线天文卫星”。日本于1983年2月发射的X射线天文卫星。

06.650 欧洲X射线天文卫星 European X-ray Observatory Satellite，EXOSAT

欧洲空间局1983年发射的X射线天文卫星。载有一台成像望远镜，一台正比计数阵，一台气体闪烁正比计数阵，位于周期96小时的高椭圆轨道。

06.651 银河号[X射线天文卫星] Ginga，Astro-C

日本于1987年2月发射的X射线天文卫星。

06.652 康普顿γ射线天文台 Compton γ-Ray Observatory，CGRO

美国航天局1991年发射的γ射线卫星。携带4台仪器，能区覆盖10keV～30GeV。以美国物理学家康普顿命名。

06.653 伦琴X射线天文台 Röntgen Satellite，ROSAT

又称“ROSAT天文卫星”。德国、美国和英国联合研制的宇宙X射线探测器，于1991年6月发射，运行至1999年2月。

06.654 极紫外探测器 Extreme Ultra-Violet Explorer，EUVE

1992年6月发射的天文卫星。1993年已完成极紫外波段的巡天计划，转而从事指定天体的观测。

06.655 飞鸟X射线天文卫星 Advanced Satellite for Cosmology and Astrophysics，ASCA，ASTRO-D

又称“宇宙学与天体物理先进卫星”。日本和美国联合研制，于1993年发射的X射线天文卫星，任务持续到2000年。

06.656 罗西X射线时变探测器 Rossi X-ray Timing Explorer，RXTE

美国1995年发射的X射线天文卫星。监测X射线源的快速光变，任务持续到2012年。以意大利实验物理学家罗西冠名

06.657 贝波X射线天文卫星 Beppo Satellite for X-Ray Astronomy，BeppoSAX

意大利和荷兰联合研制，于1996年发射的X射线天文卫星。科学成果包括首次发现γ射线暴的X射线和光学对应体。任务持续到2002年。以意大利物理学家的昵称冠名。

06.658 钱德拉X射线天文台 Chandra X-ray Observatory

1999年发射的美国X射线天文台。以美国天体物理学家钱德拉命名。

06.659 XMM牛顿望远镜 X-ray Multi-Mirror Newton，XMM-Newton

欧洲空间局1999年发射的X射线天文台。以近代英国数学家和物理学家牛顿命名。

06.660 高能暂现源探测器2号 High Energy Transient Explorer-2，HETE-2

美国和法国、日本联合研制，于2000年发射的高能天文卫星。开展γ射线暴的监测和定位，任务持续到2007年。

06.661 国际γ射线天体物理实验室 International Gamma-Ray Astrophysics Laboratory，INTEGRAL

欧洲空间局2002年发射的高能天文台。观测波段覆盖软γ射线、X射线和光学。

06.662 盖瑞斯雨燕天文台 Neil Gehrels Swift Observatory

曾称“雨燕号(Swift)”。美国、英国、意大利联合研制，于2004年发射的高能天文卫星。开展γ射线暴的监测、定位及后随观测，兼顾其他天体目标的观测。2018年以故去的首席科学家冠名。

06.663 朱雀X射线天文卫星 Suzaku，Astro-E Ⅱ

日本2005年发射的X射线天文卫星。高分辨率能谱主载荷因冷却系统故障而失效，其他载荷正常工作。

06.664 敏捷号γ射线天文卫星 Astro-Rivelatore Gamma ad Immagini Leggero，AGILE

又称“γ射线轻型成像天文探测器”。2007年发射的意大利高能天文卫星。观测波段覆盖从硬X射线到十吉电子伏特能区的γ射线。

06.665 星际边界探测器 Interstellar Boundary Explorer，IBEX

美国2008年发射的高能天文卫星。探测来自不同方向的高能中性原子，以此测绘太阳风与星际介质的交界区。

06.666 费米γ射线天文台 Fermi γ-Ray Observatory

美国领导研制并于2008年发射的高能天文台。观测波段覆盖从硬X射线到百吉电子伏特能区的γ射线。以意大利裔美国物理学家费米命名。

06.667 阿尔法磁谱仪 Alpha Magnetic Spectrometer，AMS-02

2011年起搭载于国际空间站，通过探测宇宙线来开展反物质和暗物质研究的装置。由多国联合研制。

06.668 火崎号[行星分光观测]卫星 Hisaki，SPRINT-A

2013年发射的日本极紫外天文卫星。开展太阳系行星大气及磁层的极紫外分光测量。

06.669 核光谱望远镜阵 Nuclear Spectroscopic Telescope Array，NuSTAR

美国2014年发射的在硬X射线波段开展聚焦成像观测的天文卫星。

06.670 暗物质粒子探测卫星 Dark Matter Particle Explorer，DAMPE

又称“悟空号天文卫星”。中国2015年底发射的高能天文卫星。通过探测高能的正负电子、重离子、γ射线来开展暗物质和宇宙射线研究，发射前启用应征到的新名“悟空”。

06.671 硬 X 射线调制望远镜 Hard X-Ray Modulation Telescope，HXMT

又称“慧眼号天文卫星”。中国 2017 年发射的开展宽波段巡天的首颗 X 射线天文卫星。载荷有高、中、低能 X 射线望远镜，覆盖能段 1～250keV，采用准直器和直接解调数据处理方法实现成像。发射前启用新名“慧眼”。

07. 星系和宇宙学

07.001　宇宙　cosmos，universe

存在的一切，包括时空及其中的所有物质。但有时也用于仅指称其中的可观测时空或空间。

07.002　星系　galaxy

由大量恒星、星际介质及暗物质组成的引力束缚的天体系统。

07.003　河外星系　external galaxy，extragalactic system

银河系以外的星系。

07.004　河外天文学　extragalactic astronomy

研究银河系外的天体和其他物质的天文学分支。

07.005　星系天文学　galactic astronomy，galaxy astronomy

主要研究星系和星系集团的位置、空间分布、运动、结构、成分、相互作用、起源和演化的学科。

07.006　星系动力学　galactic dynamics

研究星系中大量点质量在引力作用下的运动，以探究星系的结构、相互作用、演化和暗物质组成的学科。

07.007　宇宙学　cosmology

又称“宇宙论”。从整体上研究宇宙的结构和演化，以及研究河外天体在宇宙年龄时标上演化的学科。

07.008　牛顿宇宙学　Newtonian cosmology

(1)牛顿提出或在其基本概念框架内建立的宇宙学理论。(2)使用牛顿力学或其推广形式分析宇宙动力学的理论。

07.009　量子宇宙学　quantum cosmology

研究当量子力学效应在整个宇宙尺度上都很重要时的宇宙的理论。

07.010　相对论宇宙学　relativistic cosmology

使用广义相对论研究宇宙学的理论。

07.011　稳恒态宇宙学　steady-state cosmology

由邦迪、戈尔德、霍伊尔等提出的一种宇宙学理论，认为宇宙在膨胀的同时不断产生新的物质而保持稳恒态。目前已被绝大多数学者摒弃。

07.012　观测宇宙学　observational cosmology

研究宇宙学观测基础及其推论的宇宙学分支。

07.013　宇宙微扰论　cosmological perturbation theory

研究大尺度均匀宇宙中小涨落形成和演化的理论。

07.014　宇宙测绘学　cosmography

又称“宇宙志”。对可观测宇宙的大尺度几

何、物质分布和运动学等总体特征进行的测量研究，一般不涉及物理机制或动力学模型。

07.015 河外毫米波辐射气球观测和地球物理望远镜 Balloon Observations of Millimetric Extragalactic Radiation and Geophysics Telescope, Boomerang Telescope

又称“Boomerang 望远镜”“回旋镖球载望远镜”。一个在南极释放气球进行宇宙微波背景观测的实验，最早成功地测量了包含第一振荡峰的宇宙微波背景各向异性角功率谱。

07.016 普朗克巡天器 Planck Surveyor

又称“普朗克卫星”。由欧洲空间局在2009～2013 年间运行的一个宇宙微波背景辐射各向异性探测器。

07.017 星云星团新总表 new general catalogue of nebulae and clusters of stars, NGC

爱尔兰籍丹麦天文学家德雷耶尔于 1888 年刊布的星云和星团总表，共含 7 840 个天体。

07.018 星云星团新总表续编 index catalogue of nebulae and clusters of stars, IC

星云星团新总表的两个续编，分别刊布于1895 年和 1908 年。

07.019 乌普萨拉星系总表 Uppsala General Catalogue of Galaxies

又称“UGC 星表”。根据帕洛玛巡天观测编成的一个北天星系表，发表于 1973 年。

07.020 沙普利-艾姆斯亮星系表 Shapley-Ames catalogue of bright galaxies

1932 年发表的一个星系星表，包括 1 249 个亮度超过 13.2 等的天体。1981 年，桑迪奇(Sandage)和塔曼(Tammann)发表了修正版，包括 1 246 个星系。

07.021 兹威基星系表 Zwicky catalogue, catalogue of galaxies and clusters of galaxies

又称“星系和星系团表”。瑞士天文学家兹威基主编，列有星系团和亮于 14.5 等的星系的表，于 1961～1968 年分六卷刊出。

07.022 自动底板测量星系表 automatic plate measuring galaxy catalogue

又称“APM 星系表”。将英国施密特望远镜巡天底片扫描后获得的星系表。

07.023 亮星系表 reference catalogue of bright galaxies

法国天文学家德·伏古勒尔夫妇编制的星系表，1964 年初版，含 2 599 个亮星系；1991 年第三版，含 23 024 个星系。

07.024 阿普特殊星系图册 Arp Atlas

阿普选择的一些具有特殊形状的星系的图册。这些星系多数是刚刚经过碰撞或并合、有潮汐尾迹的星系。

07.025 哈勃星系图册 Hubble Atlas

由阿兰·桑迪奇(Alan Sandage)整理的哈勃星系分类图册，展示了哈勃分类各类的典型星系图像。

07.026 利克星表 Lick catalogue

又称“谢因-沃特嫩(Shane and Wirtanen)星表”。包含了大约一百万个星系的星表。

07.027 艾贝尔星系团 Abell cluster

由艾贝尔目视检查帕洛玛巡天底片找出的

星系团。一个艾贝尔星系团需在艾贝尔半径(约 2Mpc)内有 50 个以上星系。

07.028 北银冠 north galactic cap

天球上以北银极为中心的球冠形区域。

07.029 南银冠 south galactic cap

天球上以南银极为中心的球冠形区域。

07.030 麦哲伦云 Magellanic clouds, Nubeculae

本星系群中银河系近邻两个不规则矮星系，在南半球肉眼可见。

07.031 大麦哲伦星云 Large Magellenic Cloud，LMC

简称“大麦云”。麦哲伦云中的较大者。

07.032 小麦哲伦星云 Small Magellanic Cloud，SMC

简称“小麦云”。麦哲伦云中的较小者。

07.033 麦哲伦流 Magellanic stream

由大小麦哲伦星云延伸出来的高速气体云。它从银河南极穿过，跨度超过 100°。

07.034 仙女星系 Andromeda galaxy，Andromeda nebula

位于仙女座方向、与银河系比邻的最大盘星系。

07.035 触须星系 Antennae Galaxies

乌鸦座中一对刚刚发生碰撞的星系，因有两个形似触须的潮汐尾迹而得名。

07.036 涡状星系 Whirlpool Galaxy

星表编号为 M 51，NGC 5194。具有典型宏图旋臂的近邻星系。

07.037 车轮星系 Cartwheel galaxy

一个形似车轮的星系 ESO 350-4，是由两个星系对头正碰形成的。

07.038 室女座星系团 Virgo cluster，Virgo galaxy cluster

位于室女座方向的一个星系团，可能包含多达两千个星系，质量约 1.2×10^{15} 太阳质量。

07.039 室女座星系团中心流 virgocentric flow

本星系群朝向室女座星系团的本动，由本超星系团的引力引起。

07.040 室女座超团 Virgo supercluster

又称“本超团”。一个包含上百个星系群和星系团的超团，其中心为室女座星系团，本星系群位于其外围。

07.041 子弹星系团 Bullet Cluster

两个正在碰撞的星系团(1E0657-56)。因其中较小的一个形似子弹而得名，给出了暗物质存在的直接证据。

07.042 后发星系团 Coma cluster

一个位于后发座方向的近邻星系团，包含 3 000 个以上星系。

07.043 哈勃深场 Hubble Deep Field

哈勃北深场和哈勃南深场的总称。哈勃北深场，是大熊星座里 2.5 角秒见方的一小块区域，哈勃望远镜 1995 年对该区进行了多次曝光观测。此外，还有哈勃南深场，是杜鹃座一小块区域，哈勃望远镜 1998 年进行了多次曝光观测。

07.044 哈勃极深场 Hubble ultra-deep field

位于天炉座里的一小块天区，哈勃望远镜 2003～2004 年对该区域进行了多次曝光观测。

07.045 特殊星系 peculiar galaxy
因形态结构或核活动性异常而不属一般哈勃序列的星系，如活动星系、相互作用星系等。

07.046 正常星系 normal galaxy
可纳入哈勃序列的星系。

07.047 星系形态 galaxy morphology
对星系进行分类的一系列方式，包括哈勃序列、德沃古勒系统、叶凯士方法。

07.048 哈勃分类 Hubble classification
哈勃对星系依照形态加以分类的方法。

07.049 哈勃序列 Hubble sequence
美国天文学家哈勃于 20 世纪 20 年代中期提出的星系形态分类序列。哈勃原来的星系形态分类图上该序列的左端是椭圆星系(E)，中间经透镜状星系(S0)过渡到右端的旋涡星系(S)和棒旋星系(SB)。今常将不规则星系(Irr)加到序列的最右端。

07.050 哈勃音叉图 Hubble tuning fork
将哈勃序列画出后形似音叉的图形。

07.051 德沃古勒分类 de Vaucouleurs classification
德沃古勒提出的一种基于形态进行星系分类的方法，是对哈勃分类的扩展和改进。

07.052 晚型星系 late-type galaxy
位于哈勃序列右侧(即旋涡星系侧)的星系。因历史上误认为它们处于演化晚期而得名。

07.053 早型星系 early-type galaxy
位于哈勃序列左侧(即椭圆星系侧)的星系。因历史上误认为它们处于星系演化的早期而得名。

07.054 盘星系 disk galaxy
有盘状结构的星系，包括正常旋涡星系、棒旋星系和透镜状星系。

07.055 旋涡星系 spiral galaxy，spiral system
具有旋涡状结构的星系，包括正常旋涡星系和棒旋星系。

07.056 正常旋涡星系 normal spiral galaxy
核球区域无棒状结构的旋涡星系。以符号“S”表示，按旋臂开展程度和核球相对于盘的大小分为 Sa，Sb 和 Sc 三个次型。Sa 旋臂缠绕最紧，核球相对最大；Sc 旋臂最舒展，核球相对最小。

07.057 棒旋星系 barred spiral galaxy，barred spiral
又称“SB 型星系”。有棒状结构贯穿核球的旋涡星系，以符号“SB”表示，以别于正常旋涡星系(S)。其旋臂始于棒的两端，按旋臂开展程度和核球相对于盘的大小分为 SBa，SBb 和 SBc 三个次型。

07.058 椭圆星系 elliptical galaxy，elliptical，elliptical system
亮度分布平滑的椭球状星系。按视形状自圆而扁依次分为 E0，E1，…，E7 共 8 个次型。

07.059 超巨椭圆星系 supergiant elliptical galaxy，supergiant elliptical
常位于富星系团中、质量特别大的椭圆星系。

07.060 椭球星系 spheroidal galaxy
形状为椭球形(具有单轴旋转对称性)的

星系。

07.061　球状星系　spherical galaxy, globular galaxy

扁率为零的椭圆星系。

07.062　不规则星系　irregular galaxy, abnormal galaxy

哈勃分类中外形或结构无明显对称性的星系，以符号“Irr”表示。

07.063　矮星系　dwarf galaxy, dwarf

质量和光度小的星系，绝对星等暗于−16等，质量仅为10^6～10^9太阳质量。

07.064　矮旋涡星系　dwarf spiral galaxy, dwarf spiral

旋涡形的矮星系。

07.065　矮椭圆星系　dwarf elliptical galaxy, dwarf elliptical

质量和光度远小于典型值的椭圆星系。

07.066　矮椭球星系　dwarf spheroidal galaxy, dwarf spheroidal, spheroidal dwarf

椭球形的矮星系。

07.067　矮不规则星系　dwarf irregular galaxy, dwarf irregular

不规则形状的矮星系。

07.068　超巨星系　supergiant galaxy

光度和质量最大的星系，绝对星等为−23～−24等，质量可达10^{12}～10^{13}太阳质量。

07.069　巨星系　giant galaxy

光度和质量大的星系，绝对星等可达−20～−22等，质量可达太阳质量的10^{11}倍。

07.070　cD星系　central-dominated galaxy

又称“中心主导星系”。一种常位于富星系团中心，具有很大的恒星晕的非常明亮的椭圆星系。

07.071　低面亮度星系　low surface-brightness galaxy, LSB galaxy

又称“LSB星系”。从地球上看，面亮度比周围夜空至少低一个数量级的弥散的星系。

07.072　相互作用星系　interacting galaxy

显示出相互作用迹象的两个或多个星系。

07.073　碰撞星系　colliding galaxy

两个或多个互相碰撞中的星系。

07.074　环状星系　ring galaxy

具有椭圆形环的星系，其中有些有亮核。

07.075　极环星系　polar-ring galaxy

外部由气体和恒星形成的环状结构绕星系某一轴向旋转的一类星系。一般认为此类型星系是由于两星系并合产生的。

07.076　头尾星系　head-tail galaxy

具有明亮头部和扩展尾部形态特征的射电星系，常处于富星系团中。

07.077　纺锤星系　Spindle Galaxy

NGC 3115星系，形似纺锤而得名。

07.078　透镜状星系　lenticular galaxy

又称“S0星系(S0 galaxy)”。无旋臂的盘星系，与旋涡星系的主要差别是无旋臂，与椭圆星系的主要差别是有星系盘。

07.079　射电星系　radio galaxy
射电光度远大于正常星系的活动星系，其光学对应体多为椭圆星系。

07.080　红外星系　infrared galaxy
红外辐射强的星系，往往由红外源证认而发现。

07.081　N 星系　N galaxy
具有极亮核和宽发射线的射电星系。

07.082　"E+A"星系　E+A galaxy
有巴耳末吸收线但没有显著的[OII]发射线的星系，通常认为是不久前曾发生并合的星系。

07.083　亮红星系　luminous red galaxy
颜色偏红且光度较高的一些星系。在SDSS巡天中通过测光观测挑选出来作为光谱红移巡天的目标，用于进行较高红移的观测。

07.084　特高光度红外星系　ultraluminous infrared galaxy
一类红外星系，其红外辐射光度一般高于10^{12}太阳光度。

07.085　莱曼跳变星系　Lyman break galaxy
相邻两个不同波段像的亮度因莱曼极限位于此两个波段间而发生跳变的星系。这些星系多是高红移处的恒星形成的星系。

07.086　电离氢星系　HⅡ galaxy
光学光谱与电离氢区很相似的星系。

07.087　正向星系　face-on galaxy
盘面面向观测者的旋涡星系。

07.088　侧向星系　edge-on galaxy
盘的边缘朝向观测者的旋涡星系。

07.089　近邻星系　nearby galaxy
(1)泛指与某一星系距离较近的其他星系。(2)特指与银河系距离较近的星系。

07.090　卫星星系　satellite galaxy
双重星系或多重星系中，相对于占主导地位的星系而言的其他成员星系。

07.091　寄主星系　host galaxy
又称"宿主星系"。类星体或超新星等所在的星系。

07.092　场星系　field galaxy
不属于任何星系群或星系团的星系。

07.093　团星系　cluster galaxy
星系团的成员星系。

07.094　前景星系　foreground galaxy
视线方向与被观测河外源相近，但距观测者较近的星系。

07.095　居间星系　intervening galaxy
位于目标天体(如类星体)和观测者之间，靠近视线方向的星系。

07.096　成员星系　member galaxy
组成各类星系集团的各个星系。

07.097　背景星系　background galaxy
视线方向与被观测河外源相近，但距观测者较远的星系。

07.098　原始星系　primeval galaxy
最初形成的星系。

07.099 活动星系 active galaxy

具有活动星系核的星系，或近核区活动剧烈的星系。

07.100 宁静星系 quiescent galaxy

停止恒星形成的星系。

07.101 消极演化 passive evolution

星系中不再形成新的恒星，仅由已形成的恒星演化导致的光度、颜色等的变化。

07.102 星暴星系 starburst galaxy

恒星形成率明显超出正常值的星系。

07.103 产星星系 star-forming galaxy

又称"恒星形成星系"。正在大量形成恒星的星系。

07.104 爆发星系 eruptive galaxy，exploding galaxy，explosive galaxy

有明显喷流或爆发现象的活动星系。

07.105 冷流星系 cooling flow galaxy

晕内气体发射 X 射线时迅速冷却，从而形成吸积气体流的星系。

07.106 星系盘 galactic disk

星系中典型直径为 10^4～10^5 光年、厚度约 10^3 光年的盘状结构，为星系晕和星系冕所包围。旋涡星系和棒旋星系的旋臂在其中伸展，椭圆星系无星系盘。大写(Galactic disk)特指银河系的盘——银盘。

07.107 盘 disc，disk

半径远大于厚度的圆形天体。

07.108 细盘 slim disc

描述吸积率较高、几何较厚或扁的一种吸积盘理论。

07.109 自转曲线 rotation curve

描述星系各部分的自转速度与到自转轴距离的关系曲线，其形状由星系中的质量分布所决定。

07.110 星系自转曲线 galactic rotation curve

以到星系中心距离为横坐标、星系盘自转速度为纵坐标的曲线，反映了星系不同距离上的引力变化。

07.111 导臂 leading arm

在旋涡星系中，外端指向与星系盘转动相同的旋臂。

07.112 旋臂 spiral arm

旋涡星系和棒旋星系中的螺线形带状结构，主要由年轻亮星和星际介质构成。

07.113 宏图旋涡结构 grand design spiral

旋涡星系具有的近似沿螺线伸展的旋臂图像。

07.114 絮状旋臂 flocculent spiral arm

旋涡星系中局部的、非规则的旋臂结构。

07.115 暗带 dark lane

在侧向晚型旋涡星系中常呈现的沿星系盘分布的尘埃暗条。

07.116 尘带 dust lane

沿旋涡星系侧面所见位于主平面上具有显著消光作用的狭窄暗带，因星系盘中的尘埃和气体吸收星光而形成。

07.117 密度波 density wave

密度扰动传播形成的波，在旋涡星系中使

旋涡结构保持准稳状态。

07.118　图案速度　pattern speed，pattern velocity

旋涡结构绕中心整体旋转的速度。

07.119　缠卷疑难　winding dilemma

密度波理论建立以前星系动力学中的一个疑难问题：星系较差自转应使旋臂呈紧卷态，但观测表明多数星系的旋臂并未紧密缠卷。

07.120　银河系翘曲　galactic warp

银盘呈现曲面而非平面分布的状态。

07.121　星系核　galactic nucleus，nucleus of galaxy，galaxy nucleus

星系中心部分物质的高密度聚集区，其尺度约为整个星系的千分之一或更小。

07.122　核球　nuclear bulge，bulge

星系中心恒星密集的部分组成的球状核。

07.123　星系核球　galactic bulge

星系中心恒星密集的椭球状区域，典型尺度为几千光年，主要成分是星族Ⅱ天体，星系核位于其中央。

07.124　星系晕　galactic halo，halo of galaxy

旋涡星系外围结构稀疏的近球状区域，由晕族天体等物质组成。

07.125　星系棒　galactic bar，galaxy bar

星系中的贯穿核球的棒状结构。

07.126　等光度半径　isophotal radius

某一强度的面亮度对应的星系半径。

07.127　霍姆伯格半径　Holmberg radius

椭圆星系对应到26.5蓝星等每平方角秒面亮度的等照度线半径。

07.128　塞西克轮廓　Sersic profile

描述星系表面亮度的函数，是德沃古勒定律的推广形式。

07.129　利克指数　Lick indices

通过对积分后的光谱进行演化综合，用于推算恒星(或者星系、星团)的群体特征的一套工具。

07.130　施密特定律　Schmidt law

又称“肯尼克特-施密特定律”(Kennicut-Schmidt law)。恒星(面)形成率正比于气体(面)密度的 n 次方的经验关系，$1<n<3$。

07.131　德沃古勒定律　de Vaucouleurs' law

椭圆星系中某处的面亮度与其到中心距离的1/4次方成正比的观测定律。

07.132　塔利-费希尔关系　Tully-Fisher relation

旋涡星系的21cm谱线宽度(旋转速度)与光度之间的经验关系，可用于测量星系距离。

07.133　费伯-杰克逊关系　Faber-Jackson relation，Faber-Jackson law

描述椭圆星系的光度和速度弥散之间关系的经验公式。

07.134　基本面　fundamental plane

又称“基面”。早型星系在三维参数空间中呈现的一种二维聚类分布。

07.135　星系分布　galaxy distribution

星系在宇宙空间中的分布方式。

07.136　星系光度函数　luminosity function of galaxies

给定空间体积中单位光度间隔内星系的数量。

07.137　条件光度函数　conditional luminosity function

满足一定约束条件导出的光度函数。

07.138　谢克特函数　Schechter function

一种由谢克特引入的星系光度函数形式。

07.139　光度演化　luminosity evolution

在宇宙时标上,河外天体光度变化的过程。

07.140　密度演化　density evolution

在宇宙时标上，河外天体空间数密度随时间变化的过程。

07.141　星系年龄　galactic age

星系从形成至被观测时刻的时间长度。

07.142　阿尔法核素　alpha elements

通过吸收α粒子形成的核素。

07.143　r过程　r-process

通过一系列的快速中子俘获，形成更重的元素同位素的一种核合成过程。这一过程发生在有大量中子的环境中，如核坍缩型超新星或双中子星并合等。

07.144　s过程　s-process

一种核合成过程，在相对较低的中子密度和温度条件下核素以较慢的速率吸收中子，在两次中子吸收间发生衰变，最终形成某种重核素。一般认为主要是在 AGB 恒星中发生。

07.145　闭箱模型　closed-box model

描述与外部没有物质交换而内部包括若干种可以相互转化成分的系统(如星际介质内金属丰度,或星系内宇宙线流量)演化的模型。

07.146　萨尔皮特初始质量函数　Salpeter initial mass function

恒星形成时不同质量恒星的分布函数的一种形式，由萨尔皮特给出。

07.147　星族Ⅲ恒星　population Ⅲ star

不含金属元素的恒星，一般认为是宇宙中形成的第一代恒星。

07.148　对不稳定性超新星　pair-instability supernova

由于高能γ光子和原子核碰撞产生电子-正电子对，吸收大量能量，导致恒星热压力下降引发的恒星塌缩和超新星爆发。

07.149　反馈　feedback

恒星形成、活动星系核吸积等产生的辐射、喷流、星风、重元素等作用于周边分布的物质，从而影响后续的恒星形成和吸积的机制。

07.150　辐射反馈　radiative feedback

形成的恒星、类星体等以辐射的形式对周边物质产生的反馈影响。

07.151　星系风　galactic wind

从星系中向周边吹出的粒子流。

07.152　星系核风　nuclear wind

星系的活动核产生的超声速风。

07.153　位力化　virialization

系统的动能和势能向位力定理给出的平衡值演化的过程。

07.154　位力质量　virial mass

假定位力定理成立，从天体系统旋转速度或速度弥散推出的天体质量。

07.155　金斯定理　Jeans theorem

无碰撞玻尔兹曼方程的稳态解仅通过运动积分包含相空间坐标。

07.156　金斯波长　Jeans wavelength

流体中扰动可非线性增长的最小波长。

07.157　金斯质量　Jeans mass

可由引力不稳定性引起增长扰动的最小质量。

07.158　钱德拉塞卡动力摩擦　Chandrasekhar dynamical friction

一个相对周围的天体或物质运动的天体因引力相互作用而逐渐丧失能量和动量的过程。

07.159　潮汐剥落　tidal stripping

星系因其他星系的潮汐作用而失去气体或恒星的过程。

07.160　棒不稳定性　bar instability

旋涡星系的一种不稳定性，导致其中心形成棒状结构。

07.161　图默稳定性判据　Toomre's stability criterion

判定自引力盘稳定性的一种判据。

07.162　麦克劳林盘　MacLaurin disk

麦克劳林椭球短轴为 0 的极限情况，可以用来描述星系盘中的物质分布。

07.163　等温球　isothermal sphere

假定由具有同一温度的质点组成的引力束缚球对称系统，其密度反比于半径平方。

07.164　奇异等温球　singular isothermal sphere

中心密度发散的等温球模型。

07.165　金模型　King model

一种星系动力学模型，在小半径处类似等温球模型，而在大半径处密度低一些。

07.166　超大质量黑洞　supermassive black hole

星系中心的黑洞，质量范围约为 10^5～10^{10} 太阳质量，远超过一般恒星演化形成的黑洞。一般认为它们是由吸积大量气体或并合多个黑洞形成的。

07.167　活动星系核　active galactic nucleus

活动性比一般更强的星系核。其所属星系常有很明亮的核、非热连续谱、明显发射线、较大的光变，以及较强的高能光子发射等特征。

07.168　活动星系核的统一模型　unified model of active galactic nuclei

认为各种类型的活动星系核都吸积黑洞，只是吸积率和观测方向不同的模型。

07.169　低电离核发射线区　low ionization nuclear emission-line region，LINER

只有低电离发射线的低光度活动星系核。

07.170　类星体　quasi-stellar object，quasar

活动星系核中活动性极强的一类，因视形态类似恒星得名。一般认为是星系中心正在吸积的超大质量黑洞。

07.171　类星体喷流　quasar jet
由类星体中心黑洞吸积周围物质产生的喷流。

07.172　射电类星体　radio loud quasar，radio quasar
相对光学辐射产生较强射电辐射的类星体。

07.173　射电宁静类星体　radio quiet quasar
相对光学辐射产生较弱射电辐射的类星体。

07.174　Ⅰ型类星体　Type Ⅰ quasar
类星体的一类，它们的光谱同时显现宽发射线和窄发射线。在类星体的统一模型中，一般认为它们是接近面向的黑洞吸积盘系统，其宽线发射区不受外部尘埃环的遮挡。

07.175　Ⅱ型类星体　Type Ⅱ quasar
类星体的一类，它们的光谱只显示有窄发射线。在类星体的统一模型中，一般认为它们是接近侧向的黑洞吸积盘系统，其宽线发射区受外部尘埃环的遮挡而不能直接被观测到。

07.176　光剧变类星体　optically violent variable quasar，optically violently variable quasar，OVV quassar
又称“OVV 类星体”。光学光度变化时标短、幅度大的类星体。

07.177　双类星体　binary quasar，double quasar，twin quasar
视位置很接近的类星体对。它们或具有物理联系，或系引力透镜形成的双像，或由投影效应所致。

07.178　喷流星系　jet galaxy
射电形态中有明显喷流的射电星系，或有光学喷流与 X 射线喷流的星系。

07.179　发射线星系　emission-line galaxy
一种活动星系，具有发射线，但线宽小于赛弗特星系发射线的线宽。

07.180　赛弗特星系　Seyfert galaxy，Seyfert
星系核极亮且具有强而宽发射线的活动星系，常有旋臂结构。因美国天文学家赛弗特于 1943 年首先发现而得名。

07.181　沃尔夫-拉叶星系　Wolf-Rayet galaxy
又称“WR 星系(WR galaxy)”。一种窄发射线星系，具有沃尔夫-拉叶星的电离氦 468.6nm 宽发射特征。

07.182　马卡良星系　Markarian galaxy
具有很强紫外连续辐射的一类星系，多为赛弗特星系或河外 HII 区。因苏联天文学家马卡良首先发现而得名。

07.183　法纳洛夫-里雷类型　Fanaroff-Riley class
又称“FR 类型”。依据形态对射电星系进行分类的一种方法。

07.184　双射电源　double radio source
星系光学体的两侧有两个射电子源的射电源。

07.185　蝎虎天体　BL Lacertae object，Lacertid
一种活动星系核，发射线极弱或完全观测不到，光度和偏振变化剧烈而不规则。其原型是蝎虎 BL 变源。

07.186　耀变体　blazar

蝎虎天体和光剧变类星体的统称，一般认为是喷流方向指向观测者的活动星系核。

07.187　视超光速运动　apparent superluminal motion

又称“*表观超光速运动*”。由某些河外射电源的距离和自行导出的表观横向速度超过光速的现象。实际上是由于源正以接近(但小于)光速的速度朝向观测者运动而造成的一种相对论性效应。

07.188　邦迪吸积　Bondi accretion

一种致密天体在星际介质中运动时产生的球对称吸积模型。

07.189　超爱丁顿吸积　super-Eddington accretion

吸积率大于爱丁顿极限的非稳态吸积过程。

07.190　沙库拉-苏尼阿耶夫盘　Shakura-Sunyaev disc

描述光学厚、几何薄且辐射高效的吸积盘的标准理论。由沙库拉-苏尼阿耶夫(Shakura-Sunyaev)在1973年提出。

07.191　α盘　α-disc

标准光学厚、几何薄吸积盘模型的一类，假设盘的黏滞正比于盘内气体的声速和标高，比例系数为α。

07.192　窄线区　narrow-line region

活动星系核发出发射线波长延展较窄的区域。

07.193　反响映射　reverberation mapping

测量活动星系核或类星体宽线区结构的一种技术。主要通过宽发射线的轮廓对中心紫外辐射光变的响应来估计宽线区尺度、结构和云团分布，并进而用来估计中心黑洞的质量。

07.194　邻近效应　proximity effect

类星体光谱中的莱曼α吸收线在接近类星体处显著减少的现象，反映了类星体对周围星系际介质的影响。

07.195　团内气体　intracluster gas

位于星系团内的气体。

07.196　星系际介质　intergalactic medium

星系之间的空间内的物质成分，在再电离后的宇宙中为稀薄等离子体。

07.197　温热星系际介质　warm-hot intergalactic medium

存在于星系周围和大尺度结构中，温度为$10^5\sim10^6$K的电离气体，可能是所谓缺失的重子之所在。

07.198　星系际桥　intergalactic bridge

连接两个近邻星系、外形细长的星系际物质集聚区。

07.199　星系际气体　intergalactic gas

星系际介质中的气体成分。

07.200　星系际尘埃　intergalactic dust

星系际介质中的固态微粒。

07.201　莱曼连续区　Lyman continuum

波长小于莱曼极限(能量高于氢原子电离能)的连续谱辐射。

07.202　莱曼极限系统　Lyman-limit systems

星系际介质中的莱曼极限是光学厚的高密

度中性氢团块。在团块里中性氢的柱密度大约为每平方厘米 10^{17} 到 10^{19}。

07.203 莱曼α线丛 Lyman-α forest, Lyα forest
又称“莱曼α森林”。高红移类星体光谱中Lyα发射线短波侧的密集吸收线区。由该类星体和观测者之间不同距离上的居间星系际介质中的中性氢 Lyα吸收所致，故得名。

07.204 莱曼α吸收 Lyman-α forest，Lyα absorption
氢原子里电子从能级 1 跃迁到能级 2 时，吸收特定能量的光子造成的光谱上的吸收线。

07.205 莱曼α发射体 Lyα emitter, Lyman alpha emitter
发射莱曼α辐射的遥远星系。

07.206 阻尼莱曼α系统 damped Lyman α system
又称“衰减莱曼阿尔法系统”。类星体光谱较强的莱曼α吸收线所对应的中性氢高密度区，对应的柱密度在 2×10^{20} 原子/厘米 ^{2} 以上，可能是星系或星系形成前的气体。

07.207 电离背景 ionizing background
导致气体电离的背景辐射，由年轻恒星、类星体等产生。

07.208 冈恩-彼得森效应 Gunn-Peterson effect
类星体的光谱中，由于星系际介质内中性氢原子对莱曼α光子的完全吸收产生吸收槽的效应，可用以检验星系际介质中的中性氢含量。

07.209 重子缺失问题 missing baryon problem
已观测到的星系中的重子数量远小于根据宇宙大爆炸核合成及宇宙微波背景辐射推定的重子总数的问题。一般认为缺失重子可能以电离气体形式存在于星系周围。

07.210 星系际吸收 intergalactic absorption
星系际物质对通过它的电磁辐射的吸收，可导致辐射的强度减弱和谱形改变。

07.211 星系群 group of galaxies
十几个至几十个星系组成的星系集团，比星系团的规模小一些。

07.212 本星系群 Local Group of galaxies, Local Group
银河系及其周围数十个星系组成的松散的星系群。

07.213 化石星系群 fossil group
星系群内星系并合的产物。星系群经过星系并合后形成一个孤立的巨椭圆星系并伴有原星系群的 X 射线晕。

07.214 星系团 galaxy cluster，cluster of galaxies，cluster
十几个、几十个乃至上千个星系组成的星系集团。

07.215 致密星系团 compact cluster of galaxy, compact cluster
其成员星系的数密度、椭圆星系相对富度、球对称性和中心聚集度均高的星系团。

07.216 星系团内物质 intraclusler matter
星系团内散布于成员星系之间的物质。

07.217 富星系团 rich cluster of galaxies, rich galaxy cluster，rich cluster
相对来说含有较多星系的星系团。

07.218 星系团的β模型 β model of clusters of galaxy

一种星系团的动力学模型，假定气体密度正比于暗物质密度的β次方。

07.219 超星系团 galaxy supercluster，supercluster

宇宙中尺度远大于星系团的大尺度结构，中间是星系低密度区形成的巨洞，四周是分布在两维面上的星系高密度区。

07.220 本超星系团 Local supercluster

包括本星系群在内的超星系团。星系最密集的区域是室女星系团。

07.221 总星系 metagalaxy

部分天文学家对可观测宇宙的别称。

07.222 布彻-厄姆勒效应 Butcher-Oemler effect

中红移($z\approx0.3$)富星系团与低红移同类星系团相比蓝色星系比例较多的效应，反映了星系并合的结果。因发现者得名。

07.223 星系并合 merge of galaxy，galaxy merging，galactic merging

星系间极强相互作用的表现，可导致两个或多个星系解体和并合的过程。

07.224 并合星系 merging galaxy

处于合并过程中的两个或多个星系。

07.225 主并合 major merger

两质量大小相似的旋涡星系以一定角度和速度发生碰撞，期间会有较为强烈的相互作用，将大量气体和尘埃抛出星系。一般在此过程中会伴随着活动星系核的形成，并且通常认为此过程是椭圆星系形成的主要机制。

07.226 次并合 minor merger

在两星系并合过程中，如果一个星系的质量远大于另一星系，则大质量星系将会完全吞并小质量星系，而自身不会受到太大影响。此过程对大质量星系来说为次并合。

07.227 干并合 dry merger

又称"贫气体并合"。仅有恒星而几乎没有气体的星系并合。

07.228 湿并合 wet merger

富气体并合。

07.229 并合率 merger rate

星系并合发生的速率。

07.230 并合树 merger tree

表示星系并合历史的树图。

07.231 吞食 cannibalism

大星系并吞小星系的过程。

07.232 冷却流 cooling flow

又称"冷流"。星系团中的热气体因辐射X射线而冷却并流向团中心的一种理论预期。

07.233 巨引源 Great Attractor

长蛇-半人马座方向上的一个质量高度密集区，距银河系约43Mpc，总质量约为5×10^{15}太阳质量。

07.234 上帝的手指 finger of God

在红移空间中，星系团星系因本动速度而呈现的指状结构。

07.235 巨壁 great wall

又称"长城"。星系密集分布的巨大片状结构，在CfA巡天中首次发现。

07.236　巨洞　cosmic void
超星系团内部或超星系团之间的星系低密度区。

07.237　空洞　void
空间中的低密度区。在星系宇宙学中又称“巨洞”，是大尺度结构中的星系低密度区。

07.238　宇宙网　cosmic web
宇宙大尺度结构形成的网状分布。

07.239　纤维状结构　filament structure
又称“丝状结构”。宇宙中暗物质或气体在引力作用下经过非线性演化而形成的细长结构。

07.240　泽尔多维奇薄饼　Zel’dovich pancakes
泽尔多维奇提出的一种星系形成模型，认为宇宙早期物质先形成质量远大于星系的薄饼状结构，然后碎裂为星系。

07.241　体流　bulk flow
物质的大尺度流动。

07.242　原星系　protogalaxy
宇宙演化到复合期后形成的气体云团块，它们在引力作用下坍缩，进而演化为星系。

07.243　前星系云　pre-galactic cloud
行将收缩形成星系的气体云。

07.244　前星系　pre-galaxy
星系形成过程中，已存在气体、尘埃和恒星，但尚未最终形成星系的阶段。

07.245　星系形成　galaxy formation，formation of galaxy
宇宙均匀背景上的密度涨落，在引力作用下吸积周围物质而使密度对比增长，最后形成星系的过程。

07.246　星系演化　galaxy evolution，galactic evolution
在宇宙时标上，星系的密度、光度和其他特征量变化的过程。

07.247　自下而上星系形成　bottom-up galaxy formation
先形成小尺度结构，经并合后逐渐形成大尺度结构的星系形成理论。

07.248　降序　downsizing
又称“瘦身”。在统计上低红移的星系较高红移的星系尺寸更小的观测现象。表面上这与从小到大的等级式结构形成理论相矛盾，但考虑到高密度处的星系较早形成且其内部的恒星形成过程较快，可以得到解释。

07.249　共动半径　comoving radius
共动坐标中的半径。

07.250　共动观测者　comoving observer
引力场中自由下落的观测者。

07.251　共动坐标　comoving coordinates
用引力场中自由落体作为参考时钟和初始位置定义的坐标。因其数值不随宇宙膨胀而变而得名。

07.252　共形时间　conformal time
共动观测者的固有时间间隔除以宇宙标度因子后积分所得的时间。

07.253　共形图　conformal diagram
又称“彭罗斯图(Penrose diagram)”。通过

共形坐标变换将时空变换为闭区间所得的时空图，常用于研究时空性质。

07.254 共动距离 comoving distance
根据共动坐标计算的两者之间的距离，其不随宇宙膨胀而变化。

07.255 固有距离 proper distance
又称"本征距离"。对于时空中相邻的两点，可以在其局域静止参照系中计算的距离。对于不相邻的两点，给定一条连接两个时空点的路径，可以沿该路径积分计算二者沿此路径的固有距离。

07.256 光度距离 luminosity distance
联系天体的绝对亮度与视亮度关系的距离。

07.257 角直径距离 angular diameter distance
根据天体观测角径和已知的几何尺寸(标准尺)得到的距离。

07.258 标准尺 standard ruler
物理尺寸可以较精确地估计，在宇宙学中能用来测量距离的天体。

07.259 标准烛光 standard candle
天文学中光度可以较精确地估计的天体，能用来确定天体的距离。

07.260 宇宙距离阶梯 cosmic distance ladder
利用天体不同性质的相关性(例如造父变星周光关系、Ia 型超新星峰值亮度、星系的塔利-费舍关系等)由近及远逐次确定宇宙距离尺度的方法。

07.261 初级示距天体 primary distance indicator
又称"初级距离标志"。可在本星系群内直接或间接测量其距离或亮度的示距天体，如可由三角视差法或自行测距的天体、主序星、天琴座 RR 变星、造父变星等。

07.262 次级示距天体 secondary distance indicator
又称"次级距离标志"。超出本星系群测量适用的示距天体，如星系、Ia 型超新星等。

07.263 造父距离标尺 Cepheid distance scale
利用造父变星作为标准烛光的距离标尺。

07.264 面亮度起伏 surface-brightness fluctuation
又称"表面亮度涨落"。因恒星随机分布造成的星系面亮度的涨落。可用于距离测量。

07.265 哈勃距离 Hubble distance
又称"哈勃视界"。光在哈勃时间内行经的距离，即 c/H_0。

07.266 宇宙学距离尺度 cosmological distance scale
河外天体大尺度距离的标定，参见宇宙距离阶梯。

07.267 红移 redshift
(1)天体谱线的观测波长向长波方向频移的现象。(2)该现象引起的谱线波长的相对改变量。(3)导致相应波长改变量的宇宙时刻。

07.268 疲劳光子模型 tired-light model
一种代替宇宙膨胀解释星系红移的假说，认为红移是因为光子在空间传播时不断损失能量所致。由瑞士天文学家兹威基提出。

07.269 宇宙学红移 cosmological redshift
宇宙膨胀引起的天体谱线红移。

07.270 内禀红移 intrinsic redshift
由天体内在原因引起的谱线红移。

07.271 红移空间 redshift space
以观测到的红移作为径向坐标的空间。在红移空间，星系的径向位置并非其真实位置，而是由宇宙学红移和本动速度导致的红移共同决定。

07.272 红移-星等关系 redshift-magnitude relation
某种标准烛光天体的红移和其视星等之间的关系，可用于研究宇宙的几何和膨胀历史。

07.273 *K* 改正 *K*-correction
比较红移不同的河外天体在相同观测波段的连续谱性质所需进行的光度改正。

07.274 红移-距离关系 redshift-distance relation
天体红移同距离之间的关系，可用于研究宇宙的几何和膨胀历史。

07.275 红移演化 redshift evolution
宇宙或天体随着红移变化不断演化的物理过程。

07.276 星等-红移关系 magnitude-redshift relation
某种天体的视星等与其红移之间的关系。通过测量标准烛光天体(如 Ia 型超新星)的星等-红移关系可以确定宇宙学模型。

07.277 测光红移 photometric redshift
根据星系颜色随红移演化的规律，由多色测光观测得到的红移。其精度一般远低于光谱红移。

07.278 退行速度 recession velocity, velocity of recession, regression velocity
天体远离观测者而去的视向速度。

07.279 哈勃图 Hubble diagram
通常以河外天体的距离或视星等为横坐标，退行速度或红移为纵坐标，反映哈勃关系的图。

07.280 哈勃流 Hubble flow
天体由于宇宙膨胀而具有的运动，与其固有运动相区别。

07.281 哈勃定律 Hubble law, Hubble's law, Hubble relation
又称“哈勃关系”。星系远离观测者的速度与它们到观测者的距离成正比的规律，是宇宙膨胀的特征。

07.282 哈勃常数 Hubble constant
哈勃关系中的比例常数，常用 H_0 表示。

07.283 哈勃参数 Hubble parameter
表征宇宙膨胀速度的量。在红移 0 时即为哈勃常数，对于非零红移，一般称为哈勃参数。

07.284 减速参数 deceleration parameter
又称“减速因子”。表征宇宙膨胀速率减小的物理参数(在加速宇宙中为负)，常用 q_0 表示。

07.285 源计数 source count, source counting
对星系、类星体等天体的亮度或红移分布进行的统计。

07.286 星系计数 galaxy count, galaxy counting
按一定的物理参数如星等、距离、天区范围等统计星系的数目。

07.287 射电源计数 radio source count, radio-source counting
按射电源的流量或按天区范围统计射电源的数目。

07.288 哈勃时间 Hubble time
一种宇宙学时标，是哈勃常数的倒数。

07.289 哈勃年龄 Hubble age
由哈勃时间给出的宇宙年龄估计。

07.290 回溯时间 look-back time
光从遥远天体发出到被我们接收所经历的时间。

07.291 星系巡天 galaxy survey
利用望远镜等工具对宇宙中的星系分布情况进行的普查。

07.292 笔束巡天 pencil beam survey
面积小而深的巡天。

07.293 星等限制的样本 magnitude-limited sample
用星等数作为上限的天体样本。

07.294 体积限制的样本 volume-limited sample
限制在一定体积内选样，剔除更远处因较亮而被观测到的天体样本。

07.295 红移巡天 redshift survey
通过测量大样本星系（或其他河外天体）的红移，从而得到其径向距离，辅以角位置，最终得到它们在宇宙中分布及演化的过程。

07.296 选择函数 selection function
描述在巡天中被选择的平均样本数随方向、距离或红移等变化的函数。

07.297 非均匀性 inhomogeneity, non-uniformity, unevenness
又称“不均匀性”。某种场或物理量在空间各点不相等。

07.298 大尺度结构 large scale structure
宇宙中物质在大尺度（约 10Mpc 以上）的分布方式，包括壁状结构、丝状结构、节点以及空洞。

07.299 结构形成 structure formation
宇宙从涨落很小的密度场演化成各尺度结构的物理过程。

07.300 涨落 fluctuations
又称“起伏”。实际的测量对于某个均值的偏离，它是偶然的、随机的、杂乱的。

07.301 密度扰动 density perturbation
密度偏离平均值的大小。

07.302 密度涨落 density fluctuation
又称“密度起伏”。密度偏离平均值的大小。

07.303 过密度 overdensity
密度大于平均值的量。

07.304 绝热扰动 adiabatic perturbation
保持各组分熵不变的扰动。

07.305 曲率扰动 curvature perturbation
导致局部时空曲率发生变化的扰动。

07.306 等曲率扰动 isocurvature perturbation
在多组分的系统里，由总能量密度决定的曲率没有受到扰动的现象。在该系统里不同组分在分别产生扰动的同时总能量保持均匀不变。

07.307 熵扰动 entropy perturbation
熵的不均匀性产生的扰动。

07.308 原初功率谱 primordial spectrum
宇宙早期物质密度原初扰动的功率谱。

07.309 功率谱指数 power spectral index
功率谱的对数导数。当功率谱为幂函数时，即为其幂指数。

07.310 扰动功率谱 perturbation power spectrum
物质密度扰动的傅里叶空间功率谱。

07.311 线性扰动功率谱 linear perturbation power spectrum
仅考虑线性增长、未发生或未考虑非线性演化的扰动功率谱。

07.312 倾斜 tilt
原初功率谱对于标度不变性的偏离。

07.313 标度不变性 scale-invariance
某种物理过程的特征不随测量尺度而改变的特性。

07.314 哈里森-泽尔多维奇谱 Harrison-Zel'dovich spectrum
原初功率谱的谱指数取 n=1 的情况。在这种情况下，涨落在视界尺度时的幅度与尺度无关。

07.315 σ_8 σ_8
使用高帽平滑窗计算的 8Mpc/h 尺度上的扰动方差，常用于给出宇宙密度功率谱的幅度。

07.316 相关函数 correlation function
衡量信号之间相关性的一种测度函数，通常指实空间的两点相关函数。

07.317 角相关函数 angular correlation function
又称“角关联函数”。表征随机场在球面上两点相关性随角距变化的函数。

07.318 两点相关函数 two-point correlation function
表征天体成团性的一种统计函数，定义为相对于随机均匀分布而言两天体相距 r 的过剩概率。

07.319 林伯方程 Limber equation
根据物质三维成团分布，在小角度近似下计算二维角成团分布的一个投影公式。

07.320 三点相关函数 three-point correlation function
空间三个点的随机场的相关函数。

07.321 高阶相关函数 high-order correlation function
随机变量的二阶以上的相关函数。

07.322 双谱 bispectrum
三个傅里叶模之间的互相关谱，是实空间三点相关函数的傅里叶变换。

07.323 角功率谱 angular power spectrum

随机场强度随角度变化的功率谱。

07.324 歆斜度 skewness

用方差归一化的统计分布三阶矩对分布对称性的量度。高斯分布的歆斜度为0。

07.325 峭度 kurtosis

用方差归一化的统计分布四阶矩，用于表征偏离平均值的大涨落出现的频率。高斯分布的峭度为 3，大于此值则较高斯分布更常出现大涨落，反之则更常出现小涨落。

07.326 亏格 genus

描述空间曲面分布的一个拓扑量，即洞数−独立区域数+1，常用于描述大尺度结构等密度面特征。

07.327 闵可夫斯基泛函 Minkowski functionals

随机几何学中 d 维空间内一组 d+1 个具有平移、旋转不变性、可加性和凸连续性的子空间泛函，对三维空间而言，即体积、表面积、平均曲率和欧拉示性数。常用于描述随机场等密度面的统计特征。

07.328 重子声学振荡 baryon acoustic oscillation

又称“重子声波振荡”。宇宙早期光子−重子耦合流体中发生的声波振荡，这一振荡在大尺度结构功率谱中留下了振荡峰，可作为标准尺用于宇宙学距离测量。

07.329 增长因子 growth factor

线性增长的密度涨落相对于某个给定时间或红移(通常选红移 0)时的比值。

07.330 线性增长因子 linear growth factor

描述线性增长阶段大尺度结构中涨落的大小与原初扰动或某一参考时刻扰动的比值。

07.331 成对速度弥散 pairwise velocity dispersion

通过计算星系两两之间的相对速度获得的速度弥散，是星系速度分布弥散的 $\sqrt{2}$ 倍。

07.332 本动速度场 peculiar velocity field

由非均匀的局部引力场引起的、相对于膨胀共动坐标系的运动速度分布场。

07.333 红移空间畸变 redshift space distortion

因星系本动速度影响而造成的红移空间分布与真实空间分布不同的现象，包括“上帝手指”、Kaiser 效应等。

07.334 凯泽效应 Kaiser effect

因大尺度本动速度引起的红移畸变效应。

07.335 阿尔科克−帕金斯基检验 Alcock-Paczynski test

又称“AP 检验”。利用天体球对称性检验宇宙学模型的一种方法。因提出者得名。

07.336 引力透镜效应 gravitational lensing, gravitational lens effect

简称“透镜效应”。引力透镜产生的效应，观测者将看到由波或粒子传播路径弯曲而产生的一个像的变形或者多个像。

07.337 引力透镜 gravitational lens

作为引力场源的天体使附近时空产生畸变，位于其后的天体发出的波或粒子在经过此天体附近时传播路径弯曲，产生像的形变或多重成像效应。因作用与透镜类似而得名。

07.338 爱因斯坦十字状类星体 Einstein cross

一个源(如类星体)经过引力透镜作用后形

成的十字形四重影像。

07.339 受透镜作用星系 lensed galaxy
其发出的光线受到引力透镜效应影响的星系。

07.340 透镜星系 lensing galaxy
产生透镜效应的星系。

07.341 强引力透镜 strong lensing
产生多种像或者一些光弧的引力透镜。

07.342 弱引力透镜效应 weak lensing
像的形变较微弱的引力透镜过程。

07.343 微引力透镜效应 microgravitational lensing, microlensing, mini gravitational lensing, mini lensing
目标是点源，像的形状变化无法观测，但亮度变化可以观测的引力透镜效应。引力场源一般是质量相当或小于恒星质量的天体。

07.344 汇聚度 convergence
在引力透镜理论中，描述像相对于源的形变中的各向同性部分(即变大或变小)的量。

07.345 剪切量 shear
引力透镜中像的形状发生的各向异性变化。

07.346 剪切张量 shear tensor
描述剪切量的张量。

07.347 宇宙切变 cosmic shear
宇宙大尺度结构产生的弱引力透镜切变场。

07.348 焦散线 caustics
光线被反射或折射形成的包络线，或指此包络在一个面上的投影。

07.349 爱因斯坦半径 Einstein radius
爱因斯坦环的半径。有时虽然不实际形成爱因斯坦环，但仍可根据公式估算此半径并应用数值在引力透镜计算中。

07.350 爱因斯坦弧 Einstein arc
引力透镜效应使观测到的光源形状改变呈环形的一部分。

07.351 爱因斯坦环 Einstein ring
引力透镜效应形成的环状像。

07.352 临界面密度 critical surface density
在引力透镜中足以产生多重像的面密度。

07.353 切弧 tangential arc
引力透镜形成的环绕透镜中心的光弧。

07.354 径向弧 radial arc
引力透镜产生的指向透镜中心的光弧。

07.355 拐变 flexion
引力透镜的次级效应在光的分布中所产生的八极矩图像。

07.356 宇宙微波背景 cosmic microwave background, cosmic microwave background radiation
曾称“3K 辐射”。为微波波段的宇宙背景辐射，具有黑体辐射谱特征，起源于宇宙大爆炸，当前温度为 2.75K。

07.357 宇宙微波背景偏振 cosmic microwave background polarization
又称“宇宙微波背景极化”。宇宙微波背景辐射具有的偏振。

07.358　宇宙微波背景各向异性　cosmic microwave background anisotropy

不同方向上宇宙微波背景辐射所具有的不同温度和极化。

07.359　温度起伏　temperature fluctuation

又称“温度涨落”。辐射在天球不同位置上的温度变化。

07.360　邪恶轴心　axis of evil

观测发现宇宙微波背景辐射各向异性的几个低极矩具有相同指向的现象。

07.361　COBE 归一化　COBE normalization

根据COBE观测的宇宙微波辐射大角度各向异性对物质功率谱做的归一化。

07.362　宇宙弦　cosmic string

宇宙早期相变中可能形成的一维时空拓扑缺陷。曾被作为宇宙结构形成的一种可能的种源，现在这种可能性已被观测排除，但仍有可能在早期宇宙中少量形成。与弦论中的基本弦是不同的概念。

07.363　E 模式偏振　E mode polarization

极化的无旋度分量。因类似电磁场理论中的电场而得名。

07.364　萨克斯-沃尔夫效应　Sachs-Wolfe effect

宇宙微波背景辐射温度涨落受到引力势作用而变化的过程。

07.365　积分萨克斯-沃尔夫效应　integrated Sachs-Wolfe effect

宇宙微波背景辐射光子在传播过程中因引力势变化而发生的温度改变。

07.366　科姆帕尼茨方程　Kompaneets equation

描述电子与光子场相互作用的福克-普朗克方程。

07.367　苏尼阿耶夫-泽尔多维奇效应　Sunyaev-Zel’dovich effect

因受到星系团中的热运动，电子或以整体本动速度运动散射而造成的该方向宇宙微波背景辐射的频谱或温度变化。

07.368　苏尼阿耶夫-泽尔多维奇热效应　thermal Sunyaev-Zel’dovich effect

因受到星系团中的热运动，电子散射而造成的该方向宇宙微波背景辐射的频谱和温度的变化。

07.369　苏尼阿耶夫-泽尔多维奇运动学效应　kinetic Sunyaev-Zel’dovich effect

因整体运动的电子团块散射，而造成该方向上宇宙微波背景辐射温度改变的效应。

07.370　康普顿 *y* 参量　Compton *y*-parameter

较低能量的光子在穿过有限大小的介质时因被电子散射而导致的能量变化比例，例如用于表征宇宙微波背景辐射被星系团自由电子散射的参量。

07.371　21 厘米谱线　21cm line, twenty-one centimeter line

中性氢原子基态超精细能级跃迁对应的谱线，波长约21cm。

07.372　21 厘米层析　21cm tomography

通过在不同观测频率和方向探测红移的21cm信号，获得宇宙中性氢三维切片分布的方法。

07.373　强度映射　intensity mapping
一种低角分辨率观测方式，不试图探测单个星系，而仅观测辐射强度的大尺度分布。

07.374　前景辐射　foreground radiation
简称“前景”。在某一观测对象与观测者之间的物质所产生的干扰辐射，这类观测对象如宇宙微波背景辐射、红移的 21cm 辐射等。

07.375　前景减除　foreground removal, foreground subtraction
通过数学分析，从观测数据中减除前景、提取所需信号的过程。

07.376　弥漫 X 射线背景　diffuse X-ray background
X 射线波段的弥漫背景辐射，河外来源可能主要有活动星系核、星系团气体等，河内(2keV 以上)来源主要有激变变星和星冕活跃的双星及单星等弱 X 射线点源。

07.377　河外背景辐射　extragalactic background radiation
来自银河系以外的背景辐射。

07.378　X 射线背景辐射　X-ray background radiation
X 射线波段的背景辐射。来自多种天体 X 射线源，包括河内和河外部分。

07.379　弥漫 X 射线辐射　diffuse X-ray emission
X 射线展源的辐射，可来自银河系内的超新星遗迹、脉冲星风云、星系团、星系群等。

07.380　宇宙线　cosmic-ray
来自太空的高能粒子，低能部分主要来自太阳风，高能部分来自太阳系以外。

07.381　宇宙线丰度　cosmic-ray abundance
宇宙线中各种元素的相对比例。

07.382　宇宙线谱　cosmic-ray spectrum
宇宙线流量随能量的分布。

07.383　宇宙线簇射　cosmic-ray shower
宇宙线粒子进入地球大气或其他致密物质分布时与其中分子碰撞引起的次级粒子级联发射。

07.384　特高能宇宙线　ultra-high energy cosmic ray
动能大于 10^{18}eV 的宇宙线粒子。

07.385　格莱森–查泽品–库兹敏极限　Greisen-Zatsepin-Kuzmin limit，GZK limit
又称“GZK 极限”。超高能宇宙线粒子因与宇宙微波背景辐射非弹性散射而传播受限，由此得到的超高能宇宙线粒子的最高能量。

07.386　马约拉纳质量项　Majorana mass term
一种破坏粒子数守恒的费米子质量项，与一般的狄拉克质量项不同。

07.387　马约拉纳中微子　Majorana neutrino
具有马约拉纳质量项的中微子。

07.388　马约拉纳粒子　Majorana particle
一种和自身互成反粒子的粒子。

07.389　有质量中微子　massive neutrino
质量不为零的中微子。

07.390　中微子混合　neutrino mixing
中微子振荡中不同味的中微子的混合。

07.391　中微子振荡　neutrino oscillation

中微子在空间传播时其味(flavor)发生周期性变化的现象。

07.392　惰性中微子　sterile neutrino

假想的不参与弱相互作用的中微子。

07.393　似然度　likelihood

给定某一理论,获得某个实验结果的概率。

07.394　极大似然法　maximum likelihood method，maximal likelihood method

又称“最大似然法”。一种根据观测数据给出参数估计的统计方法。对给定的观测数据，通过改变模型参数使似然度函数取最大值而获得对模型参数的估计。

07.395　协方差矩阵　covariance matrix

矩阵元(i,j)为两个随机矢量i分量和j分量乘积期望值的矩阵。

07.396　费希尔信息　Fisher information

统计学中，用来描述可观测的随机变量里所含有未知参数的信息的量，是似然度对数函数对未知参数偏导数的方差。

07.397　马尔可夫链蒙特卡罗方法　Markov chain Monte Carlo method，MCMC method

通过生成马尔可夫链来模拟某一给定概率分布的一套方法。

07.398　边缘化　marginalization

对含有多个参量的概率分布中的若干变量进行积分，获得某个或某几个未积分的变量的概率分布的方法。

07.399　宇宙方差　cosmic variance

在宇宙微波背景辐射和大尺度结构观测中，对随机场进行测量时由于样本的体积有限而造成的统计误差。由于可观测宇宙作为被研究的唯一样本无法扩展而得名。

07.400　马姆奎斯特偏差　Malmquist bias

在天文观测中由于更易观测到高光度的天体而产生的系统偏差。

07.401　泊松噪声　Poisson noise

又称“散粒噪声(shot noise)”。由泊松过程描述的噪声，是由所描述的随机过程的离散性引起的噪声。

07.402　高斯性　Gaussianity

又称“随机分布的高斯性”。随机场符合高斯分布的特性。

07.403　非高斯性　non-Gaussianity

偏离高斯分布的分布性质，天文学上一般指物质密度分布偏离高斯分布的现象。

07.404　高斯扰动　Gaussian perturbation

统计分布为高斯分布的扰动。

07.405　高斯随机场　Gaussian random field

概率密度是多变量高斯分布的随机场。

07.406　高斯滤波器　Gaussian filter

使用高斯函数作为核函数的平滑方法。

07.407　高帽滤波器　top-hat filter

当变量小于平滑尺度时取 1、大于平滑尺度时取 0 的滤波函数。

07.408　早期宇宙　early universe

通常指大爆炸宇宙论中复合期以前的宇宙。

07.409　极早期宇宙　very early universe

大爆炸宇宙学中原子核形成以前的宇宙。

07.410　多重宇宙　multiverse
由大量可能具有不同性质的时空组成的集合，用以描述所有可能存在的时间、空间、物质、能量和物理理论。此宇宙集合中的一部分宇宙也叫作平行宇宙。

07.411　宇宙起源　origin of the universe
宇宙开始的过程。

07.412　大爆炸奇点　Big Bang singularity
大爆炸理论中时间开始时曲率为无限大的状态。

07.413　奥尔伯斯佯谬　Olbers' paradox
若恒星均匀分布在静止无限的欧几里得空间中，则夜空的面亮度应与恒星表面亮度相等，而事实上夜空是黑暗的。这一矛盾因由德国天文学家奥尔伯斯明确提出而得名。

07.414　西利格佯谬　Seeliger paradox
若恒星均匀分布在无限宇宙中，则宇宙间任一质点受到的引力应为无限大或为不定值，这与事实相违。因由德国天文学家西利格提出而得名。

07.415　狄拉克大数假说　Dirac's large-number hypothesis
狄拉克提出的一个假设，认为存在一些由基本物理量构成的较为确定的无量纲大数，如电子-质子间静电势与引力势之比约为 10^{39}，以原子尺度为单位的宇宙半径约为 10^{39}，并认为由此可发掘反映宇宙内在联系的规律。

07.416　热寂　heat death
克劳修斯预期经过长时间后宇宙的熵达到最大或动能消耗殆尽的状态。

07.417　哥白尼原理　Copernican principle
一种宇宙学中的假定，认为地球或太阳系在宇宙中不应占据中心或具有特殊优越位置。

07.418　宇宙学原理　cosmological principle
宇宙在大尺度上保持均匀各向同性的假设。

07.419　完美宇宙学原理　perfect cosmological principle
宇宙在大尺度上具有均匀各向同性并且不随时间变化的假设。为宇宙学原理的一种推广，是稳恒态宇宙学理论的基本假设，目前已被证伪。

07.420　宇宙的均匀性　homogeneity of universe
宇宙各处物质密度分布均匀的状态。在较大尺度(100Mpc 以上)上我们目前观测到的宇宙确实是均匀的。

07.421　各向同性宇宙　isotropic universe
从各个方向上看都具有相似性质的宇宙。

07.422　罗伯森-沃克度规　Robertson-Walker metric
一种描述均匀各向同性宇宙的度规形式。

07.423　弗里德曼方程　Friedmann equation
描述宇宙膨胀或收缩动力学的一组方程。

07.424　马赫原理　Mach's principle
一种猜想，认为运动是相对的、局部惯性系应该由大尺度物质分布决定。

07.425　人择原理　anthropic principle
一种哲学观点，认为当我们研究宇宙的性质时应考虑到该性质必须允许作为观测者的智慧生命存在，否则这样的宇宙就不会被观测到。

07.426 宇宙拓扑 topology of universe
宇宙整体的拓扑性质。

07.427 宇宙学模型 cosmological model
描述宇宙大尺度性质、起源和演化的模型。

07.428 爱因斯坦模型 Einstein's model
爱因斯坦提出的有限静态宇宙学模型。

07.429 爱因斯坦-德西特模型 Einstein-de Sitter model
一个平直的只含有非相对论物质的均匀各向同性宇宙学模型。

07.430 米尔恩模型 Milne model
一种不含任何物质的宇宙学模型，实际上等价于闵可夫斯基空间。

07.431 弗里德曼-勒梅特-罗伯逊-沃克模型 Friedmann-Lemaitre-Robertson-Walker model
又称"FLRW 模型"。爱因斯坦场方程的一个具体的解，它描述了一个均匀且各向同性的膨胀宇宙。

07.432 大爆炸理论 Big Bang theory
由勒梅特、伽莫夫等提出的一种宇宙学理论，认为宇宙从高温、高密状态发展而来。因获得大量观测证据支持，是目前的主流宇宙学理论。

07.433 原始原子 primeval atom
诞生宇宙的原子，1931 年由勒梅特(Lemaître)提出，是宇宙大爆炸理论的原型。

07.434 原始火球 primeval fireball, primordial fireball
在宇宙大爆炸理论中，宇宙诞生时形成的炙热高能量密度"火球"。

07.435 循环宇宙 cyclic universe
膨胀和收缩循环发生的宇宙。

07.436 大反弹 big bounce
认为目前宇宙源自前一个宇宙收缩到奇点时反弹为膨胀的模型。

07.437 大坍缩 big crunch
一种假想的未来宇宙状态，宇宙膨胀达到最大后收缩，最终塌缩为一个奇点。

07.438 大撕裂 big rip
在某些暗能量模型中，暗能量密度随宇宙膨胀不断升高，最终导致本来已经束缚在一起的各种物体乃至粒子撕裂开的过程。

07.439 标准宇宙模型 standard cosmological model
一定时期内最获公认的宇宙模型，当前指大爆炸宇宙论加上宇宙极早期存在暴胀阶段假设以及暗物质和宇宙学常数暗能量假设之总称。

07.440 含宇宙学常数的冷暗物质模型 Λ cold dark matter model
含有冷暗物质和暗能量的宇宙学模型。

07.441 宇宙学参数 cosmological parameter
宇宙学模型中一些需由观测确定的参数，如哈勃常数、各种成分的相对密度等。

07.442 和谐模型 concordance model
一个包括宇宙学常数、冷暗物质的平直宇宙学模型，可以较好地符合各种宇宙学观测。

07.443 宇宙学模拟 cosmological simulation
为研究宇宙学演化进行的数值模拟。

07.444 宇宙平均密度 cosmic mean density
宇宙作为整体的平均密度。

07.445 临界密度 critical density
当密度作为一个变量时对系统状态或演化产生决定性影响的取值。在宇宙学中，临界密度是指宇宙处于开闭临界状态时所对应的宇宙平均密度。

07.446 欧几里得宇宙 Euclidean universe
(1)空间几何为平直,满足欧几里得几何学的宇宙。(2)量子宇宙学中进行了欧几里得延拓的宇宙，即度规的时间分量与空间分量具有相同正负号。

07.447 平直宇宙 flat universe
又称“平坦宇宙”。空间几何为欧几里得几何的宇宙。

07.448 开宇宙 open universe
空间部分为开流形(无限大)的宇宙。

07.449 闭宇宙 closed universe
空间部分为闭流形(有限大)的宇宙。

07.450 常曲率空间 space of constant curvature
曲率处处相同的空间。

07.451 宇宙膨胀 cosmic expansion, expansion of the universe
宇宙空间中各点间的固有距离不断增大的过程，其特征是符合哈勃定律。

07.452 膨胀宇宙 expanding universe
空间随时间膨胀的宇宙，其中任意两个相距遥远的空间点之间的物理距离随时间增大。

07.453 收缩宇宙 contracting universe
任意两个相距遥远的空间点之间的物理距离随时间减小的宇宙。

07.454 振荡宇宙 oscillating universe, pulsating universe
膨胀与收缩相交替的宇宙。

07.455 宇宙标度因子 cosmic scale factor
又称“宇宙尺度因子”。表征宇宙整体尺度随时间变化比例的量。

07.456 宇宙加速度 cosmic acceleration
宇宙膨胀速率的加速度。

07.457 宇宙曲率 curvature of the universe
宇宙的空间曲率。

07.458 宇宙年龄 cosmic age, age of the universe
宇宙从大爆炸起始至今的时间。据普朗克卫星测量数据约 138 亿年。

07.459 比安基宇宙论 Bianchi cosmology
空间均匀但各向异性的宇宙学模型。

07.460 哥德尔宇宙 Godel universe
哥德尔得到的广义相对论场方程的一个特殊解，描述了一个整体旋转的宇宙，其中因存在闭合类时曲线而容许时间旅行发生。

07.461 等级式宇宙 hierarchical universe
一种认为宇宙结构是分层次等级的宇宙理论。行星绕着恒星运转，恒星组成星系，星系组成星系团、超星系团，等等，如沙利叶宇宙和曼德尔鲍姆提出的分形宇宙。目前的标准宇宙学模型理论认为在大尺度（约 100Mpc）以上可观测宇宙是均匀的而非等级的。

07.462　沙利叶宇宙　Charlier universe
由沙利叶提出的一种等级式宇宙模型。

07.463　瑞士乳酪模型　Swiss-cheese model
一种多孔的非均匀分布模型。

07.464　勒梅特-托尔曼-邦迪模型　Lemaitre-Tolman-Bondi model，LTB model
又称“LTB模型”。一种球对称的非均匀宇宙学模型。

07.465　热演化　thermal evolution
宇宙温度、组成与物态随宇宙年龄的变化。

07.466　热史　thermal history
宇宙中物质组成与物态等的热力学量的演化史。

07.467　强子期　hadron era
大爆炸理论中宇宙的一个演化阶段（约 10^{-6}～10^{-5}s），即宇宙的平衡温度足以导致光生强子对、又未高到使其分解为夸克和胶子的时期。

07.468　轻子期　lepton era
大爆炸宇宙论中宇宙的一个演化阶段（约 10^{-5}s），宇宙的平衡温度足以导致光生轻子对的时期。

07.469　萨哈罗夫条件　Sakharov conditions
萨哈罗夫指出的要形成正物质多于反物质的宇宙必须具备的三个条件：重子数破坏、C 和 CP 破坏以及非平衡过程。

07.470　轻子生成　leptogenesis
宇宙极早期产生非零净轻子数的过程。

07.471　重子生成　baryogenesis
宇宙极早期中产生重子、导致重子物质多于反重子物质的过程。

07.472　重子不对称性　baryon asymmetry
可观测宇宙中重子远远多于反重子的不对称性。

07.473　重子-光子比　baryon-to-photon ratio
宇宙早期重子与光子数目的比值，大约为几十亿分之一。

07.474　辐射主导期　radiation dominated era
又称“辐射占优期”。宇宙演化早期辐射能量密度大于物质能量密度的阶段。

07.475　物质-辐射等量　matter-radiation equality
宇宙早期物质和辐射能量密度相等的时刻。

07.476　物质主导期　matter dominated era
又称“物质占优期”。宇宙演化的一个阶段，其中物质能量密度大于辐射能量密度。

07.477　重子-光子流体　baryon-photon fluid
宇宙早期重子以等离子体形式存在，与光子紧密耦合，作为整体运动。

07.478　中微子退耦　neutrino decoupling
在宇宙大爆炸模型中，中微子在宇宙极早

期停止与重子物质相互作用的过程。宇宙诞生后大约1s，弱相互作用速率低于宇宙膨胀速率，致使中微子脱离与质子、中子和电子的相互作用。

07.479 中微子背景 neutrino background
由宇宙遗迹中微子构成的背景，与微波光子构成的电磁辐射背景类似。

07.480 退耦 decoupling
在宇宙演化中，随着宇宙膨胀、密度和温度降低，各种物质之间(如光子与重子、暗物质与光子和重子等)停止相互作用的过程。

07.481 冻结 freeze-out
随着宇宙膨胀，某种物质或某种扰动模式停止演化。

07.482 西尔克衰减 Silk damping
在宇宙等离子体复合时期，由于光子扩散导致的不均匀性被衰减的过程。

07.483 朗道阻尼 Landau damping
等离子体中的电磁波或引力系统中的密度波耗散的一种机制，其波的能量传递给与其相速度接近的单个粒子。

07.484 自由流动 free streaming
光子、中微子等未与其他流体成分发生散射而产生的流动。

07.485 大爆炸核合成 Big Bang nucleosynthesis
在宇宙大爆炸中质子和中子形成氘、氦、锂等轻原子核的物理过程。

07.486 原始丰度 primordial abundance
宇宙大爆炸时形成的各元素量的多少，氢元素和氦元素是原初丰度最高的元素。

07.487 氘丰度 deuterium abundance
宇宙中氘的相对含量。

07.488 氦丰度 helium abundance
宇宙中氦同位素 ^{4}He 的相对含量。

07.489 锂丰度 lithium abundance
宇宙中锂同位素 ^{7}Li 的相对含量。

07.490 轻元素丰度 light element abundance
宇宙中轻元素(如锂、氘、氦等)的相对含量，是检验宇宙模型正确性的重要参数。

07.491 复合时期 recombination era
宇宙中光子能量随着宇宙膨胀降低到不足以使电子保持电离状态，而得以与原子核结合形成原子的时期。通常指氢的复合时期，发生于大爆炸后约 38 万年。

07.492 黑暗时期 dark age
宇宙大爆炸结束(即等离子体复合)后，第一代恒星形成前的时期。

07.493 再电离 reionization
由于宇宙中早期恒星形成或其他机制发出的辐射，宇宙中的物质(一般指氢原子)自复合时期后再次被电离的过程。

07.494 再电离时期 epoch of reionization
宇宙气体发生再电离的时期。

07.495 暗物质 dark matter
由天文观测推断存在于宇宙中的不发光物

质，由不发光天体、晕物质以及非重子中性粒子组成，或专指最后一种。

07.496　暗物质候选者　dark matter candidate
理论上可能是暗物质但尚未得到证实的粒子(如弱作用大质量粒子)或天体(如大质量晕天体)。

07.497　隐物质　invisible matter
又称“不可见物质”。(1)部分天体物理学家对暗物质的别称。(2)仅参与引力作用和弱作用的非重子中性粒子组成的物质。

07.498　隐质量　hidden mass
由动力学质量与光度质量差推断存在于星系、星系团和宇宙中的暗物质的质量。

07.499　暗物质间接探测　dark matter indirect detection
通过探测暗物质湮灭或衰变产生的光子、中微子、宇宙线、反物质等，以间接方式探测暗物质。

07.500　暗物质衰变　dark matter decay
暗物质粒子自发反应生成其他粒子的过程。

07.501　暗物质湮灭　dark matter annihilation
暗物质粒子相互湮灭产生标准模型粒子的过程。

07.502　暗物质晕　dark matter halo
由暗物质组成的自引力束缚的近似球体或椭球体。暗物质理论认为星系、星系团一般都处在暗物质晕中。

07.503　平坦自转曲线　flat rotation curve
大部分星系的自转曲线在远远超过其可见物质分布的外围仍然平坦而不下降，这是星系暗物质晕存在的证据。

07.504　卫星星系缺失问题　missing satellite problem
已发现的银河系卫星星系数量远少于冷暗物质模型数值模拟结果的问题。

07.505　暗物质直接探测　dark matter direct detection
通过暗物质与普通物质的直接相互作用来探测暗物质。一般是在屏蔽了宇宙线的地下实验室中建造高度灵敏的探测器，探测暗物质粒子与探测器之间偶尔发生的弱相互作用散射。

07.506　热暗物质　hot dark matter
暗物质的一种，在退耦时其速度是极端相对论的，如标准模型中微子。

07.507　冷暗物质　cold dark matter
热退耦时速度弥散远低于光速的暗物质，如弱作用大质量粒子、轴子等。

07.508　冷暗物质模型　cold dark matter model
基于冷暗物质假设，与观测符合较好的主流宇宙演化模型。

07.509　标准冷暗物质模型　standard cold dark matter model
宇宙中仅含冷暗物质而没有暗能量且空间平直的宇宙学模型。在暗能量被发现前常作为标准的宇宙学模型。

07.510　温暗物质　warm dark matter
退耦时仍有一定速度弥散的暗物质。

07.511　重子暗物质　baryonic dark matter
由重子构成的暗物质，如晕中的致密天体、

电离气体等。现在一般认为重子暗物质只占暗物质总量的很小一部分。

07.512　弱相互作用大质量粒子　weakly interacting massive particle

又称“弱相互作用重粒子”。不参与强相互作用和电磁相互作用，只参与弱相互作用且具有较大质量的粒子，是暗物质的一种候选者。

07.513　超对称　supersymmetry

不同自旋的粒子间的对称性(玻色子有其对偶的费米子)，其存在尚待证实。

07.514　超对称粒子　supersymmetric particle

超对称理论所预言的标准模型粒子中的超对称伙伴粒子。

07.515　最小超对称模型　minimal supersymmetric standard model

对粒子物理标准模型进行最小扩展使其具有超对称性的模型。

07.516　中性微子　neutralino

超对称模型中假定存在的中性超对称粒子。光子、Z 粒子、希格斯玻色子的超对称伙伴的混合态,是暗物质的一种候选者。

07.517　引力微子　gravitino

引力子的超对称伙伴粒子。

07.518　模糊暗物质　fuzzy dark matter

一种暗物质粒子，其中暗物质为质量非常小(一般假定约为 10^{-22}eV)的标量场粒子，由于其康普顿波长相当长而表现出波动性，使其所在位置有一定“模糊”，从而避免暗物质晕尖点问题。

07.519　类轴子粒子　axion like particle

一种假想的暗物质候选者粒子，是与轴子类似的赝标量粒子，具有很小的质量，但与轴子不同，并不能解决强相互作用 CP 问题，因此其参数也不受相关的约束。

07.520　晕族大质量致密天体　massive compact halo object

一种暗物质候选者，指星系晕中的致密天体。目前观测排除了其作为暗物质主要成分的可能性。

07.521　原初黑洞　primordial black hole

在宇宙大爆炸时期因随机涨落、相变等原因可能形成的黑洞。

07.522　暗能量　dark energy

由天文观测推断充溢空间、具有负压强、使宇宙加速膨胀的成分，占宇宙总质能的约 70%。

07.523　暗能量模型　dark energy model

对暗能量可能形式的描述，如宇宙学常数或某种动力学标量场。

07.524　宇宙学常数　cosmological constant, cosmic constant

爱因斯坦在其场方程中引入的表征某种“宇宙斥力”的常数，相当于真空能，是形式最简单的暗能量。

07.525　真空能量　vacuum energy

真空状态所具有的能量，其数值即宇宙学常数。

07.526　巧合问题　coincidence problem

指为什么暗能量与物质密度在今天恰好具有同一数量级的问题。

07.527 精细调节问题 fine tuning problem
在某些理论中模型参数只能取范围很窄且不自然的值。例如，暗能量的取值远小于根据简单量纲分析给出的真空能值。

07.528 标量场 scalar field
在坐标变换下的不变场。

07.529 精灵暗能量 quintom dark energy
状态方程参数跨越–1 的暗能量模型。

07.530 幽灵暗能量 phantom dark energy
状态方程参数 $w<-1$ 的暗能量。

07.531 精质 quintessence
解释宇宙加速膨胀的标量场暗能量模型，其状态方程参数 $w>-1$。

07.532 k 质 k-essence
基于非平凡动能项的标量场暗能量模型。

07.533 快子场 tachyonic field
质量为复数的场。

07.534 恰普雷金气体 Chaplygin gas
由恰普雷金提出的一种具有非线性物态方程的气体，常作为暗能量的一种唯象模型。

07.535 普朗克时间 Planck time
大爆炸宇宙论中宇宙年龄为 10^{-44}～10^{-43}s 的某一特征时间。在此之前爱因斯坦的广义相对论失效，必须考虑引力场的量子效应。

07.536 普朗克长度 Planck length
普朗克时间乘以光速，其值约为 10^{-35}m。

07.537 普朗克密度 Planck density
由常数 h, c, G 组合得到的密度量纲常数，在此密度下引力的量子效应非常显著，不能再用经典广义相对论描述。

07.538 无边界猜想 no-boundary conjecture
由霍金和哈特尔提出的一种宇宙起源没有时间起点的猜想。

07.539 霍金-哈特尔波函数 Hawking-Hartle wave function
采用无边界假设得到的量子宇宙学波函数。

07.540 惠勒-德维特方程 Wheeler-de Witt equation
描述量子宇宙演化的一种简化方程。

07.541 均匀性问题 homogeneity problem
又称“视界疑难”“视界问题”。根据相对论，由于宇宙年龄有限，那些相距很远的区域之间是没有因果联系的，然而观测却表明它们具有相同的密度或温度，这种均匀性如何实现是标准大爆炸理论的一个问题。在暴胀理论中这一问题得到解释。

07.542 平坦问题 flatness problem
早期标准大爆炸宇宙模型的一个疑难问题。在只含物质和辐射的宇宙模型中，宇宙的空间曲率会越来越明显，但观测到的宇宙十分平坦，表明早期宇宙的能量密度对临界密度的偏离异常之小。在暴胀宇宙中这一疑难得到解释。

07.543 暴胀 inflation
标准大爆炸宇宙模型中对宇宙极早期演化的一种修正，认为在大爆炸后 10^{-35}s 时宇宙发生了急剧的加速膨胀。

07.544 暴胀宇宙 inflationary universe
正在发生暴胀的宇宙。

07.545　暴胀子　inflaton

在宇宙早期，驱动宇宙暴胀的标量场。

07.546　暴胀再热　inflation reheating

暴胀结束时暴胀场衰变成其他粒子，形成高温、热平衡的粒子分布的过程。

07.547　e 叠数　e-folds

（暴胀理论中）指数膨胀的数量。

07.548　开暴胀　open inflation

产生开放宇宙的暴胀模型。

07.549　新暴胀　new inflation

1981 年林德（Linde）提出的一种暴胀模型。与古思的旧暴胀模型不同，暴胀不是在标量场处于赝真空时，而是发生在逐渐偏离赝真空时。

07.550　旧暴胀　old inflation

古思(Guth)提出的最早的暴胀理论，暴胀场暂时处于赝真空（即暴胀场相互作用势的局域极小而非全局极小）时发生暴胀。

07.551　慢滚暴胀　slow-roll inflation

在暴胀场逐渐演化使其势能缓慢下降的过程中发生的暴胀，是目前主流的暴胀理论。

07.552　慢滚近似　slow-roll approximation, slow-rolling approximation

宇宙暴胀过程中，随着暴胀场变化，暴胀势能缓变的过程。

07.553　永恒暴胀　eternal inflation

在某些暴胀宇宙模型中，由于量子涨落，导致宇宙总有某些区域处在暴胀相中。

07.554　混沌暴胀　chaotic inflation

一种假设暴胀场在初始时刻在空间不同点随机取值，随后以不同速度和持续时间暴胀的理论。

07.555　暴胀的优雅退出问题　graceful exit problem of inflation

在某些暴胀模型中，无法退出暴胀转为热大爆炸的问题。例如，在古思（Guth）理论中，低真空能量泡的产生和碰撞释放能量产生一个具有高温的均匀宇宙，但在该模型下，并不一定能达到足够的气泡退出暴胀相。

07.556　再热　reheating

暴胀结束后，暴胀场衰变，生成宇宙中诸多物质的过程。

07.557　邦弛-戴维斯真空　Bunch-Davies vacuum

通常暴胀理论中假定的真空态。在远小于视界的尺度上，共动坐标下的暴胀场行为类似闵可夫斯基时空中的量子场。因提出者得名。

07.558　火劫宇宙模型　Ekpyrotic universe model

一种基于膜碰撞的非暴胀宇宙起源模型。

07.559　拓扑缺陷　topological defect

场的一种空间构型，因拓扑不变性无法演化到拓扑平凡的真空。

07.560　宇宙学相变　cosmological phase transition

在宇宙演化（特别是早期）中系统物性发生的变化。

07.561　畴壁　domain wall

某些早期宇宙模型中时空结构的二维拓扑缺陷。

07.562 B模式偏振 B mode polarization
微波背景辐射偏振的有旋模式。因类似电磁场理论中的磁场而得名。

07.563 纹形 texture
三维时空中具有非平凡三阶同伦群的拓扑缺陷。曾被作为宇宙结构形成的一种可能的种源，现在这种可能性已被观测排除。

07.564 基布尔机制 Kibble mechanism
极早期宇宙中形成拓扑缺陷的一种机制。

07.565 标量模 scalar mode
宇宙中的标量扰动在傅里叶空间的表示形式。

07.566 标量扰动 scalar perturbation
扰动中的标量模式。

07.567 张量模 tensor mode
宇宙中的张量扰动在傅里叶空间或球谐函数空间中的表示形式。

07.568 张量扰动 tensor perturbation
扰动中的张量模式。

07.569 视界进入点 horizon entry
某个波长的涨落回到视界范围的时刻。

07.570 超视界扰动 super-horizon perturbation
波长超过视界的扰动。

07.571 等级式结构形成 hierarchical structure formation
宇宙中各个不同尺度的结构并非同时形成的模式。在自下而上模式中先形成小结构，然后通过合并形成宇宙中的大结构；在自上而下模式中先形成一些大结构，然后分裂成小结构。具体是哪一种与原初功率谱有关，现在一般认为是自下而上模式。

07.572 等级式成团 hierarchical clustering
各阶相关函数间存在等级关系的成团性。

07.573 引力不稳定性 gravitational instability
引力作用下密度涨落发生不稳定性而增长的现象。

07.574 梅萨罗斯效应 Mészáros effect, Meszaros effect
在宇宙的辐射主导时期微扰处在“冻结”状态而没有显著增长，直到宇宙进入物质主导时期才发生显著增长的现象。

07.575 转移函数 transfer function
描述宇宙中不同尺度的扰动幅度演化的函数。

07.576 拉格朗日扰动理论 Lagrangian perturbation theory
在拉格朗日坐标下建立的扰动理论。与固定在空间的欧拉坐标不同，拉格朗日坐标随粒子运动。

07.577 泽尔多维奇近似 Zel'dovich approximation
一种根据一阶拉格朗日扰动理论近似计算密度场演化的理论。

07.578 球坍缩 spherical collapse
具有球对称性的塌缩过程，常作为实际塌缩过程的简化模型。

07.579 回转 turnaround
又称“回缩”。在宇宙膨胀中因局部较高

密度而逐渐减慢最终停止膨胀转为塌缩的时刻。

07.580　密度阈值　density threshold

发生某种过程(如形成暗晕)的临界密度值。

07.581　密度峰　density peak

密度局部最大处。

07.582　坍缩比例　collapse fraction

一定体积内某一时刻已坍缩成团块的物质与该体积内物质总量的比。

07.583　普雷斯-谢克特质量函数　Press-Schechter mass function

根据原初功率谱和球塌缩模型对宇宙中暗物质晕普雷斯-谢克特质量函数的一种估计。由威廉·H. 普雷斯(William H. Press)和保尔·谢克特(Paul Schechter)于 1974 年提出。

07.584　扩展的普雷斯-谢克特形式　extended Press-Schechter formalism

一种基于随机行走理论导出普雷斯-谢克特公式的方法。

07.585　漫游集模型　excursion set model

一种描述大尺度结构增长和暗晕形成的随机行走模型理论。

07.586　晕模型　halo model

用于解释和预测暗物质成团、星系形成以及别的与暗物质晕有关现象的一个模型。

07.587　晕子结构　halo substructure

暗晕中非光滑的密度变化，一般即指子暗晕。

07.588　超小暗晕　minihalo

又称“迷你暗晕”。通常指不能形成星系的小暗晕。

07.589　子暗晕　subhalo

处在更大的暗晕中但仍保持引力自束缚的暗晕。

07.590　暗晕占据数分布　halo occupation distribution

晕模型里描述不同质量的暗物质晕所含有星系数量的分布函数。

07.591　聚集参数　concentration parameter

描述暗物质晕聚集程度的一个参数。

07.592　密度轮廓　density profile

密度随半径的分布形式。

07.593　爱那斯托轮廓　Einasto profile

一种密度轮廓形式。

07.594　NFW 密度轮廓　Navarro-Frenk-White density profile，NFW density profile

1996 年由纳瓦罗(Navarro)等提出的暗物质晕中的暗物质空间密度分布模型。该模型由 N 体数值模拟得出，是目前应用最广的暗物质晕密度分布模型。

07.595　尖点　cusp

(1)数学突变理论中定义的一种突变形式。
(2)暗物质晕中心的密度发散点。

07.596　平滑质点流体动力学　smoothed-particle hydrodynamics

用一些质点代表流体以模拟其运动的数值方法。

07.597 云中云问题 cloud-in-cloud problem

对于某些根据密度场平滑取值定义的成团天体，如星云、暗晕等，因小尺度的天体可能包含在一些更大尺度的同类天体中，会造成重复计算的问题。

07.598 “友之友”寻团算法 friends-of-friends cluster finder algorithm

一种通过连接近邻点识别随机点分布中的团块结构的算法。

07.599 对数正态分布模型 log-normal model

一种用具有对数正态密度分布近似描述大尺度结构密度场非线性演化的模型。

07.600 半解析模型 semi-analytical model

在星系宇宙学中，指用 N 体或流体等方法模拟星系或暗晕形成的引力过程后再根据一定解析方案和密度分布给出星系形成、星系性质和反馈作用的模型。

07.601 偏袒参数 bias parameter

在大尺度结构中，指某种示踪物(如星系、暗物质晕等)密度涨落与物质密度涨落的比。

07.602 局域偏袒模型 local bias model

描述暗物质晕(或星系)密度分布与暗物质密度分布之间有局域且确定关系的模型。

07.603 协变的 covariant

(1)方程形式不随坐标的选取而变。

(2)张量的分量变换方式与余矢量相同。

07.604 类空的 spacelike

时空中通过参照系变换可以具有相同时间坐标两点的特性。

07.605 类时的 timelike

时空中通过参照系变换可以具有相同空间坐标两点的特性。

07.606 零无限远 null infinity

又称“类光无限远”。共形图上的一种边界，由光无限时间传播定义的时空极限。

07.607 闭合类时曲线 closed timelike curve

时空中闭合的类时曲线，沿此曲线前进的观测者将回到过去(时间机器)，这将导致理论因果性的破坏。

07.608 闵可夫斯基空间 Minkowski space

又称“闵氏空间”。由欧几里得三维空间和一维时间组成的四维时空。其中，两事件的时空间隔与惯性参考系的选取无关。

07.609 度规 metric

时空中相邻两点的距离度量。

07.610 克里斯多菲符号 Christoffel symbol

黎曼几何学中计算仿射联络的符号。

07.611 黎曼张量 Riemann tensor

由度规以及度规的一阶、二阶导数构成，描述时空弯曲的张量。

07.612 里奇标量 Ricci scalar

由里奇张量与度规缩并而成，描述时空弯曲的标量曲率。

07.613 里奇张量 Ricci tensor

由黎曼张量和度规缩并而成，描述时空弯曲的二阶张量。

07.614 爱因斯坦场方程 Einstein field equation

由爱因斯坦最早导出的定量描述时空曲

率与物质能量动量关系的二阶张量微分方程。

07.615　爱因斯坦-希尔伯特拉格朗日量　Einstein-Hilbert Lagrangian
又称“希尔伯特作用量”。在广义相对论里通过最小作用量法则可以用它导出爱因斯坦场方程。

07.616　爱因斯坦张量　Einstein tensor
由里奇张量、标量张量及度规张量组成，在爱因斯坦场方程中描述了时空的曲率，由物质能量动量张量决定。

07.617　牛顿规范　Newtonian gauge
宇宙微扰论中的一种广义相对论规范，其时-时分量等于牛顿力学中的引力势。

07.618　同步规范　synchronous gauge
宇宙微扰论中一种常见的坐标选取方法，其时间坐标为所有共动观测者的固有时间。

07.619　比安基恒等式　Bianchi identity
广义相对论和规范理论中的一种恒等式，给出物质能量、动量守恒方程。

07.620　瑞楚德胡瑞方程　Raychudhuri equation
描述物质局域膨胀、切变和涡旋的广义相对论方程。

07.621　伦斯-瑟林效应　Lense-Thirring effect
大质量天体附近的引力场因其旋转而发生的参照系拖曳效应，可导致陀螺进动。

07.622　基林矢量　Killing vector
生成保持度规形式不变的变换的矢量场。

07.623　基林视界　Killing horizon
弯曲时空中的一种类光超曲面，霍金温度与其半径成反比。

07.624　柯西视界　Cauchy horizon
弯曲时空中的一个边界，其一侧的物理事件遵守时间上的因果律，另一侧则不然。

07.625　表观视界　apparent horizon
弯曲时空中的一个边界，它是逃离某一空间区域光子的最外捕获面。

07.626　视界穿越　horizon crossing
某个波长的涨落跨越视界范围的过程。

07.627　德西特空间　de Sitter space
德西特提出的只含宇宙学常数而不含物质的空间。暴胀中的宇宙可用德西特空间近似。

07.628　反德西特空间　anti-de Sitter space
能量密度主要来自负宇宙学常数的空间。

07.629　黑洞熵　black hole entropy
黑洞所具有的熵，与其视界面积成正比。

07.630　黑洞无毛定理　no-hair theorem for black hole
所有黑洞可以完全由三个能从其外部观测的经典参数，即质量、电荷和角动量来描述，与其他参数无关。

07.631　黑洞自旋　black hole spin
黑洞所具有的自旋角动量，通常给出的是与理论最大值的比。

07.632　霍金温度　Hawking temperature
黑洞霍金辐射的温度，与其质量成反比。

07.633 虫洞 wormhole
又称"蠕洞"。广义相对论理论中一个内部含连接时空两个部分的通道、外部简单且紧致的区域，如爱因斯坦-罗森桥。

07.634 熵限 entropy bound
能量有限和空间有限系统(如黑洞或宇宙视界)内可含熵(信息)的上限。

07.635 能量条件 energy condition
广义相对论理论中对物质的状态方程形式上的限制条件，如正能量条件、零能量条件等。

07.636 修改引力 modified gravity
在标准的爱因斯坦广义相对论基础上加以修改的引力理论的统称。

07.637 修改的牛顿动力学 modified Newtonian dynamics，MOND dynamics
又称"MOND 动力学"。通过修改牛顿定律，在不引入暗物质的情况下解释星系旋转曲线的理论。该理论假定质点所受力在下降到某一阈值以下时就偏离牛顿万有引力定律。

07.638 标量-张量引力 scalar-tensor gravity
一种修改的引力理论，描述引力场除了度规张量外还有标量场。

07.639 布兰斯-迪克理论 Brans-Dicke theory
由布兰斯和迪克提出的一种修改引力理论，是最简单的标量-张量引力理论。

07.640 $f(R)$引力 $f(R)$ gravity
一种修改引力模型，在爱因斯坦-希尔伯特作用量中将标量曲率 R 替换为其函数 $f(R)$。

07.641 张量-矢量-标量理论 tensor-vector-scalar theory
又称"TeVeS 理论"。一种实现 MOND 性质的协变引力理论。

07.642 圈量子引力 loop quantum gravity
一种量子引力模型。

07.643 DGP 引力 Dvali-Gabadadz-Porrati gravity，DGP gravity
一种基于膜世界理论的引力模型。

07.644 爱因斯坦-嘉当引力 Einstein-Cartan gravity
一种基于有挠率的时空几何的引力模型。

07.645 引力子 graviton
引力场的量子。

07.646 额外维模型 extra dimension model
假定在三维空间之外还有更高维度的理论。

07.647 卡鲁扎-克莱因理论 Kaluza-Klein theory
将引力和电磁力统一在高维度时空的统一场理论。

07.648 弦论 string theory
一种认为宇宙的基本单元是弦，粒子是由弦激发，是尚未得到证实的理论。

07.649 开弦 open string
弦论中有端点的弦。

07.650 闭弦 closed string
弦论中没有端点、首尾相接的弦。

07.651　膜　brane

弦论中维度小于空间维度的一种物理客体。

07.652　D-膜　D-brane

弦论中开弦的端点终结于其上并满足狄里克利边界条件的超曲面。

07.653　紧致化　compactification

在高维空间理论中使高维空间缩小到目前不可观测的尺度的机制。

07.654　兰道尔-桑卓姆模型　Randall-Sundrum model

一种额外维度模型。

07.655　景观　landscape

弦论中由大量简并真空形成的物理参数不同的多重宇宙图景。

07.656　全息原理　holographic principle

系统的基本自由度分布非局域，一块体积内的自由度由其视界决定的原理。

08. 恒星和银河系

08.001 恒星学 astrognosy
关于恒星的科学和知识。

08.002 银河系天文学 Galactic astronomy
天体物理学的分支学科。主要内容是研究银河系总体结构和大尺度运动状态，以及组成银河系的各类天体、天体集团和星际物质的空间分布、运动特性、动力学和物理性质。

08.003 银河系动力学 Galactic dynamics
利用动力学理论，研究银河系大尺度物质分布、运动学状态及其演化的学科。

08.004 银河系运动学 Galactic kinematics
利用视向速度和自行观测资料，研究银河系天体的大尺度运动学状态及其演化的学科。

08.005 星际化学 interstellar chemistry
研究星际物质的化学组成及其演化规律的学科。

08.006 恒星天文 sidereal astronomy
银河系天文学的前身，主要研究恒星、星际介质及各种恒星集团的空间分布和运动学、动力学特性，不涉及银河系总体结构和特征以及银河系大尺度运动和演化等问题。

08.007 统计天文学 statistical astronomy
通过大量恒星数据的统计分析而研究恒星的空间分布和空间运动的天文学分支。其研究内容较恒星天文学窄，现常以恒星天文学取代。

08.008 恒星天文学 stellar astronomy
主要内容是利用统计方法研究恒星、星际物质和恒星集团的空间分布、运动和动力学特征。

08.009 恒星动力学 stellar dynamics
研究恒星集团在引力作用下的空间分布、运动状态和系统的动力学演化的学科。

08.010 恒星物理学 stellar physics
天体物理学的分支。研究恒星的物理性质、恒星与其环境及其他恒星的相互作用等的学科。

08.011 伯纳姆双星总表 Burnham's general catalogue of double stars
1906 年刊布的一份星表,列出了赤纬–30°以北的 13 655 对目视双星。

08.012 好望角照相星图 Cape photographic atlas
好望角天文台使用的为编制好望角照相星表而拍摄的星空照片复制印刷的星图。

08.013 好望角照相星表 Cape photographic catalogue
好望角天文台编制的南天照相星表，包含赤纬–30°～–90°、亮于 10 等的近 7 万颗星，根据1931～1955年期间的观测于1968年编成。

08.014 好望角照相巡天 Cape photographic durchmusterung

第一份专门针对南天的照相星表，由好望角天文台编制，于1900年发表，刊载了南天极周围19°范围内的454 875颗恒星。

08.015 好望角测光 Cape photometry

由好望角天文台提出的一套测光系统。

08.016 测地星表 catalogue of geodetical stars

主要用于测地工作的恒星星表。

08.017 近星星表 catalogue of nearby stars

收录距离太阳很近的恒星观测数据的星表，最初的收录范围为20秒差距以内，后来扩大至25秒差距以内。

08.018 授时星表 catalogue of time services

为经典授时工作需要所编制的专用星表。

08.019 科尔多瓦南天分区星表 Cordoba zone catalogue of south stars

由阿根廷的科尔多瓦天文台编制的一份南天恒星的星表。

08.020 超新星命名 designation of supernovae

又称“超新星编号”。超新星的命名规则，由若干英文字母和阿拉伯数字组成。先是字母SN，后接发现年份，再按年内发现时序接1个大写字母，当年内新发现超新星超过26个时，则后接2个小写字母。

08.021 变星命名 designation of variable stars

又称“变星编号”。变星的命名规则，由星座名后接若干英文字母和阿拉伯数字组成。

08.022 陡谱源 steep-spectrum source

谱指数$\alpha>0.4$的射电源。

08.023 德雷伯分类 Draper classification

由《德雷伯星表》首先使用的一种恒星光谱分类法。

08.024 弗兰斯蒂德星表 Flamsteed catalogue

格林尼治天文台首任台长弗兰姆斯蒂德编制的星表。首次提出以星座名+阿拉伯数字来命名恒星，共有2 554颗。

08.025 第五基本星表 Fünfter fundamental katalog

又称“FK5星表”。由德国海德堡天文计算研究所在FK4的基础上采用IAU1976天文常数和J2000.0动力学春分点所建立的恒星星表。

08.026 变星总表 general catalogue of variable stars

银河系变星（含少量河外星系变星）的实测资料汇总表。第一版于1948年由苏联科学院编辑出版，表中含有10 820颗变星，1990年发行至第四版并包含银河系以外的变星。

08.027 格利泽近星星表 Gliese catalogue of nearby stars

德国天文学家格利泽（Gliese）编纂的近星星表。1957年首版，含日心距不超过20pc的近1 000颗恒星，1969年修订版含日心距不超过22pc的1 529颗恒星。

08.028 帕克斯中性氢巡天 H Ⅰ Parkes all sky survey

由澳大利亚联邦科学与工业研究组织的64m帕克斯望远镜进行的全天中性氢原子

巡天，大部分数据在 1997 年和 2002 年间获取。

08.029 哈佛恒星测光表 Harvard photometry
在 19 世纪末由美国哈佛天文台编制的一份恒星测光星表。

08.030 哈佛选区 Harvard region
哈佛大学天文台于 1907 年开创的变星巡天的选择天区。

08.031 HD 恒星光谱分类 Henry Draper classification
又称“亨利·德雷伯恒星光谱分类(Henry Draper stellar classification)”。由美国哈佛大学天文台于 19 世纪末提出，因此也称为哈佛分类，最早由《亨利·德雷伯星表》采用。

08.032 牛顿望远镜 Hα 测光巡天 Isaac Newton telescope photometric H-alpha survey
用牛顿望远镜对北半球天空中行星状星云进行的氢(Hα)发射线巡天项目。

08.033 梅西叶星表 Messier catalogue
18 世纪法国天文学家梅西叶把观测到的“云雾状”天体编制而成的表册，经后人扩充包含 110 个各类天体。

08.034 梅西叶编号 Messier number
梅西叶星表中的天体编号，以发现时序的先后排列。

08.035 梅西叶天体 Messier object
梅西叶星表中列出的天体，包括星云、星团和河外星系。

08.036 波茨坦巡天星表 Potsdamer durchmusterung
由波茨坦天文台编制的一个星表。

08.037 哈佛恒星测光表修订版 revised Harvard photometry，Harvard revised photometry
美国哈佛大学天文台于 1908 年出版的一部包含 500 多颗亮星测光数据的星表，曾被作为恒星测光的标准。

08.038 SAO 星表 Smithsonian astrophysical observatory star catalog，SAO catalog
由美国史密松天体物理台编制的星表。从早先编辑的天体位置表汇整而成，收录到亮度 9.0 星等且自行运动已经精确测量过的恒星。

08.039 超新星巡天 supernova search
为搜索正在爆发中的超新星而开展的巡天工作。

08.040 亮星星表 bright star catalogue，catalogue of bright stars
又称“耶鲁亮星星表”。一个列出全天星等 6.5 或更亮恒星的星表，这些恒星大致就是从地球上肉眼可见的恒星。

08.041 U 谱线 U line
光谱中铀元素产生的谱线。

08.042 乌呼鲁 X 射线源表 Uhuru catalogue of X-ray sources
美国于 1970 年 12 月 12 日发射升空的乌呼鲁卫星所发现的 X 射线源的星表。

08.043 U 星等 U-magnitude
UBV 测光系统中的紫外星等，通光波带平均波长 3 500 埃，半宽 600 埃。

08.044 叶凯士分类系统 Yerkes classification system
又称“摩根-基南分类系统”。根据光谱型和光度级对恒星做二维分类的恒星分类法。

08.045 反银心区 anticenter region
泛指天球上位于银心对蹠点附近的天区。

08.046 奔离点 antivertex
天球上与奔赴点相距 180°的点。

08.047 远银心点 apogalacticon
恒星绕银河系中心运动的轨道上离银心最远的点。

08.048 巴德窗 Baade’s window
银河系核球方向上银纬 3.9°处星际消光相对较弱的一个小天区，直径约为 1°，中心位于球状星团 NGC 6522 处。

08.049 团中心 cluster center
星团或星系团的中心。

08.050 反银心[方向] Galactic anticenter, anticenter
天球上与银心方向相差 180°的点所在的方向。

08.051 星际空间 interstellar space
恒星之间的空间。

08.052 卡普坦选区 Kapteyn Selected Area
在天球上均匀分布的 206 个天区，用于恒星天文学研究。因由荷兰天文学家卡普坦提出而得名。

08.053 [太阳]背点 solar antapex
天球上与太阳向点相距 180°的点。

08.054 太阳向点 solar apex
太阳相对邻近恒星运动所指向的天球上的点。

08.055 渐近[巨星]支 asymptotic branch
赫罗图上处在比红巨星更晚的双壳层燃烧演化阶段恒星所在的一支。

08.056 双星出现率 binary frequency
属于双星的恒星在全部恒星中所占的比例。

08.057 造父距离 cepheid distance
由造父变星周光关系所确定的该变星的光度距离。

08.058 造父视差 cepheid parallax
利用造父变星周光关系或周光色关系所确定的恒星周年视差。

08.059 星周包层 circumstellar envelope
位于某些类型恒星最外层的一个大致呈球壳形的结构。

08.060 星周气体 circumstellar gas
星周物质中的气体成分。

08.061 星周谱线 circumstellar line
恒星光谱中由星周物质所产生的谱线。

08.062 星周物质 circumstellar material, circumstellar matter
在恒星周围与恒星有演化联系并显著受恒星影响的物质，主要由气体和尘埃组成。

08.063　星周云　circumstellar nebula，circumstellar cloud

位于某些类型恒星周围的气体尘埃云。

08.064　坍缩　collapse

(1)恒星演化到晚期，在各阶段核心由于燃料耗尽，辐射压不能抗衡自引力而引起剧烈收缩的过程。(2)某些球状星团核心区域大量恒星密集，在万有引力作用下恒星之间间距进一步缩小的过程。

08.065　共有包层　common envelope

在密近双星中的一种现象，其中主星的外层同时包裹了伴星形成的包层。

08.066　共包层演化　common-envelope evolution

双星演化过程的一种特殊阶段，子星之一的红巨星膨胀，半径超过了子星的轨道半径，二星在具有共同的包层条件下继续演化。

08.067　临界等位面　critical equipotential surface

假定密近双星两子星可当作质点，并沿圆轨道运动，则引力势为某一常数值的曲面为某个等势面，其中通过内拉格朗日点的那个等势面为“临界等势面”。

08.068　穿越时间　crossing time，crossover time

在一个由众多天体组成的系统中，其中的一个天体跨越这个系统所需时间的期望值。

08.069　弥漫星际谱带　diffuse interstellar band

在恒星光谱中波长约 443nm，618nm，628nm 等处观测到的吸收带，可能由星际高分子、星际尘埃等产生。

08.070　示距天体　distance indicator

已知光度或其他参量，可用以估计其他天体或天体系统距离的天体。

08.071　示距参数　distance indicator

能用以测定天体距离的内禀物理参数，如 Ia 型超新星的极大光度等。

08.072　力学视差　dynamical parallax

利用目视双星轨道要素，根据开普勒第三定律所推算出来的双星的周年视差。

08.073　恒星早期演化　early stellar evolution

泛指恒星离开主序前的演化过程。

08.074　包层　envelope

又称“包络”。包围在星体核心外围的层次。

08.075　延伸包层　extended envelope

又称“厚包层”。比较厚的恒星包层，在此条件下光谱中不仅出现发射线，并叠加了包层的锐吸收线。

08.076　射电展源　extended radio source

能测量出张角的射电源。

08.077　X 射线展源　extended X-ray source

角径较大，明显可分辨空间结构的 X 射线源。

08.078　星群视差　group parallax

又称“星团视差(cluster parallax)”。利用移动星团内恒星自行和视向速度观测资料所确定的星团或团内成员星的周年视差。

08.079　中性氢吸收　H Ⅰ absorption

光谱中由中性氢产生的吸收特征。

08.080 星际吸收 interstellar absorption
星际介质对天体辐射的吸收效应。

08.081 星际吸收线 interstellar absorption line
星际气体在恒星光谱中产生的吸收线。

08.082 星际谱带 interstellar band
恒星光谱中由星际物质产生的带状特征。

08.083 星际消光 interstellar extinction
由于星际物质的吸收和散射作用所引起的星光减弱。

08.084 星际视差 interstellar parallax
利用星际介质对天体的统计消光规律所确定的天体周年视差。

08.085 星际偏振 interstellar polarization
由星际介质造成的星光偏振现象。

08.086 星际红化 interstellar reddening
星际尘埃散射蓝光比红光厉害，造成星光变红的现象。

08.087 星际闪烁 interstellar scintillation
由星际介质扰动引起的天体辐射流量的快速随机起伏。

08.088 光度视差 luminosity parallax
由绝对星等和视星等之差所确定的天体的周年视差。

08.089 麦克劳林球体 MacLaurin spheroid
均匀流体球自转时的一种平衡形状。1742 年麦克劳林第一次严格证明均匀流体自转时的平衡形状可以是这种旋转椭球体。

08.090 平均绝对星等 mean absolute magnitude
规则变星在一个光变周期内的平均光度所对应的绝对星等。

08.091 平均星等 mean magnitude，average magnitude
规则变星在一个光变周期内的平均亮度所对应的视星等。

08.092 平均视差 mean parallax
又称“统计视差(statistical parallax)”。具有某种共同性质的星群的周年视差平均值。

08.093 金属度 metallicity
恒星大气铁丰度与太阳大气相应值之比的常用对数，以[Fe/H]表示。

08.094 近银心点距 perigalactic distance
银河系天体运动轨道之近银心点到银心的距离。

08.095 过近银心点 perigalactic passage
天体在银河系中做轨道运动通过离开银心最近的点。

08.096 近银心点 perigalacticon，perigalacticum，Galactic pericentre
恒星绕银河系中心运动的轨道上离银心最近的点。

08.097 测光解 photometric solution
对测光双星(主要是食双星)的光变曲线进行计算所得的轨道倾角、子星相对亮度和相对大小等导出参量的总称。

08.098 脉动 pulsation
恒星反复地膨胀与收缩的过程，这种过程

必然引起恒星半径与表面积的反复增大与减小。

08.099 宁静态 quiescence，quiescent
有时表现剧烈或显著变化的天体，在不发生这种变化时所处的状态，例如矮新星不在爆发期间所处的状态。

08.100 快暴 rapid burst
天体辐射强度在极短时间内的迅速大幅度增强。

08.101 恒星消亡率 rate of stellar extinction
在某一空间区域内或星团、星系内在单位时间内消亡的恒星的总质量。

08.102 洛希瓣 Roche lobe
临界等势面包围的两个区域。

08.103 洛希瓣溢流 Roche-lobe overflow
在密近双星演化中，当其中一颗子星的表面扩展至洛希瓣之外时出现的物质从这颗子星流向另一颗子星的现象。

08.104 双星绕转 rotation of binary
双星的两颗子星由于相互之间万有引力作用而产生的绕转运动。

08.105 自传播恒星形成 self-propagating star formation
气体云坍缩形成年轻星团和大质量恒星，它们的辐射以及超新星爆发产生的激波压缩周围气体，又产生下一代恒星，如此循环往复。

08.106 壳层燃烧 shell burning
主序阶段后，在恒星中心区之外的某一壳层中发生的核反应。

08.107 单一星族 single stellar population
指在同一次产星过程中形成的一个恒星群体。

08.108 分光轨道 spectroscopic orbit
又称“摄谱轨道”“摄谱解”。用分光方法测定的双星轨道参数所呈现的双星轨道。

08.109 分光解 spectroscopic orbit，radial-velocity orbit
对分光双星的视向速度曲线进行计算所得的视向速度半变幅、质心视向速度、轨道偏心率等导出参量的总称。

08.110 分光视差 spectroscopic parallax
通过恒星光谱中某些谱线的强度与绝对星等的关系等途径所确定的恒星周年视差。

08.111 恒星计数 star count，star counting，star gauge
对某一区域内恒星数量观测统计的过程或结果。

08.112 恒星形成 star formation，formation of stars，stellar formation
由星际介质(主要是分子云)产生恒星的过程。

08.113 星像迹线 star trail
对星空照相时未能准确跟踪而造成的星像沿恒星周日视运动方向拖长的现象。

08.114 产星活动 star-formation activity
活跃的产星过程。

08.115 产星暴 star-formation burst
大规模、高效率的产星活动。

08.116　产星效率　star-formation efficiency

处于产星过程的分子云中单位质量气体在单位时间内转变成恒星的质量所占的比例。

08.117　产星过程　star-formation process

原来呈弥漫状的气体尘埃云冷却浓缩成密度较高的分子云并进一步收缩成原恒星，再由原恒星更进一步收缩形成恒星的过程。

08.118　产星阶段　star-forming phase

星系演化过程中有恒星形成的时间段。

08.119　星斑周期　starspot cycle

又称“恒星黑子周期”。恒星表面类似太阳黑子的活动现象所呈现出的周期性。

08.120　星斑　starspot，starpatch

恒星表面的暗区或亮区，分别类似于太阳黑子和谱斑。

08.121　恒星活动　stellar activity

恒星上具有与太阳活动类似的现象。

08.122　恒星年龄　stellar age

一般指由恒星演化学说确定的从恒星核心开始发生氢聚变成氦的核反应起算的年数。

08.123　恒星吞食　stellar cannibalism

在密近双星中一颗子星的物质流向另一颗子星的现象。

08.124　恒星激变　stellar cataclysm

恒星演化晚期的剧变活动，亮度在短时间内剧增，表现为新星和再发新星。

08.125　恒星灾变　stellar catastrophe

恒星演化晚期的灾变式活动，短时标内的亮度增幅远高于激变变星。爆发后的恒星仅留下中子星或黑洞这样的残骸，或者完全毁灭。

08.126　恒星色球　stellar chromosphere

恒星表面上方类似太阳色球的中层大气。

08.127　恒星坍缩　stellar collapse

恒星耗尽所有可用的核燃料，突然失去一直支撑自身重量的内压力，恒星物质在极短的时间内猛然收缩而挤压在一起的过程。

08.128　星冕　stellar corona

恒星周围类似日冕的高层大气。

08.129　恒星圆面　stellar disk

作为气态球体的恒星的表面在视线方向所呈现的圆面。

08.130　恒星发电机　stellar dynamo

恒星内部呈等离子态，大量离子集体运动(电流)形成强大磁场，恒星自转导致磁场运动进一步强化电流的现象。

08.131　星食　stellar eclipse

恒星间的交食现象。

08.132　恒星交会　stellar encounter

在运动中两颗恒星相互靠近，到达最接近点后便相互远离的过程。

08.133　恒星包层　stellar envelope

又称“厚大气(extended atmosphere)”。少数恒星在其特殊条件下形成的较厚大气，厚度接近或超过恒星半径，光谱中出现发射线。

08.134　恒星演化　stellar evolution

恒星形成后，在引力、压力和核反应的作

用下，恒星结构随时间而变化，直至能量耗尽变为简并星或黑洞的过程。

08.135 恒星演化时计 stellar evolution chronometer

利用恒星演化学说，根据观测到的恒星所呈现的不同演化阶段来确定恒星年龄的方法。

08.136 恒星耀斑 stellar flare

出现在一些恒星表面的类似太阳耀斑的现象。

08.137 恒星内部结构 stellar interior structure

恒星大气层之内的星体结构。

08.138 恒星光度级 stellar luminosity class

对相同表面温度(即光谱型)的恒星，依其光度所做的进一步分类，通常分为 7 级，用罗马数字表示：Ⅰ—超巨星，Ⅱ—亮巨星，Ⅲ—正常巨星，Ⅳ—亚巨星，Ⅴ—主序星，Ⅵ—亚矮星，Ⅶ—白矮星。

08.139 恒星结构学 stellar structure，stellar constitution

天体物理学的一个分支。通过理论推算来研究恒星内部的物理状态，从中心至表面各个物理量和化学成分分布的学科。

08.140 星风 stellar wind

类似太阳风，从恒星向外不断抛出的物质流。

08.141 次型 subclass

在恒星的光谱分类或者星系、星团的分类中，对每一种基本类型做细分后所得的次级类型。

08.142 类太阳活动 Sun-like activity

与太阳活动相类似的恒星活动。

08.143 长驼峰 superhump

在一些变星光变曲线的下降段出现的历时长、下降缓慢的次极大。

08.144 超新星γ暴关联 supernova-γ-ray burst connection

一些超新星爆发时伴有γ暴的现象。

08.145 长爆发 superoutburst

一些爆发型变星中发生的历时较长、能量较高的爆发现象。

08.146 二流不稳定性 two-stream instability

恒星内部物质处于等离子态，在等离子体内部因两束相对流动的粒子所引起的不稳定性。

08.147 威尔逊效应 Wilson effect

太阳黑子形状明显地受到太阳自转影响，在边缘显得较为平坦的现象。因苏格兰天文学家威尔逊在 1769 年发现而得名。

08.148 τ分量 τ component

恒星自行的一个分量，其方向与恒星视向和太阳向点方向所构成的平面相垂直。

08.149 υ分量 υ component

恒星自行的一个分量，其方向处于恒星视向和太阳向点方向所构成的平面内。

08.150 A 型星 A star

光谱型为 A 型的恒星，光谱主要特征为氢吸收线。

08.151　吸积双星　accreting binary
主星与伴星之间有吸积物质流的一类密近双星。

08.152　活动双星　active binary
表现出强的 Hα发射，CaⅡ的 H，K 线发射，射电和 X 射线发射以及光变曲随时间变化等活动现象的双星。

08.153　Ae 星　Ae star
又称“A 型发射线星”。光谱中具有发射谱线的 A 型恒星。

08.154　渐近巨星支变星　AGB variable
又称“AGB 变星”。处在赫罗国渐近巨星支上的变星。

08.155　大陵型双星　Algol-type binary，Algol binary，Algol system
不充满临界等势面的子星质量较大的而且不是简并星的半接双星。

08.156　大陵型变星　Algol-type variable，Algol variable
又称“大陵型食变星(Algol-type eclipsing variable)”。(1)在变星范畴内大陵型双星的同义词。(2)以大陵五为原型的食变星。光变曲线上主极小很深，次极小很浅甚至不出现，食外光度变化很小。

08.157　致密射电源　compact radio source
角径远小于 1 弧秒的射电源。

08.158　反常 X 射线脉冲星　anomalous X-ray pulsar
一类特殊的 X 射线源，与 X 射线脉冲星相比，它们的 X 射线谱较软、光度低而稳定。

08.159　天琴 RR 型变星　RR Lyrae variable
又称“逆大陵变星(antalgol)”“天琴 RR 型星(RR Lyrae star)”。脉动变星的一类，系 A～F 型巨星。光变周期 0.2～1.2 天，光变幅 0.2～2 目视星等，属于星族Ⅱ，在赫罗图上位于水平支中部的一个固定的区域内，这类星中有很多出现在球状星团里。

08.160　天体测量双星　astrometric binary
简称“天测双星”。通过天体测量方法发现其自行行迹为曲线，并可用存在某伴星来解释其行迹而发现的物理双星。

08.161　渐近巨星支星　asymptotic giant branch star
又称“AGB 星”。渐近巨星支上的恒星。

08.162　B 型星　B star
光谱型为 B 型的恒星，光谱主要特征为中性氦吸收线和氢吸收线。

08.163　巴德星　Baade's star
又称“蟹状星云脉冲星”。因德国天文学家巴德最早确认其与蟹状星云的内在联系而得名。

08.164　钡星　barium star，Ba star
光谱中 S 过程元素(特别是电离钡和电离锶)的谱线和 CN，CH，C_2 分子带过强的 G，K 和 M 型主序后星，很多是巨星。

08.165　巴纳德星　Barnard's star
已知相对太阳自行最大的恒星。一颗质量非常小的红矮星，位于蛇夫座，距离地球仅约 6 光年。美国天文学家巴纳德在 1916 年测量出它的自行为每年 10.3 角秒。

08.166　重子星　baryon star
由重子物质构成的星体。通常的恒星以及白矮星和中子星都属于重子星。

08.167　Be 星　Be star

光谱中出现(或曾出现)氢的巴耳末发射线,光度级为Ⅱ～Ⅴ,主要为B型的恒星。

08.168　贝克林-诺伊格鲍尔天体　Becklin-Neugebauer object，BN object

又称"BN 天体"。美国天文学家贝克林(Becklin)和诺伊格鲍尔(Neugebauer)在猎户星云中发现的一个点状红外源，被认为是恒星刚形成阶段的候选者。

08.169　[射电]脉冲双星　binary pulsar

子星之一是射电脉冲星的物理双星。

08.170　双星　binary star, double star, binary

(1)广义指物理双星和视双星的总称。(2)狭义指物理双星。

08.171　双星系统　binary system

两颗恒星组成的恒星系统。

08.172　X 射线双星　binary X-ray source, X-ray binary

(1)广义指测得X射线的物理双星。(2)狭义指测得X射线并包含简并星或黑洞的物理双星。

08.173　武仙 BL 型星　BL Herculis star

一类星族Ⅱ造父变星，光变周期1～3天，处于水平支后的演化阶段。

08.174　黑矮星　black dwarf

白矮星或褐矮星长期演化的结局天体。

08.175　毒蜘蛛脉冲星　black widow pulsar

又称"黑寡妇脉冲星"。超新星爆发所产生的中子星的一种，可吞噬它的伴星。这种特征与称为黑寡妇的毒蜘蛛习性相近，因此得名。

08.176　蓝水平支　blue horizontal branch

赫罗图中的一个中低质量恒星聚集区，这些恒星均为处在核心氦燃烧阶段的星族Ⅱ恒星。

08.177　蓝离散星　blue straggler

出现在恒星系统赫罗图上的主序延伸线附近，且比主序折向点恒星显然更亮的一类恒星。

08.178　亮巨星　bright giant，luminous giant

光谱分类中具有次高光度级的恒星，其光度级用罗马数字Ⅱ表示。

08.179　褐矮星　brown dwarf

理论上提出质量小于大约0.08倍太阳质量的临界值，因而不能保持稳定的氢聚变的恒星。

08.180　核球 X 射线源　bulge X-ray source

出现在银河系核球内，没有明显X射线爆发现象的一类小质量X射线双星。

08.181　B 型弱氦线星　Bw star

又称"Bw 型星"。在光谱中氦谱线反常地弱的B型星。

08.182　天龙 BY 型变星　BY dra variable

光谱型为K型和M型的带发射线的矮星，有准周期光变，光变幅小于0.5目视星等，周期通常从短于一天至几天，光变曲线的形状在变化，表面有黑子活动。

08.183　钙星　calcium star

在光谱中钙谱线反常地强的恒星。

08.184　碳序　carbon sequence
光谱中有很强的氦、碳和氧谱线的沃尔夫-拉叶星序列。

08.185　碳星　carbon star
一类特殊的红巨星，具有过高的碳和锂元素丰度。

08.186　仙后 A　Cas A
位于仙后座的强射电源，是银河系内已知的最年轻的超新星遗迹。

08.187　仙后 X-1　Cas X-1
仙后座中的一个强 X 射线源。

08.188　激变双星　cataclysmic binary
又称"激变变星(cataclysmic variable)"。由一颗白矮星和一颗充满洛希瓣、一般为晚型恒星组成的、亮度变化和质量转移密切相关的半接双星。

08.189　灾变变星　catastrophic variable
光变幅度最大的爆发变星，通常即指超新星。由于其爆发使相应恒星彻底改变，不是变为中子星或黑洞，就是完全炸毁，因而得名。

08.190　造父变星不稳定带　cepheid instability strip
赫罗图上造父变星所在的一条狭长的带状区域。

08.191　造父变星　cepheid, cepheid variable
(1)狭义指经典造父变星。(2)广义指经典造父变星和室女 W 变星的统称。

08.192　碳氢星　CH star
又称"CH 星"。光谱中 CH 分子的 G 带(430.3nm)特强，422.6nm 中性钙线与 CN 分子带偏弱的 G3～K4 型星族Ⅱ巨星。

08.193　铬星　chromium star
光谱中铬的特征谱线超强的恒星。

08.194　经典大陵双星　classical Algol system
以大陵五(英仙β)星为典型代表的一类双星。

08.195　经典造父变星　classical cepheid
又称"长周期造父变星(long period cepheid)"。以仙王δ(中文名造父一)为典型星的脉动变星。光变周期大多在 1～50 天范围内，光变幅一般为 1 目视星等左右，存在周光关系，属于星族Ⅰ。

08.196　新星　nova
又称"经典新星(classical nova)"。一类激变变星，亮度在几天或几星期内上升至极大，然后缓慢下降，经几月或几年恢复到原先的状态，光变幅大都在 7～16 目视星等之间。

08.197　经典北冕 R 型星　classical R CrB star
以北冕 R 星为典型代表的一类变星。

08.198　经典金牛 T 型星　classical T Tauri star
以金牛 T 星为典型代表的一类变星。

08.199　密近双星　close binary star, close binary
又称"密近双重天体(close binary system)"。未能由目视观测判知的物理双星。

08.200　星团造父变星　cluster cepheid, cluster-type cepheid
属于星团成员的造父变星。

08.201　星团成员　cluster member
属于星团成员的恒星。

08.202　星团变星　cluster variable，cluster-type variable

天琴座 RR 变星以前的名称。90%的球状星团都有这类变星所致。

08.203　CN 星　CN star

光谱中 CN 分子的特征谱线超强的恒星。

08.204　钴星　cobalt star

光谱中钴的特征谱线超强的恒星。

08.205　茧星　cocoon star

处于形成阶段的恒星，内部的热核反应尚未完全开始，外部仍被温度较低的气体尘埃云包围着。如同蚕尚未破茧而出，因此得名。

08.206　坍缩星　collapsar，collapsed star，collapsing star

已经历核坍缩阶段的恒星。

08.207　共自行双星　common proper-motion binary

因两子星之间存在物理联系而具有相同自行的双星系统。

08.208　致密星　compact star

恒星的核能耗尽，经引力坍塌后，内部的物态以量子力学效应起主导作用，平均密度达 $10^9 kg/m^3$ 以上的恒星。

08.209　伴星　companion star，partner star

通常指双星或聚星中较难观测到的子星。

08.210　子星　component star

组成物理双星或聚星的每颗恒星。

08.211　复谱双星　composite-spectrum binary

在同一波段中观测到两种或多种显著不同光谱型的物理双星或聚星。不少情况下为由一颗光度级Ⅰ～Ⅲ的晚型星和一颗 B 型或 A 型主序星组成的双谱分光双星。

08.212　相接双星　contact binary，contact system

两子星都已充满其临界等势面的物理双星。

08.213　冷星　cool star

表面有效温度较低的恒星。

08.214　蟹云脉冲星　Crab pulsar

蟹状星云中心的一颗脉冲星，直径约为 28～30km，自转周期为 33ms。

08.215　天鹅圈　Cygnus loop，network nebula

位于天鹅座中的一个巨大但相对暗淡的超新星残骸。这颗超新星爆炸大约发生在 5 000 至 8 000 年前。

08.216　深埋红外源　deeply embedded infrared source

位于分子云内部深处的红外辐射源，它们通常是一些年轻天体。

08.217　简并星　degenerate star

以简并态物质为主的恒星，白矮星与中子星的总称。

08.218　不接双星　detached binary，detached system

两子星都不充满其临界等势面的物理双星。

08.219　双谱分光双星　double-lined spectroscopic binary，double-lined binary

又称“双谱双星(double-spectrum binary，

two-spectrum binary)”。两子星视向速度曲线都测得的分光双星。

08.220　双模变星　double-mode variable star
光变曲线呈现出双周期模式的变星。

08.221　矮新星　dwarf nova
一类激变变星。每隔几天至几千天经历一次爆发，爆发时亮度在一两天内上升 2～8 目视星等，然后较慢地下降到爆发前的状态。

08.222　矮星　dwarf star，dwarf
光谱分类中光度级按照由强到弱顺序分在第五级的恒星，用罗马数字V表示。

08.223　早型星　early-type star
光谱型较早的恒星，通常指光谱型为 O，B，A 型的恒星。

08.224　食双星　eclipsing binary，eclipsing double star，eclipsing system，eclipsing star
某波段电磁辐射强度表现轨道周期性掩食的物理双星。

08.225　食变星　eclipsing variable，eclipsing system，eclipsing star
具有食双星特征的变星。

08.226　X 射线食变星　eclipsing X-ray source，eclipsing X-ray star，X-ray eclipsing star，X-ray eclipsing system
观测到 X 射线食现象的 X 射线星。

08.227　椭球双星　ellipsoidal binary
两子星呈椭球状，因其合成亮度随位相(轨道上的相对位置)按一定规律变化而被发现的物理双星。

08.228　椭球变星　ellipsoidal variable
具有椭球双星特征的变星。

08.229　发射线变星　emission variable
光谱中具有发射线并且发射强度随时间变化的恒星。

08.230　发射线星　emission-line star
光谱中出现发射线的恒星。

08.231　爆发变星　eruptive variable，explosive variable
(1)广义指亮度变化起因于星周气壳、星面附近或恒星内部发生的爆发活动的变星。
(2)狭义指亮度变化起因于色球和星冕中发生的激烈活动的变星。

08.232　激发星　exciting star
位于发射星云内或近旁、因其紫外辐射激发星云中的气体而使星云发光的高温恒星。

08.233　奇异星　exotic star，strange star
一种理论上推测由奇异物质组成的星体，但在观测上并未得到证实。

08.234　外因变星　extrinsic variable
观测亮度变化，但内禀光度并未变化的一类变星，如食变星。

08.235　F 型星　F star
光谱型为 F 型的恒星。光谱中氢的巴尔末线比 A 型星显著减弱，电离钙的 H 和 K 线比 A 型星显著增强，金属元素谱线较多。

08.236　爆后新星　faded nova，ex-nova
又称“*老新星*(postnova，old nova)”。经

历爆发之后，亮度已基本上恢复到爆发前亮度时的新星。

08.237　暗伴天体　faint companion，dark companion

又称“暗伴星”。亮度比主星暗得多，以至还没有直接观测到的子星。

08.238　快新星　fast nova，rapid nova

亮度从极大下降 3 个星等历时不足 100 天的新星。

08.239　快速星　fast-moving star

泛指运动速度特别快的恒星。

08.240　第一代恒星　first stars

在宇宙黑暗时期结束后首先形成的恒星。

08.241　原行星系　protoplanetary system

由原行星组成的正在进一步形成中的行星系统。

08.242　耀发变星　flare variable

又称“耀星”。在几秒至几分钟内突然增亮，亮度上升率一般为 0.05～0.1 星等/秒或更大的变星。

08.243　平谱源　flat-spectrum source

谱指数$\alpha \leqslant 0.4$ 的射电源。

08.244　Fm 星　Fm star

光谱中金属线非常强的 F 型恒星。

08.245　G 型星　G star

光谱型为 G 型的恒星。光谱特征为电离钙的 H 和 K 线特别强，金属元素谱线丰富，并且出现 CH 和 CN 分子带。

08.246　银河造父变星　Galactic cepheid

银河系中的造父变星，包括经典造父变星和室女 W 型变星。

08.247　银河新星　Galactic nova

银河系内出现的新星。

08.248　银河超新星　Galactic supernova

银河系内出现的超新星。

08.249　几何变星　geometric variable

因几何原因引起光变的变星，包括食变星、自转变星和椭球变星。

08.250　巨星　giant star

光谱分类中光度级按照由强到弱顺序分在第三级的恒星，用罗马数字Ⅲ表示。

08.251　室女 GW 不稳定带　GW Virginis instability strip

赫罗图上室女 GW 型星所在的区域。

08.252　室女 GW 型星　GW Virginis star，GW Vir star

又称“室女 GW 型变星(GW Virginis variable)”。一类有效温度超过 80 000K、有非径向脉动的富氦白矮星。

08.253　硬双星　hard binary

处在大批快速运动小质量天体(简称“质点”)环境中的结合能比环境温度(后者以速度弥散的平方与质点平均质量的乘积来表示)高得多的物理双星。

08.254　富氦星　helium-rich star

大气氦丰度大于太阳大气相应值的恒星。

08.255　强氦星　helium-strong star
氦线特强，氢线较弱或不出现，光谱型主要为 O 型至早 B 型的恒星。

08.256　弱氦星　helium-weak star
氦线特弱，光谱型主要为晚 B 型至早 A 型的恒星。

08.257　高光度星　high-luminosity star, luminous star
光度级高于Ⅳ或Ⅲ的恒星。

08.258　演化晚期星　highly evolved star
已经历主序阶段演化的恒星之通称。

08.259　高速星　high-velocity star
在太阳邻近相对于太阳的速度大于 60km/s 的星族Ⅱ恒星。

08.260　水平支恒星　horizontal-branch star
处于核氦燃烧阶段的恒星。因在赫罗图上呈水平条状分布而得名。

08.261　寄主星　host star
周围有着行星环绕转动的恒星，常被称为相应的行星的寄主星。

08.262　HZ 型星　Humason-Zwicky star
又称"哈马森-兹威基型星"。美国天文学家哈马逊(Humason)和兹威基(Zwicky)编成表的蓝水平支恒星。

08.263　驼峰造父变星　hump cepheid
光变曲线上有驼峰即次极大的造父变星。

08.264　贫氢星　hydrogen-deficient star, H deficient star, hydrogen-poor star
大气氢丰度小于太阳大气相应值的恒星。

08.265　特超巨星　hypergiant star, hypergiant
超巨星的光度级可细分为由强到弱的Ⅰa，Ⅰab 和Ⅰb，在光度级为Ⅰa 的超巨星中再辟出的光度特强的一部分，记为"Ⅰa+"。

08.266　巨超新星　hypernova
质量超过太阳质量 25 倍的恒星所发生的一种超新星爆发，其亮度是质量为太阳质量 8～25 倍的恒星的超新星爆发的 10 倍。

08.267　红外源　infrared source
在红外波段有强辐射的天体。

08.268　红外超天体　infrared-excess object
红外波段辐射比其黑体辐射理论预期的有明显增强的天体。

08.269　初始恒星　initial star
在宇宙初期最早形成的恒星。

08.270　互作用双星　interacting binary
两子星的演化与单星显著不同的密近双星。

08.271　互作用密近双星　interacting close binary
两颗子星正在发生相互作用的密近双星。

08.272　臂际天体　interarm object
旋涡星系内位于两段相邻旋臂之间的天体。

08.273　臂际星　interarm star
旋涡星系内位于旋臂之间的恒星。

08.274　干涉双星　interferometric binary
能用干涉测量法判知的物理双星。

08.275　中介偏振星　intermediate polar system，intermediate polar

又称“武仙DQ型星(DQ Her star)”。一类激变变星，主星是有较强磁场的白矮星，自转周期短于双星的轨道周期以及大都没有测出偏振是其与高偏振星的主要区别。

08.276　中等质量恒星　intermediate-mass star

质量介于太阳质量的2.3倍到8倍之间的恒星。

08.277　致密天体　compact object

致密星、黑洞以及类星体、赛弗特星系、蝎虎天体等活动星系核的统称。

08.278　内因变星　intrinsic variable star

又称“物理变星(physical variable)”。由于内在的物理原因引起光变的变星。

08.279　IRC红外源　IRC source

波长2μm红外巡天星表中所列的红外源。

08.280　福后星群　Phocaea group

位于小行星主带内的一个小行星群体。因在太阳系早期受大行星尤其是木星的引力摄动而具有高倾角(21°到25°)轨道。

08.281　K型变光巨星　K giant variable

具有光度变化的K型巨星。

08.282　K型星　K star

光谱型为K型的恒星。光谱中电离和中性钙线强，中性金属线十分突出，分子带比G型星更显著。

08.283　卡普坦星　Kapteyn's star

自行第二快的恒星，位于绘架座，由卡普坦于1897年发现,距离太阳仅12.79光年。

08.284　开普勒新星　Kepler's nova

即开普勒超新星，由开普勒于1604年9月30日发现，位于蛇夫座。

08.285　开普勒星　Kepler's star

(1)由开普勒太空望远镜发现的带有行星的恒星，用“开普勒”后随数字编号表示。(2)开普勒超新星的简称。

08.286　L型[矮]星　L star

光谱型为L型的恒星。

08.287　晚型星　late-type star

光谱型较晚的恒星，一般指K型和更晚光谱型的恒星。

08.288　谱线轮廓变星　line-profile variable

光度变化不大，但谱线强度有明显周期性变化的恒星。

08.289　锂星　lithium star，Li star

光谱中具有很强的锂的特征谱线的恒星。

08.290　本地恒星　local star

太阳邻域内的恒星。

08.291　局域恒星　local star

任何目标天体邻域内的恒星。

08.292　长周期变星　long period variable

周期约80～1 000天的晚型脉动变星。

08.293　高光度蓝变星　luminous blue variable

光度特大的不稳定热超巨星，绝对热星等一般亮于−9等，亮度变化不规则，光谱中有许多伴有紫移吸收成分的氢、氦和铁的发射线，有气壳抛射，典型的质量损失率为10^{-4}～10^{-6}太阳质量/年。

08.294　M 型星　M star

光谱型为 M 型的恒星。光谱中分子带突出，尤其 TiO，有中性金属线。

08.295　M 型变星　M variable

光谱型为 M 型的变星。

08.296　磁陀星　magnetar

一种具有很强磁场来提供能源的特殊的中子星。

08.297　磁星　magnetic star

发现有较强磁场的光谱型为 B，A，F 型的恒星，磁场强度通常达数千高斯，大部分是 Ap 星。

08.298　磁变星　magnetic variable

磁场很强且有变化的恒星。

08.299　主序星　main sequence star

处于以核区氢核聚变提供主要能源阶段的恒星。因在赫罗图上位于主序而得名。

08.300　主序带　main-sequence band

恒星赫罗图上主序星所占有的区域。

08.301　锰星　manganese star

光谱中具有很强的锰的特征谱线的恒星。

08.302　微波激射源　maser source

有通过微波激射作用发射的射电谱线的天体。

08.303　大质量星　massive star，high-mass star

质量超过 10～20 倍太阳质量的恒星。质量下限的选取因研究课题而异，因人而异。

08.304　Me 型星　Me star

光谱中具有明显发射谱线的 M 型恒星。

08.305　金属线星　metallic-line star，metal-line star

又称“Am 星(Am star)”。光谱型为 A0～F0 型的特殊主序星。与正常 A 型星相比，它们有较强的金属谱线，它们的自转较慢，且几乎都是短周期的分光双星。

08.306　贫金属星　metal-poor star，metal-deficient star

大气中铁相对于氢的丰度小于太阳大气中相应值的恒星。

08.307　微秒脉冲星　microsecond pulsar

自转周期在 1 到 10μs 之间的脉冲星。

08.308　毫秒脉冲星　millisecond pulsar

脉冲周期仅为毫秒量级的脉冲星。

08.309　刍藁变星　Mira Ceti variable，Mira variable，Mira-type variable，Mira star，Mira-type star，o Ceti star

又称“刍藁型变星”。在可见光波段，光变幅度超过 2.5 个星等的长周期变星。因典型星鲸鱼 o(中文名刍藁增二)而得名。

08.310　多重周期变星　multi-periodic variable

有多个光变周期叠加在一起的变星。

08.311　N 型星　N star

光谱型为 N 型的恒星。光谱特征类似 M 型星，但突出的分子带属 C_2，CN，CH。

08.312　近距恒星　nearby star

泛指距离相对较近的恒星。

08.313　近相接双星　near-contact binary

两子星半径都不小于各自内临界等势面等体积球半径 80%的密近双星，还分为近相接半接双星和近相接不接双星。

08.314　星云变星　nebular variable
出现在弥漫星云之中或其近旁，并同星云有物理联系的变星。

08.315　中子星　neutron star
依靠简并中子的压力与引力相平衡的致密星。

08.316　新生星　new star，newly formed star
新形成的星。

08.317　周期变星　periodic variable
又称“规则变星(regular variable)”。亮度变化具有周期性的变星。

08.318　非周期变星　non-periodic variable
又称“不规则变星(irregular variable)”。亮度变化不具有周期性的变星。

08.319　不稳定星　non-stable star，unstationary star
有大量物质抛射，光度与光谱有激烈变化的恒星。

08.320　类新星变星　nova-like variable
光变和光谱特征类似于新星的一类变星，其中大多为爆后新星，也可能有未经证认的共生星。

08.321　O 型星　O star
光谱型为 O 型的恒星。光谱主要特征为电离氦吸收线。

08.322　OB 型星　OB star
O 型星和 B 型星的总称。

08.323　掩食变星　occultation variable，veil variable star
因两颗子星相互交食而使总光度发生规则变化的一类外因变星。

08.324　Of 型星　Of star
O 型星吸收光谱上叠加 NIII 和 HeII 发射线的恒星。

08.325　视双星　apparent binary
又称“光学双星(optical double)”。视位置很靠近但没有物理联系的两颗恒星。

08.326　光学脉冲星　optical pulsar
在光学波段发射短周期脉冲辐射的脉冲星。

08.327　过接双星　overcontact binary
相接双星中两颗子星的中心之间距离小于两颗子星的半径之和的双星。

08.328　氧星　oxygen star
光谱中氧的特征谱线特别强的恒星。

08.329　偏食双星　partially eclipsing binary
交食过程中，子星间仅发生偏食现象的双星。

08.330　天鹅 P 型星　P-Cygni star，P-Cygni type star
光谱中出现伴有紫移吸收成分的强发射线早型特高光度变星，以天鹅 P 星为代表。

08.331　Ap 星　peculiar A star
又称“A 型特殊星”。光谱型 B5～F5 型的特殊主序星，具有异常强的和可变的锰、硅、铕、铬、锶谱线和较强且变化的磁场。与金属线星类似，自转速度较小，但多半是单星。

08.332　氮序　nitrogen sequence
光谱中有很强的氦和氮谱线的沃尔夫-拉

叶星序列。

08.333　测光双星　photometric binary, photometric double star
由亮度变化判知的物理双星。

08.334　物理双星　physical double, physical pair
互绕公共质量中心做周期性轨道运动的两个恒星级天体系统。

08.335　太阳系外彗星　extrasolar comet
不属于太阳系天体的彗星。

08.336　实心超新星遗迹　plerion, plerionic remnant
以蟹状星云为典型的、含有脉冲星的超新星遗迹。

08.337　指极星　Pointers
泛指能用来找到北极星的若干颗恒星，最著名的指极星是大熊α和β。

08.338　高偏振星　polar
又称“武仙AM型星(AM Her star)”。在可见区或附近光谱区具有强线偏振和强圆偏振辐射的激变双星。其一子星是以双星轨道周期同步自转的强磁场白矮星，另一是红矮星。

08.339　近极星　polarissima
靠近天极的恒星。

08.340　极向恒星　pole-on star
自转轴沿视线方向的恒星。

08.341　后AGB星　post AGB star
又称“AGB后星”。已经历过渐近巨星支(AGB)星阶段的恒星。

08.342　主序后　post main sequence
已经历过主序星阶段的恒星。

08.343　金牛T阶段后恒星　post T-Tauri star
已经历过金牛T型星阶段的恒星。

08.344　[零指令]主序后星　post-main-sequence star, evolved star
又称“主序后星”。处于已脱离主序的演化阶段的恒星。

08.345　激变前双星　pre-cataclysmic binary
又称“激变前变星(precataclysmic variable)”。下一个演化阶段将要成为激变双星的物理双星。通常认为其成员星之一为白矮星或即将演化成白矮星的恒星，另一为小质量主序星或离开主序还很近的恒星，两者组成典型周期短于约两天的不接双星。

08.346　主序前星　pre-main sequence star
处于尚未到达主序的演化阶段的恒星。

08.347　爆前新星　prenova
新星的前身星。

08.348　爆前超新星　pre-supernova
超新星的前身星。

08.349　主星　primary, primary component, primary star, primite
通常指物理双星或聚星中最亮的或质量最大的子星。

08.350　前身天体　progenitor, precursor object, progenitor object
甲和乙代表不同天体。如果甲的下一个演化阶段变成乙，甲称为乙的前身天体。

08.351 前身星 progenitor，progenitor star，precursor star

前身天体是恒星时可称为前身星。

08.352 原行星状星云 proto-planetary nebula

在演化序列上正好在行星状星云之前，从赫罗图上的渐近巨星支的端点向左，质量损失率≥10^{-5} 太阳质量/年的天体。

08.353 原恒星 protostar，original star，primordial star

年轻恒星演化过程的一个阶段，它已从星云形成为恒星，但还未发展到内部开始核反应。

08.354 原恒星盘 protostellar disk

环绕原恒星正在向内旋进，不断增加原恒星质量的轮胎状稠密气体盘。

08.355 原恒星喷流 protostellar jet

原恒星近旁呈现的向两相反方向高度准直的超声喷流。

08.356 比邻星 Proxima

又称“半人马比邻星(Proxima Centauri)”。除太阳外已知最近的恒星。位于半人马座，是三合星半人马α中最暗的子星，距离太阳约 4.22 光年。

08.357 脉冲星 pulsar

有 10^7～10^9T 强磁场的快速自转中子星。因中子星快速自转致使从其磁极发出的辐射以毫秒至百秒级的短周期扫过地球，呈现为同样周期的脉冲。

08.358 脉动星 pulsating star，pulsator

具有脉动特征的恒星。

08.359 脉动变星 pulsating variable，pulsation variable

星体的外层在周期性地膨胀和收缩的变星。

08.360 船尾射电源 A Puppis A

位于船尾座的一个射电源，是一个直径大约 10 光年的超新星遗迹，这颗超新星大约出现在 3 700 年前。

08.361 夸克星 quark star，quark-star

由奇夸克物质构成的一种假设星体。奇夸克物质是理论上在质量特别大的恒星死亡后坍缩形成的密度极端高的物质状态。

08.362 准周期变星 quasi-periodic variable

具有近似周期性的光度变化的恒星。

08.363 北冕 R 型星 R CrB star

亮度通常处于极大，但有时突然变暗 1～9 目视星等的变星。

08.364 R 型星 R star

光谱型为 R 型的恒星。光谱特征类似 G 与 K 型星，但 C_2，CN，CH 分子带突出。

08.365 径向脉动星 radial pulsator

星体外层沿半径方向脉动的变星。

08.366 射电活跃恒星 radio active star

在射电波段辐射强度有明显变化的恒星。

08.367 射电双星 radio binary

双星中的一类，其中一颗子星为射电星。

08.368 射电新星 radio nova

爆发能量集中在射电波段的新星。

08.369 射电脉冲星 radio pulsar

在射电波段发射毫秒至秒级的短周期脉冲辐射的脉冲星。

08.370 射电源 radio source

有射电辐射的天体或局部天区。

08.371 射电星 radio star

测到射电辐射的恒星。

08.372 强射电星 radioloud star

具有强烈射电辐射的恒星。

08.373 快转星 rapid rotator

一些自转非常快的以致在星体的赤道附近表面转动线速度接近逃逸速度的恒星或其他星体。

08.374 快变星 rapid variable

一些光度在数秒到数分钟间突然增亮而又很快恢复原状的变星。

08.375 快速振荡 Ap 星 rapidly oscillating Ap star

Ap 星中较特殊的一类，具有低球谐度 ($l< 4$) 高径向阶 ($n\gg 1$) 非径向 p 模式脉动，脉动周期范围在 4～20 分钟内。

08.376 再发新星 recurrent nova, repeated nova, repeating nova

已观测到不止一次类似新星爆发的激变变星，其典型的光变幅约 6～8 目视星等，典型的爆发间隔约 10～100 年。

08.377 红矮星 red dwarf star, red dwarf

光谱型为K型或更晚型的矮星。

08.378 红巨星 red giant star, red giant

光谱型为K型或更晚型的巨星。

08.379 犬后星群 Hecuba group

又称“赫卡柏群”。位于主小行星带外侧的一个小行星群。

08.380 远距星 remote star

泛指距离相对较远的恒星。

08.381 自转星 rotating star

能够观测到明显的自转运动的恒星。

08.382 自转变星 rotational variable star, rotating variable star, rotating variable, rotational variable

由于星面上分布着和自转轴不对称的持久的特征物(如黑子,其化学元素的不均匀分布)，随着恒星的自转，呈现亮度或光谱变化的变星。

08.383 猎犬 RS 型双星 RS CVn binary

由一颗G型或K型亚巨星和一颗F型或G型主序星组成，有类似太阳但规模更大的表面活动的不接双星。

08.384 速逃星 runaway star

以一二百千米每秒的空间速度逃离O星协的O型和B型恒星。

08.385 金牛 RV 型星 RV Tauri star

一类半规则变星。光变周期约 30～150 天，亮度极大时光谱型为 F～G 型，极小时为 K～M 型。光变曲线呈双波状，主极小和次极小常相互转换，光谱中常出现氢的发射线和氧化钛的吸收带。

08.386 御夫 RW 型星 RW Aurigae star, RW Aur star

一类出现在各种亮的或暗的弥漫星云之中

或其附近的变星。它们的光谱型大部分是G型到K型，但也有少量具有较早的光谱型。

08.387　剑鱼 S 型星　S Dor star
光谱型为 B～F 型的特殊变星，光谱中出现特强发射线，光变不规则，光度极高。剑鱼 S 型星是此类变星中最亮的代表，也可划归天鹅 P 型星类中。

08.388　S 型星　S star
光谱型为 S 型的恒星。光谱特征类似 M 型巨星，但突出的分子带属 Zr，Y，Ba 等的氧化物。

08.389　人马 X-1　Sagittarius X-1
位于人马座内的一个 X 射线源，被证认为是一颗沃尔夫-拉叶型星。

08.390　天蝎 X-1　Scorpius X-1
天空中太阳之外最强的 X 射线源，位于天蝎座，距离地球大约 9 000 光年，是第一个在太阳系外发现的 X 射线源。

08.391　次星　secondary star，secondary component
通常指物理双星中较暗的或质量较小的子星。

08.392　半接双星　semidetached binary，semi-detached binary
一颗子星已充满其临界等位面，而另一子星未充满的物理双星。

08.393　半规则变星　semi-regular variable
一种脉动变星，是具有中间型和晚型光谱的巨星或超巨星。光变有一定的周期性，周期从几十天至几年，但常受不规则的因素干扰，可见光波段的光变幅通常为 1～2 个星等。

08.394　巨星序　sequence of giants
HR 图上巨星所处的星序，光度级Ⅲ。

08.395　亚矮星序　sequence of subdwarfs，subdwarf sequence
HR 图上亚矮星所处的星序，光度级Ⅵ。

08.396　亚巨星序　sequence of subgiants
HR 图上亚巨星所处的星序，光度级Ⅳ。

08.397　超巨星序　sequence of supergiants
HR 图上超巨星所处的星序，光度级Ⅰ。

08.398　白矮星序　sequence of white dwarfs
HR 图上白矮星所处的星序，光度级Ⅶ。

08.399　气壳星　shell star，envelope star
在 B 型(有时为 A～F 型)光谱背景上叠加着具有发射线翼的锐而深的吸收线的恒星。

08.400　短周期变星　short-period variable
通常指光变周期短于 1 天的变星，如天琴 RR 型变星。

08.401　单谱分光双星　single-lined spectroscopic binary，single-lined binary
又称“单谱双星(single-spectrum binary)”。只测得一子星视向速度曲线的分光双星。

08.402　天狼伴星　Sirian companion
天狼双星系统中的白矮星子星。1844 年德国天文学家贝塞尔根据天狼星自行轨迹的波状起伏而预言其存在，并为后人的观测所证实。

08.403　慢新星　slow nova，novoid
亮度从极大下降 3 个星等历时超过 100 天

的新星。

08.404 软双星 soft binary
处在大批快速运动小质量天体环境中的、结合能比环境温度(后者以速度弥散的平方与质点平均质量的乘积来表示)低得多的物理双星。

08.405 太阳质量恒星 solar-mass star
质量和太阳质量相近的恒星。

08.406 太阳型恒星 solar-type star，solar star
又称“类太阳恒星(sun-like star，solar-like star)”。大小、质量及 B-V 色指数和光谱类型都与太阳十分相似的主序星，大约有10%的恒星适合这样的判据。

08.407 南天恒星 southern star
位于天赤道以南的恒星。

08.408 分光双星 spectroscopic binary
由视向速度的变化判知的物理双星。

08.409 光谱双星 spectrum binary
这种双星系统的两颗子星角距太小，直接成像观测无法分辨开来，但从光谱可以看出由两颗子星组成。

08.410 光谱变星 spectrum variable
在可见光波段，亮度变化微小而光谱有明显的周期性变化的变星。

08.411 富黑子恒星 spotted star
恒星表面黑子所占的面积比例较高的恒星。

08.412 自转速度标准星 standard rotational-velocity star
一些自转速度已经得到比较准确测量，被用作对其他恒星的自转速度观测结果进行校准的标准的恒星。

08.413 恒星 star
质量大多介于 10^{-2}～2×10^{2} 太阳质量之间，靠自身的能源发出电磁辐射的天体。

08.414 恒星级黑洞 stellar black hole
又称“恒星质量黑洞(stellar-mass black hole)”。质量和一颗恒星相当的黑洞。

08.415 恒星胎 stellar embryo，embryo of a star
又称“恒星胚胎”。正在形成中的恒星。

08.416 锶星 strontium star
光谱中呈现出较强的锶元素特征谱线的恒星，表明在这些恒星的大气中富含锶。

08.417 大熊 SU 型星 SU UMa star
一类矮新星，主要特征表现为亮度极大持续时间为 10～14 天，比双子U型星约长5 倍。

08.418 亚矮星 subdwarf
光谱分类中光度级按照由强到弱顺序分在第六级的恒星，用罗马数字Ⅵ表示。

08.419 亚巨星 subgiant
光谱分类中光度级按照由强到弱顺序分在第四级的恒星，用罗马数字Ⅳ表示。

08.420 亚毫秒脉冲星 submillisecond pulsar
脉冲周期短于 1ms 的脉冲星。

08.421 超巨星 supergiant star，supergiant
光谱分类中具有最高光度级的恒星，其光度级用罗马数字 Ⅰ 表示。

08.422　超新星　supernova

爆发规模最大的变星，爆发时释放的能量一般达 10^{41}～10^{44}J，并且全部或大部分物质被炸散。

08.423　超新星遗迹　supernova remnant, relic of supernova, remnant of supernova

恒星经超新星爆发事件后所残留的星体。

08.424　超短周期造父变星　super-short period cepheid, ultra-short-period cepheid

一类周期短于约 0.1 天、变幅超过 0.2 星等的造父变星。

08.425　超超新星　super-supernova

质量超过太阳质量 25 倍的恒星发生超新星爆发的一种情形。它们的极大亮度比普通超新星更大，为后者的 10 倍，爆发后留下一个黑洞。

08.426　六分仪 SW 型星　SW Sex star

一类有交食的类新星变星，周期 3～4 小时，发射线的视向速度呈周期变化，吸收线仅当与食相反的轨道位相附近才出现。

08.427　星云状包层　nebulous envelope

极少数类星体的外围存在的类似星云状态的包层。

08.428　共生刍藁　symbiotic Mira

在光谱中具有共生星特征的刍藁型星。

08.429　共生新星　symbiotic nova

某些共生星光度经历类似新星的变化，同时某些再发新星、慢新星的光谱也具有共生星特征，这类星统称为共生新星。

08.430　共生再发新星　symbiotic recurrent nova

在光谱中具有共生星特征的再发新星。

08.431　共生星　symbiotic star

又称“共生双星(symbiotic binary)”。包含气体星云，并由一颗高温白矮星或亚矮星或主序星吸积红巨星子星所丢失物质的长周期不接或半接双星。以同时呈现高温和低温光谱为其主要观测特征。

08.432　T 型星　T star

又称“T 型矮星”“T 型褐矮星”。由于质量较小不能点燃氢核聚变反应的恒星。

08.433　金牛 T 型星　T Tauri star

光谱中有许多发射线的 F～M 型变星，光变不规则，常与星云在一起，处于主序前的引力收缩演化阶段。

08.434　锝星　technetium star

光谱中有放射性金属锝吸收线的恒星，在这些恒星的大气中富含锝元素。

08.435　暂现 X 射线源　transient X-ray source

X 射线光度变化类似新星爆发现象的暂现源，一般是一种物质吸积有很大变化的 X 射线双星。

08.436　英仙射电源 A　Perseus A

位于英仙座中的一个射电源，即星系 NGC 1275。距离地球约 2.3 亿光年，因星系中央超级黑洞正在吸积星系内大量物质而产生强大射电。

08.437　Ⅰ型超新星　type Ⅰ supernova, SN type Ⅰ

超新星的一个次型。亮度极大时典型的绝

对目视星等为–19，光谱中缺乏氢线，属于星族Ⅱ。

08.438　Ⅱ型超新星　type Ⅱ supernova，SN type Ⅱ

超新星的一个次型。亮度极大时典型的绝对目视星等为–17，光谱中有氢线，属于星族Ⅰ。

08.439　双子U型双星　U gem binary

具有双子U型星特征的激变双星。

08.440　双子U型星　U geminorum star，U Gem star

矮新星的一种主要类型。从亮度极大时起，经历几天或几星期回到亮度极小的状态。

08.441　超密天体　ultradense object

白矮星、中子星、黑洞的统称，在这些天体中的物质密度远远高于通常的物质密度。

08.442　紫外超天体　ultraviolet-excess object

紫外波段辐射比黑体辐射理论对其预期有明显增强的天体。

08.443　独特变星　unique variable

不能列入目前变星分类中任何一种类型的待分类的变星。

08.444　未见伴星　unseen companion

在双星中依靠各种非光学成像方法发现而不能由光学成像方法直接观测到的伴星。

08.445　未现子星　unseen component

物理双星或聚星中由分析推断存在，但尚未观测到的成员星。

08.446　武仙UU型星　UU Her star

呈长周期小幅光变的F型超巨星。具有星族Ⅰ恒星的元素丰度，但却远离银道面并具有典型的星族Ⅱ恒星的视向速度。

08.447　鲸鱼UV型变星　UV Cet variable star

又称“鲸鱼UV型星（UV Cet star）”。太阳邻近的一类耀星。耀发时，亮度在几十秒内增加十分之几至几个目视星等，然后在几十分钟内恢复到正常亮度，光谱中有许多发射线，属M型或K型主序星。

08.448　范玛宁星　van Maanen’s star

离地球第二近的白矮星，距离地球14.1光年，仅次于天狼B星。1917年由荷兰天文学家范玛宁发现。

08.449　变星　variable star

测知亮度有变化的恒星。

08.450　X射线变源　variable X-ray source

X射线光度等有变化的X射线源。

08.451　船帆脉冲星　Vela pulsar

位于船帆座内与船帆座超新星遗迹相关联的一颗脉冲星，能辐射出无线电、可见光、X射线和γ射线的脉冲。

08.452　船帆超新星遗迹　Vela supernova remnant

位于南天船帆座内的一个超新星遗迹。它的来源是在11 000至12 300年前爆炸的一颗超新星，距离地球约800光年。

08.453　视向速度变星　velocity variable，variable-velocity star

视向速度有变化的恒星。

08.454　可见子星　visible component

在双星中依靠各种光学成像方法可以观测

到的子星。

08.455　目视双星　visual binary，visual double star

由目视观测判知的双星。

08.456　目视星　visual star

仅用肉眼就可以观测的恒星。

08.457　仙王 VV 型星　VV Cep star

以仙王座 VV 星为典型星的一类食双星系统。

08.458　巨蛇 W 型星　W Ser star

典型星为巨蛇座 W 星的一类恒星。

08.459　大熊 W 型双星　W UMa binary

一类相接食双星。轨道周期约 5～18h，亮度连续变化，光变幅通常小于目视星等 0.8 等，光变曲线次极小和主极小的深度接近相等，子星通常为 F～K 型星。

08.460　室女 W 型变星　W Vir type variable，W Vir variable

又称“室女 W 型星(W Vir type star)”“星族Ⅱ造父变星(population Ⅱ cepheid)”。以室女 W 为典型星的脉动变星。光变周期与经典造父变星类似，但周光关系不同，对于相同的光变周期，室女 W 型星比经典造父变星暗 0.7～2 目视星等，属于星族Ⅱ。

08.461　白矮星　white dwarf

由简并电子的压力抗衡引力而维持平衡状态的致密星。因早期发现的大多呈白色而得名。

08.462　远距双星　wide binary，wide pair

两颗子星之间距离很远，但仍会围绕彼此运转的双星系统。

08.463　沃尔夫-拉叶星　Wolf-Rayet star

又称“WR 型星”。光谱中出现特强且宽的电离氦、碳、氧或电离氦、氮等发射线并且氢线不见或特弱的超高温恒星。

08.464　X 射线暴源　X-ray burster，X-ray burst source

又称“快暴源(rapid burster)”。可在几天之内每数分钟或更短时间内重复爆发的 X 射线源。

08.465　X 射线新星　X-ray nova

爆发能量集中在 X 射线波段的新星。

08.466　X 射线脉冲星　X-ray pulsar

在 X 射线波段发射短周期脉冲辐射的脉冲星。一般说这种脉冲星与光学恒星组成一种特殊的密近双星系统，脉冲周期为秒至百秒级。

08.467　X 射线星　X-ray star，extar

测到 X 射线辐射的恒星。

08.468　鹿豹 Z 型星　Z Cam star

一类矮新星。亮度从极大下降至极小的过程中，有时会在某一中间亮度处停滞几星期至几年。

08.469　锆星　zirconium star

光谱里有氧化锆谱线的红巨星，这类恒星大气中锆元素的含量异常升高。

08.470　鲸鱼 ZZ 型星　ZZ Cet star

又称“鲸鱼 ZZ 型变星(ZZ Cet variable)”。非径向脉动白矮星，光变周期约 0.5～25 分，光变幅 0.001～0.2 目视星等。

08.471　仙王β型星　β Cephei star

又称“大犬β型星(β CMa star)”。光变周期 1～0.6 天，光变幅 0.01～0.3 目视星等，光变曲线接近正弦形。

08.472 天琴β型变星 β Lyr-type variable

又称“天琴β型星（β Lyrae star）”。一种食变星，通常具有 B～A 型光谱，轨道周期多数大于 1 天，光变幅多数小于 2 个目视星等，食外亮度连续变化，光变曲线有次极小，其深度通常显著小于主极小深度。

08.473 仙后γ 型星 γ Cassiopeiae star

光谱型为 Be Ⅲ～Ⅴ的不规则变星。通常为高速自转星，光变与赤道带气壳抛射过程有关。

08.474 γ 射线暴源 γ-ray burster，γ-ray burst source

又称“经典γ 射线暴源”。狭义（不包括软γ 射线复现源）指爆发具有随时间变化的硬能谱（典型光子能量约从 100 至 1 000keV），持续时间平均为 10～20s，只观测到一次爆发，空间分布各向同性的暂现γ 射线源。

08.475 γ 射线脉冲星 γ -ray pulsar

在γ 射线波段发射短周期脉冲辐射的脉冲星。

08.476 软γ 射线复现源 soft gamma repeater，soft γ-ray repeater

观测到多次爆发的高能暂现源，爆发具有软能谱（典型光子能量约 40keV），持续时间的量级从几十毫秒到十秒，间隔的时间尺度从若干秒至若干年。

08.477 盾牌δ型星 δ Scuti star

曾称“矮造父变星（dwarf cepheid）”“船帆 AⅠ型星（AI Vel star）”。光谱型 A～F 型，光变幅 0.003～0.9 目视星等，光变周期短于 0.3 天的脉动变星。

08.478 御夫ζ型星 ζ Aurigae star

由 K 或 M 型超巨星和 B 型主序星组成的具有大气食现象的食双星。

08.479 牧夫λ型星 λ Bootis star

贫金属的星族 IA 型星，在赫罗图上位于零龄主序上，大都有星周尘埃。

08.480 刺魟星云 Stingray Nebula

位于天坛座的行星状星云。正式名称为 Hen-1357。

08.481 指环星云 Annular Nebula, Ring Nebula

行星状星云 M 57（NGC 6720），位于天琴座。

08.482 巴纳德环 Barnard's ring

又称“巴纳德圈（Barnard's loop）”。位于猎户座中的一个反射星云，外形呈圆弧状，中心在猎户星云附近。

08.483 偶极星云 bipolar nebula

有着独特的波瓣，呈轴对称的星云。形成这种星云的原因可能是一种称为偶极外向流的物理过程，即恒星将高能量的粒子抛出，成为由两极向外流出的流束。

08.484 双极行星状星云 bipolar planetary nebula

呈现为偶极星云的行星状星云。许多行星状星云，但不是全部，在观测上展现出双极的结构。

08.485 博克球状体 Bok globule

一种尺度小而密度大的球状暗星云。少数小质量恒星能在其中形成。因美国天文学家 B.J. Bok 于20世纪40年代首度发现而得名。

08.486　旋镖星云　Boomerang nebula

位于南天半人马座内的行星状星云，距离地球约 5 000 光年。因为形状对称且酷似回飞棒而得此昵称。

08.487　弓形激波星云　bow-shock nebula

激变变星 0623+71 被发现包裹在一个弓形激波形状的星云中，它不是行星状星云，而是由激变变星的双星系统所产生的相对于星际介质以超音速移动的强大星风。

08.488　蝴蝶星云　butterfly nebula，toby jug nebula

蛇夫座中的行星状星云。有一对非常对称的像蝴蝶翅膀一样的双极结构，距离地球约 2 100 光年。

08.489　加利福尼亚星云　California nebula

英仙座内的一个发射星云，距离地球约 1 000 光年，因其形状与美国加利福尼亚州相似而得名。

08.490　船底星云　carina nebula，eta carina nebula

位于船底座南侧的一个弥漫星云和恒星形成区，距离地球约 7 500 光年。

08.491　仙后星云　Cassiopeia nebula

位于仙后座的星云 IC 59 和 IC 63，呈向后掠的彗星状，距离地球约 600 光年。

08.492　猫眼星云　cat's eye nebula

位于天龙座的一个行星状星云，距离太阳大约 1 000 秒差距。

08.493　猫爪星云　cat's paw nebula

位于天蝎座的一个弥漫星云，是活跃的恒星形成区，距离太阳约 5 500 光年。

08.494　洞穴星云　cave nebula

位于仙王座的一个包含发射、反射和暗星云的复杂结构体内的朦胧且非常弥漫的亮星云。

08.495　鲸鱼弧形星云　cetus arc

位于南银半球的一个环形结构的一部分，这个环的视直径约为 91°，显示出了银河系中存在着泡结构。

08.496　星周盘　circumstellar disk

环绕在某颗恒星周围，由气体、尘埃、星子或碰撞的碎片聚块等物质组成的一种环盘状结构。

08.497　卷毛星云　Cirrus Nebula

又称“面纱星云”。位于天鹅座的星云结构，是超新星爆发的遗迹。

08.498　煤袋星云　coalsack dark nebula，coalsack nebula，southern coalsack

又称“南煤袋”。南十字座内最显著的暗星云。用肉眼就可以很容易地在南半球的银河中看见，距离地球约是 600 光年。

08.499　蚕茧星云　cocoon nebula

又称“茧状星云”。位于天鹅座方向，兼具发射星云、反射星云与吸收星云特征的星云。距离地球约 4 000 光年，星云的中央有一个正在形成的年轻疏散星团。

08.500　坍缩云　collapsing cloud

正在形成产星区的分子云。在引力作用下，其外部在向中心坍缩。

08.501　彗形球状体　cometary globule

分子云恒星形成区受附近热星的紫外光照射下呈现的彗状物。

08.502　彗状星云　cometary nebula，comet-shaped nebula

一种扇状的发射星云。照射它的恒星处在扇形的角顶，因形状像彗星而得名。

08.503　逗点状星云　comma-like nebula

又称“*蝌蚪状星云*”。出现在恒星形成区内，因附近有新生的大质量星存在，其中浓缩的云核受大质量星的星风吹拂而形成的星云。

08.504　锥状星云　Cone Nebula

麒麟座内的一个星云，位于NGC 2264的南端，因为它的形状而得名，距离地球约2 600光年。

08.505　蟹状星云　Crab Nebula

一个超新星遗迹，位于金牛座ζ星东北面，距离地球约6 500光年，直径达11光年。

08.506　蛾眉星云　Crescent Nebula

天鹅座中一个宽达25光年的气泡，距离地球约5 000光年，是由位于其中心的明亮大质量恒星发出的星风吹起来的。

08.507　天鹅暗云　Cygnus Cloud

银河中位于天鹅座的暗区。银河被它分割成为向南延伸的两个分支。

08.508　暗云　dark cloud

星际云的一种，它的密度足以遮蔽来自背景的发射星云或反射星云的光，或是遮蔽背景的恒星。

08.509　暗星云　dark nebula

不发光的弥漫星云。

08.510　蛇形暗云　Snake Nebula

又称“*S状暗星云*(dark S nebula)”。最著名的暗星云之一，编号为B 72(巴纳德72)，位于蛇夫座。

08.511　弥漫星际介质　diffuse interstellar medium

弥漫在恒星之间区域的气体和微小固态粒子。

08.512　弥漫物质　diffuse matter

弥漫在宇宙空间中的气体和微小固态粒子。

08.513　弥漫星云　diffuse nebula

星际气体或尘埃组成的不规则形状的云雾状天体，包括亮星云和暗星云。

08.514　弥漫状星云物质　diffuse nebulosity

组成弥漫状星云的物质。

08.515　哑铃星云　Dumbbell Nebula，Diabolo Nebula

位于狐狸座的一个行星状星云，距离地球约1 360光年。

08.516　尘埃盘　dust disk

围绕在一些恒星周围的由气体和尘埃组成的盘状结构，其中很可能有行星正在形成。

08.517　尘埃星云　dust nebula

主要由尘埃组成的星云。

08.518　鹰状星云　Eagle Nebula

又称“*鹰鹫星云*”。位于巨蛇座的一个弥漫星云M16，距离地球约7 000光年。

08.519　卵形星云　Egg Nebula

一个位于天鹅座中的前行星状星云(即将成为行星状星云)，距离地球约3 000光年。

08.520　双环星云　Eight Burst Nebula
又称“八字星云”“南环状星云”。位于船帆座中的一个行星状星云,距离地球约2 000光年。

08.521　发射星云　emission nebula
受附近高温恒星的紫外辐射激发而发光的亮星云，光谱中包含发射线。

08.522　爱斯基摩星云　Eskimo Nebula，Clown Face Nebula
位于双子座内的一个行星状星云，距离地球约5 000光年。

08.523　纤维状星云　filamentary nebula，fibrous nebula
超新星爆发抛出的大量物质在向外膨胀过程中与星际物质和磁场相互作用所形成的纤维状的亮气体星云，是某些超新星遗迹所具有的特征。

08.524　盘鱼星云　Fish on the Platter，Barnard 144
一个位于天鹅座中的暗星云。

08.525　火焰星云　Flame Nebula
位于猎户座中的一个弥散星云，距离地球约1 500光年。

08.526　脚印星云　Footprint Nebula
位于天鹅座的一个原行星状星云(即将成为行星状星云)。

08.527　银河云　Galactic cloud
银河系内的气体和尘埃聚集形成的云。

08.528　银河星云　Galactic nebula
银河系内太阳系外由气体和尘埃组成的云雾状天体。

08.529　气尘复合体　gas-dust complex
由星际气体和尘埃组成的、比气体星云和尘埃星云更大且更稠密的一种低温聚合体。

08.530　气体星云　gaseous nebula，gas nebula
主要由气体组成的星云。

08.531　双子星云　Gemini Nebula
又称“美杜莎星云”“水母星云”。位于双子座的一个行星状星云，距离地球约 1 500光年。

08.532　木魂星云　Ghost of Jupiter，Jupiter’s Ghost
一个位于长蛇座的行星状星云。

08.533　巨分子云　giant molecular cloud
主要由分子氢组成的冷而密的巨大星际物质云，是恒星形成的主要场所，平均尺度为40pc，总质量约5×10^5个太阳质量。

08.534　巨分子云复合体　giant molecular cloud complex
巨分子云往往呈现有复杂的次结构，如纤维状、片状、泡状以及不规则的团块状结构等，故又得此名。

08.535　球状体　globule
球形暗星云。因衬托在有些亮星云的明亮背景上而被发现，可能是恒星形成早期阶段的一种表现。

08.536　大圈星云　Great Looped Nebula
又称“剑鱼座30”“蜘蛛星云”。大麦哲伦云中一个巨大的恒星形成区，距离地球约165 000光年，直径大小约1 000光年。

08.537　大暗隙　Great Rift

银河中从天津四附近延伸至蛇夫座的长条形暗天区，由众多不发光的尘埃分子云迭合而成，距离地球约 100 秒差距。

08.538　古姆星云　Gum nebula

位于南天船帆座和船尾座的一个发射星云。被认为是约 100 万年前爆发的船帆座超新星残骸，船帆座脉冲星与这个星云有关。

08.539　中性氢云　HⅠ cloud

分子云的一种,其主要成分是中性氢原子。

08.540　中性氢复合体　HⅠ complex

主要由中性氢组成的包含分子云和新生成的恒星和星团以及大范围的弥漫星云的空间区域。

08.541　中性氢区　HⅠ region，neutral hydrogen zone，neutral hydrogen region

星际空间主要包含中性氢的区域。

08.542　中性氢流　HⅠ stream

主要由中性氢组成的气体流。

08.543　电离氢云　HⅡ cloud

分子云的一种,其主要成分是电离氢原子。

08.544　电离氢凝聚体　HⅡ condensation

主要由电离氢组成的凝聚体。

08.545　电离氢区　HⅡ region，ionized hydrogen region

星际空间主要包含电离氢的区域。

08.546　螺旋星云　Helix Nebula

位于宝瓶座的行星状星云，距离地球约 700 光年，是最接近地球的行星状星云之一。

08.547　HH 星云　Herbig-Haro nebula

又称“赫比格-阿罗天体(Herbig-Haro object)”。出现在恒星形成区的一种半星半云状的天体，新生恒星正在其中形成。

08.548　侏儒星云　Homunculus Nebula

环绕着船底η的发射星云。这个星云嵌在更为巨大的船底座星云内。

08.549　马头星云　Horsehead Nebula，Barnard 33

位于猎户ζ星的左下方的暗星云，属猎户座巨分子云的一部分，距离地球约 1 500 光年。

08.550　沙漏星云　Hourglass Nebula

位于南天苍蝇座的一个年轻的行星状星云，距离地球约 8 000 光年。

08.551　哈勃星云　Hubble Nebula，Hubble's Nebula

又称“哈勃变光星云”。一个扇形的反射星云，被左下方明亮的麒麟 R 星照亮，距离地球约 2 500 光年。因美国天文学家哈勃首先注意到它的光变而得名。

08.552　云际介质　intercloud medium

又称“云际物质(intercloud matter)”。位于星云之间的超低密度物质。

08.553　星际云　interstellar cloud

星际介质聚集成的云状物。

08.554　星际弥漫物质　interstellar diffuse matter

弥漫在星际空间的气体和尘埃。

08.555　星际尘埃　interstellar dust
星际介质中的尘埃成分。

08.556　星际气体　interstellar gas
星际介质中的气体成分。

08.557　星际尘粒　interstellar grain
以小颗粒形式存在于恒星之间的物质，主要来源于短周期彗星的瓦解产物，直径可以大到 10μm，也可以小到 0.01 μm。

08.558　星际介质　interstellar medium
又称“星际物质(interstellar matter)”。星系内恒星与恒星之间的物质。

08.559　星际分子　interstellar molecule
泛指星际介质中所包含的各类分子。

08.560　钥匙孔星云　Keyhole Nebula
叠在较大的船底座 η 星云上的小星云，距离地球约 9 000 光年。

08.561　KL 星云　Kleinmann-Low nebula
猎户星云复合体中活动性最强的部分。在这块充满尘埃的分子云内，埋有一个由年轻星和正在形成中恒星构成的星团。

08.562　礁湖星云　Lagoon Nebula
一个位于人马座的发射星云，大小约为 140×60 光年，距离地球约 5 200 光年。

08.563　亮星云　luminous nebula，bright nebula
发光的弥漫星云，包括发射星云和反射星云。

08.564　昴宿星云　Merope nebula
位于昴星团内的反射星云。

08.565　分子云　molecular cloud
星际空间某些化学分子聚集的区域。

08.566　星云　nebula
由气体和尘埃组成的云雾状天体。历史上最初使用本名称时曾把现已清楚是星系和星团的天体包括在内。

08.567　网状星云　network nebula
一种呈丝网状的星云。

08.568　网状结构　network structure
特指弥漫星云的网络状结构。

08.569　奈伊-艾伦星云　Ney-Allen Nebula
一个大致以猎户四边形聚星为中心的、在红外波段明亮的弥漫星云。

08.570　北美星云　North America Nebula
位于天鹅座，靠近天津四的一个发射星云。形似北美洲大陆，跨度约 15 光年，距离地球大约 1 500 光年。

08.571　北煤袋　Northern Coalsack
位于天鹅座中天津四正南方的一片暗星云，属大暗隙结构的起始部分，有别于南十字座中的著名暗星云——煤袋星云。

08.572　ω星云　Omega Nebula，ω Nebula，Checkmark Nebula，Lobster Nebula
又称“马蹄星云(Horseshoe Nebula)”“天鹅星云(Swan Nebula)”。位于人马座方向的一片充满分子气体与尘埃的云气，深处一直有新的恒星诞生。直径大小约 20 光年，距离地球约 5 500 光年。

08.573　猎户分子云　Orion molecular cloud
一个位于猎户座的巨大分子云，主要由氢

分子组成。距离地球 1 500 至 1 600 光年，延伸数以百光年计，主体是猎户星云。

08.574 猎户星云 Orion Nebula

又称“猎户大星云(Great Nebula in Orion, Great Orion Nebula)”。位于猎户座的一个弥漫星云，距离地球约 1 500 光年，是一个恒星形成区。

08.575 母云 parent cloud

恒星形成时所在的星云。

08.576 鹈鹕星云 Pelican Nebula

位于天鹅座内的一个发射星云，宽度大约是 50 光年，距离地球约 1 500 光年。

08.577 烟斗星云 Pipe Nebula

又称“巴纳德 59”。位于蛇夫座的一个巨大的暗星云，靠近银河中心方向，距离地球约 450 光年。

08.578 手枪星云 Pistol Nebula

位于人马座的亮星云。正中的巨大恒星手枪星是银河系内已知发光最强的恒星之一，离银河系中心仅约 1 000 光年。

08.579 行星状星云 planetary nebula

由稀薄电离气体组成有明晰边缘的小圆面状星云。其中心有一向白矮星过渡的热星，星云为该中心星所抛出，正向外膨胀，并由中心星的紫外辐射照射而发光。

08.580 星系碰撞 galactic collision

构成两个(或多个)星系的物质在星系运动过程中互相接触的过程。星系在碰撞过程中，星系内的恒星通常不会发生碰撞。

08.581 反射星云 reflection nebula

反射附近亮星的光而发亮的亮星云，光谱中包含恒星的吸收线。

08.582 视网膜星云 retina nebula

一个位于豺狼座的行星状星云，距离地球约 2 000 光年，形似视网膜，因此得名。

08.583 太阳系外生命 extrasolar life

太阳系外可能存在的生命形态。

08.584 玫瑰分子云 Rosette Molecular Cloud

位于麒麟座的包括玫瑰星云在内的一个巨大分子云，是有名的产星区之一。

08.585 玫瑰星云 Rosette Nebula

又称“情人星云(Valentine Nebula)”。位于麒麟座的一个发射星云，距离地球约 5 200 光年，直径大约 130 光年，质量估计有 10 000 倍太阳质量。因其形状酷似玫瑰花朵而得名。

08.586 半人马λ星云 Running Chicken Nebula

又称“快跑中的小鸡星云”。一个距离地球约 6 500 光年的产星区。

08.587 海鸥星云 Seagull Nebula

大犬座的一个发射星云，距离地球约 3 800 光年，位于天狼星的东北方与麒麟座交界处。

08.588 蜗牛星云 snail-shaped nebula

一个形如蜗牛的星云。

08.589 槽状星云 socket-shaped nebula

一个形如料槽的星云。

08.590 星云态桥状结构 nebulous bridge

存在于两个相互作用星系之间的类似星云状态的桥状结构。

08.591 万花尺星云 Spirograph Nebula

一个有着精妙结构的行星状星云，距离地

球约 2 000 光年，直径大约 0.3 光年。

08.592　天鹅云状结构　swan-like structure

位于人马座的天鹅星云(M 17)内富含暗黑的尘埃，形成的一些非常黝黑的区域。其他星云内类似这样的结构也称为天鹅云状结构。

08.593　指纹星云　Thumbprint Nebula

位于蝘蜓座的一个星云。

08.594　三叶星云　Trifid Nebula

又称“三裂星云”。位于人马座，距离地球约 5 000 光年。

08.595　变光星云　variable nebula

光度变化的星云。

08.596　女巫头星云　Witch Head Nebula

一个受到亮星参宿七照射的反射星云。依照它的形状而命名。

08.597　WR 星云　Wolf-Rayet nebula

又称“沃尔夫-拉叶星云”。环绕沃尔夫-拉叶星的环状星云，与沃尔夫-拉叶星有演化联系。

08.598　大角星群　Arcturus group

又称“大角星流”。大角星和其他 52 颗恒星组成的群体，它们一起以相对于太阳系 122km/s 的速度垂直于银盘高速运动。

08.599　非对称流　asymmetric drift

太阳附近的恒星绕银河系中心的平均旋转速度，随着恒星的随机运动的增加落后于本地静止标准越来越多的现象。

08.600　船底 OB 2 星协　Carina OB 2

处于船底座内的一个由新形成的 O，B 型恒星组成的星协。

08.601　圣诞树星团　Christmas Tree Cluster

麒麟座中的恒星形成区 NGC 2264 中的一个星团，和锥状星云毗邻，距离地球约 2 600 光年。

08.602　天鹅射电源 A　Cygnus A

位于天鹅座的一个射电星系，是第一个被发现的著名射电星系。

08.603　星团自转　cluster rotation

星团的整体自转运动。

08.604　团星　cluster star

星团的成员星。

08.605　衣架星团　Coathanger Cluster

又称“布洛契星团”“Collinder 399”。位于狐狸座内的一个星群，其中六颗排列成一直线，另四颗在南侧形成钩子，像是“挂钩”。

08.606　会聚点　convergent point

移动星团所有成员星的自行矢量在天球上表现为向某一点会聚，此会聚之点。

08.607　盘族星团　disk cluster

从空间位置、运动和金属丰度等特征来看可归类于盘族的星团。

08.608　盘族球状星团　disk globular cluster

通常指金属度大于–0.8 的球状星团。

08.609　双重星团　double cluster

两个在空间相距很近且有共同起源的星团。

08.610　嵌埋星团　embedded cluster
全部或一部分位于气体尘埃云之内的星团，通常是非常年轻的星团。

08.611　场星　field star，general field star
在星团或星协所在天区中不属于它们的成员的恒星。

08.612　球状星团　globular star cluster，globular cluster
结构致密、中心集聚度很高、外形呈圆形或椭圆形的星团。

08.613　古德带　Gould Belt
在太阳附近聚集的大量亮于 7 星等的 OB 型星的带状恒星集团，长约 700pc，厚约 70pc，其中心平面与银道面交角约 17°。由美国天文学家古德(Gould)所发现。

08.614　武仙大星团　Great Cluster of Hercules
一个位于武仙座的球状星团，包含约 100 万颗恒星，距离地球约 25 100 光年，直径 145 光年。

08.615　飞马大四边形　Great Square of Pegasus
由飞马座α，β，γ 三颗星和仙女座α 星构成的四边形。

08.616　英仙双星团　η and χ Persei
英仙座内由 NGC 869 和 NGC 884 两个疏散星团构成的恒星集团。

08.617　英仙η星团　η Persei cluster
位于英仙座的一个疏散星团，英仙双星团的成员星团之一。

08.618　晕族球状星团　halo globular cluster
通常指金属度小于−0.8 的球状星团。

08.619　毕星团　Hyades
著名的疏散星团之一，位于金牛座。星团视直径约 15°，中心距离太阳约 140 光年，成员星数在 300 个以上。它的几颗亮星构成二十八宿中的毕宿，因此得名，但是亮星毕宿五并不是成员。

08.620　毕宿星群　Hyades group
一个包括毕星团及其附近很大的空间区域内的具有相近的空间运动速度和方向的恒星在内的恒星集群，直径超过数百光年。

08.621　毕宿超级星团　Hyades supercluster
位于毕星团附近,运动轨迹与毕星团相同，呈离散分布的较大尺度恒星群。不过仅有不到 15%的成员与毕星团恒星有相同的化学组成。

08.622　宝盒星团　Jewel Box
又称“南十字座κ星团”。位于南十字座κ的星团 MGC 4755。

08.623　成员星　member star
属于星团(或其他恒星集团)成员的恒星。

08.624　贫金属星团　metal-poor cluster
通常指金属度[Fe/H]< −1.6 的星团。

08.625　贫金属球状星团　metal-poor globular cluster
银河系中金属度[Fe/H]< −0.8 的球状星团。

08.626　富金属星团　metal-rich cluster
通常指金属度[Fe/H]> −1.3 的星团。

08.627　富金属球状星团　metal-rich globular cluster
银河系中金属度[Fe/H]⩾ −0.8 的球状星团。

08.628 移动星团 moving cluster

距离太阳相当近，因而能定出辐射点或汇聚点的疏散星团。

08.629 移动星团视差 moving cluster parallax

根据移动星团内成员星的自行和视向速度定出的星团的视差。

08.630 移动星群 moving group

有着相似年龄、金属量和运动(视向速度和自行)的一群恒星。

08.631 聚星 multiple star

三至十颗恒星组成的，在彼此引力作用下运动的天体系统。

08.632 非属团恒星 non-cluster star

不属于任何星团成员的恒星。

08.633 北十字 Northern Cross

由天鹅座中主要亮星组成的十字形星群。

08.634 OB 星协 OB association

主要由 O，B 型星组成的星协。

08.635 O 星团 O cluster

主要成员星为 O 型星的年轻星团。

08.636 OB 星团 OB cluster

主要成员星为 O，B 型星的年轻星团。

08.637 疏散星团 open cluster of stars, open cluster, open star cluster

曾称“银河星团(Galactic cluster)”。结构松散、外形不规则的星团。

08.638 猎户星集 Orion aggregate

位于猎户大星云区域内及其附近的恒星组成的集团。

08.639 猎户星协 Orion association

位于猎户座天区的著名 OB 星协。

08.640 射电变源 variable radio source

射电流量密度等被测参数随时间变化的射电源。

08.641 昴星团 Pleiades

位于金牛座的著名疏散星团。视力佳者肉眼可见其中 7 颗亮星，故又称“七姐妹星团”。

08.642 核坍缩后星团 post-core-collapse cluster

已经历核坍缩阶段的星团。

08.643 鬼星团 Praesepe

又称“蜂巢星团(Beehive Cluster)”。位于巨蟹座中的一个疏散星团，大小不到 10 秒差距，距离太阳约 520 光年。

08.644 自行成员星 proper motion member

由自行观测值所判定的星团成员星。

08.645 自行成员[性] proper motion membership

用成员概率来表征视场中的恒星属于星团自行成员的可能性大小。

08.646 原星团 proto-cluster

星团的前身,尚处于进一步形成中的星团。

08.647 四合星 quadruple star

由 4 颗恒星组成的聚星。

08.648 五合星团 quintuplet cluster, quintuplet star cluster

位于人马座方向的一个由年龄只有几百万

年的年轻恒星组成的疏散星团，距离地球约 2.6 万光年。因在红外波段团内有 5 颗星显得非常明亮而得名。

08.649　R 星协　R association

以麒麟R星云中的星协为代表的一类位于反射星云中的星协，它们起着照亮所在反射星云的作用。

08.650　移动星团辐射点　radiant of moving cluster

移动星团所有成员星的自行矢量在天球上表现为从某一点出发，此为出发之点。

08.651　弛豫星团　relaxed cluster

成员星已达到能均分状态的星团。

08.652　富星团　rich star cluster，rich cluster of stars，rich cluster

泛指成员星较多的星团。

08.653　天蝎–半人马星协　Sco-Cen association，Scorpius-Centaurus association

已知最近的 OB 星协，距离地球约 430 光年，许多天蝎座、豺狼座和半人马座的蓝色亮星以及心宿二和南十字座的大多数恒星都是它的成员。

08.654　天蝎 OB 1 星协　Scorpius OB 1

位于天蝎座中的一个主要由 O，B 型年轻恒星组成的星协。

08.655　六合星　sextuple star

由 6 颗恒星组成的聚星。

08.656　恒星云　star cloud

恒星高度密集的某些天区，看上去像是发亮的星云。

08.657　星团　star cluster，stellar cluster，cluster of stars，cluster

由十几颗至上百万颗恒星组成的有共同起源、相互之间有较强的力学联系的天体系统。

08.658　贫星区　star poor region

天空中或某个星系中恒星数密度很低的区域。

08.659　恒星群　star swarm，stellar group，group of stars，star group

由若干恒星组成的群体，这些恒星或者在空间分布上比较接近，有聚集倾向，或者在运动速度上大小和方向比较接近，有共同运动倾向。

08.660　星集　stellar aggregate，stellar aggregation

由众多恒星构成的集团，包括星协、星团，但不包括星系。

08.661　星协　stellar association，star association

一种空间数密度比星团稀疏得多、主要由同类恒星组成的恒星集团。只有从星场中挑出某类恒星，聚集现象才能确认。

08.662　星链　stellar chain

呈细长条形的恒星群体。星协中多见。

08.663　恒星复合体　stellar complex，star complex

源自同一气尘复合体。范围在几百秒差距，年龄约 10^8 年的恒星集合体。

08.664　星流　stellar stream，star streaming，star drift，drift of stars，drift

星系中有共性运动学和物理学特征的一群

恒星。因它们在位置空间中呈现长条形分布而得名。

08.665 恒星系统 stellar system，star system
由 2 颗或 2 颗以上有引力相互作用的恒星所组成的天体系统，包括双星、聚星、星团和星系等。

08.666 次团 subcluster
(1)星团内由部分成员星所构成的较小尺度成团结构。(2)星系团内由部分成员星系所构成的较小尺度成团结构。

08.667 超星团 super star cluster
又称“年轻大质量星团”。年龄与疏散星团相仿，质量与球状星团相近的一类恒星集团。

08.668 超星协 super-association
一类由恒星和星团构成的松散集合体，其累积光度与超星团相近。

08.669 T 星协 T association
主要由金牛 T 型星组成的星协。

08.670 金牛星团 Taurus cluster
位于金牛座的一个星团，距离太阳约 130 光年，直径 58 光年。

08.671 猎户四边形星团 Trapezium cluster
位于猎户大星云 M 42 核心的一个致密的疏散星团。

08.672 猎户四边形天体 Trapezium of orion，Trapezium
由猎户θ^1的 4 颗 O 型、B 型年轻恒星形成的边长相差不多的四边形聚星系统。

08.673 三合星 triple star
由 3 颗恒星组成的聚星。

08.674 特朗普勒分类 Trumpler's classification
美国天文学家特朗普勒提出的一种疏散星团分类法。

08.675 特朗普勒星团 Trumpler's star cluster
美国天文学家特朗普勒发现了多个疏散星团，它们被以特朗普勒加上编号命名。

08.676 大熊星团 Ursa Major cluster
由大熊座内和其他星座内的一些自行大小和方向非常接近的恒星组成的一个在天空中分布范围很大的星群。

08.677 野鸭星团 Wild Duck Cluster，Wild Duck Nebula
位于盾牌座的一个疏散星团，是恒星最多、最致密的疏散星团之一，初步估计包含 2 900 颗恒星。

08.678 年轻星团 young star cluster
年龄只有一亿年左右或更年轻的星团。

08.679 英仙α星团 α Persei cluster
位于英仙座的一个疏散星团，包括英仙α、英仙δ、英仙ε、英仙 29、英仙 30、英仙 34 和英仙 48 等恒星。

08.680 英仙χ星团 χ Persei cluster
位于英仙星座内的一个疏散星团，距离地球约 7 600 光年，和邻近的另一个疏散星团英仙η星团组成了双星团，后者距离地球约 6 800 光年。

08.681 半人马ω球状星团 ω Centauri
位于半人马星座内全天最亮最大的球状星

团，距离地球约 17 000 光年，年龄大约 120 亿岁，包括几百万颗恒星。

08.682 臂族 arm population

又称“极端星族Ⅰ(extreme population Ⅰ)”。由最年轻天体组成的星族。

08.683 船底臂 Carina arm

又称“人马-船底臂”。位于船底座方向的银河系旋臂结构。

08.684 人马 A Sagittarius A

人马 A 星系。一个距离地球约 1 200 万光年的活动星系，是第一个探测到的射电星系。

08.685 半人马 X-1 Centaurus X-1, Cen X-1

半人马座中的一个强 X 射线源。

08.686 半人马臂 Centaurus arm

又称“盾牌-半人马臂”。位于半人马座方向的银河系旋臂结构。

08.687 银河系冕 corona of the galaxy

银晕外面的一个巨大的球状的射电辐射区，环绕在银河系可见部分以外，是一个广延的大质量包层。

08.688 南十字-盾牌臂 Crux-Scutum arm

位于南十字-盾牌座方向的银河系旋臂结构，靠近核心的部分在盾牌座方向，然后逐渐转向南十字座方向。

08.689 天鹅 X-1 Cygnus X-1

一个位于天鹅座方向的 X 射线源，是人类发现的第一个黑洞候选天体。

08.690 银河系较差自转 differential Galactic rotation

银盘族天体绕银河系中心的转动角速度随天体银心距的不同而不同的现象。

08.691 盘族 disk population

又称“薄盘族(thin-disk population)”。由中等年龄天体组成的盘结构的星族。

08.692 盘标长 disk scale length

银盘恒星的数密度随银心距增大按指数律减小。定义局域天区恒星数密度减小为盘中心恒星数密度之 1/e 倍时，该天区的银心距为盘的标长或盘标长。

08.693 盘冲击 disk shocking

天体在穿越银盘时和银盘内的物质发生万有引力相互作用的现象。

08.694 二星流 double drift

又称“二星流假说(two-stream hypothesis)”。用以解释太阳附近恒星本动速度观测分布的一种理论假设。要点是认为近域恒星分属于总体运动方向恰好相反的 2 个星流，1904 年由荷兰天文学家卡普坦提出，后为施瓦西椭球假设所取代。

08.695 膨胀臂 expanding arm

又称“三千秒差距臂(three-kiloparsec arm)”银河系内离银心约 3 000pc 处的一条旋臂。因以约 53km/s 速度离银心向外做膨胀式运动而得名。

08.696 极端星族Ⅰ恒星 extreme population Ⅰ star

富金属年轻恒星中的一类。集中分布在银道面附近，主要为旋臂中的年轻恒星，如 O 型星、B 型星、超巨星。

08.697 银河臂 Galactic arm

银河系旋臂结构的通称。

08.698　银河系臂族　Galactic arm-population
位于银河系旋臂结构中的年轻天体之集合。

08.699　银河背景　Galactic background
银河系中由弥漫物质和无法分辨的遥远恒星构成的背景光。

08.700　银棒　Galactic bar
银河系核球区域由恒星和弥漫物质构成的棒状结构。

08.701　星系泡　galactic bubble
星系中星际介质密度特别低的局部小区域，因其外形往往大体上呈圆形或椭圆形而得名。

08.702　银河系核球　Galactic bulge
银盘中央的球形隆起部分。

08.703　银心　Galactic center
(1)银河系的中心点，即银河系自转轴与银盘对称平面的交点。(2)银河系的核心区域。

08.704　银心区　Galactic center region
泛指银心附近的银河系中央区域。

08.705　银河系通道　Galactic Chimney
又称“银河烟囱”。从银河系盘面伸出而且正在排放炽热云气的巨大通道。

08.706　银河系子系　Galactic component
银河系内在空间分布和运动状态上有共同特征的大量天体的集合。

08.707　银面聚度　Galactic concentration
设离银道面距离为 z 处的天体空间数密度为 D，则$-(\lg D/\lg z)$称为银面聚度。

08.708　银道坐标　galactic coordinates
以银道面为基准面的天球坐标系。

08.709　银冕　Galactic corona
银河系恒星分布区(银盘和银晕)之外的大致呈球形的巨大暗晕区，目前仅由引力作用判断其可能存在。

08.710　银河弥漫光　Galactic diffuse light
由银河系中弥漫的星际物质发射、反射或散射出来的光线。

08.711　银盘　Galactic disk
银河系可见物质的主要密集部分，外形呈扁平圆盘状。

08.712　银盘族　Galactic disk-population
位于银盘中的年轻天体之集合。

08.713　银河系演化　Galactic evolution
银河系形成后，其大尺度结构和运动学状态在引力作用下的演变过程。

08.714　银河喷流　Galactic fountain
从银河系中心同时向相反的方向喷射出来的两束巨大的喷流。

08.715　银河喷射源　Galactic gusher
银河系喷流的源头。

08.716　银晕　Galactic halo
银河系中包围着银盘、物质密度比银盘低的扁球形区域。

08.717　银晕族　Galactic halo-population
位于银晕中的老年天体之集合。

08.718 银河系光度 Galactic luminosity

银河系的总发光强度，通常以绝对星等来表征。

08.719 银河磁穴 Galactic magnetic cavity

出现在银河系中的磁场空腔，其中的空间几乎不存在磁场。

08.720 银河系磁场 Galactic magnetic field

银河系空间内存在着的磁场。

08.721 银河系模型 Galactic model

用以描述银河系在大尺度上的物质分布、运动学和动力学状态，以及化学组成的理论模型。

08.722 银河系噪声 Galactic noise

叠加在宇宙微波背景辐射中的、起源于银河系天体和星际介质的弥漫辐射。

08.723 银核 Galactic nucleus, Galactic core

银河系核球的中心致密区。

08.724 银心轨道 Galactic orbit

银河系天体绕银心的运动轨道。

08.725 银道面 galactic plane

经过太阳且与银盘对称平面相平行的平面。

08.726 银河系势 Galactic potential

银河系物质的总体引力势。

08.727 银河射电支 Galactic radio spur, Galactic spur

银河射电背景辐射偏离银道面的若干支叉，被认为是太阳附近的老超新星遗迹。

08.728 银河系自转曲线 Galactic rotation curve

银河系的自转线速度随半径的变化。

08.729 银河系结构 Galactic structure

银河系恒星及其他形态物质的大尺度空间分布状态，由银核、银河核球、银盘、银晕以及银冕组成。

08.730 银河次系 Galactic subsystem

银河系同一子系内由物理性质相近的天体组成的集合。

08.731 星系超泡 galactic superbubble

泛指出现在星系中的尺度特别大的星际泡。由星系中发生的众多大质量恒星的星风和超新星爆发所形成，直径达数百光年。

08.732 银河年 Galactic year

太阳系绕银河系中心转过一整周所经历的时间，约等于 2.4 亿年。

08.733 银心聚度 Galactocentric concentration

设离银心距离为 R 处的天体空间数密度为 D，则 $(-\lg D/\lg R)$ 称为银心聚度。

08.734 银心距 Galactocentric distance

银河系内天体到银心的距离。

08.735 银河系 the Galaxy, milky way galaxy, Galactic system

地球和太阳所在的星系。

08.736 G 矮星问题 G-dwarf problem

太阳邻域内贫金属G型矮星星数远小于简单化学演化模型的预期值。20 世纪 60 年代初由范登伯格(van den Bergh)和施米特(Schmidt)首先提出。

08.737 晕族 halo population

又称“极端星族Ⅱ(extreme population Ⅱ)”。由最年老天体组成的星族。

08.738　武仙 X-1　Hercules X-1

位于武仙座方向的一个X射线源。

08.739　IAU 银心距　IAU Galactocentric distance

由国际天文学联合会(IAU)推荐的银心距数值。

08.740　中介子系　intermediate component

空间分布和运动特性介于扁平子系和球状子系之间的一类银河系子系。

08.741　中介星族　intermediate population

介于极端星族Ⅰ和极端星族Ⅱ之间的星族，包括中介星族Ⅰ和中介星族Ⅱ。

08.742　中介次系　intermediate subsystem

组成中介子系的各个次系。

08.743　星际泡　interstellar bubble

星系中星际介质密度特别低的局部小区域。因其外形大体上呈圆形或椭圆形而得名。

08.744　*K* 效应　*K* effect

又称“*K* 项(*K* term)”。太阳附近B型亮星相对于太阳的系统性向外扩张运动对视向速度观测值的影响。因该项影响通常以 *K* 表示而得名。

08.745　本地静止标准　local standard of rest

又称“局域静止标准”。运动速度同太阳附近局部(通常取离太阳 100pc 或更大)范围内所有恒星的平均运动速度相一致的坐标系。

08.746　物质臂　material arm

由确定的恒星和其他形态物质构成的星系的旋臂，以区别于密度波理论对旋臂的解释。

08.747　矩尺臂　Norma arm

又称“天鹅臂”“天鹅-矩尺臂”。位于矩尺座方向的银河系旋臂结构。

08.748　北银极支　north Galactic spur, north Galactic-polar spur, north polar spur

分布在从银道面延伸到北银极区的一片射电连续结构。它也是X射线源。可能是距离地球 50～200pc 的超新星遗迹。

08.749　奥尔特常数　Oort constant, Oort's constant

奥尔特公式中的2个常数，常用A，B表征。

08.750　奥尔特公式　Oort formulae, Oort's formulae

表述银河系恒星自行和视向速度与奥尔特常数之间关系的公式。

08.751　光学臂　optical arm

根据光学天体显示出的旋涡星系的旋臂。

08.752　猎户臂　Orion arm

银河系中靠近太阳外侧的一段旋臂，位于猎户座。

08.753　猎户圈　Orion Loop

一道肉眼不可见的光弧，由数个古老超新星爆炸和大质量恒星风吹袭而成，中心大致在猎户座大星云的中心。

08.754　猎户射电支　Orion spur

(1)银河射电背景辐射偏离银道面的支叉之一，主体在猎户座内。(2)由猎户臂伸出的较小尺度旋臂结构，太阳即位于该支臂的内侧。

08.755　猎户腰带　Orion's belt
由猎户δ，ε，ζ三星构成的条形结构。因处于希腊神话中"猎户"的腰带位置而得名。

08.756　外缘旋臂　outer arm
位于银盘或其他旋涡星系外缘的旋臂。

08.757　外晕　outer halo
泛指星系晕的外围区域，对于银河系，通常取银心距 25kpc 为外晕的内边界。

08.758　英仙臂　Perseus Arm
银河系中离银心最远的一段旋臂，位于英仙座。

08.759　扁平子系　plane component
由银面聚度大、绕银心转动速度大的天体所构成的银河系子系。

08.760　扁平次系　plane subsystem
组成扁平子系的各个次系。

08.761　星族Ⅰ　population Ⅰ
由较年轻天体组成的星族。其特征是银面聚度大，绕银心的转动速度大，速度弥散度小，重元素丰度高。

08.762　星族Ⅱ　population Ⅱ
由较年老天体组成的星族。其特征是银心聚度大，绕银心的转动速度小，速度弥散度大，重元素丰度低。

08.763　星族Ⅲ　population Ⅲ
由大爆炸后不久形成的超大质量恒星组成的最年老星族。几乎不含重元素或金属丰度极低。

08.764　星族分类　population classification
恒星按空间分布和物理化学特征分类为若干星族。早期仅分为星族Ⅰ和星族Ⅱ，1957 年起细分为极端星族Ⅰ、中介星族Ⅰ、盘星族、中介星族Ⅱ和极端星族Ⅱ共 5 类。

08.765　星族　population of stars，population，stellar population
(1)星系中在年龄、化学组成、空间分布、运动特性等方面相近的大量天体的集合。(2)星系中恒星形成有阶段性，同一时期形成的恒星。

08.766　星族合成　population synthesis
用若干不同时期形成的恒星群体模拟星系的星族组成。

08.767　原银河云　protogalactic cloud
银河系的前身，尚处于气体云状态的银河系。

08.768　原银河系　proto-galaxy
演化后形成银河系的大致呈球状的自转原星系云。

08.769　射电臂　radio arm
根据射电源显示出的旋涡星系的旋臂。

08.770　无限薄盘　razor-thin disk
为简化盘状星系理论研究而引入的一种概念，其中的星系盘的厚度被忽略不计。

08.771　银河系自转　rotation of the galaxy，Galactic rotation
银河系内各类天体绕银心的整体转动，转动角速度随天体至银心距离的不同而不同。

08.772　人马 A*　Sagittarius A*
银河系中心的大质量黑洞。

08.773　人马臂　Sagittarius arm
银河系中靠近银心方向的一段旋臂，位于人马座。

08.774　球状子系　spherical component
由银面聚度小、银心聚度大、绕银心转动速度小的天体所构成的银河系子系。

08.775　球状次系　spherical subsystem
组成球状子系的各个次系。

08.776　示臂天体　spiral arm tracer
能显示星系旋臂结构的天体。

08.777　旋涡结构　spiral structure
旋涡星系所特有的物质分布结构。这种结构表现为从星系中心区隆起的核球的边缘向外延伸出若干条螺线状旋臂。

08.778　产星区　star-forming region，star-producing region，star-formation region
恒星形成的场所，主要在巨分子云内。少数小质量恒星形成于较小的分子云内，称为"博克球状体(Bok globules)"。

08.779　次系　subsystem
星系同一子系内物理性质相近的天体的集合。

08.780　厚盘　thick disk
(1)星系盘附近具有某种共同性质的老年恒星所构成的盘状结构。因比星系盘厚度大得多而得名。(2)几何厚度处处与到中心天体径向距离相当的吸积盘。

08.781　厚盘星族　thick-disk population
构成厚盘的星族。

08.782　薄盘　thin disk
(1)经典意义上的星系盘，用以区别近期发现的星系厚盘。(2)几何厚度处处远小于到中心天体径向距离的吸积盘。

08.783　翘曲星系　warped galaxy
盘外缘呈翘曲结构的星系。

08.784　潮汐臂　tidal arm
当两个星系彼此非常接近时，由于引力的潮汐作用，一个星系中的物质被另一个星系拽出，所形成的形如手臂的长条状结构。

08.785　速度椭球　velocity ellipsoid
在德国天文学家史瓦西(K. Schwarzschild)所提出的恒星本动速度椭球分布理论中，由速度空间内恒星数密度等于中心最大数密度的 e^{-1} 倍的点所构成的椭球。

08.786　奔赴点　vertex
(1)二星流假说中每一星流在本地静止标准中的总体运动方向所指向的天球上的点。(2)在研究光行差等效应时，地面观测者运动所指向的天球上的点。

08.787　隐带　zone of avoidance
在银道面附近，由于星际尘埃的消光使光学波段观测到的河外星系特别少的一个不规则带状天区。

08.788　双重星系　binary galaxies
两个视位置很接近的星系，或具有物理联系，或由投影效应所致。

08.789　牧夫巨洞　Bootes void
1981 年在牧夫座发现的一个体积达 10^{25} 立方光年的巨洞，系迄今所知的最大巨洞，大致呈球状，直径 3 亿多光年，其内部未发现正常的亮星系。

08.790　延伸晕　broad halo
具有明亮中心的一些星系周围较大的延伸区。

08.791　半人马射电源 A　Centaurus A，Cen A

又称“NGC 5128 星系”。位于半人马座的一个很强的射电源和活动星系。巨大的椭圆星系被一条明显的尘埃带切开，距离地球约 1 300 万光年。

08.792　星系团成员　cluster member

属于星系团成员的星系。

09. 太　阳

09.001　太阳　sun
距地球最近，因而最亮的一颗恒星。地球绕它公转。

09.002　原太阳　protosun
形成太阳的弥漫、等温和密度均匀的星际云。

09.003　光学太阳　optical sun
在可见光波段观测到的太阳。

09.004　射电太阳　radio sun
在射电波段观测到的太阳。

09.005　X 射线太阳　X-ray sun
在 X 射线波段观测到的太阳。

09.006　宁静太阳　quiet sun
忽略活动现象的太阳。

09.007　活动太阳　active sun
含有活动现象的太阳。

09.008　太阳常数　solar constant
表征太阳辐射能量的一个物理量，等于在地球大气外离太阳 1AU 处，和太阳光线垂直的 $1cm^2$ 面积上每分钟所接收到的太阳总辐射能量。其值为 $8.21J/(cm^2 \cdot min)$。

09.009　太阳辐照度　solar irradiance
在地面上接收到的太阳辐射流量。

09.010　太阳扁率　solar oblateness
太阳的赤道直径略大于两极直径，差值约为平均直径的 5×10^{-5}，称为太阳扁率。

09.011　太阳内部　solar interior
太阳对流层及其以下层次，因其辐射被外层吸收，不能直接观测，只能用理论间接研究。

09.012　太阳中微子亏缺　solar neutrino deficit
太阳中微子流量的实测值仅为现有理论值的 1/3 左右，似乎出现“亏缺”，故得名。

09.013　太阳中微子单位　solar neutrino unit, SNU
天体中微子辐射强度的单位。以每个靶原子每秒俘获 10^{-36} 个太阳中微子为 1。

09.014　太阳大气　solar atmosphere
能直接观测到的太阳表面气体层。

09.015　太阳中微子　solar neutrino
太阳上由核反应产生的质量几乎为零、并以近光速运动的中性粒子。

09.016　太阳总辐射　total solar irradiance
太阳发射出的全部电磁辐射（γ射线、X 射线、紫外光、可见光、红外光和射电波）以及各种粒子辐射的总和，但有时仅指全部电磁辐射。

09.017 太阳宇宙线 solar cosmic rays

由太阳耀斑发射的高能粒子流，其能量可达 10^{10}eV。

09.018 太阳高能粒子 solar energetic particle

太阳局部区域抛射出的高能粒子。

09.019 太阳脉动 solar pulsation

太阳流体元沿径向或非径向的周期性收缩和膨胀。

09.020 太阳自转 solar rotation

太阳不停地绕自转轴旋转，周期约为 27 天。

09.021 太阳光谱 solar spectrum

太阳光经过分光仪器后得到的连续谱和谱线分布。

09.022 太阳过渡区 solar transition region

介于色球和日冕之间的太阳大气。早先的文献中也指太阳内部或大气中具有明显不同物理性质的两个相邻层次之间的过渡区域。

09.023 差旋层 tacholine

太阳对流层底部附近的薄层，该层中几乎所有纬度处均存在很强的速度剪切，被认为可能是太阳发电机的工作区，即太阳磁场的源区。

09.024 子午环流 meridional circulation

在太阳表面及浅层处，观测到物质从赤道沿子午圈向两极流动，速度约为 20 m/s。为保持质量平衡，推测在更深层应有相反方向的物质流动，从而形成环流。

09.025 红外太阳 infrared sun

用电磁波谱中的红外波段观测到的太阳。

09.026 宁静太阳射电辐射 quiet solar radio radiation

忽略太阳活动贡献时，太阳在射电波段的辐射。

09.027 日震学 helioseismology

通过观测太阳和研究太阳的震荡(主要是称为 p 模的声波)，研究太阳的内部结构的科学。

09.028 p 模 p mode

太阳振荡的一种模式，即由压力波引起的径向脉动模式。

09.029 g 模 g mode

太阳振荡的一种模式，即非径向的重力模式。

09.030 5 分钟振荡 five-minute oscillation

在太阳光球上观测到的周期约为 5 分钟的速度起伏。

09.031 160 分钟振荡 160-minute oscillation

在太阳光球上观测到的周期约为 160 分钟的速度起伏。

09.032 时距日震学 time-distance helioseismology

根据距离太阳上某个特定位置在不同距离处测量到的声波的时间差，研究太阳内部结构。

09.033 日面 solar disk

用宽波段可见光所看到的太阳表面。

09.034 日面图 heliographic chart

反映太阳主要活动体的日面分布图。

09.035　日面坐标网　heliocentric coordinate network

对应于不同时刻的太阳球面坐标网在日面上的投影图。

09.036　日面综合图　carte synoptique(法)

反映在 1 个太阳自转周内太阳主要活动体按日面经纬度的分布图。

09.037　卡林顿子午圈　Carrington Meridian

通过 1854 年 1 月 1 日世界时 12 时太阳赤道对黄道的升交点的日面经圈。

09.038　卡林顿坐标　Carrington Coordinate

以卡林顿子午圈为经度零点，赤道为纬度零点的日面坐标系。

09.039　日心角　heliocentric angle

太阳表面某点至太阳中心连线与观测者至太阳中心连线的交角。

09.040　日心距离　heliocentric distance

太阳视圆面上一点与日面中心的距离。常以太阳半径为单位。

09.041　视面积　apparent area

太阳活动体在日面上的投影面积，以可见日面的百万分之一为度量单位。

09.042　改正面积　corrected area

太阳活动体的实际面积，通常由观测到的视面积经投影改正后求得。

09.043　卡林顿经度　Carrington longitude

通过日面某一定点的日面经圈与本初经圈的夹角。本初经圈定义为 1854 年 1 月 1 日世界时 12 时通过太阳赤道与黄道升交点的经圈。

09.044　卡林顿自转序　Carrington rotation number

从 1853 年 11 月 9 日太阳本初经圈通过日面中心开始，按太阳自转会合周期(27.275 3 天)计序的太阳自转序数。

09.045　日面坐标系　heliographic coordinate system

分别以日面(太阳球面)上的本初经圈和太阳赤道为起点，来确定日面上某点的经度和纬度的坐标系。

09.046　日面纬度　heliographic latitude

日面坐标系中的纬度。

09.047　日面经度　heliographic longitude

日面坐标系中的经度。

09.048　光球　photosphere

太阳大气的最低层，温度由内向外降低。

09.049　光球模型　photospheric model

在假定光球为平行平面层、处于静力学平衡状态，并忽略米粒组织以及黑子等不均匀性等条件下建立的物理参数随深度变化的光球结构。

09.050　临边昏暗系数　limb-darkening coefficient

由于视线方向太阳大气光学深度的变化，观测到的太阳辐射强度从日面中心向边缘逐渐减弱。一般采用多项式去拟合它，各多项式的系数称为临边昏暗系数。

09.051　标准太阳模型　standard solar model, SSM

假定太阳为球对称，处在静力学平衡，能

源为热核聚变，能量传输为辐射和对流，以及化学元素变化仅由核反应产生，从而建立方程组，求解得到的太阳模型。

09.052 非标准太阳模型 non-standard solar model

不满足标准太阳模型假设条件下建立的太阳模型。

09.053 比德伯格连续大气模型 Bilderberg continuum atmosphere model，BCA model

1968 年比德伯格根据观测的太阳连续谱，并与理论相结合提出的一种太阳大气模型。

09.054 哈佛-史密松参考大气 Harvard-Smithsonian reference atmosphere，HSRA

由哈佛大学和史密松天体物理研究所于 1971 年提出的太阳大气模型。由于利用了空间观测得到的太阳紫外和红外光谱资料，在太阳光球上层和色球层，HSRA 比 BCA 模型精确。

09.055 反变层 reversing layer，reversionlayer

早期太阳大气模型中，处在光球上方的一个低温薄层。该模型认为，光球仅发射连续谱，而暗黑的吸收谱线是由此薄层吸收连续谱辐射而形成的。

09.056 米粒 granule

日面上短暂而不断变化的多角形明亮斑点。

09.057 米粒组织 granulation

由大量米粒组成的细网状结构。

09.058 巨米粒 giant granule

太阳光球中由对流形成的一种明亮元胞，其尺度约为几十万千米，寿命为 10～14 月。

09.059 巨米粒组织 giant granulation

由巨米粒组成的太阳光球结构。

09.060 中米粒 mesogranule

太阳光球中由对流形成的一种明亮元胞，其尺度为 5 000～10 000km，寿命超过 2 小时。

09.061 中米粒组织 mesogranulation

由中米粒组成的太阳光球结构。

09.062 超米粒 supergranule，hypergranule

在日面速度场图和磁图中观测到的尺度为几万千米，寿命为几十小时的结构单元。

09.063 超米粒组织 supergranulation，hypergranulation

由大量超米粒组成的网状结构。

09.064 米粒间区 intergranular area

太阳光球米粒之间的区域。

09.065 超米粒元胞 supergranular cell

日面上网状超米粒结构中的网眼，即单个超米粒单元。

09.066 色球 chromosphere

位于光球和日冕之间的太阳大气层，温度由内向外升高。

09.067 色球蒸发 chromospheric evaporation，chromospheric ablation

耀斑发生时，局部色球物质因温度剧增而向日冕扩散的现象。

09.068 色球压缩区 chromospheric condensation

太阳耀斑产生初期在色球层顶部形成并向下运动的高密度区。

09.069 色球网络 chromospheric network

在宁静太阳色球中，由亮斑和暗斑组成的多角形链状结构。

09.070 增强网络 enhanced network

由日面磁元组成的网络状结构，各磁元的磁场较强，单个网络的极性基本相同。

09.071 闪光谱 flash spectrum

日食期间，当月球遮掩太阳光球时所观测到的太阳色球发射光谱。

09.072 贝利珠 Baily's beads

日食期间，当月球遮掩太阳光球时，由于月球表面凹凸不平，日光仍可透过凹处发射出来，形成类似珍珠的明亮光点。因英国天文学家贝利首先观测而得名。

09.073 色球日冕过渡区 chromosphere corona transition region

太阳大气中位于色球和日冕之间，物理状态随高度陡变的一个薄层。

09.074 日冕 solar corona

太阳大气的最外层，可延伸到几个太阳半径甚至更远处。温度达百万度。

09.075 E 冕 E corona

由日冕自身的高次电离原子辐射形成的日冕成分。

09.076 F 冕 F corona

由行星际尘埃云散射太阳光球辐射形成的日冕成分。

09.077 K 冕 K corona

由自由电子散射太阳光球辐射形成的日冕成分。

09.078 日冕凝区 coronal condensation

日冕低层的明亮区域，是光球和色球的局部活动区在日冕中的延伸。

09.079 内冕 inner corona

日冕的内层，与太阳表面的距离小于 0.3 个太阳半径。

09.080 外冕 outer corona

日冕的外层，与太阳表面的距离大于 0.3 个太阳半径。

09.081 超冕 supercorona

日冕的最外层，与太阳表面的距离可达几十个太阳半径。

09.082 冕洞 coronal hole

用 X 射线观测到的日冕中的大片暗区域。

09.083 冕盔 coronal helmet

日冕中头盔形的明亮结构。

09.084 冕扇 coronal fan

日冕中扇形的明亮结构。

09.085 冕流 coronal streamer

日冕中明亮的射流状结构，其长度与太阳活动有关。

09.086 冕雨 coronal rain

日冕中一些较冷的物质流，以自由落体的速度沿弯曲轨道下落的现象。

09.087 日冕射线 coronal ray

冕流外部的细长射线状结构。

09.088 日冕物质抛射 coronal mass ejection

日冕局部区域内的物质大规模快速抛射现象。

09.089 日冕禁线 coronal forbidden line

在日冕光谱中出现的由违反一般原子能态跃迁规则所产生的谱线。

09.090 日冕加热 coronal heating

目前认为是由于磁能耗散而加热，使得日冕的温度达百万度，远高于光球和色球的温度。

09.091 日冕瞬变 coronal transient

在日冕局部区域偶然出现的形态和光度变化。

09.092 日冕亮点 coronal bright point

日冕中出现的紫外或 X 射线亮点。

09.093 冕环 coronal loop

日冕中环形的明亮结构。

09.094 极大[期]日冕 maximum corona

太阳活动极大年(峰年)期间的日冕。

09.095 极小[期]日冕 minimum corona

太阳活动极小年(谷年)期间的日冕。

09.096 极羽 polar plume

用日冕仪、空间太阳紫外望远镜或日全食时看到的太阳极区的日冕呈羽毛状结构，实际上反映该处的磁场形态。

09.097 日冕活动 coronal activity

在宁静日冕背景上短时间内出现的辐射强度变化。

09.098 日冕连续谱 coronal continuum

用分光仪观测到的日冕辐射强度在较大波长范围内、除去谱线之外的分布。

09.099 太阳风 solar wind

日冕因高温膨胀，不断抛射到行星际空间的等离子体流。

09.100 扇形结构 sector structure

日地空间黄道面附近以太阳为中心向外展开的，正负极性相间的扇形磁场区域。

09.101 日球层 heliosphere

泛指太阳风延伸所占据的整个空间。

09.102 日球层顶 heliopause

日球层的外边界。

09.103 辐射带 radiation belt

被磁场捕获在行星周围，能发射电磁辐射的太阳带电粒子所在区域。

09.104 日地环境 solar-terrestrial environment

太阳与地球之间的空间环境。

09.105 日地物理学 solar-terrestrial physics

研究日地空间的物理特性及太阳对地球影响的学科。

09.106 磁层暴 magnetospheric storm

日冕物质抛射及其加速的高能粒子流造成对地球磁层的突发性剧烈扰动。

09.107 粒子事件 ground level event，GLE

太阳耀斑爆发时在地球表面观测到的高能粒子增强事件。

09.108 太阳风暴 solar storm

日冕物质抛射和太阳耀斑常在日地空间造成剧烈的扰动，引起空间环境发生灾害性变化，给地球磁层、电离层和中高层大气、卫星运行和安全，以及人类活动带来严重影响和危害。人们通俗地将它们称为太阳风暴。

09.109 日球磁层 heliomagnetosphere
由太阳风带出在日球层形成的磁场区。

09.110 频率突漂 sudden frequency drift, SFD
太阳耀斑短波辐射增强引起地球电离层电子密度增大，从而造成无线电通信中由电离层反射信号的临界频率向高频漂移的现象。

09.111 先兆 precursor
某事件(如太阳耀斑)发生前的一些征兆。

09.112 极冠吸收 polar cap absorption
太阳耀斑发射的带电粒子沿地球磁场的磁力线运动，在地球两极地区上空聚集，导致对宇宙噪声的严重吸收，使噪声信号减弱的现象。

09.113 磁层亚暴 substorm
地球磁尾能量快速释放过程，导致极光和高纬地磁扰动等现象。

09.114 电离层突扰 sudden ionospheric disturbance, SID
太阳耀斑强烈的 X 射线和紫外辐射，使地球电离层的电离度突然增大，高度下降，从而引起一系列与电离层有关的电波传播效应，并影响无线电通信。

09.115 天电突增 sudden enhancement of atmospherics, SEA
电离层突扰的一种形式。D 层的电离度突然增大，使其对大气中天电低频波的反射率增加，导致天电噪声信号急剧增强。

09.116 日地关系 solar-terrestrial relationship
太阳的电磁辐射和粒子流对地球磁场、电离层和气候等方面影响的总称。

09.117 宇宙噪声突然吸收 sudden cosmic noise absorption, SCNA
电离层突扰的一种形式。电离层的电离度增大，使宇宙射电信号穿过电离层时受到的吸收增强，因此在地面接收到的信号突然减弱。

09.118 相位突异 sudden phase anomaly, SPA
电离层突扰的一种形式。太阳耀斑使接收到的某电台的天波和地波合成信号相位的突变现象。

09.119 场强突异 sudden field anomaly, SFA
太阳耀斑使接收到的某电台的天波和地波合成信号强度突变的现象。

09.120 短波突衰 sudden short wave fadeout, SSWF
又称“莫格尔-戴林格效应(MÖgel-Dellinger effect)”。电离层突扰的一种形式。太阳耀斑期间，D 层和 E 层的电离度突然增大，由 F 层反射的高频电波在通过 D 层和 E 层时受到的吸收增大，导致无线电波信号突然减弱，甚至中断。

09.121 磁钩 crochet
太阳耀斑出现时，地磁强度记录上出现的持续几分钟至几十分钟的钩形变化。

09.122 太阳巡视 solar patrol
对以耀斑为主的太阳活动现象的连续监测。

09.123 太阳服务 solar service
向气象、电讯、地磁、电离层和宇航等有

关部门提供太阳活动资料和预报的工作。

09.124 太阳活动 solar activity
太阳黑子、耀斑、射电暴等活动现象的总称。

09.125 射电爆发 radio burst
又称"射电暴"。太阳局部区域射电辐射突然增强的现象。

09.126 噪暴 noise storm
太阳射电爆发的一种类型，由叠加在增强的连续辐射背景上的许多脉冲形窄频带的快速爆发所组成。

09.127 尖峰爆发 spike burst
太阳射电辐射的一种快速脉冲式爆发现象。每个脉冲爆发的持续时间仅为几毫秒到几十毫秒，形似尖峰。

09.128 黑子相对数 relative number of spots
又称"沃尔夫数(Wolf number)"。表征太阳黑子多寡的一个量，其值 $R=k(10g+f)$，其中 g 是日面上黑子群的数目，f 是单个黑子的数目，k 是与观测台站、仪器和观测者有关的一个常数。由瑞士天文学家沃尔夫首先提出。

09.129 苏黎世数 Zürich number
瑞士苏黎世天文台所测定的沃尔夫数，该台的 k 值取为 1。

09.130 蝴蝶图 butterfly diagram
以时间为横坐标、日面纬度为纵坐标而绘出的形如蝴蝶的太阳黑子群分布图。

09.131 太阳活动区 solar active region
以黑子为主体的太阳活动现象汇聚的区域。

09.132 瞬现[活动]区 ephemeral active region
存在时间仅约 1 天的、具有两个不同极性磁场结构的日面小活动区。

09.133 活动经度 active longitude
日面上活动现象频繁的经度区域。

09.134 活动穴 active nest
又称"活动复合体(active complex)"。日面上几个活动区挤在一块的区域。

09.135 太阳活动周 solar cycle
太阳活动强弱变化的周期，平均约为 11 年。

09.136 巨极大 giant maximum
持续几十年以至超过一个世纪的太阳活动极大期。

09.137 巨极小 giant minimum
持续几十年以至超过一个世纪的太阳活动极小期。

09.138 蒙德极小期 Maunder minimum
英国天文学家蒙德发现的 1645～1715 年间太阳活动持续处于低潮的时期。

09.139 斯波勒极小期 Spörer minimum
在 1400～1510 年间太阳活动持续处于低水平的时期。

09.140 太阳磁周 solar magnetic cycle
太阳普遍磁场的极性，以及前导和后随黑子在日面南、北半球的磁极性排列，都每隔大约 22 年反转一次。这个周期称为太阳磁周。

09.141 斯波勒定律 Spörer's law
在一个太阳活动周中黑子平均纬度随时间

的变化规律。具体表现为“蝴蝶图”。

09.142　太阳峰年　solar maximum year

太阳活动达到极大的年份。

09.143　太阳谷年　solar minimum year

太阳活动达到极小的年份。

09.144　太阳γ射线暴　solar γ-ray burst

太阳上由核反应产生的γ射线爆发。

09.145　黑子周期　sunspot cycle

太阳黑子的数量呈周期性变化的时间间距，约为 11 年。

09.146　黑子极大期　sunspot maximum

太阳黑子数量达到极大值的时期。

09.147　黑子极小期　sunspot minimum

太阳黑子的数量达到极小值的时期。

09.148　米波暴　meter-wave burst

太阳局部区域米波辐射突然增强的事件。

09.149　太阳 X 射线暴　solar X-ray burst

太阳局部区域 X 射线突然增强的事件。

09.150　太阳活动预报　solar activity prediction, prediction of solar activity

预报太阳各种活动现象出现和变化的规律。

09.151　太阳微波暴　solar microwave burst

太阳局部区域微波(通常指波长在 0.1～30cm 的电磁波)辐射突然增强的事件。

09.152　太阳软 X 射线暴　solar soft X-ray burst

太阳局部区域软 X 射线突然增强的事件。

09.153　苏黎世[黑子]分类　Zürich classification

瑞士苏黎世天文台提出的太阳黑子类型划分标准。

09.154　苏黎世黑子相对数　Zürich relative sunspot number

按照瑞士苏黎世天文台制定的统计太阳黑子数目的方法所计算出的太阳黑子数目。

09.155　国际太阳联合观测　International Coordinated Solar Observation，ICSO

为了取得太阳或太阳爆发过程的完整资料，国际上往往安排许多天文台的多种望远镜和有关仪器对其进行专门的跟踪观测。

09.156　快速精细结构　fast fine structure

太阳微波爆发中常出现时标短于 0.1s 的辐射强度快速变化，从而在辐射强度随时间变化图中形成的复杂结构。

09.157　格莱斯伯格周期　Geissberg period

格莱斯伯格分析了太阳活动周中黑子相对数极大值的分布规律后，于 1971 年提出太阳活动可能存在长度约为 80 年的周期。

09.158　太阳爆发　solar eruption

发生在日面上的大规模能量突然释放现象。

09.159　[太阳]黑子　sunspot

太阳光球中的暗黑斑点。磁场比周围强，温度比周围低，是主要的太阳活动现象。

09.160　太阳黑子群　sunspot group

在日面局部区域成群出现的黑子。

09.161　小黑点　pore

又称“气孔”。太阳上没有半影的孤立小黑子。

09.162　黑子本影　sunspot umbra

发展完全的太阳黑子中,较暗的核心部分。

09.163　黑子半影　sunspot penumbra

发展完全的太阳黑子中，围绕本影的较亮的边缘区域。

09.164　单极黑子　unipolar sunspot

孤立存在的黑子。只具有一种磁极性。

09.165　双极黑子　bipolar sunspots

磁场极性相反、强度相近的成对黑子。

09.166　前导黑子　leading sunspot, preceding sunspot

太阳黑子群中位于日面西边(就太阳自转方向来说位于前面)的主要黑子。

09.167　后随黑子　following sunspot, trailer sunspot

太阳黑子群中位于日面东边(就太阳自转方向来说位于后面)的主要黑子。

09.168　威尔逊凹陷　Wilson depression

英国天文学家威尔逊根据日面边缘附近黑子半影宽度的不对称性，认为黑子低于光球的现象。

09.169　埃弗谢德效应　Evershed effect

黑子上空大气低层的物质从黑子内部沿径向外流到光球，高层物质由色球流入黑子的现象，因英国天文学家埃弗谢德首先发现而得名。

09.170　本影闪烁　umbral flash

太阳黑子本影内偶然出现的闪光。

09.171　重现黑子群　revival spot group

跟随太阳自转并再次出现在日面上的黑子群。

09.172　复杂[黑子]群　complex group

具有多个正负磁极性混杂分布的太阳黑子群。

09.173　亮桥　light bridge

太阳黑子本影中出现的较明亮的桥状结构。

09.174　本影点　umbral dot

太阳黑子本影中出现的较背景明亮的点状物。

09.175　单极群　unipolar group

磁场极性单一的黑子群。

09.176　双极群　bipolar group

磁场极性为双极的黑子群。

09.177　单束模型　monolithic model

模型中的主体为不可分割的实体。

09.178　多束模型　cluster model

模型中的主体由许多纤维构成的集合体。

09.179　超半影区　super penumbral region

有些较大的太阳黑子在半影外围出现的比半影稍亮但比光球稍暗的区域。

09.180　半影行波　running penumbral wave

用色球谱线观测时，有时会看到有亮暗相间的条纹从黑子本影与半影交界处穿越半影区,向黑子外的光球区传播的波动现象。

09.181　磁[场]分类　magnetic classification

对太阳活动区(黑子群)按其中的磁场极性分布进行分类，常用的是由美国威尔逊山天文台提出的威尔逊山分类。

09.182　亮颗粒　bright grain

出现在黑子本影中的亮斑。

09.183　光球光斑　photospheric facula

在活动区周围出现的光球内的颗粒状亮斑，与色球谱斑在位置上相对应。

09.184　谱斑　plage，flocculus

在钙的 H 或 K 谱线或氢的 Hα单色像上明亮的斑块。

09.185　钙谱斑　calcium flocculus，calcium plage

在钙的 H 或 K 谱线单色像上明亮的斑块。

09.186　氢谱斑　hydrogen flocculus

在氢谱线中心及附近波长的单色像上所观测到的明亮区域。

09.187　吸收谱斑　absorption flocculus

在太阳 10 830Å 色球单色像上呈暗黑状态的区域。

09.188　日珥　solar prominence

突出在日面边缘外的一种火焰状活动现象。它远比日冕亮，但比日面暗。

09.189　宁静日珥　quiescent prominence

比较稳定的日珥，寿命可达数月。

09.190　活动日珥　active prominence

具有强烈活动和变化的日珥，寿命只有几分钟至几小时。

09.191　暗条　filament

太阳色球单色像上的细长形暗条纹，是日珥在日面上的投影。

09.192　拱状暗条系统　arch filament system，AFS

当磁流管从太阳表面下浮现出来形成小双极区时，在 Hα单色像上观测到的连接正、负极性区的暗纤维群。

09.193　爆发日珥　eruptive prominence，exploding prominence

短时间内由宁静而突然爆发的日珥。

09.194　暗条激活　filament activation

在色球单色像上，当暗条从宁静状态变为活动状态时，其本身突然变形、震荡、物质抽空或(部分)消失。

09.195　暗条通道　filament channel

在强剪切磁中性线两侧正负磁极处出现较长的色球纤维，近似沿着磁中性线走向，由此出现容易形成暗条一个区域。

09.196　冠状日珥　cap prominence

出现在非常活跃的黑子群中明亮的垛状日珥，可维持很长时间，有时也会突然爆发。

09.197　暗条振荡　field oscillation

暗条物质发生振动的现象。

09.198　环状日珥　loop prominence

日面边缘观测到的形状类似环形的日珥，大多在太阳耀斑之后形成。

09.199　极区日珥　polar prominence

位于太阳两极地区的日珥，其日面纬度一般在 40°以上。

09.200　暗条突逝　filament sudden disappearance

用单色光(如氢谱线 Hα)观测时，作为日珥在日面投影的暗条如果突然运动(如变成爆发日珥),由于多普勒效应产生的谱线位移，将导致暗条突然消失。

09.201　耀斑　flare
太阳大气局部区域突然变亮的活动现象，常伴随有增强的电磁辐射和粒子发射。

09.202　白光耀斑　white light flare
在可见光波段相对于太阳光球背景辐射增强的耀斑。

09.203　双带耀斑　two ribbon flare
在太阳色球单色像上表现为两条亮带的耀斑。

09.204　相似耀斑　homologous flare
在太阳上同一处接连发生且形状和演变过程都相似的耀斑。

09.205　相应耀斑　sympathetic flare
某些太阳耀斑的出现可能是不同活动区中正在发生的其他耀斑的反响。前者称为后者的相应耀斑。

09.206　致密耀斑　compact flare
小而亮的太阳耀斑，在太阳色球单色像上表现为若干亮斑或亮弧。

09.207　微耀斑　microflare，miniflare
在X射线和紫外波段观测到的太阳上微小的、存在时间很短的亮点，其能量一般小于 10^{20}J。

09.208　纳耀斑　nanoflare
又称“纤耀斑”。在日冕中频繁出现的极小爆发，每一个爆发的尺度估计为 500km，能量小于 10^{18}J。

09.209　[太阳]质子耀斑　[solar] proton flare
在高能粒子发射中质子流量较大的耀斑。

09.210　[太阳]质子事件　[solar] proton event
太阳质子耀斑使地球轨道附近能量大于 10MeV 的质子流量超过平时一个量级的事件。

09.211　耀斑核　flare kernel
太阳耀斑在低层大气中的核心区域。其Hα发射线比其他区域更宽和更强,故可用Hα偏带观测到核块。

09.212　埃勒曼炸弹　Ellerman bomb
又称“胡须(moustache)”。在黑子附近出现的、仅可在Hα线翼处观测到的亮点。

09.213　[耀斑]闪相　flash phase
太阳色球耀斑从开始变亮迅速发展到极大亮度，通常只需几分钟至十几分钟。这一时期称为闪相。

09.214　[耀斑]爆发相　explosive phase
一些太阳色球耀斑有面积迅速扩展的阶段。并非所有耀斑都有爆发相 。

09.215　脉冲相　impulsive phase
太阳耀斑刚产生后硬 X 射线急剧变化的阶段。

09.216　耀斑后环　post flare loop
双带耀斑的一种伴生现象，即在耀斑主相期内由高温耀斑环冷却而在日冕内形成的一系列环状结构物，一般可存在 10～20 小时。

09.217　边缘耀斑　limb flare
在日面边缘附近出现的耀斑。

09.218　光学耀斑　optical flare
在光学波段观测到的耀斑。

09.219　非质子耀斑　non-proton flare
爆发时无可测高能质子发射的耀斑。

09.220　耀斑[亮]带　flare ribbon
耀斑爆发时，在太阳单色像上出现的、亮度增加的带状结构。

09.221　耀斑级别　flare class, flare importance
按照耀斑 Hα单色像上的面积大小将耀斑分为 S, 1, 2, 3, 4 五个等级；或按波长 1～8 埃内软X射线峰值流量大小而将耀斑分为 A, B, C, M, X 五个等级。

09.222　脉冲太阳耀斑　impulsive solar flare
具有脉冲式辐射的太阳耀斑。

09.223　再现耀斑　recurrent flare
在有些太阳活动区中发生耀斑之后不久(通常为几小时)再次发生的耀斑，其形态与前者往往有些相似。

09.224　亚耀斑　subflare
用氢谱线 Hα观测到的极大时面积小于 100×10^{-6} 太阳半球面积的小耀斑。

09.225　日浪　surge
从太阳活动区抛出，达到一定高度后往往又沿原路径返回日面的气流。

09.226　日喷　spray
从太阳活动区高速抛出后不再返回日面的气流。

09.227　细链　filigree
高分辨日面像上出现在超米粒边缘附近的链状图样。

09.228　玫瑰花结　rosette
太阳色球单色像上由日芒聚集而成的花瓣状物。

09.229　小纤维　fibril
太阳色球单色像上的细短条纹。

09.230　日面喷焰　solar puff
在日面耀斑爆发区域有时会出现的短暂的小规模物质喷射。

09.231　太阳单色像　spectroheliogram, solar filtergram
用单色光所观测到的太阳像。

09.232　太阳单色光照相术　spectroheliography
让太阳像扫过光谱仪入射狭缝，在出射狭缝处拍摄太阳单色像的方法。

09.233　磁图　magnetogram
太阳上磁场的分布图。

09.234　太阳照相仪　heliograph, photoheliograph
用照相方法拍摄太阳图像的仪器。

09.235　太阳光电磁像仪　solar photoelectric magnetograph
用光电探测器测量太阳磁场的仪器。

09.236　照相磁像仪　photographic magnetograph
用照相方法测定太阳磁场的仪器。

09.237　光球望远镜　photospheric telescope
专用于观测太阳光球的望远镜。

09.238 太阳射电频谱图 radio spectroheliogram

以太阳射电辐射出现的频率为纵坐标、时间为横坐标、灰度代表单色流量画出的图。

09.239 太阳光谱仪 solar spectrograph

获取太阳光谱的仪器。早年用照相方法记录光谱，又称为“太阳摄谱仪”。

09.240 太阳单色光观测镜 spectrohelioscope

让太阳像扫过光谱仪入射狭缝，在出射狭缝处可看到太阳单色像的仪器。

09.241 太阳光谱-单色光照相仪 spectra-spectroheliograph，S2HG

一种简单的二维光谱仪。若太阳单色光照相仪的出射狭缝包含一定波长范围，则入射狭缝逐步扫描太阳像的过程中，可在光谱焦面上逐步获得一系列对应于被扫描日面区域的该波长范围的光谱。

09.242 太阳磁像仪 solar magnetograph

测量太阳磁场的仪器。

09.243 电离层不透明度仪 riometer

放置在地面高纬地区，用于接收宇宙噪声变化的长波(常用频率为30MHz)接收机。

09.244 水平式摄谱仪 horizontal spectrograph

拍摄太阳光谱的一种摄谱仪，其中的太阳光线走向与地面大致平行。

09.245 太阳成像光谱仪 solar imaging spectrograph

在太阳单色光照相仪焦面上放置二维电子像感器(如CCD)构成的光谱仪。在太阳像扫过入射狭缝的过程中，除了可取得一系列对应于日面扫描区域的光谱外，还可由图像处理获得光谱中任一波长的该日面区域单色像。

09.246 太阳物理学 solar physics

研究太阳的物理状态、化学成分、结构、活动现象和演化的学科。

09.247 纵[向磁]场 longitudinal [magnetic] field

又称“视线方向磁场”。磁场矢量在观测者视向上的分量。

09.248 横[向磁]场 transverse [magnetic] field

磁场矢量在与观测者视向垂直的平面上的分量。

09.249 磁中性线 polarity inversion line，PIL

正负极磁场之间的边界线。

09.250 非势[场]性 non-potentiality

磁场偏离势场的程度。

09.251 磁螺度 magnetic helicity

磁力线扭绞成螺旋形的程度。定义为磁场矢量势与磁场矢量点乘的体积分。

09.252 磁[场]剪切 magnetic shear

邻近磁场区域的相对移动。

09.253 磁[场]扭绞 magnetic twist

磁力线方位随空间位置不断变化的磁场形态。

09.254 电流片 current sheet

又称“中性片(neutral sheet)”。介于两个极性相反磁场间的电流薄层。

09.255 磁环 magnetic loop

太阳大气中的环形磁力线结构物。

09.256 运动磁结构 moving magnetic feature
从太阳黑子半影外围不断向外运动的、具有相同极性的小磁结构。其速度小于1000m/s。

09.257 磁胞 magnetic cell
在活动区三维磁结构中磁力线走向相同的区域。

09.258 [磁拓扑]界面 separatrix
磁胞的表面。

09.259 [磁拓扑]界线 separator
不同[磁拓扑]界面的交线。

09.260 磁重联 magnetic reconnection
方向相反的磁力线因互相靠近而发生的重新联结现象。在此过程中，磁能可转化为其他能量。

09.261 磁对消 magnetic cancellation
极性相反的磁区互相靠近而发生的部分磁通量彼此抵消的现象。

09.262 磁元 magnetic element
日面磁场的基本组成单元，其角直径不超过 1 角秒。

09.263 网络[磁]场 network [magnetic] field
在太阳光球宁静区观测到的磁场呈网络状结构，主要集中在超米粒边界附近，强度约为 20～200Gs。

09.264 网络内[磁]场 intranetwork [magnetic] field
在太阳表面(光球或色球)呈现网络状分布的磁场。

09.265 磁蓬 magnetic canopy
又称“磁盖”。日面超米粒边界上的磁力线，在向上伸展时向附近空间扩展而成的蓬状结构。

09.266 损失锥 loss cone
又称“逃逸锥(escape cone)”。带电粒子在二磁镜之间运动时，其运动方向与磁力线交角小于某临界角θ_0的粒子，将逃出磁镜约束。因此在速度空间以θ_0为半顶角的圆锥体内的粒子将全部逃出磁镜约束。这个圆锥为损失锥。

09.267 浮现磁流 emerging magnetic flux
由太阳内部上浮到表面的磁力线簇。

09.268 磁浮力 magnetic buoyancy
由磁场产生的浮力。

09.269 磁扩散 magnetic diffusion
磁能耗散所引起的磁力线在空间变得越来越稀疏的过程。

09.270 磁流密度 magnetic flux density
穿过单位面积的磁流通量。

09.271 磁[流]绳 magnetic [flux] rope
在空间分布中呈绳索状的磁力线。

09.272 磁流管 magnetic flux tube
呈管状的磁力线束。

09.273 磁镜 magnetic mirror
纺锤形的不均匀磁场位形，带电粒子可以在其间来回多次反射。

09.274 太阳发电机 solar dynamo
太阳上由等离子体运动产生磁场的物理过程。

09.275 双极扩散 ambipolar diffusion

等离子体内的正负带电粒子在电场中由于相互作用而远离的扩散，也指在部分电离等离子中由于带电粒子和中性原子碰撞而导致的磁场扩散。

09.276 磁致冷 magnetic cooling

由于磁力线对热传导的阻碍作用，其中的等离子体辐射出去的能量来不及得到补充，温度由此降低。

09.277 磁刚度 magnetic rigidity

导电流体与磁场相互作用产生垂直于磁场的压力和张力，由此显示出刚性。

09.278 磁力线湮灭 magnetic field line annihilation

方向相反的磁力线相互靠近到达耗散起作用的扩散区后，磁力线将扩散而使原有磁力线消失的现象。

09.279 磁云 magnetic cloud

日冕中抛射出来的带磁场的等离子体团，常由日冕物质抛射产生。

09.280 磁导率 magnetic conductivity

表征磁介质磁性的物理量，等于磁介质中磁感应强度与磁场强度之比。

09.281 磁扩散率 magnetic diffusivity

描写不均匀磁场在导电流体中扩散速度的物理量。

09.282 同步加速辐射 synclotron radiation

又称"磁阻尼辐射""磁轫致辐射(magnetoremstralung radiation)"。相对论性电子在磁场中沿圆轨道或螺旋轨道运动时受洛伦兹力作用而产生的辐射。电子因辐射而减速，故磁场导致了阻尼。这种辐射因首先在同步加速器中得到证实而得名。

09.283 回旋共振辐射 gyroresonance radiation

具有非相对论性速度的电子在磁场中做回旋加速运动而产生的辐射。

09.284 撕裂模不稳定性 tearing model instability

相反方向的磁力线之间的薄电流片中发生的一种磁流体力学不稳定性，磁能的耗散由此得到加速。

09.285 磁重力波 magnetogravity wave

以电磁力与重力为回复力在介质中引起的波动。

09.286 手征性 chirality

采用左手或者右手螺旋法则表征的磁场或流场的涡旋方向的特征。

09.287 磁声重力波 magnetoacoustic gravity wave

处在磁场和重力场中的等离子体，当等离子体中的压力梯度力与洛伦兹力和重力耦合时产生的一种波动形式。

09.288 磁声波 magnetoacoustic wave

处在磁场中的等离子体，以热压和磁压的梯度力作为回复力产生的一种波动形式。

09.289 磁流体力学不稳定性 magnetohydrodynamic instability

对磁化等离子体应用磁流体力学理论推导得到的各种宏观不稳定性。

09.290 磁屏 magnetic shield

采用某种技术，使外磁场难以侵入，从而形成对外磁场的屏蔽。

09.291　磁致湍流　magnetic turbulence, magneto-turbulence

由电磁力因素产生的磁流体中的杂乱运动状态。

09.292　磁不稳定性　magnetic instability

由于各种扰动所导致的平衡态磁场、密度或温度等位型的破坏。

09.293　磁化等离子体　magnetized plasma

带有磁场的等离子体。

09.294　磁势　magnetic potential

没有电流的磁场强度可以写成某一标量的梯度，则此标量称为磁势。

09.295　磁压　magnetic pressure

磁场对导电流体产生的具有与热压相似效果的一种压强，其梯度是洛伦兹力的一部分。

09.296　磁流体　magnetofluid

具有磁场的、带有电离成分的流体。

09.297　磁流体[动]力学　magnetohydrodynamics，MHD

研究磁流体特性和演化规律的学科。

09.298　流体力学近似　magnetohydrodynamic approximation

流体(液体和气体)中运动物体的特征尺度远大于分子平均自由程时，可以将流体近似地看作连续介质，而不考虑其中的各个分子结构。

09.299　磁雷诺数　magnetic Reynold number

导电流体的运动将带动磁力线(冻结效应)，而磁力线又会在导电流体中不断扩散(扩散效应)。冻结效应大小与扩散效应大小的比值称为磁雷诺数。

09.300　极向[磁]场分量　poloidal magnetic field

位于各个经圈平面的磁场分量，也指暗条通道跨过磁中性线沿正负极方向。

09.301　环向[磁]场分量　toroidal magnetic field

沿纬圈切向方向的分量，也指在暗条通道上沿着磁中性线的磁场分量。

09.302　返回加热　backwarming

太阳耀斑爆发时产生的增强辐射加热太阳低层大气的效应。

09.303　电流螺度　electric current helicity

电流密度矢量与磁场的点乘，表示电流矢量的缠绕性，常用于表征太阳活动区磁场偏离势场的程度。

09.304　网络内元　intranetwork element

太阳表面网络内[磁]场的小单元。

09.305　磁流守恒　magnetic flux conservation

在磁场传输过程中，尽管磁流密度会发生变化，但由于磁冻结效应，磁通量保持不变。

09.306　磁[流]环　magnetic flux loop

环形的磁力线束。

09.307　磁光效应　magneto-optical effect

磁场对光源和光传播产生的各种效应，如产生偏振和谱线分裂及法拉第旋转等。

09.308　极性反转　polarity reversal，reversal of polarity

磁场由某种极性变换为另一种极性。

09.309　磁并合　magnetic coalescence, magnetic merging

等离子体中相反方向的磁力线相互靠近时发生的磁力线湮灭和重联等物理过程，将导致磁能转化为热能和等离子体动能。

09.310　扇形边界　sector boundary

行星际中两个相邻的磁场极性相反的扇形结构之间的边界。

09.311　[色球]针状物　chromospheric spicule, spicule

从太阳表面向低日冕延伸的细长结构，其高度可达 5 000km 左右。

09.312　巨针状体　macrospicule

从太阳超米粒边界处向上喷射的巨大炽热针状物，常可达 4×10^4km 的高度。

09.313　太阳振荡　solar oscillation

太阳上气体运动速度周期性起伏的现象。

09.314　色球精细结构　chromospheric fine structure

在太阳色球单色像上出现的细微特征物。

09.315　色球爆发　chromospheric eruption

太阳色球中突然变亮的活动现象，常在色球单色像上观测到。

09.316　磁凹陷　magnetic dip

磁力线中的凹陷结构，很多暗条(日珥)是由此结构支撑。

09.317　双层暗条　double-deck filament

具有双层结构的暗条。

09.318　莫尔顿波　Moreton wave

大耀斑发生后在色球像中观测到的一种快速传播的波，速度在 1 000km/s 左右。

09.319　极紫外波　EUV wave

在极紫外图像中看到的在日冕中传播的波动现象，很可能存在不同的类型，有的属于磁声波，有的可能是表观传播。

09.320　耀斑环收缩　contraction of flaring loop

耀斑环在耀斑开始阶段发生塌陷的过程。

09.321　内爆　implosion

对于耀斑环收缩的描述。

09.322　壕沟区　moat region

黑子周围具有水平流动的区域，与运动磁结构相关。

09.323　壕流　moat flow

壕沟区的流动。

09.324　热通道　hot channel

处于不稳定状态的高温磁结构。

09.325　S 形结构　sigmoid, sigmoidal structure

由于磁能的积累扭曲成 S 形的磁场结构。

09.326　日芒　mottle

太阳日面上的太阳色球动态结构，物质有上升和下落运动，一般认为是 I 类针状体在日面的对应体。

09.327　动态纤维　dynamic fibril

太阳色球纤维状结构，其中的物质沿着其长度方向有上升和下落运动，与日芒类似，被广泛认为是 I 类针状体在日面的对应体。

09.328 垂直磁场 vertical magnetic field

垂直于太阳局地平面的磁场。

09.329 水平磁场 horizontal magnetic field

平行于太阳局地平面的磁场。

09.330 埃维谢德流 Evershed flow

太阳黑子大气中由本影区域向外的流动。

09.331 观测数据驱动的数值模拟 data-driven simulation

直接利用观测数据作为边界条件，模拟太阳或其他天体上的物理过程。

09.332 秃斑 bald patch

太阳大气底部 U 形磁场结构。

09.333 极紫外后相 EUV late phase

太阳耀斑下降期发生的极紫外辐射再次增强。

09.334 晕状 CME halo-CME

向日地连线方向(面向或背向均可)运动的日冕物质抛射(CME)。

09.335 部分爆发 partial eruption

暗条或日珥部分物质爆发的现象。

09.336 失败的爆发 failed eruption

日冕或色球结构失去稳定后出现了抛射运动,但是因受到磁力线的阻挡而落回日面,未能形成日冕物质抛射。

09.337 成功的爆发 successful eruption

日冕或色球结构失去稳定后出现了抛射运动,形成日冕物质抛射向行星际空间运动。

09.338 爆裂喷流 blow-out jet

伴随有耀斑现象以及持续时间相对短促的喷流。

09.339 冕苔区 moss region

高温日冕环足点区域的辐射特征，由于出现了低温物质的流入而呈现出苔藓状的形态。

09.340 极紫外亮点 EUV bright point

过渡区或日冕中出现的极紫外亮点。

09.341 X 射线亮点 X-ray bright point

过渡区或日冕中出现的 X 射线亮点。

09.342 标准喷流 standard jet

不伴随有耀斑现象以及持续时间相对较长的喷流。

09.343 日面耀斑 disk flare

在日面不靠近边缘的地方出现的耀斑。

09.344 日面事件 disk event

在日面不靠近边缘的地方出现的事件。

09.345 束缚耀斑 confined flare

由于磁力线对耀斑的抑制，耀斑中的物质没有发生抬升运动。

09.346 时距图 space-time diagram

切缝(slice)的亮度分布按照按时间顺序拼成的二维灰度图，这种图常用来展示波动或物质的运动。

09.347 Ⅰ类针状体 type Ⅰ spicule

区别于Ⅱ类针状体，抛射速度较小，有随后的物质下落。

09.348　Ⅱ类针状体　type Ⅱ spicule
抛射速度在 50～100km/s 的针状体，常伴随有紫外增亮，没有随后的物质下落。

09.349　快速蓝移事件　rapid blue-shifted event
发生在太阳日面上的小尺度喷流事件，速度在 50～100km/s，一般认为是Ⅱ类针状体在日面的对应体。

09.350　海葵状喷流　anemone jet
倒 Y 型结构的一种喷流。

10. 太　阳　系

10.001　太阳系　solar system
由太阳和围绕它运动的所有天体构成的天体系统及其所占有的空间区域,包括行星、矮行星及其卫星与环系，以及所有空间区域内的小天体。

10.002　行星　planet
围绕太阳或其他恒星运行，质量大到足以呈现为流体静力学平衡形状(接近于圆球体)且已经清空了其运行轨道附近空间区域的天体。

10.003　太阳系行星　solar system planet
又称“经典行星(classical planet)”“大行星(principal planet，major planet)”。太阳系内八颗行星的总称。按距离太阳的近远，依次是水星、金星、地球、火星、木星、土星、天王星和海王星。在2006年8月矮行星被定义之前，还包括冥王星。

10.004　矮行星　dwarf planet
围绕太阳或其他恒星运行、质量比行星小、但依然能呈现为流体静力学平衡形状(接近于圆球体)、然而未能清空其运行轨道附近空间区域的天体。

10.005　太阳系小天体　small solar system body，SSSB
太阳系中除了卫星和行星环系之外，所有围绕着太阳运转而又不符合行星和矮行星判据的各种小天体。包括大多数的小行星、海王星内天体、海王星外天体、彗星和流星体等小质量天体。

10.006　小行星　minor planet，asteroid
太阳系小天体中的一类。环绕着太阳运动，但体积和质量都比行星和矮行星要小得多的天体，其构成物质不易挥发出气体和尘埃。

10.007　彗星　comet
太阳系小天体中的一类，主要由水冰、冻结的气体、石质颗粒和尘埃等物质构成。当它接近太阳时能够较长时间地大量挥发出气体和尘埃物质。俗称“扫帚星”。

10.008　内太阳系　inner solar system
太阳系中，小行星带及以内的区域。

10.009　外太阳系　outer solar system
太阳系中，小行星带以外的区域。

10.010　小行星带　asteroid belt，asteroid zone，asteroidal belt
又称“小行星主带(main asteroid belt)”。太阳系内火星和木星轨道之间的小行星密集区域，其中小行星的轨道半长径约在2.17～3.64AU之间。

10.011　柯伊伯带　Kuiper belt
海王星轨道外距离太阳30～50AU范围内的一个小天体密集的圆盘状中空区域，其盘面与黄道面有着不大的倾角。因美国天文学家柯伊伯首先从理论上推测而得名，1992 年正式宣布被发现。

10.012 [黄道]离散盘 scattered disc，scattered disk

柯伊伯带之外一个偏离黄道面甚远的盘状区域。其最内侧的部分与柯伊伯带重叠，而外缘则延伸至 100AU 以上，而且比柯伊伯带天体偏离黄道面更远。盘内零星地散布着一些小天体，是属于海王星外天体的冰质小行星。

10.013 奥尔特云 Oort cloud

理论假设的一个包围着太阳系的球壳状云团。距离太阳约 5 万至 10 万天文单位，被认为是长周期彗星的发源区域，其间主要是 50 亿年前形成太阳及其行星的原始星云的冰质残留物质。因荷兰天文学家奥尔特首先从理论上推测而得名。

10.014 内[侧]行星 inferior planet，interior planet

轨道在地球轨道以内的行星，即水星和金星。

10.015 外[侧]行星 superior planet

轨道在地球轨道以外的行星，即火星、木星、土星、天王星和海王星。

10.016 带内行星 inner planet

轨道在小行星带以内(近)的行星，即水星、金星、地球和火星，都是属于内太阳系的类地行星。

10.017 带外行星 outer planet

轨道在小行星带以外(远)的行星，即木星、土星、天王星和海王星，都是属于外太阳系的巨行星。

10.018 类地行星 terrestrial planet

与地球类似的行星。以硅酸盐岩石和金属质为主要成分，有着固态物质的表面，体积小，密度大，自转慢，卫星少。

10.019 巨行星 giant planet

一般指由低沸点物质(气体或冰)组成的各种大质量行星。在太阳系中，指四颗最大的行星，即木星、土星、天王星和海王星。在太阳系外的其他行星系统中，也有许多此类的巨行星，但还包括可能是固体的大质量行星。

10.020 类木行星 Jovian planet

太阳系中的巨行星，包括木星、土星、天王星和海王星。主要是由气态或液态物质，而并非是岩石或其他固态类型物质构成的行星。

10.021 气态巨行星 gas giant planet

主要由氢和氦等气体物质构成的巨行星，而且行星表面的温度处在这些气体的临界点之上。在太阳系中是指木星和土星。

10.022 冰[质]巨行星 ice giant planet

主要由水、氨和甲烷等物质构成的巨行星，而且行星表面的温度处在这些物质的临界点之下而呈冰冻状态，其内部也缺乏金属氢的核心。在太阳系中是指天王星和海王星。

10.023 近地天体 near-earth object，earth-approaching object，NEO

太阳系内其轨道近日点小于 1.3AU，从而能接近地球的各种小天体。

10.024 海王星内天体 cis-Neptunian object

太阳系小天体中的一类。在海王星和木星轨道之间围绕着太阳运转的亚行星天体，包括半人马型小行星和海王星特洛伊天体这两类主要的冰质小行星。

10.025 半人马型小行星 Centaurminor planet

曾称“类小行星天体(asteroid-like object)”。海王星内天体的两个主要类别之一。是运行在木星轨道和海王星轨道之间，既具有小行星特征又有着彗星特征的一类小天体。当距离太阳足够近时可能会出现类似于彗星的活动性。因其特征既像小行星，又像彗星，故而用希腊神话中的半人马族的神祇给以命名。

10.026 海王星特洛伊群天体 Neptune Trojan

海王星内天体的两个主要类别之一。与特洛伊型小行星类似，是处在海王星绕日轨道的两个拉格朗日等边三角形稳定点(在海王星前方 60°)上的一类小天体，因而其运行的轨道路径与海王星相似，而轨道周期更与海王星完全一致。

10.027 海王星外天体 trans-Neptunian object，transneptunian object，TNO

又称“海外天体”。太阳系小天体中的一类。太阳系中海王星轨道范围以外(除奥尔特云外)的所有天体，包括柯伊伯带天体、黄道离散盘天体和独立天体等几个大类。

10.028 柯伊伯带天体 Kuiper belt object，KBO

海王星外天体的类别之一，位于柯伊伯带内的所有天体。

10.029 经典柯伊伯带天体 Cubewano，classical Kuiper belt object，classical KBO

又称“QB1 天体”。柯伊伯带天体的一类。大部分这类天体的轨道偏心率较小(小于 0.1)，轨道面的倾角也不大(小于 5°)，与经典的行星轨道相似，它们轨道的半长径在 40～50AU 之间，因而不会受到海王星的轨道共振的影响。

10.030 黄道离散盘天体 scattered disc object，SDO

海王星外天体的类别之一。偏离黄道面甚远的天体。大部分这类天体的轨道偏心率甚大，可达 0.8，近日点远于 30 AU 位，而远日点则可超过 100AU，轨道面倾角更高达 40° 。一般认为，此种极端性的轨道是由于受到气体巨行星的引力“散射”而造成的。

10.031 独立天体 detached objects

海王星外天体的类别之一。轨道近日点距离一般超过 40AU。其轨道极其扁长，半长轴可高达数百个天文单位，而且基本上不受海王星的影响。其中最大、最遥远、最著名的是塞德娜小行星(小行星 90377 号)。

10.032 类冥天体 Plutoid，plutonian objects

又称“类冥矮行星”。海王星外天体中的矮行星。

10.033 冥族小天体 plutino

又称“类冥小天体”。分布在柯伊伯带的内层区域，与海王星轨道有着 2∶3 平均运动共振轨道(并不涉及其他任何物理性质)的海王星外天体。

10.034 X 行星 planet X

矮行星被定义之前一个历史性的天文名词，设想中可能存在的第十颗大行星。自 1930 年冥王星特别是后来柯伊伯带发现之后，天文学家和一般公众都不断地推测并探索着在海王星外可能存在的某颗未知的大行星。

10.035 水内行星 intra-Mercurial planet, intra-Mercurian planet
一个历史性的天文名词。19 世纪中期时被认为可能存在于水星轨道内侧的某个假设行星，后被爱因斯坦的广义相对论排除。古代称为祝融星。

10.036 海外行星 trans-Neptunian planet, ultra-Neptunian planet
矮行星被定义之前一个历史性的天文名词。原指冥王星以及在海王星轨道之外发现的几十个直径为几十至几百千米大小的天体。

10.037 冥外行星 trans-Pluto, trans-Plutonian planet
矮行星被定义之前一个历史性的天文名词。原指设想中存在于冥王星轨道之外的行星。

10.038 水星 Mercury
太阳系八大行星之一。中国古代又称“辰星”。太阳系行星中质量和体积最小、距离太阳最近的一颗，属于类地行星。

10.039 金星 Venus
太阳系八大行星之一。中国古代又称“太白”。地球的星空中最明亮的行星。它的质量和体积都略小于地球，属于类地行星。

10.040 地球 Earth
太阳系八大行星之一。类地行星的典型，是迄今已知的直径、质量和密度最大的类地行星，也是人类生活所在的地球型行星，是宇宙中唯一已知存在生命的天体。

10.041 火星 Mars, Ares
太阳系八大行星之一。中国古代又称“荧惑”。地球的星空中颜色最红的行星，其质量、体积仅比水星略大，属于类地行星。

10.042 木星 Jupiter
太阳系八大行星之一。中国古代又称“岁星”。类木行星的典型，是太阳系中质量和体积最大、自转最快的行星，属于外太阳系的气态巨行星。

10.043 土星 Saturn
太阳系八大行星之一。中国古代又称“镇星”“填星”。有着最显著的光环。太阳系中质量和体积都位居第二的行星，属于外太阳系的气态巨行星。

10.044 天王星 Uranus
太阳系八大行星之一。1781 年由英国天文学家威廉·赫歇尔发现，属于外太阳系的冰巨星。

10.045 海王星 Neptune
太阳系八大行星之一。19 世纪 40 年代，由英国天文学家亚当斯和法国天文学家勒威耶分别独立地在理论上预测后发现，属于外太阳系的冰巨星。

10.046 冥王星 Pluto
太阳系内已知体积最大、质量第二的矮行星。第一个被发现的柯依伯带天体，类冥天体的典型。1930 年由美国天文学家汤博发现，长期被认为是太阳系的第九大行星，直至 2006 年 8 月被降格为矮行星。

10.047 谷神星 Ceres
2006 年 8 月被升格为矮行星。第一颗被发现的、也是最大的一颗主带小行星，直径达 950km。1801 年由意大利天文学家皮亚齐发现，编为小行星第 1 号。

10.048 阋神星 Eris

太阳系中已知质量最大、体积第二的矮行星。2005 年由美国天文学家布朗、特鲁希略和拉比诺维茨共同发现，编为小行星第 136199 号。由于它的出现，导致 2006 年行星定义的变更和矮行星分类的诞生。属于海王星外天体的类冥矮行星。

10.049 鸟神星 Makemake

太阳系内已知第三大的矮行星。2005 年由美国天文学家布朗及其团队发现，编为小行星第 136472 号。2008 年 7 月，被正式定为类冥天体。

10.050 妊神星 Haumea

2008 年 9 月被正式定为矮行星，属于海王星外天体的类冥天体。2004 年由美国天文学家布朗及其团队发现，编为小行星第 136108 号。

10.051 卫星 satellite

环绕行星按闭合轨道做周期性运行的天体。

10.052 天然卫星 natural satellite

行星际空间中非人工发射的固有的卫星。

10.053 人造卫星 artificial satellite, sputnik

由人类建造的航天器的一种，能像天然卫星一样环绕行星运转，也可以直接围绕天然卫星或太阳系的其他小天体运转。

10.054 伽利略卫星 Galilean satellite, Galilean moon

木星最亮的四个大卫星，即木卫一、木卫二、木卫三和木卫四的统称。因 1610 年由意大利天文学家伽利略用望远镜首先发现而得名。

10.055 牧羊犬卫星 shepherd satellite

轨道位于行星某个环缝的边缘附近，能约束环缝或环带内的物质，并维持环带和环缝形态的小卫星。因其作用类似于牧羊犬而得名。

10.056 特洛伊卫星 Trojan moon

与某个围绕行星运动的卫星同轨，且处于拉格朗日稳定点上的另一颗卫星。在太阳系中，迄今还只在土星及其卫星系统中发现。

10.057 行星环 planetary ring

又称“行星光环”。在某些行星赤道面附近由围绕着行星运行的众多碎小物体和微粒物质构成的环圈状结构，因反射太阳光而呈现为发光的环带。

10.058 土星环 Saturnian ring, ring of Saturn

围绕在土星周围的行星环系统，是太阳系中最著名而复杂的行星环，由成千上万条细小的环系组成。从内向外，可以分成 D, C, B, A, F, G 和 E 7 个主要的同心圆环，其中的 B 环既宽又亮，最为醒目。

10.059 卡西尼缝 Cassini division

土星环的 B 环与 A 环之间一个最明显的暗黑缝隙，缝宽约 5 000km。因 1675 年最早由法国天文学家卡西尼发现而得名。

10.060 恩克环缝 Encke gap

又称“A 环环缝”。土星环 A 环内的一个宽约 325km 的缝隙。1888 年被发现，为纪念德国天文学家恩克而得名。

10.061 惠更斯环缝 Huygens gap

土星环卡西尼环缝内侧边缘处的一个环

缝，宽度约 290～440km。为纪念荷兰天文学家惠更斯而得名。

10.062 基勒环缝 Keeler gap

土星环A环外侧距外缘约250km处的一个宽约 42km 的缝隙。为纪念美国天文学家詹姆斯·基勒而得名。

10.063 洛希缝 Roche division

土星环分隔开 A 环和 F 环的空隙区域，宽度约 2 600km。为纪念法国物理学家爱德华·洛希而得名。

10.064 木星环 Jupiter’s ring，Jovian ring，ring of Jupiter

围绕在木星周围的行星环系统，从内向外由晕环、主环、木卫五薄纱环和木卫十四薄纱环四个环系组成。1979 年由旅行者号飞船发现。

10.065 天王星环 Uranian ring，ring of Uranus，Uranus’ ring

围绕在天王星周围的行星环系统，由直径小于 10m 的暗黑颗粒物质组成，其中可分为 13 个主要的细环。1977 年 3 月当天王星掩食恒星时被发现，1986 年被旅行者 2 号飞船首次拍摄到。

10.066 海王星环 Neptune’s ring，Neptunian ring，ring of Neptune

围绕在海王星周围的行星环系统，包含 5 个主要的细环，其中最外侧的亚当斯环上又有着 5 个明亮的环弧。1984 年被智利拉西亚天文台发现，1989 年 8 月由旅行者 2 号飞船首次拍摄到。

10.067 大红斑 great red spot，GRS

木星表面赤道带南侧的一个显著的红色椭圆形区域，是木星大气中的一个巨大而稳定的环流旋涡，也是太阳系中已知最大的气旋，17 世纪下半期被发现。近百年来呈逐渐减小的趋势，现今它东西长两万多千米，南北宽一万多千米。

10.068 大白斑 great white spot，great white oval，GWS

土星表面赤道带附近周期性(约 28.5 年)出现而又消失的一种卵形白斑区域。1876 年首次被观测到，白斑的宽度可达数千千米。

10.069 大暗斑 great dark spot ，GDS

海王星表面曾经出现过的一个椭圆形暗黑区域。1989 年由旅行者 2 号飞船发现，其时东西长约 13 000km，南北宽约 6 600km，被认为是像木星大红斑一样的一个大气环流旋涡。但 1994 年哈勃望远镜再度拍摄海王星时，已完全消失不见。

10.070 卡路里盆地 Caloris Basin

又称“卡路里平原(Caloris Planitia)”。水星上最大的撞击坑，直径约 1 550km。盆地被高约 2km 的环形山脉包围，底部是熔岩平原，类似月海，外围则呈放射状和同心圆环状的构造。1974 年被发现。

10.071 阿佛洛狄忒台地 Aphrodite Terra

在金星南半球靠近赤道区域的一个地块，面积与非洲大陆相当，是金星上最大的台地。

10.072 伊什塔台地 Ishtar Terra

金星北半球的一片面积与澳大利亚差不多大小的地块，是金星上第二大的台地。

10.073 麦克斯韦山脉 Maxwell Montes

金星伊什塔台地东部的一片山峦，长约 580km，宽约 700km，也是金星上最高峰(约

11km)的所在处。

10.074　巴尔提斯峡谷　Baltis Valli

金星上的一个峡谷，宽约 1km 至 3km，长度超过 7 000km，是太阳系中已知最长的渠道状结构。一般认为此处曾经是火山熔岩流的渠道。

10.075　火星极冠　Polar Cap

火星表面两极附近白色明亮的区域，会随着火星节气的变化而消长。现认为这是被厚达数千米的水冰和干冰覆盖的部分，是火星上水和二氧化碳的重要储藏库，也是影响火星气候的重要因素之一。

10.076　奥林匹斯山　Olympus Mons

火星北半球的一个盾状火山，高出火星全球基准面约 21.9km，是火星上最高的山峰、也是太阳系中已发现的最高的火山。

10.077　水手号谷　Valles Marineris

又称“水手号大峡谷”“水手谷”。火星赤道南侧地区的一个长约 4 000km、宽约 200～600km、最深处达 7km 的峡谷，是火星上最大的峡谷系统。一般认为是由于火星地壳的断裂和陷落等构造运动而形成。因 1972 年被水手 9 号飞船发现而得名。

10.078　乌托邦平原　Utopia Planitia

位于火星北半球，直径约 3 300km，是火星最大的一个平原。是火星上，也是太阳系中最大的撞击盆地。2021 年 5 月 15 日，中国第一个火星探测器天问一号的火星车祝融号着陆于该平原。

10.079　火星尘暴　Martian dust storm

火星地表的大风把尘埃和其他细粒物质卷入高空时所形成的激烈大气现象。有时甚至扩展至全球，是火星大气中特有的现象。由于火星土壤含铁量甚高，导致尘暴云染上了橘红的色彩。

10.080　汤博区　Tombaugh region

冥王星表面的最显著的一个特征性浅色亮区，呈心形，在赤道北侧，东西横跨约 1 590km，中部有一高度约 3 400m 的冰山。因纪念冥王星的发现者克莱德·汤博(Clyde Tombaugh)而得名。

10.081　主带小行星　main-belt asteroid

轨道半长径在 2.17～3.64AU 之间，位于小行星主带内的小行星。

10.082　柯克伍德空隙　Kirkwood gap

小行星主带中小行星数密度分布极小的几个区域，正好相应于与木星产生轨道共振的位置上。因 1866 年由美国天文学家丹尼尔· 柯克伍德首先发现并做出理论解释而得名。

10.083　小行星群　minor-planet group，asteroid group，group of asteroids

轨道特征大致相似，特别是其轨道半长径十分相近的若干小行星的集合。

10.084　小行星族　asteroid family，family of asteroids，minor-planet family

轨道半长径、偏心率、轨道倾角都相似的若干小行星的集合。同一族内的成员被认为都是以往某个小行星被撞击后所产生的碎片。

10.085　双小行星　binary asteroid，double asteroid

类似于双星系统，两颗小行星在围绕太阳运行的同时，又环绕着共同质量中心相互绕转的系统。

10.086 近地小行星 near-earth asteroid, earth-approaching asteroid

在围绕太阳公转的运动中可以十分接近地球轨道的小行星。

10.087 越地小行星 earth-crossing asteroid

近地小行星的一种类型，运行时可以进入地球轨道之内。

10.088 阿莫尔型小行星 Amor asteroid, Amors

穿越火星轨道的一类近地小行星，其轨道近日距在 1.017～1.3AU 之间。

10.089 阿波罗型小行星 Apollo asteroid, Apollos

在火星轨道和地球轨道之间的一类近地小行星，其轨道近日距不大于 1.017AU。

10.090 阿登型小行星 Aten asteroid

在地球轨道之内的一类近地小行星，其轨道半长径小于 1.0AU 的小行星。

10.091 特洛伊型小行星 Trojan asteroid, Trojans

太阳系中，正好运行在某颗行星轨道“前方”或“后方”拉格朗日稳定点(等边三角形点)上的小行星，分别与太阳、行星一起构成一个稳定等边三角形。

10.092 木星特洛伊群[小行星] Trojan group of Jupiter, Trojan asteroid of Jupiter

曾称“特罗央群”。通常指其轨道运动与木星相同的两群小行星。它们分别运行在木星的“前方”和“后方”的两个拉格朗日稳定点上，各与太阳、木星一起构成一个等边三角形。因其中一些小行星以特洛伊战争中英雄的名字而得名。

10.093 纯特洛伊群 pure Trojan group

在木星特洛伊群中，运行在木星“后方”的小行星群。

10.094 希腊群 Greek group

在木星特洛伊群中，运行在木星“前方”的小行星群。

10.095 远距小行星 distant minor planet

位于太阳系外侧的小天体，包括半人马型小行星、海王星特洛伊小行星和海王星外天体。

10.096 碳质小行星 carbonaceous asteroid

又称“C 型小行星(C-type asteroid)”。反照率甚小(0.03～0.07)、光谱类似于碳质球粒陨石的小行星，是数量最多(约占总数的 75%)的一类小行星，多分布于小行星主带的外层。

10.097 石质小行星 rocky asteroid

又称“S 型小行星(S-type asteroid)”。反照率较高(0.10～0.22)、光谱类似于普通球粒陨石的小行星，是数量第二多(约占总数的 17%)的一类小行星，多分布于小行星主带的内层。

10.098 创神星 Quaoar

小行星 50 000 号。2002 年由美国天文学家布朗和特鲁希略发现的一个经典柯伊伯带天体，其直径约 1 280km，矮行星的候选者之一。

10.099 赛德娜[小行星] Sedna

小行星 90 377 号。直径约 1 000km 的一个海王星外独立天体。2003 年由美国天文学家布朗、特鲁希略和拉比诺维茨共同发现，矮行星的候选者之一。

10.100　亡神星　Orcus

小行星 90 482 号。2004 年由美国天文学家布朗、特鲁希略和拉比诺维茨共同发现的一个冥族小天体，直径约 920km，矮行星的候选者之一。

10.101　伐楼拿[小行星]　Varuna

小行星 20 000 号。直径约 1 000km 的一个柯伊伯带天体，2000 年由美国天文学家麦克米伦发现，矮行星的候选者之一。

10.102　伊克西翁[小行星]　Ixion

小行星 28 978 号。直径约 820km 的一个柯伊伯带天体，2001 年由位于智利的托洛洛山美洲天文台发现，矮行星的候选者之一。

10.103　海妃星　Salacia

小行星 120 347 号。直径约 860km 的一个海王星外天体，2004 年由美国天文学家罗耶、布朗和巴库马姆共同发现，矮行星的候选者之一。名称源自罗马神话中海王涅普顿的妻子萨拉喀亚(Salacia)。

10.104　智神星　Pallas

第二颗被发现的小行星。1802 年由德国天文学家奥伯斯发现。

10.105　婚神星　Juno

第三颗被发现的小行星。1804 年由德国天文学家哈丁发现。

10.106　灶神星　Vesta

第四颗被发现的、也是最亮的一颗小行星。1807 年由德国天文学家奥伯斯发现。

10.107　虹神星　Iris

小行星 7 号。第四亮的小行星。1849 年被发现。

10.108　健神星　Hygiea

小行星 10 号。主带小行星中第四大的小行星。1849 年被发现。

10.109　艾达[小行星]　Ida

小行星 243 号。第一颗被发现拥有卫星的小行星，也是第二颗被空间探测器接近过的小行星。1884 年被发现。

10.110　艾卫　Dactyl

小行星艾达的卫星。

10.111　林神星　Sylvia

小行星 87 号。1849 年被发现，2001 年和 2005 年又先后发现了它的两颗卫星，是第一颗被发现拥有多颗卫星的小行星。

10.112　阿莫尔[小行星]　Amor

小行星 1 221 号。1932 年被发现，是阿莫尔型小行星中被发现的第一颗。其名称源自罗马神话中的爱神阿莫尔。

10.113　阿波罗[小行星]　Apollo

小行星 1 862 号。1932 年被发现，穿越地球轨道的一群小行星(阿波罗型)中被发现的第一颗。其名称源自希腊神话中的太阳神阿波罗。

10.114　阿登[小行星]　Aten

小行星 2 062 号。阿登型小行星中被发现的第一颗，1976 年由“近地小行星追踪”计划的首席科学家埃莉诺·赫琳在帕洛玛山天文台发现。其名称源自埃及神话中的太阳神阿登。

10.115　喀戎[小行星]　Chiron

又称“柯瓦尔天体(Kowal object)”。第一颗被发现的位于土星和天王星轨道之间的远日小行星。1977 年由美国天文学家柯瓦尔(C.T. Kowal)首先发现，列为小行星 2 060 号。后又发现它还具有彗星的特征，因而又名之为 95 号周期彗星(95P/Chiron)。现被认为是一颗半人马型小行星。

10.116　伽尼米德[小行星]　Ganymed
小行星 1 036 号。1924 年被发现，近地小行星中最大的一颗，属阿莫尔型小行星。

10.117　加斯普拉[小行星]　Gaspra
小行星 951 号。1916 年被发现。1991 年 10 月 29 日，伽利略号飞船在前往木星的途中掠过了该颗小行星，是人类飞行器所探访过的第一颗小行星。

10.118　爱神星[小行星]　Eros
小行星 433 号。1898 年被发现，近地小行星中最早被发现的一颗特殊的阿莫尔型小行星，也是第一颗被人类探测器(美国“苏梅克号”飞船的 NEAR 探测器，2000 年)登陆的小行星。其名称源自希腊神话中的爱神爱洛斯。

10.119　糸川[小行星]　Itokawa
小行星 25 143 号。1998 年被发现，一颗穿越火星轨道的阿波罗小行星，第二个有人造飞行器着陆的小行星，也是第一个表面物质被人类探测器(日本“隼鸟号”，2010 年)采样并被带回地球的小行星。

10.120　图塔蒂斯[小行星]　Toutatis
小行星 4 179 号。1989 年被发现，一颗穿越火星轨道的阿波罗型艾琳达族小行星，中国进行第一次空间近距(3.2km)探测(嫦娥二号，2012 年)的小行星。

10.121　彗星体　cometoid
又称“小彗星”。具有类似彗星特征的小天体，是在远离太阳、尚未升华出气体和尘埃时的彗核。

10.122　彗头　cometary head，head of comet
彗星的主要组成部分，大体呈球形，由彗核和彗发两部分构成。用光学望远镜观测时，亮彗星的头部呈现为云雾状的辉斑。

10.123　彗核　cometary nucleus
通常被认为是彗星中心的固态部分，是由岩石、尘埃、水冰和冰冻的气体组合成的一团“脏雪球”。其形状不规则，呈现为多块海绵状的结构体，尺度一般为几千米到几十千米。

10.124　彗发　coma
环绕在彗核周围的彗星大气层。当彗核被太阳辐射加热时，冰冻的物质升华，以大约 1km/s 的速度向外扩张而形成。

10.125　彗晕　cometary halo，comet halo
包裹在彗发外围、极其稀薄而庞大的氢原子云以及 OH 云，其直径可达数百万千米。

10.126　彗尾　cometary tail，comet tail
当彗星进入内太阳系时，彗发物质受到太阳辐射和太阳风的作用而大量向外散逸，在背离(有时也在指向)太阳的方向上所形成的极长的尾形气流。

10.127　尘埃彗尾　dust tail，cometary dust tail
又称“Ⅱ型彗尾(Ⅱ type tail)”。彗尾中向背离太阳方向延伸的较为短、弯、粗的一支，它是彗头中尘埃和冰粒物质受太阳光辐射压的作用而离开彗星的粒子流。

10.128　等离子体彗尾　cometary plasma tail, plasma tail

又称"离子彗尾""Ⅰ型彗尾(Ⅰ type tail)"。彗尾中背离太阳方向延伸的彗尾中较为长、直、窄的一支，它是彗头中电离气体受到太阳风作用而离开彗星的带电粒子流。

10.129　向日彗尾　sunward tail

又称"反常彗尾(cometary antitail)"。某些彗星在向着太阳方向延伸的一支彗尾。事实上，它仍是背太阳的，只是由于从特殊方向看到的投影图像。

10.130　脏雪球模型　dirty-snowball model

关于彗核结构的一种理论模型。20 世纪 50 年代早期由美国天文学家弗雷德·惠普尔提出，认为彗核主要是由水冰和尘埃冻结的团块物质组成，好像是一团"脏雪球"。

10.131　长周期彗星　long period comet

绕太阳公转轨道的周期在二百年至数千年，甚至数百万年的彗星，一般认为起源于奥尔特云。这些彗星的轨道都具有较高的偏心率。

10.132　短周期彗星　short-period comet

绕太阳公转轨道的周期不大于 200 年的彗星，一般认为起源于柯伊伯带。

10.133　非周期彗星　aperiodic comet, non-periodic comet

轨道为抛物线或双曲线的彗星。它们穿越了太阳系内部一次就可能逃离太阳系，但也可能由于受到行星的引力摄动而改变为椭圆轨道，继续留在太阳系。

10.134　主带彗星　main-belt comet

小行星主带内的某些天体，它们轨道接近圆形，而在处于其轨道运动的部分区域时，会呈现出彗星状活动性。

10.135　掠日彗星　Sungrazier, sungrazing comet

穿过太阳内冕的彗星，其近日点可靠近至离太阳表面仅数千千米。

10.136　克鲁兹族彗星　Kreutz Sungrazier

掠日彗星的主要类别，其成员都是由同一颗巨大母彗星瓦解而分裂出来的众多小彗星。在已发现的彗星中，约有四分之一都属于此类。因德国天文学家克鲁兹首先注意到这些彗星的共同特征而得名。

10.137　木星族彗星　Jupiter-family comet, comet of Jupiter family

又称"木族彗星"。远日距与木星轨道相近，轨道周期短于 20 年且轨道倾角小于 30°的短周期彗星。

10.138　哈雷型彗星　Halley-type comet

其轨道类似于哈雷彗星的扁长轨道，而周期在 20 年至 200 年之间且倾角从 0°至甚至超过 90°的短周期彗星。

10.139　活跃彗星　active comet

出现急剧爆发活动而且大量释放气体和尘埃的彗星。

10.140　熄火彗星　extinct comet

在靠近太阳时只呈现出微小彗发或彗尾的彗星。此种彗星彗核内的易挥发性物质大部分已经耗尽。

10.141　迷踪彗星　lost comet, missing comet

又称"失踪彗星"。以往曾经发现过，但在最近应该通过近日点的时刻却未见影踪的彗星。一般是由于以往未曾取得足够的观测资料，因而对彗星轨道的计算和预报的精度不足所致。

10.142　大彗星　great comet

对地球上的观测者来说，特别明亮而壮观的彗星，平均约 10 年才会出现一颗。

10.143　哈雷彗星　Halley's comet

周期彗星编号表第一号（1P/Halley）。最著名的大彗星。因英国天文学家哈雷在 1704 年最先算出它的轨道并预言回归而得名，每隔 76 年回归一次。

10.144　恩克彗星　Encke's comet，comet Encke

周期彗星编号表第二号（2P/Encke），轨道周期最短（约 3.2 年）的一颗暗彗星。因德国天文学家恩克最先算出它的轨道并预言回归而得名。

10.145　比拉彗星　Biela's comet

周期彗星编号表第三号（3D/Biela）的一颗已经消失的短周期彗星，轨道周期约 6.6 年。1846 年回归时，发现该彗星已分裂为明显的两块碎片，分别有各自的彗发和彗核。此后解体形成为仙女座流星群。以 1826 年的发现者奥地利业余天文学家比拉的名字命名。

10.146　池谷 · 关彗星　comet Ikeya-Seki

1965 年出现的一颗克鲁兹族掠日大彗星（正式编号：C/1965 S1）。由两位日本业余天文学家池谷薰和关勉各自独立发现。过近日点时的光度估计达–11 等，是 20 世纪最明亮而壮观的彗星之一。

10.147　威斯特彗星　comet West

1975 年出现的一颗非周期大彗星。由丹麦天文学家 M. 威斯特发现，最接近太阳时亮度达–3 等，是 20 世纪最壮丽的彗星之一。

10.148　舒梅克–列维 9 号彗星　Shoemaker-Levy 9 comet

一颗曾经围绕木星公转的彗星。由美国天文学家尤金和卡罗琳 · 舒梅克夫妇以及天文爱好者戴维 · 列维三人于 1993 年共同发现。一般认为其前身是一颗绕日公转的短周期彗星，后被木星俘获。1994 年 7 月中下旬，这颗已分裂成许多碎片的彗星撞向了木星，这是人类首次直接观测到的太阳系天体的撞击事件。

10.149　百武彗星　comet Hyakutake

1996 年出现的一颗非周期性大彗星（正式编号：C/1996 B2）。由日本业余天文学家百武裕司发现，1996 年 3 月 25 日最接近地球时亮度达 0 等，彗尾延伸的视角达 80°，是近 200 年来最接近地球的大彗星之一。

10.150　海尔–波普彗星　comet Hale-Bopp

1997 年过近日点，轨道周期约 2 500 年的一颗长周期大彗星（正式编号：C/1995 O1）。1995 年由两位美国业余天文学家艾伦 · 海尔和托玛斯 · 波普共同发现，1997 年 4 月 1 日过近日点时光度为–1.4 等，是此前 20 年以来最壮观的彗星之一。

10.151　麦克诺特彗星　comet McNaught

2007 年出现的一颗非周期大彗星（正式编号：C/2006 P1）。最亮时亮度达–5.5 等，是 1965 年以来仅次于池谷 · 关彗星第二亮的彗星。因澳大利亚天文学家麦克诺特发现而得名。

10.152　坦普尔 1 号彗星　Comet Tempel 1

现今轨道周期为 5.5 年的一颗短周期彗

星(正式编号：9P/Tempel 1)。是第一个受到人工飞行器撞击(深度撞击号，2005年)并被激扬起表面物质的彗星。1867年4月3日由德国天文学家坦普尔首次发现。

10.153 丘留莫夫-格拉西缅科彗星 comet Churyumov-Gerasimenko

轨道周期约6.45年的一颗短周期彗星(正式编号：67P/Churyumov- Gerasimenko)。是第一颗有人工探测器(罗塞塔号-菲莱号登陆器)在其彗核上进行受控软着陆(2014年11月12日)的彗星。1969年由苏联天文学家丘留莫夫和格拉西缅科共同发现。

10.154 维尔特2号彗星 comet Wild 2

现今轨道周期约6年(正式编号：81P/Wild)的一颗短周期彗星。是第一颗其彗发物质被人工飞行器(星尘号)取样(2004年)并返回地球(2006年)的彗星。1978年由瑞士天文学家保罗 · 维尔特发现。

10.155 SOHO彗星 SOHO comet

通过分析SOHO探测器(太阳和日球层观测卫星)上日冕仪拍摄到的图像而发现的掠日彗星，其中几百颗是由中国天文爱好者发现的。

10.156 国际哈雷彗星联测网 International Halley Watch

在1985～1986年哈雷彗星回归期间，为促进观测并汇集、规范和保存哈雷彗星观测资料而组建的一个国际性组织。

10.157 彗星上游波区 cometary upstream wave region

彗核向日面的彗星弓形激波之外的区域。由于新生彗星离子的加入而引起磁场起伏、电磁波发育以及等离子体不稳定性而生成的湍动场，形成为上游的波区。

10.158 彗星弓形激波 cometary bow shock

彗星外围受到太阳风作用而形成的一个间断薄层。在这个间断层的两侧，磁场和等离子体速度均有跃变，形成从上游的超快流到亚快流的转变。

10.159 彗星磁层 cometary magnetosphere

被太阳风等离子体包围的其物理性质和过程主要受彗星磁场控制的空间区域。

10.160 彗星磁场堆积区 cometary magnetic pile-up region

在彗星磁腔区的外侧。行星际磁场被由彗星大气层向外流出的中性分子阻尼而增强的区域。

10.161 彗顶 cometary pause，cometopause

彗星磁场堆积区的外边界。把外部以太阳风等离子体为主的部分与内部彗星等离子体为主的部分分隔开的界面。

10.162 彗星磁鞘 cometary magnetosheath

又称“彗鞘(cometosheath)”。彗顶到彗星弓形激波之间的区域，其间以太阳风等离子体为主导。

10.163 彗星磁腔 cometary magnetic cavity

又称“彗星电离层(cometary ionosphere)”。彗核附近完全由纯彗星离子、电子和中性气体分子构成的无磁场的区域。

10.164 彗星电离层顶 cometary ionopause

包围彗星电离层(磁腔区)的一个“薄”过渡层。

10.165　内彗发　inner coma

靠近彗核区域的彗发内层、物质较为浓密的区域，其间以彗星气体和离子物质为主导。

10.166　彗发喷流　jets in the coma

又称“彗核喷流”。当彗核受到不均匀的加热时，从表面薄弱处可能冲出间歇性的新气流。这些喷流还可能导致彗核的转动和碎裂。

10.167　近核现象　near the nuclear phenomena

从彗核活动区喷出的物质所形成的“喷流”和“包层”。

10.168　彗星等离子体尾开启　turn-on of plasma tail

又称“等离子体彗尾生成”。当彗星逐渐接近太阳时，彗星电离层逐渐生长、壮大，到某种程度后，开始有稍多的等离子体向尾向运动而形成等离子体彗尾的现象。

10.169　彗星等离子体尾关闭　turn-off of plasma tail

又称“等离子体彗尾完结”。当彗星逐渐离开太阳时，彗星电离层缩减，导致等离子体彗尾消失的现象。

10.170　彗星大尺度结构　cometary large-scale structure

彗星等离子体彗尾中出现的一些形态不规则的精细结构(如尾流射线、断尾事件等)，是由太阳辐射、太阳风和磁场与彗星物质相互作用而产生的现象。

10.171　[彗星]尾流射线　tail ray

彗星的大尺度结构之一。在等离子体彗尾主尾两旁生成的次尾结构，往往成对出现，并逐渐向主尾靠近，最后并入主尾。

10.172　[彗星]断尾事件　tail-disconnection event，disconnection event

彗星的大尺度结构之一。先前的等离子体彗尾与彗发断开，向后退行，新的等离子体彗尾又从彗头产生的现象。

10.173　彗尾扭折　tail kink

彗星的大尺度结构之一。彗星等离子体彗尾指向的突变处。

10.174　彗尾螺旋结构　tail helic

彗星等离子体彗尾中较远区域出现的某种螺纹状弯曲结构，是一种瞬时性结构。

10.175　彗尾凝团　tail condensation

彗星等离子体彗尾中出现的一种离子云团，呈现为较大的亮区。

10.176　彗尾结节　tail knot

彗星等离子体彗尾中出现的一种离子小云团，呈现为较小的亮区。

10.177　[彗星]尘埃尾迹　dust trail，DT

沿着短周期彗星轨道分布的凝结颗粒尾迹。其成分与尘埃尾不同，由一些较大的物质颗粒构成，因而受太阳辐射压的影响较小。

10.178　流星体　meteoroid，meteoric body

太阳系小天体中的一类。围绕太阳运行的碎小物体，一般是尺度在 30μm 至 1m 之间的石质或金属质的固态小天体。

10.179　微流星体　micrometeoroid

流星体中最微小的成员。一般认为是一些大小不超过 0.1mm、质量低于百万分之一克的尘埃粒子，它们进入地球大气时不会产生发光现象。

10.180 流星群 meteoric stream，meteoroid stream，meteor swarm

沿相似轨道围绕太阳运行的众多流星体的集合。这些流星体往往与同一颗彗星瓦解后的散失物质密切相关。

10.181 流星 meteor，shooting star，falling star

当流星体、彗星体或小行星以每秒几十千米的速度穿入行星大气层时产生的发光现象。

10.182 火流星 bolide，fireball

较大的流星体在进入低层大气中继续燃烧时产生的特别明亮的发光现象，能留下显著的流星余迹，有时还伴随有声响。

10.183 流星雨 meteoric shower, meteor shower

人们在夜空中看到的许多流星都像是从星空背景上的某一方向发射出来的现象，此种现象与流星群和地球相遇有关。

10.184 流星雨辐射点 radiant of meteor shower

发生流星雨现象时，许多流星的轨迹都像是从星空背景上的某一点向四周散射开来，这一点就被称为流星雨的辐射点。

10.185 每小时天顶方向流星数 zenithal hourly rate，ZHR

归算到最佳状态下(辐射点位于天顶，夜空中也没有光污染时)地面观测者每小时可以看到的流星数目。

10.186 流星暴 meteor storm， meteor outburst

每小时出现的流星数超过 1 000 颗的流星雨现象。

10.187 偶发流星 sporadic meteor

又称“散乱流星”。不属于任何流星雨的流星。

10.188 流星余迹 meteor trail，meteor train

较亮流星行经途径上遗留下的云雾状电离气体长带，其寿命为百分之几秒到几分钟。

10.189 国际流星组织 International Meteor Organization，IMO

流星雨爱好者的一个国际性合作组织。成立于 1988 年,其职能是规范若干种观测方法、汇集全世界的观测资料，以推进对流星雨及其与彗星和行星际尘埃的关系等课题进行全面的合作研究。

10.190 陨石 meteorite

又称“陨星”。流星体从行星际空间穿越过大气层而陨落到行星、卫星或小行星表面后残存的固态天然物体。

10.191 陨石雨 meteorite shower

又称“陨星雨”。较大的流星体在行星大气层中爆裂成许多碎块时的陨落现象。

10.192 陨石撞迹 astrobleme

又称“陨星撞迹”。行星、卫星或小行星表面被小天体陨击后遗留下的痕迹。

10.193 陨石坑 meteorite crater

曾称“陨星坑”。类地星(特别是地球)、卫星或小行星表面被小天体高速撞击后所形成的圆坑形构造。

10.194 微陨石 micrometeorite

又称“微陨星”。降落到地面上的行星际物质极小颗粒。它们有的是飘落到地面上的微流星体，有的则是流星体陨落时碎裂出来的微屑。

10.195　陨石学　meteoritics，astrolithology
又称“陨星学”。研究陨石(或陨星)的一门学科。

10.196　目击[型]陨石　meteorite fall
又称“见落[型]陨石(observed fall)”。在陨落过程中就被观测到，然后又被寻获的陨石。

10.197　发现[型]陨石　meteorite find
后来才被找到，但未曾观测到其坠落过程的陨石。

10.198　石陨石　stony meteorite
主要成分是硅酸盐物质的陨石，是各类陨石中为数最多的一类石质陨石。

10.199　球粒陨石　chondrite
石陨石的一种。其内部含有毫米尺度大小且被称为“球粒”的球形岩石颗粒。此种陨石未曾经受过其母天体的地质熔融或分异作用，因而内部结构也未曾改变过。

10.200　碳质球粒陨石　carbonaceous chondrite
又称“C 球粒陨石”。石陨石中含碳多的一类球粒陨石，因其化学成分与太阳光球相近而被认为表征着太阳系原始星云的组成。其中 CI 型碳质球粒陨石尤是最原始的、富含水和有机物的类型，最为珍贵。

10.201　无球粒陨石　achondrite
一种无球粒状颗粒结构的石陨石，其成分和外观与地球上的玄武岩或火成岩相似。此种陨石在其流星体的母体内时曾经历过不同程度的熔融和再结晶的地质分异作用。

10.202　铁陨石　iron meteorite
又称“陨铁”。包含大量铁镍合金的陨石。

10.203　石铁陨石　stony-iron meteorite，siderolite
物质组成中硅酸岩和金属铁镍大致各占一半的陨石。

10.204　玻璃陨石　tektites
中国古代称“雷公墨”。一类天然形成的玻璃状物体。一般认为是由大型流星体(或陨星)陨击地表时形成，但也有人认为是在地外形成后降落到地面的。

10.205　月球陨石　lunar meteorite
源自月球的岩石，后来又坠落到地球表面而成为陨石。

10.206　火星陨石　Martian meteorite
源自火星的岩石，后来又坠落到地球表面而成为陨石。

10.207　默奇森陨石　Murchison meteorite
1969 年 9 月 28 日陨落在澳大利亚维多利亚州默奇森附近的一块陨石，质量超过 100kg，属碳质球粒陨石。其成分铁占 22.13%，水占 12%，有机物含量较高，是世界上被研究得最多的陨石之一。

10.208　休格地陨石　Shergotty meteorite
1865 年 8 月 25 日陨落在印度毕哈伽耶区休格地的一块陨石。坠落后不久就被寻获，重量约 5kg，是火星陨石家族中的第一个标本。

10.209　艾伦丘陵陨石 84001　Allan hills 84001
在南极洲艾伦丘陵地区发现的一块陨石，重量为 1.93kg，被认为是来自火星，而且可能包含有火星细菌微型化石的证据。由美国的南极陨石搜寻计划小组于 1984 年

12 月 27 日发现。

10.210　巴林杰陨石坑　Barringer meteor crater

位于美国亚利桑那州北部沙漠中的一个著名陨石坑，直径 1 200m，深达 170m，周围围绕着 45m 高的隆起地形，形成于约 5 万年前。因纪念首位提出其成因(是由于陨石撞击)的美国地质学家丹尼尔 · 巴林杰而得名。

10.211　奇克苏鲁伯陨石坑　Chicxulub crater

位于墨西哥尤卡坦半岛的陨石坑。略呈椭圆形，平均直径约 180km，是地球上目前已被确认的第三大撞击坑，形成于约 6 500 万年前。现在一般认为，造成此陨石坑的陨星也就是白垩纪-第三纪的恐龙等生物大规模灭绝事件的元凶。

10.212　弗里德堡陨石坑　Vredefort crater，Vredefort dome，Vredefort impact structure

位于南非共和国自由邦省弗里德堡镇附近的一个撞击坑，是地球上目前已被确认的最大陨击构造，直径约 250km 至 300km。形成于约 20.23 亿年前，是地球上已知的第二古老的撞击坑。2005 年，该坑被联合国教科文组织列为世界地质遗产。

10.213　萨德伯里陨石坑　Sudbury crater

又称“萨德伯里盆地”。位于加拿大安大略省的一个撞击坑，是地球上目前已被确认的第二大陨击构造，直径约为 250km，年龄约有 18.5 亿年，盆地内被富含多种金属的岩浆填充，并有地磁异常。

10.214　岫岩陨石坑　Siuyen meteorite crater，Xiuyan crater

位于中国辽宁鞍山市岫岩满族自治县苏子沟镇罗圈沟里村的一个撞击坑，坑深约 150m，直径约 1 800m，呈碗状形态，属于简单坑，形成于约 5 万年前。中国境内首个被确证的陨石撞击坑。

10.215　吉林陨石雨　Jilin meteorite rain

1976 年 3 月 8 日 15 时左右发生在中国吉林市北郊的一次特大的流星雨事件。此后，在 $500km^2$ 范围内收集到一百多块陨石，总重量有 2 616kg。其中最大的一块吉林 1 号陨石重达 1 770kg，是世界上已知最重的石陨石。

10.216　通古斯事件　Tunguska event

又称“通古斯大爆炸”。1908 年 6 月 30 日清晨发生在俄国西伯利亚通古斯河地区上空的一次特大爆炸事件，超过 2 $100km^2$ 内的树木被击倒或焚毁。现在一般认为这是一颗直径 10m 左右的小天体在离地面约 6km 至 10km 上空发生的爆炸。

10.217　车里雅宾斯克陨落事件　Chelyabinsk meteor

2013 年 2 月 15 日上午发生于俄罗斯车里雅宾斯克州西部地区上空的流星体陨落事件。陨落时爆发的火球大致比初升的太阳还要明亮，在天空中留下一条大约 10km 长的余迹。爆炸当量相当于 50 万吨 TNT 炸药，导致约 3 000 座建筑物受损，1 500 名左右居民受伤。估计该流星体的直径大约有 17m，其质量超过 7 000 吨，是自 1908 年通古斯大爆炸以来地球上发生的最大的陨落事件。

10.218　月球　moon

又称“月亮”“太阴”。地球唯一的天然卫星，也是距离地球最近的伴随天体。

10.219 月球正面 near side of the moon, nearside of the moon

月球始终朝向地球的半个球面，朝向不变的原因在于月球的自转与公转同步。

10.220 月球背面 far side of the moon

月球始终背向地球的半个球面。

10.221 月球学 lunar science, selenology

研究月球的性质及其起源演化的一门学科。

10.222 月面学 selenography, topography of the moon

又称“月志学(lunar topography)”。月球学的一个分支。研究月球表面各种特征结构的位置、形态、环境及其命名的学科。

10.223 月球地质学 geology of the moon, lunar geology

又称“月质学”。研究月球的物质组成、结构、起源和演化的学科。

10.224 月球起源说 origin of the moon selenogony

关于月球起源和演化的理论或假设。

10.225 月海 lunar mare

月球正面大片地势较低的洼地。类似地球上的盆地，其间充满了低返照率的玄武岩熔岩，现被认为是月球地质早期的许多大陨击坑被火山爆发熔岩填充后的产物。在肉眼看来，这是一些较为暗黑的区域，早期的观察者以为这是月面上的海洋，因而得名。

10.226 月面高地 lunar highland

又称“月陆(Terra)”。月球表面较为明亮的区域。一般比月海要高出 1～3km，是比月海更为古老的区域。也是早期的古月壳，其主要的成分是斜长岩。

10.227 月面堆积层 lunar legorith

又称“广义的月壤”“月面浮土层”。覆盖在整个月面的、月球基岩之上的一层松散堆积物，由岩石碎屑、矿物颗粒、玻璃颗粒、陨石碎片、黏合集块岩等组成，大致可分为月尘、月土、碎石和其他物质等多种成分。

10.228 月土 lunar soil

又称“狭义的月壤”。月面堆积层中直径小于 1cm 的颗粒，但其成因和组成都与地球上的土壤并无相似之处。

10.229 月尘 lunar dust

月壤或月土中直径小于 10μm 的微细颗粒。在某些月尘较多的区域，会在月球表面形成一个薄薄的覆盖层。

10.230 陨击坑 lmpact crater, crater

又称“撞击坑”。类地行星、卫星、小行星等固态天体表面的各种凹坑，大多由撞击作用而形成。对月面早期的观测发现，较大凹坑的四周往往有一圈环状的山体。

10.231 环形山 ring mountain, crater

又称“月面环形山(lunar crater)”。近代对月面陨击坑的称呼。主要是从形态结构的角度对陨击坑的一种形象性描述，指某一陨击坑四周高出表面数百或数千米的环形山脉。除月面结构外，对于太阳系所有其他类地行星、卫星和小天体表面的特征结构之 crater，均不再使用‘环形山’一词。

10.232 坑链 catena, crater chain

固态天体表面排成一列的多个撞击坑。对

于月面则可称“环形山链”。

10.233　多环盆地　multi-ring basin, MRB

在固态天体表面出现的包含多个同心环状地形结构的巨型陨击坑，直径一般有200～300km，是类地天体表面最壮观的地形特征。月球上的东海就是一个著名的多环盆地。

10.234　南极-艾特肯盆地　South Pole-Aitken basin

月球上最大的撞击坑，直径约有2 500km，深约13km，是月球上最大、最深和最古老的盆地，也是整个太阳系中已知的最大撞击坑。

10.235　月海玄武岩　lunar basaltic

月海表面的典型岩石，类似于地球的玄武岩，但有一定差别。其组成的主要矿物是单斜辉石和斜长石，有些还富含各种富镁的橄榄石和富铁钛的火山玄武岩。岩石的结晶固化年龄约为38亿～42亿年，由熔岩流的多次喷发形成。

10.236　高地斜长岩　lunar anorthositic

组成月壳和月面高地的主要岩石，是一种古老的基性深成岩岩石，90%以上的成分是斜长石，此外还有一些角闪石、辉石和黑云母等成分。与地球上的斜长岩不同，月球斜长岩是层状类型的，由来自玄武岩质熔体的斜长石堆晶而成。

10.237　克里普岩　KREEP norite，KREEP

月球表面岩石的主要类型之一。一种有着特殊化学成分的棕黄色玻璃状矿物，可能是由于月壳的斜长岩熔融形成，因其富含钾(K)、稀土元素(REE)和磷(P)而得名。此外还富含铀、钍等放射性元素。

10.238　前酒海纪　pre-Nectarian period

从45.5亿年前(月球开始形成时)至39.2亿年前(酒海因小天体撞击而形成时)的月球地质时期。

10.239　酒海纪　Nectarian period

从39.2亿年前至38.5亿年前(雨海盆地因陨石撞击而形成时)的月球地质时期。

10.240　雨海纪　Imbrian period

从38.5亿年前至32.0亿年前(爱拉托逊陨击坑形成时)的月球地质时期。

10.241　爱拉托逊纪　Eratosthenian period

从32.0亿年前至11.0亿年前(大致是哥白尼辐射纹系统形成时)的月球地质时期。

10.242　哥白尼纪　Copernican period

从11.0亿年前至现在的月球地质时期。

10.243　阿波罗计划　Apollo project

又称“阿波罗工程”。美国国家宇航局从1961年至1972年从事的一系列载人航天任务，1969年首次实现了载人登陆月球和安全返回地球的探测任务。

10.244　中国探月工程　Chinese Lunar Exploration Program，CLEP

又称“嫦娥工程(Chang'e Program)”。中国于2004年正式开始的月球探测工程，分为“无人月球探测”“载人登月”和“建立月球基地”三个阶段。初期规划又分为绕、落、回三期，2020年12月17日嫦娥五号探测器携带月球样品返回地球，标志着初期规划的顺利完成。2021年启动工程的第四期，主要目标是对月球南极开展综合科学探测以及为后续建立月球科研站的关键技术进行验证，预期在2030年前实现中国人首次登陆月球的规划。

10.245 地球物理学 geophysics

(1)狭义的地球物理学指研究固体地球的学科。是用物理学的原理和方法研究固体地球的运动、物理状态、物质组成、作用力和各种物理过程的一门综合性学科。(2)广义的地球物理学指对地球、月球，甚至太阳系其他行星及其周围空间环境的物理过程和物理性质进行分析研究的一门综合性学科。

10.246 地磁暴 geomagnetic storm

又称“磁暴”。太阳的高能带电粒子辐射急剧增强时，增强的太阳风流强烈冲击地球磁场，引发地磁场的强度和方向的强烈扰动。

10.247 空间天气 space weather

又称“太空天气”。空间物理学和高层大气物理学的一个分支学科，主要研究太阳系内的空间环境，包括太阳风，特别是地球周围的磁层、电离层和热层等环境条件的变化。

10.248 范艾伦辐射带 van Allen radiation belt

又称“范艾伦带(van Allen belt)”。被地球磁场捕获的高能带电粒子区。位于地球磁层之内，呈轮胎状，有内外两层，分别称为内带和外带，1958 年由美国科学家范·艾伦发现，故而得名。2010 年前后，发现内带和外带之间有时还可能出现短暂的第三辐射带。

10.249 极光 aurora，polar glow，polar light

行星高磁纬地区高层大气中的彩色发光现象。由于来自太阳风和磁层的高能带电粒子流沿行星固有磁场进入两磁极，并与高层大气的气体分子和原子碰撞而产生。

10.250 黄道光 zodiacal light

日落后在西方或日出前在东方肉眼可看到的沿黄道方向延伸的微弱光锥现象，主要由行星际尘埃散射太阳光而形成。

10.251 对日照 gegenschein，counter-twilight，zodiacal counterglow

日落后或日出前不久的夜空中，在黄道带上与太阳相反方向处的一个暗弱的弥漫椭圆形亮区。由行星际尘埃反射太阳光而形成，只有在无月晴夜和无光污染处才能看到。

10.252 夜光云 night cloud，noctilucent cloud

地球高纬度地区夏季黎明或黄昏(其时太阳在地平下 6°～16°，低层大气不再被阳光照射到)时看到的银白色云彩。一般出现在大气的中间层顶附近，呈波状，高度达 80km 上下。

10.253 大气辉光 airglow

又称“气辉”“夜辉”。地球和行星高层大气中十分微弱的发光现象。由于太阳电磁辐射激发地球高层大气中的某些成分，引起辐射和散射效应而造成，常因参与作用的成分和过程的不同而呈现不同色彩，可分为夜气辉、昼气辉和曙暮气辉三类。

10.254 夜天光 night glow，night sky light，light of the night sky

又称“夜空辐射”。太阳落入地平线下 18°以后的无月晴夜，在远离城市灯光的地方，夜空所呈现的暗弱弥漫光辉。在测光工作中，为天空背景或夜空背景的辐射。

10.255 近地空间 near-earth space

地球大气层中海平面以上 20km 至 100km 范围内的空间区域，包括平流层、中间层和热层的下部。

10.256 潜在威胁天体 potentially hazardous object，PHO

与地球交会的最近距离小于 0.05AU，且直径至少大于150m的近地天体。

10.257 地球空间 terrestrial space, geospace
靠近地球的外层空间区域，其外边界是地球的磁层顶，内边界则是地球的电离层。

10.258 地月空间 cislunar space，earth-moon space
地球的大气层之外直至月球轨道外侧的空间区域。

10.259 地月系统 earth-moon system
由地球和月球所构成的天体系统，地球是这一系统的中心天体。

10.260 行星际空间 interplanetary space
太阳系内环绕着太阳和行星的空间范围，向外一直延伸到日球层外侧的日球层顶。

10.261 空间探索 space exploration
又称“太空探索”。利用不断发展进步的空间技术在外层空间对天体进行的探索和发现。

10.262 行星际航行 interplanetary navigation, interplanetary space flight
人工飞行器在行星际空间内进行的航行，也特指太阳系之内的空间飞行。

10.263 行星际物质 interplanetary matter, IPM
充斥于行星际空间的各种气体和尘埃物质、等离子体物质以及宇宙线辐射和磁场的统称。

10.264 行星际磁场 interplanetary magnetic field，IMF
存在于行星际空间且被太阳风携带着的微弱磁场。

10.265 行星际尘埃 interplanetary dust
弥漫于太阳系或其他行星系行星际空间中的微小宇宙尘埃。

10.266 宇宙尘 cosmic dust，cosmic spherule
来自星际和行星际空间的尘埃物质。

10.267 提丢斯-波得定则 Titius-Bode law
关于行星与太阳平均距离的一个经验性规律。1766年由德国维滕贝格大学教授戴维·提丢斯首先提出，1772年由德国柏林天文台台长约翰·波得公开发表并推广。

10.268 行星科学 planetary science
曾称“行星学(planetology)”“行星天文学”。研究关于行星、矮行星、天然卫星以及太阳系小天体的性质和演变的学科。

10.269 行星磁层 planetary magnetosphere
由于太阳风与行星固有磁场的相互作用，而使行星磁场被禁锢的区域。其内充满等离子体物质，其物理性质和过程主要受所在行星磁场的支配。

10.270 行星地质学 planetary geology
又称“天文地质学(astrogeology)”。行星科学的一个重要分支。是研究行星、卫星、小行星、彗星以及陨石等天体的地质状态及其物质组成、结构、起源和演化的学科。

10.271 行星气象学 planetary meteorology
研究行星和大天然卫星大气层的学科。

10.272 行星表面学 planetography
研究行星和天然卫星表面的形态特征、地理环境、结构和命名以及各种特征的位置和形状的学科。

10.273 比较行星学 comparative planetology

通过比较行星及其天然卫星现今的物理、化学的特性以及环境状态，来研究地球和行星的起源及演化的学科。由美国天文学家伽莫夫(G . Gamow)于1948年首次提出。

10.274 前太阳星云 pre-solar nebula

根据现今基本上得到公认的星云假说，太阳系是由一尺度为几光年的巨大分子云经引力塌陷过程而形成，其中塌陷气体区域的一部分(尺度约为3光年的碎片)后来形成太阳系。该分子云碎片即为前太阳星云。

10.275 太阳星云 solar nebula

形成各种行星的气体和尘埃云，是前太阳星云在原太阳形成之后的剩余气体、尘埃所组成的云盘。

10.276 原行星盘 proplyd，protoplanetary disc

环绕在年轻恒星(如金牛T型星)周围的气体-尘埃盘，半径可以达到1 000AU，行星等天体正在其中形成。

10.277 星子 planetesimal

又称“微行星”。由太阳星云中微小的尘埃颗粒经不断碰撞和黏合而形成的一种固态天体，尺度大约是1km。由星子继续聚集增长为行星胚胎，进而再增长成行星。一般认为，小行星和彗星是残留至今的星子实体。而陨石更是落到行星表面的星子样品。

10.278 原行星 proto planet，protoplanet

行星的前身。在原行星盘内尺度如同月球大小的胚胎行星，应是由千米尺度的星子因彼此的引力吸引和碰撞而形成。一般认为，谷神星、智神星、灶神星和柯伊伯带中的矮行星都是保留有原行星特征的天体。

10.279 灾变假说 catastrophe hypothesis

又称“分出说”。太阳系起源的三大类假说之一。认为曾有某个突发事件使太阳分裂或抛射出若干物质而形成为行星。此类假说中还有多种说法，如潮汐说、撞击说、爆发说等。

10.280 俘获假说 capture hypothesis

太阳系起源的三大类假说之一。认为行星等天体是由太阳俘获的某些物质而形成。

10.281 星云假说 nebular hypothesis

又称“共同形成说”。太阳系起源三大类假说之一。认为整个太阳系由同一个原始星云形成，中心部分物质形成太阳，外围部分物质则形成原行星盘，盘中物质又进一步形成行星及卫星等天体。此种假设现今基本上得到公认。

10.282 康德-拉普拉斯星云假说 Kant-Laplace nebular hypothesis

1755年，德国哲学家康德认为，太阳系的所有天体是由一团弥漫物质(星云)在万有引力作用下逐渐聚集形成的；1796年，法国数学力学家拉普拉斯也独立提出，太阳系形成于一个转动着的气体星云。这两个假说的基本观点相同，因此合称为康德-拉普拉斯星云假说。

10.283 潮汐假说 tidal hypothesis

关于太阳系形成的一种学说。假定有一个恒星曾经接近过太阳，该恒星的潮汐力使太阳表面隆起，并使部分物质脱离太阳，这些物质后来就形成为行星。由英国天文学家J. H. 金斯(J. H. Jeans)于1916年提出。

10.284 行星系[统] planetary system

由于受到引力束缚而围绕着某一恒星或恒星系统公转的各种非恒星天体的集合，其中包括行星、矮行星、卫星、小行星、流星体、彗星、星子和各种星周盘物质。

10.285 [太阳]系外行星系 extrasolar planetary system，exoplanet system

太阳系以外围绕其他恒星运行的行星系统。

10.286 [太阳]系外行星学 exoplanetology，exoplanetary science

研究太阳系外行星的天文学分支学科。

10.287 [太阳]系外行星 extrasolar planet，exoplanet

存在于太阳系之外的行星。

10.288 脉冲星行星 pulsar planet

围绕脉冲星公转的太阳系外行星。

10.289 行星质量天体 planemo，planetary-mass object，PMO

质量大小符合行星定义范围的天体。主要是指矮行星、大卫星和那些在星际空间自由飘荡的星际行星以及所谓“失败的恒星”，即亚褐矮星等。

10.290 星际天体 interstellar object

不受任何一颗特定恒星的引力约束而在恒星际空间飘荡或在各自轨道上运行的天体，包括星际小行星、星际彗星和星际行星，但不包括恒星。这类天体有时可能因过分靠近某颗恒星的引力作用范围而会暂时性地闯入该恒星的天体系统。

10.291 星际行星 interstellar planet

又称“流浪行星(rogue planet)”“孤儿行星(orphan planet)”“自由飘荡行星(free-floating planet)”。行星质量天体中的一类。不围绕任何恒星或是只围绕星系公转的行星。它们或是在行星系统形成时期就被弹射出来的原行星，或是后来受到其他行星等天体的引力影响而被抛出原在行星系统的行星。

10.292 星际小行星 interstellar asteroid

星际天体中的一类，不受任何一颗特定恒星的引力约束而在恒星际空间飘荡或在各自轨道上运行的小行星。有时可能因过分靠近某颗恒星的引力作用范围而会暂时性地闯入该恒星的天体系统。

10.293 星际彗星 interstellar comet

星际天体中的一类，不受任何一颗特定恒星的引力约束而在恒星际空间飘荡或在各自轨道上运行的彗星体。有时可能因过分靠近某颗恒星的引力作用范围而会暂时性地闯入该恒星的天体系统。

10.294 奥陌陌 ‘Oumuamua

编号为 1/2017 U1。2017 年 10 月 19 日由泛星计划(Pan-STARRS)望远镜所发现，已知的第一颗在太阳系内的系外天体。其直径在百米级，呈现一个雪茄状。

10.295 鲍里索夫[星际]彗星 Borisov comet

第一颗被确认的星际彗星(正式编号：2I/Borisov)，也是第二颗被确认的闯入太阳系的星际天体。曾被编号为 C/2019 Q4(Borisov)，得名于乌克兰业余天文学家杰那地·鲍里索夫(Gennady Borisov)。2019 年 8 月 30 日鲍里索夫在克里米亚的家中用自制的望远镜观测发现。

10.296 亚褐矮星 sub-brown dwarf

行星质量天体中的一类。在年轻星团中自由漂浮，而质量低于棕矮星质量下限(约木星质量的 13 倍)的非恒星天体。其形成方式虽与恒星及褐矮星相同，但由于只拥有行星等级的质量，因此其核心还不足以像恒星那样可以引发热核聚变反应。

10.297 [太阳]系外类地行星 extrasolar terrestrial planet

存在于太阳系之外的类地行星。

10.298 [太阳]系外地球型行星 earth-like exoplanet，extrasolar earth analog

与地球上适宜于生命存在的环境条件十分相似的太阳系外类地行星。

10.299 [太阳]系外类木行星 Jovian exoplanet，exo-Jupiter，Jupiter-like exoplanet

与太阳系类木行星十分相似的太阳系外行星。

10.300 冷木星 cold Jupiter

太阳系外类木行星中的一类远距轨道天体。在行星系外侧较冷区域内的轨道上绕着其母恒星公转。

10.301 热木星 hot Jupiter

太阳系外类木行星中的一类近距轨道天体。原先也曾是一个冷木星，但后来由于种种原因迁移到接近于离母恒星不超过0.5AU的范围，因而表面温度甚高。

10.302 嗜极生物 extremophile

可以(或者需要)在“极端”环境(相对于一般的地球生命生存的条件而言)中生长繁殖的生物，通常为单细胞生物，对探寻地外生命有重要参考价值。

10.303 [星周]宜居带 circumstellar habitable zone

母恒星周围的行星系统中适合于宜居行星存在的区域。

10.304 宜居行星 habitable planet，life-bearing planet

适宜于生命生存的行星。

10.305 德雷克方程 Drake equation

又称“格林班克公式(Green Bank equation)”。美国天文学家法兰克·德雷克于20世纪60年代提出的一个公式,用于估算银河系内“可能进行星际活动和通讯联络的外星文明世界的数量”。

10.306 [太阳]系外行星凌星 exoplanet transit

某些太阳系外行星的公转轨道面与地球上观测的视线方向几乎一致,因而有可能看到这些行星正好从其母恒星的前方通过,类似于太阳系中的水星凌日或金星凌日现象。

10.307 凌星测光法 transit photometry，transit method

探测太阳系外行星的一种方法。如果某颗太阳系外行星正好凌掩它所绕行的母恒星，恒星的亮度就会发生某种有规律的变化。反过来，也就可以根据恒星的亮度变化来推算出其周围可能存在的行星。

10.308 凌星时间变分法 transit timing variation method

探测太阳系外行星的一种方法。当一个系外行星系统存在着多颗行星时，相互之间的运动会对其他行星的轨道产生微小的摄动。因此由一颗行星凌星周期的微小变化就可以推测另外一颗或几颗行星的存在。

10.309 视向速度法 padial velocity method

探测太阳系外行星的一种主要的方法。类似于双星的两颗子星相互绕转时其光谱线会发生周期性的多普勒位移,由观测恒星的光谱线位置的周期性变化，也可以推算出可能存在的行星。

10.310 脉冲星计时法 pulsar timing

探测太阳系外行星的一种方法。根据脉冲信号的时间变化，可以追踪脉冲星的轨道运动变化，从而可以推算出可能存在于其旁的行星。第一颗太阳系外行星就是用此种方法检测到的。

第二部分

11. 表 1　星座

序码	中文名	国际通用名	所有格	缩写
11.001	仙女座	Andromeda	Andromedae	And
11.002	唧筒座	Antlia	Antliae	Ant
11.003	天燕座	Apus	Apodis	Aps
11.004	宝瓶座	Aquarius	Aquarii	Aqr
11.005	天鹰座	Aquila	Aquilae	Aql
11.006	天坛座	Ara	Arae	Ara
11.007	白羊座	Aries	Arietis	Ari
11.008	御夫座	Auriga	Aurigae	Aur
11.009	牧夫座	Boötes	Boötis	Boo
11.010	雕具座	Caelum	Caeli	Cae
11.011	鹿豹座	Camelopardalis	Camelopardalis	Cam
11.012	巨蟹座	Cancer	Cancri	Cnc
11.013	猎犬座	Canes Venatici	Canum Venaticorum	CVn
11.014	大犬座	Canis Major	Canis Majoris	CMa
11.015	小犬座	Canis Minor	Canis Minoris	CMi
11.016	摩羯座	Capricornus	Capricorni	Cap
11.017	船底座	Carina	Carinae	Car
11.018	仙后座	Cassiopeia	Cassiopeiae	Cas
11.019	半人马座	Centaurus	Centauri	Cen
11.020	仙王座	Cepheus	Cephei	Cep
11.021	鲸鱼座	Cetus	Ceti	Cet
11.022	蝘蜓座	Chamaeleon	Chamaeleontis	Cha
11.023	圆规座	Circinus	Circini	Cir
11.024	天鸽座	Columba	Columbae	Col
11.025	后发座	Coma Berenices	Comae Berenices	Com

续表

序码	中文名	国际通用名	所有格	缩写
11.026	南冕座	Corona Australis	Coronae Australis	CrA
11.027	北冕座	Corona Borealis	Coronae Borealis	CrB
11.028	乌鸦座	Corvus	Corvi	Crv
11.029	巨爵座	Crater	Crateris	Crt
11.030	南十字座	Crux	Crucis	Cru
11.031	天鹅座	Cygnus	Cygni	Cyg
11.032	海豚座	Delphinus	Delphini	Del
11.033	剑鱼座	Dorado	Doradus	Dor
11.034	天龙座	Draco	Draconis	Dra
11.035	小马座	Equuleus	Equulei	Equ
11.036	波江座	Eridanus	Eridani	Eri
11.037	天炉座	Fornax	Fornacis	For
11.038	双子座	Gemini	Geminorum	Gem
11.039	天鹤座	Grus	Gruis	Gru
11.040	武仙座	Hercules	Herculis	Her
11.041	时钟座	Horologium	Horologii	Hor
11.042	长蛇座	Hydra	Hydrae	Hya
11.043	水蛇座	Hydrus	Hydri	Hyi
11.044	印第安座	Indus	Indi	Ind
11.045	蝎虎座	Lacerta	Lacertae	Lac
11.046	狮子座	Leo	Leonis	Leo
11.047	小狮座	Leo Minor	Leonis Minoris	LMi
11.048	天兔座	Lepus	Leporis	Lep
11.049	天秤座	Libra	Librae	Lib
11.050	豺狼座	Lupus	Lupi	Lup
11.051	天猫座	Lynx	Lyncis	Lyn
11.052	天琴座	Lyra	Lyrae	Lyr
11.053	山案座	Mensa	Mensae	Men
11.054	显微镜座	Microscopium	Microscopii	Mic

续表

序码	中文名	国际通用名	所有格	缩写
11.055	麒麟座	Monoceros	Monocerotis	Mon
11.056	苍蝇座	Musca	Muscae	Mus
11.057	矩尺座	Norma	Normae	Nor
11.058	南极座	Octans	Octantis	Oct
11.059	蛇夫座	Ophiuchus	Ophiuchi	Oph
11.060	猎户座	Orion	Orionis	Ori
11.061	孔雀座	Pavo	Pavonis	Pav
11.062	飞马座	Pegasus	Pegasi	Peg
11.063	英仙座	Perseus	Persei	Per
11.064	凤凰座	Phoenix	Phoenicis	Phe
11.065	绘架座	Pictor	Pictoris	Pic
11.066	双鱼座	Pisces	Piscium	Psc
11.067	南鱼座	Piscis Austrinus	Piscis Austrini	PsA
11.068	船尾座	Puppis	Puppis	Pup
11.069	罗盘座	Pyxis	Pyxidis	Pyx
11.070	网罟座	Reticulum	Reticuli	Ret
11.071	天箭座	Sagitta	Sagittae	Sge
11.072	人马座	Sagittarius	Sagittarii	Sgr
11.073	天蝎座	Scorpius	Scorpii	Sco
11.074	玉夫座	Sculptor	Sculptoris	Scl
11.075	盾牌座	Scutum	Scuti	Sct
11.076	巨蛇座	Serpens	Serpentis	Ser
11.077	六分仪座	Sextans	Sextantis	Sex
11.078	金牛座	Taurus	Tauri	Tau
11.079	望远镜座	Telescopium	Telescopii	Tel
11.080	三角座	Triangulum	Trianguli	Tri
11.081	南三角座	Triangulum Australe	Trianguli Australis	TrA
11.082	杜鹃座	Tucana	Tucanae	Tuc

续表

序码	中文名	国际通用名	所有格	缩写
11.083	大熊座	Ursa Major	Ursae Majoris	UMa
11.084	小熊座	Ursa Minor	Ursae Minoris	UMi
11.085	船帆座	Vela	Velorum	Vel
11.086	室女座	Virgo	Virginis	Vir
11.087	飞鱼座	Volans	Volantis	Vol
11.088	狐狸座	Vulpecula	Vulpeculae	Vul

12. 表 2 黄道十二宫

序码	中文名	国际通用名	明、清用名
12.001	白羊宫	Aries	降娄 戌宫
12.002	金牛宫	Taurus	大梁 酉宫
12.003	双子宫	Gemini	实沈 申宫
12.004	巨蟹宫	Cancer	鹑首 未宫
12.005	狮子宫	Leo	鹑火 午宫
12.006	室女宫	Virgo	鹑尾 巳宫
12.007	天秤宫	Libra	寿星 辰宫
12.008	天蝎宫	Scorpius	大火 卯宫
12.009	人马宫	Sagittarius	析木 寅宫
12.010	摩羯宫	Capricornus	星纪 丑宫
12.011	宝瓶宫	Aquarius	玄枵 子宫
12.012	双鱼宫	Pisces	娵訾 亥宫

13. 表 3 二十四节气

序码	中文名	英文名
13.001	立春	Beginning of Spring
13.002	雨水	Rain Water
13.003	惊蛰	Awakening from Hibernation, Waking of Insects, Insects Awakening
13.004	春分	Vernal Equinox, Spring Equinox
13.005	清明	Fresh Green, Clear and Bright, Pure Brightness

续表

序码	中文名	英文名
13.006	谷雨	Grain Rain
13.007	立夏	Beginning of Summer
13.008	小满	Grain Fills, Lesser Fullness
13.009	芒种	Grain in Ear
13.010	夏至	June Solstice, Summer Solstice
13.011	小暑	Slight Heat, Lesser Heat
13.012	大暑	Greater Heat
13.013	立秋	Beginning of Autumn
13.014	处暑	End of Heat, Limit of Heat
13.015	白露	White Dew
13.016	秋分	Autumnal Equinox
13.017	寒露	Cold Dew
13.018	霜降	First Frost, Descent of Hoar Frost, Frost's Descent
13.019	立冬	Beginning of Winter
13.020	小雪	Slight Snow, Light Snow
13.021	大雪	Greater Snow, Heavy Snow
13.022	冬至	December Solstice, Winter Solstice
13.023	小寒	Slight Cold, Lesser Cold
13.024	大寒	Greater Cold, Severe Cold

14. 表 4　恒星

序码	中国古星名	中文名	国际通用名	拜尔星名
14.001	天狼星	大犬座 α	Sirius	CMa α
14.002	老人星	船底座 α	Canopus	Car α
14.003	南门二	半人马座 α	Rigil Kentaurus	Cen α
14.004	大角星	牧夫座 α	Arcturus	Boo α
14.005	织女一	天琴座 α	Vega	Lyr α
14.006	五车二	御夫座 α	Capella	Aur α
14.007	参宿七	猎户座 β	Rigel	Ori β
14.008	南河三	小犬座 α	Procyon	CMi α
14.009	水委一	波江座 α	Achernar	Eri α
14.010	参宿四	猎户座 α	Betelgeuse	Ori α

续表

序码	中国古星名	中文名	国际通用名	拜尔星名
14.011	马腹一	半人马座β	Hadar	Cen β
14.012	河鼓二(牛郎星)	天鹰座α	Altair	Aql α
14.013	十字架二	南十字座α	Acrux	Cru α
14.014	毕宿五	金牛座α	Aldebaran	Tau α
14.015	心宿二	天蝎座α	Antares	Sco α
14.016	角宿一	室女座α	Spica	Vir α
14.017	北河三	双子座β	Pollux	Gem β
14.018	北落师门	南鱼座α	Fomalhaut	PsA α
14.019	天津四	天鹅座α	Deneb	Cyg α
14.020	十字架三	南十字座β	Mimosa	Cru β
14.021	轩辕十四	狮子座α	Regulus	Leo α
14.022	弧矢七	大犬座ε	Adhara	CMa ε
14.023	尾宿八	天蝎座λ	Shaula	Sco λ
14.024	北河二	双子座α	Castor	Gem α
14.025	十字架一	南十字座γ	Gacrux	Cru γ
14.026	参宿五	猎户座γ	Bellatrix	Ori γ
14.027	五车五	金牛座β/御夫座γ	Elnath	Tau β
14.028	南船五	船底座β	Miaplacidus	Car β
14.029	参宿二	猎户座ε	Alnilam	Ori ε
14.030	天社一	船帆座γ	Regor[a]	Vel $\gamma^{1,2}$
14.031	鹤一	天鹤座α	Alnair	Gru α
14.032	玉衡/北斗五	大熊座ε	Alioth	UMa ε
14.033	参宿一	猎户座ζ	Alnitak	Ori A ζ
14.034	天枢/北斗一	大熊座α	Dubhe	UMa α
14.035	天船三	英仙座α	Mirfak	Per α
14.036	弧矢一	大犬座δ	Wezen	CMa δ
14.037	尾宿五	天蝎座θ	Sargas	Sco θ
14.038	箕宿三	人马座ε	Kaus Australis	Sgr ε
14.039	海石一	船底座ε	Avior	Car ε
14.040	摇光/北斗七	大熊座η	Alkaid	UMa η
14.041	五车三	御夫座β	Menkalinan	Aur β
14.042	三角形三	南三角座α	Atria	TrA α
14.043	井宿三	双子座γ	Alhena	Gem γ
14.044	孔雀十一	孔雀座α	Peacock	Pav α

续表

序码	中国古星名	中文名	国际通用名	拜尔星名
14.045	天社三	船帆座 δ	Alsephina	Vel δ
14.046	军市一	大犬座 β	Mirzam	CMa β
14.047	星宿一	长蛇座 α	Alphard	Hya α
14.048	勾陈一/北极星	小熊座 α	Polaris	UMi α
14.049	娄宿三	白羊座 α	Hamal	Ari α
14.050	轩辕十二	狮子座 γ	Algieba	Leo γ^1
14.051	土司空	鲸鱼座 β	Diphda	Cet β
14.052	开阳/北斗六	大熊座 ζ	Mizar	UMa ζ
14.053	斗宿四	人马座 σ	Nunki	Sgr σ
14.054	库楼三	半人马座 θ	Menkent	Cen θ
14.055	奎宿九	仙女座 β	Mirach	And β
14.056	壁宿二	仙女座 α/飞马座 δ	Alpheratz	And α
14.057	候	蛇夫座 α	Rasalhague	Oph α
14.058	帝/北极二	小熊座 β	Kochab	UMi β
14.059	参宿六	猎户座 κ	Saiph	Ori κ
14.060	五帝座一	狮子座 β	Denebola	Leo β
14.061	大陵五	英仙座 β	Algol	Per β
14.062	鹤二	天鹤座 β	Tiaki	Gru β
14.063	库楼七	半人马座 γ	Muhlifain	Cen γ
14.064	海石二	船底座 ι	Aspidiske	Car ι
14.065	天记	船帆座 λ	Suhail	Vel λ
14.066	贯索四	北冕座 α	Alphecca	CrB α
14.067	参宿三	猎户座 δ	Mintaka	Ori δ
14.068	天津一	天鹅座 γ	Sadr	Cyg γ
14.069	天棓四	天龙座 γ	Eltanin	Dra γ
14.070	王良四	仙后座 α	Schedar	Cas α
14.071	弧矢增二十二	船尾座 ζ	Naos	Pup ζ
14.072	天大将军一	仙女座 γ	Almach	And γ
14.073	王良一	仙后座 β	Caph	Cas β
14.074	梗河一	牧夫座 ε	Izar	Boo ε
14.075	房宿三	天蝎座 δ	Dschubba	Sco δ
14.076	尾宿二	天蝎座 ε	Larawag	Sco ε
14.077	天璇/北斗二	大熊座 β	Merak	UMa β
14.078	火鸟六	凤凰座 α	Ankaa	Phe α
14.079	尾宿七	天蝎座 κ	Girtab	Sco κ
14.080	危宿三	飞马座 ε	Enif	Peg ε

续表

序码	中国古星名	中文名	国际通用名	拜尔星名
14.081	室宿二	飞马座β	Scheat	Peg β
14.082	宋/天市左垣十一	蛇夫座η	Sabik	Oph η
14.083	天玑/北斗三	大熊座γ	Phecda	UMa γ
14.084	弧矢二	大犬座η	Aludra	CMa η
14.085	天社五	船帆座κ	Markeb	Vel κ
14.086	策	仙后座γ	Navi	Cas γ
14.087	室宿一	飞马座α	Markab	Peg α
14.088	天津九	天鹅座ε	Aljanah	Cyg ε
14.089	房宿四	天蝎座β	Acrab	Sco β

15. 表 5　天然卫星

序码	中文名	国际通用名
15.001	火卫一	Phobos
15.002	火卫二	Deimos
15.003	木卫一	Io
15.004	木卫二	Europa
15.005	木卫三	Ganymede
15.006	木卫四	Callisto
15.007	木卫五	Amalthea
15.008	木卫六	Himalia
15.009	木卫七	Elara
15.010	木卫八	Pasiphae
15.011	木卫九	Sinope
15.012	木卫十	Lysithea
15.013	木卫十一	Carme
15.014	木卫十二	Ananke
15.015	木卫十三	Leda
15.016	木卫十四	Thebe
15.017	木卫十五	Adrastea
15.018	木卫十六	Metis
15.019	木卫十七	Callirrhoe
15.020	木卫十八	Themisto
15.021	木卫十九	Megaclite
15.022	木卫二十	Taygete
15.023	木卫二十一	Chaldene
15.024	木卫二十二	Harpalyke
15.025	木卫二十三	Kalyke
15.026	木卫二十四	Iocaste
15.027	木卫二十五	Erinome

续表

序码	中文名	国际通用名
15.028	木卫二十六	Isonoe
15.029	木卫二十七	Praxidike
15.030	木卫二十八	Autonoe
15.031	木卫二十九	Thyone
15.032	木卫三十	Hermippe
15.033	木卫三十一	Aitne
15.034	木卫三十二	Eurydome
15.035	木卫三十三	Euanthe
15.036	木卫三十四	Euporie
15.037	木卫三十五	Orthosie
15.038	木卫三十六	Sponde
15.039	木卫三十七	Kale
15.040	木卫三十八	Pasithee
15.041	木卫三十九	Hegemone
15.042	木卫四十	Mneme
15.043	木卫四十一	Aoede
15.044	木卫四十二	Thelxinoe
15.045	木卫四十三	Arche
15.046	木卫四十四	Kallichore
15.047	木卫四十五	Helike
15.048	木卫四十六	Carpo
15.049	木卫四十七	Eukelade
15.050	木卫四十八	Cyllene
15.051	木卫四十九	Kore
15.052	木卫五十	Herse
15.053	木卫五十三	Dia
15.054	木卫五十七	Eirene
15.055	木卫五十八	Philophrosyne
15.056	木卫六十	Eupheme
15.057	木卫六十二	Valetudo
15.058	木卫六十五	Pandia
15.059	木卫七十一	Ersa
15.060	土卫一	Mimas
15.061	土卫二	Enceladus
15.062	土卫三	Tethys
15.063	土卫四	Dione
15.064	土卫五	Rhea
15.065	土卫六	Titan
15.066	土卫七	Hyperion
15.067	土卫八	Iapetus
15.068	土卫九	Phoebe

续表

序码	中文名	国际通用名
15.069	土卫十	Janus
15.070	土卫十一	Epimetheus
15.071	土卫十二	Helene
15.072	土卫十三	Telesto
15.073	土卫十四	Calypso
15.074	土卫十五	Atlas
15.075	土卫十六	Prometheus
15.076	土卫十七	Pandora
15.077	土卫十八	Pan
15.078	土卫十九	Ymir
15.079	土卫二十	Paaliaq
15.080	土卫二十一	Tarvos
15.081	土卫二十二	Ijiraq
15.082	土卫二十三	Suttungr
15.083	土卫二十四	Kiviuq
15.084	土卫二十五	Mundilfari
15.085	土卫二十六	Albiorix
15.086	土卫二十七	Skathi
15.087	土卫二十八	Erriapus
15.088	土卫二十九	Siarnaq
15.089	土卫三十	Thrymr
15.090	土卫三十一	Narvi
15.091	土卫三十二	Methone
15.092	土卫三十三	Pallene
15.093	土卫三十四	Polydeuces
15.094	土卫三十五	Daphnis
15.095	土卫三十六	Aegir
15.096	土卫三十七	Bebhionn
15.097	土卫三十八	Bergelmir
15.098	土卫三十九	Bestia
15.099	土卫四十	Farbauti
15.100	土卫四十一	Fenrir
15.101	土卫四十二	Fornjot
15.102	土卫四十三	Hati
15.103	土卫四十四	Hyrrokkin
15.104	土卫四十五	Kari
15.105	土卫四十六	Loge
15.106	土卫四十七	Skoll
15.107	土卫四十八	Surtur
15.108	土卫四十九	Anthe
15.109	土卫五十	Jarnsaxa

续表

序码	中文名	国际通用名
15.110	土卫五十一	Greip
15.111	土卫五十二	Tarqeq
15.112	土卫五十三	Aegaeon
15.113	土卫五十四	Gridr
15.114	土卫五十五	Angrboda
15.115	土卫五十六	Skrymir
15.116	土卫五十七	Gerd
15.117	土卫五十九	Eggther
15.118	土卫六十一	Beli
15.119	土卫六十二	Gunnlod
15.120	土卫六十三	Thiazzi
15.121	土卫六十五	Alvaldi
15.122	土卫六十六	Geirrod
15.123	天卫一	Ariel
15.124	天卫二	Umbriel
15.125	天卫三	Titania
15.126	天卫四	Oberon
15.127	天卫五	Miranda
15.128	天卫六	Cordelia
15.129	天卫七	Ophelia
15.130	天卫八	Bianca
15.131	天卫九	Cressida
15.132	天卫十	Desdemona
15.133	天卫十一	Juliet
15.134	天卫十二	Portia
15.135	天卫十三	Rosalind
15.136	天卫十四	Belinda
15.137	天卫十五	Puck
15.138	天卫十六	Caliban
15.139	天卫十七	Sycorax
15.140	天卫十八	Prospero
15.141	天卫十九	Setebos
15.142	天卫二十	Stephano
15.143	天卫二十一	Trinculo
15.144	天卫二十二	Francisco
15.145	天卫二十三	Margaret
15.146	天卫二十四	Ferdinand
15.147	天卫二十五	Perdita
15.148	天卫二十六	Mab
15.149	天卫二十七	Cupid
15.150	海卫一	Triton

续表

序码	中文名	国际通用名
15.151	海卫二	Nereid
15.152	海卫三	Naiad
15.153	海卫四	Thalassa
15.154	海卫五	Despina
15.155	海卫六	Galatea
15.156	海卫七	Larissa
15.157	海卫八	Proteus
15.158	海卫九	Halimede
15.159	海卫十	Psamathe
15.160	海卫十一	Sao
15.161	海卫十二	Laomedeia
15.162	海卫十三	Neso
15.163	海卫十四	Hippocamp
15.164	冥卫一	Charon
15.165	冥卫二	Nix
15.166	冥卫三	Hydra
15.167	冥卫四	Kerberos
15.168	冥卫五	Styx

16. 表 6　月面

序码	中文名	国际通用名
16.001	艾布·菲达坑链	Catena Abulfeda
16.002	阿尔塔莫诺夫坑链	Catena Artamonov
16.003	戴维坑链	Catena Davy
16.004	杰武尔斯基坑链	Catena Dziewulski
16.005	洪堡坑链	Catena Humboldt
16.006	克拉夫特坑链	Catena Krafft
16.007	库尔恰托夫坑链	Catena Kurchatov
16.008	卢克莱修坑链	Catena Lucretius
16.009	门捷列夫坑链	Catena Mendeleev
16.010	萨姆纳坑链	Catena Sumner
16.011	西尔维斯特坑链	Catena Sylvester
16.012	阿尔德罗万迪山脊	Dorsa Aldrovandi
16.013	安德鲁索夫山脊	Dorsa Andrusov

续表

序码	中文名	国际通用名
16.014	阿尔甘山脊	Dorsa Argand
16.015	巴洛山脊	Dorsa Barlow
16.016	伯内特山脊	Dorsa Burnet
16.017	加图山脊	Dorsa Cato
16.018	达纳山脊	Dorsa Dana
16.019	尤因山脊	Dorsa Ewing
16.020	盖基山脊	Dorsa Geikie
16.021	哈克山脊	Dorsa Harker
16.022	利斯特山脊	Dorsa Lister
16.023	莫森山脊	Dorsa Mawson
16.024	鲁比山脊	Dorsa Rubey
16.025	斯米尔诺夫山脊	Dorsa Smirnov
16.026	索比山脊	Dorsa Sorby
16.027	施蒂勒山脊	Dorsa Stille
16.028	惠斯顿山脊	Dorsa Whiston
16.029	阿尔杜伊诺山脊	Dorsum Arduino
16.030	阿萨拉山脊	Dorsum Azara
16.031	布赫山脊	Dorsum Bucher
16.032	巴克兰山脊	Dorsum Buckland
16.033	卡耶山脊	Dorsum Cayeux
16.034	克洛斯山脊	Dorsum Cloos
16.035	库什曼山脊	Dorsum Cushman
16.036	加斯特山脊	Dorsum Gast
16.037	葛利普山脊	Dorsum Grabau
16.038	海姆山脊	Dorsum Heim
16.039	尼科尔山脊	Dorsum Nicol
16.040	尼格利山脊	Dorsum Niggli
16.041	奥佩尔山脊	Dorsum Oppel
16.042	欧文山脊	Dorsum Owen
16.043	希拉山脊	Dorsum Scilla
16.044	泰尔米埃山脊	Dorsum Termier
16.045	冯・科塔山脊	Dorsum Von Cotta
16.046	齐克尔山脊	Dorsum Zirkel
16.047	夏湖	Lacus Aestatis

续表

序码	中文名	国际通用名
16.048	秋湖	Lacus Autumni
16.049	仁慈湖	Lacus Bonitatis
16.050	忧伤湖	Lacus Doloris
16.051	秀丽湖	Lacus Excellentiae
16.052	幸福湖	Lacus Felicitatis
16.053	欢乐湖	Lacus Gaudii
16.054	冬湖	Lacus Hiemalis
16.055	温柔湖	Lacus Lenitatis
16.056	华贵湖	Lacus Luxuriae
16.057	死湖	Lacus Mortis
16.058	怨恨湖	Lacus Odii
16.059	长存湖	Lacus Perseverantiae
16.060	孤独湖	Lacus Solitudinis
16.061	梦湖	Lacus Somniorum
16.062	希望湖	Lacus Spei
16.063	时令湖	Lacus Temporis
16.064	恐怖湖	Lacus Timoris
16.065	春湖	Lacus Veris
16.066	蛇海	Mare Anguis
16.067	南海	Mare Australe
16.068	知海	Mare Cognitum
16.069	危海	Mare Crisium
16.070	梦海	Mare Desiderii
16.071	丰富海	Mare Fecunditatis
16.072	冷海	Mare Frigoris
16.073	洪堡海	Mare Humboldtianum
16.074	湿海	Mare Humorum
16.075	雨海	Mare Imbrium
16.076	智海	Mare Ingenii
16.077	岛海	Mare Insularum
16.078	界海	Mare Marginis
16.079	莫斯科海	Mare Moscoviense
16.080	酒海	Mare Nectaris
16.081	云海	Mare Nubium

续表

序码	中文名	国际通用名
16.082	东海	Mare Orientale
16.083	澄海	Mare Serenitatis
16.084	史密斯海	Mare Smythii
16.085	泡海	Mare Spumans
16.086	泡沫海	Mare Spumans
16.087	静海	Mare Tranquillitatis
16.088	浪海	Mare Undarum
16.089	汽海	Mare Vaporum
16.090	安培山	Mons Ampère
16.091	阿尔加山	Mons Argaeus
16.092	惠更斯山	Mons Huygens
16.093	拉希尔山	Mons La Hire
16.094	比科山	Mons Pico
16.095	皮科山	Mons Pico
16.096	比同山	Mons Piton
16.097	皮通山	Mons Piton
16.098	吕姆克尔山	Mons Ruemker
16.099	吕姆克山	Mons Rümker
16.100	勃朗峰	Mont Blanc
16.101	阿格里科拉山脉	Montes Agricola
16.102	阿尔卑斯山脉	Montes Alpes
16.103	阿尔泰山脉	Montes Altai
16.104	亚平宁山脉	Montes Apenninus
16.105	阿基米德山脉	Montes Archimedes
16.106	喀尔巴阡山脉	Montes Carpatus
16.107	高加索山脉	Montes Caucasus
16.108	科迪勒拉山脉	Montes Cordillera
16.109	海玛斯山脉	Montes Haemus
16.110	前锋山脉	Montes Harbinger
16.111	侏罗山	Montes Jura
16.112	侏罗山脉	Montes Jura
16.113	比利牛斯山脉	Montes Pyrenaeus
16.114	直列山脉	Montes Recti
16.115	里菲山脉	Montes Riphaeus

续表

序码	中文名	国际通用名
16.116	鲁克山脉	Montes Rook
16.117	塞奇山脉	Montes Secchi
16.118	施皮茨贝尔根山脉	Montes Spitzbergen
16.119	金牛山脉	Montes Taurus
16.120	特内里费山脉	Montes Teneriffe
16.121	风暴洋	Oceanus Procellarum
16.122	疫沼	Palus Epidemiarum
16.123	雾沼	Palus Nebularum
16.124	凋沼	Palus Putredinis
16.125	腐沼	Palus Putredinis
16.126	梦沼	Palus Somni
16.127	德森萨斯平原	Planitia Descensus
16.128	阿格鲁姆海角	Promontorium Agarum
16.129	阿加西海角	Promontorium Agassiz
16.130	阿切鲁西亚海角	Promontorium Archerusia
16.131	德维尔海角	Promontorium Deville
16.132	菲涅尔海角	Promontorium Fresnel
16.133	赫拉克利德海角	Promontorium Heraclides
16.134	开尔文海角	Promontorium Kelvin
16.135	拉普拉斯岬	Promontorium Laplace
16.136	泰纳里厄姆海角	Promontorium Taenarium
16.137	阿格瑟奇德斯溪	Rima Agatharchides
16.138	阿格里科拉溪	Rima Agricola
16.139	阿契塔溪	Rima Archytas
16.140	阿里亚代乌斯溪	Rima Ariadaeus
16.141	阿尔齐莫维奇溪	Rima Artsimovich
16.142	比伊溪	Rima Billy
16.143	伯特溪	Rima Birt
16.144	布雷利溪	Rima Brayley
16.145	柯西溪	Rima Cauchy
16.146	德利尔溪	Rima Delisle
16.147	丢番图溪	Rima Diophantus
16.148	德雷伯溪	Rima Draper
16.149	欧拉溪	Rima Euler

续表

序码	中文名	国际通用名
16.150	弗拉马里翁溪	Rima Flammarion
16.151	乔·邦德溪	Rima G. Bond
16.152	伽利略溪	Rima Galilaei
16.153	哈德利溪	Rima Hadley
16.154	赫西奥德溪	Rima Hesiodus
16.155	希吉努斯溪	Rima Hyginus
16.156	马里乌斯溪	Rima Marius
16.157	梅西叶溪	Rima Messier
16.158	奥波尔策溪	Rima Oppolzer
16.159	普朗克溪	Rima Planck
16.160	薛定谔溪	Rima Schröedinger
16.161	夏普溪	Rima Sharp
16.162	希普尚克斯溪	Rima Sheepshanks
16.163	希萨利斯溪	Rima Sirsalis
16.164	休斯溪	Rima Suess
16.165	托·迈耶溪	Rima T. Mayer
16.166	阿方索溪	Rimae Alphonsus
16.167	阿波罗尼奥斯溪	Rimae Apollonius
16.168	阿基米德溪	Rimae Archimedes
16.169	阿利斯塔克溪	Rimae Aristarchus
16.170	阿尔扎赫尔溪	Rimae Arzachel
16.171	阿特拉斯溪	Rimae Atlas
16.172	波得溪	Rimae Bode
16.173	比格溪	Rimae Bürg
16.174	丹聂耳溪	Rimae Daniell
16.175	达尔文溪	Rimae Darwin
16.176	多佩尔迈尔溪	Rimae Doppelmayer
16.177	菲涅尔溪	Rimae Fresnel
16.178	伽桑狄溪	Rimae Gassendi
16.179	格里马尔迪溪	Rimae Grimaldi
16.180	谷登堡溪	Rimae Gutenberg
16.181	哈泽溪	Rimae Hase
16.182	赫维留溪	Rimae Hevelius
16.183	希帕蒂娅溪	Rimae Hypatia

续表

序码	中文名	国际通用名
16.184	让桑溪	Rimae Janssen
16.185	利特罗夫溪	Rimae Littrow
16.186	麦克利尔溪	Rimae Maclear
16.187	梅斯特林溪	Rimae Maestlin
16.188	莫佩尔蒂溪	Rimae Maupertuis
16.189	米尼劳斯溪	Rimae Menelaus
16.190	梅森溪	Rimae Mersenius
16.191	帕里溪	Rimae Parry
16.192	佩蒂特溪	Rimae Pettit
16.193	柏拉图溪	Rimae Plato
16.194	普利纽斯溪	Rimae Plinius
16.195	普林茨溪	Rimae Prinz
16.196	拉姆斯登溪	Rimae Ramsden
16.197	里乔利溪	Rimae Riccioli
16.198	里特尔溪	Rimae Ritter
16.199	罗默溪	Rimae Römer
16.200	索西琴尼溪	Rimae Sosigenes
16.201	加卢斯溪	Rimae Sulpicius Gallus
16.202	特埃特图斯溪	Rimae Theaetetus
16.203	达·伽马溪	Rimae Vasco da Gama
16.204	祖皮溪	Rimae Zupus
16.205	鲍里斯峭壁	Rupes Boris
16.206	柯西峭壁	Rupes Cauchy
16.207	开尔文峭壁	Rupes Kelvin
16.208	李比希峭壁	Rupes Liebig
16.209	墨卡托峭壁	Rupes Mercator
16.210	直壁	Rupes Recta
16.211	托斯卡内利峭壁	Rupes Toscanelli
16.212	浪湾	Sinus Aestuum
16.213	爱湾	Sinus Amoris
16.214	狂暴湾	Sinus Asperitatis
16.215	和谐湾	Sinus Concordiae
16.216	信赖湾	Sinus Fidei
16.217	荣誉湾	Sinus Honoris

续表

序码	中文名	国际通用名
16.218	虹湾	Sinus Iridum
16.219	眉月湾	Sinus Lunicus
16.220	中央湾	Sinus Medii
16.221	露湾	Sinus Roris
16.222	成功湾	Sinus Successus
16.223	阿尔卑斯月谷	Vallis Alpes
16.224	阿尔卑斯大峡谷	Vallis Alpes
16.225	巴德谷	Vallis Baade
16.226	玻尔谷	Vallis Bohr
16.227	布瓦尔谷	Vallis Bouvard
16.228	卡佩拉谷	Vallis Capella
16.229	克里斯特尔谷	Vallis Christel
16.230	因吉拉米谷	Vallis Inghirami
16.231	克里希纳谷	Vallis Krishna
16.232	帕利奇谷	Vallis Palitzsch
16.233	普朗克谷	Vallis Planck
16.234	里伊塔月谷	Vallis Rheita
16.235	薛定谔谷	Vallis Schrödinger
16.236	施洛特月谷	Vallis Schröteri
16.237	斯涅尔谷	Vallis Snellius

17. 表 7　流星群

序码	中文名	国际通用名
17.001	仙女流星群	Andromedids
17.002	宝瓶流星群	Aquarids
17.003	白羊流星群	Arietids
17.004	比拉流星群	Bielids
17.005	牧夫流星群	Bootids
17.006	摩羯流星群	Capricornids
17.007	仙后流星群	Cassiopeids
17.008	仙王流星群	Cepheids
17.009	鲸鱼流星群	Cetids

续表

序码	中文名	国际通用名
17.010	南冕流星群	Corona Australids
17.011	天鹅流星群	Cygnids
17.012	天龙流星群	Draconids
17.013	双子流星群	Geminids
17.014	贾科比尼流星群	Giacobinids
17.015	狮子流星群	Leonids
17.016	天秤流星群	Librids
17.017	天琴流星群	Lyrids
17.018	麒麟流星群	Monocerids
17.019	蛇夫流星群	Ophiuchids
17.020	猎户流星群	Orionids
17.021	英仙流星群	Perseids
17.022	凤凰流星群	Phoenicids
17.023	南鱼流星群	Piscis Australids
17.024	象限仪流星群	Quadrantids
17.025	玉夫流星群	Sculptorids
17.026	金牛流星群	Taurids
17.027	小熊流星群	Ursa Minorids, Ursids

18. 表 8　火星

(1) 地貌名

序码	中文名	国际通用名
18.001	反照率特征	Albedo Feature
18.002	坑链，*坑链群	Catena, *catenae
18.003	凹地，*凹地群	Cavus, *cavi
18.004	混杂地	Chaos, chaoses
18.005	深谷，*深谷群	Chasma, *chasmata
18.006	小丘，*小丘群	Collis, *colles
18.007	撞击坑，*撞击坑群	Crater, *craters
18.008	山脊，*山脊群	Dorsum, *dorsa
18.009	波纹地，*波纹区	Fluctus, *fluctūs
18.010	堑沟，*堑沟群	Fossa, *fossae
18.011	坡地，*坡带	Labes, *labēs

续表

序码	中文名	国际通用名
18.012	沟网	Labyrinthus, labyrinthi
18.013	舌状地	Lingula, lingulae
18.014	暗斑，*暗斑群	Macula, *maculae
18.015	桌山，*桌山群	Mensa, *mensae
18.016	山，*山脉	Mons, *montes
18.017	沼	Palus, paludes
18.018	山口，*山口群	Patera, *paterae
18.019	平原	Planitia, planitiae
18.020	高原	Planum, plana
18.021	峭壁，*峭壁群	Rupes, *rupēs
18.022	断崖，*断崖群	Scopulus, *scopuli
18.023	蛇状脊，*蛇状脊群	Serpens, *serpentes
18.024	沟脊，*沟脊地	Sulcus, *sulci
18.025	台地	Terra, terrae
18.026	山丘，*山丘群	Tholus, *tholi
18.027	沙丘，*沙丘群	Unda, *undae
18.028	峡谷，*峡谷群	Vallis, *valles
18.029	荒原	Vastitas, vastitates

(2)地名

序码	中文名	国际通用名
18.030	埃里亚	Aeria
18.031	埃忒里亚	Aetheria
18.032	埃塞俄比斯	Aethiopis
18.033	亚马孙	Amazonis
18.034	阿蒙蒂斯	Amenthes
18.035	阿尼奥峡谷群	Anio Valles
18.036	阿拉伯	Arabia
18.037	阿耳卡狄亚	Arcadia
18.038	阿耳古瑞	Argyre
18.039	亚嫩	Arnon
18.040	奥索尼亚	Ausonia
18.041	波罗的亚	Baltia
18.042	北瑟提斯	Boreosyrtis
18.043	坎多尔	Candor
18.044	卡西乌斯	Casius
18.045	刻布壬尼亚	Cebrenia

续表

序码	中文名	国际通用名
18.046	刻克罗皮亚	Cecropia
18.047	刻拉尼俄斯	Ceraunius
18.048	刻耳柏洛斯	Cerberus
18.049	卡尔刻	Chalce
18.050	刻索尼苏斯	Chersonesus
18.051	克律塞	Chryse
18.052	黄金角	Chrysokeras
18.053	克拉里塔斯	Claritas
18.054	科普莱特斯	Coprates
18.055	库克罗匹亚	Cyclopia
18.056	基多尼亚	Cydonia
18.057	亚尼罗	Deuteronilus
18.058	迪阿克里亚	Diacria
18.059	狄俄斯枯里亚	Dioscuria
18.060	埃多姆	Edom
18.061	厄勒克特里斯	Electris
18.062	埃律西昂	Elysium
18.063	艾利达尼亚	Eridania
18.064	欧诺斯托斯	Eunostos
18.065	幼发拉底	Euphrates
18.066	基训	Gehon
18.067	希腊	Hellas
18.068	赫勒斯滂	Hellespontus
18.069	赫斯珀里亚	Hesperia
18.070	希底结	Hiddekel
18.071	雅庇吉亚	Iapygia, Iapigia
18.072	伊卡里亚	Icaria
18.073	图勒	II Thyle I
18.074	贾木纳	Jamuna
18.075	莱斯特律贡	Laestrygon, Laestrigon
18.076	利莫里亚	Lemuria
18.077	利比亚	Libya
18.078	门农尼亚	Memnonia
18.079	麦罗埃	Meroe

续表

序码	中文名	国际通用名
18.080	摩押	Moab
18.081	内克塔	Nectar
18.082	内彭西斯	Nepenthes
18.083	尼罗角	Nilokeras
18.084	尼罗瑟提斯	Nilosyrtis
18.085	挪亚	Noachis
18.086	奥林匹亚	Olympia
18.087	俄斐	Ophir
18.088	俄耳梯癸亚	Ortygia
18.089	奥克苏斯	Oxus
18.090	潘凯亚	Panchaia
18.091	法厄同	Phaethontis
18.092	比逊河	Phison
18.093	佛勒格拉	Phlegra
18.094	普洛彭提斯	Propontis
18.095	初尼罗	Protonilus
18.096	斯堪的亚	Scandia
18.097	西奈	Sinai
18.098	斯堤克斯	Styx
18.099	叙利亚	Syria
18.100	塔纳伊斯	Tanais
18.101	滕比	Tempe
18.102	塔尔西斯	Tharsis
18.103	陶玛西亚	Thaumasia
18.104	透特	Thoth
18.105	蒂米亚马塔	Thymiamata
18.106	特里那克里亚	Trinacria
18.107	犹克罗尼亚	Uchronia
18.108	温布拉	Umbra
18.109	乌托邦	Utopia
18.110	克珊忒	Xanthe
18.111	仄费里亚	Zephyria

英 汉 索 引

A

AAT 英澳望远镜 06.504
Abbe comparator 阿贝比长仪 06.292
Abell cluster 艾贝尔星系团 07.027
Abell richness class 艾贝尔富度 04.120
aberration 光行差 02.106
aberration ellipse 光行差椭圆 02.266
abnormal galaxy 不规则星系 07.062
Abramech 大角 05.085
abridged armilla 简仪 05.236
absolute black body ＊绝对黑体 04.248
absolute bolometric magnitude 绝对热星等 04.249
absolute brightness 绝对亮度 01.069
absolute magnitude 绝对星等 01.075
absolute photometry 绝对测光 04.022
absolute star catalogue 绝对星表 02.245
absolute visual magnitude 绝对目视星等 01.076
absorption flocculus 吸收谱斑 09.187
absorption line 吸收[谱]线 04.250
abundance of element 元素丰度，＊丰度 04.321
accreting binary 吸积双星 08.151
accretion 吸积 04.222
accretion by black hole 黑洞吸积 04.272
accretion column 吸积柱 04.225
accretion disk 吸积盘 04.223
accretion flow 吸积流 04.224
accretion stream 吸积流 04.224
accumulated years from the grand epoch 上元积年 05.002
ACE 高新成分探测器 06.598
Achernar 水委一 05.090
Achernar 波江座α 14.009
achondrite 无球粒陨石 10.201
acousto-optical spectrometer 声光频谱仪 06.408
acquisition camera 导星相机 06.144
Acrab 天蝎座β 14.089
Acrux 十字架二 05.095
Acrux 南十字座α 14.013
ACT 阿塔卡马宇宙学望远镜 06.476
action at a distance 超距作用 04.251
active binary 活动双星 08.152
active comet 活跃彗星 10.139
active complex ＊活动复合体 09.134
active galactic nucleus 活动星系核 07.167
active galaxy 活动星系 07.099
active longitude 活动经度 09.133
active nest 活动穴 09.134
active optics 主动光学 06.166
active prominence 活动日珥 09.190
active shielding 主动屏蔽 06.415
active sun 活动太阳 09.007
adaptive optics 自适应光学 06.167
Adhara 大犬座ε 14.022
adiabatic perturbation 绝热扰动 07.304
Adib 右枢，＊紫微右垣一 05.107
Adrastea 木卫十五 15.017
Advanced Composition Explorer 高新成分探测器 06.598
Advanced Satellite for Cosmology and Astrophysics 飞鸟X射线天文卫星，＊宇宙学与天体物理先进卫星 06.655
Advanced Technology Solar Telescope ＊先进技术太阳望远镜 06.500
advance of Mercury's perihelion 水星近日点进动 03.177
advance of the perihelion 近日点进动 03.079
advection-dominated accretion flow 径移吸积流 04.252
Aegaeon 土卫五十三 15.112
Aegir 土卫三十六 15.095
Aeria 埃里亚 18.030
Ae star Ae 星，＊A 型发射线星 08.153
Aetheria 埃忒里亚 18.031
Aethiopis 埃塞俄比斯 18.032

AFS 拱状暗条系统 09.192
AGB variable 渐近巨星支变星，＊AGB 变星 08.154
Agena 马腹一 05.092
age of the universe 宇宙年龄 07.458
AGILE 敏捷号γ射线天文卫星，＊γ射线轻型成像天文探测器 06.664
AIPS 天文图像处理系统 06.463
air fluorescence detector 大气荧光[式][宇宙线]探测器 06.456
airglow 大气辉光，＊气辉，＊夜辉 10.253
air mass 大气质量 04.253
air shower array ＊大气簇射阵 06.455
Aitne 木卫三十一 15.033
AI Vel star ＊船帆 AI型星 08.477
Akari 光亮号红外天文卫星 06.628
albedo 反照率 04.116
Albedo Feature 反照率特征 18.001
Albiorix 土卫二十六 15.085
Alcock-Paczynski test 阿尔科克-帕金斯基检验，＊AP 检验 07.335
Aldebaran 毕宿五 05.094
Aldebaran 金牛座α 14.014
Al Dhira 参宿四 05.091
Alexandrian calendar ［古希腊］亚历山大历 05.061
Alfvén wave 阿尔文波 04.190
Algebar 参宿七 05.088
Algieba 狮子座γ 14.050
Algol 大陵五 05.109
Algol 英仙座β 14.061
Algol binary 大陵型双星 08.155
Algol system 大陵型双星 08.155
Algol-type binary 大陵型双星 08.155
Algol-type eclipsing variable ＊大陵型食变星 08.156
Algol-type variable 大陵型变星 08.156
Algol variable 大陵型变星 08.156
Alhajoth 五车二 05.087
Alhena 双子座γ 14.043
Alioth 大熊座ε 14.032
Aljanah 天鹅座ε 14.088
Alkaid 大熊座η 14.040
Allan hills 84001 艾伦丘陵陨石 84001 10.209
Allen Telescope Array 艾伦望远镜阵 06.490
allowable transition 容许跃迁 04.158
allowed transition 容许跃迁 04.158
ALMA 阿塔卡马大型毫米[亚毫米]波阵 06.480
Almach 仙女座γ 14.072
Almagest 《天文学大成》，＊《至大论》 05.202
al-manazil 马纳吉尔 05.051
Al Mankib 参宿四 05.091
Alnair 天鹤座α 14.031
Alnilam 猎户座ε 14.029
Alnitak 猎户座ζ 14.033
alpha elements 阿尔法核素 07.142
Alpha Magnetic Spectrometer 阿尔法磁谱仪 06.667
Alphard 长蛇座α 14.047
Alphecca 北冕座α 14.066
Alpheratz 仙女座α/飞马座δ 14.056
Alramech 大角 05.085
Alsephina 船帆座δ 14.045
Altair 河鼓二，＊牛郎星，＊牵牛星 05.093
Altair 天鹰座α 14.012
alt-alt mounting 高度-高度式装置 06.121
Altazimuth 地平经纬仪 05.251
altazimuth mounting 地平装置 06.105
altitude 地平纬度 02.024
altitude-altitude mounting 高度-高度式装置 06.121
altitude axis 高度轴 06.107
altitude circle 地平纬圈，＊平行圈 02.020
Aludra 大犬座η 14.084
Alvaldi 土卫六十五 15.121
Al-Zij-Ilkhani 《伊尔汗历表》，＊《波斯历书》 05.200
Amalthea 木卫五 15.007
amateur astronomy 业余天文学 01.034
Amazonis 亚马孙 18.033
ambipolar diffusion 双极扩散 09.275
Amenthes 阿蒙蒂斯 18.034
AM Her star ＊武仙 AM 型星 08.338
ammonia clock 氨钟 06.189
Amor 阿莫尔[小行星] 10.112
Amor asteroid 阿莫尔型小行星 10.088
Amors 阿莫尔型小行星 10.088
AMS-02 阿尔法磁谱仪 06.667
Am star ＊Am 星 08.305
Ananke 木卫十二 15.014
Andoyer variable 安多耶变量 03.041
η and χ Persei 英仙双星团 08.616
Andromeda 仙女座 11.001
Andromeda galaxy 仙女星系 07.034

Andromeda nebula　仙女星系　07.034
Andromedids　仙女流星群　17.001
anemone jet　海葵状喷流　09.350
Anglo-Australian Telescope　英澳望远镜　06.504
Angrboda　土卫五十五　15.114
angular correlation function　角相关函数，＊角关联函数　07.317
angular diameter distance　角直径距离　07.257
angular power spectrum　角功率谱　07.323
animal cycle　十二生肖　05.209
Anio Valles　阿尼奥峡谷群　18.035
Ankaa　凤凰座α　14.078
annihilation　湮灭　04.254
annihilation of electron pair　电子对湮灭　04.255
annual aberration　周年光行差　02.109
annual equation　周年差　03.165
annual motion　周年运动　02.088
annual parallax　周年视差　02.099
Annular Nebula　指环星云　08.481
annular solar eclipse　日环食　03.125
anomalistic month　近点月　02.217
anomalistic year　近点年　02.222
anomalous X-ray pulsar　反常 X 射线脉冲星　08.158
anomaly　近点角　03.075
ANS　荷兰天文卫星　06.618
antalgol　＊逆大陵变星　08.159
Antarctic astronomy　南极天文学　01.019
Antares　心宿二，＊大火　05.096
Antares　天蝎座α　14.015
ANTARES　天蝎座α中微子望远镜　06.532
antenna array　天线阵　06.395
Antennae Galaxies　触须星系　07.035
antenna pattern　天线方向图　06.379
Anthe　土卫四十九　15.108
anthropic principle　人择原理　07.425
anticenter　反银心[方向]　08.050
anticenter region　反银心区　08.045
anticoincidence　反符合　06.416
anti-de Sitter space　反德西特空间　07.628
antimatter　反物质　04.256
antivertex　奔离点　08.046
Antlia　唧筒座　11.002
Aoede　木卫四十一　15.043
AOS　声光频谱仪　06.408
aperiodic comet　非周期彗星　10.133
aperture masking inteferometry　孔径遮挡干涉测量　06.378
aperture photometry　孔径测光　04.036
aperture synthesis　综合孔径　06.354
aperture-synthesis array　综合孔径阵　06.355
aperture-synthesis telescope　综合孔径望远镜　06.356
aphelion　远日点　03.062
Aphrodite Terra　阿佛洛狄忒台地　10.071
aplanatic system　消球差系统，＊齐明系统　06.063
apoapsis　远点，＊远拱点　03.054
apoastron　远星点　03.068
apocenter　远心点　03.066
apodization　切趾法　06.340
apodized-pupil Lyot coronagraph　切趾瞳李奥星冕仪　06.341
apogalacticon　远银心点　08.047
apogee　远地点　03.064
Apollo　阿波罗号　06.539
Apollo　阿波罗[小行星]　10.113
Apollo asteroid　阿波罗型小行星　10.089
Apollo project　阿波罗计划，＊阿波罗工程　10.243
Apollos　阿波罗型小行星　10.089
Apollo Telescope Mount　阿波罗镜架太阳观测台　06.590
apparent area　视面积　09.041
apparent binary　视双星　08.325
apparent bolometric magnitude　视热星等　04.257
apparent brightness　视亮度，＊表观亮度　01.068
apparent diameter　视直径，＊角直径　04.258
apparent disc　＊视圆面　01.099
apparent horizon　视地平　02.322
apparent horizon　表观视界　07.625
apparent libration　视天平动，＊几何天平动，＊光学天平动　03.156
apparent magnitude　视星等　01.073
apparent place　视位置　02.143
apparent position　视位置　02.143
apparent semidiameter　视半径　04.259
apparent sidereal time　真恒星时　02.156
apparent solar time　真太阳时，＊视太阳时　02.159
apparent superluminal motion　视超光速运动，＊表观超光速运动　07.187
apparent visual magnitude　[视]目视星等　01.074

apse 拱点 03.055
apsidal line 拱线 03.056
apsidal resonance 拱线共振 03.178
apsis 拱点 03.055
Apus 天燕座 11.003
Aquarids 宝瓶流星群 17.002
Aquarius 宝瓶座 11.004
Aquarius 宝瓶宫 12.011
Aquila 天鹰座 11.005
Ara 天坛座 11.006
Arabia 阿拉伯 18.036
Arcadia 阿耳卡狄亚 18.037
archaeoastronomy 考古天文学 05.289
Arche 木卫四十三 15.045
arch filament system 拱状暗条系统 09.192
arc line 弧光谱线 04.260
arcsecond 角秒 01.088
arc spectrum 弧光谱 04.261
Arcturus 大角 05.085
Arcturus 牧夫座 α 14.004
Arcturus group 大角星群，＊大角星流 08.598
areal velocity 面积速度 03.179
Arecibo Telescope ＊阿雷西沃望远镜 06.483
Ares 火星 10.041
Argelander method 阿格兰德法，＊光阶法 04.017
argon-potassium method 氩钾纪年法 04.262
ARGO-YBJ 羊八井 ARGO 实验 06.528
argument of latitude 升交角距 03.203
argument of periapsis 近点幅角 03.072
Argyre 阿耳古瑞 18.038
Ariel 天卫一 15.123
Aries 白羊座 11.007
Aries 白羊宫 12.001
Arietids 白羊流星群 17.003
armillary sphere 浑仪 05.227
arm population 臂族 08.682
Arnon 亚嫩 18.039
Arp Atlas 阿普特殊星系图册 07.024
artificial satellite 人造卫星 10.053
as 角秒 01.088
μas 微角秒 01.090
ASCA 飞鸟 X 射线天文卫星，＊宇宙学与天体物理先进卫星 06.655
ascending node 升交点 03.059
Aspidiske 船底座 ι 14.064
assembly of five planets 五星连珠 05.148
A star A 型星 08.150
asterism 星官 05.070
asteroid 小行星 10.006
asteroidal belt 小行星带 10.010
asteroid belt 小行星带 10.010
asteroid family 小行星族 10.084
asteroid group 小行星群 10.083
asteroid-like object ＊类小行星天体 10.025
asteroid zone 小行星带 10.010
asteroseismology 星震学 04.230
astroarchaeology 天文考古学 05.290
Astro-B 天马天文卫星，＊天马号 X 射线天文卫星 06.649
astrobiology 天体生物学 01.014
astrobleme 陨石撞迹，＊陨星撞迹 10.192
Astro-C 银河号[X 射线天文卫星] 06.651
astrochemistry 天体化学 01.009
astrochronology 天体年代学 01.021
astroclimate 天文气候 01.130
Astro-D 飞鸟 X 射线天文卫星，＊宇宙学与天体物理先进卫星 06.655
astrodynamics 天文动力学，＊航天动力学 03.002
Astro-EⅡ 朱雀 X 射线天文卫星 06.663
Astro-F 光亮号红外天文卫星 06.628
astrogeodynamics 天文地球动力学 02.012
astrogeography 天体地理学 01.010
astrogeology 天体地质学 01.011
astrogeology ＊天文地质学 10.270
astrogeophysics 天文地球物理学 04.014
astrognosy 恒星学 08.001
astrograph 天体照相仪 06.269
astrography 天体照相学 04.012
astroinformatics 天文信息学 01.007
astrolabe 星盘 05.269
astrolabe 等高仪 06.195
astrolithology 陨石学，＊陨星学 10.195
astrologer 占星术士 05.211
astrology 占星术，＊星占术 05.210
astrometric binary 天体测量双星，＊天测双星 08.160
astrometric distance 天测距离，＊天体测量距离 04.084
astrometric place 天体测量位置 02.144
astrometric position 天体测量位置 02.144

astrometry　天体测量学　02.001
astronavigation　天文导航　02.005
astronegative　天文底片　06.224
Astronomer Royal　皇家天文学家　05.288
astronomer-royal　太史令　05.285
astronomical almanac　天文年历　03.099
astronomical bureau　司天监　05.286
astronomical day　天文日　02.205
Astronomical Image Processing System　天文图像处理系统　06.463
astronomical interferometer　天文干涉仪　06.350
astronomical latitude　天文纬度　02.082
astronomical longitude　天文经度　02.081
Astronomical Netherlands Satellite　荷兰天文卫星　06.618
astronomical object　天体　01.037
astronomical observation　[天文]观测　01.039
astronomical observatory　天文台，＊观象台　01.136
astronomical optics　天文光学　04.263
astronomical photography　天体照相学　04.012
astronomical photometry　天体测光　04.016
astronomical plate　天文底片　06.224
astronomical polarimetry　天体偏振测量　04.053
astronomical reference system　天文参考系　02.267
astronomical refraction　大气折射　02.095
astronomical satellite　天文卫星　06.004
astronomical spectrograph　天体摄谱仪　06.282
astronomical spectroscopy　天体光谱学　04.011
astronomical telescope　天文望远镜　06.001
Astronomical Treatise　《天文志》05.183
astronomical triangle　天文三角形　02.092
astronomical twilight　天文晨昏蒙影　04.095
astronomical unit　天文单位　02.235
astronomy　天文学　01.001
astronomy satellite　天文卫星　06.004
Astronomy with a Neutrino Telescope and Abyss Environmental Research　天蝎座 α 中微子望远镜　06.532
astroparticle physics　＊天体粒子物理　04.007
astrophotograph　天体照相仪　06.269
astrophotography　天体照相学　04.012
astrophotometry　天体测光　04.016
astrophysical method　天体物理方法　04.264
Astrophysical Radiation Ground-based Observatory at YangBaJing　羊八井 ARGO 实验　06.528
astrophysics　天体物理学　04.001
astropolarimetry　天体偏振测量　04.053
Astro-Rivelatore Gamma ad Immagini Leggero　敏捷号 γ 射线天文卫星，＊γ 射线轻型成像天文探测器　06.664
astroseismology　星震学　04.230
astrospectrograph　天体摄谱仪　06.282
astrospectroscopy　天体光谱学　04.011
astrostatistics　天文统计学　01.008
asymmetric drift　非对称流　08.599
asymptotic branch　渐近[巨星]支　08.055
asymptotic giant branch star　渐近巨星支星，＊AGB 星　08.161
ATA　艾伦望远镜阵　06.490
Atacama Cosmology Telescope　阿塔卡马宇宙学望远镜　06.476
Atacama Large Millimeter Array　阿塔卡马大型毫米[亚毫米]波阵　06.480
atautun　玛雅历日　05.040
ATCA　澳大利亚望远镜致密阵　06.488
Aten　阿登[小行星]　10.114
Aten asteroid　阿登型小行星　10.090
Atlas　土卫十五　15.074
ATM　阿波罗镜架太阳观测台　06.590
atmospheric absorption　吸收　04.093
atmospheric dispersion compensator　大气色散补偿器　06.090
atmospheric dispersion corrector　＊大气色散改正器　06.090
atmospheric extinction　大气消光　04.266
atmospheric fluorescence detector　大气荧光[式][宇宙线]探测器　06.456
atmospheric refraction　大气折射　02.095
atmospheric seeing　大气视宁度　04.091
atmospheric transparency　大气透明度　04.092
atomic clock　原子钟　06.187
atomic line　原子谱线　04.267
atomic time　原子时　02.175
Atria　南三角座 α　14.042
attitude parameter　姿态参数　02.256
Auriga　御夫座　11.008
ζ Aurigae star　御夫 ζ 型星　08.478
aurora　极光　10.249
Ausonia　奥索尼亚　18.040
auspicious star　瑞星　05.155
Australia Telescope Compact Array　澳大利亚望远镜致密

阵 06.488
autocorrelation spectrometer 自相关频谱仪 06.410
autoguider 自动导星装置 06.145
automated telescope ＊自动化望远镜 06.020
automatic guider 自动导星装置 06.145
automatic plate measuring galaxy catalogue 自动底板测量星系表，＊APM 星系表 07.022
Autonoe 木卫二十八 15.030
autumnal equinox 秋分点 02.034
Autumnal Equinox 秋分 13.016
autumnal point 秋分点 02.034
avalanche photodiode 雪崩光电二极管 06.233
average magnitude 平均星等 08.091
averaging method 平均法 03.093
Avior 船底座 ε 14.039
Awakening from Hibernation 惊蛰 13.003
axion 轴子 04.268
axion-like particle 类轴子粒子 07.519
axis of evil 邪恶轴心 07.360
Azimech 角宿一 05.097
azimuth 方位角 02.023
azimuthal telescope 方位仪 05.273
azimuth axis 方位轴 06.108
azimuth mounting 地平装置 06.105
azimuth telescope 方位仪 05.273
azure dragon 苍龙 05.073

B

Baade's star 巴德星，＊蟹状星云脉冲星 08.163
Baade's window 巴德窗 08.048
Babylonian calendar 巴比伦历 05.058
back end 后端 06.403
background galaxy 背景星系 07.097
background radiation 背景辐射 04.089
background star 背景星 01.111
backwarming 返回加热 09.302
baffle 遮光罩 06.094
Baily's beads 贝利珠 09.072
Baker-Nunn camera 贝克-纳恩相机 06.070
Baktun 白克顿 05.041
bald patch 秃斑 09.332
balloon astronomy 球载天文学 01.018
Balloon Observations of Millimetric Extragalactic Radiation and Geophysics Telescope 河外毫米波辐射气球观测和地球物理望远镜，＊Boomerang 望远镜，＊回旋镖球载望远镜 07.015
Balmer decrement 巴尔末减幅 04.177
Balmer discontinuity ＊巴尔末跃变 04.178
Balmer jump 巴尔末跳跃 04.178
Baltia 波罗的亚 18.041
Baltis Valli 巴尔提斯峡谷 10.074
band-limit coronagraph 带限星冕仪 06.342
bar instability 棒不稳定性 07.160
barium star 钡星 08.164
Barnard 144 盘鱼星云 08.524
Barnard 33 马头星云 08.549
Barnard's loop ＊巴纳德圈 08.482
Barnard's ring 巴纳德环 08.482
Barnard's star 巴纳德星 08.165
barred spiral 棒旋星系，＊SB 型星系 07.057
barred spiral galaxy 棒旋星系，＊SB 型星系 07.057
Barringer meteor crater 巴林杰陨石坑 10.210
Barycentric Celestial Reference System ［太阳系］质心天球参考系 02.314
barycentric coordinate 质心坐标 02.070
barycentric coordinate time 质心坐标时 02.173
barycentric dynamical time 质心力学时 02.174
baryogenesis 重子生成 07.471
baryon 重子 04.269
baryon acoustic oscillation 重子声学振荡，＊重子声波振荡 07.328
baryon asymmetry 重子不对称性 07.472
baryonic dark matter 重子暗物质 07.511
baryonic matter 重子物质 04.270
baryon-photon fluid 重子-光子流体 07.477
baryon star 重子星 08.166
baryon-to-photon ratio 重子-光子比 07.473
Ba star 钡星 08.164
Bayer constellation 拜耳星座 05.117
Bayer designation 拜耳命名法 05.120
BCA model 比德伯格连续大气模型 09.053
BCRS ［太阳系］质心天球参考系 02.314
beam splitter 分束器 06.091
Bebhionn 土卫三十七 15.096
Becklin-Neugebauer object 贝克林–诺伊格鲍尔天体，＊BN 天体 08.168

Becrux 十字架三 05.101
Beehive Cluster *蜂巢星团 08.643
Beginning of Autumn 立秋 13.013
Beginning of Spring 立春 13.001
Beginning of Summer 立夏 13.007
beginning of the year 正朔 05.010
Beginning of Winter 立冬 13.019
BeiDou Navigation Satellite System 北斗卫星导航系统 02.321
Beijing Observatory 北京观象台 05.282
being ahead and lag 盈缩 05.018
Beli 土卫六十一 15.118
Belinda 天卫十四 15.136
Bellatrix 猎户座γ 14.026
BepiColombo 贝皮科隆博水星探测器 06.586
Beppo Satellite for X-Ray Astronomy 贝波 X 射线天文卫星 06.657
BeppoSAX 贝波 X 射线天文卫星 06.657
Bergelmir 土卫三十八 15.097
Besselian day number 贝塞尔日数 02.145
Besselian star constant 贝塞尔恒星常数 02.146
Besselian year 贝塞尔年 02.224
Be star Be 星 08.167
Bestia 土卫三十九 15.098
Betelgeuse 参宿四 05.091
Betelgeuse 猎户座α 14.010
Bethe-Weizsäcker cycle *贝蒂-魏茨泽克循环 04.199
Bianca 天卫八 15.130
Bianchi cosmology 比安基宇宙论 07.459
Bianchi identity 比安基恒等式 07.619
bias 本底 06.237
bias parameter 偏祖参数 07.601
BIB detector 阻杂带探测器 06.261
Biela's comet 比拉彗星 10.145
Bielids 比拉流星群 17.004
Big Bang nucleosynthesis 大爆炸核合成 07.485
Big Bang singularity 大爆炸奇点 07.412
Big Bang theory 大爆炸理论 07.432
big bounce 大反弹 07.436
big crunch 大坍缩 07.437
Big Dipper 北斗 05.105
big rip 大撕裂 07.438
BIH 国际时间局 02.197
Bilderberg continuum atmosphere model 比德伯格连续大气模型 09.053
bimorph mirror 双压电晶片镜 06.181
binary 双星 08.170
binary asteroid 双小行星 10.085
binary collision 二体碰撞 03.026
binary frequency 双星出现率 08.056
binary galaxies 双重星系 08.788
binary pulsar [射电]脉冲双星 08.169
binary quasar 双类星体 07.177
binary star 双星 08.170
binary system 双星系统 08.171
binary X-ray source X 射线双星 08.172
bioastronomy 生物天文学 01.012
bipolar group 双极群 09.176
bipolar jet 双极喷流, *双侧喷流 04.271
bipolar nebula 偶极星云 08.483
bipolar planetary nebula 双极行星状星云 08.484
bipolar sunspot 双极黑子 09.165
birefringent filter 双折射滤光器 06.217
bispectrum 双谱 07.322
black body 黑体 04.248
blackbody radiation 黑体辐射 04.273
black dwarf 黑矮星 08.174
black hole 黑洞 04.242
black hole accretion 黑洞吸积 04.272
black hole entropy 黑洞熵 07.629
black hole spin 黑洞自旋 07.631
black radiation 黑体辐射 04.273
black tortoise 玄武 05.074
black warrior 玄武 05.074
black widow pulsar 毒蜘蛛脉冲星, *黑寡妇脉冲星 08.175
blanketing effect 覆盖效应 04.174
blazar 耀变体 07.186
blazed grating 定向光栅 06.305
BL Herculis star 武仙 BL 型星 08.173
blink comparator 闪视仪, *闪视比较仪 06.194
BL Lacertae object 蝎虎天体 07.185
blocked impurity band detector 阻杂带探测器 06.261
blow-out jet 爆裂喷流 09.338
blue horizontal branch 蓝水平支 08.176
blue straggler 蓝离散星 08.177
B mode polarization B 模式偏振 07.562
BN object 贝克林-诺伊格鲍尔天体, *BN 天体 08.168

body-fixed coordinate system　地固坐标系　02.149
Bok globule　博克球状体　08.485
bolide　火流星　10.182
bolometer array　测辐射热计面阵　06.262
bolometric correction　热改正　04.274
bolometric light curve　热光变曲线　04.070
bolometric luminosity　热光度　04.275
bolometric magnitude　热星等　01.081
Bond albedo　*邦德反照率　04.486
Bondi accretion　邦迪吸积　07.188
Bonner Durchmusterung　波恩星表，*BD 星表　04.059
Boomerang nebula　旋镖星云　08.486
Boomerang Telescope　河外毫米波辐射气球观测和地球物理望远镜，*Boomerang 望远镜，*回旋镖球载望远镜　07.015
Bootes void　牧夫巨洞　08.789
Bootids　牧夫流星群　17.005
λ Bootis star　牧夫 λ 型星　08.479
Boreosyrtis　北瑟提斯　18.042
boresight　视轴　06.036
Borisov comet　鲍里索夫[星际]彗星　10.295
Boötes　牧夫座　11.009
bottom-up galaxy formation　自下而上星系形成　07.247
bound-bound transition　束缚-束缚跃迁　04.157
bound-free transition　束缚-自由跃迁　04.156
bow-shock nebula　弓形激波星云　08.487
Bragg crystal spectrometer　布拉格[晶体]能谱仪　06.446
Bragg spectrometer　布拉格[晶体]能谱仪　06.446
braking radiation　轫致辐射　04.150
brane　膜　07.651
Brans-Dicke theory　布兰斯-迪克理论　07.639
Bremsstrahlung　轫致辐射　04.150
brightening towards the limb　临边增亮　04.129
bright giant　亮巨星　08.178
bright grain　亮颗粒　09.182
bright nebula　亮星云　08.563
brightness　亮度　01.067
brightness temperature　亮温度　04.114
bright star catalogue　亮星星表，*耶鲁亮星星表　08.040
broadband photometry　宽带测光　04.041
broad halo　延伸晕　08.790
broom star　帚星，*扫帚星　05.152
brown dwarf　褐矮星　08.179
B star　B 型星　08.162
bulge　核球　07.122
bulge X-ray source　核球 X 射线源　08.180
bulk flow　体流　07.241
Bullet Cluster　子弹星系团　07.041
Bunch-Davies vacuum　邦弛-戴维斯真空　07.557
Bureau International de l'Heure(法)　国际时间局　02.197
buried-channel CCD　埋沟型 CCD　06.246
Burnham's general catalogue of double stars　伯纳姆双星总表　08.011
burning incense-clock　香漏　05.265
burst　暴　04.276
burster　暴源　04.277
burst source　暴源　04.277
Butcher-Oemler effect　布彻-厄姆勒效应　07.222
butterfly diagram　蝴蝶图　09.130
butterfly nebula　蝴蝶星云　08.488
Bw star　B 型弱氦线星，*Bw 型星　08.181
BY dra variable　天龙 BY 型变星　08.182
Byzantine era　拜占庭纪年　05.068

C

Caelum　雕具座　11.010
calcium flocculus　钙谱斑　09.185
calcium plage　钙谱斑　09.185
calcium star　钙星　08.183
calendar year　历年　02.219
Calendrical Treatise　《历志》　05.184
Caliban　天卫十六　15.138
calibration　定标　01.103
calibration source　定标源　01.105
calibration star　定标星　01.104
California nebula　加利福尼亚星云　08.489
Callirrhoe　木卫十七　15.019
Callisto　木卫四　15.006
Caloris Basin　卡路里盆地　10.070
Caloris Planitia　*卡路里平原　10.070
Calypso　土卫十四　15.073
CAMC　卡尔斯伯格自动子午环　06.501
Camelopardalis　鹿豹座　11.011
Canada-France-Hawaii Telescope　加拿大-法国-夏威夷望远镜　06.506

Cancer　巨蟹座　11.012
Cancer　巨蟹宫　12.004
Candor　坎多尔　18.043
Canes Venatici　猎犬座　11.013
Canis Major　大犬座　11.014
Canis Minor　小犬座　11.015
cannibalism　吞食　07.231
Canon der Finsternisse(德)　《食典》　03.132
Canopus　老人星，∗寿星　05.083
Canopus　船底座α　14.002
Capella　五车二　05.087
Capella　御夫座α　14.006
Cape photographic atlas　好望角照相星图　08.012
Cape photographic catalogue　好望角照相星表　08.013
Cape photographic durchmusterung　好望角照相巡天　08.014
Cape photometry　好望角测光　08.015
Caph　仙后座β　14.073
cap prominence　冠状日珥　09.196
Capricornids　摩羯流星群　17.006
Capricornus　摩羯座　11.016
Capricornus　摩羯宫　12.010
capture hypothesis　俘获假说　10.280
carbonaceous asteroid　碳质小行星　10.096
carbonaceous chondrite　碳质球粒陨石，∗C 球粒陨石　10.200
carbon burning　碳燃烧　04.278
carbon-nitrogen cycle　碳氮循环　04.198
carbon-nitrogen-oxygen cycle　碳氮氧循环　04.199
carbon sequence　碳序　08.184
carbon star　碳星　08.185
cardinal points　四方点　02.030
Carina　船底座　11.017
Carina arm　船底臂，∗人马-船底臂　08.683
carina nebula　船底星云　08.490
Carina OB 2　船底 OB 2 星协　08.600
Carlsberg automatic meridian circle　卡尔斯伯格自动子午环　06.501
CARMA　毫米波[天文研究组合]阵　06.479
Carme　木卫十一　15.013
Carpo　木卫四十六　15.048
Carrington Coordinate　卡林顿坐标　09.038
Carrington longitude　卡林顿经度　09.043
Carrington Meridian　卡林顿子午圈　09.037
Carrington rotation number　卡林顿自转序　09.044
carte synoptique(法)　日面综合图　09.036
Cartwheel galaxy　车轮星系　07.037
CAS　中国天文学会　01.154
Cas A　仙后 A　08.186
CASA　通用天文软件系统　06.464
Casius　卡西乌斯　18.044
Cassegrain focus　卡塞格林焦点，∗卡氏焦点　06.040
Cassegrain reflector　卡塞格林望远镜　06.065
Cassegrain spectrograph　卡塞格林摄谱仪，∗卡焦摄谱仪　06.284
Cassegrain telescope　卡塞格林望远镜　06.065
Cassini division　卡西尼缝　10.059
Cassini-Huygens　卡西尼-惠更斯号土星探测器　06.555
Cassini's law　卡西尼定律　03.167
Cassiopeia　仙后座　11.018
γ Cassiopeiae star　仙后γ型星　08.473
Cassiopeia nebula　仙后星云　08.491
Cassiopeids　仙后流星群　17.007
Castor　双子座α　14.024
Cas X-1　仙后 X-1　08.187
cataclysmic binary　激变双星　08.188
cataclysmic variable　∗激变变星　08.188
catadioptric telescope　折反射望远镜　06.047
catalogue equinox　星表分点　02.155
catalogue of bright stars　亮星星表，∗耶鲁亮星星表　08.040
catalogue of galaxies and clusters of galaxies　兹威基星系表，∗星系和星系团表　07.021
catalogue of geodetical stars　测地星表　08.016
catalogue of nearby stars　近星星表　08.017
catalogue of time services　授时星表　08.018
catastrophe hypothesis　灾变假说，∗分出说　10.279
catastrophic variable　灾变变星　08.189
catena　坑链　10.232
Catena　坑链　18.002
Catena Abulfeda　艾布·菲达坑链　16.001
Catena Artamonov　阿尔塔莫诺夫坑链　16.002
Catena Davy　戴维坑链　16.003
Catena Dziewulski　杰武尔斯基坑链　16.004
catenae　∗坑链群　18.002
Catena Humboldt　洪堡坑链　16.005
Catena Krafft　克拉夫特坑链　16.006
Catena Kurchatov　库尔恰托夫坑链　16.007

Catena Lucretius　卢克莱修坑链　16.008
Catena Mendeleev　门捷列夫坑链　16.009
Catena Sumner　萨姆纳坑链　16.010
Catena Sylvester　西尔维斯特坑链　16.011
catoptric telescope　反射望远镜　06.046
cat's eye nebula　猫眼星云　08.492
cat's paw nebula　猫爪星云　08.493
Cauchy horizon　柯西视界　07.624
caustics　焦散线　07.348
cave nebula　洞穴星云　08.494
cavi　*凹地群　18.003
Cavus　凹地　18.003
CCD　电荷耦合器件　06.241
CCD astronomy　CCD 天文学　01.020
CCD camera　CCD 照相机　06.272
CCD cosmic-ray events　CCD 宇宙线事件　06.244
CCD fringing　CCD 条纹　06.243
CCD meridian circle　CCD 子午环　06.205
CCD mosaic　CCD 拼接　06.242
CCD observation　CCD 观测　01.043
CCD photometry　CCD 测光　04.035
CCD spectrograph　CCD 摄谱仪　06.283
Cebrenia　刻布壬尼亚　18.045
Cecropia　刻克罗皮亚　18.046
celestial axis　天轴　02.268
celestial body　天体　01.037
celestial coordinates　天球坐标　02.269
celestial coordinate system　天球坐标系　02.014
celestial ephemeris pole　天球历书极　02.150
celestial equator　天赤道　02.031
celestial globe　浑象　05.226
celestial globe　天体仪　05.245
celestial globe moved by a clepsydra　[漏水转]浑天仪　05.231
Celestial Intermediate Origin　天球中间零点　02.312
Celestial Intermediate Pole　天球中间极　02.313
Celestial Intermediate Reference System　天球中间参考系　02.315
celestial latitude　黄纬　02.056
celestial longitude　黄经　02.055
celestial market enclosure　天市垣　05.080
celestial mechanics　天体力学　03.001
celestial navigation　天文导航　02.005
celestial pole　天极　02.027
celestial pole offset　天极偏差　02.316
celestial reference system　天球参考系　02.307
celestial sphere　天球　02.013
celestial stem　天干　05.003
Cen A　半人马射电源 A　08.791
ω Centauri　半人马 ω 球状星团　08.681
Centaurminor planet　半人马型小行星　10.025
Centaurus　半人马座　11.019
Centaurus A　半人马射电源 A　08.791
Centaurus arm　半人马臂，*盾牌-半人马臂　08.686
Centaurus X-1　半人马 X-1　08.685
Center For High Angular Resolution Astronomy Array　高角分辨率天文望远镜阵　06.518
centimeter wave　厘米波　04.279
central configuration　中心构形　03.028
central-dominated galaxy　cD 星系，*中心主导星系　07.070
central eclipse　中心食　03.127
centre of the earth　地中　05.171
Cen X-1　半人马 X-1　08.685
CEP　天球历书极　02.150
cepheid　造父变星　08.191
Cepheid　造父一　05.110
cepheid distance　造父距离　08.057
Cepheid distance scale　造父距离标尺　07.263
cepheid instability strip　造父变星不稳定带　08.190
cepheid parallax　造父视差　08.058
Cepheids　仙王流星群　17.008
cepheid variable　造父变星　08.191
β Cephei star　仙王 β 型星　08.471
Cepheus　仙王座　11.020
Ceraunius　刻拉尼俄斯　18.047
Cerberus　刻耳柏洛斯　18.048
Ceres　谷神星　10.047
cervit　微晶玻璃　06.051
cesium-beam clock　铯钟　06.191
cesium clock　铯钟　06.191
Cetids　鲸鱼流星群　17.009
Cetus　鲸鱼座　11.021
cetus arc　鲸鱼弧形星云　08.495
CFHT　加拿大-法国-夏威夷望远镜　06.506
CGRO　康普顿 γ 射线天文台　06.652
Chalce　卡尔刻　18.049
Chaldene　木卫二十一　15.023

cold dark matter model　冷暗物质模型　07.508
Cold Dew　寒露　13.017
cold Jupiter　冷木星　10.300
cold stop　冷光阑　06.095
collapsar　坍缩星　08.206
collapse　坍缩　08.064
collapsed object　坍缩天体　04.285
collapsed star　坍缩星　08.206
collapse fraction　坍缩比例　07.582
collapsing cloud　坍缩云　08.500
collapsing star　坍缩星　08.206
colles　＊小丘群　18.006
colliding galaxy　碰撞星系　07.073
collimator　准直镜　06.097
collinear points　共线点　03.036
Collis　小丘　18.006
collision broadening　碰撞致宽　04.286
color-apparent magnitude diagram　颜色-视星等图　04.287
color-color diagram　双色图　04.061
color-color plot　双色图　04.061
color excess　色余　04.049
color index　色指数　04.048
color-luminosity diagram　颜色-光度图　04.288
color-magnitude diagram　颜色-星等图　04.062
color-redshift diagram　颜色-红移图　04.289
color temperature　色温度，＊分光光度温度　04.108
Columba　天鸽座　11.024
column density　柱密度　04.290
colure　分至圈　02.274
colure and movable equatorial rings　三辰仪　05.229
coma　彗发　10.124
Coma Berenices　后发座　11.025
Coma cluster　后发星系团　07.042
Combined Array for Research in Millimeter-Wave Astronomy　毫米波[天文研究组合]阵　06.479
comet　彗星，＊扫帚星　10.007
cometary antitail　＊反常彗尾　10.129
cometary bow shock　彗星弓形激波　10.158
cometary dust tail　尘埃彗尾　10.127
cometary globule　彗形球状体　08.501
cometary halo　彗晕　10.125
cometary head　彗头　10.122
cometary ionopause　彗星电离层顶　10.164
cometary ionosphere　＊彗星电离层　10.163
cometary large-scale structure　彗星大尺度结构　10.170
cometary magnetic cavity　彗星磁腔　10.163
cometary magnetic pile-up region　彗星磁场堆积区　10.160
cometary magnetosheath　彗星磁鞘　10.162
cometary magnetosphere　彗星磁层　10.159
cometary nebula　彗状星云　08.502
cometary nucleus　彗核　10.123
cometary pause　彗顶　10.161
cometary plasma tail　等离子体彗尾，＊离子彗尾　10.128
cometary tail　彗尾　10.126
cometary upstream wave region　彗星上游波区　10.157
comet Churyumov-Gerasimenko　丘留莫夫-格拉西缅科彗星　10.153
comet Encke　恩克彗星　10.144
comet Hale-Bopp　海尔-波普彗星　10.150
comet halo　彗晕　10.125
comet Hyakutake　百武彗星　10.149
comet Ikeya-Seki　池谷·关彗星　10.146
comet McNaught　麦克诺特彗星　10.151
comet of Jupiter family　木星族彗星，＊木族彗星　10.137
Cometography　《彗星志》　05.204
cometoid　彗星体，＊小彗星　10.121
cometopause　彗顶　10.161
cometosheath　＊彗鞘　10.162
comet-shaped nebula　彗状星云　08.502
comet tail　彗尾　10.126
Comet Tempel 1　坦普尔1号彗星　10.152
comet West　威斯特彗星　10.147
comet Wild 2　维尔特2号彗星　10.154
comma like nebula　逗点状星云，＊蝌蚪状星云　08.503
Common Astronomy Software Applications　通用天文软件系统　06.464
common envelope　共有包层　08.065
common-envelope evolution　共包层演化　08.066
common propermotion binary　共自行双星　08.207
common year　平年　02.230
comoving coordinate　共动坐标　07.251
comoving coordinate system　共动坐标系　04.291
comoving distance　共动距离　07.254
comoving observer　共动观测者　07.250
comoving radius　共动半径　07.249

compact cluster 致密星系团 07. 215
compact cluster of galaxy 致密星系团 07. 215
compact flare 致密耀斑 09. 206
compactification 紧致化 07. 653
compact object 致密天体 08. 277
compact radio source 致密射电源 08. 157
compact star 致密星 08. 208
companion star 伴星 08. 209
comparative planetology 比较行星学 10. 273
comparison spectrum 比较光谱 04. 162
comparison star 比较星 01. 106
Compendium of Calendrical Science and Astronomy 《历象考成》 05. 198
Compendium of the Imperial Astronomical Instruments 《仪象考成》 05. 199
complex group 复杂[黑子]群 09. 172
τ component τ 分量 08. 148
υ component υ 分量 08. 149
component of the four displacements 四游仪 05. 230
component of the six cardinal points 六合仪 05. 228
component star 子星 08. 210
composite-spectrum binary 复谱双星 08. 211
Comptonization 康普顿化 04. 313
Compton-γ-Ray Observatory 康普顿 γ 射线天文台 06. 652
Compton scattering telescope 康普顿[散射]望远镜 06. 452
Compton telescope 康普顿[散射]望远镜 06. 452
Compton y-parameter 康普顿 y 参量 07. 370
computational astronomy 计算天文学 01. 005
conceal 伏 05. 046
concentration parameter 聚集参数 07. 591
concordance model 和谐模型 07. 442
conditional luminosity function 条件光度函数 07. 137
Cone Nebula 锥状星云 08. 504
confined flare 束缚耀斑 09. 345
conformal deformation 保形设计 06. 386
conformal diagram 共形图 07. 253
conformal time 共形时间 07. 252
conjunction 合 03. 103
constellation 星座 01. 132
contact binary 相接双星 08. 212
contact system 相接双星 08. 212
continuous absorption coefficient 连续吸收系数 04. 292
continuum 连续谱 04. 293
continuum radiation 连续谱辐射 04. 294
contracting universe 收缩宇宙 07. 453
contraction of flaring loop 耀斑环收缩 09. 320
contrary months 六合 05. 159
Convection Rotation and Planetary Transits 柯罗号天文卫星，＊对流、旋转与行星凌星[卫星] 06. 629
convection zone 对流层 04. 192
convective cell 对流元 04. 193
Conventional International Origin 国际协议原点 02. 193
convergence 汇聚度 07. 344
convergent point 会聚点 08. 606
cooling flow 冷却流，＊冷流 07. 232
cooling flow galaxy 冷流星系 07. 105
cool star 冷星 08. 213
coordinate direction 坐标方向 02. 262
coordinated universal time 协调世界时 02. 177
coordinate measuring instrument 坐标量度仪 06. 193
coordinate time 坐标时 02. 275
Copernican period 哥白尼纪 10. 242
Copernican principle 哥白尼原理 07. 417
Copernicus 哥白尼天文卫星 06. 616
Coprates 科普莱特斯 18. 054
Coptic calendar ＊科普特历 05. 061
Cordelia 天卫六 15. 128
Cordoba zone catalogue of south stars 科尔多瓦南天分区星表 08. 019
core collapse 核心坍缩 04. 295
core collapse progenitor 核心坍缩前身天体 04. 297
core collapse supernova 核心坍缩超新星 04. 296
core of a line 线心 04. 170
Cor Leonis 轩辕十四 05. 102
Corona Australids 南冕流星群 17. 010
Corona Australis 南冕座 11. 026
Corona Borealis 北冕座 11. 027
coronagraph 日冕仪 06. 213
coronagraph 星冕仪 06. 338
coronal activity 星冕活动 04. 126
coronal activity 日冕活动 09. 097
coronal bright point 日冕亮点 09. 092
coronal condensation 日冕凝区 09. 078
coronal continuum 日冕连续谱 09. 098
coronal fan 冕扇 09. 084

coronal forbidden line 日冕禁线 09.089
coronal gas 冕区气体 04.127
coronal heating 日冕加热 09.090
coronal helmet 冕盔 09.083
coronal hole 冕洞 09.082
coronal loop 冕环 09.093
coronal mass ejection 日冕物质抛射 09.088
coronal rain 冕雨 09.086
coronal ray 日冕射线 09.087
coronal streamer 冕流 09.085
coronal transient 日冕瞬变 09.091
corona of the galaxy 银河系冕 08.687
coronograph 日冕仪 06.213
CoRoT 柯罗号天文卫星，*对流、旋转与行星凌星[卫星] 06.629
corrected area 改正面积 09.042
correcting plate 改正板 06.079
correction to time signal 时号改正数 02.186
corrector 改正镜，*改正器 06.078
corrector plate 改正板 06.079
correlation function 相关函数 07.316
correspondence between man and heaven 天人合一 05.212
Corsa-B 天鹅X射线天文卫星 06.647
Cor Scorpii 心宿二，*大火 05.096
Cor Tauri 毕宿五 05.094
Corvus 乌鸦座 11.028
COS-B 宇宙线卫星B号 06.644
cosmic abundance 宇宙丰度 04.117
cosmic abundance of element 元素宇宙丰度 04.298
cosmic acceleration 宇宙加速度 07.456
cosmic age 宇宙年龄 07.458
Cosmic Background Explorer 宇宙背景探测器，*COBE卫星 06.609
cosmic constant 宇宙学常数 07.524
cosmic distance ladder 宇宙距离阶梯 07.260
cosmic dust 宇宙尘 10.266
cosmic expansion 宇宙膨胀 07.451
cosmic mean density 宇宙平均密度 07.444
cosmic microwave background 宇宙微波背景，*3K辐射 07.356
cosmic microwave background anisotropy 宇宙微波背景各向异性 07.358
cosmic microwave background experiment 宇宙微波背景实验装置 06.010
cosmic microwave background polarization 宇宙微波背景偏振，*宇宙微波背景极化 07.357
cosmic microwave background radiation 宇宙微波背景，*3K辐射 07.356
cosmic ray 宇宙线 07.380
cosmic-ray abundance 宇宙线丰度 07.381
Cosmic-Ray Satellte-B 宇宙线卫星B号 06.644
cosmic-ray shower 宇宙线簇射 07.383
cosmic-ray spectrum 宇宙线谱 07.382
cosmic-ray telescope 宇宙线望远镜 06.017
cosmic scale factor 宇宙标度因子，*宇宙尺度因子 07.455
cosmic shear 宇宙切变 07.347
cosmic spherule 宇宙尘 10.266
cosmic string 宇宙弦 07.362
cosmic variance 宇宙方差 07.399
cosmic void 巨洞 07.236
cosmic web 宇宙网 07.238
cosmic yardstick 量天尺 04.462
cosmobiology 宇宙生物学 01.015
cosmochronology 宇宙纪年术 04.015
cosmogony 天体演化学 04.013
cosmography 宇宙测绘学，*宇宙志 07.014
cosmological constant 宇宙学常数 07.524
cosmological distance scale 宇宙学距离尺度 07.266
cosmological model 宇宙学模型 07.427
cosmological parameter 宇宙学参数 07.441
cosmological perturbation theory 宇宙微扰论 07.013
cosmological phase transition 宇宙学相变 07.560
cosmological principle 宇宙学原理 07.418
cosmological redshift 宇宙学红移 07.269
cosmological simulation 宇宙学模拟 07.443
cosmology 宇宙学，*宇宙论 07.007
cosmos 宇宙 07.001
coude focus 折轴焦点 06.042
coude spectrograph 折轴摄谱仪 06.286
counter-Jupiter 太岁，*岁阴，*太阴 05.144
counter-Jupiter annual system 太岁纪年 05.027
counter-twilight 对日照 10.251
covariance matrix 协方差矩阵 07.395
covariant 协变的 07.603
Cowell method 科威尔方法 03.092
Crab Nebula 蟹状星云 08.505

Crab pulsar　蟹云脉冲星　08.214
Crater　巨爵座　11.029
Crater　撞击坑　18.007
crater　陨击坑，＊撞击坑　10.230
crater　环形山　10.231
crater chain　坑链　10.232
craters　＊撞击坑群　18.007
crescent moon　盈月　03.194
Crescent Nebula　蛾眉星云　08.506
Cressida　天卫九　15.131
critical density　临界密度　07.445
critical equipotential surface　临界等位面　08.067
critical inclination　临界倾角　03.088
critical mass　临界质量　04.299
critical surface density　临界面密度　07.352
crochet　磁钩　09.121
cross disperser　横向色散器　06.313
crossed-Dragone telescope　相交式德拉贡望远镜　06.075
crossing time　穿越时间　08.068
crossover time　穿越时间　08.068
CRS　天球参考系　02.307
Crux　南十字座　11.030
Crux-Scutum arm　南十字-盾牌臂　08.688
cryogenic telescope　低温望远镜　06.009
crystalline heaven　水晶天　05.176
C-type asteroid　＊C 型小行星　10.096
Cubewano　经典柯伊伯带天体，＊QB1 天体　10.029
culminations　中天　02.089
Cupid　天卫二十七　15.149
cupola　＊圆顶室　06.129
Curiosity　好奇号火星巡视器　06.580
current sheet　电流片　09.254
curvature of the universe　宇宙曲率　07.457
curvature perturbation　曲率扰动　07.305
curvature radiation　曲率辐射　04.300
curvature wavefront sensor　曲率波前传感器　06.170
curve of growth　生长曲线　04.169
cusp　尖点　07.595
CVN　中国甚长基线干涉网　06.492
cyclic universe　循环宇宙　07.435
Cyclips project　独眼神计划　01.146
Cyclopia　库克罗匹亚　18.055
cyclotron radiation　回旋加速辐射　04.152
Cydonia　基多尼亚　18.056
Cygnids　天鹅流星群　17.011
Cygnus　天鹅座　11.031
Cygnus A　天鹅射电源 A　08.602
Cygnus Cloud　天鹅暗云　08.507
Cygnus loop　天鹅圈　08.215
Cygnus X-1　天鹅 X-1　08.689
Cyllene　木卫四十八　15.050
Cynosura　北极星，＊勾陈一　05.103
Czerny-Turner spectrometer　切尔尼-特纳光谱仪　06.287

D

Dactyl　艾卫　10.110
daily motion　日运动　02.086
Dall-Kirkham Cassegrain telescope　D-K 式卡塞格林望远镜　06.074
DAMPE　暗物质粒子探测卫星，＊悟空号天文卫星　06.670
damped Lyman α system　阻尼莱曼 α 系统，＊衰减莱曼阿尔法系统　07.206
damping radiation　＊阻尼辐射　04.150
Dangun Era　檀君纪年　05.067
Daniel K. Inouye Solar Telescope　井上太阳望远镜　06.500
Danjon astrolabe　丹戎等高仪　06.196
DAOPHOT　自治领天体物理台测光包　06.469
Daphnis　土卫三十五　15.094
dark age　黑暗时期　07.492
dark cloud　暗云　08.508
dark companion　暗伴天体，＊暗伴星　08.237
dark energy　暗能量　07.522
dark energy model　暗能量模型　07.523
darkening towards the limb　临边昏暗　04.128
dark field　暗场　06.238
dark lane　暗带　07.115
dark matter　暗物质　07.495
dark matter annihilation　暗物质湮灭　07.501
dark matter candidate　暗物质候选者　07.496
dark matter decay　暗物质衰变　07.500
dark matter direct detection　暗物质直接探测　07.505
dark matter halo　暗物质晕　07.502
dark matter indirect detection　暗物质间接探测　07.499

Dark Matter Particle Explorer　暗物质粒子探测卫星，＊悟空号天文卫星　06.670
dark nebula　暗星云　08.509
dark shadow　暗虚，＊闇虚　05.133
dark S nebula　＊S状暗星云　08.510
data-driven simulation　观测数据驱动的数值模拟　09.331
date line　日界线　02.166
dating　定年　01.022
Dawn　黎明号小行星探测器　06.571
day　日　02.200
daylight saving time　夏令时　02.168
day of year　积日　02.201
D-brane　D-膜　07.652
decameter wave　十米波　04.301
decametric wave　十米波　04.301
decans　旬星　05.048
deceleration parameter　减速参数，＊减速因子　07.284
December Solstice　冬至　13.022
decimeter wave　分米波　04.302
decimetric wave　分米波　04.302
declination　赤纬　02.044
declination axis　赤纬轴　06.113
declination circle　赤纬圈　02.042
declination circle　赤纬度盘　06.115
decoupling　退耦　07.480
deep-depletion CCD　深耗尽CCD　06.247
Deep Impact　深度撞击彗星探测器　06.567
deeply embedded infrared source　深埋红外源　08.216
deep sky　深空　01.112
deep sky object　深空天体　01.115
deep space　深空　01.112
deferent　均轮　05.180
deflection of light　光线偏折　04.303
defocusing　散焦　06.153
deformable mirror　变形镜　06.180
degeneracy pressure　简并压　04.304
degenerate gas　简并气体　04.139
degenerate matter　简并物质　04.305
degenerate star　简并星　08.217
Deimos　火卫二　15.002
Delaunay variable　德洛奈变量　03.168
delay line　延迟线　06.372
Delphinus　海豚座　11.032
deluding star　孛星　05.151
Demon Star　大陵五　05.109
Deneb　天津四　05.100
Deneb　天鹅座α　14.019
Deneb Alased　五帝座一　05.108
Deneb Aleet　五帝座一　05.108
Deneb Cygni　天津四　05.100
Denebola　五帝座一　05.108
Denebola　狮子座β　14.060
Denebolan　五帝座一　05.108
Dengfeng Star Observation Platform　登封观星台　05.281
density evolution　密度演化　07.140
density fluctuation　密度涨落，＊密度起伏　07.302
density peak　密度峰　07.581
density perturbation　密度扰动　07.301
density profile　密度轮廓　07.592
density threshold　密度阈值　07.580
density wave　密度波　07.117
density-wave theory　密度波理论　04.306
dependence method　依数法　02.242
DEPFET pixel sensor　DEPFET像元传感器，＊耗尽P沟道场效应管像元传感器　06.429
depleted P-channel field effect transistor pixel sensor　DEPFET像元传感器，＊耗尽P沟道场效应管像元传感器　06.429
dereddening　红化改正　04.307
descending node　降交点　03.060
Descent of Hoar Frost　霜降　13.018
Desdemona　天卫十　15.132
designation of supernovae　超新星命名，＊超新星编号　08.020
designation of variable stars　变星命名，＊变星编号　08.021
de Sitter space　德西特空间　07.627
Despina　海卫五　15.154
detached binary　不接双星　08.218
detached objects　独立天体　10.031
detached system　不接双星　08.218
detector array　面阵探测器　06.223
determinative star　距星　05.124
determinative star distance　入宿度　05.126
deuterium abundance　氘丰度　07.487
Deuteronilus　亚尼罗　18.057
de Vaucouleurs classification　德沃古勒分类　07.051
de Vaucouleurs' law　德沃古勒定律　07.131

dew-cap　露罩　06.132
dew-shield　露罩　06.132
dex　岱[克斯]，*底拾　01.095
DGP gravity　DGP 引力　07.643
Dia　木卫五十三　15.053
Diabolo Nebula　哑铃星云　08.515
Diacria　迪阿克里亚　18.058
diaphragm aperture　光阑孔径　06.025
Dicke radiometer　迪克辐射计　06.404
Dicke receiver　*迪克接收机　06.404
Dicke switch　迪克开关　06.405
difference of li　里差　05.172
differential astrometry　较差天体测量　02.276
differential flexure　较差弯沉　06.125
differential Galactic rotation　银河系较差自转　08.690
differential image motion monitor　差分图像运动测量仪　06.134
differential imaging　差分成像法　06.345
differential observation　较差观测　01.047
differential photometry　较差测光　04.021
differential radiometer　差分辐射计　06.406
differential rotation　较差自转　03.040
differential star catalogue　较差星表，*相对星表　02.244
diffuse interstellar band　弥漫星际谱带　08.069
diffuse interstellar medium　弥漫星际介质　08.511
diffuse matter　弥漫物质　08.512
diffuse nebula　弥漫星云　08.513
diffuse nebulosity　弥漫状星云物质　08.514
diffuse X-ray background　弥漫 X 射线背景　07.376
diffuse X-ray emission　弥漫 X 射线辐射　07.379
digital sky survey　数字[化]巡天　01.113
dilution factor　稀化因子　04.140
DIMM　差分图像运动测量仪　06.134
Dione　土卫四　15.063
dioptric telescope　折射望远镜　06.045
Dioscuria　狄俄斯枯里亚　18.059
Diphda　鲸鱼座β　14.051
dipole array　偶极天线阵　06.396
dipole magnetic field　偶极磁场　04.308
dipole radiation　偶极辐射　04.309
Dirac's large-number hypothesis　狄拉克大数假说　07.415
direction of big dipper's handle　斗建　05.028
direct motion　顺行　03.115
directoralte of astronomy and calendar　司天监　05.286
direct stationary　顺留　03.117
dirty beam　脏束　06.361
dirty map　脏图　06.362
dirty-snowball model　脏雪球模型　10.130
disc　圆面　01.099
disc　盘　07.107
α-disc　α 盘　07.191
disconnection event　[彗星]断尾事件　10.172
discourse on the conformation of the heavens　安天说　05.164
discourse on the flat heaven　平天说　05.166
discourse on the tilting of the heavens　昕天说　05.167
discourse on the vaulting heaven　穹天说　05.165
disk　圆面　01.099
disk　盘　07.107
disk accretion　盘吸积　04.310
disk cluster　盘族星团　08.607
disk event　日面事件　09.344
disk flare　日面耀斑　09.343
disk galaxy　盘星系　07.054
disk globular cluster　盘族球状星团　08.608
disk population　盘族　08.691
disk scale length　盘标长　08.692
disk shocking　盘冲击　08.693
dispersion　色散　04.311
dispersion of velocities　速度弥散　04.312
distance angles of 28 Lunar Manssions　距度　05.125
distance estimator　估距关系　04.083
distance indicator　示距天体　08.070
distance indicator　示距参数　08.071
distance modulus　距离模数　01.082
distance scale　距离尺度　04.082
distant minor planet　远距小行星　10.095
disturbance　摄动　03.003
disturbed body　受摄体　03.008
disturbing body　摄动体　03.007
disturbing function　摄动函数　03.009
dithering　抖动法　06.159
diurnal aberration　周日光行差　02.108
diurnal libration　周日天平动，*视差天平动　03.160
diurnal motion　周日运动　02.087
diurnal parallax　周日视差　02.102
DKIST　井上太阳望远镜　06.500

dog days 伏日 05.044
domain wall 畴壁 07.561
dome 圆顶 06.129
dome flat 圆顶平场 06.148
dome seeing 圆顶视宁度 06.135
dome servo 圆顶随动 06.130
Dominion Astrophysical Observatory Photometry 自治领天体物理台测光包 06.469
Dopplergram 多普勒图,*视向速度二维分布图 04.165
Doppler positioning 多普勒定位 02.263
Doppler shift 多普勒频移 04.164
Doppler system with dual frequency 双频多普勒 02.264
Dorado 剑鱼座 11.033
dorsa *山脊群 18.008
Dorsa Aldrovandi 阿尔德罗万迪山脊 16.012
Dorsa Andrusov 安德鲁索夫山脊 16.013
Dorsa Argand 阿尔甘山脊 16.014
Dorsa Barlow 巴洛山脊 16.015
Dorsa Burnet 伯内特山脊 16.016
Dorsa Cato 加图山脊 16.017
Dorsa Dana 达纳山脊 16.018
Dorsa Ewing 尤因山脊 16.019
Dorsa Geikie 盖基山脊 16.020
Dorsa Harker 哈克山脊 16.021
Dorsa Lister 利斯特山脊 16.022
Dorsa Mawson 莫森山脊 16.023
Dorsa Rubey 鲁比山脊 16.024
Dorsa Smirnov 斯米尔诺夫山脊 16.025
Dorsa Sorby 索比山脊 16.026
Dorsa Stille 施蒂勒山脊 16.027
Dorsa Whiston 惠斯顿山脊 16.028
Dorsum 山脊 18.008
Dorsum Arduino 阿尔杜伊诺山脊 16.029
Dorsum Azara 阿萨拉山脊 16.030
Dorsum Bucher 布赫山脊 16.031
Dorsum Buckland 巴克兰山脊 16.032
Dorsum Cayeux 卡耶山脊 16.033
Dorsum Cloos 克洛斯山脊 16.034
Dorsum Cushman 库什曼山脊 16.035
Dorsum Gast 加斯特山脊 16.036
Dorsum Grabau 葛利普山脊 16.037
Dorsum Heim 海姆山脊 16.038
Dorsum Nicol 尼科尔山脊 16.039
Dorsum Niggli 尼格利山脊 16.040
Dorsum Oppel 奥佩尔山脊 16.041
Dorsum Owen 欧文山脊 16.042
Dorsum Scilla 希拉山脊 16.043
Dorsum Termier 泰尔米埃山脊 16.044
Dorsum Von Cotta 冯·科塔山脊 16.045
Dorsum Zirkel 齐克尔山脊 16.046
double asteroid 双小行星 10.085
double astrograph 双筒天体照相仪 06.270
double-beam polarimeter 双光束偏振计 06.331
double cluster 双重星团 08.609
double-deck filament 双层暗条 09.317
double drift 二星流 08.694
double-hours 辰 05.011
double-hours planet 辰星 05.139
double-lined binary 双谱分光双星 08.219
double-lined spectroscopic binary 双谱分光双星 08.219
double-mode variable star 双模变星 08.220
double quasar 双类星体 07.177
double radio source 双射电源 07.184
double-spectrum binary *双谱双星 08.219
double star 双星 08.170
down-Comptonization 康普顿软化 04.314
down-leg light time 下行光行时 02.309
downsizing 降序,*瘦身 07.248
DQ Her star *武仙 DQ 型星 08.275
Draco 天龙座 11.034
Draconids 天龙流星群 17.012
Drake equation 德雷克方程 10.305
Draper classification 德雷伯分类 08.023
drift 星流 08.664
drift of stars 星流 08.664
drift scan 漂移扫描 06.160
drift scanning 漂移扫描 06.160
drip vessel 漏壶 05.259
driving mechanism 转仪装置 06.111
drum tower 鼓楼 05.284
dry merger 干并合,*贫气体并合 07.227
Dschubba 天蝎座δ 14.075
DT [彗星]尘埃尾迹 10.177
dual-beam polarimeter 双光束偏振计 06.331
Dubhe 天枢,*北斗一 05.106
Dubhe 大熊座α 14.034
Dumbbell Nebula 哑铃星云 08.515
duodenary series 十二次 05.013

Durchmusterung(德)　巡天星表　01.114
dust disk　尘埃盘　08.516
dust lane　尘带　07.116
dust nebula　尘埃星云　08.517
dust tail　尘埃彗尾　10.127
dust trail　[彗星]尘埃尾迹　10.177
Dvali-Gabadadz-Porrati gravity　DGP 引力　07.643
dwarf　矮星系　07.063
dwarf　矮星　08.222
dwarf cepheid　*矮造父变星　08.477
dwarf elliptical　矮椭圆星系　07.065
dwarf elliptical galaxy　矮椭圆星系　07.065
dwarf galaxy　矮星系　07.063
dwarf irregular　矮不规则星系　07.067
dwarf irregular galaxy　矮不规则星系　07.067
dwarf nova　矮新星　08.221
dwarf planet　矮行星　10.004
dwarf spheroidal　矮椭球星系　07.066
dwarf spheroidal galaxy　矮椭球星系　07.066
dwarf spiral　矮旋涡星系　07.064
dwarf spiral galaxy　矮旋涡星系　07.064
dwarf star　矮星　08.222
dynamical age　动力学年龄　04.235
dynamical equinox　动力学分点　02.154
dynamical mass　动力学质量　04.079
dynamical parallax　力学视差　08.072
dynamical reference system　动力学参考系　02.151
dynamic fibril　动态纤维　09.327
dynamo theory　发电机理论　04.315

E

E+A galaxy　E+A 星系　07.082
Eagle Nebula　鹰状星云，*鹰鹫星云　08.518
early stellar evolution　恒星早期演化　08.073
early-type galaxy　早型星系　07.053
early-type star　早型星　08.223
early universe　早期宇宙　07.408
Earth　地球　10.040
earth-approaching asteroid　近地小行星　10.086
earth-approaching object　近地天体　10.023
earth-crossing asteroid　越地小行星　10.087
earth-fixed coordinate system　地固坐标系　02.149
earth-like exoplanet　[太阳]系外地球型行星　10.298
earth-moon mass ratio　地月质量比　02.237
earth-moon space　地月空间　10.258
earth-moon system　地月系统　10.259
earth orientation parameter　地球定向参数　02.195
earth pole　地极　02.072
earth rotation parameter　地球自转参数　02.194
eastern elongation　东大距　03.113
eastern quadrature　东方照　03.109
east point　东点　02.277
Ebert-Fastie spectrometer　艾勃特-法斯梯光谱仪　06.288
eccentric anomaly　偏近点角　03.078
echelle grating　阶梯光栅　06.312
echelle spectrograph　阶梯光栅光谱仪　06.311
eclipse　食　03.120
eclipse year　食年，*交点年　02.223
eclipsing binary　食双星　08.224
eclipsing double star　食双星　08.224
eclipsing star　食变星　08.225
eclipsing star　食双星　08.224
eclipsing system　食变星　08.225
eclipsing system　食双星　08.224
eclipsing variable　食变星　08.225
eclipsing X-ray source　X 射线食变星　08.226
eclipsing X-ray star　X 射线食变星　08.226
ecliptic　三辰仪　05.229
ecliptic　黄道　02.032
ecliptic armillary sphere　黄道浑仪，*浑天黄道仪　05.233
ecliptic armillary sphere　黄道经纬仪　05.249
ecliptic coordinate system　黄道坐标系　02.047
ecliptic latitude　黄纬　02.056
ecliptic longitude　黄经　02.055
ecliptic pole　黄极　02.048
E corona　E 冕　09.075
Eddington limit　爱丁顿极限　04.206
edge-on galaxy　侧向星系　07.088
edge-on object　侧向天体　01.117
Edom　埃多姆　18.060
effective aperture　有效孔径，*有效口径　06.024
effective temperature　有效温度　04.109
Effelsberg Telescope　埃菲尔斯伯格望远镜　06.481

e-folds　e 叠数　07.547
Egg Nebula　卵形星云　08.519
Eggther　土卫五十九　15.117
egress　出凌　03.147
Egypt calendar　埃及历，＊柯比特历　05.057
Egyptian ancient astronomy　埃及古代天文学　05.291
Eight Burst Nebula　双环星云，＊八字星云，＊南环状星云　08.520
eight trigrams　八卦　05.300
Einasto profile　爱那斯托轮廓　07.593
Einstein arc　爱因斯坦弧　07.350
Einstein-Cartan gravity　爱因斯坦-嘉当引力　07.644
Einstein cross　爱因斯坦十字状类星体　07.338
Einstein-de Sitter model　爱因斯坦-德西特模型　07.429
Einstein field equation　爱因斯坦场方程　07.614
Einstein-Hilbert Lagrangian　爱因斯坦-希尔伯特拉格朗日量，＊希尔伯特作用量　07.615
Einstein Observatory　爱因斯坦天文台　06.646
Einstein radius　爱因斯坦半径　07.349
Einstein ring　爱因斯坦环　07.351
Einstein's model　爱因斯坦模型　07.428
Einstein tensor　爱因斯坦张量　07.616
Eirene　木卫五十七　15.054
Ekpyrotic universe model　火劫宇宙模型　07.558
elaborate equatorial armillary sphere　玑衡抚辰仪　05.247
Elara　木卫七　15.009
electric current helicity　电流螺度　09.303
Electris　厄勒克特里斯　18.061
electrographic camera　电子照相机　06.230
electromagnetic spectrum　电磁波谱　04.316
electron camera　电子照相机　06.230
electron degeneracy pressure　电子简并压　04.317
electron gyro-frequency　电子回旋频率　04.318
electronic camera　电子照相机　06.230
electron-multiplying CCD　电子倍增 CCD　06.252
electron neutrino　电子中微子　04.319
electronographic camera　电子照相机　06.230
electron-positron pair creation　电子-正电子对产生　04.320
electrophotometry　光电测光　04.020
electrophotonic imaging　光电成像　04.054
element abundance　元素丰度，＊丰度　04.321
elemental abundance　元素丰度，＊丰度　04.321
elementary astrolabe　简平仪　05.271
element of eclipse　交食要素　03.134
elevation axis　高度轴　06.107
Elgebar　参宿七　05.088
Ellerman bomb　埃勒曼炸弹　09.212
ellipsoidal binary　椭球双星　08.227
ellipsoidal variable　椭球变星　08.228
elliptical　椭圆星系　07.058
elliptical galaxy　椭圆星系　07.058
elliptical system　椭圆星系　07.058
elliptic restricted three-body problem　椭圆型限制性三体问题　03.019
Elnath　金牛座β，御夫座γ　14.027
elongation　大距　03.112
elongation　距角　03.111
Eltanin　天龙座γ　14.069
Elysium　埃律西昂　18.062
embedded cluster　嵌埋星团　08.610
embryo of a star　恒星胎，＊恒星胚胎　08.415
EMCCD　电子倍增 CCD　06.252
emerging magnetic flux　浮现磁流　09.267
emission-line galaxy　发射线星系　07.179
emission-line star　发射线星　08.230
emission nebula　发射星云　08.521
emission variable　发射线变星　08.229
E mode polarization　E 模式偏振　07.363
Enceladus　土卫二　15.061
encircled energy　能量集中度　06.030
Encke gap　恩克环缝，＊A 环环缝　10.060
Encke's comet　恩克彗星　10.144
Encke's method　恩克方法　03.169
enclosure　围罩　06.128
End of Heat　处暑　13.014
end-on object　端向天体　01.119
energetic particle event　高能粒子事件　04.322
energy condition　能量条件　07.635
energy density of radiation　辐射能量密度　04.323
energy distribution　能量分布　04.324
energy flux　能流[量]　04.325
energy-flux density　能流密度　04.327
energy-flux density　能流[量]　04.325
energy-level diagram　能级图　04.328
energy spectrum　能谱　04.326
e-neutrino　电子中微子　04.319
English mounting　英国式装置　06.119

enhanced network 增强网络 09.070
Enif 飞马座 ε 14.080
entropy bound 熵限 07.634
entropy perturbation 熵扰动 07.307
envelope 包层, *包络 08.074
envelope star 气壳星 08.399
EOP 地球定向参数 02.195
epact 闰余 05.022
ephemeral active region 瞬现[活动]区 09.132
ephemeris 历表 03.101
ephemeris meridian 历书子午线 02.080
ephemeris time 历书时 02.170
Epi 角宿一 05.097
epicenter 本轮中心 05.052
epicycle 本轮 05.179
epicyclic orbit 本轮轨道 05.053
Epimetheus 土卫十一 15.070
epoch 历元 02.131
epoch of reionization 再电离时期 07.494
equation of light 光行时差 02.113
equation of radiative transfer 辐射转移方程 04.146
equation of state 物态方程 04.329
equation of the center 中心差 03.161
equation of time 时差 02.163
equator 赤道 02.076
equatorial armillary sphere 赤道经纬仪 05.248
equatorial bulge 赤道隆起 02.083
equatorial coordinate system 赤道坐标系 02.026
equatorial horizontal parallax 赤道地平视差 02.103
equatorial instrument 赤道仪 06.110
equatorial mounting 赤道装置 06.109
equatorial telescope 赤道仪 06.110
equatorium 行星定位仪 05.274
equator of date 瞬时赤道 02.133
equator of epoch 历元赤道 02.132
equilateral triangle points 等边三角形点 03.035
equinoctial colure 二分圈 02.036
equinoxes 二分点 02.035
equivalent breadth 等值宽度 04.168
equivalent focal distance 等值焦距 06.029
equivalent focal length 等值焦距 06.029
equivalent temperature 等效温度 04.112
equivalent width 等值宽度 04.168
Equuleus 小马座 11.035
era 纪元 02.227
Eratosthenian period 爱拉托逊纪 10.241
ergosphere 能层 04.247
Eridania 艾利达尼亚 18.063
Eridanus 波江座 11.036
Erinome 木卫二十五 15.027
Eris 阋神星 10.048
Eros 爱神星[小行星] 10.118
ERP 地球自转参数 02.194
Erriapus 土卫二十八 15.087
error bar 误差棒 01.127
error box 误差框 01.128
Ersa 木卫七十一 15.059
eruptive galaxy 爆发星系 07.104
eruptive prominence 爆发日珥 09.193
eruptive variable 爆发变星 08.231
escape cone *逃逸锥 09.266
escape velocity 逃逸速度 03.095
Eskimo Nebula 爱斯基摩星云 08.522
ESO-MIDAS 欧南台慕尼黑图像数据分析系统 06.465
eta carina nebula 船底星云 08.490
etendue 光展量 06.028
eternal inflation 永恒暴胀 07.553
Euanthe 木卫三十三 15.035
Euclidean universe 欧几里得宇宙 07.446
Eukelade 木卫四十七 15.049
Eunostos 欧诺斯托斯 18.064
Eupheme 木卫六十 15.056
Euphrates 幼发拉底 18.065
Euporie 木卫三十四 15.036
Europa 木卫二 15.004
European southern observatory-Münich image data analysis system 欧洲南方天文台慕尼黑图像数据分析系统 06.465
European VLBI Network 欧洲甚长基线干涉网 06.493
European X-ray Observatory Satellite 欧洲 X 射线天文卫星 06.650
Eurydome 木卫三十二 15.034
EUV 极紫外 04.338
EUV bright point 极紫外亮点 09.340
EUVE 极紫外探测器 06.654
EUV late phase 极紫外后相 09.333
EUV wave 极紫外波 09.319
evaporation of the black hole 黑洞蒸发 04.330

evection　出差　03. 163
event horizon　事件视界　04. 331
Evershed effect　埃弗谢德效应　09. 169
Evershed flow　埃维谢德流　09. 330
e-VLBI　网络化甚长基线干涉测量　06. 414
EVN　欧洲甚长基线干涉网　06. 493
evolutionary track　演化程　04. 211
evolved star　[零指令]主序后星，* 主序后星　08. 344
ExAO　极端自适应光学　06. 175
excitation temperature　激发温度　04. 110
exciting star　激发星　08. 232
excursion set model　漫游集模型　07. 585
ex-nova　爆后新星　08. 236
exobiology　地外生物学　01. 013
Exobiology on Mars　火星生命计划　06. 584
exo-Jupiter　[太阳]系外类木行星　10. 299
ExoMars　火星生命计划　06. 584
exoplanet　[太阳]系外行星　10. 287
exoplanetary science　[太阳]系外行星学　10. 286
exoplanetology　[太阳]系外行星学　10. 286
exoplanet system　[太阳]系外行星系　10. 285
exoplanet transit　[太阳]系外行星凌星　10. 306
EXOSAT　欧洲 X 射线天文卫星　06. 650
exotic particle　奇异粒子　04. 492
exotic star　奇异星　08. 233
expanding arm　膨胀臂　08. 695
expanding universe　膨胀宇宙　07. 452
expansion of the universe　宇宙膨胀　07. 451
exploding galaxy　爆发星系　07. 104
exploding prominence　爆发日珥　09. 193
Explorer 11　探险者 11 号天文卫星　06. 639
explosive galaxy　爆发星系　07. 104
explosive phase　[耀斑]爆发相　09. 214
explosive variable　爆发变星　08. 231
exposure time　曝光时间　04. 334
extar　X 射线星　08. 467
extended atmosphere　* 厚大气　08. 133
extended envelope　延伸包层，* 厚包层　08. 075
extended Press-Schechter formalism　扩展的普雷斯-谢克特形式　07. 584
extended radio source　射电展源　08. 076
extended X-ray source　X 射线展源　08. 077
extensive air shower　广延大气簇射　04. 335
extensive air shower array　广延大气簇射阵　06. 455
external galaxy　河外星系　07. 003
externally dispersed interferometer　外部色散干涉仪　06. 322
external occultor　外遮星器　06. 349
external occultor coronagraph　外遮星冕仪　06. 348
extinct comet　熄火彗星　10. 140
extinction　消光　04. 121
extinction coefficient　消光系数　04. 336
extra dimension model　额外维模型　07. 646
extragalactic astronomy　河外天文学　07. 004
extragalactic background radiation　河外背景辐射　07. 377
extragalactic system　河外星系　07. 003
extrasolar comet　太阳系外彗星　08. 335
extrasolar earth analog　[太阳]系外地球型行星　10. 298
extrasolar life　太阳系外生命　08. 583
extrasolar planet　[太阳]系外行星　10. 287
extrasolar planetary system　[太阳]系外行星系　10. 285
extrasolar terrestrial planet　[太阳]系外类地行星　10. 297
extraterrestrial civilization　地外文明　01. 141
extraterrestrial intelligence　地外智慧生物　01. 142
extraterrestrial life　地外生命，* 外星生命　01. 140
extreme adaptive optics　极端自适应光学　06. 175
extreme Kerr black hole　极端克尔黑洞　04. 337
extreme population Ⅰ　* 极端星族Ⅰ　08. 682
extreme population Ⅱ　* 极端星族Ⅱ　08. 737
extreme population Ⅰ star　极端星族Ⅰ恒星　08. 696
extreme-ultraviolet　极紫外　04. 338
Extreme Ultra-Violet Explorer　极紫外探测器　06. 654
extremophile　嗜极生物　10. 302
extrinsic variable　外因变星　08. 234

F

Faber-Jackson law　费伯-杰克逊关系　07. 133
Faber-Jackson relation　费伯-杰克逊关系　07. 133
Fabry lens　法布里透镜　06. 280
Fabry-Perot spectrometer　法布里-波罗光谱仪，* 法布里-波罗标准具　06. 314
face-on galaxy　正向星系　07. 087
face-on object　正向天体　01. 116
faded nova　爆后新星　08. 236

failed eruption 失败的爆发 09.336
faint companion 暗伴天体，*暗伴星 08.237
falling star 流星 10.181
family of asteroids 小行星族 10.084
Fanaroff-Riley class 法纳洛夫-里雷类型，*FR 类型 07.183
Farbauti 土卫四十 15.099
far infrared 远红外 04.339
Far IR 远红外 04.339
far side of the moon 月球背面 10.220
far ultraviolet 远紫外 04.340
Far Ultraviolet Spectroscopic Explorer 远紫外分光探测器 06.625
FAST 500 米口径球面射电望远镜，*中国天眼 06.484
fast fine structure 快速精细结构 09.156
fast-moving star 快速星 08.239
fast nova 快新星 08.238
fast steering mirror 快速偏转镜，*快摆镜 06.098
favorable opposition 大冲 03.107
F corona F 冕 09.076
feed 馈源 06.393
feedback 反馈 07.149
feed system *馈源系统 06.393
Fenrir 土卫四十一 15.100
Ferdinand 天卫二十四 15.146
Fermi γ-Ray Observatory 费米 γ 射线天文台 06.666
FGS 精细导星传感器，*精密导星仪 06.146
fiber-optic spectrograph 光纤摄谱仪 06.299
fiber-optic spectroscopy 光纤分光 04.341
fibril 小纤维 09.229
fibrous nebula 纤维状星云 08.523
Fidis 织女一，*织女星 05.086
field correction 像场改正 01.121
field corrector 像场改正镜 06.086
field derotator 像场消旋器 06.080
field division 分野 05.213
field flattener 平场透镜 06.085
field flattening lens 平场透镜 06.085
field galaxy 场星系 07.092
field lens 像场改正镜 06.086
field of regard 能视域 06.023
field of view 视场 01.120
field oscillation 暗条振荡 09.197
field star 场星 08.611
filament 暗条 09.191
filamentary nebula 纤维状星云 08.523
filament channel 暗条通道 09.195
filament activation 暗条激活 09.194
filament structure 纤维状结构，*丝状结构 07.239
filament sudden disappearance 暗条突逝 09.200
filigree 细链 09.227
filled aperture 连续孔径 06.370
filter bank spectrometer *滤波器组频谱仪 06.407
filter wheel 滤光片转轮 06.092
finding chart 证认图 01.053
fine guiding sensor 精细导星传感器，*精密导星仪 06.146
fine-steering mirror *精密转向镜 06.098
fine-structure constant 精细结构常数 04.342
fine tuning problem 精细调节问题 07.527
finger of God 上帝的手指 07.234
FIR 远红外 04.339
fireball 火流星 10.182
fire-clock *火钟 05.265
first contact 初亏 03.140
first cosmic velocity 第一宇宙速度 03.096
first day of lunar month 朔日 05.015
First Frost 霜降 13.018
first quarter 上弦 03.152
first stars 第一代恒星 08.240
Fisher information 费希尔信息 07.396
fish on the platter 盘鱼星云 08.524
FITS 普适图像传输系统 06.462
five elements 五行 05.299
Five-hundred-meter Aperture Spherical radio Telescope 500 米口径球面射电望远镜，*中国天眼 06.484
five-minute oscillation 5 分钟振荡 09.030
five palaces 五宫 05.081
five planets 五星 05.136
fixed altitude mounting 固定高度式装置 06.104
fixed mounting 固定式装置 06.101
fixed radio telescope 固定式射电望远镜 06.390
Flame Nebula 火焰星云 08.525
Flamsteed catalogue 弗兰斯蒂德星表 08.024
Flamsteed designation 弗兰斯蒂德命名法 05.121
flare 耀发 04.220
flare 耀斑 09.201

flare class 耀斑级别 09.221
flare importance 耀斑级别 09.221
flare kernel 耀斑核 09.211
flare ribbon 耀斑[亮]带 09.220
flare variable 耀发变星，*耀星 08.242
flash phase [耀斑]闪相 09.213
flash spectrum 闪光谱 09.071
flat field correction 平场改正 01.123
flat fielding 平场 01.122
flatness problem 平坦问题 07.542
flat rotation curve 平坦自转曲线 07.503
flat spectrum 平谱 04.181
flat-spectrum source 平谱源 08.243
flat universe 平直宇宙，*平坦宇宙 07.447
Flexible Image Transport System 普适图像传输系统 06.462
flexion 拐变 07.355
flickering 闪变 04.221
floating zenith telescope 浮动天顶筒 06.199
flocculent spiral arm 絮状旋臂 07.114
flocculus 谱斑 09.184
fluctuations 涨落，*起伏 07.300
Fluctus 波纹地 18.009
fluctūs *波纹区 18.009
fluorescent radiation 荧光辐射 04.151
flux 流量 04.343
flux density 流量密度 04.185
flux standard star 流量标准星 04.344
Fm star Fm 星 08.244
focal plane array 焦面阵 06.044
focal plane instrument 焦面仪器 06.043
focal ratio degradation 焦比衰退 06.035
focal reducer 缩焦器 06.077
focuser 缩焦器 06.077
focusing X-ray telescope 聚焦成像 X 射线望远镜 06.433
focusing γ-ray telescope 聚焦成像 γ 射线望远镜 06.434
following sunspot 后随黑子 09.167
Fomalhaut 北落师门 05.099
Fomalhaut 南鱼座α 14.018
Footprint Nebula 脚印星云 08.526
forbidden line 禁线 04.176
forbidden transition 禁戒跃迁 04.160
forced nutation 受迫章动 02.278
forced transition 受迫跃迁 04.159
force-free field 无力场 04.123
force function 力函数 03.010
foreground galaxy 前景星系 07.094
foreground radiation 前景辐射，*前景 07.374
foreground removal 前景减除 07.375
foreground star 前景星 01.110
foreground subtraction 前景减除 07.375
forked mounting 叉式装置 06.116
fork mounting 叉式装置 06.116
formation of galaxy 星系形成 07.245
formation of stars 恒星形成 08.112
Fornax 天炉座 11.037
Fornjot 土卫四十二 15.101
Fossa 堑沟 18.010
fossae *堑沟群 18.010
fossil group 化石星系群 07.213
four-color photometry 四色测光 04.033
Fourier transform spectrometer 傅里叶变换光谱仪 06.315
four symbolic animals 四象 05.072
fourth cosmic velocity 第四宇宙速度 03.197
four Xiang 四象 05.072
Fowler sampling 福勒采样 06.162
frame bias 参考架偏差 02.317
frame transfer CCD 帧转移 CCD 06.249
Francisco 天卫二十二 15.144
free-bound transition 自由-束缚跃迁 04.345
free-floating planet *自由飘荡行星 10.291
free-flying telescope 空间望远镜 06.002
free-free transition 自由-自由跃迁 04.155
free nutation 自由章动 02.279
free streaming 自由流动 07.484
freeze-out 冻结 07.481
Fresh Green 清明 13.005
Fresnel γ-ray telescope 菲涅耳 γ 射线望远镜 06.444
Fresnel X-ray telescope 菲涅耳 X 射线望远镜 06.443
$f(R)$ gravity $f(R)$引力 07.640
Friedmann equation 弗里德曼方程 07.423
Friedmann-Lemaitre-Robertson-Walker model 弗里德曼-勒梅特-罗伯逊-沃克模型，*FLRW 模型 07.431
friends-of-friends cluster finder algorithm “友之友”寻团算法 07.598

fringe tracking　条纹跟踪　06. 374
front end　前端　06. 402
Frost's Descent　霜降　13. 018
F star　F 型星　08. 235
FTOOLS　FITS 工具包　06. 471
full-frame CCD　全帧式 CCD　06. 248
full moon　望，* 满月　03. 153
full width at half-maximum　半峰全宽　04. 040
fully depleted PN-junction CCD　全耗尽 PN 结 CCD　06. 251
fully ionized gas　完全电离气体　04. 346
fully steerable radio telescope　全动射电望远镜　06. 392
fundamental astrometry　基本天体测量学　02. 007
fundamental astronomy　基本天文学　01. 006
fundamental catalogue　基本星表　02. 246
fundamental plane　基本面，* 基面　07. 134
Fünfter fundamental katalog　第五基本星表，* FK5 星表　08. 025
FUSE　远紫外分光探测器　06. 625
future light cone　未来光锥　04. 405
FUV　远紫外　04. 340
fuzzy dark matter　模糊暗物质　07. 518

G

Gacrux　南十字座 γ　14. 025
Gaia　盖亚天体测量探测器　06. 635
galactic age　星系年龄　07. 141
Galactic anticenter　反银心[方向]　08. 050
Galactic arm　银河臂　08. 697
Galactic arm-population　银河系臂族　08. 698
galactic astronomy　星系天文学　07. 005
Galactic astronomy　银河系天文学　08. 002
Galactic background　银河背景　08. 699
galactic bar　星系棒　07. 125
Galactic bar　银棒　08. 700
galactic bubble　星系泡　08. 701
galactic bulge　星系核球　07. 123
Galactic bulge　银河系核球　08. 702
Galactic center　银心　08. 703
Galactic center region　银心区　08. 704
Galactic cepheid　银河造父变星　08. 246
Galactic Chimney　银河系通道，* 银河烟囱　08. 705
Galactic cloud　银河云　08. 527
Galactic cluster　* 银河星团　08. 637
galactic collision　星系碰撞　08. 580
Galactic component　银河系子系　08. 706
Galactic concentration　银面聚度　08. 707
galactic coordinates　银道坐标　08. 708
galactic coordinate system　银道坐标系　02. 058
Galactic core　银核　08. 723
Galactic corona　银冕　08. 709
Galactic diffuse light　银河弥漫光　08. 710
galactic disk　星系盘　07. 106
Galactic disk　银盘　08. 711
Galactic disk-population　银盘族　08. 712
galactic dynamics　星系动力学　07. 006
Galactic dynamics　银河系动力学　08. 003
galactic equator　银道　02. 062
Galactic evolution　银河系演化　08. 713
galactic evolution　星系演化　07. 246
Galactic fountain　银河喷流　08. 714
Galactic gusher　银河喷射源　08. 715
galactic halo　星系晕　07. 124
Galactic halo　银晕　08. 716
Galactic halo-population　银晕族　08. 717
Galactic kinematics　银河系运动学　08. 004
galactic latitude　银纬　02. 064
galactic longitude　银经　02. 063
Galactic luminosity　银河系光度　08. 718
Galactic magnetic cavity　银河磁穴　08. 719
Galactic magnetic field　银河系磁场　08. 720
galactic merging　星系并合　07. 223
Galactic model　银河系模型　08. 721
Galactic nebula　银河星云　08. 528
Galactic noise　银河系噪声　08. 722
Galactic nova　银河新星　08. 247
Galactic nucleus　银核　08. 723
galactic nucleus　星系核　07. 121
Galactic orbit　银心轨道　08. 724
Galactic pericentre　近银心点　08. 096
galactic plane　银道面　08. 725
galactic poles　银极　02. 059
Galactic potential　银河系势　08. 726
Galactic radio spur　银河射电支　08. 727
Galactic rotation　银河系自转　08. 771
galactic rotation curve　星系自转曲线　07. 110

Galactic rotation curve　银河系自转曲线　08.728
Galactic spur　银河射电支　08.727
Galactic structure　银河系结构　08.729
Galactic subsystem　银河次系　08.730
galactic superbubble　星系超泡　08.731
Galactic supernova　银河超新星　08.248
Galactic system　银河系　08.735
galactic warp　银河系翘曲　07.120
galactic wind　星系风　07.151
Galactic year　银河年　08.732
Galactocentric concentration　银心聚度　08.733
Galactocentric distance　银心距　08.734
Galatea　海卫六　15.155
galaxy　星系　07.002
galaxy astronomy　星系天文学　07.005
galaxy bar　星系棒　07.125
galaxy cluster　星系团　07.214
galaxy count　星系计数　07.286
galaxy counting　星系计数　07.286
galaxy distribution　星系分布　07.135
galaxy evolution　星系演化　07.246
Galaxy Evolution Explorer　星系演化探测器　06.626
galaxy formation　星系形成　07.245
galaxy merging　星系并合　07.223
galaxy morphology　星系形态　07.047
galaxy nucleus　星系核　07.121
galaxy supercluster　超星系团　07.219
galaxy survey　星系巡天　07.291
GALEX　星系演化探测器　06.626
Galilean moon　伽利略卫星　10.054
Galilean satellite　伽利略卫星　10.054
Galilean telescope　伽利略望远镜　06.059
Galileo Probe　伽利略号探测器　06.548
gamma-ray burst　γ射线暴　04.241
Ganymed　伽尼米德[小行星]　10.116
Ganymede　木卫三　15.005
gas cloud　气体云　04.347
gas-dust complex　气尘复合体　08.529
gas electron multi-plier　气体电子倍增器　06.421
gaseous nebula　气体星云　08.530
gas giant planet　气态巨行星　10.021
gas nebula　气体星云　08.530
Gaspra　加斯普拉[小行星]　10.117
gas scintillation proportional counter　气体闪烁正比计数器　06.424
Gaussian filter　高斯滤波器　07.406
Gaussian gravitational constant　高斯引力常数　02.236
Gaussianity　高斯性，＊随机分布的高斯性　07.402
Gaussian perturbation　高斯扰动　07.404
Gaussian random field　高斯随机场　07.405
GBT　[罗伯特·伯德]绿岸[射电]望远镜　06.482
GCRS　地心天球参考系　02.318
GDS　大暗斑　10.069
G-dwarf problem　G矮星问题　08.736
gegenschein　对日照　10.251
Gehon　基训　18.066
Geirrod　土卫六十六　15.122
Geissberg period　格莱斯伯格周期　09.157
GEM　气体电子倍增器　06.421
Gemini　双子座　11.038
Gemini　双子宫　12.003
Geminids　双子流星群　17.013
Gemini Nebula　双子星云，＊美杜莎星云，＊水母星云　08.531
Gemini Telescope　双子望远镜　06.513
general astronomy　普通天文学　01.002
general catalogue of variable stars　变星总表　08.026
general field star　场星　08.611
generalized main sequence　广义主序　04.215
general perturbation　普遍摄动，＊天体力学分析方法　03.005
general precession　总岁差，＊黄经岁差　02.115
general-relativistic effect　广义相对论效应　04.348
Genesis　起源号探测器　06.559
genus　亏格　07.326
Geocentric Celestial Reference System　地心天球参考系　02.318
geocentric coordinate　地心坐标　02.066
geocentric coordinate time　地心坐标时　02.171
geocentric ephemeris　地心历表　03.102
geocentric gravitational constant　地心引力常数　02.280
geocentric latitude　地心纬度　02.281
geocentric longitude　地心经度　02.282
geocentric system　地心体系　05.174
Geocentric Terrestrial Reference System　地心地球参考系　02.319
geocentric theory　地心说　05.173
Geodesy and Heat Transport　洞察号火星探测器，＊震

graviton 引力子 07.645
Gravity Recovery and Interior Laboratory 圣杯号月球探测器，＊重力回溯及内部结构实验室 06.579
gray atmosphere 灰大气 04.141
gray hole 灰洞 04.245
grazing incidence 掠射 04.349
grazing incidence telescope 掠射望远镜 06.436
Great Attractor 巨引源 07.233
Great Cluster of Hercules 武仙大星团 08.614
great comet 大彗星 10.142
great dark spot 大暗斑 10.069
Greater Cold 大寒 13.024
Greater Heat 大暑 13.012
Greater Snow 大雪 13.021
greatest eastern elongation 东大距 03.113
greatest elongation 大距 03.112
greatest western elongation 西大距 03.114
Great Looped Nebula 大圈星云，＊剑鱼座30，＊蜘蛛星云 08.536
Great Nebula in Orion ＊猎户大星云 08.574
Great Orion Nebula ＊猎户大星云 08.574
great red spot 大红斑 10.067
Great Rift 大暗隙 08.537
Great Square of Pegasus 飞马大四边形 08.615
great wall 巨壁，＊长城 07.235
great white oval 大白斑 10.068
great white spot 大白斑 10.068
Grecian era 希腊纪元 05.069
Greek alphabet 希腊字母命名 05.119
Greek group 希腊群 10.094
Green Bank equation ＊格林班克公式 10.305
Green Bank Telescope ［罗伯特·伯德］绿岸［射电］望远镜 06.482
greenhouse effect 温室效应 04.175
Greenwich mean sidereal time 格林尼治平恒星时 02.158
Greenwich meridian 格林尼治子午线 02.079
Greenwich sidereal date 格林尼治恒星日期 02.211
GREGOR 格里高利太阳望远镜 06.499
Gregorian calendar 格里历 02.228
Gregorian telescope 格里高利望远镜 06.064
Gregorian year 格里年 05.055
Gregor Solar Telescope 格里高利太阳望远镜 06.499
Greip 土卫五十一 15.110
Greisen-Zatsepin-Kuzmin limit 格莱森-查泽品-库兹敏极限，＊GZK极限 07.385
grens 透镜棱栅 06.310
grey dragon 苍龙 05.073
Gridr 土卫五十四 15.113
grism 棱栅 06.309
grism spectrograph 棱栅光谱仪 06.308
ground-based astronomy 地面天文学 01.016
ground-based observation 地基观测 01.044
ground-layer adaptive optics 近地层自适应光学 06.172
ground level event 粒子事件 09.107
group of asteroids 小行星群 10.083
group of galaxies 星系群 07.211
group of stars 恒星群 08.659
group parallax 星群视差 08.078
growth curve 生长曲线 04.169
growth factor 增长因子 07.329
GRS 大红斑 10.067
Grus 天鹤座 11.039
GSD 格林尼治恒星日期 02.211
G star G型星 08.245
GTC 加那利大型望远镜 06.522
GTRS 地心地球参考系 02.319
guest star 客星 05.150
guider 导星装置 06.139
guide star 引导星 06.138
guiding 导星 06.137
guiding device 导星装置 06.139
guiding telescope 导星镜 06.142
guidscope 导星镜 06.142
guillotine factor 截断因子 04.136
Gum nebula 古姆星云 08.538
Gunnlod 土卫六十二 15.119
Gunn-Peterson effect 冈恩-彼得森效应 07.208
Guo Shoujing Telescope ＊郭守敬望远镜 06.523
GWS 大白斑 10.068
GW Virginis instability strip 室女GW不稳定带 08.251
GW Virginis star 室女GW型星 08.252
GW Virginis variable ＊室女GW型变星 08.252
GW Vir star 室女GW型星 08.252
gyroresonance radiation 回旋共振辐射 09.283
GZK limit 格莱森-查泽品-库兹敏极限，＊GZK极限 07.385

H

habitable planet 宜居行星 10.304
H Ⅰ absorption 中性氢吸收 08.079
Hadar 半人马座β 14.011
Hadar 马腹一 05.092
hadron era 强子期 07.467
Hakucho 天鹅X射线天文卫星 06.647
HALCA 遥射电天文卫星，*通信与天文先进实验室 06.610
Hale Telescope 海尔望远镜 06.503
half-light radius 半光半径 04.350
half width 半宽 04.039
Halimede 海卫九 15.158
Halley's comet 哈雷彗星 10.143
Halley-type comet 哈雷型彗星 10.138
halo globular cluster 晕族球状星团 08.618
halo model 晕模型 07.586
halo occupation distribution 暗晕占据数分布 07.590
halo of galaxy 星系晕 07.124
halo population 晕族 08.737
halo substructure 晕子结构 07.587
Hamal 白羊座α 14.049
hard binary 硬双星 08.253
hard X-ray 硬X射线 04.351
Hard X-Ray Modulation Telescope 硬X射线调制望远镜，*慧眼号天文卫星 06.671
Harpalyke 木卫二十二 15.024
Harrison-Zel'dovich spectrum 哈里森-泽尔多维奇谱 07.314
Hartmann-Shack wavefront sensor *哈特曼-夏克波前传感器 06.169
Hartmann test 哈特曼检验 06.032
Harvard classification 哈佛分类 04.058
Harvard photometry 哈佛恒星测光表 08.029
Harvard region 哈佛选区 08.030
Harvard revised photometry 哈佛恒星测光表修订版 08.037
Harvard-Smithsonian reference atmosphere 哈佛-史密松参考大气 09.054
Hati 土卫四十三 15.102
Haumea 妊神星 10.050
HAWC 高海拔水切伦科夫天文台 06.529
Hawking-Hartle wave function 霍金-哈特尔波函数 07.539
Hawking temperature 霍金温度 07.632
Hayabusa 隼鸟号小行星探测器 06.563
Hayashi line 林忠四郎线 04.209
H Ⅰ cloud 中性氢云 08.539
H Ⅱ cloud 电离氢云 08.543
H Ⅰ complex 中性氢复合体 08.540
H Ⅱ condensation 电离氢凝聚体 08.544
H deficient star 贫氢星 08.264
head of comet 彗头 10.122
head of the imperial astronomer bureau 钦天监监正 05.287
head of the imperial astronomical bureau 太史令 05.285
head-tail galaxy 头尾星系 07.076
head-tail galaxy 头尾星系 07.076
HEAO-1 高能天文台1号 06.645
HEAO-3 高能天文台3号 06.648
HEASoft 高能天文软件包 06.470
heat death 热寂 07.416
heat instability 热不稳定性 04.352
Heavy Snow 大雪 13.021
HEB 热电子测辐射热计 06.268
Hecuba group 犬后星群，*赫卡柏群 08.379
Hegemone 木卫三十九 15.041
Helene 土卫十二 15.071
heliacal rising 晨出 05.042
heliacal setting 夕没 05.043
Helike 木卫四十五 15.047
heliocentric angle 日心角 09.039
heliocentric coordinate 日心坐标 02.067
heliocentric coordinate network 日面坐标网 09.035
heliocentric distance 日心距离 09.040
heliocentric gravitational constant 日心引力常数 02.238
heliocentric latitude 日心纬度 02.323
heliocentric longitude 日心经度 02.324
heliocentric system 日心体系 05.182
heliocentric theory 日心说 05.181
heliograph 太阳照相仪 09.234
heliographic chart 日面图 09.034
heliographic coordinate system 日面坐标系 09.045
heliographic latitude 日面纬度 09.046
heliographic longitude 日面经度 09.047

heliomagnetosphere　日球磁层　09.109
heliopause　日球层顶　09.102
helioseismology　日震学　09.027
heliosphere　日球层　09.101
heliostat　定日镜　06.211
helium abundance　氦丰度　07.488
helium burning　氦燃烧　04.201
helium era　氦时期　04.353
helium flash　氦闪　04.203
helium-rich core　富氦核　04.204
helium-rich star　富氦星　08.254
helium-strong star　强氦星　08.255
helium-weak star　弱氦星　08.256
Helix Nebula　螺旋星云　08.546
Hellas　希腊　18.067
Hellespontus　赫勒斯滂　18.068
Hénon-Helies model　埃农-海利斯模型　03.031
Henry Draper Catalogue　HD 星表，*德雷伯星表　01.149
Henry Draper classification　HD 恒星光谱分类　08.031
Henry Draper stellar classification　*亨利·德雷伯恒星光谱分类　08.031
Herbig-Haro nebula　HH 星云　08.547
Herbig-Haro object　*赫比格-阿罗天体　08.547
Hercules　武仙座　11.040
Hercules X-1　武仙 X-1　08.738
Hermippe　木卫三十　15.032
Herschelian Telescope　赫歇尔望远镜　06.062
Herschel Space Observatory　赫歇尔空间天文台　06.631
Herse　木卫五十　15.052
Hertzsprung gap　赫氏空隙　04.064
Hertzsprung-Russell diagram　赫罗图　04.060
Hesperia　赫斯珀里亚　18.069
Hesperus　长庚星　05.146
H. E. S. S.　高能立体视野望远镜阵　06.525
HET　霍比-埃伯利望远镜　06.511
HETE-2　高能暂现源探测器 2 号　06.660
Hevelius formation　赫维留结构　05.122
hexapod mounting　六杆式装置　06.123
H Ⅱ galaxy　电离氢星系　07.086
Hiddekel　希底结　18.070
hidden mass　隐质量　07.498
hierarchical clustering　等级式成团　07.572
hierarchical structure formation　等级式结构形成　07.571
hierarchical universe　等级式宇宙　07.461
high altitude station　高山观测站　01.138
High-Altitude Water Cherenkov Observatory　高海拔水切伦科夫天文台　06.529
High Energy Astronomical Observatory-3　高能天文台 3 号　06.648
High Energy Astronomy Observatory-1　高能天文台 1 号　06.645
high energy astrophysics　高能天体物理学　04.005
high energy radiation　高能辐射　04.354
High Energy Stereoscopic System　高能立体视野望远镜阵　06.525
High Energy Transient Explorer-2　高能暂现源探测器 2 号　06.660
high-luminosity star　高光度星　08.257
Highly Advanced Laboratory for Communications and Astronomy　遥射电天文卫星，*通信与天文先进实验室　06.610
highly evolved star　演化晚期星　08.258
high-mass star　大质量星　08.303
high-order correlation function　高阶相关函数　07.321
High Precision Parallax Collecting Satellite　依巴谷天文卫星　06.622
high-speed photometry　高速测光　04.025
high-velocity star　高速星　08.259
Hill problem　希尔问题　03.020
Hill stability　希尔稳定性　03.039
Himalia　木卫六　15.008
Hinode　日出太阳卫星　06.602
Hinotori　火鸟太阳探测器　06.593
H-ion　负氢离子　04.137
Hipparcos　依巴谷天文卫星　06.622
Hipparcos Catalogue　依巴谷星表　01.150
Hipparcos-Tycho Catalogue　*依巴谷-第谷星表　01.151
Hippocamp　海卫十四　15.163
Hisaki　火崎号[行星分光观测]卫星　06.668
Hobby-Eberly Telescope　霍比-埃伯利望远镜　06.511
Holmberg radius　霍姆伯格半径　07.127
holographic principle　全息原理　07.656
homogeneity of universe　宇宙的均匀性　07.420
homogeneity problem　均匀性问题，*视界疑难，*视界问题　07.541
homologous design　保形设计　06.386
homologous flare　相似耀斑　09.204

Homunculus Nebula　侏儒星云　08.548
honeycomb mirror　蜂窝镜　06.053
horizon　地平圈　02.018
horizon　视界　04.333
horizon circle instrument　地平经仪　05.252
horizon crossing　视界穿越　07.626
horizon entry　视界进入点　07.569
horizontal branch　水平支　04.067
horizontal-branch star　水平支恒星　08.260
horizontal coordinate system　地平坐标系　02.015
horizontal magnetic field　水平磁场　09.329
horizontal meridian circle　水平式子午环　06.204
horizontal parallax　地平视差　02.101
horizontal spectrograph　水平式摄谱仪　09.244
horizontal sundial　地平式日晷　05.255
horizontal transit circle　水平式子午环　06.204
horn feed　喇叭馈源，* 馈源喇叭　06.394
Horologium　时钟座　11.041
horoscope　天宫图　05.217
Horsehead Nebula　马头星云　08.549
horseshoe mounting　马蹄式装置　06.117
Horseshoe Nebula　* 马蹄星云　08.572
host galaxy　寄主星系，* 宿主星系　07.091
host star　寄主星　08.261
hot channel　热通道　09.324
hot dark matter　热暗物质　07.506
hot electron bolometer　热电子测辐射热计　06.268
hot Jupiter　热木星　10.301
hot pixel　热像元　06.239
hot spot　热斑　04.184
hour angle　时角　02.045
hour circle　时角度盘　06.114
Hourglass Nebula　沙漏星云　08.550
HⅠ Parkes all sky survey　帕克斯中性氢巡天　08.028
HⅠ region　中性氢区　08.541
HⅡ region　电离氢区　08.545
HSRA　哈佛-史密松参考大气　09.054
HST　哈勃空间望远镜　06.623
HⅠ stream　中性氢流　08.542
Huangdi era　黄帝纪年　05.066
Hubble age　哈勃年龄　07.289
Hubble Atlas　哈勃星系图册　07.025
Hubble classification　哈勃分类　07.048
Hubble constant　哈勃常数　07.282
Hubble Deep Field　哈勃深场　07.043
Hubble diagram　哈勃图　07.279
Hubble distance　哈勃距离，* 哈勃视界　07.265
Hubble flow　哈勃流　07.280
Hubble law　哈勃定律，* 哈勃关系　07.281
Hubble Nebula　哈勃星云，* 哈勃变光星云　08.551
Hubble parameter　哈勃参数　07.283
Hubble relation　哈勃定律，* 哈勃关系　07.281
Hubble sequence　哈勃序列　07.049
Hubble's law　哈勃定律，* 哈勃关系　07.281
Hubble's Nebula　哈勃星云，* 哈勃变光星云　08.551
Hubble Space Telescope　哈勃空间望远镜　06.623
Hubble time　哈勃时间　07.288
Hubble tuning fork　哈勃音叉图　07.050
Hubble ultra-deep field　哈勃极深场　07.044
Humason-Zwicky star　HZ 型星，* 哈马森-兹威基型星　08.262
hump cepheid　驼峰造父变星　08.263
Huygens gap　惠更斯环缝　10.061
HXMT　硬 X 射线调制望远镜，* 慧眼号天文卫星　06.671
Hyades　毕星团　08.619
Hyades group　毕宿星群　08.620
Hyades supercluster　毕宿超级星团　08.621
hybrid CMOS　混成型 CMOS　06.256
hybrid infrared array　混成型红外面阵　06.258
hybrid mapping　混合成图　06.364
Hydra　长蛇座　11.042
Hydra　冥卫三　15.166
hydrogen burning　氢燃烧　04.200
hydrogen clock　氢钟　06.192
hydrogen-deficient star　贫氢星　08.264
hydrogen flocculus　氢谱斑　09.186
hydrogen main sequence　氢主序　04.214
hydrogen-poor star　贫氢星　08.264
hydroxyl maser　羟基微波激射，* 羟基脉泽　04.355
Hydrus　水蛇座　11.043
Hygiea　健神星　10.108
hypergiant　特超巨星　08.265
hypergiant star　特超巨星　08.265
hypergranulation　超米粒组织　09.063
hypergranule　超米粒　09.062
Hyperion　土卫七　15.066
hypernova　巨超新星　08.266

hypersensitization 敏化 06.226
hypersensitizing 敏化 06.226
Hyrrokkin 土卫四十四 15.103

I

IACT 成像大气切伦科夫望远镜 06.454
Iapetus 土卫八 15.067
Iapigia 雅庇吉亚 18.071
Iapygia 雅庇吉亚 18.071
IAU 国际天文学联合会 01.153
IAU Galactocentric distance IAU 银心距 08.739
IAU system of astronomical constants IAU 天文常数系统 01.152
IBC detector *杂带传导探测器 06.261
IBEX 星际边界探测器 06.665
IC 星云星团新总表续编 07.018
Icaria 伊卡里亚 18.072
ICCD 像增强 CCD 06.253
IceCube Neutrino Observatory 冰立方中微子天文台 06.533
ice giant planet 冰[质]巨行星 10.022
ICRF 国际天球参考架 02.265
ICRS 国际天球参考系 02.305
ICSO 国际太阳联合观测 09.155
Ida 艾达[小行星] 10.109
identification 证认 01.049
identification chart 证认图 01.053
IERS 国际地球自转服务 02.199
IFU 集成视场单元 06.324
iingenious planetarium 玲珑仪 05.239
II Thyle I 图勒 18.073
Ijiraq 土卫二十二 15.081
illuminance 照度 01.054
illumination 照度 01.054
ILS 国际纬度服务 02.196
image convertor 变像管 06.229
image derotator 像消旋器 06.089
image intensifier *像增强器 06.228
image photometry *成像测光 04.037
image photon counting system 图像光子计数系统 06.231
image processing 图像处理 01.124
Image Reduction and Analysis Facility 图像处理和分析软件 06.466
image restoration 图像复原 01.126
image slicer 星像切分器 06.325
images of the four directions 四象 05.072
image synthesis 图像综合 01.125
image tube 像管 06.228
imaging air Cherenkov telescope 成像大气切伦科夫望远镜 06.454
imaging atmospheric Cherenkov telescope 成像大气切伦科夫望远镜 06.454
imaging photometer 成像光度计 06.278
imaging polarimeter 成像偏振计 06.334
imaging spectrograph 成像光谱仪 06.291
Imbrian period 雨海纪 10.240
IMF 行星际磁场 10.264
immersed grating 浸没光栅 06.306
immersion grating 浸没光栅 06.306
IMO 国际流星组织 10.189
impersonal astrolabe *超人差[棱镜]等高仪 06.196
implosion 爆缩 04.231
implosion 内爆 09.321
impulsive phase 脉冲相 09.215
impulsive solar flare 脉冲太阳耀斑 09.222
impurity band conduction detector *杂带传导探测器 06.261
independent day number 独立日数 02.147
index catalogue of nebulae and clusters of stars 星云星团新总表续编 07.018
Indian era 印度纪元 05.063
indicator-rod 漏箭 05.260
induced transition *感应跃迁 04.159
Indus 印第安座 11.044
inferior conjunction 下合 03.105
inferior planet 内[侧]行星 10.014
inflation 暴胀 07.543
inflationary universe 暴胀宇宙 07.544
inflation reheating 暴胀再热 07.546
inflaton 暴胀子 07.545
infrared 红外，*红外辐射 04.356
infrared array 红外面阵 06.257
infrared astronomical interferometer 红外天文干涉仪 06.352

Infrared Astronomical Satellite 红外天文卫星 06.621
infrared astronomy 红外天文学 01.028
infrared counterpart 红外对应体 04.101
infrared excess 红外超 04.050
infrared-excess object 红外超天体 08.268
infrared galaxy 红外星系 07.080
infrared magnitude 红外星等 01.080
infrared source 红外源 08.267
Infrared Space Observatory 红外空间天文台 06.624
infrared spectroscopy 红外分光 06.154
infrared sun 红外太阳 09.025
infrared telescope 红外望远镜 06.008
infrared window 红外窗口 04.098
ingress 入凌 03.146
inhomogeneity 非均匀性,*不均匀性 07.297
initial mass function 初始质量函数 04.357
initial star 初始恒星 08.269
inner coma 内彗发 10.165
inner corona 内冕 09.079
inner Lagrangian point 内拉格朗日点 03.037
inner planet 带内行星 10.016
inner solar system 内太阳系 10.008
Insects Awakening 惊蛰 13.003
InSight 洞察号火星探测器,*震波、测地和热传输法内部探测器 06.585
instrumental magnitude 仪器星等 06.152
instrumental polarization 仪器偏振 06.328
instrument for solar and lunar eclipses 日月食仪 05.276
INT 牛顿望远镜 06.061
INTEGRAL 国际γ射线天体物理实验室 06.661
integral field spectrograph 集成视场光谱仪 06.323
integral field unit 集成视场单元 06.324
integrated magnitude 累积星等 04.047
integrated photonic spectrograph 集成光子[学]光谱仪 06.326
integrated Sachs-Wolfe effect 积分萨克斯-沃尔夫效应 07.365
intensified CCD 像增强 CCD 06.253
intensity interferometer 强度干涉仪 06.377
intensity mapping 强度映射 07.373
interacting binary 互作用双星 08.270
interacting close binary 互作用密近双星 08.271
interacting galaxy 相互作用星系 07.072
interarm object 臂际天体 08.272
interarm star 臂际星 08.273
intercalary cycle 闰周 05.021
intercloud matter *云际物质 08.552
intercloud medium 云际介质 08.552
Interface Region Imaging Spectrograph 界面区成像光谱仪 06.605
interferometric binary 干涉双星 08.274
interferometric coronagraph *干涉星冕仪 06.346
intergalactic absorption 星系际吸收 07.210
intergalactic bridge 星系际桥 07.198
intergalactic dust 星系际尘埃 07.200
intergalactic gas 星系际气体 07.199
intergalactic medium 星系际介质 07.196
intergranular area 米粒间区 09.064
Interior Exploration Using Seismic Investigations 洞察号火星探测器,*震波、测地和热传输法内部探测器 06.585
interior planet 内[侧]行星 10.014
intermediate band photometry 中带测光 04.042
intermediate component 中介子系 08.740
intermediate-mass black hole 中等质量黑洞 04.358
intermediate-mass star 中等质量恒星 08.276
intermediate orbit 中间轨道 03.086
intermediate polar 中介偏振星 08.275
intermediate polar system 中介偏振星 08.275
intermediate population 中介星族 08.741
intermediate subsystem 中介次系 08.742
internal shock 内激波 04.359
International Astronomical Union 国际天文学联合会 01.153
international atomic time 国际原子时 02.176
International Celestial Reference Frame 国际天球参考架 02.265
International Celestial Reference System 国际天球参考系 02.305
International Coordinated Solar Observation 国际太阳联合观测 09.155
International Earth Rotation and Reference Systems Service 国际地球自转服务 02.199
International Gamma-Ray Astrophysics Laboratory 国际γ射线天体物理实验室 06.661
International Halley Watch 国际哈雷彗星联测网 10.156
International Latitude Service 国际纬度服务 02.196

International Meteor Organization　国际流星组织　10.189
International Polar Motion Service　国际极移服务　02.198
International Terrestrial Reference Frame　国际地球参考架　02.308
International Terrestrial Reference System　国际地球参考系　02.306
International Ultraviolet Explorer　国际紫外探测器　06.620
interplanetary dust　行星际尘埃　10.265
interplanetary magnetic field　行星际磁场　10.264
interplanetary matter　行星际物质　10.263
interplanetary navigation　行星际航行　10.262
interplanetary network　行星际观测网　06.418
interplanetary space　行星际空间　10.260
interplanetary space flight　行星际航行　10.262
interstellar absorption　星际吸收　08.080
interstellar absorption line　星际吸收线　08.081
interstellar asteroid　星际小行星　10.292
interstellar band　星际谱带　08.082
Interstellar Boundary Explorer　星际边界探测器　06.665
interstellar bubble　星际泡　08.743
interstellar chemistry　星际化学　08.005
interstellar cloud　星际云　08.553
interstellar comet　星际彗星　10.293
interstellar diffuse matter　星际弥漫物质　08.554
interstellar dust　星际尘埃　08.555
interstellar extinction　星际消光　08.083
interstellar gas　星际气体　08.556
interstellar grain　星际尘粒　08.557
interstellar line　星际谱线　04.360
interstellar matter　*星际物质　08.558
interstellar medium　星际介质　08.558
interstellar molecule　星际分子　08.559
interstellar object　星际天体　10.290
interstellar parallax　星际视差　08.084
interstellar planet　星际行星　10.291
interstellar polarization　星际偏振　08.085
interstellar reddening　星际红化　08.086
interstellar scintillation　星际闪烁　08.087
interstellar space　星际空间　08.051
intervening galaxy　居间星系　07.095
intraclusler matter　星系团内物质　07.216
intracluster gas　团内气体　07.195
intra-Mercurial planet　水内行星　10.035
intra-Mercurian planet　水内行星　10.035
intranetwork element　网络内元　09.304
intranetwork [magnetic] field　网络内[磁]场　09.264
intrinsic brightness　本征亮度　04.361
intrinsic luminosity　本征光度　04.362
intrinsic redshift　内禀红移　07.270
intrinsic variable star　内因变星　08.278
invariable plane　不变平面　03.090
inverse Compton effect　逆康普顿效应　04.153
inverse Compton scattering　逆康普顿散射　04.363
invisible matter　隐物质，*不可见物质　07.497
Io　木卫一　15.003
Iocaste　木卫二十四　15.026
iodine absorption cell　碘吸收池　06.320
ionization temperature　电离温度　04.111
ionized hydrogen region　电离氢区　08.545
ionizing background　电离背景　07.207
IPM　行星际物质　10.263
IPMS　国际极移服务　02.198
IPN　行星际观测网　06.418
IRAF　图像处理和分析软件　06.466
IRAM 30m Telescope　IRAM30 米望远镜　06.473
IRAS　红外天文卫星　06.621
IRC source　IRC 红外源　08.279
Iris　虹神星　10.107
IRIS　界面区成像光谱仪　06.605
iris diaphragm photometer　光瞳光度计　06.275
iris photometer　光瞳光度计　06.275
iron meteorite　铁陨石，*陨铁　10.202
irregular galaxy　不规则星系　07.062
irregular variable　*不规则变星　08.318
IRTF　NASA 红外望远镜　06.505
Isaac Newton telescope　牛顿望远镜　06.061
Isaac Newton telescope photometric H-alpha survey　牛顿望远镜 Hα 测光巡天　08.032
Ishtar Terra　伊什塔台地　10.072
Islamic calendar　伊斯兰历　05.062
island universe　岛宇宙　05.208
ISO　红外空间天文台　06.624
isochron　等龄线　04.212
isochrone　等龄线　04.212
isocurvature perturbation　等曲率扰动　07.306
isolating integral　孤立积分　03.024

Isonoe 木卫二十六 15.028
isophotal radius 等光度半径 07.126
isophotometry 等光度测量 04.023
isothermal sphere 等温球 07.163
isotropic universe 各向同性宇宙 07.421
Itokawa 糸川[小行星] 10.119
ITRF 国际地球参考架 02.308
ITRS 国际地球参考系 02.306
IUE 国际紫外探测器 06.620
Ixion 伊克西翁[小行星] 10.102
Izar 牧夫座 ε 14.074

J

Jacobi ellipsoid 雅可比椭球 03.171
Jacobi's integral 雅可比积分 03.023
Jacobus Kapteyn Telescope 卡普坦望远镜 06.502
Jaina calendar 耆那历 05.060
James Clerk Maxwell Telescope 麦克斯韦望远镜 06.474
James Webb Space Telescope [詹姆斯·]韦布空间望远镜 06.638
Jamuna 贾木纳 18.074
jansky 央 04.186
Jansky VLA 央斯基甚大阵 06.487
Janus 土卫十 15.069
Japanese era 日本纪元 05.065
Jarnsaxa 土卫五十 15.109
JCMT 麦克斯韦望远镜 06.474
JD 儒略日期 02.207
Jeans mass 金斯质量 07.157
Jeans theorem 金斯定理 07.155
Jeans wavelength 金斯波长 07.156
JED 儒略历书日期 02.209
jet 喷流 04.183
jet galaxy 喷流星系 07.178
jets in the coma 彗发喷流，*彗核喷流 10.166
jet stream 喷流 04.183
Jewel Box 宝盒星团，*南十字座 κ 星团 08.622
Jewish calendar 犹太历，*希伯来历 05.059
Jewish era 犹太纪元，*创世纪元 05.064
Jilin meteorite rain 吉林陨石雨 10.215
JKT 卡普坦望远镜 06.502
Jovian exoplanet [太阳]系外类木行星 10.299
Jovian planet 类木行星 10.020
Jovian ring 木星环 10.064
Julian calendar 儒略历 02.229
Julian century 儒略世纪 02.226
Julian date 儒略日期 02.207
Julian day 儒略日 05.054
Julian day number 儒略日数 02.208
Julian ephemeris date 儒略历书日期 02.209
Julian era 儒略纪元 05.037
Julian year 儒略年 02.225
Juliet 天卫十一 15.133
June Solstice 夏至 13.010
Juno 朱诺号木星探测器 06.578
Juno 婚神星 10.105
Jupiter 岁星 05.142
Jupiter 木星，*岁星 10.042
Jupiter cycle 岁星纪年 05.026
Jupiter-family comet 木星族彗星，*木族彗星 10.137
Jupiter-like exoplanet [太阳]系外类木行星 10.299
Jupiter's Ghost 木魂星云 08.532
Jupiter's ring 木星环 10.064
JWST [詹姆斯·]韦布空间望远镜 06.638

K

Kaguya 月亮女神号，*月球学与工程探测器 06.573
Kaiser effect 凯泽效应 07.334
Kai Yuan Zhan Jing 《开元占经》 05.190
Kale 木卫三十七 15.039
Kallichore 木卫四十四 15.046
Kaluza-Klein theory 卡鲁扎-克莱因理论 07.647
Kalyke 木卫二十三 15.025
Kant-Laplace nebular hypothesis 康德-拉普拉斯星云假说 10.282
Kant-Laplace nebular theory 康德-拉普拉斯星云说 05.207
KAO 柯伊伯机载天文台 06.619
Kapteyn Selected Area 卡普坦选区 08.052
Kapteyn's star 卡普坦星 08.283

Kari 土卫四十五 15.104
Karl G. Jansky Very Large Array 央斯基甚大阵 06.487
Kaus Australis 人马座ε 14.038
KBO 柯伊伯带天体 10.028
K corona K冕 09.077
K-correction *K*改正 07.273
Keck Telescope 凯克望远镜 06.510
Keeler gap 基勒环缝 10.062
K effect *K*效应 08.744
Kelvin-Helmholtz contraction 开尔文-亥姆霍兹收缩 04.208
Kennicut-Schmidt law *肯尼克特-施密特定律 07.130
Keplerian disk 开普勒盘 04.226
Keplerian telescope 开普勒望远镜 06.060
Kepler orbit 开普勒轨道 03.084
Kepler's disk 开普勒盘 04.226
Kepler's equation 开普勒方程 03.083
Kepler's law 开普勒定律 03.081
Kepler's nova 开普勒新星 08.284
Kepler Space Telescope 开普勒空间望远镜 06.630
Kepler's star 开普勒星 08.285
Kepler's supernova 开普勒超新星 05.158
Kerberos 冥卫四 15.167
Kerr black hole 克尔黑洞 04.244
k-essence k质 07.532
Ketu 计都 05.130
Keyhole Nebula 钥匙孔星云 08.560
K giant variable K型变光巨星 08.281
Kibble mechanism 基布尔机制 07.564
Killing horizon 基林视界 07.623
Killing vector 基林矢量 07.622
Kimura term 木村项，*Z项 02.190
kinetic Sunyaev-Zel'dovich effect 苏尼阿耶夫-泽尔多维奇运动学效应 07.369
kinetic temperature 运动温度 04.113
King model 金模型 07.165
Kirkpatrick-Baez X-ray telescope K-B型X射线望远镜 06.437
Kirkwood gap 柯克伍德空隙 10.082
Kiviuq 土卫二十四 15.083
Kleinmann-Low nebula KL星云 08.561
Kocab 帝，*北极二 05.104
Kochab 小熊座β 14.058
Kompaneets equation 科姆帕尼茨方程 07.366
Kore 木卫四十九 15.051
Korsch system *柯尔施光学系统 06.076
Kowal object *柯瓦尔天体 10.115
Kozai resonance 古在共振 03.195
KREEP 克里普岩 10.237
KREEP norite 克里普岩 10.237
Kreutz Sungrazier 克鲁兹族彗星 10.136
K star K型星 08.282
K term *K项 08.744
Kuiper Airborne Observatory 柯伊伯机载天文台 06.619
Kuiper belt 柯伊伯带 10.011
Kuiper belt object 柯伊伯带天体 10.028
kurtosis 峭度 07.325

L

Labes 坡地 18.011
labēs *坡带 18.011
labyrinthi 沟网 18.012
Labyrinthus 沟网 18.012
Lacerta 蝎虎座 11.045
Lacertid 蝎虎天体 07.185
Lacus Aestatis 夏湖 16.047
Lacus Autumni 秋湖 16.048
Lacus Bonitatis 仁慈湖 16.049
Lacus Doloris 忧伤湖 16.050
Lacus Excellentiae 秀丽湖 16.051
Lacus Felicitatis 幸福湖 16.052
Lacus Gaudii 欢乐湖 16.053
Lacus Hiemalis 冬湖 16.054
Lacus Lenitatis 温柔湖 16.055
Lacus Luxuriae 华贵湖 16.056
Lacus Mortis 死湖 16.057
Lacus Odii 怨恨湖 16.058
Lacus Perseverantiae 长存湖 16.059
Lacus Solitudinis 孤独湖 16.060
Lacus Somniorum 梦湖 16.061
Lacus Spei 希望湖 16.062
Lacus Temporis 时令湖 16.063
Lacus Timoris 恐怖湖 16.064
Lacus Veris 春湖 16.065
LADEE 月球大气及尘埃环境探测器 06.581

Laestrigon 莱斯特律贡 18.075
Laestrygon 莱斯特律贡 18.075
Lagoon Nebula 礁湖星云 08.562
Lagrange's planetary equation 拉格朗日行星运动方程 03.091
Lagrangian perturbation theory 拉格朗日扰动理论 07.576
Lagrangian points 拉格朗日点 03.034
LAMOST 大天区面积多目标光纤光谱天文望远镜 06.523
Landau damping 朗道阻尼 07.483
landscape 景观 07.655
Laomedeia 海卫十二 15.161
Laplace resonance 拉普拉斯共振 03.196
Laplace vector 拉普拉斯矢量 03.089
Larawag 天蝎座 ε 14.076
Large Binocular Telescope 大型双筒望远镜 06.519
large binocular telescope interferometer 大型双筒望远镜干涉仪 06.520
Large High Air Altitude Shower Observatory 高海拔宇宙线观测站 06.531
Large Magellenic Cloud 大麦哲伦星云，＊大麦云 07.031
Large Millimeter Telescope Alfonso Serrano ［阿方索·塞拉诺］大型毫米波望远镜 06.477
large scale structure 大尺度结构 07.298
Large Sky Area Multi-Object Fiber Spectroscopic Telescope 大天区面积多目标光纤光谱天文望远镜 06.523
Larissa 海卫七 15.156
laser frequency comb 激光频率梳 06.321
laser guide star 激光［引］导星 06.178
laser interferometer gravitational wave detector 激光干涉仪［型］引力波探测器 06.461
Laser Interferometer Gravitational-Wave Observatory 激光干涉仪引力波天文台 06.534
last contact 复圆 03.144
last contact of umbra 复圆 03.144
latent image 潜像 06.240
late-type galaxy 晚型星系 07.052
late-type star 晚型星 08.287
latitude circle 黄纬圈 02.054
latitude variation 纬度变化 02.189
Laue lens telescope 劳厄透镜望远镜 06.445
law of area 面积定律 03.082
law of isochronous rotation 等周律 05.149
LBT 大型双筒望远镜 06.519
LBTI 大型双筒望远镜干涉仪 06.520
L3CCD ＊微光 CCD 06.252
LCROSS 月球陨坑观测与遥感卫星 06.576
leading arm 导臂 07.111
leading sunspot 前导黑子 09.166
leap day 闰日 02.231
leap month 闰月 02.232
leap second 闰秒 02.178
leap year 闰年 02.233
Leda 木卫十三 15.015
left-handed rotation theory 左旋说 05.169
legal time 法定时 02.169
Lemaitre-Tolman-Bondi model 勒梅特-托尔曼-邦迪模型，＊LTB 模型 07.464
Lemuria 利莫里亚 18.076
length of the lunation 朔实，＊朔策 05.020
lensed galaxy 受透镜作用星系 07.339
Lense-Thirring effect 伦斯-瑟林效应 07.621
lensing galaxy 透镜星系 07.340
lenticular galaxy 透镜状星系 07.078
Leo 狮子座 11.046
Leo 狮子宫 12.005
Leo Minor 小狮座 11.047
Leonids 狮子流星群 17.015
leptogenesis 轻子生成 07.470
lepton era 轻子期 07.468
Lepus 天兔座 11.048
Lesser Annual of the Xia Dynasty 《夏小正》 05.186
Lesser Cold 小寒 13.023
Lesser Fullness 小满 13.008
Lesser Heat 小暑 13.011
LFC 激光频率梳 06.321
LGS 激光［引］导星 06.178
LHAASO 高海拔宇宙线观测站 06.531
Libra 天秤座 11.049
Libra 天秤宫 12.007
libration 秤动 03.154
libration 天平动 03.155
libration in latitude 纬天平动 03.159
libration in longitude 经天平动 03.158
libration point 秤动点 03.033
Librids 天秤流星群 17.016

Libya 利比亚 18.077
Lick catalogue 利克星表 07.026
Lick indices 利克指数 07.129
life-bearing planet 宜居行星 10.304
light bridge 亮桥 09.173
light cone 光锥 04.364
light curve 光变曲线 04.069
light element abundance 轻元素丰度 07.490
light gathering power 集光本领 06.027
light illumination 光照度 01.056
light of the night sky 夜天光，*夜空辐射 10.254
light period 光变周期 04.071
light pollution 光污染 01.131
Light Snow 小雪 13.020
light time 光行时 02.112
light year 光年 01.084
LIGO 激光干涉仪引力波天文台 06.534
likelihood 似然度 07.393
limb brightening 临边增亮 04.129
limb darkening 临边昏暗 04.128
limb-darkening coefficient 临边昏暗系数 09.050
Limber equation 林伯方程 07.319
limb flare 边缘耀斑 09.217
limiting exposure 极限曝光时间 01.100
limiting magnitude 极限星等 01.101
limiting resolution 极限分辨率 01.102
Limit of Heat 处暑 13.014
Lindblad resonance 林德布拉德共振 03.172
linear growth factor 线性增长因子 07.330
linear perturbation power spectrum 线性扰动功率谱 07.311
line blanketing 谱线覆盖 04.173
line blocking 谱线覆盖 04.173
line broadening 谱线致宽 04.171
line center 线心 04.170
line contour 谱线轮廓 04.167
line core 线心 04.170
line displacement 谱线位移 04.163
line identification 谱线证认 04.161
line profile 谱线轮廓 04.167
line-profile variable 谱线轮廓变星 08.288
LINER 低电离核发射线区 07.169
line shift 谱线位移 04.163
line splitting 谱线分裂 04.172
line width 线宽 04.365
line wing 线翼 04.366
Lingula 舌状地 18.013
lingulae 舌状地 18.013
Ling Xian 《灵宪》 05.188
liquid mirror telescope 液态镜面望远镜 06.058
Li star 锂星 08.289
lithium abundance 锂丰度 07.489
lithium star 锂星 08.289
Littrow spectrometer 利特罗光谱仪 06.289
LLR 激光测月 02.248
LMC 大麦哲伦星云，*大麦云 07.031
lmpact crater 陨击坑，*撞击坑 10.230
LMT ［阿方索·塞拉诺］大型毫米波望远镜 06.477
lobster-eye X-ray telescope 龙虾眼 X 射线望远镜 06.440
Lobster Nebula ω星云 08.572
local bias model 局域偏袒模型 07.602
Local Group 本星系群 07.212
Local Group of galaxies 本星系群 07.212
local inertial system 局域惯性系 02.257
local standard of rest 本地静止标准，*局域静止标准 08.745
local star 本地恒星 08.290
local star 局域恒星 08.291
Local supercluster 本超星系团 07.220
local thermodynamic equilibrium 局部热动平衡 04.143
local time 地方时 02.164
LOFAR 低频阵 06.494
Loge 土卫四十六 15.105
log-normal model 对数正态分布模型 07.599
longitude circle 黄经圈 02.053
longitude of ascending node 升交点经度 03.073
longitude of periapsis 近点经度 03.176
longitudinal ［magnetic］ field 纵向磁场，*视线方向磁场 09.247
long period cepheid *长周期造父变星 08.195
longperiod comet 长周期彗星 10.131
long period perturbation 长周期摄动 03.013
long period variable 长周期变星 08.292
long slit spectrograph 长缝光谱仪 06.297
look-back time 回溯时间 07.290
loop prominence 环状日珥 09.198
loop quantum gravity 圈量子引力 07.642

loss cone　损失锥　09.266
lost comet　迷踪彗星，＊失踪彗星　10.141
lotus clepsydras　莲花漏　05.263
lower culmination　下中天　02.091
Low-Frequency Array　低频阵　06.494
low-frequency radio telescope　低频射电望远镜　06.014
low ionization nuclear emissionline region　低电离核发射线区　07.169
low light level CCD　＊微光 CCD　06.252
low surface-brightness galaxy　低面亮度星系，＊LSB 星系　07.071
LRO　月球勘测轨道飞行器　06.577
LSB galaxy　低面亮度星系，＊LSB 星系　07.071
L star　L 型[矮]星　08.286
LTB model　勒梅特-托尔曼-邦迪模型，＊LTB 模型　07.464
lucky imaging　幸运成像法　06.164
Lu Li Zhi　《律历志》　05.185
luminance　光亮度　01.066
luminosity　光度　01.070
luminosity class　光度级　04.056
luminosity distance　光度距离　07.256
luminosity evolution　光度演化　07.139
luminosity function　光度函数　04.076
luminosity function of galaxies　星系光度函数　07.136
luminosity mass　光度质量　04.078
luminosity parallax　光度视差　08.088
luminous blue variable　高光度蓝变星　08.293
luminous exitance　光出射度　01.062
luminous flux　光通量　01.060
luminous flux density　照度　01.054
luminous giant　亮巨星　08.178
luminous intensity　发光强度　01.064
luminous nebula　亮星云　08.563
luminous red galaxy　亮红星系　07.083
luminous star　高光度星　08.257
Luna　月球号　06.536
lunar anorthositic　高地斜长岩　10.236
Lunar Atmosphere and Dust Environment Explorer　月球大气及尘埃环境探测器　06.581
lunar basaltic　月海玄武岩　10.235
lunar calendar　阴历，＊太阴历　05.024
lunar crater　＊月面环形山　10.231
Lunar Crater Observation and Sensing Satellite　月球陨坑观测与遥感卫星　06.576
lunar dust　月尘　10.229
lunar eclipse　月食　03.122
lunar ecliptic limit　月食限　03.202
lunar equation　月离　05.017
lunar geology　月球地质学，＊月质学　10.223
lunar highland　月面高地　10.226
lunar laser ranging　激光测月　02.248
lunar legorith　月面堆积层，＊广义的月壤，＊月面浮土层　10.227
lunar mare　月海　10.225
lunar meteorite　月球陨石　10.205
lunar phase　月相　03.149
Lunar Prospector　月球勘探者　06.556
Lunar Reconnaissance Orbiter　月球勘测轨道飞行器　06.577
lunar science　月球学　10.221
lunar soil　月土，＊狭义的月壤　10.228
lunar topography　＊月志学　10.222
lunisolar calendar　阴阳历　05.025
lunisolar nutation　日月章动　02.122
lunisolar precession　日月岁差　02.116
Lupus　豺狼座　11.050
Lyα absorption　莱曼 α 吸收　07.204
Lyα camera　莱曼 α 相机　06.216
Lyα emitter　莱曼 α 发射体　07.205
Lyα forest　莱曼 α 线丛，＊莱曼 α 森林　07.203
Lyman alpha emitter　莱曼 α 发射体　07.205
Lyman break galaxy　莱曼跳变星系　07.085
Lyman continuum　莱曼连续区　07.201
Lyman-α forest　莱曼 α 线丛，＊莱曼 α 森林　07.203
Lyman-α forest　莱曼 α 吸收　07.204
Lyman-limit systems　莱曼极限系统　07.202
Lynx　天猫座　11.051
Lyot coronagraph　李奥日冕仪，＊李奥星冕仪　06.339
Lyot filter　＊李奥滤光器　06.217
Lyot stop　李奥光阑　06.096
Lyra　天琴座　11.052
β Lyrae star　＊天琴 β 型星　08.472
Lyrids　天琴流星群　17.017
β Lyr-type variable　天琴 β 型变星　08.472
Lysithea　木卫十　15.012

M

Mab 天卫二十六 15.148
Mach's principle 马赫原理 07.424
MacLaurin disk 麦克劳林盘 07.162
MacLaurin spheroid 麦克劳林旋转椭球体 03.170
MacLaurin spheroid 麦克劳林球体 08.089
macrospicule 巨针状体 09.312
Macula 暗斑 18.014
maculae *暗斑群 18.014
Magellan 麦哲伦号金星探测器 06.549
Magellanic clouds 麦哲伦云 07.030
Magellanic stream 麦哲伦流 07.033
Magellan Telescope 麦哲伦望远镜 06.517
MAGIC 大型大气γ射线成像切伦科夫望远镜阵 06.526
magnetar 磁陀星 08.296
magnetic braking 磁阻尼 04.122
magnetic buoyancy 磁浮力 09.268
magnetic cancellation 磁对消 09.261
magnetic canopy 磁蓬，*磁盖 09.265
magnetic cell 磁胞 09.257
magnetic classification 磁[场]分类 09.181
magnetic cloud 磁云 09.279
magnetic coalescence 磁并合 09.309
magnetic conductivity 磁导率 09.280
magnetic cooling 磁致冷 09.276
magnetic diffusion 磁扩散 09.269
magnetic diffusivity 磁扩散率 09.281
magnetic dip 磁凹陷 09.316
magnetic dipole radiation 磁偶极辐射 04.367
magnetic element 磁元 09.262
magnetic field line annihilation 磁力线湮灭 09.278
magnetic flux conservation 磁流守恒 09.305
magnetic flux density 磁流密度 09.270
magnetic flux loop 磁[流]环 09.306
magnetic [flux] rope 磁[流]绳 09.271
magnetic flux tube 磁流管 09.272
magnetic helicity 磁螺度 09.251
magnetic instability 磁不稳定性 09.292
magnetic loop 磁环 09.255
magnetic merging 磁并合 09.309
magnetic mirror 磁镜 09.273
magnetic potential 磁势 09.294
magnetic pressure 磁压 09.295
magnetic reconnection 磁重联 09.260
magnetic Reynold number 磁雷诺数 09.299
magnetic rigidity 磁刚度 09.277
magnetic shear 磁[场]剪切 09.252
magnetic shield 磁屏 09.290
magnetic star 磁星 08.297
magnetic turbulence 磁致湍流 09.291
magnetic twist 磁[场]扭绞 09.253
magnetic variable 磁变星 08.298
magnetized plasma 磁化等离子体 09.293
magnetoacoustic gravity wave 磁声重力波 09.287
magnetoacoustic wave 磁声波 09.288
magnetofluid 磁流体 09.296
magnetogram 磁图 09.233
magnetograph 磁像仪 06.220
magnetogravity wave 磁重力波 09.285
magnetohydrodynamic approximation 流体力学近似 09.298
magnetohydrodynamic instability 磁流体力学不稳定性 09.289
magnetohydrodynamics 磁流体[动]力学 09.297
magneto-optical effect 磁光效应 09.307
magneto-optical filter 磁光滤光器 06.218
magnetoremstralung radiation *磁轫致辐射 09.282
magnetospheric storm 磁层暴 09.106
magneto-turbulence 磁致湍流 09.291
magnitude 星等 01.071
magnitude-limited sample 星等限制的样本 07.293
magnitude of eclipse 食分 03.139
magnitude-redshift relation 星等-红移关系 07.276
magnitude scale 星等标 01.072
main asteroid belt *小行星主带 10.010
main beam *主波束 06.381
main-belt asteroid 主带小行星 10.081
main-belt comet 主带彗星 10.134
main lobe 主瓣 06.381
main reflector 主反射镜，*主反射面 06.387
main sequence 主序 04.063
main sequence band 主序带 08.300
main sequence star 主序星 08.299
Majorana mass term 马约拉纳质量项 07.386

Majorana neutrino　马约拉纳中微子　07.387
Majorana particle　马约拉纳粒子　07.388
Major Atmospheric Gamma-Ray Imaging Cherenkov Telescopes　大型大气 γ 射线成像切伦科夫望远镜阵　06.526
major merger　主并合　07.225
major planet　＊大行星　10.003
Makemake　鸟神星　10.049
Maksutov corrector　马克苏托夫改正镜　06.082
Maksutov telescope　马克苏托夫望远镜　06.073
Malmquist bias　马姆奎斯特偏差　07.400
MAMA　多阳极微通道阵　06.235
manganese star　锰星　08.301
many-body problem　多体问题　03.021
Mare Anguis　蛇海　16.066
Mare Australe　南海　16.067
Mare Cognitum　知海　16.068
Mare Crisium　危海　16.069
Mare Desiderii　梦海　16.070
Mare Fecunditatis　丰富海　16.071
Mare Frigoris　冷海　16.072
Mare Humboldtianum　洪堡海　16.073
Mare Humorum　湿海　16.074
Mare Imbrium　雨海　16.075
Mare Ingenii　智海　16.076
Mare Insularum　岛海　16.077
Mare Marginis　界海　16.078
Mare Moscoviense　莫斯科海　16.079
Mare Nectaris　酒海　16.080
Mare Nubium　云海　16.081
Mare Orientale　东海　16.082
Mare Serenitatis　澄海　16.083
Mare Smythii　史密斯海　16.084
Mare Spumans　泡海　16.085
Mare Spumans　泡沫海　16.086
Mare Tranquillitatis　静海　16.087
Mare Undarum　浪海　16.088
Mare Vaporum　汽海　16.089
Margaret　天卫二十三　15.145
marginalization　边缘化　07.398
Mariner　水手号　06.538
Markab　飞马座 α　14.087
Markarian galaxy　马卡良星系　07.182
Markeb　船帆座 κ　14.085
Markov chain Monte Carlo method　马尔可夫链蒙特卡罗方法　07.397
Mars　火星　10.041
Mars　荧惑　05.141
Mars Atmosphere and Volatile Evolution　专家号火星探测器，＊火星大气与挥发物演化任务　06.582
Mars Express　火星快车　06.560
Mars Global Surveyor　火星全球勘探者　06.551
2001 Mars Odyssey　2001 火星奥德赛号　06.558
Mars Pathfinder　火星探路者　06.552
Mars Reconnaissance Orbiter　火星勘察轨道飞行器　06.568
Martian dust storm　火星尘暴　10.079
Martian meteorite　火星陨石　10.206
mas　毫角秒　01.089
maser source　微波激射源　08.302
mass function　质量函数　04.075
massive compact halo object　晕族大质量致密天体　07.520
massive neutrino　有质量中微子　07.389
massive star　大质量星　08.303
mass loss　质量损失　04.232
mass-loss rate　质量损失率　04.233
mass-luminosity ratio　质光比　04.080
mass-luminosity relation　质光关系　04.077
mass-to-light ratio　质光比　04.080
mass-to-luminosity ratio　质光比　04.080
material arm　物质臂　08.746
matter dominated era　物质主导期，＊物质占优期　07.476
matter-radiation equality　物质-辐射等量　07.475
Maunder minimum　蒙德极小期　09.138
MAVEN　专家号火星探测器，＊火星大气与挥发物演化任务　06.582
maximal likelihood method　极大似然法，＊最大似然法　07.394
maximum corona　极大[期]日冕　09.094
maximum entropy method　最大熵法　06.365
maximum likelihood method　极大似然法，＊最大似然法　07.394
Maxwell Montes　麦克斯韦山脉　10.073
Mayan astronomy　玛雅天文学　05.292
MCAO　多[重]共轭自适应光学　06.173
McMath-Pierce Solar Telescope　麦克马思-皮尔斯太阳望

远镜 06.496
MCMC method 马尔可夫链蒙特卡罗方法 07.397
MCP 微通道板 06.234
MCP optics 微通道板光学系统 06.441
mean absolute magnitude 平均绝对星等 08.090
mean anomaly 平近点角 03.076
mean declination 平赤纬 02.291
mean element 平根数 03.052
mean equator 平赤道 02.134
mean equinox 平春分点 02.136
mean longitude 平经度 03.175
mean magnitude 平均星等 08.091
mean motion 平运动 03.074
mean motion resonance 平运动共振 03.182
mean noon 平正午 02.161
mean obliquity 平黄赤交角 02.137
mean parallax 平均视差 08.092
mean place 平位置 02.138
mean pole 平极，*平天极 02.135
mean position 平位置 02.138
mean right ascension 平赤经 02.292
mean sidereal day 平恒星日 02.293
mean sidereal time 平恒星时 02.157
mean solar day 平太阳日 02.204
mean solar time 平太阳时 02.162
mean sun 平太阳 02.160
mean time *平时 02.162
mechanical calendar 瑞轮蓂荚 05.232
medium-band photometry 中带测光 04.042
Megaclite 木卫十九 15.021
Megalithic astronomy 巨石天文学 05.294
megamaser 巨微波激射，*巨脉泽 04.368
MEM 最大熵法 06.365
member galaxy 成员星系 07.096
member star 成员星 08.623
membrane mirror 薄膜镜 06.182
Memnonia 门农尼亚 18.078
meniscus 弯月形透镜 06.083
meniscus corrector 弯月形改正镜 06.084
meniscus lens 弯月形透镜 06.083
Menkalinan 御夫座β 14.041
Menkent 半人马座θ 14.054
Mensa 山案座 11.053
Mensa 桌山 18.015
mensae *桌山群 18.015
Merak 大熊座β 14.077
Mercury 辰星 05.139
Mercury Surface Space Environment Geochemistry and Ranging 信使号水星探测器，*水星表面、空间环境、地化学及测距[探测器] 06.564
merge of galaxy 星系并合 07.223
merger rate 并合率 07.229
merger tree 并合树 07.230
merging galaxy 并合星系 07.224
meridian 子午圈 02.021
meridian 子午线 02.077
meridian circle 子午环 06.203
meridian instrument *子午仪 06.201
meridian observation 中天观测 02.294
meridional circulation 子午环流 09.024
MERLIN 默林[多元射电联合]干涉网 06.486
Meroe 麦罗埃 18.079
Merope nebula 昴宿星云 08.564
mesogranulation 中米粒组织 09.061
mesogranule 中米粒 09.060
Mesopotamian astronomy 美索不达米亚天文学 05.293
MESSENGER 信使号水星探测器，*水星表面、空间环境、地化学及测距[探测器] 06.564
Messier catalogue 梅西叶星表 08.033
Messier number 梅西叶编号 08.034
Messier object 梅西叶天体 08.035
Me star Me型星 08.304
Meszaros effect 梅萨罗斯效应 07.574
Mészáros effect 梅萨罗斯效应 07.574
metagalaxy 总星系 07.221
metal abundance 金属丰度 04.118
metal-deficient star 贫金属星 08.306
metallicity 金属度 08.093
metallic-line star 金属线星 08.305
metal-line star 金属线星 08.305
metal-poor cluster 贫金属星团 08.624
metal-poor globular cluster 贫金属球状星团 08.625
metal-poor object 贫金属天体 04.369
metal-poor star 贫金属星 08.306
metal-rich cluster 富金属星团 08.626
metal-rich globular cluster 富金属球状星团 08.627
meteor 流星 10.181
meteoric body 流星体 10.178

meteoric shower　流星雨　10.183
meteoric stream　流星群　10.180
meteorite　陨石，＊陨星　10.190
meteorite crater　陨石坑，＊陨星坑　10.193
meteorite fall　目击[型]陨石　10.196
meteorite find　发现[型]陨石　10.197
meteorite shower　陨石雨，＊陨星雨　10.191
meteoritics　陨石学，＊陨星学　10.195
meteoroid　流星体　10.178
meteoroid stream　流星群　10.180
meteor outburst　流星暴　10.186
meteor shower　流星雨　10.183
meteor storm　流星暴　10.186
meteor swarm　流星群　10.180
meteor trail　流星余迹　10.188
meteor train　流星余迹　10.188
meter wave　米波　04.370
meter-wave astronomy　米波天文学　01.026
meter-wave burst　米波暴　09.148
method of contiguity　偕日法　05.047
method of reckoning by the stars　牵星术　05.295
method of surface of section　截面法　03.030
Methone　土卫三十二　15.091
Metis　木卫十六　15.018
Metonic cycle　默冬章　05.039
metric　度规　07.609
MÖgel-Dellinger effect　＊莫格尔-戴林格效应　09.120
MHD　磁流体[动]力学　09.297
Miaplacidus　船底座β　14.028
Michelson interferometer　迈克耳孙干涉仪　06.316
Michelson stellar interferometer　迈克耳孙恒星干涉仪　06.376
microarcsec　微角秒　01.090
microarcsec astrometry　微角秒天体测量　02.295
microcalorimeter　微量能器　06.432
microchannel plate　微通道板　06.234
microchannel plate optics　微通道板光学系统　06.441
microflare　微耀斑　09.207
microgravitational lensing　微引力透镜效应　07.343
microlensing　微引力透镜效应　07.343
micrometeorite　微陨石，＊微陨星　10.194
micrometeoroid　微流星体　10.179
micropore optics　＊微孔光学系统　06.441
Microscopium　显微镜座　11.054
microsec　微秒　01.093
microsecond　微秒　01.093
microsecond pulsar　微秒脉冲星　08.307
microwave background radiation　微波背景辐射　04.371
microwave kinetic induction detector　微波动态电感探测器　06.264
middle of eclipse　食甚　03.142
mid-infrared　中红外　04.372
mid-terms　中气　05.008
Milky way　银河，＊天河　05.115
milky way galaxy　银河系　08.735
milliarcsec　毫角秒　01.089
millimeter radio telescope　＊毫米波射电望远镜　06.013
millimeter telescope　毫米波望远镜　06.013
millimeter wave　毫米波　04.373
millimeter-wave astronomy　毫米波天文学　01.025
millisecond　毫秒　01.092
millisecond pulsar　毫秒脉冲星　08.308
Mills cross　米尔斯十字　06.397
Milne model　米尔恩模型　07.430
Mimas　土卫一　15.060
Mimosa　南十字座β　14.020
Mimosa　十字架三　05.101
miniflare　微耀斑　09.207
mini gravitational lensing　微引力透镜效应　07.343
minihalo　超小暗晕，＊迷你暗晕　07.588
mini lensing　微引力透镜效应　07.343
minimal supersymmetric standard model　最小超对称模型　07.515
minimum corona　极小[期]日冕　09.095
Minkowski functionals　闵可夫斯基泛函　07.327
Minkowski space　闵可夫斯基空间，＊闵氏空间　07.608
minor merger　次并合　07.226
minor planet　小行星　10.006
minor-planet family　小行星族　10.084
minor-planet group　小行星群　10.083
Mintaka　猎户座δ　14.067
160-minute oscillation　160分钟振荡　09.031
Mira　蒭藁增二　05.112
Mira Ceti variable　刍藁变星，＊刍藁型变星　08.309
Mirach　仙女座β　14.055
Miranda　天卫五　15.127
Mira star　刍藁变星，＊刍藁型变星　08.309
Mira-type star　刍藁变星，＊刍藁型变星　08.309

Mira-type variable 刍藁变星，＊刍藁型变星 08.309
Mira variable 刍藁变星，＊刍藁型变星 08.309
mire 照准标 06.206
Mirfak 英仙座α 14.035
mirror 反射镜 06.048
mirror actuator 镜面促动器 06.179
mirror cell 镜室 06.126
mirror seeing 镜面视宁度 06.136
mirror telescope 反射望远镜 06.046
Mirzam 大犬座β 14.046
missing baryon problem 重子缺失问题 07.209
missing comet 迷踪彗星，＊失踪彗星 10.141
missing mass 短缺质量 04.234
missing satellite problem 卫星星系缺失问题 07.504
mixed perturbation 混合摄动 03.199
mixing length theory 混合长理论 04.195
Mizar 大熊座ζ 14.052
MJD 简化儒略日期 02.210
MKID 微波动态电感探测器 06.264
MMT Telescope MMT望远镜 06.508
Mneme 木卫四十 15.042
Moab 摩押 18.080
MOAO 多目标自适应光学 06.174
moat flow 壕流 09.323
moat region 壕沟区 09.322
model atmosphere 模型大气 04.374
β model of clusters of galaxy 星系团的β模型 07.218
modified gravity 修改引力 07.636
modified Julian date 简化儒略日期 02.210
modified Newtonian dynamics 修改的牛顿动力学，＊MOND动力学 07.637
modulation collimator 调制准直器 06.448
MOF 磁光滤光器 06.218
Mohammedan calendar 伊斯兰历 05.062
molecular astronomy 分子天文学 04.375
molecular clock 分子钟 06.188
molecular cloud 分子云 08.565
molecular line 分子谱线 04.376
molecular maser 分子微波激射，＊分子脉泽 04.377
MOND dynamics 修改的牛顿动力学，＊MOND动力学 07.637
Monocerids 麒麟流星群 17.018
Monoceros 麒麟座 11.055
monolithic CMOS 单片型CMOS 06.255
monolithic mirror 单块镜 06.052
monolithic model 单束模型 09.177
Mons 山 18.016
Mons Ampère 安培山 16.090
Mons Argaeus 阿尔加山 16.091
Mons Huygens 惠更斯山 16.092
Mons La Hire 拉希尔山 16.093
Mons Pico 比科山 16.094
Mons Pico 皮科山 16.095
Mons Piton 比同山 16.096
Mons Piton 皮通山 16.097
Mons Ruemker 吕姆克尔山 16.098
Mons Rümker 吕姆克山 16.099
Mont Blanc 勃朗峰 16.100
montes ＊山脉 18.016
Montes Agricola 阿格里科拉山脉 16.101
Montes Alpes 阿尔卑斯山脉 16.102
Montes Altai 阿尔泰山脉 16.103
Montes Apenninus 亚平宁山脉 16.104
Montes Archimedes 阿基米德山脉 16.105
Montes Carpatus 喀尔巴阡山脉 16.106
Montes Caucasus 高加索山脉 16.107
Montes Cordillera 科迪勒拉山脉 16.108
Montes Haemus 海玛斯山脉 16.109
Montes Harbinger 前锋山脉 16.110
Montes Jura 侏罗山 16.111
Montes Jura 侏罗山脉 16.112
Montes Pyrenaeus 比利牛斯山脉 16.113
Montes Recti 直列山脉 16.114
Montes Riphaeus 里菲山脉 16.115
Montes Rook 鲁克山脉 16.116
Montes Secchi 塞奇山脉 16.117
Montes Spitzbergen 施皮茨贝尔根山脉 16.118
Montes Taurus 金牛山脉 16.119
Montes Teneriffe 特内里费山脉 16.120
month 月 02.212
moon 月球，＊月亮，＊太阴 10.218
moon-dial 月晷 05.256
moon's age 月龄 03.150
moon's path 白道 02.057
moon's path 九道 05.128
Moreton wave 莫尔顿波 09.318
moss region 冕苔区 09.339
mottle 日芒 09.326

moustache ＊胡须 09.212
movable ecliptic armillary sphere 黄道游仪 05.234
moving cluster 移动星团 08.628
moving cluster parallax 移动星团视差 08.629
moving group 移动星群 08.630
moving magnetic feature 运动磁结构 09.256
MPO ＊微孔光学系统 06.441
MRB 多环盆地 10.233
ms 毫秒 01.092
M star M 型星 08.294
Muhlifain 半人马座γ 14.063
multi-anode microchannel array 多阳极微通道阵 06.235
multichannel filter spectrometer 多通道滤波器频谱仪 06.407
multi-channel photometer 多通道光度计 06.277
multicolor photometry 多色测光 04.034
multi-conjugate adaptive optics 多[重]共轭自适应光学 06.173
Multi-Element Radio Linked Interferometer Network 默林[多元射电联合]干涉网 06.486
multi-messenger astronomy 多信使天文学 01.033
multi-mirror telescope 多镜面望远镜 06.057
multi-object adaptive optics 多目标自适应光学 06.174
multi-object spectrograph 多天体摄谱仪 06.290
multi-periodic variable 多重周期变星 08.310
multiple mirror telescope 多镜面望远镜 06.057
multiple mirror telescope ＊多镜面望远镜 06.508
multiple star 聚星 08.631
multiplet 多重线 04.378
multi-ring basin 多环盆地 10.233
multi-slit spectrograph 多缝光谱仪 06.298
multiverse 多重宇宙 07.410
multi-wavelength astronomy 多波段天文学 01.032
multiwire proportional counter 多丝正比计数器 06.420
Mundilfari 土卫二十五 15.084
mural circle 墙仪 05.242
mural quadrant 墙象限仪 05.243
Murchison meteorite 默奇森陨石 10.207
Murchison Widefield Array 默奇森广角阵 06.495
Musca 苍蝇座 11.056
MUSES-B 遥射电天文卫星，＊通信与天文先进实验室 06.610
M variable M 型变星 08.295
MWA 默奇森广角阵 06.495

N

NADC 国家天文科学数据中心 01.155
nadir 天底 02.017
Naiad 海卫三 15.152
naked-eye observation 肉眼观测 01.040
Nakshatra 月站 05.050
nanoflare 纳耀斑，＊纤耀斑 09.208
nanosecond 纳秒 01.094
Naos 船尾座ζ 14.071
narrow-band photometry 窄带测光 04.043
narrow-line region 窄线区 07.192
Narvi 土卫三十一 15.090
NASA Infrared Telescope Facility NASA 红外望远镜 06.505
Nasmyth focus 内氏焦点 06.041
Nasmyth spectrograph 内氏焦点摄谱仪 06.285
National Astronomical Data Center 国家天文科学数据中心 01.155
natural direction 自然方向 02.260
natural line-broadening 谱线自然致宽 04.380
natural satellite 天然卫星 10.052
natural tetrad 自然基 02.258
nautical almanac 航海历书 03.100
nautical astronomy 航海天文学 02.004
Navagrūha 九执历 05.034
Navarro-Frenk-White density profile NFW 密度轮廓 07.594
Navi 仙后座γ 14.086
Navy Precision Optical Interferometer 海军精确光学干涉仪 06.512
n-body simulation n 体模拟 03.032
nearby galaxy 近邻星系 07.089
nearby star 近距恒星 08.312
near-contact binary 近相接双星 08.313
Near Earth Asteroid Rendezvous Shoemake 会合-舒梅克号小行星探测器，＊近地小行星会合-舒梅克 06.554
near-earth asteroid 近地小行星 10.086
near-earth Object 近地天体 10.023

near-earth object WISE 近地天体广域红外巡天 06.634
near-earth space 近地空间 10.255
near infrared 近红外 04.381
near IR 近红外 04.381
NEAR Shoemaker 会合-舒梅克号小行星探测器，＊近地小行星会合-舒梅克 06.554
near side of the moon 月球正面 10.219
nearside of the moon 月球正面 10.219
near the nuclear phenomena 近核现象 10.167
near ultraviolet 近紫外 04.382
ω Nebula ω星云 08.572
nebula 星云 08.566
nebular hypothesis 星云假说，＊共同形成说 10.281
nebular line 星云谱线 04.383
nebular variable 星云变星 08.314
nebulous bridge 星云态桥状结构 08.590
nebulous envelope 星云状包层 08.427
Nectar 内克塔 18.081
Nectarian period 酒海纪 10.239
negative and positive principles 阴阳 05.298
negative hydrogenion 负氢离子 04.137
Neil Gehrels Swift Observatory 盖瑞斯雨燕天文台 06.662
NEO 近地天体 10.023
NEOWISE 近地天体广域红外巡天 06.634
Nepenthes 内彭西斯 18.082
Neptune 海王星 10.045
Neptune's ring 海王星环 10.066
Neptune Trojan 海王星特洛伊群天体 10.026
Neptunian ring 海王星环 10.066
Nereid 海卫二 15.151
Neso 海卫十三 15.162
network [magnetic] field 网络[磁]场 09.263
network nebula 网状星云 08.567
network nebula 天鹅圈 08.215
network structure 网状结构 08.568
neutral current sheet 中性流片 04.384
neutral hydrogen 中性氢 04.385
neutral hydrogen region 中性氢区 08.541
neutral hydrogen zone 中性氢区 08.541
neutralino 中性微子 07.516
neutral sheet ＊中性片 09.254
neutrino astronomy 中微子天文学，＊中微子天体物理学 04.008
neutrino background 中微子背景 07.479
neutrino decoupling 中微子退耦 07.478
neutrino mixing 中微子混合 07.390
neutrino oscillation 中微子振荡 07.391
neutrino telescope 中微子望远镜 06.018
neutron capture 中子俘获 04.386
neutronization 中子化 04.387
neutron star 中子星 08.315
new armilla 玑衡抚辰仪 05.247
New Design for an Armillary Clock 《新仪象法要》 05.193
new general catalogue of nebulae and clusters of stars 星云星团新总表 07.017
New Horizons 新视野号飞船 06.570
new inflation 新暴胀 07.549
newly formed star 新生星 08.316
new moon 朔 03.151
New Solar Telescope 新太阳望远镜 06.498
new star 新生星 08.316
New Technology Telescope 新技术望远镜 06.509
Newtonian cosmology 牛顿宇宙学 07.008
Newtonian focus 牛顿焦点 06.039
Newtonian gauge 牛顿规范 07.617
Newtonian telescope 牛顿望远镜 06.061
Ney-Allen Nebula 奈伊-艾伦星云 08.569
NFW density profile NFW密度轮廓 07.594
N galaxy N星系 07.081
NGC 星云星团新总表 07.017
night brightness 夜天亮度 04.388
night cloud 夜光云 10.252
night glow 夜天光，＊夜空辐射 10.254
nightsky brightness 夜天亮度 04.388
night sky light 夜天光，＊夜空辐射 10.254
night transparency 夜天透明度 04.389
Nilokeras 尼罗角 18.083
Nilosyrtis 尼罗瑟提斯 18.084
nine roads 九道 05.128
NIR 近红外 04.381
nitrogen sequence 氮序 08.332
Nix 冥卫二 15.165
Noachis 挪亚 18.085
no-boundary conjecture 无边界猜想 07.538
noctilucent cloud 夜光云 10.252
nocturnal 夜间定时仪 05.268

nodal line　交点线　03.057
nodding　点头法　06.158
nodes　交点　03.058
nodical month　交点月　02.216
no-hair theorem for black hole　黑洞无毛定理　07.630
noise storm　噪暴　09.126
non-cluster star　非属团恒星　08.632
non-Gaussianity　非高斯性　07.403
non-gray atmosphere　非灰大气　04.142
non-local thermodynamic equilibrium　非局部热动平衡　04.144
non-periodic comet　非周期彗星　10.133
non-periodic variable　非周期变星　08.318
non-potentiality　非势[场]性　09.250
non-proton flare　非质子耀斑　09.219
non-radial pulsation　非径向脉动　04.217
non-relativistic particle　非相对论性粒子　04.390
non-stable star　不稳定星　08.319
non-standard solar model　非标准太阳模型　09.052
non-thermal electron　非热电子　04.138
non-thermal radiation　非热辐射　04.149
non-thermal radio source　非热射电源　04.391
non-uniformity　非均匀性，*不均匀性　07.297
Norma　矩尺座　11.057
Norma arm　矩尺臂，*天鹅臂，*天鹅-矩尺臂　08.747
normal galaxy　正常星系　07.046
normal incidence telescope　正入射[式]望远镜　06.435
normal spiral galaxy　正常旋涡星系　07.056
North America Nebula　北美星云　08.570
north celestial pole　北天极　02.028
north ecliptic pole　北黄极　02.049
Northern Coalsack　北煤袋　08.571
Northern Cross　北十字　08.633
north galactic cap　北银冠　07.028
north Galactic-polar spur　北银极支　08.748
north galactic pole　北银极　02.060
north Galactic spur　北银极支　08.748
north point　北点　02.296
north polar distance　去极度　05.127
north polar sequence　北极星序　04.045
north polar spur　北银极支　08.748
north star　北极星，*勾陈一　05.103
nova　新星　08.196
nova-like variable　类新星变星　08.320
novoid　慢新星　08.403
NPOI　海军精确光学干涉仪　06.512
n-point correlation function　*n* 点相关函数　04.379
ns　纳秒　01.094
NST　新太阳望远镜　06.498
N star　N 型星　08.311
NTT　新技术望远镜　06.509
Nubeculae　麦哲伦云　07.030
nuclear astrophysics　核天体物理学　04.392
nuclear bulge　核球　07.122
nuclear burning　核燃烧　04.393
Nuclear Spectroscopic Telescope Array　核光谱望远镜阵　06.669
nuclear wind　星系核风　07.152
nucleosynthesis　核合成　04.196
nucleus of galaxy　星系核　07.121
null infinity　零无限远，*类光无限远　07.606
nulling coronagraph　消零星冕仪　06.346
nulling interferometer　消零干涉仪　06.347
numinous observatory　灵台　05.278
Nunki　人马座 σ　14.053
NuSTAR　核光谱望远镜阵　06.669
nutation　章动　02.121
nutation in longitude　黄经章动　02.123
nutation in obliquity　黄赤交角章动，*倾角章动　02.124
nutation in right ascension　赤经章动　02.126
NUV　近紫外　04.382

O

OAO　轨道天文台　06.615
OB association　OB 星协　08.634
OB cluster　OB 星团　08.636
Oberon　天卫四　15.126
objective grating　物端光栅　06.303
objective prism　物端棱镜　06.302
object prism spectrograph　物端棱镜光谱仪　06.301
obliquity of the ecliptic　黄赤交角　02.051
observational astronomy　实测天文学，*观测天文学　01.003
observational astrophysics　实测天体物理学　04.002
observational catalogue　观测星表　04.394

observational cosmology 观测宇宙学 07.012
observatory 天文台，＊观象台 01.136
Observatory of Eastern Han Dynasty 东汉灵台 05.280
Observatory of the Duke of Zhou 周公测景台 05.279
observed fall ＊见落[型]陨石 10.196
observing station 观测站 01.137
observing table 窥几 05.224
OB star OB 型星 08.322
occultation 掩 03.148
occultation band 掩带 03.185
occultation variable 掩食变星 08.323
Oceanus Procellarum 风暴洋 16.121
o Ceti star 刍藁变星，＊刍藁型变星 08.309
O cluster O 星团 08.635
Octans 南极座 11.058
off-axis mounting 偏轴式装置 06.122
off-axis telescope 离轴望远镜 06.037
off-band observation 偏带观测 01.048
Offner relay 奥夫纳中继 06.087
offset guiding 偏置导星 06.140
offset guiding device 偏置导星装置 06.141
Of star Of 型星 08.324
Olbers' paradox 奥尔伯斯佯谬 07.413
old inflation 旧暴胀 07.550
old nova ＊老新星 08.236
Olympia 奥林匹亚 18.086
Olympus Mons 奥林匹斯山 10.076
Omega Nebula ω 星云 08.572
On the Armillary Sphere and Celestial Globe of the Observatory 《灵台仪象志》 05.197
On the Revolution of the Heavenly Spheres 《天体运行论》 05.203
Oort cloud 奥尔特云 10.013
Oort constant 奥尔特常数 08.749
Oort formulae 奥尔特公式 08.750
Oort's constant 奥尔特常数 08.749
Oort's formulae 奥尔特公式 08.750
opacity 不透明度 04.131
opacity 不透明系数 04.284
open cluster 疏散星团 08.637
open cluster of stars 疏散星团 08.637
open inflation 开暴胀 07.548
open star cluster 疏散星团 08.637
open string 开弦 07.649
open universe 开宇宙 07.448
Ophelia 天卫七 15.129
Ophir 俄斐 18.087
Ophiuchids 蛇夫流星群 17.019
Ophiuchus 蛇夫座 11.059
opposition 冲 03.106
Oppurtunity 机遇号火星巡视器 06.562
optical aperture-synthesis imaging technique 光学综合孔径成像技术 06.357
optical arm 光学臂 08.751
optical astronomical interferometer 光学天文干涉仪 06.353
optical astronomy 光学天文学 01.027
optical counterpart 光学对应体 01.052
optical depth 光深 04.130
optical double ＊光学双星 08.325
optical flare 光学耀斑 09.218
optical identification 光学证认 01.050
optical interferometry 光干涉测量 02.252
optical light 可见光 04.395
optically thick medium 光厚介质 04.134
optically thin medium 光薄介质 04.132
optically violently variable quasar 光剧变类星体，＊OVV 类星体 07.176
optically violent variable quasar 光剧变类星体，＊OVV 类星体 07.176
optical object 光学天体 01.051
optical path length equalizer 光程差补偿器 06.373
optical pulsar 光学脉冲星 08.326
optical sun 光学太阳 09.003
optical telescope 光学望远镜 06.006
optical thickness ＊光学厚度 04.130
optical window 光学窗口 04.097
orbital eccentricity 轨道偏心率 03.070
orbital element 轨道根数 03.050
orbital inclination 轨道倾角 03.071
orbit determination 定轨 03.045
orbit improvement 轨道改进 03.047
Orbiting Astronomical Observatory 轨道天文台 06.615
Orbiting Solar Observatory 轨道太阳观测台 06.588
orbiting telescope 轨道望远镜 06.003
orbit resonance 轨道共振 03.087
Orcus 亡神星 10.100
organon parallaction ＊星位仪 05.272

original qi hypothesis　元气说　05.297
original star　原恒星　08.353
origin of elements　元素起源　04.396
origin of the moon selenogony　月球起源说　10.224
origin of the universe　宇宙起源　07.411
Origins-Spectral Interpretation-Resource Identification-Security-Regolith Explorer　奥西里斯王号小行星探测器，＊起源-光谱判读-资源鉴定-安全-风化层探测器　06.583
Orion　猎户座　11.060
Orion aggregate　猎户星集　08.638
Orion arm　猎户臂　08.752
Orion association　猎户星协　08.639
Orionids　猎户流星群　17.020
Orion Loop　猎户圈　08.753
Orion molecular cloud　猎户分子云　08.573
Orion Nebula　猎户星云　08.574
Orion's belt　猎户腰带　08.755
Orion spur　猎户射电支　08.754
orphan planet　＊孤儿行星　10.291
Orrery　太阳系仪，＊七政仪　05.275
orthogonal transfer CCD　正交转移 CCD　06.250
Orthosie　木卫三十五　15.037
Ortygia　俄耳梯癸亚　18.088
oscillating universe　振荡宇宙　07.454
oscillator strength　振子强度　04.135
osculating element　吻切根数　03.051
osculating ellipse　吻切椭圆　03.049
osculating plane　吻切平面　03.048
OSIRIS-Rex　奥西里斯王号小行星探测器，＊起源-光谱判读-资源鉴定-安全-风化层探测器　06.583
OSO　轨道太阳观测台　06.588
O star　O 型星　08.321
OTCCD　正交转移 CCD　06.250
‘Oumuamua　奥陌陌　10.294
outer arm　外缘旋臂　08.756
outer corona　外冕　09.080
outer halo　外晕　08.757
outer Lagrangian points　外拉格朗日点　03.038
outer planet　带外行星　10.017
outer solar system　外太阳系　10.009
overcontact binary　过接双星　08.327
overdense matter　超密物质　04.398
overdensity　过密度　07.303
overexposure　曝光过度　04.397
overshooting　超射，＊过冲　04.194
OVV quassar　光剧变类星体，＊OVV 类星体　07.176
Oxus　奥克苏斯　18.089
oxygen burning　氧燃烧　04.399
oxygen star　氧星　08.328
Ozma project　奥兹玛计划　01.145

P

P78-1　太阳风卫星，＊空间实验程序 P78-1 号[卫星]　06.591
Paaliaq　土卫二十　15.079
padial velocity method　视向速度法　10.309
pair annihilation　粒子对湮灭　04.401
pair creation　粒子对产生　04.402
pair-instability supernova　对不稳定性超新星　07.148
pair production　粒子对产生　04.402
pair production telescope　[正负电子]对生成望远镜　06.453
pairwise velocity dispersion　成对速度弥散　07.331
Pallas　智神星　10.104
Pallene　土卫三十三　15.092
Palomar Sky Survey　帕洛玛天图　01.148
paludes　沼　18.017
Palus　沼　18.017
Palus Epidemiarum　疫沼　16.122
Palus Nebularum　雾沼　16.123
Palus Putredinis　凋沼　16.124
Palus Putredinis　腐沼　16.125
Palus Somni　梦沼　16.126
Pan　土卫十八　15.077
Panchaia　潘凯亚　18.090
Pandia　木卫六十五　15.058
Pandora　土卫十七　15.076
parabolic antenna　抛物面天线　06.384
parabolic mirror　抛物面镜　06.385
paraboloidal antenna　抛物面天线　06.384
paraboloidal mirror　抛物面镜　06.385
paraboloid antenna　抛物面天线　06.384
paraboloid mirror　抛物面镜　06.385
parallactic angle　星位角　02.093

parallactic displacement 视差位移 02.097
parallactic ellipse 视差椭圆 02.098
parallactic inequality 月角差 03.164
parallactic motion 视差动 02.129
parallax 视差 02.096
parameterized post-Newtonian formalism 参数化后牛顿形式 02.310
parent cloud 母云 08.575
Parker Solar Probe 帕克太阳探测器 06.606
parsec 秒差距 01.083
partial eclipse 偏食 03.124
partial eruption 部分爆发 09.335
partially eclipsing binary 偏食双星 08.329
particle astrophysics 粒子天体物理学 04.007
particle creation 粒子创生 04.403
particle horizon 粒子视界 04.332
partner star 伴星 08.209
Pasiphae 木卫八 15.010
Pasithee 木卫三十八 15.040
passband 通带 04.038
passive evolution 消极演化 07.101
passive shielding 被动屏蔽 06.417
past light-cone 过去光锥 04.404
Patera 山口 18.018
paterae ＊山口群 18.018
path length equalizer 光程差补偿器 06.373
patrol camera 巡天照相机 06.271
pattern speed 图案速度 07.118
pattern velocity 图案速度 07.118
Pavo 孔雀座 11.061
PC 秒差距 01.083
P-Cygni star 天鹅 P 型星 08.330
P-Cygni type star 天鹅 P 型星 08.330
PDS 图像数字仪 06.225
Peacock 孔雀座α 14.044
peculiar A star Ap 星，＊A 型特殊星 08.331
peculiar galaxy 特殊星系 07.045
peculiar motion 本动 02.128
peculiar speed 本动速度 04.406
peculiar velocity 本动速度 04.406
peculiar velocity field 本动速度场 07.332
Pegasus 飞马座 11.062
Pelican Nebula 鹈鹕星云 08.576
pencil 光锥 04.364
pencil beam survey 笔束巡天 07.292
Penrose diagram ＊彭罗斯图 07.253
penumbra 半影 03.129
penumbral eclipse 半影食 03.131
Perdita 天卫二十五 15.147
perfect cosmological principle 完美宇宙学原理 07.419
periapsis 近点，＊近拱点 03.053
periastron 近星点 03.067
pericenter 近心点 03.065
perigalactic distance 近银心点距 08.094
perigalacticon 近银心点 08.096
perigalactic passage 过近银心点 08.095
perigalacticum 近银心点 08.096
perigee 近地点 03.063
perihelion 近日点 03.061
periodic orbit 周期轨道 03.085
periodic perturbation 周期摄动 03.012
periodic variable 周期变星 08.317
period-luminosity-color relation 周光色关系 04.073
period-luminosity relation 周光关系 04.072
period of light variation 光变周期 04.071
period-spectrum relation 周谱关系 04.074
permitted line 容许谱线 04.407
permitted transition 容许跃迁 04.158
α Persei cluster 英仙α星团 08.679
η Persei cluster 英仙η星团 08.617
χ Persei cluster 英仙ζ星团 08.680
Perseids 英仙流星群 17.021
Perseus 英仙座 11.063
Perseus A 英仙射电源 A 08.436
Perseus Arm 英仙臂 08.758
perturbation 摄动 03.003
perturbation power spectrum 扰动功率谱 07.310
perturbation theory 摄动理论 03.004
perturbative force 摄动力 03.181
Phaethontis 法厄同 18.091
phantom dark energy 幽灵暗能量 07.530
phased array 相控阵 06.399
phased array feed 相控阵馈源 06.400
phase mask coronagraph 相位遮罩星冕仪 06.343
phase of eclipse 食相 03.138
phase of the moon 月相 03.149
phase referencing 相位参考法 06.369
Phecda 大熊座γ 14.083

Philae 菲莱号彗星着陆器 06.566
Philophrosyne 木卫五十八 15.055
Phison 比逊河 18.092
Phlegra 佛勒格拉 18.093
PHO 潜在威胁天体 10.256
Phobos 火卫一 15.001
Phocaea group 福后星群 08.280
Phoebe 土卫九 15.068
Phoenicids 凤凰流星群 17.022
Phoenix 凤凰号火星探测器 06.572
Phoenix 凤凰座 11.064
Phospherus 启明星 05.145
phoswitch 层叠闪烁体 06.423
Photoconductive Infrared Detector 光导红外探测器 06.260
photo-digitizing system 图像数字仪 06.225
photoelectric astrolabe 光电等高仪 06.197
photoelectric magnitude 光电星等 01.079
photoelectric observation 光电观测 01.042
photoelectric photometer 光电光度计 06.276
photoelectric photometry 光电测光 04.020
photoelectric polarimeter 光电偏振计 06.333
photoelectric transit instrument 光电中星仪 06.202
photoelectronic imaging 光电成像 04.054
photographic astrometry 照相天体测量学 02.008
photographic fog 底片雾 06.227
photographic magnetograph 照相磁像仪 09.236
photographic magnitude 照相星等 01.077
photographic observation 照相观测 01.041
photographic photometry 照相测光 04.019
photographic star catalogue 照相星表 02.243
photographic zenith tube 照相天顶筒 06.200
photoheliograph 太阳照相仪 09.234
photometer 光度计 06.274
photometric accuracy 测光精度 04.410
photometric binary 测光双星 08.333
photometric data system ＊测光数据系统 06.225
photometric distance 测光距离 04.085
photometric double star 测光双星 08.333
photometric error 测光误差 04.408
photometric night 测光夜 04.409
photometric precision 测光精度 04.410
photometric redshift 测光红移 07.277
photometric sequence 测光序 04.044
photometric solution 测光解 08.097
photometric standard star 光度标准星 04.104
photometric system 测光系统 04.026
photometry ＊测光 04.016
photomultiplier tube 光电倍增管 06.232
photon counting 光子计数 06.165
photopic vision 明视觉 01.057
photosphere 光球 09.048
photospheric activity 光球活动 04.124
photospheric facula 光球光斑 09.183
photospheric model 光球模型 09.049
photospheric telescope 光球望远镜 09.237
photovisual magnitude 仿视星等 01.078
photovoltaic infrared detector 光伏红外探测器 06.259
physical double 物理双星 08.334
physical libration 物理天平动 03.157
physical pair 物理双星 08.334
physical variable ＊物理变星 08.278
Pictor 绘架座 11.065
Pierre Auger Observatory 皮埃尔·俄歇天文台 06.530
PIL 磁中性线 09.249
Pioneer 10 先驱者 10 号飞船 06.540
Pioneer 11 先驱者 11 号飞船 06.541
Pioneer Venus 先驱者金星号 06.545
Pipe Nebula 烟斗星云，＊巴纳德 59 08.577
Pisces 双鱼座 11.066
Pisces 双鱼宫 12.012
Piscis Australids 南鱼流星群 17.023
Piscis Austrinus 南鱼座 11.067
Pistol Nebula 手枪星云 08.578
plage 谱斑 09.184
plana 高原 18.020
Planck 普朗克探测器 06.613
Planck density 普朗克密度 07.537
Planck length 普朗克长度 07.536
Planck Surveyor 普朗克巡天器，＊普朗克卫星 07.016
Planck time 普朗克时间 07.535
plane component 扁平子系 08.759
planemo 行星质量天体 10.289
plane subsystem 扁平次系 08.760
planet 行星 10.002
planetarium 天文馆 01.139
planetarium 天象仪，＊行星仪 06.022
planetary aberration 行星光行差 02.111

planetary geology 行星地质学 10.270
planetary magnetosphere 行星磁层 10.269
planetary-mass object 行星质量天体 10.289
planetary meteorology 行星气象学 10.271
planetary nebula 行星状星云 08.579
planetary precession 行星岁差 02.117
planetary ring 行星环，*行星光环 10.057
planetary science 行星科学，*行星天文学 10.268
planetary system 行星系[统] 10.284
planetesimal 星子，*微行星 10.277
planetocentric coordinate 行星心坐标 02.069
planetography 行星表面学 10.272
planetology *行星学 10.268
planet X X行星 10.034
planisphere astrolabe 平仪 05.270
Planitia 平原 18.019
Planitia Descensus 德森萨斯平原 16.127
planitiae 平原 18.019
Planum 高原 18.020
plasma astrophysics 等离子天体物理学 04.004
plasma tail 等离子体彗尾，*离子彗尾 10.128
plate constant 底片常数 02.240
plate scale 底片比例尺 02.239
Pleiades 昴星团 08.641
plerion 实心超新星遗迹 08.336
plerionic remnant 实心超新星遗迹 08.336
Plough 北斗 05.105
plutino 冥族小天体，*类冥小天体 10.033
Pluto 冥王星 10.046
Plutoid 类冥天体，*类冥矮行星 10.032
plutonian objects 类冥天体，*类冥矮行星 10.032
PMO 行星质量天体 10.289
p mode p模 09.028
Poincaré surface of section 庞加莱截面 03.174
Poincaré variable 庞加莱变量 03.173
Pointers 指极星 08.337
pointing jitter 指向抖动 06.147
point spread function 点扩散函数 04.411
Poisson noise 泊松噪声 07.401
polar 高偏振星 08.338
polar axis 极轴 06.112
Polar Cap 火星极冠 10.075
polar cap absorption 极冠吸收 09.112
polar diagram 极坐标方向图 06.380
polar distance 极距，*北极距 02.046
polar glow 极光 10.249
polarimeter 偏振计，*偏振分析器 06.327
polarimetric standard star 偏振标准星 04.106
polarimetry 偏振测量 04.412
Polaris 北极星，*勾陈一 05.103
Polaris 小熊座α 14.048
Polaris Australis 南极星 05.114
polarissima 近极星 08.339
polarity inversion line 磁中性线 09.249
polarity reversal 极性反转 09.308
polarization beam-splitter 偏振分束器 06.332
polarization interference filter 干涉偏振滤光器 06.093
polarization measurement 偏振测量 04.412
polarization modulator 偏振调制器 06.329
polarization parameter 偏振参数 04.413
polarization standard star 偏振标准星 04.106
polar light 极光 10.249
polar motion 极移 02.188
polar plume 极羽 09.096
polar prominence 极区日珥 09.199
polar-ring galaxy 极环星系 07.075
pole-observing instrument 候极仪 05.238
pole of angular momentum 角动量极 02.075
pole of figure 形状极 02.073
pole of rotation 自转极 02.074
pole of the equator *赤极 02.027
pole-on object 极向天体 01.118
pole-on star 极向恒星 08.340
pole star 北极星，*勾陈一 05.103
Pollux 北河三 05.098
Pollux 双子座β 14.017
poloidal magnetic field 极向[磁]场分量 09.300
Polydeuces 土卫三十四 15.093
polytrope 多方球 04.191
population 星族 08.765
population Ⅰ 星族Ⅰ 08.761
population Ⅱ 星族Ⅱ 08.762
population Ⅲ 星族Ⅲ 08.763
population Ⅲ star 星族Ⅲ恒星 07.147
population Ⅱ cepheid *星族Ⅱ造父变星 08.460
population classification 星族分类 08.764
population of stars 星族 08.765
population synthesis 星族合成 08.766

pore　小黑点，＊气孔　09.161
Portia　天卫十二　15.134
positional astronomy　方位天文学　02.006
position angle　位置角　02.094
position sensitive proportional counter　位置灵敏正比计数器　06.419
positronium　正电子素，＊电子偶素　04.414
post AGB star　后 AGB 星，＊AGB 后星　08.341
post-core-collapse cluster　核坍缩后星团　08.642
post flare loop　耀斑后环　09.216
post main sequence　主序后　08.342
post-main-sequence evolution　主序后演化　04.415
post-main-sequence star　［零指令］主序后星，＊主序后星　08.344
post-Newtonian approximation　后牛顿近似　03.183
post-Newtonian celestial mechanics　后牛顿天体力学　03.198
postnova　＊老新星　08.236
post T-Tauri star　金牛 T 阶段后恒星　08.343
potassium-argon method　氩钾纪年法　04.262
potentially hazardous object　潜在威胁天体　10.256
Potsdamer durch-musterung　波茨坦巡天星表　08.036
power-law spectrum　幂律谱　04.416
power spectral index　功率谱指数　07.309
p-process　质子过程　04.400
practical astronomy　实用天文学　02.003
Praesepe　鬼星团　08.643
Praxidike　木卫二十七　15.029
precataclysmic binary　激变前双星　08.345
precataclysmic variable　＊激变前变星　08.345
preceding sunspot　前导黑子　09.166
precession　岁差　02.114
precession in declination　赤纬岁差　02.120
precession in right ascension　赤经岁差　02.119
precision radial-velocity spectrometer　精确视向速度仪　06.319
precursor　先兆　09.111
precursor object　前身天体　08.350
precursor star　前身星　08.351
prediction of solar activity　太阳活动预报　09.150
pre-galactic cloud　前星系云　07.243
pre-galaxy　前星系　07.244
preliminary orbit　初轨　03.046
pre-main sequence　主序前　04.417
pre-main sequence star　主序前星　08.346
pre-Nectarian period　前酒海纪　10.238
prenova　爆前新星　08.347
pre-solar nebula　前太阳星云　10.274
Press-Schechter mass function　普雷斯-谢克特质量函数　07.583
pressure broadening　＊压力致宽　04.286
pre-supernova　爆前超新星　08.348
primary　主星　08.349
primary beam　原波束，＊初级波束　06.383
primary component　主星　08.349
primary distance indicator　初级示距天体，＊初级距离标志　07.261
primary mirror　主镜　06.049
primary reflector　主反射镜，＊主反射面　06.387
primary star　主星　08.349
prime focus　主焦点　06.038
prime meridian　本初子午线　02.078
primeval atom　原始原子　07.433
primeval fireball　原始火球　07.434
primeval galaxy　原始星系　07.098
primeval nebula　原始星云　04.419
prime vertical　卯酉圈　02.022
primite　主星　08.349
primitive nebula　原星云　04.420
primordial abundance　原始丰度　07.486
primordial black hole　原初黑洞　07.521
primordial element abundance　原初元素丰度　04.421
primordial fireball　原始火球　07.434
primordial nebula　原始星云　04.419
primordial spectrum　原初功率谱　07.308
primordial star　原恒星　08.353
primum mobile　宗动天　05.175
principal focus　主焦点　06.038
principal nutation　主章动　02.297
principal planet　＊大行星　10.003
prism spectrograph　棱镜光谱仪　06.300
Procyon　南河三　05.089
Procyon　小犬座 α　14.008
progenitor　前身天体　08.350
progenitor　前身星　08.351
progenitor object　前身天体　08.350
progenitor star　前身星　08.351
Prognostication Classic of the Kai-Yuan Reignperiod　《开

Q

quasar jet 类星体喷流 07.171
quasi-periodic oscillation 准周期振荡 04.424
quasi-periodic variable 准周期变星 08.362
quasi-stellar object 类星体 07.170
quiescence 宁静态 08.099
quiescent 宁静态 08.099
quiescent galaxy 宁静星系 07.100
quiescent prominence 宁静日珥 09.189
quiet solar radio radiation 宁静太阳射电辐射 09.026
quiet sun 宁静太阳 09.006
quintessence 精质 07.531
quintom dark energy 精灵暗能量 07.529
quintuplet cluster 五合星团 08.648
quintu plet star cluster 五合星团 08.648
QWIP 量子阱红外探测器 06.263

R

radar astronomy 雷达天文学 04.425
radial arc 径向弧 07.354
radial motion 径向运动 04.426
radial oscillation 径向振荡 04.427
radial pulsation 径向脉动 04.216
radial pulsator 径向脉动星 08.365
radial velocity 视向速度 02.130
radial-velocity orbit 分光解 08.109
radial-velocity scanner 视向速度扫描仪 06.317
radial-velocity spectrometer 恒星视向速度仪 06.318
radial-velocity standard star 视向速度标准星 04.107
radial-velocity trace 视向速度描迹 04.166
radial-velocity tracing 视向速度描迹 04.166
radiance 辐射亮度 01.065
radiant energy 辐射能 04.428
radiant exitance 辐出度，*辐射出射度 01.061
radiant of meteor shower 流星雨辐射点 10.184
radiant of moving cluster 移动星团辐射点 08.650
γ radiation γ辐射 04.521
radiation 辐射 04.429
radiation belt 辐射带 09.103
radiation dominated era 辐射主导期，*辐射占优期 07.474
radiation energy 辐射能 04.428
radiation illumination 辐射照度 01.055
radiation intensity 辐射强度 01.063
radiation pattern *辐射方向图 06.379
radiation power 辐射功率 01.059
radiation pressure 辐射压，*光压 04.430
radiation spectrum 辐射谱 04.431
radiation temperature *辐射温度 04.114
radiation transport 辐射转移 04.145
radiative feedback 辐射反馈 07.150
radiative transfer 辐射转移 04.145
radiative transport 辐射转移 04.145
radioactive dating 放射性计年，*同位素计年 04.446
radio active star 射电活跃恒星 08.366
radio afterglow 射电余辉 04.432
radio antenna 射电天线 04.433
radio arm 射电臂 08.769
radio astrometry 射电天体测量学 02.009
RadioAstron 射电天文号卫星 06.614
radio astronomical interferometer 射电天文干涉仪 06.351
radio astronomical receiver 射电天文接收机 06.401
radio astronomy 射电天文学 01.023
Radio Astronomy Explorer 射电天文探测器 06.608
radio binary 射电双星 08.367
radio brightness 射电亮度，*射电辐射强度 04.179
radio burst 射电爆发，*射电暴 09.125
radio-chemical neutrino detector 放射化学[式]中微子探测器 06.458
radio counterpart 射电对应体 04.100
radio emission 射电辐射 04.434
radio flux 射电流量 04.435
radio galaxy 射电星系 07.079
radio heliograph 射电日像仪 06.222
radio index 射电指数 04.180
radio interference 射电干涉 04.436
radio jet 射电喷流 04.437
radio line 射电谱线 04.438
radio lobe 射电瓣 04.439
radio loud 射电强星系 04.440
radio loud quasar 射电类星体 07.172
radioloud star 强射电星 08.372
radio luminosity 射电光度 04.441
radiometer 辐射计 06.273
radio nova 射电新星 08.368

radio polarimetry 射电偏振测量 04.442
radio pulsar 射电脉冲星 08.369
radio quasar 射电类星体 07.172
radio quiet 射电宁静星系 04.443
radio quiet quasar 射电宁静类星体 07.173
radio source 射电源 08.370
radio source count 射电源计数 07.287
radio source counting 射电源计数 07.287
radio source reference system 射电源参考系 02.153
radio spectral index 射电谱指数 04.444
radio spectral line 射电谱线 04.438
radio spectroheliogram 太阳射电频谱图 09.238
radio star 射电星 08.371
radio sun 射电太阳 09.004
radio telescope 射电望远镜 06.011
radio wave 射电[波] 04.445
radio window 射电窗口 04.099
radome 天线罩 06.131
RAE 射电天文探测器 06.608
Rāhu 罗睺 05.129
Rain Water 雨水 13.002
Randall-Sundrum model 兰道尔-桑卓姆模型 07.654
rapid blue-shifted event 快速蓝移事件 09.349
rapid burst 快暴 08.100
rapid burster ＊快暴源 08.464
rapidly oscillating Ap star 快速振荡 Ap 星 08.375
rapid nova 快新星 08.238
rapid rotator 快转星 08.373
rapid variable 快变星 08.374
Rasalhague 蛇夫座α 14.057
R association R 星协 08.649
rate of stellar extinction 恒星消亡率 08.101
γ-ray γ 射线 04.522
ray and horn 芒角 05.214
γ-ray astronomy γ 射线天文学 01.031
γ-ray burst γ 射线暴 04.241
γ-ray burst afterglow γ 暴余辉 04.524
γ-ray burst energy γ 暴能量 04.525
γ-ray burster γ 射线暴源，＊经典 γ 射线暴源 08.474
γ-ray burst mass extinction γ 暴集群灭绝 04.526
γ-ray burst progenitor γ 暴前身天体 04.527
γ-ray burst source γ 射线暴源，＊经典 γ 射线暴源 08.474
Raychudhuri equation 瑞楚德胡瑞方程 07.620
γ-ray counterpart γ 射线对应体 04.103
γ-ray identification γ 射线证认 04.528
Rayleigh guide star 瑞利[引]导星 06.177
γ-ray line γ 射线谱线 04.188
γ-ray line astronomy g 射线谱线天文学 04.006
γ-ray line emission γ 射线谱线辐射 04.189
γ-ray luminosity γ 射线光度 04.418
γ-ray pulsar γ 射线脉冲星 08.475
γ-ray spectral line γ 射线谱线 04.188
γ-ray survey γ 射线巡天 04.523
γ-ray telescope γ 射线望远镜 06.016
razor-thin disk 无限薄盘 08.770
R CrB star 北冕 R 型星 08.363
recession velocity 退行速度 07.278
recombination era 复合时期 07.491
recombination line 复合线 04.447
recurrent flare 再现耀斑 09.223
recurrent nova 再发新星 08.376
red bird 朱雀，＊朱鸟 05.076
reddening 红化 04.052
reddening law 红化定律 04.449
red dwarf 红矮星 08.377
red dwarf star 红矮星 08.377
red giant 红巨星 08.378
red-giant branch 红巨星支 04.066
red giant star 红巨星 08.378
red horizontal-branch 红水平支 04.448
redshift 红移 07.267
redshift-distance relation 红移-距离关系 07.274
redshift evolution 红移演化 07.275
redshift-magnitude relation 红移-星等关系 07.272
redshift space 红移空间 07.271
redshift space distortion 红移空间畸变 07.333
redshift survey 红移巡天 07.295
reference catalogue of bright galaxies 亮星系表 07.023
reference great circle 参考大圆 02.255
reference star 参考星 01.107
reflecting Schmidt telescope 反射式施密特望远镜 06.071
reflecting telescope 反射望远镜 06.046
reflection nebula 反射星云 08.581
reflective Schmidt telescope 反射式施密特望远镜 06.071

reflector　反射镜　06.048
reflector-corrector　折反射望远镜　06.047
refracting telescope　折射望远镜　06.045
refractor　折射望远镜　06.045
Regor[a]　船帆座γ　14.030
regression of the node　交点退行　03.080
regression velocity　退行速度　07.278
regularization transformation　正规化变换　03.029
regular variable　＊规则变量　08.317
Regulus　轩辕十四　05.102
Regulus　狮子座α　14.021
reheating　再热　07.556
reionization　再电离　07.493
relative number of spots　黑子相对数　09.128
relativistic astrophysics　相对论天体物理学　04.009
relativistic cosmology　相对论宇宙学　07.010
relativistic effect　相对论效应　04.450
relativistic particle　相对论性粒子　04.451
relaxed cluster　弛豫星团　08.651
relic of supernova　超新星遗迹　08.423
remnant of supernova　超新星遗迹　08.423
remote star　远距星　08.380
repeated nova　再发新星　08.376
repeating nova　再发新星　08.376
resonance scattering spectrometer　共振散射光谱仪　06.219
resonant gravitational wave detector　共振[型]引力波探测器　06.460
resonant-mass gravitational wave detector　＊共振质量[型]引力波探测器　06.460
restricted three-body problem　限制性三体问题　03.017
Reticulum　网罟座　11.070
retina nebula　视网膜星云　08.582
retrograde motion　逆行　03.116
retrograde stationary　逆留　03.118
Reuven Ramaty High Energy Solar Spectroscopic Imager　拉马第高能太阳光谱成像仪　06.600
reverberation mapping　反响映射　07.193
reversal of polarity　极性反转　09.308
reversing layer　反变层　09.055
reversionlayer　反变层　09.055
revised Harvard photometry　哈佛恒星测光表修订版　08.037
revival spot group　重现黑子群　09.171
revolution　公转　02.084
Rhea　土卫五　15.064
RHESSI　拉马第高能太阳光谱成像仪　06.600
Ricci scalar　里奇标量　07.612
Ricci tensor　里奇张量　07.613
RICH　环形成像切伦科夫探测器　06.457
rich cluster　富星系团　07.217
rich cluster　富星团　08.652
rich cluster of galaxies　富星系团　07.217
rich cluster of stars　富星团　08.652
rich galaxy cluster　富星系团　07.217
richness index　富度指数　04.119
rich star cluster　富星团　08.652
Riemann tensor　黎曼张量　07.611
Rigel　参宿七　05.088
Rigel　猎户座β　14.007
right ascension　赤经　02.043
right-handed rotation theory　右旋说　05.168
Rigil Kent　南门二　05.084
Rigil Kentaurus　半人马座α　14.003
Rigil Kentaurus　南门二　05.084
Rima Agatharchides　阿格瑟奇德斯溪　16.137
Rima Agricola　阿格里科拉溪　16.138
Rima Archytas　阿契塔溪　16.139
Rima Ariadaeus　阿里亚代乌斯溪　16.140
Rima Artsimovich　阿尔齐莫维奇溪　16.141
Rima Billy　比伊溪　16.142
Rima Birt　伯特溪　16.143
Rima Brayley　布雷利溪　16.144
Rima Cauchy　柯西溪　16.145
Rima Delisle　德利尔溪　16.146
Rima Diophantus　丢番图溪　16.147
Rima Draper　德雷伯溪　16.148
Rimae Alphonsus　阿方索溪　16.166
Rimae Apollonius　阿波罗尼奥斯溪　16.167
Rimae Archimedes　阿基米德溪　16.168
Rimae Aristarchus　阿利斯塔克溪　16.169
Rimae Arzachel　阿尔扎赫尔溪　16.170
Rimae Atlas　阿特拉斯溪　16.171
Rimae Bode　波得溪　16.172
Rimae Bürg　比格溪　16.173
Rimae Daniell　丹聂耳溪　16.174
Rimae Darwin　达尔文溪　16.175
Rimae Doppelmayer　多佩尔迈尔溪　16.176

rotation curve　自转曲线　07.109
rotation of binary　双星绕转　08.104
rotation of the galaxy　银河系自转　08.771
rotation synthesis　自转综合孔径　06.358
rotation-vibration band　*转动-振动谱带　04.452
rotation-vibration spectrum　转动-振动光谱　04.452
r-process　r 过程　07.143
RR Lyrae star　*天琴 RR 型星　08.159
RR Lyrae variable　天琴 RR 型变星　08.159
RS CVn binary　猎犬 RS 型双星　08.383
R star　R 型星　08.364
rubidium clock　铷钟　06.190
Rudolphine table　鲁道夫星表　05.123
runaway star　速逃星　08.384
Running Chicken Nebula　半人马 λ 星云，*快跑中的小鸡星云　08.586
running penumbral wave　半影行波　09.180
Rupes　峭壁　18.021
rupēs　*峭壁群　18.021
Rupes Boris　鲍里斯峭壁　16.205
Rupes Cauchy　柯西峭壁　16.206
Rupes Kelvin　开尔文峭壁　16.207
Rupes Liebig　李比希峭壁　16.208
Rupes Mercator　墨卡托峭壁　16.209
Rupes Recta　直壁　16.210
Rupes Toscanelli　托斯卡内利峭壁　16.211
RVS　视向速度扫描仪　06.317
RV Tauri star　金牛 RV 型星　08.385
RW Aurigae star　御夫 RW 型星　08.386
RW Aur star　御夫 RW 型星　08.386
RXTE　罗西 X 射线时变探测器　06.656

S

s　秒　01.091
μs　微秒　01.093
S15　探险者 11 号天文卫星　06.639
Sabik　蛇夫座 η　14.082
Sachs-Wolfe effect　萨克斯-沃尔夫效应　07.364
Sadr　天鹅座 γ　14.068
Sagitta　天箭座　11.071
Sagittarius　人马座　11.072
Sagittarius　人马宫　12.009
Sagittarius A　人马 A　08.684
Sagittarius A*　人马 A*　08.772
Sagittarius arm　人马臂　08.773
Sagittarius X-1　人马 X-1　08.389
Saha equation　萨哈方程　04.147
sailing star　蓬星　05.153
Saiph　猎户座 κ　14.059
Sakharov conditions　萨哈罗夫条件　07.469
Salacia　海妃星　10.103
Salpeter initial mass function　萨尔皮特初始质量函数　07.146
SALT　南非大型望远镜　06.521
sand filter　沙漏　05.261
sand glass　沙漏　05.261
Santong calendar　三统历　05.032
Sao　海卫十一　15.160
SAO catalog　SAO 星表　08.038
Sargas　天蝎座 θ　14.037
saros　沙罗周期　05.038
SAS-1　乌呼鲁号 X 射线卫星　06.641
SAS-2　小天文卫星 2 号　06.642
SAS-3　小天文卫星 3 号　06.643
satellite　卫星　10.051
satellite Doppler tracking　卫星多普勒测量　02.247
satellite galaxy　卫星星系　07.090
satellite laser ranging　卫星激光测距，*激光测卫　02.249
Saturn　镇星，*填星　05.143
Saturn　土星　10.043
Saturnian ring　土星环　10.058
scalar field　标量场　07.528
scalar mode　标量模　07.565
scalar perturbation　标量扰动　07.566
scalar-tensor gravity　标量-张量引力　07.638
scale height　标高　04.133
scale-invariance　标度不变性　07.313
scale system　尺度体系　05.296
Scandia　斯堪的亚　18.096
scanning great circle　扫描大圆　02.254
scattered disc　［黄道］离散盘　10.012
scattered disc object　黄道离散盘天体　10.030
scattered disk　［黄道］离散盘　10.012
scattering by interstellar media　星际散射　04.456

Scheat 飞马座β 14.081
Schechter function 谢克特函数 07.138
Schedar 仙后座α 14.070
Schmidt camera 施密特照相机 06.068
Schmidt-Cassegrain telescope 施密特-卡塞格林望远镜 06.072
Schmidt correcting plate 施密特改正镜 06.081
Schmidt corrector 施密特改正镜 06.081
Schmidt law 施密特定律 07.130
Schmidt plate 施密特改正镜 06.081
Schmidt telescope 施密特望远镜 06.067
Schwarzschild black hole 施瓦西黑洞 04.243
scintillation 闪烁 04.090
scintillation counter 闪烁计数器 06.422
scintillator ＊闪烁体 06.422
SCNA 宇宙噪声突然吸收 09.117
Sco-Cen associa-tion 天蝎-半人马星协 08.653
scopuli ＊断崖群 18.022
Scopulus 断崖 18.022
Scorpius 天蝎座 11.073
Scorpius 天蝎宫 12.008
Scorpius-Centaurus association 天蝎-半人马星协 08.653
Scorpius OB 1 天蝎 OB 1 星协 08.654
Scorpius X-1 天蝎 X-1 08.390
scotopic vision 暗视觉 01.058
Sculptor 玉夫座 11.074
Sculptorids 玉夫流星群 17.025
δ Scuti star 盾牌δ型星 08.477
Scutum 盾牌座 11.075
SDD 硅漂移探测器 06.431
SDO 太阳动力学天文台 06.604
SDO 黄道离散盘天体 10.030
S Dor star 剑鱼S型星 08.387
SEA 天电突增 09.115
Seagull Nebula 海鸥星云 08.587
search for extraterrestrial intelligence 地外文明探索 01.144
search for extraterrestrial life 地外生命搜寻 01.143
second 秒 01.091
secondary component 次星 08.391
secondary cosmic radiation 次级宇宙线 04.457
secondary cosmic rays 次级宇宙线 04.457
secondary distance indicator 次级示距天体，＊次级距离标志 07.262
secondary mirror 副镜 06.050
secondary star 次星 08.391
second contact 食既 03.141
second cosmic velocity 第二宇宙速度 03.097
second of time 时秒 02.298
sector boundary 扇形边界 09.310
sector structure 扇形结构 09.100
secular aberration 长期光行差 02.110
secular acceleration 长期加速度 03.166
secular parallax 长期视差 02.105
secular perturbation 长期摄动 03.011
secular polar motion 长期极移 02.192
secular resonance 长期共振 03.186
SED 光谱能量分布 04.475
Sedna 赛德娜［小行星］ 10.099
seeing 视宁度 01.096
seeing disk 视宁圆面 01.098
seeing image 视宁像 01.097
seeing monitor 视宁度监测仪 06.133
Seeliger paradox 西利格佯谬 07.414
segmented mirror 拼接镜 06.055
segmented mirror telescope 拼接镜面望远镜 06.056
selection function 选择函数 07.296
SELENE 月亮女神号，＊月球学与工程探测器 06.573
selenocentric coordinate 月心坐标 02.068
selenography 月面学 10.222
Selenological and Engineering Explorer 月亮女神号，＊月球学与工程探测器 06.573
selenology 月球学 10.221
self-calibration 自定标 06.366
self-gravitating body 自引力天体 04.458
self-gravitation 自引力 04.459
self-propagating star formation 自传播恒星形成 08.105
semi-analytical model 半解析模型 07.600
semidetached binary 半接双星 08.392
semi-detached binary 半接双星 08.392
semi-major axis 半长径 03.069
semi-regular variable 半规则变星 08.393
sensitization 敏化 06.226
separator ［磁拓扑］界线 09.259
separatrix ［磁拓扑］界面 09.258
Sepedet 天狼周 05.049
sequence of giants 巨星序 08.394
sequence of subdwarfs 亚矮星序 08.395

sequence of subgiants　亚巨星序　08.396
sequence of supergiants　超巨星序　08.397
sequence of white dwarfs　白矮星序　08.398
Serpens　巨蛇座　11.076
Serpens　蛇状脊　18.023
serpentes　＊蛇状脊群　18.023
Serrurier truss　赛路里桁架　06.127
Sersic profile　塞西克轮廓　07.128
Setebos　天卫十九　15.141
SETI　地外文明探索　01.144
seven astronomical instruments from the western regions　西域仪象　05.244
seven celestial bodies　七政　05.137
seven luminaries　七曜　05.138
seventy-two micro-season　七十二候　05.009
Severe Cold　大寒　13.024
sexagesimal cycle　六十干支周　05.005
Sextans　六分仪座　11.077
Sextant　纪限仪　05.246
SExtractor　源提取器　06.468
sextuple star　六合星　08.655
Seyfert　赛弗特星系　07.180
Seyfert galaxy　赛弗特星系　07.180
SFA　场强突异　09.119
SFD　频率突漂　09.110
S0 galaxy　＊S0 星系　07.078
Shack-Hartmann wavefront sensor　夏克-哈特曼波前传感器　06.169
shadow definer　景符　05.223
Shakura-Sunyaev disc　沙库拉-苏尼阿耶夫盘　07.190
Shane and Wirtanen　＊谢因-沃特嫩星表　07.026
shaped-pupil coronagraph　光瞳整形星冕仪　06.344
Shapley-Ames catalogue of bright galaxies　沙普利-艾姆斯亮星系表　07.020
Shaula　天蝎座 λ　14.023
shear　剪切量　07.345
shear tensor　剪切张量　07.346
Sheliak　渐台二　05.111
shell burning　壳层燃烧　08.106
shell star　气壳星　08.399
Shelyak　渐台二　05.111
shepherd satellite　牧羊犬卫星　10.055
Shergotty meteorite　休格地陨石　10.208
S2HG　太阳光谱-单色光照相仪　09.241
Shiliak　渐台二　05.111
Shixian calendar　时宪历　05.036
Shoemaker-Levy 9 comet　舒梅克-列维 9 号彗星　10.148
shooting star　流星　10.181
short-period comet　短周期彗星　10.132
short-period perturbation　短周期摄动　03.014
short-period variable　短周期变星　08.400
Shortt clock　雪特钟　05.267
shot noise　＊散粒噪声　07.401
Shoushi calendar　授时历　05.035
Siarnaq　土卫二十九　15.088
SID　电离层突扰　09.114
siddhānta　悉檀多历算书　05.201
side lobe　旁瓣　06.382
sidereal astronomy　恒星天文　08.006
sidereal clock　恒星钟　06.185
sidereal day　恒星日　02.202
sidereal month　恒星月　02.213
sidereal year　恒星年　02.221
siderolite　石铁陨石　10.203
siderostat　定星镜　06.099
sighting telescope　导星镜　06.142
sighting-tube　窥管，＊望筒　05.225
sighting-tube ring　四游仪　05.230
sigmoid　S 形结构　09.325
sigmoidal structure　S 形结构　09.325
silicon burning　硅燃烧　04.460
silicon drift detector　硅漂移探测器　06.431
silicon pore optics　硅孔光学系统　06.442
silicon strip detector　硅条探测器　06.430
Silk damping　西尔克衰减　07.482
Sinai　西奈　18.097
Singer　五车二　05.087
single-aperture radio telescope　单孔径射电望远镜　06.389
single-beam polarimeter　单光束偏振计　06.330
single-dish radio telescope　＊单碟射电望远镜　06.389
single-lined binary　单谱分光双星　08.401
single-lined spectroscopic binary　单谱分光双星　08.401
single-spectrum binary　＊单谱双星　08.401
single stellar population　单一星族　08.107
singular isothermal sphere　奇异等温球　07.164
Sinope　木卫九　15.011
Sinus Aestuum　浪湾　16.212

Sinus Amoris 爱湾 16.213
Sinus Asperitatis 狂暴湾 16.214
Sinus Concordiae 和谐湾 16.215
Sinus Fidei 信赖湾 16.216
Sinus Honoris 荣誉湾 16.217
Sinus Iridum 虹湾 16.218
Sinus Lunicus 眉月湾 16.219
Sinus Medii 中央湾 16.220
Sinus Roris 露湾 16.221
Sinus Successus 成功湾 16.222
Sirian companion 天狼伴星 08.402
Sirius [天]狼星 05.082
Sirius 大犬座α 14.001
site testing 选址 01.129
Siuyen meteorite crater 岫岩陨石坑 10.214
six cardinal points 六合 05.159
Skathi 土卫二十七 15.086
skewness 歃斜度 07.324
Skoll 土卫四十七 15.106
Skrymir 土卫五十六 15.115
sky background 天空背景 04.087
sky background radiation 天空背景辐射 04.461
sky brightness 天空亮度 04.088
sky flat 天光平场 06.149
Skylab 天空实验室载人空间站 06.589
sky measuring scale 量天尺 04.462
sky phenomena 天象 01.038
sky spectrum 天光光谱 04.463
sky survey 巡天观测 01.045
Slight Cold 小寒 13.023
Slight Heat 小暑 13.011
Slight Snow 小雪 13.020
slim disc 细盘 07.108
slit 狭缝 06.294
slitless spectrogram 无缝光谱 04.465
slitless spectrograph 无缝摄谱仪 06.296
slitless spectrum 无缝光谱 04.465
slit spectrogram 有缝光谱 04.464
slit spectrograph 狭缝光谱仪，*有缝光谱仪 06.295
slit spectrum 有缝光谱 04.464
slow nova 慢新星 08.403
slow-roll approximation 慢滚近似 07.552
slow-roll inflation 慢滚暴胀 07.551
slow-rolling approximation 慢滚近似 07.552
SLR 卫星激光测距，*激光测卫 02.249
SMA 亚毫米波[射电望远镜]阵 06.478
Small Astronomical Satellite-1 乌呼鲁号 X 射线卫星 06.641
Small Astronomical Satellite-2 小天文卫星 2 号 06.642
Small Astronomical Satellite-3 小天文卫星 3 号 06.643
Small Magellanic Cloud 小麦哲伦星云，*小麦云 07.032
small solar system body 太阳系小天体 10.005
SMC 小麦哲伦星云，*小麦云 07.032
Smithsonian astrophysical observatory star catalog SAO 星表 08.038
SMM 太阳极大使者 06.592
smoothed-particle hydrodynamics 平滑质点流体动力学 07.596
snail-shaped nebula 蜗牛星云 08.588
Snake Nebula 蛇形暗云 08.510
SN Cas 1572 第谷超新星 05.157
SN Oph 1604 开普勒超新星 05.158
SN type Ⅰ Ⅰ型超新星 08.437
SN type Ⅱ Ⅱ型超新星 08.438
SNU 太阳中微子单位 09.013
socket-shaped nebula 槽状星云 08.589
sodium guide star 钠[引]导星 06.176
SOFIA 索菲亚平流层红外天文台 06.632
soft binary 软双星 08.404
soft gamma repeater 软γ射线复现源 08.476
soft γ-ray 软γ射线 04.468
soft γ-ray repeater 软γ射线复现源 08.476
soft γ-ray source 软γ射线源 04.469
soft X-ray 软 X 射线 04.466
soft X-ray source 软 X 射线源 04.467
SOHO 索贺太阳和日球层探测器 06.597
SOHO comet SOHO 彗星 10.155
Sojourner 索杰纳号火星巡视器 06.553
solar active region 太阳活动区 09.131
solar activity 太阳活动 09.124
solar activity prediction 太阳活动预报 09.150
Solar and Heliospheric Observatory 索贺太阳和日球层探测器 06.597
solar antapex [太阳]背点 08.053
solar apex 太阳向点 08.054
solar atmosphere 太阳大气 09.014
Solar-B 日出太阳卫星 06.602

solar calendar 阳历，＊太阳历 05.023
solar constant 太阳常数 09.008
solar corona 日冕 09.074
solar cosmic rays 太阳宇宙线 09.017
solar cycle 太阳活动周 09.135
solar day 太阳日 02.203
solar disk 日面 09.033
Solar Dynamics Observatory 太阳动力学天文台 06.604
solar dynamo 太阳发电机 09.274
solar eclipse 日食 03.121
solar eclipse limit 日食限 03.137
solar energetic particle 太阳高能粒子 09.018
solar equation 日躔 05.016
solar eruption 太阳爆发 09.158
solar filtergram 太阳单色像 09.231
solar imaging spectrograph 太阳成像光谱仪 09.245
solar interior 太阳内部 09.011
solar irradiance 太阳辐照度 09.009
solar-like star ＊类太阳恒星 08.406
solar luminosity 太阳光度 01.087
solar magnetic cycle 太阳磁周 09.140
solar magnetograph 太阳磁像仪 09.242
solar mass 太阳质量 01.086
solar-mass star 太阳质量恒星 08.405
Solar Maximum Mission 太阳极大使者 06.592
solar maximum year 太阳峰年 09.142
solar microwave burst 太阳微波暴 09.151
solar minimum year 太阳谷年 09.143
solar nebula 太阳星云 10.275
solar neutrino 太阳中微子 09.015
solar neutrino deficit 太阳中微子亏缺 09.012
solar neutrino unit 太阳中微子单位 09.013
solar oblateness 太阳扁率 09.010
Solar Orbiter 环日轨道器 06.607
solar oscillation 太阳振荡 09.313
solar parallax 太阳视差 02.104
solar patrol 太阳巡视 09.122
solar photoelectric magnetograph 太阳光电磁像仪 09.235
solar physics 太阳物理学 09.246
solar prominence 日珥 09.188
[solar] proton event [太阳]质子事件 09.210
[solar] proton flare [太阳]质子耀斑 09.209
solar puff 日面喷焰 09.230
solar pulsation 太阳脉动 09.019
Solar Radiation and Climate Experiment 太阳辐射与大气实验卫星 06.601
Solar Radiation Satellite 太阳辐射卫星 06.587
solar radius 太阳半径 01.085
solar γ-ray burst 太阳γ射线暴 09.144
solar rotation 太阳自转 09.020
solar service 太阳服务 09.123
solar soft X-ray burst 太阳软X射线暴 09.152
solar spectrograph 太阳光谱仪，＊太阳摄谱仪 09.239
solar spectrum 太阳光谱 09.021
solar star 太阳型恒星 08.406
solar storm 太阳风暴 09.108
solar system 太阳系 10.001
solar system planet 太阳系行星 10.003
solar telescope 太阳望远镜 06.207
solar term 节气 05.007
solar-terrestrial environment 日地环境 09.104
solar-terrestrial physics 日地物理学 09.105
solar-terrestrial relationship 日地关系 09.116
Solar Terrestrial Relations Observatory 日地关系天文台 06.603
solar tower 太阳塔 06.208
solar transition region 太阳过渡区 09.022
solar-type star 太阳型恒星 08.406
solar wind 太阳风 09.099
solar X-ray burst 太阳X射线暴 09.149
solar year ＊太阳年 02.220
solid-state imaging detector 固体成像探测器 06.236
solid-state γ-ray detector 固体γ射线探测器 06.426
solid-state X-ray detector 固体X射线探测器 06.425
SolO 环日轨道器 06.607
SOLRAD 太阳辐射卫星 06.587
solstices 二至点 02.037
solstitial colure 二至圈 02.038
Solwind 太阳风卫星，＊空间实验程序P78-1号[卫星] 06.591
Song of Pacing the Heavens 《步天歌》 05.191
SORCE 太阳辐射与大气实验卫星 06.601
Sothic year 天狼年 05.056
source brightness 源亮度 04.470
source count 源计数 07.285
source counting 源计数 07.285
source-extractor 源提取器 06.468

source identification 源证认 04.471
source survey 源巡天 04.472
south celestial pole 南天极 02.029
south ecliptic pole 南黄极 02.050
Southern African Large Telescope 南非大型望远镜 06.521
southern coalsack 煤袋星云，＊南煤袋 08.498
southern star 南天恒星 08.407
south galactic cap 南银冠 07.029
south galactic pole 南银极 02.061
south point 南点 02.299
South Pole-Aitken basin 南极-艾特肯盆地 10.234
South Pole Telescope 南极点望远镜 06.475
SPA 相位突异 09.118
space 空间 01.035
space astrometry 空间天体测量学 02.010
space astronomy 空间天文学 01.017
space exploration 空间探索，＊太空探索 10.261
space-fixed coordinate system 空固坐标系 02.148
spacelike 类空的 07.604
space of constant curvature 常曲率空间 07.450
space telescope 空间望远镜 06.002
Space Telescope Science Data Analysis System 空间望远镜科学数据分析系统 06.467
space-time diagram 时距图 09.346
space-time singularity 时空奇点 04.473
space VLBI 空基甚长基线干涉测量 06.413
space weather 空间天气，＊太空天气 10.247
spar 组合太阳望远镜，＊多筒望远镜 06.210
spatial resolution 空间分辨率 04.474
special perturbation 特殊摄动，＊天体力学数值方法 03.006
speckle imaging 斑点成像法 06.163
speckle interferometry 斑点干涉测量 04.024
spectral analysis 光谱分析 04.484
spectral calibration lamp 光谱定标灯 06.293
spectral class 光谱型 04.055
spectral classification 光谱分类 04.057
spectral energy distribution 光谱能量分布 04.475
spectral line 谱线 04.477
spectral line broadening 谱线展宽 04.476
spectral line shift 谱线位移 04.163
spectral line splitting 谱线分裂 04.172
spectral range 光谱范围 04.478
spectral response 光谱响应 04.479
spectral sequence 光谱序 04.480
spectral type 光谱型 04.055
spectra-spectroheliograph 太阳光谱-单色光照相仪 09.241
spectrograph 摄谱仪 06.281
spectroheliogram 太阳单色像 09.231
spectroheliograph 太阳单色光照相仪 06.215
spectroheliography 太阳单色光照相术 09.232
spectrohelioscope 太阳单色光观测镜 09.240
spectrometer ＊光谱仪 06.281
spectrophotometer 分光光度计 06.279
spectrophotometric standard star 分光光度标准星 04.105
spectropolarimeter 分光偏振计 06.336
spectroscope ＊分光镜 06.281
spectroscopic binary 分光双星 08.408
spectroscopic distance 分光距离 04.086
spectroscopic orbit 分光解 08.109
spectroscopic orbit 分光轨道，＊摄谱轨道，＊摄谱解 08.108
spectroscopic parallax 分光视差 08.110
spectroscopic redshift 光谱红移 04.481
spectroscopy 光谱学 04.482
spectrum 光谱，＊频谱 04.483
spectrum binary 光谱双星 08.409
spectrum line 谱线 04.477
spectrum luminosity diagram ＊光谱-光度图 04.060
Spectrum-RG X-γ 能谱探测器 06.106
Spectrum-Röntgen-Gamma X-γ 能谱探测器 06.106
spectrum variable 光谱变星 08.410
Spektr-R ＊光谱射电号 06.614
Spektr-RG X-γ 能谱探测器 06.106
spherical accretion 球对称吸积 04.485
spherical albedo 球面反照率 04.486
spherical astronomy 球面天文学 02.002
spherical collapse 球坍缩 07.578
spherical component 球状子系 08.774
spherical galaxy 球状星系 07.061
spherical subsystem 球状次系 08.775
spheroidal dwarf 矮椭球星系 07.066
spheroidal galaxy 椭球星系 07.060
Spica 角宿一 05.097
Spica 室女座 α 14.016

Styx　斯堤克斯　18.098
Subaru Telescope　昴星团望远镜　06.514
sub-brown dwarf　亚褐矮星　10.296
subclass　次型　08.141
subcluster　次团　08.666
subdwarf　亚矮星　08.418
subdwarf sequence　亚矮星序　08.395
subflare　亚耀斑　09.224
subgiant　亚巨星　08.419
subgiant branch　亚巨星支　04.493
subhalo　子暗晕　07.589
Sub-Millimeter Array　亚毫米波[射电望远镜]阵　06.478
submillimeter telescope　亚毫米波望远镜　06.012
submillimeter wave　亚毫米波　04.494
submillimeter-wave astronomy　亚毫米波天文学　01.024
Submillimeter Wave Astronomy Satellite　亚毫米波天文卫星　06.611
submillisecond pulsar　亚毫秒脉冲星　08.420
sub-reflector　副反射镜，＊副反射面　06.388
substorm　磁层亚暴　09.113
subsystem　次系　08.779
successful eruption　成功的爆发　09.337
Sudbury crater　萨德伯里陨石坑，＊萨德伯里盆地　10.213
sudden cosmic noise absorption　宇宙噪声突然吸收　09.117
sudden enhancement of atmospherics　天电突增　09.115
sudden field anomaly　场强突异　09.119
sudden frequency drift　频率突漂　09.110
sudden ionospheric disturbance　电离层突扰　09.114
sudden phase anomaly　相位突异　09.118
sudden short wave fadeout　短波突衰　09.120
Sudr　天津四　05.100
Suhail　船帆座 λ　14.065
Suhail　老人星，＊寿星　05.083
sulci　＊沟脊地　18.024
Sulcus　沟脊　18.024
Summer Solstice　夏至　13.010
summer solstice　夏至点　02.039
summer time　夏令时　02.168
sun　太阳　09.001
sundial　日晷　05.254
Sungrazier　掠日彗星　10.135
sungrazing comet　掠日彗星　10.135
Sun-like activity　类太阳活动　08.142
sun-like star　＊类太阳恒星　08.406
sunspot　[太阳]黑子　09.159
sunspot cycle　黑子周期　09.145
sunspot group　太阳黑子群　09.160
sunspot maximum　黑子极大期　09.146
sunspot minimum　黑子极小期　09.147
sunspot penumbra　黑子半影　09.163
sunspot umbra　黑子本影　09.162
sunward tail　向日彗尾　10.129
Sunyaev-Zel'dovich effect　苏尼阿耶夫-泽尔多维奇效应　07.367
super-association　超星协　08.668
super-cluster　超星系团　07.219
superconducting quantum interference device　超导量子干涉器件　06.267
superconducting tunnel junction detector　超导隧道结探测器　06.265
supercorona　超冕　09.081
super-Eddington accretion　超爱丁顿吸积　07.189
super flat　超级平场　06.151
supergiant　超巨星　08.421
supergiant elliptical　超巨椭圆星系　07.059
supergiant elliptical galaxy　超巨椭圆星系　07.059
supergiant galaxy　超巨星系　07.068
supergiant star　超巨星　08.421
supergranular cell　超米粒元胞　09.065
supergranulation　超米粒组织　09.063
supergranule　超米粒　09.062
super-horizon perturbation　超视界扰动　07.570
superhump　长驼峰　08.143
superior conjunction　上合　03.104
superior planet　外[侧]行星　10.015
superluminal jet　超光速喷流　04.495
supermassive black hole　超大质量黑洞　07.166
supernova　超新星　08.422
supernova of 1054　1054 超新星　05.156
supernova-γ-ray burst connection　超新星 γ 暴关联　08.144
supernova remnant　超新星遗迹　08.423
supernova search　超新星巡天　08.039
superoutburst　长爆发　08.145
super penumbral region　超半影区　09.179
super-Schmidt camera　超施密特相机　06.069

super-short period cepheid　超短周期造父变星　08.424
super star cluster　超星团，＊年轻大质量星团　08.667
super-supernova　超超新星　08.425
supersymmetric particle　超对称粒子　07.514
supersymmetry　超对称　07.513
supreme subtlety enclosure　太微垣　05.079
surface brightness　面亮度　04.496
surface-brightness fluctuation　面亮度起伏，＊表面亮度涨落　07.264
surface brightness profile　面亮度轮廓　04.497
surface gravity　表面重力　04.498
surface of zero velocity　零速度面　03.025
surface temperature　表面温度　04.499
surge　日浪　09.225
Surtur　土卫四十八　15.107
survey catalogue　巡天星表　01.114
survey telescope　巡天望远镜　06.005
Suttungr　土卫二十三　15.082
SU UMa star　大熊 SU 型星　08.417
Suzaku　朱雀 X 射线天文卫星　06.663
Suzhou Inscriptive Planisphere《苏州石刻天文图》05.194
swan-like structure　天鹅云状结构　08.592
Swan Nebula　＊天鹅星云　08.572
SWAS　亚毫米波天文卫星　06.611
sweeping star　帚星，＊扫帚星　05.152
swept charge device　扫电荷器件　06.428
Swift　＊雨燕号　06.662
Swiss-cheese model　瑞士乳酪模型　07.463
SW Sex star　六分仪 SW 型星　08.426
Sycorax　天卫十七　15.139
Sylvia　林神星　10.111
symbiotic binary　＊共生双星　08.431
symbiotic Mira　共生刍藁　08.428
symbiotic nova　共生新星　08.429
symbiotic recurrent nova　共生再发新星　08.430
symbiotic star　共生星　08.431
sympathetic flare　相应耀斑　09.205
synchronous gauge　同步规范　07.618
synchronous observation　同步观测　01.046
synclotron radiation　同步加速辐射，＊磁阻尼辐射　09.282
synodic month　朔望月　02.214
synodic month　朔实，＊塑策　05.020
synodic period　会合周期　03.188
synthesis aperture　综合孔径　06.354
synthesized aperture　综合孔径　06.354
synthetic aperture　综合孔径　06.354
Syria　叙利亚　18.099
system of astronomical constants　天文常数系统　02.234

T

tacholine　差旋层　09.023
tachyonic field　快子场　07.533
TAI　国际原子时　02.176
Taichu calendar　太初历　05.031
tail condensation　彗尾凝团　10.175
tail-disconnection event　[彗星]断尾事件　10.172
tail helic　彗尾螺旋结构　10.174
tail kink　彗尾扭折　10.173
tail knot　彗尾结节　10.176
tail ray　[彗星]尾流射线　10.171
Tanais　塔纳伊斯　18.100
tangential arc　切弧　07.353
Taosi Observatory　陶寺观象台　05.277
Tarqeq　土卫五十二　15.111
Tarvos　土卫二十一　15.080
T association　T 星协　08.669
Taurids　金牛流星群　17.026
Taurus　金牛座　11.078
Taurus　金牛宫　12.002
Taurus cluster　金牛星团　08.670
Taygete　木卫二十　15.022
TCB　质心坐标时　02.173
TCG　地心坐标时　02.171
TD-1　雷神-德尔塔 1 号天文卫星　06.617
TDB　质心力学时　02.174
TDI　时延积分　06.161
TDT　＊地球动力学时　02.172
tearing model instability　撕裂模不稳定性　09.284
technetium star　锝星　08.434
tektites　玻璃陨石　10.204
telescope mount　望远镜机架　06.100
telescope mounting　望远镜机架　06.100
Telescopium　望远镜座　11.079
Telesto　土卫十三　15.072

Triton 海卫一 15.150
Trojan asteroid 特洛伊型小行星 10.091
Trojan asteroid of Jupiter 木星特洛伊群[小行星]，*特罗央群 10.092
Trojan group of Jupiter 木星特洛伊群[小行星]，*特罗央群 10.092
Trojan moon 特洛伊卫星 10.056
Trojans 特洛伊型小行星 10.091
tropical month 分至月，*回归月 02.215
tropical year 回归年 02.220
tropical year 岁实 05.019
TRS 地球参考系 02.300
true anomaly 真近点角 03.077
true declination 真赤纬 02.303
true equator 真赤道 02.139
true equinox 真春分点 02.141
true place 真位置 02.142
true pole 真天极 02.140
true position 真位置 02.142
true right ascension 真赤经 02.302
Trumpler's classification 特朗普勒分类 08.674
Trumpler's star cluster 特朗普勒星团 08.675
T star T型星，*T型矮星，*T型褐矮星 08.432
TT 地球时 02.172
T Tauri star 金牛T型星 08.433
Tucana 杜鹃座 11.082
Tully-Fisher relation 塔利-费希尔关系 07.132
Tunguska event 通古斯事件，*通古斯大爆炸 10.216
turnaround 回转，*回缩 07.579
turn-off age 折向点年龄，*拐点年龄 04.505
turn-off mass 折向点质量，*拐点质量 04.506
turn-off of plasma tail 彗星等离子体尾关闭，*等离子体彗尾完结 10.169
turn-off point from main-sequence 主序折向点，*主序拐点 04.507
turn-on of plasma tail 彗星等离子体尾开启，*等离子体彗尾生成 10.168
twelve Chen 十二辰 05.012
twelve double-hours 十二辰 05.012
twelvefold equatorial division 十二次 05.013
twelve Jupiter-stations 十二次 05.013
twenty-eight lunar mansions 二十八宿 05.071
twenty-four solar terms 二十四节气 05.006
twenty-one centimeter line 21厘米谱线 07.371
twilight 晨昏蒙影 04.094
twilight flat 晨昏天光平场 06.150
twinkling 闪烁 04.090
twin quasar 双类星体 07.177
two-body problem 二体问题 03.015
two-color diagram 双色图 04.061
two-color photometry 两色测光 04.031
two-dimensional classification 二元光谱分类 04.508
two-dimensional photometry 二维测光 04.037
two-dimensional spectral classification 二元光谱分类 04.508
two-point correlation function 两点相关函数 07.318
two ribbon flare 双带耀斑 09.203
two-spectrum binary *双谱双星 08.219
two-stream hypothesis *二星流假说 08.694
two-stream instability 二流不稳定性 08.146
Tycho Catalogue 第谷星表 01.151
Tychonic system 第谷体系 05.178
Tycho's supernova 第谷超新星 05.157
Type Ⅰ quasar Ⅰ型类星体 07.174
Type Ⅱ quasar Ⅱ型类星体 07.175
type Ⅰ spicule Ⅰ类针状体 09.347
type Ⅱ spicule Ⅱ类针状体 09.348
type Ⅰ supernova Ⅰ型超新星 08.437
type Ⅱ supernova Ⅱ型超新星 08.438
Ⅰ type tail *Ⅰ型彗尾 10.128
Ⅱ type tail *Ⅱ型彗尾 10.127

U

UBV system UBV系统 04.027
Uchronia 犹克罗尼亚 18.107
UFO 不明飞行物，*幽浮 01.147
U gem binary 双子U型双星 08.439
U geminorum star 双子U型星 08.440
U Gem star 双子U型星 08.440
uhuru 乌呼鲁 04.187
Uhuru 乌呼鲁号X射线卫星 06.641
Uhuru catalogue of X-ray sources 乌呼鲁X射线源表 08.042
UK Infrared Telescope 英国红外望远镜 06.507
UKIRT 英国红外望远镜 06.507

U line　U 谱线　08.041
ultradense object　超密天体　08.441
ultra-high energy cosmic ray　特高能宇宙线　07.384
ultraluminous infrared galaxy　特高光度红外星系　07.084
ultra-Neptunian planet　海外行星　10.036
ultra-relativistic electron　极端相对论性电子　04.509
ultra-relativistic particle　极端相对论性粒子　04.510
ultra-short-period cepheid　超短周期造父变星　08.424
ultraviolet　紫外[线]　04.511
ultraviolet astronomy　紫外天文学　01.029
ultraviolet excess　紫外超　04.051
ultraviolet-excess object　紫外超天体　08.442
ultraviolet luminosity　紫外光度　04.512
ultraviolet object　紫外天体　04.513
ultraviolet radiation　紫外辐射　04.514
ultraviolet survey　紫外巡天　04.515
ultraviolet telescope　紫外望远镜　06.007
Ulysses　尤利西斯号太阳探测器　06.594
U-magnitude　U 星等　08.043
umbra　本影　03.128
Umbra　温布拉　18.108
umbral dot　本影点　09.174
umbral eclipse　本影食　03.130
umbral flash　本影闪烁　09.170
Umbriel　天卫二　15.124
Unda　沙丘　18.027
undae　*沙丘群　18.027
unevenness　非均匀性，*不均匀性　07.297
unfilled aperture　分立孔径　06.371
unidentified flying object　不明飞行物，*幽浮　01.147
unified model of active galactic nuclei　活动星系核的统一模型　07.168
unipolar group　单极群　09.175
unipolar sunspot　单极黑子　09.164
unique variable　独特变星　08.443
universal time　世界时　02.167
universe　宇宙　07.001
unseen companion　未见伴星　08.444
unseen component　未现子星　08.445
unstationary star　不稳定星　08.319
up-Comptonization　康普顿硬化　04.154
up-leg light time　上行光行时　02.311
upper culmination　上中天　02.090
Uppsala General Catalogue of Galaxies　乌普萨拉星系总表，*UGC 星表　07.019
upward-looking bowl sundial　仰仪，*仰釜日晷　05.253
Uranian ring　天王星环　10.065
Uranus　天王星　10.044
Uranus' ring　天王星环　10.065
Ursa Major　大熊座　11.083
Ursa Major cluster　大熊星团　08.676
Ursa Minor　小熊座　11.084
Ursa Minorids　小熊流星群　17.027
Ursids　小熊流星群　17.027
UTC　协调世界时　02.177
Utopia　乌托邦　18.109
Utopia Planitia　乌托邦平原　10.078
UU Her star　武仙 UU 型星　08.446
uvby system　uvby 系统，*四色测光系统　04.028
UV Cet star　*鲸鱼 UV 型星　08.447
UV Cet variable star　鲸鱼 UV 型变星　08.447
(u,v) coverage　u-v 覆盖　06.359
(u,v) plane　u-v 平面　06.360
(u,v) plane coverage　*u-v 平面覆盖　06.359

V

vacuum energy　真空能量　07.525
vacuum solar telescope　真空太阳望远镜，*真空太阳塔　06.209
vacuum solar tower　真空太阳望远镜，*真空太阳塔　06.209
vacuum wavelength　真空波长　04.029
Valentine Nebula　*情人星云　08.585
Valetudo　木卫六十二　15.057
valles　*峡谷群　18.028
Valles Marineris　水手号谷，*水手号大峡谷，*水手谷　10.077
Vallis　峡谷　18.028
Vallis Alpes　阿尔卑斯月谷　16.223
Vallis Alpes　阿尔卑斯大峡谷　16.224
Vallis Baade　巴德谷　16.225
Vallis Bohr　玻尔谷　16.226
Vallis Bouvard　布瓦尔谷　16.227
Vallis Capella　卡佩拉谷　16.228
Vallis Christel　克里斯特尔谷　16.229
Vallis Inghirami　因吉拉米谷　16.230

Vallis Krishna　克里希纳谷　16.231
Vallis Palitzsch　帕利奇谷　16.232
Vallis Planck　普朗克谷　16.233
Vallis Rheita　里伊塔月谷　16.234
Vallis Schrödinger　薛定谔谷　16.235
Vallis Schröteri　施洛特月谷　16.236
Vallis Snellius　斯涅尔谷　16.237
van Allen belt　*范艾伦带　10.248
van Allen radiation belt　范艾伦辐射带　10.248
van Maanen's star　范玛宁星　08.448
Variabilis Coronae　北冕座 R　05.113
variable nebula　变光星云　08.595
variable radio source　射电变源　08.640
variable star　变星　08.449
variable-velocity star　视向速度变星　08.453
variable X-ray source　X 射线变源　08.450
variation　二均差　03.162
Varuna　伐楼拿[小行星]　10.101
Vastitas　荒原　18.029
vastitates　荒原　18.029
vaulting heaven and square earth　天圆地方　05.160
vectorial astrometry　矢量天体测量学　02.011
vector magnetograph　矢量磁像仪　06.221
Vega　织女一，*织女星　05.086
Vega　天琴座 α　14.005
VEGA　维加号，*金星-哈雷号　06.546
veil variable star　掩食变星　08.323
Vela　看守者号核监测卫星　06.640
Vela　船帆座　11.085
Vela pulsar　船帆脉冲星　08.451
Vela supernova remnant　船帆超新星遗迹　08.452
velocity ellipsoid　速度椭球　08.785
velocity of recession　退行速度　07.278
velocity variable　视向速度变星　08.453
Venera　金星号　06.537
VEnera-GAllei　维加号，*金星-哈雷号　06.546
Venus　太白　05.140
Venus　金星，*太白　10.039
Venus Express　金星快车　06.569
VERITAS　甚高能辐射成像望远镜阵　06.527
vermilion bird　朱雀，*朱鸟　05.076
vernal equinox　春分点　02.033
Vernal Equinox　春分　13.004
vertex　奔赴点　08.786
vertical circle　地平经圈，*垂直圈　02.019
vertical magnetic field　垂直磁场　09.328
vertical revolving circle　立运环　05.237
very early universe　极早期宇宙　07.409
Very Energetic Radiation Imaging Telescope Array System　甚高能辐射成像望远镜阵　06.527
Very Large Array　*甚大阵　06.487
Very Large Telescope　甚大望远镜　06.515
Very Large Telescope Inteferometer　甚大望远镜干涉仪　06.516
Very Long Baseline Array　甚长基线[射电望远镜]阵　06.491
very long baseline interferometer　甚长基线干涉仪　06.412
very long baseline interferometry　甚长基线干涉测量　02.250
Vesta　灶神星　10.106
vibrational line　振动谱线　04.030
vignetting　渐晕　04.265
Viking　海盗号火星探测器　06.544
Virgo　室女座　11.086
Virgo　室女宫　12.006
virgocentric flow　室女座星系团中心流　07.039
Virgo cluster　室女座星系团　07.038
Virgo galaxy cluster　室女座星系团　07.038
Virgo Gravitational Wave Detector　室女[团]引力波探测器　06.535
Virgo supercluster　室女座超团，*本超团　07.040
virial equilibrium　位力平衡　04.516
virialization　位力化　07.153
virial mass　位力质量　07.154
virial theorem　位力定理，*维里定理　04.081
virtual observatory　虚拟天文台　06.021
Visible and Infrared Survey Telescope for Astronomy　天文可见光及红外巡天望远镜　06.524
visible component　可见子星　08.454
visible light　可见光　04.395
VISTA　天文可见光及红外巡天望远镜　06.524
visual binary　目视双星　08.455
visual double star　目视双星　08.455
visual magnitude　目视星等　04.046
visual photometry　目视测光　04.018
visual star　目视星　08.456
vis viva equation　活力积分，*活力公式　03.200

W

wormhole　虫洞，＊蠕洞　07.633
WR galaxy　＊WR 星系　07.181
W Ser star　巨蛇 W 型星　08.458
WSRT　韦斯特博克综合孔径射电望远镜　06.485
W UMa binary　大熊 W 型双星　08.459
W Vir type star　＊室女 W 型星　08.460
W Vir type variable　室女 W 型变星　08.460
W Vir variable　室女 W 型变星　08.460
Wynne corrector　韦恩改正镜组　06.088
XANADU　X 射线分析和数据应用包　06.472

X

Xanthe　克珊忒　18.110
xenobiology　＊外空生物学　01.013
Xia Xiao Zheng　《夏小正》　05.186
Xiuyan crater　岫岩陨石坑　10.214
XMM-Newton　XMM 牛顿望远镜　06.659
X-ray　X 射线　04.519
X-ray Analysis and Data Utilization　X 射线分析和数据应用包　06.472
X-ray astronomy　X 射线天文学　01.030
X-ray background radiation　X 射线背景辐射　07.378
X-ray binary　X 射线双星　08.172
X-ray bright point　X 射线亮点　09.341
X-ray burst　X 射线暴　04.240
X-ray burster　X 射线暴源　08.464
X-ray burst source　X 射线暴源　08.464
X-ray CCD　X 射线 CCD　06.427
X-ray counterpart　X 射线对应体　04.102
X-ray eclipsing star　X 射线食变星　08.226
X-ray eclipsing system　X 射线食变星　08.226
X-ray grating spectrometer　X 射线光栅能谱仪　06.447
X-ray Multi-Mirror Newton　XMM 牛顿望远镜　06.659
X-ray nova　X 射线新星　08.465
X-ray pulsar　X 射线脉冲星　08.466
X-ray star　X 射线星　08.467
X-ray sun　X 射线太阳　09.005
X-ray telescope　X 射线望远镜　06.015

Y

year　年　02.218
Yerkes classification system　叶凯士分类系统，＊摩根-基南分类系统　08.044
yin and yang　阴阳　05.298
Yi Si Zhan　《乙巳占》　05.189
Yisi Treatise on Astrology　《乙巳占》　05.189
Ymir　土卫十九　15.078
Yohkoh　阳光太阳卫星　06.595
yoke mounting　轭式装置　06.120
young star cluster　年轻星团　08.678
Yue-bei　月孛　05.131

Z

Zanstra temperature　赞斯特拉温度　04.115
Z Cam star　鹿豹 Z 型星　08.468
Zeeman-Doppler imaging　塞曼-多普勒成像法　06.337
Zeeman splitting　塞曼分裂　04.520
Zel'dovich approximation　泽尔多维奇近似　07.577
Zel'dovich pancakes　泽尔多维奇薄饼　07.240
zenith　天顶　02.016
zenithal hourly rate　每小时天顶方向流星数　10.185
zenith distance　天顶距　02.025
zenith instrument　天顶仪　06.198
zenith telescope　天顶望远镜　06.102
zenith telescope　天顶仪　06.198
Zephyria　仄费里亚　18.111
zero-age horizontal branch　零龄水平支　04.068
zero-age main sequence　零龄主序　04.210
zerodur　微晶玻璃　06.051
ZHR　每小时天顶方向流星数　10.185
Zīj-i īlkhānī　《伊尔汗历表》，＊《波斯历书》　05.200
ZIMPOL　苏黎世成像偏振计　06.335
Zi-qi　紫气　05.132
zirconium star　锆星　08.469
zodiac　黄道带　02.052
Zodiacal constellation　黄道星座　05.116
zodiacal counterglow　对日照　10.251
zodiacal light　黄道光　10.250
zodiacal signs　黄道十二宫　05.014

其 他

汉 英 索 引

A

矮行星　dwarf planet　10.004
矮椭球星系　dwarf spheroidal galaxy, dwarf spheroidal, spheroidal dwarf　07.066
矮椭圆星系　dwarf elliptical galaxy, dwarf elliptical 07.065
矮新星　dwarf nova　08.221
矮星　dwarf star, dwarf　08.222
G矮星问题　G-dwarf problem　08.736
矮星系　dwarf galaxy, dwarf　07.063
矮旋涡星系　dwarf spiral galaxy, dwarf spiral　07.064
*矮造父变星　dwarf cepheid　08.477
艾贝尔富度　Abell richness class　04.120
艾贝尔星系团　Abell cluster　07.027
艾勃特-法斯梯光谱仪　Ebert-Fastie spectrometer　06.288
艾布·菲达坑链　Catena Abulfeda　16.001
艾达[小行星]　Ida　10.109
艾利达尼亚　Eridania　18.063
艾伦丘陵陨石84001　Allan hills 84001　10.209
艾伦望远镜阵　Allen Telescope Array, ATA　06.490
艾卫　Dactyl　10.110
爱丁顿极限　Eddington limit　04.206
爱拉托逊纪　Eratosthenian period　10.241
爱那斯托轮廓　Einasto profile　07.593
爱神星[小行星]　Eros　10.118
爱斯基摩星云　Eskimo Nebula, Clown Face Nebula 08.522
爱湾　Sinus Amoris　16.213
爱因斯坦半径　Einstein radius　07.349
爱因斯坦场方程　Einstein field equation　07.614
爱因斯坦-德西特模型　Einstein-de Sitter model　07.429
爱因斯坦弧　Einstein arc　07.350
爱因斯坦环　Einstein ring　07.351
爱因斯坦-嘉当引力　Einstein-Cartan gravity　07.644
爱因斯坦模型　Einstein's model　07.428
爱因斯坦十字状类星体　Einstein cross　07.338
爱因斯坦天文台　Einstein Observatory　06.646
爱因斯坦-希尔伯特拉格朗日量　Einstein-Hilbert Lagrangian　07.615
爱因斯坦张量　Einstein tensor　07.616
安德鲁索夫山脊　Dorsa Andrusov　16.013
安多耶变量　Andoyer variable　03.041
安培山　Mons Ampère　16.090
安天说　discourse on the conformation of the heavens 05.164
氨钟　ammonia clock　06.189
*闇虚　dark shadow　05.133
暗斑　Macula　18.014
*暗斑群　maculae　18.014
暗伴天体　faint companion, dark companion　08.237
*暗伴星　faint companion, dark companion　08.237
暗场　dark field　06.238
暗带　dark lane　07.115
暗能量　dark energy　07.522
暗能量模型　dark energy model　07.523
暗视觉　scotopic vision　01.058
暗条　filament　09.191
暗条激活　filament activation　09.194
暗条通道　filament channel　09.195
暗条突逝　filament sudden disappearance　09.200
暗条振荡　field oscillation　09.197
暗物质　dark matter　07.495
暗物质候选者　dark matter candidate　07.496
暗物质间接探测　dark matter indirect detection　07.499
暗物质粒子探测卫星　Dark Matter Particle Explorer, DAMPE　06.670
暗物质衰变　dark matter decay　07.500
暗物质湮灭　dark matter annihilation　07.501
暗物质晕　dark matter halo　07.502
暗物质直接探测　dark matter direct detection　07.505
暗星云　dark nebula　08.509
暗虚　dark shadow　05.133
暗云　dark cloud　08.508
暗晕占据数分布　halo occupation distribution　07.590
凹地　Cavus　18.003
*凹地群　cavi　18.003
奥波尔策溪　Rima Oppolzer　16.158
奥尔伯斯佯谬　Olbers' paradox　07.413
奥尔特常数　Oort constant, Oort's constant　08.749
奥尔特公式　Oort formulae, Oort's formulae　08.750
奥尔特云　Oort cloud　10.013
奥夫纳中继　Offner relay　06.087
奥克苏斯　Oxus　18.089
奥林匹斯山　Olympus Mons　10.076
奥林匹亚　Olympia　18.086
奥陌陌　'Oumuamua　10.294
奥佩尔山脊　Dorsum Oppel　16.041
奥索尼亚　Ausonia　18.040
奥西里斯王号小行星探测器　Origins-Spectral Interpreta-

B

暴　burst　04.276
γ暴集群灭绝　γ-ray burst mass extinction　04.526
γ暴能量　γ-ray burst energy　04.525
γ暴前身天体　γ-ray burst progenitor　04.527
γ暴余辉　γ-ray burst afterglow　04.524
暴源　burster, burst source　04.277
暴胀　inflation　07.543
暴胀的优雅退出问题　graceful exit problem of inflation　07.555
暴胀宇宙　inflationary universe　07.544
暴胀再热　inflation reheating　07.546
暴胀子　inflaton　07.545
曝光过度　over-exposure　04.397
曝光时间　exposure time　04.334
爆发变星　eruptive variable, explosive variable　08.231
爆发日珥　eruptive prominence, exploding prominence　09.193
爆发星系　eruptive galaxy, exploding galaxy, explosive galaxy　07.104
爆后新星　faded nova, ex-nova　08.236
爆裂喷流　blow-out jet　09.338
爆前超新星　pre-supernova　08.348
爆前新星　prenova　08.347
爆缩　implosion　04.231
北点　north point　02.296
北斗　Big Dipper, Plough, Triones, Wain　05.105
北斗卫星导航系统　BeiDou Navigation Satellite System　02.321
*北斗一　Dubhe　05.106
北河三　Pollux　05.098
北黄极　north ecliptic pole　02.049
*北极二　Kocab　05.104
*北极距　polar distance　02.046
北极星　pole star, north star, Polaris, Cynosura　05.103
北极星序　north polar sequence　04.045
北京观象台　Beijing Observatory　05.282
北落师门　Fomalhaut　05.099
北煤袋　Northern Coalsack　08.571
北美星云　North America Nebula　08.570
北冕R型星　R CrB star　08.363
北冕座　Corona Borealis　11.027
北冕座R　Variabilis Coronae　05.113
北冕座α　Alphecca　14.066
北瑟提斯　Boreosyrtis　18.042
北十字　Northern Cross　08.633
北天极　north celestial pole　02.028
北银冠　north galactic cap　07.028
北银极　north galactic pole　02.060
北银极支　north Galactic spur, north Galactic-polar spur, north polar spur　08.748
贝波X射线天文卫星　Beppo Satellite for X-Ray Astronomy, BeppoSAX　06.657
*贝蒂-魏茨泽克循环　Bethe-Weizsäcker cycle　04.199
贝克林-诺伊格鲍尔天体　Becklin-Neugebauer object, BN object　08.168
贝克-纳恩相机　Baker-Nunn camera　06.070
贝利珠　Baily's beads　09.072
贝皮科隆博水星探测器　BepiColombo　06.586
贝塞尔恒星常数　Besselian star constant　02.146
贝塞尔年　Besselian year　02.224
贝塞尔日数　Besselian day number　02.145
孛星　deluding star　05.151
背景辐射　background radiation　04.089
背景星　background star　01.111
背景星系　background galaxy　07.097
钡星　barium star, Ba star　08.164
被动屏蔽　passive shielding　06.417
奔赴点　vertex　08.786
奔离点　antivertex　08.046
*本超团　Virgo supercluster　07.040
本超星系团　Local supercluster　07.220
本初子午线　prime meridian　02.078
本底　bias　06.237
本地恒星　local star　08.290
本地静止标准　local standard of rest　08.745
本动　peculiar motion　02.128
本动速度　peculiar speed, peculiar velocity　04.406
本动速度场　peculiar velocity field　07.332
本轮　epicycle　05.179
本轮轨道　epicyclic orbit　05.053
本轮中心　epicenter　05.052
本星系群　Local Group of galaxies, Local Group　07.212
本影　umbra　03.128
本影点　umbral dot　09.174
本影闪烁　umbral flash　09.170
本影食　umbral eclipse　03.130
本征方向　proper direction　02.261
本征根数　proper element　03.184

本征光度　intrinsic luminosity　04.362
本征基　proper tetrad　02.259
＊本征距离　proper distance　07.255
本征亮度　intrinsic brightness　04.361
比安基恒等式　Bianchi identity　07.619
比安基宇宙论　Bianchi cosmology　07.459
比德伯格连续大气模型　Bilderberg continuum atmosphere model, BCA model　09.053
比格溪　Rimae Bürg　16.173
比较光谱　comparison spectrum　04.162
比较行星学　comparative planetology　10.273
比较星　comparison star　01.106
比科山　Mons Pico　16.094
比拉彗星　Biela's comet　10.145
比拉流星群　Bielids　17.004
比利牛斯山脉　Montes Pyrenaeus　16.113
比邻星　Proxima　08.356
比同山　Mons Piton　16.096
比逊河　Phison　18.092
比伊溪　Rima Billy　16.142
笔束巡天　pencil beam survey　07.292
毕星团　Hyades　08.619
毕宿超级星团　Hyades supercluster　08.621
毕宿五　Aldebaran, Cor Tauri　05.094
毕宿星群　Hyades group　08.620
闭合幅度　closure amplitude　06.367
闭合类时曲线　closed timelike curve　07.607
闭合相位　closure phase　06.368
闭弦　closed string　07.650
闭箱模型　closed-box model　07.145
闭宇宙　closed universe　07.449
臂际天体　interarm object　08.272
臂际星　interarm star　08.273
臂族　arm population　08.682
边缘化　marginalization　07.398
边缘耀斑　limb flare　09.217
＊编码孔径成像　coded aperture imaging　06.450
＊编码孔径望远镜　coded aperture telescope　06.451
编码遮罩　coded mask　06.449
编码遮罩成像　coded mask imaging　06.450
编码遮罩望远镜　coded mask telescope　06.451
扁平次系　plane subsystem　08.760
扁平子系　plane component　08.759
变光星云　variable nebula　08.595
变像管　image convertor　06.229
＊AGB 变星　AGB variable　08.154
变星　variable star　08.449
＊变星编号　designation of variable stars　08.021
变星命名　designation of variable stars　08.021
变星总表　general catalogue of variable stars　08.026
变形镜　deformable mirror　06.180
标度不变性　scale-invariance　07.313
标高　scale height　04.133
标量场　scalar field　07.528
标量模　scalar mode　07.565
标量扰动　scalar perturbation　07.566
标量-张量引力　scalar-tensor gravity　07.638
标准尺　standard ruler　07.258
标准冷暗物质模型　standard cold dark matter model　07.509
标准喷流　standard jet　09.342
标准太阳模型　standard solar model, SSM　09.051
标准星　standard star　01.108
标准宇宙模型　standard cosmological model　07.439
标准烛光　standard candle　07.259
标准坐标　standard coordinates　02.241
表　gnomon　05.220
＊表观超光速运动　apparent superluminal motion　07.187
＊表观亮度　apparent brightness　01.068
表观视界　apparent horizon　07.625
＊表面亮度涨落　surface-brightness fluctuation　07.264
表面温度　surface temperature　04.499
表面重力　surface gravity　04.498
冰立方中微子天文台　IceCube Neutrino Observatory　06.533
冰[质]巨行星　ice giant planet　10.022
并合率　merger rate　07.229
并合树　merger tree　07.230
并合星系　merging galaxy　07.224
波茨坦巡天星表　Potsdamer durchmusterung　08.036
波得溪　Rimae Bode　16.172
波恩星表　Bonner Durchmusterung　04.059
波江座　Eridanus　11.036
波江座 α　Achernar　14.009
波罗的亚　Baltia　18.041
波前　wave front　04.518
波前传感器　wavefront sensor　06.168
＊《波斯历书》　Al-Zij-Ilkhani, Zīj-i īlkhānī　05.200

波纹地　Fluctus　18.009
*波纹区　fluctūs　18.009
玻尔谷　Vallis Bohr　16.226
玻璃陨石　tektites　10.204
播时　time broadcasting　02.182
伯纳姆双星总表　Burnham's general catalogue of double stars　08.011
伯内特山脊　Dorsa Burnet　16.016
伯特溪　Rima Birt　16.143
泊松噪声　Poisson noise　07.401
勃朗峰　Mont Blanc　16.100
博克球状体　Bok globule　08.485
不变平面　invariable plane　03.090
*不规则变星　irregular variable　08.318
不规则星系　irregular galaxy, abnormal galaxy　07.062
不接双星　detached binary, detached system　08.218
*不均匀性　inhomogeneity, non-uniformity, unevenness　07.297
*不可见物质　invisible matter　07.497
不明飞行物　unidentified flying object, UFO　01.147
不透明度　opacity　04.131
不透明系数　coefficient of opacity, opacity　04.284
不稳定星　non-stable star, unstationary star　08.319
布彻-厄姆勒效应　Butcher-Oemler effect　07.222
布赫山脊　Dorsum Bucher　16.031
布拉格[晶体]能谱仪　Bragg crystal spectrometer, Bragg spectrometer　06.446
布兰斯-迪克理论　Brans-Dicke theory　07.639
布雷利溪　Rima Brayley　16.144
*布洛契星团　Coathanger Cluster　08.605
布瓦尔谷　Vallis Bouvard　16.227
《步天歌》　Song of Pacing the Heavens　05.191
部分爆发　partial eruption　09.335

C

参考大圆　reference great circle　02.255
参考架偏差　frame bias　02.317
参考星　reference star　01.107
参数化后牛顿形式　parameterized post-Newtonian formalism　02.310
参宿七　Rigel, Algebar, Elgebar　05.088
参宿四　Betelgeuse, Al Mankib, Al Dhira　05.091
蚕茧星云　cocoon nebula　08.499
苍龙　azure dragon, grey dragon　05.073
苍蝇座　Musca　11.056
槽状星云　socket-shaped nebula　08.589
侧向天体　edge-on object　01.117
侧向星系　edge-on galaxy　07.088
测地岁差　geodetic precession　02.118
测地星表　catalogue of geodetical stars　08.016
测地章动　geodetic nutation　02.125
测辐射热计面阵　bolometer array　06.262
*测光　photometry　04.016
CCD 测光　CCD photometry　04.035
测光红移　photometric redshift　07.277
测光解　photometric solution　08.097
测光精度　photometric precision, photometric accuracy　04.410
测光距离　photometric distance　04.085
*测光数据系统　photometric data system　06.225
测光双星　photometric binary, photometric double star　08.333
测光误差　photometric error　04.408
测光系统　photometric system　04.026
测光序　photometric sequence　04.044
测光夜　photometric night　04.409
测时　time determination　02.180
层叠闪烁体　phoswitch　06.423
叉式装置　fork mounting, forked mounting　06.116
差分成像法　differential imaging　06.345
差分辐射计　differential radiometer　06.406
差分图像运动测量仪　differential image motion monitor, DIMM　06.134
差旋层　tacholine　09.023
豺狼座　Lupus　11.050
缠卷疑难　winding dilemma　07.119
产星暴　star-formation burst　08.115
产星过程　star-formation process　08.117
产星活动　star-formation activity　08.114
产星阶段　star-forming phase　08.118
产星率　star formation rate　04.487
产星区　star-forming region, star-producing region, star-formation region　08.778
产星效率　star-formation efficiency　08.116
产星星系　star-forming galaxy　07.103

长爆发　superoutburst　08.145
*长城　great wall　07.235
长存湖　Lacus Perseverantiae　16.059
长缝光谱仪　long slit spectrograph　06.297
长庚星　Hesperus　05.146
长期共振　secular resonance　03.186
长期光行差　secular aberration　02.110
长期极移　secular polar motion　02.192
长期加速度　secular acceleration　03.166
长期摄动　secular perturbation　03.011
长期视差　secular parallax　02.105
长蛇座　Hydra　11.042
长蛇座 α　Alphard　14.047
长驼峰　superhump　08.143
长周期变星　long period variable　08.292
长周期彗星　long period comet　10.131
长周期摄动　long period perturbation　03.013
*长周期造父变星　long period cepheid　08.195
常曲率空间　space of constant curvature　07.450
*嫦娥工程　Chang'e Program　10.244
嫦娥号　Chang'e　06.574
场强突异　sudden field anomaly, SFA　09.119
场星　field star, general field star　08.611
场星系　field galaxy　07.092
超爱丁顿吸积　super-Eddington accretion　07.189
超半影区　super penumbral region　09.179
超超新星　super-supernova　08.425
超大质量黑洞　supermassive black hole　07.166
超导量子干涉器件　superconducting quantum interference device, SQUID　06.267
超导隧道结探测器　superconducting tunnel junction detector, STJ　06.265
超导相变边缘传感器　transition edge sensor　06.266
超短周期造父变星　super-short period cepheid, ultra-short-period cepheid　08.424
超对称　supersymmetry　07.513
超对称粒子　supersymmetric particle　07.514
超光速喷流　superluminal jet　04.495
超级平场　super flat　06.151
超巨椭圆星系　supergiant elliptical galaxy, supergiant elliptical　07.059
超巨星　supergiant star, supergiant　08.421
超巨星系　supergiant galaxy　07.068
超巨星序　sequence of supergiants　08.397
超距作用　action at a distance　04.251
超米粒　supergranule, hypergranule　09.062
超米粒元胞　supergranular cell　09.065
超米粒组织　supergranulation, hypergranulation　09.063
超密天体　ultradense object　08.441
超密物质　overdense matter　04.398
超冕　supercorona　09.081
*超人差[棱镜]等高仪　impersonal astrolabe　06.196
超射　overshooting　04.194
超施密特相机　super-Schmidt camera　06.069
超视界扰动　super-horizon perturbbation　07.570
超小暗晕　minihalo　07.588
1054 超新星　supernova of 1054　05.156
超新星　supernova　08.422
超新星 γ 暴关联　supernova-γ-ray burst connection　08.144
*超新星编号　designation of supernovae　08.020
超新星命名　designation of supernovae　08.020
超新星巡天　supernova search　08.039
超新星遗迹　supernova remnant, relic of supernova, remnant of supernova　08.423
超星团　super star cluster　08.667
超星系团　galaxy supercluster, super-cluster　07.219
超星协　super-association　08.668
潮汐臂　tidal arm　08.784
潮汐剥落　tidal stripping　07.159
潮汐假说　tidal hypothesis　10.283
潮汐摩擦　tidal friction　03.043
潮汐形变　tidal deformation　03.042
潮滞　tidal lag　03.189
车里雅宾斯克陨落事件　Chelyabinsk meteor　10.217
车轮星系　Cartwheel galaxy　07.037
尘埃彗尾　dust tail, cometary dust tail　10.127
尘埃盘　dust disk　08.516
尘埃星云　dust nebula　08.517
尘带　dust lane　07.116
辰　double-hours, Chen　05.011
辰星　Mercury, double-hours planet　05.139
晨出　heliacal rising　05.042
晨昏蒙影　twilight　04.094
晨昏天光平场　twilight flat　06.150
成对速度弥散　pairwise velocity dispersion　07.331
成功的爆发　successful eruption　09.337
成功湾　Sinus Successus　16.222

成团　clustering　04.283
＊成像测光　image photometry　04.037
成像大气切伦科夫望远镜　imaging atmospheric Cherenkov telescope, imaging air Cherenkov telescope, IACT　06.454
成像光度计　imaging photometer　06.278
成像光谱仪　imaging spectrograph　06.291
成像偏振计　imaging polarimeter　06.334
成员星　member star　08.623
成员星系　member galaxy　07.096
程控[自主]望远镜　robotic telescope　06.020
澄海　Mare Serenitatis　16.083
秤动　libration　03.154
秤动点　libration point　03.033
秤漏　steelyard clepsydra　05.262
池谷·关彗星　comet Ikeya-Seki　10.146
弛豫星团　relaxed cluster　08.651
尺度体系　scale system　05.296
赤道　equator　02.076
赤道地平视差　equatorial horizontal parallax　02.103
赤道经纬仪　equatorial armillary sphere　05.248
赤道隆起　equatorial bulge　02.083
赤道仪　equatorial instrument, equatorial telescope　06.110
赤道装置　equatorial mounting　06.109
赤道坐标系　equatorial coordinate system　02.026
赤基黄道仪　torquetum　05.250
＊赤极　pole of the equator　02.027
赤经　right ascension　02.043
赤经圈　circle of right ascension　02.041
赤经岁差　precession in right ascension　02.119
赤经章动　nutation in right ascension　02.126
赤纬　declination　02.044
赤纬度盘　declination circle　06.115
赤纬圈　declination circle　02.042
赤纬岁差　precession in declination　02.120
赤纬轴　declination axis　06.113
冲　opposition　03.106
虫洞　wormhole　07.633
重现黑子群　revival spot group　09.171
《崇祯历书》　Chong Zhen Reign-period Treatise on Calendrical Science　05.195
畴壁　domain wall　07.561
出差　evection　03.163
出凌　egress　03.147
初轨　preliminary orbit　03.046
＊初级波束　primary beam　06.383
＊初级距离标志　primary distance indicator　07.261
初级示距天体　primary distance indicator　07.261
初亏　first contact　03.140
初尼罗　Protonilus　18.095
初始恒星　initial star　08.269
初始质量函数　initial mass function　04.357
刍藁变星　Mira Ceti variable, Mira variable, Mira-type variable, Mira star, Mira-type star, o Ceti star　08.309
＊刍藁型变星　Mira Ceti variable, Mira variable, Mira-type variable, Mira star, Mira-type star, o Ceti star　08.309
蒭藁增二　Mira, Stella Mira　05.112
处暑　End of Heat, Limit of Heat　13.014
触须星系　Antennae Galaxies　07.035
穿越时间　crossing time, crossover time　08.068
船底臂　Carina　08.683
船底 OB 2 星协　Carina OB 2　08.600
船底星云　carina nebula, eta carina nebula　08.490
船底座　Carina　11.017
船底座α　Canopus　14.002
船底座β　Miaplacidus　14.028
船底座ε　Avior　14.039
船底座ι　Aspidiske　14.064
船帆超新星遗迹　Vela supernova remnant　08.452
船帆脉冲星　Vela pulsar　08.451
＊船帆 AI 型星　AI Vel star　08.477
船帆座　Vela　11.085
船帆座γ　Regor[a]　14.030
船帆座δ　Alsephina　14.045
船帆座κ　Markeb　14.085
船帆座λ　Suhail　14.065
船尾射电源 A　Puppis A　08.360
船尾座　Puppis　11.068
船尾座ζ　Naos　14.071
创神星　Quaoar　10.098
＊创世纪元　Jewish era　05.064
《创世奇迹录》　The Wonders of Creation　05.205
垂直磁场　vertical magnetic field　09.328
＊垂直圈　vertical circle　02.019
春分　Vernal Equinox, Spring Equinox　13.004
春分点　vernal equinox, spring equinox　02.033
春湖　Lacus Veris　16.065
纯特洛伊群　pure Trojan group　10.093
磁凹陷　magnetic dip　09.316

磁胞 magnetic cell 09.257
＊磁暴 geomagnetic storm 10.246
磁变星 magnetic variable 08.298
磁并合 magnetic coalescence, magnetic merging 09.309
磁不稳定性 magnetic instability 09.292
磁层暴 magnetospheric storm 09.106
磁层亚暴 substorm 09.113
磁[场]分类 magnetic classification 09.181
磁[场]剪切 magnetic shear 09.252
磁[场]扭绞 magnetic twist 09.253
磁重联 magnetic reconnection 09.260
磁导率 magnetic conductivity 09.280
磁对消 magnetic cancellation 09.261
磁浮力 magnetic buoyancy 09.268
＊磁盖 magnetic canopy 09.265
磁刚度 magnetic rigidity 09.277
磁钩 crochet 09.121
磁光滤光器 magneto-optical filter, MOF 06.218
磁光效应 magneto-optical effect 09.307
磁化等离子体 magnetized plasma 09.293
磁环 magnetic loop 09.255
磁镜 magnetic mirror 09.273
磁扩散 magnetic diffusion 09.269
磁扩散率 magnetic diffusivity 09.281
磁雷诺数 magnetic Reynold number 09.299
磁力线湮灭 magnetic field line annihilation 09.278
磁流管 magnetic flux tube 09.272
磁[流]环 magnetic flux loop 09.306
磁流密度 magnetic flux density 09.270
磁[流]绳 magnetic [flux] rope 09.271
磁流守恒 magnetic flux conservation 09.305
磁流体 magnetofluid 09.296
磁流体[动]力学 magnetohydrodynamics, MHD 09.297
磁流体力学不稳定性 magnetohydrodynamic instability 09.289
磁螺度 magnetic helicity 09.251
磁偶极辐射 magnetic dipole radiation 04.367
磁蓬 magnetic canopy 09.265
磁屏 magnetic shield 09.290
＊磁轫致辐射 magnetoremstralung radiation 09.282
磁声波 magnetoacoustic wave 09.288
磁声重力波 magnetoacoustic gravity wave 09.287
磁势 magnetic potential 09.294
磁图 magnetogram 09.233
磁陀星 magnetar 08.296
[磁拓扑]界面 separatrix 09.258
[磁拓扑]界线 separator 09.259
磁像仪 magnetograph 06.220
磁星 magnetic star 08.297
磁压 magnetic pressure 09.295
磁元 magnetic element 09.262
磁云 magnetic cloud 09.279
磁致冷 magnetic cooling 09.276
磁致湍流 magnetic turbulence, magneto-turbulence 09.291
磁中性线 polarity inversion line, PIL 09.249
磁重力波 magnetogravity wave 09.285
磁阻尼 magnetic braking 04.122
＊磁阻尼辐射 synclotron radiation 09.282
次并合 minor merger 07.226
＊次级距离标志 secondary distance indicator 07.262
次级示距天体 secondary distance indicator 07.262
次级宇宙线 secondary cosmic radiation, secondary cosmic rays 04.457
次团 subcluster 08.666
次系 subsystem 08.779
次星 secondary star, secondary component 08.391
次型 subclass 08.141
刺魟星云 Stingray Nebula 08.480

D

达尔文溪 Rimae Darwin 16.175
达·伽马溪 Rimae Vasco da Gama 16.203
达纳山脊 Dorsa Dana 16.018
大暗斑 great dark spot ,GDS 10.069
大暗隙 Great Rift 08.537
大白斑 great white spot, great white oval, GWS 10.068
大爆炸核合成 Big Bang nucleosynthesis 07.485
大爆炸理论 Big Bang theory 07.432
大爆炸奇点 Big Bang singularity 07.412
大尺度结构 large scale structure 07.298
大冲 favorable opposition 03.107
大地高程 geodetic altitude 02.286
大地经度 geodetic longitude 02.284
大地纬度 geodetic latitude 02.285

大地坐标　geodetic coordinates　02.283
大反弹　big bounce　07.436
大寒　Greater Cold, Severe Cold　13.024
大红斑　great red spot, GRS　10.067
大彗星　great comet　10.142
*大火　Antares, Cor Scorpii　05.096
大角　Arcturus, Alramech, Abramech　05.085
*大角星流　Arcturus group　08.598
大角星群　Arcturus group　08.598
大距　(1) greatest elongation, (2) elongation　03.112
大陵五　Algol, Demon Star　05.109
大陵型变星　Algol-type variable, Algol variable　08.156
*大陵型食变星　Algol-type eclipsing variable　08.156
大陵型双星　Algol-type binary, Algol binary, Algol system　08.155
*大麦云　Large Magellenic Cloud, LMC　07.031
大麦哲伦星云　Large Magellenic Cloud, LMC　07.031
*大气簇射阵　air shower array　06.455
大气辉光　airglow　10.253
大气色散补偿器　atmospheric dispersion compensator　06.090
*大气色散改正器　atmospheric dispersion corrector　06.090
大气视宁度　atmospheric seeing　04.091
大气透明度　atmospheric transparency　04.092
大气消光　atmospheric extinction　04.266
大气荧光[式][宇宙线]探测器　air fluorescence detector, atmospheric fluorescence detector　06.456
大气折射　astronomical refraction, atmospheric refraction　02.095
大气质量　air mass　04.253
大圈星云　Great Looped Nebula　08.536
*大犬β型星　β CMa star　08.471
大犬座　Canis Major　11.014
大犬座α　Sirius　14.001
大犬座β　Mirzam　14.046
大犬座δ　Wezen　14.036
大犬座ε　Adhara　14.022
大犬座η　Aludra　14.084
大暑　Greater Heat　13.012
大撕裂　big rip　07.438
大坍缩　big crunch　07.437
大天区面积多目标光纤光谱天文望远镜　Large Sky Area Multi-Object Fiber Spectroscopic Telescope, LAMOST　06.523
大型大气γ射线成像切伦科夫望远镜阵　Major Atmospheric Gamma-Ray Imaging Cherenkov Telescopes, MAGIC　06.526
大型米波射电望远镜　Giant Metrewave Radio Telescope, GMRT　06.489
大型双筒望远镜　Large Binocular Telescope, LBT　06.519
大型双筒望远镜干涉仪　large binocular telescope interferometer, LBTI　06.520
*大行星　principal planet, major planet　10.003
大熊星团　Ursa Major cluster　08.676
大熊W型双星　W UMa binary　08.459
大熊SU型星　SU UMa star　08.417
大熊座　Ursa Major　11.083
大熊座α　Dubhe　14.034
大熊座β　Merak　14.077
大熊座γ　Phecda　14.083
大熊座ε　Alioth　14.032
大熊座ζ　Mizar　14.052
大熊座η　Alkaid　14.040
大雪　Greater Snow, Heavy Snow　13.021
大质量星　massive star, high-mass star　08.303
岱[克斯]　dex　01.095
带内行星　inner planet　10.016
带外行星　outer planet　10.017
带限星冕仪　band-limit coronagraph　06.342
戴维坑链　Catena Davy　16.003
丹聂耳溪　Rimae Daniell　16.174
丹戎等高仪　Danjon astrolabe　06.196
*单碟射电望远镜　single-dish radio telescope　06.389
单光束偏振计　single-beam polarimeter　06.330
单极黑子　unipolar sunspot　09.164
单极群　unipolar group　09.175
单孔径射电望远镜　single-aperture radio telescope　06.389
单块镜　monolithic mirror　06.052
单片型CMOS　monolithic CMOS　06.255
单谱分光双星　single-lined spectroscopic binary, single-lined binary　08.401
*单谱双星　single-spectrum binary　08.401
单束模型　monolithic model　09.177
单一星族　single stellar population　08.107
氮序　nitrogen sequence　08.332
氘丰度　deuterium abundance　07.487

导臂　leading arm　07.111
导星　guiding　06.137
导星镜　guiding telescope, guidscope, sighting telescope　06.142
导星相机　acquisition camera　06.144
导星装置　guiding device, guider　06.139
岛海　Mare Insularum　16.077
岛宇宙　island universe　05.208
锝星　technetium star　08.434
德国式装置　German mounting　06.118
德雷伯分类　Draper classification　08.023
德雷伯溪　Rima Draper　16.148
*德雷伯星表　Henry Draper Catalogue　01.149
德雷克方程　Drake equation　10.305
德利尔溪　Rima Delisle　16.146
德洛奈变量　Delaunay variable　03.168
德森萨斯平原　Planitia Descensus　16.127
德维尔海角　Promontorium Deville　16.131
德沃古勒定律　de Vaucouleurs' law　07.131
德沃古勒分类　de Vaucouleurs classification　07.051
德西特空间　de Sitter space　07.627
登封观星台　Dengfeng Star Observation Platform　05.281
等边三角形点　equilateral triangle points　03.035
等高仪　astrolabe　06.195
等光度半径　isophotal radius　07.126
等光度测量　isophotometry　04.023
等级式成团　hierarchical clustering　07.572
等级式结构形成　hierarchical structure formation　07.571
等级式宇宙　hierarchical universe　07.461
等离子体彗尾　cometary plasma tail, plasma tail　10.128
*等离子体彗尾生成　turn-on of plasma tail　10.168
*等离子体彗尾完结　turn-off of plasma tail　10.169
等离子天体物理学　plasma astrophysics　04.004
等龄线　isochrone, isochron　04.212
等曲率扰动　isocurvature perturbations　07.306
等温球　isothermal sphere　07.163
等效温度　equivalent temperature　04.112
等值焦距　equivalent focal distance, equivalent focal length　06.029
等值宽度　equivalent width, equivalent breadth　04.168
等周律　law of isochronous rotation　05.149
低电离核发射线区　low ionization nuclear emission-line region, LINER　07.169
低面亮度星系　low surface-brightness galaxy, LSB galaxy　07.071
低频射电望远镜　low-frequency radio telescope　06.014
低频阵　Low-Frequency Array, LOFAR　06.494
低温望远镜　cryogenic telescope　06.009
狄俄斯枯里亚　Dioscuria　18.059
狄拉克大数假说　Dirac's large-number hypothesis　07.415
迪阿克里亚　Diacria　18.058
迪克辐射计　Dicke radiometer　06.404
*迪克接收机　Dicke receiver　06.404
迪克开关　Dicke switch　06.405
底片比例尺　plate scale　02.239
底片常数　plate constant　02.240
底片雾　photographic fog　06.227
*底拾　dex　01.095
地磁暴　geomagnetic storm　10.246
地方时　local time　02.164
地固坐标系　body-fixed coordinate system, earth-fixed coordinate system　02.149
地基观测　ground-based observation　01.044
地极　earth pole　02.072
地理经度　geographic longitude　02.289
地理纬度　geographic latitude　02.288
地理子午线　geographic meridian　02.290
地理坐标　geographic coordinates　02.287
地面天文学　ground-based astronomy　01.016
地平经圈　vertical circle　02.019
地平经纬仪　Altazimuth　05.251
地平经仪　horizon circle instrument　05.252
地平圈　horizon　02.018
地平式日晷　horizontal sundial　05.255
地平视差　horizontal parallax　02.101
地平纬度　altitude　02.024
地平纬圈　altitude circle　02.020
地平装置　azimuth mounting, altazimuth mounting　06.105
地平坐标系　horizontal coordinate system　02.015
地球　Earth　10.040
地球参考系　terrestrial reference system, TRS　02.300
地球定向参数　earth orientation parameter, EOP　02.195
*地球动力学时　terrestrial dynamical time, TDT　02.172
地球空间　terrestrial space, geospace　10.257
*地球空间科学计划风星　Global Geospace Science Wind, Wind　06.596
地球时　terrestrial time, TT　02.172
地球物理学　geophysics　10.245

地球中间零点　Terrestrial Intermediate Origin, TIO　02.320
地球自转参数　earth rotation parameter, ERP　02.194
地球坐标系　terrestrial coordinate system　02.071
地外生命　extraterrestrial life　01.140
地外生命搜寻　search for extraterrestrial life　01.143
地外生物学　exobiology　01.013
地外文明　extraterrestrial civilization　01.141
地外文明探索　search for extraterrestrial intelligence, SETI　01.144
地外智慧生物　extraterrestrial intelligence　01.142
地心地球参考系　Geocentric Terrestrial Reference System, GTRS　02.319
地心经度　geocentric longitude　02.282
地心历表　geocentric ephemeris　03.102
地心说　geocentric theory　05.173
地心体系　geocentric system　05.174
地心天球参考系　Geocentric Celestial Reference System, GCRS　02.318
地心纬度　geocentric latitude　02.281
地心引力常数　geocentric gravitational constant　02.280
地心坐标　geocentric coordinate　02.066
地心坐标时　geocentric coordinate time, TCG　02.171
地月空间　cislunar space, earth-moon space　10.258
地月系统　earth-moon system　10.259
地月质量比　earth-moon mass ratio　02.237
地支　terrestrial branch　05.004
地中　centre of the earth　05.171
帝　Kocab　05.104
第二宇宙速度　second cosmic velocity　03.097
第谷超新星　Tycho's supernova, SN Cas 1572　05.157
第谷体系　Tychonic system　05.178
第谷星表　Tycho Catalogue　01.151
第三宇宙速度　third cosmic velocity　03.098
第四宇宙速度　fourth cosmic velocity　03.197
第五基本星表　Fünfter fundamental katalog　08.025
第一代恒星　first stars　08.240
第一宇宙速度　first cosmic velocity　03.096
蒂米亚马塔　Thymiamata　18.105
蒂塞朗判据　Tisserand's criterion　03.201
点扩散函数　point spread function　04.411
点头法　nodding　06.158
n 点相关函数　*n*-point correlation function　04.379
碘吸收池　iodine absorption cell　06.320
电磁波谱　electromagnetic spectrum　04.316
电荷耦合器件　charge-coupled device, CCD　06.241
电离背景　ionizing background　07.207
电离层不透明度仪　riometer　09.243
电离层突扰　sudden ionospheric disturbance, SID　09.114
电离氢凝聚体　HII condensation　08.544
电离氢区　HII region, ionized hydrogen region　08.545
电离氢星系　HII galaxy　07.086
电离氢云　HII cloud　08.543
电离温度　ionization temperature　04.111
电流螺度　electric current helicity　09.303
电流片　current sheet　09.254
电视导星镜　television guider　06.143
电子倍增 CCD　electron-multiplying CCD, EMCCD　06.252
电子对湮灭　annihilation of electron pair　04.255
电子回旋频率　electron gyro-frequency　04.318
电子简并压　electron degeneracy pressure　04.317
*电子偶素　positronium　04.414
电子照相机　electrographic camera, electronographic camera, electron camera, electronic camera　06.230
电子-正电子对产生　electron-positron pair creation　04.320
电子中微子　electron neutrino, e-neutrino　04.319
凋沼　Palus Putredinis　16.124
雕具座　Caelum　11.010
e 叠数　e-folds　07.547
定标　calibration　01.103
定标星　calibration star　01.104
定标源　calibration source　01.105
定轨　orbit determination　03.045
定年　dating　01.022
定日镜　heliostat　06.211
定天镜　coelostat　06.212
定向光栅　blazed grating　06.305
定星镜　siderostat　06.099
丢番图溪　Rima Diophantus　16.147
东大距　(1) greatest eastern elongation, (2) eastern elongation　03.113
东点　east point　02.277
东方照　eastern quadrature　03.109
东海　Mare Orientale　16.082
东汉灵台　Observatory of Eastern Han Dynasty　05.280
冬湖　Lacus Hiemalis　16.054

冬至 December Solstice, Winter Solstice 13.022
冬至点 winter solstice 02.040
*MOND 动力学 modified Newtonian dynamics, MOND dynamics 07.637
动力学参考系 dynamical reference system 02.151
动力学分点 dynamical equinox 02.154
动力学年龄 dynamical age 04.235
动力学质量 dynamical mass 04.079
动态纤维 dynamic fibril 09.327
冻结 freeze-out 07.481
洞察号火星探测器 Interior Exploration Using Seismic Investigations, Geodesy and Heat Transport, InSight 06.585
洞穴星云 cave nebula 08.494
抖动法 dithering 06.159
陡谱 steep spectrum 04.182
陡谱源 steep-spectrum source 08.022
斗建 direction of big dipper's handle 05.028
逗点状星云 comma-like nebula 08.503
毒蜘蛛脉冲星 black widow pulsar 08.175
独立日数 independent day number 02.147
独立天体 detached objects 10.031
独特变星 unique variable 08.443
独眼神计划 Cyclips project 01.146
杜鹃座 Tucana 11.082
*度圭 gnomon shadow template 05.221
度规 metric 07.609
渡越辐射 transition radiation 04.502
端向天体 end-on object 01.119
短波突衰 sudden short wave fadeout, SSWF 09.120
短缺质量 missing mass 04.234
短周期变星 short-period variable 08.400
短周期彗星 short-period comet 10.132
短周期摄动 short-period perturbation 03.014
断崖 Scopulus 18.022
*断崖群 scopuli 18.022
对不稳定性超新星 pair-instability supernova 07.148
*对流、旋转与行星凌星[卫星] Convection Rotation and Planetary Transits, CoRoT 06.629
对流层 convection zone 04.192
对流元 convective cell 04.193
对日照 gegenschein, counter-twilight, zodiacal counterglow 10.251
对数正态分布模型 log-normal model 07.599
《敦煌星图》 Star Atlas of Dunhuang 05.192
*盾牌-半人马臂 Centaurus arm 08.686
盾牌 δ 型星 δ Scuti star 08.477
盾牌座 Scutum 11.075
多波段天文学 multi-wavelength astronomy 01.032
多[重]共轭自适应光学 multi-conjugate adaptive optics, MCAO 06.173
多重线 multiplet 04.378
多重宇宙 multiverse 07.410
多重周期变星 multi-periodic variable 08.310
多方球 polytrope 04.191
多缝光谱仪 multi-slit spectrograph 06.298
多环盆地 multi-ring basin, MRB 10.233
多镜面望远镜 multi-mirror telescope, multiple mirror telescope 06.057
*多镜面望远镜 multiple mirror telescope 06.508
多目标自适应光学 multi-object adaptive optics, MOAO 06.174
多佩尔迈尔溪 Rimae Doppelmayer 16.176
多普勒定位 Doppler positioning 02.263
多普勒频移 Doppler shift 04.164
多普勒图 Dopplergram 04.165
多色测光 multicolor photometry 04.034
多束模型 cluster model 09.178
多丝正比计数器 multiwire proportional counter 06.420
多体问题 many-body problem 03.021
多天体摄谱仪 multi-object spectrograph 06.290
多通道光度计 multi-channel photometer 06.277
多通道滤波器频谱仪 multichannel filter spectrometer 06.407
*多筒望远镜 spar 06.210
多信使天文学 multi-messenger astronomy 01.033
多阳极微通道阵 multi-anode microchannel array, MAMA 06.235
惰性中微子 sterile neutrino 07.392

E

俄耳梯癸亚 Ortygia 18.088
俄斐 Ophir 18.087

蛾眉星云　Crescent Nebula　08. 506
额外维模型　extra dimension model　07. 646
厄勒克特里斯　Electris　18. 061
轭式装置　yoke mounting　06. 120
恩克方法　Encke's method　03. 169
恩克环缝　Encke gap　10. 060
恩克彗星　Encke's comet, comet Encke　10. 144
二分点　equinoxes　02. 035
二分圈　equinoctial colure　02. 036
二均差　variation　03. 162
二流不稳定性　two-stream instability　08. 146
二十八宿　twenty-eight lunar mansions　05. 071
二十四节气　twenty-four solar terms　05. 006
二体碰撞　binary collision　03. 026
二体问题　two-body problem　03. 015
二维测光　two-dimensional photometry　04. 037
二星流　double drift　08. 694
＊二星流假说　two-stream hypothesis　08. 694
二元光谱分类　two-dimensional spectral classification, two-dimensional classification　04. 508
二至点　solstices　02. 037
二至圈　solstitial colure　02. 038

F

发电机理论　dynamo theory　04. 315
发光强度　luminous intensity　01. 064
发射线变星　emission variable　08. 229
发射线星　emission-line star　08. 230
发射线星系　emission-line galaxy　07. 179
发射星云　emission nebula　08. 521
发现[型]陨石　meteorite find　10. 197
伐楼拿[小行星]　Varuna　10. 101
＊法布里-波罗标准具　Fabry-Perot spectrometer　06. 314
法布里-波罗光谱仪　Fabry-Perot spectrometer　06. 314
法布里透镜　Fabry lens　06. 280
法定时　legal time　02. 169
法厄同　Phaethontis　18. 091
法纳洛夫-里雷类型　Fanaroff-Riley class　07. 183
反变层　reversing layer, reversionlayer　09. 055
＊反常彗尾　cometary antitail　10. 129
反常 X 射线脉冲星　anomalous X-ray pulsar　08. 158
反德西特空间　anti-de Sitter space　07. 628
反符合　anticoincidence　06. 416
反馈　feedback　07. 149
反射镜　reflector, mirror　06. 048
反射式施密特望远镜　reflecting Schmidt telescope, reflective Schmidt telescope　06. 071
反射望远镜　reflecting telescope, catoptric telescope, mirror telescope　06. 046
反射星云　reflection nebula　08. 581
反物质　antimatter　04. 256
反响映射　reverberation mapping　07. 193
反银心[方向]　Galactic anticenter, anticenter　08. 050
反银心区　anticenter region　08. 045
反照率　albedo　04. 116
反照率特征　Albedo Feature　18. 001
返回加热　backwarming　09. 302
＊范艾伦带　van Allen belt　10. 248
范艾伦辐射带　van Allen radiation belt　10. 248
范玛宁星　van Maanen's star　08. 448
方位角　azimuth　02. 023
方位天文学　positional astronomy　02. 006
方位仪　azimuth telescope, azimuthal telescope　05. 273
方位轴　azimuth axis　06. 108
方照　quadrature　03. 108
仿视星等　photovisual magnitude　01. 078
纺锤星系　Spindle Galaxy　07. 077
放射化学[式]中微子探测器　radiochemical neutrino detector　06. 458
放射性计年　radioactive dating　04. 446
飞马大四边形　Great Square of Pegasus　08. 615
飞马座　Pegasus　11. 062
飞马座 α　Markab　14. 087
飞马座 β　Scheat　14. 081
飞马座 ε　Enif　14. 080
飞鸟 X 射线天文卫星　Advanced Satellite for Cosmology and Astrophysics, ASCA, Astro-D　06. 655
飞鱼座　Volans　11. 087
非标准太阳模型　non-standard solar model　09. 052
非对称流　asymmetric drift　08. 599
非高斯性　non-Gaussianity　07. 403
非灰大气　non-gray atmosphere　04. 142
非径向脉动　non-radial pulsation　04. 217
非局部热动平衡　non-local thermodynamic equilibrium　04. 144

非均匀性　inhomogeneity, non-uniformity, unevenness　07. 297
非热电子　non-thermal electron　04. 138
非热辐射　non-thermal radiation　04. 149
非热射电源　non-thermal radio source　04. 391
非势[场]性　non-potentiality　09. 250
非属团恒星　non-cluster star　08. 632
非相对论性粒子　non-relativistic particle　04. 390
非质子耀斑　non-proton flare　09. 219
非周期变星　non-periodic variable　08. 318
非周期彗星　aperiodic comet, non-periodic comet　10. 133
菲莱号彗星着陆器　Philae　06. 566
菲涅尔海角　Promontorium Fresnel　16. 132
菲涅尔溪　Rimae Fresnel　16. 177
菲涅耳 γ 射线望远镜　Fresnel γ-ray telescope　06. 444
菲涅耳 X 射线望远镜　Fresnel X-ray telescope　06. 443
费伯-杰克逊关系　Faber-Jackson relation, Faber-Jackson law　07. 133
费米 γ 射线天文台　Fermi γ-Ray Observatory　06. 666
费希尔信息　Fisher information　07. 396
＊分出说　catastrophe hypothesis　10. 279
分光光度标准星　spectrophotometric standard star, standard star for spectrophotometry　04. 105
分光光度计　spectrophotometer　06. 279
＊分光光度温度　color temperature　04. 108
分光轨道　spectroscopic orbit　08. 108
分光解　spectroscopic orbit, radialvelocity orbit　08. 109
＊分光镜　spectroscope　06. 281
分光距离　spectroscopic distance　04. 086
分光偏振计　spectropolarimeter　06. 336
分光视差　spectroscopic parallax　08. 110
分光双星　spectroscopic binary　08. 408
分立孔径　unfilled aperture　06. 371
τ 分量　τ component　08. 148
υ 分量　υ component　08. 149
分米波　decimeter wave, decimetric wave　04. 302
分束器　beam splitter　06. 091
分野　field division　05. 213
分至圈　colure　02. 274
分至月　tropical month　02. 215
5 分钟振荡　five-minute oscillation　09. 030
160 分钟振荡　160-minute oscillation　09. 031
＊分子脉泽　molecular maser　04. 377
分子谱线　molecular line　04. 376
分子天文学　molecular astronomy　04. 375
分子微波激射　molecular maser　04. 377
分子云　molecular cloud　08. 565
分子钟　molecular clock　06. 188
＊丰度　element abundance, abundance of element, elemental abundance　04. 321
丰富海　Mare Fecunditatis　16. 071
风暴洋　Oceanus Procellarum　16. 121
风号探测器　Global Geospace Science Wind, Wind　06. 596
＊蜂巢星团　Beehive Cluster　08. 643
蜂窝镜　honeycomb mirror　06. 053
冯·科塔山脊　Dorsum Von Cotta　16. 045
凤凰号火星探测器　Phoenix　06. 572
凤凰流星群　Phoenicids　17. 022
凤凰座　Phoenix　11. 064
凤凰座 α　Ankaa　14. 078
佛勒格拉　Phlegra　18. 093
弗拉马里翁溪　Rima Flammarion　16. 150
弗兰斯蒂德命名法　Flamsteed designation　05. 121
弗兰斯蒂德星表　Flamsteed catalogue　08. 024
弗里德堡陨石坑　Vredefort crater, Vredefort dome, Vredefort impact structure　10. 212
弗里德曼方程　Friedmann equation　07. 423
弗里德曼-勒梅特-罗伯逊-沃克模型　Friedmann-Lemaitre-Robertson-Walker model　07. 431
伏　conceal　05. 046
伏日　dog days　05. 044
俘获假说　capture hypothesis　10. 280
浮动天顶筒　floating zenith telescope　06. 199
浮现磁流　emerging magnetic flux　09. 267
辐出度　radiant exitance　01. 061
γ 辐射　γ radiation　04. 521
＊3K 辐射　cosmic microwave background, cosmic microwave background radiation　07. 356
辐射　radiation　04. 429
＊辐射出射度　radiant exitance　01. 061
辐射带　radiation belt　09. 103
辐射反馈　radiative feedback　07. 150
＊辐射方向图　radiation pattern　06. 379
辐射功率　radiation power　01. 059
辐射计　radiometer　06. 273
辐射亮度　radiance　01. 065

辐射能　radiant energy, radiation energy　04. 428
辐射能量密度　energy density of radiation　04. 323
辐射谱　radiation spectrum　04. 431
辐射强度　radiation intensity　01. 063
＊辐射温度　radiation temperature　04. 114
辐射压　radiation pressure　04. 430
＊辐射占优期　radiation dominated era　07. 474
辐射照度　radiation illumination　01. 055
辐射主导期　radiation dominated era　07. 474
辐射转移　radiative transfer, radiative transport, radiation transport　04. 145
辐射转移方程　equation of radiative transfer　04. 146
福后星群　Phocaea group　08. 280
福勒采样　Fowler sampling　06. 162
腐沼　Palus Putredinis　16. 125
负氢离子　negative hydrogenion, H-ion　04. 137
复合时期　recombination era　07. 491
复合线　recombination line　04. 447
复谱双星　composite-spectrum binary　08. 211
复圆　last contact, last contact of umbra　03. 144
复杂[黑子]群　complex group　09. 172
副反射镜　sub-reflector　06. 388
＊副反射面　sub-reflector　06. 388
副镜　secondary mirror　06. 050
傅里叶变换光谱仪　Fourier transform spectrometer　06. 315
富度指数　richness index　04. 119
富氦核　helium-rich core　04. 204
富氦星　helium-rich star　08. 254
富黑子恒星　spotted star　08. 411
富金属球状星团　metal-rich globular cluster　08. 627
富金属星团　metal-rich cluster　08. 626
富星团　rich star cluster, rich cluster of stars, rich cluster　08. 652
富星系团　rich cluster of galaxies, rich galaxy cluster, rich cluster　07. 217
u-v 覆盖　(u, v) coverage　06. 359
覆盖效应　blanketing effect　04. 174

G

伽利略号探测器　Galileo Probe　06. 548
伽利略望远镜　Galilean telescope　06. 059
伽利略卫星　Galilean satellite, Galilean moon　10. 054
伽利略溪　Rima Galilaei　16. 152
伽尼米德[小行星]　Ganymed　10. 116
伽桑狄溪　Rimae Gassendi　16. 178
K 改正　*K*-correction　07. 273
改正板　corrector plate, correcting plate　06. 079
改正镜　corrector　06. 078
改正面积　corrected area　09. 042
＊改正器　corrector　06. 078
钙谱斑　calcium flocculus, calcium plage　09. 185
钙星　calcium star　08. 183
盖基山脊　Dorsa Geikie　16. 020
盖瑞斯雨燕天文台　Neil Gehrels Swift Observatory　06. 662
盖天说　theory of canopy-heavens　05. 161
盖图　circular map　05. 170
盖亚天体测量探测器　Gaia　06. 635
＊感应跃迁　induced transition　04. 159
干并合　dry merger　07. 227
干涉偏振滤光器　polarization interference filter　06. 093
干涉双星　interferometric binary　08. 274
＊干涉星冕仪　interferometric coronagraph　06. 346
冈恩-彼得森效应　Gunn-Peterson effect　07. 208
高地斜长岩　lunar anorthositic　10. 236
高度-高度式装置　altitude-altitude mounting, alt-alt mounting　06. 121
高度轴　altitude axis, elevation axis　06. 107
高光度蓝变星　luminous blue variable　08. 293
高光度星　high-luminosity star, luminous star　08. 257
高海拔水切伦科夫天文台　High-Altitude Water Cherenkov Observatory, HAWC　06. 529
高海拔宇宙线观测站　Large High Air Altitude Shower Observatory, LHAASO　06. 531
高加索山脉　Montes Caucasus　16. 107
高角分辨率天文望远镜阵　Center For High Angular Resolution Astronomy Array, CHARA　06. 518
高阶相关函数　high-order correlation function　07. 321
高帽滤波器　top-hat filter　07. 407
高能辐射　high energy radiation　04. 354
高能立体视野望远镜阵　High Energy Stereoscopic System, H. E. S. S.　06. 525
高能粒子事件　energetic particle event　04. 322
高能天体物理学　high energy astrophysics　04. 005
高能天文软件包　HEASoft　06. 470

高能天文台 1 号　High Energy Astronomy Observatory-1, HEAO-1　06. 645
高能天文台 3 号　High Energy Astronomical Observatory-3, HEAO-3　06. 648
高能暂现源探测器 2 号　High Energy Transient Explorer-2, HETE-2　06. 660
高偏振星　polar　08. 338
高山观测站　high altitude station　01. 138
高斯滤波器　Gaussian filter　07. 406
高斯扰动　Gaussian perturbation　07. 404
高斯随机场　Gaussian random field　07. 405
高斯性　Gaussianity　07. 402
高斯引力常数　Gaussian gravitational constant　02. 236
高速测光　high-speed photometry　04. 025
高速星　high-velocity star　08. 259
高新成分探测器　Advanced Composition Explorer, ACE　06. 598
高原　Planum, plana　18. 020
锆星　zirconium star　08. 469
哥白尼纪　Copernican period　10. 242
哥白尼天文卫星　Copernicus　06. 616
哥白尼原理　Copernican principle　07. 417
哥德尔宇宙　Godel universe　07. 460
格莱森-查泽品-库兹敏极限　Greisen-Zatsepin-Kuzmin limit, GZK limit　07. 385
格莱斯伯格周期　Geissberg period　09. 157
格里高利太阳望远镜　Gregor Solar Telescope, GREGOR　06. 499
格里高利望远镜　Gregorian telescope　06. 064
格里历　Gregorian calendar　02. 228
格里马尔迪溪　Rimae Grimaldi　16. 179
格里年　Gregorian year　05. 055
格利泽近星星表　Gliese catalogue of nearby stars　08. 027
＊格林班克公式　Green Bank equation　10. 305
格林尼治恒星日期　Greenwich sidereal date, GSD　02. 211
格林尼治平恒星时　Greenwich mean sidereal time　02. 158
格林尼治子午线　Greenwich meridian　02. 079
葛利普山脊　Dorsum Grabau　16. 037
各向同性宇宙　isotropic universe　07. 421
铬星　chromium star　08. 193
FITS 工具包　FTOOLS　06. 471
弓形激波星云　bow-shock nebula　08. 487
公转　revolution　02. 084
功率谱指数　power spectral index　07. 309
拱点　apsis, apse　03. 055
拱极星　circumpolar star　01. 109
拱线　apsidal line　03. 056
拱线共振　apsidal resonance　03. 178
拱状暗条系统　arch filament system, AFS　09. 192
共包层演化　common-envelope evolution　08. 066
共动半径　comoving radius　07. 249
共动观测者　comoving observer　07. 250
共动距离　comoving distance　07. 254
共动坐标　comoving coordinates　07. 251
共动坐标系　comoving coordinate system　04. 291
共生刍藁　symbiotic Mira　08. 428
＊共生双星　symbiotic binary　08. 431
共生新星　symbiotic nova　08. 429
共生星　symbiotic star　08. 431
共生再发新星　symbiotic recurrent nova　08. 430
＊共同形成说　nebular hypothesis　10. 281
共线点　collinear points　03. 036
共形时间　conformal time　07. 252
共形图　conformal diagram　07. 253
共有包层　common envelope　08. 065
共振散射光谱仪　resonance scattering spectrometer　06. 219
共振[型]引力波探测器　resonant gravitational wave detector　06. 460
＊共振质量[型]引力波探测器　resonant-mass gravitational wave detector　06. 460
共自行双星　common proper-motion binary　08. 207
＊勾陈一　pole star, north star, Polaris, Cynosura　05. 103
沟脊　Sulcus　18. 024
＊沟脊地　sulci　18. 024
沟网　Labyrinthus, labyrinthi　18. 012
估距关系　distance estimator　04. 083
孤独湖　Lacus Solitudinis　16. 060
＊孤儿行星　orphan planet　10. 291
孤立积分　isolating integral　03. 024
古德带　Gould Belt　08. 613
古姆星云　Gum nebula　08. 538
古希腊亚历山大历　Alexandrian calendar　05. 061
古在共振　Kozai resonance　03. 195

光瞳整形星冕仪　shaped-pupil coronagraph　06. 344
光污染　light pollution　01. 131
光纤分光　fiber-optic spectroscopy　04. 341
光纤摄谱仪　fiber-optic spectrograph　06. 299
光线偏折　deflection of light　04. 303
光行差　aberration　02. 106
光行差椭圆　aberration ellipse　02. 266
光行时　light time　02. 112
光行时差　equation of light　02. 113
光学臂　optical arm　08. 751
光学窗口　optical window　04. 097
光学对应体　optical counterpart　01. 052
＊光学厚度　optical thickness　04. 130
光学脉冲星　optical pulsar　08. 326
＊光学双星　optical double　08. 325
光学太阳　optical sun　09. 003
＊光学天平动　apparent libration　03. 156
光学天体　optical object　01. 051
光学天文干涉仪　optical astronomical interferometer　06. 353
光学天文学　optical astronomy　01. 027
光学望远镜　optical telescope　06. 006
光学耀斑　optical flare　09. 218
光学证认　optical identification　01. 050
光学综合孔径成像技术　optical aperture-synthesis imaging technique　06. 357
＊光压　radiation pressure　04. 430
光栅光谱仪　grating spectrograph　06. 304
光展量　etendue　06. 028
光照度　light illumination　01. 056
光锥　light cone, pencil　04. 364
光子计数　photon counting　06. 165
广延大气簇射　extensive air shower　04. 335
广延大气簇射阵　extensive air shower array　06. 455
＊广义的月壤　lunar legorith　10. 227
广义相对论效应　general-relativistic effect　04. 348
广义主序　generalized main sequence　04. 215
广域红外巡天探测器　Wide-Field Infrared Survey Explorer, WISE　06. 633
COBE 归一化　COBE normalization　07. 361
圭　gnomon shadow template　05. 219
圭表　gnomon　05. 222
＊规则变星　regular variable　08. 317
硅孔光学系统　silicon pore optics, SPO　06. 442
硅漂移探测器　silicon drift detector, SDD　06. 431
硅燃烧　silicon burning　04. 460
硅条探测器　silicon strip detector, SSD　06. 430
轨道改进　orbit improvement　03. 047
轨道根数　orbital element　03. 050
轨道共振　orbit resonance　03. 087
轨道偏心率　orbital eccentricity　03. 070
轨道倾角　orbital inclination　03. 071
轨道太阳观测台　Orbiting Solar Observatory, OSO　06. 588
轨道天文台　Orbiting Astronomical Observatory, OAO　06. 615
轨道望远镜　orbiting telescope　06. 003
轨旋共振　spin-orbit resonance　03. 187
鬼像　ghost image　06. 034
鬼星团　Praesepe　08. 643
＊郭守敬望远镜　Guo Shoujing Telescope　06. 523
国际地球参考架　International Terrestrial Reference Frame, ITRF　02. 308
国际地球参考系　International Terrestrial Reference System, ITRS　02. 306
国际地球自转服务　International Earth Rotation and Reference Systems Service, IERS　02. 199
国际哈雷彗星联测网　International Halley Watch　10. 156
国际极移服务　International Polar Motion Service, IPMS　02. 198
国际流星组织　International Meteor Organization, IMO　10. 189
国际 γ 射线天体物理实验室　International Gamma-Ray Astrophysics Laboratory, INTEGRAL　06. 661
国际时间局　Bureau International de l'Heure(法), BIH　02. 197
国际太阳联合观测　International Coordinated Solar Observation, ICSO　09. 155
国际天球参考架　International Celestial Reference Frame, ICRF　02. 265
国际天球参考系　International Celestial Reference System, ICRS　02. 305
国际天文学联合会　International Astronomical Union, IAU　01. 153
国际纬度服务　International Latitude Service, ILS　02. 196
国际协议原点　Conventional International Origin, CIO

02.193
国际原子时　international atomic time, TAI　02.176
国际紫外探测器　International Ultra-violet Explorer, IUE　06.620
国家天文科学数据中心　National Astronomical Data Center, NADC　01.155
r 过程　r-process　07.143
s 过程　s-process　07.144
*过冲　overshooting　04.194
过渡区与日冕探测器　Transition Region and Coronal Explorer, TRACE　06.599
过接双星　overcontact binary　08.327
过近银心点　perigalactic passage　08.095
过密度　overdensity　07.303
过去光锥　past light-cone　04.404

H

*哈勃变光星云　Hubble Nebula, Hubble's Nebula　08.551
哈勃参数　Hubble parameter　07.283
哈勃常数　Hubble constant　07.282
哈勃定律　Hubble law, Hubble's law, Hubble relation　07.281
哈勃分类　Hubble classification　07.048
*哈勃关系　Hubble law, Hubble's law, Hubble relation　07.281
哈勃极深场　Hubble ultra-deep field　07.044
哈勃距离　Hubble distance　07.265
哈勃空间望远镜　Hubble Space Telescope, HST　06.623
哈勃流　Hubble flow　07.280
哈勃年龄　Hubble age　07.289
哈勃深场　Hubble Deep Field　07.043
哈勃时间　Hubble time　07.288
*哈勃视界　Hubble distance　07.265
哈勃图　Hubble diagram　07.279
哈勃星系图册　Hubble Atlas　07.025
哈勃星云　Hubble Nebula, Hubble's Nebula　08.551
哈勃序列　Hubble sequence　07.049
哈勃音叉图　Hubble tuning fork　07.050
哈德利溪　Rima Hadley　16.153
哈佛分类　Harvard classification　04.058
哈佛恒星测光表　Harvard photometry　08.029
哈佛恒星测光表修订版　revised Harvard photometry, Harvard revised photometry　08.037
哈佛-史密松参考大气　Harvard-Smithsonian reference atmosphere, HSRA　09.054
哈佛选区　Harvard region　08.030
哈克山脊　Dorsa Harker　16.021
哈雷彗星　Halley's comet　10.143
哈雷型彗星　Halley-type comet　10.138
哈里森-泽尔多维奇谱　Harrison-Zel'dovich spectrum　07.314
*哈马森-兹威基型星　Humason-Zwicky star　08.262
哈特曼检验　Hartmann test　06.032
*哈特曼-夏克波前传感器　Hartmann-Shack wavefront sensor　06.169
哈泽溪　Rimae Hase　16.181
海盗号火星探测器　Viking　06.544
海尔-波普彗星　comet Hale-Bopp　10.150
海尔望远镜　Hale Telescope　06.503
海妃星　Salacia　10.103
海军精确光学干涉仪　Navy Precision Optical Interferometer, NPOI　06.512
海葵状喷流　anemone jet　09.350
海玛斯山脉　Montes Haemus　16.109
海姆山脊　Dorsum Heim　16.038
海鸥星云　Seagull Nebula　08.587
海豚座　Delphinus　11.032
海外行星　trans-Neptunian planet, ultra-Neptunian planet　10.036
*海外天体　trans-Neptunian object, transneptunian object, TNO　10.027
海王星　Neptune　10.045
海王星环　Neptune's ring, Neptunian ring, ring of Neptune　10.066
海王星内天体　cis-Neptunian object　10.024
海王星特洛伊群天体　Neptune Trojan　10.026
海王星外天体　trans-Neptunian object, transneptunian object, TNO　10.027
海卫八　Proteus　15.157
海卫二　Nereid　15.151
海卫九　Halimede　15.158
海卫六　Galatea　15.155
海卫七　Larissa　15.156
海卫三　Naiad　15.152

黑体辐射　black radiation, blackbody radiation　04.273
黑子半影　sunspot penumbra　09.163
黑子本影　sunspot umbra　09.162
黑子极大期　sunspot maximum　09.146
黑子极小期　sunspot minimum　09.147
黑子相对数　relative number of spots　09.128
黑子周期　sunspot cycle　09.145
*亨利·德雷伯恒星光谱分类　Henry Draper stellar classification　08.031
恒星　star　08.413
恒星包层　stellar envelope　08.133
恒星参考系　stellar reference system　02.152
恒星大气　stellar atmosphere　04.489
恒星动力学　stellar dynamics　08.009
恒星发电机　stellar dynamo　08.130
恒星复合体　stellar complex, star complex　08.663
恒星干涉仪　stellar interferometer　06.375
恒星光度级　stellar luminosity class　08.138
恒星光谱　stellar spectrum　04.491
HD 恒星光谱分类　Henry Draper classification　08.031
恒星光谱学　stellar spectroscopy　04.490
恒星光行差　stellar aberration　02.107
*恒星黑子周期　starspot cycle　08.119
恒星活动　stellar activity　08.121
恒星激变　stellar cataclysm　08.124
恒星级黑洞　stellar black hole　08.414
恒星计数　star count, star counting, star gauge　08.111
恒星交会　stellar encounter　08.132
恒星结构学　stellar structure, stellar constitution　08.139
恒星内部结构　stellar interior structure　08.137
恒星年　sidereal year　02.221
恒星年龄　stellar age　08.122
*恒星胚胎　stellar embryo, embryo of a star　08.415
恒星群　star swarm, stellar group, group of stars, star group　08.659
恒星日　sidereal day　02.202
恒星色球　stellar chromosphere　08.126
恒星视向速度仪　radial-velocity spectrometer, stellar speedometer　06.318
恒星胎　stellar embryo, embryo of a star　08.415
恒星坍缩　stellar collapse　08.127
恒星天文　sidereal astronomy　08.006
恒星天文学　stellar astronomy　08.008
恒星吞食　stellar cannibalism　08.123
恒星物理学　stellar physics　08.010
恒星系统　stellar system, star system　08.665
恒星消亡率　rate of stellar extinction　08.101
恒星形成　star formation, formation of stars, stellar formation　08.112
*恒星形成率　star formation rate　04.487
*恒星形成星系　star-forming galaxy　07.103
恒星学　astrognosy　08.001
恒星演化　stellar evolution　08.134
恒星演化时计　stellar evolution chronometer　08.135
恒星耀斑　stellar flare　08.136
恒星圆面　stellar disk　08.129
恒星月　sidereal month　02.213
恒星云　star cloud　08.656
恒星灾变　stellar catastrophe　08.125
恒星早期演化　early stellar evolution　08.073
*恒星质量黑洞　stellar-mass black hole　08.414
恒星钟　sidereal clock　06.185
横[向磁]场　transverse [magnetic] field　09.248
横向色散器　cross disperser　06.313
红矮星　red dwarf star, red dwarf　08.377
红化　reddening　04.052
红化定律　reddening law　04.449
红化改正　dereddening　04.307
红巨星　red giant star, red giant　08.378
红巨星支　red-giant branch　04.066
红水平支　red horizontal-branch　04.448
红外　infrared　04.356
红外超　infrared excess　04.050
红外超天体　infrared-excess object　08.268
红外窗口　infrared window　04.098
红外对应体　infrared counterpart　04.101
红外分光　infrared spectroscopy　06.154
*红外辐射　infrared　04.356
红外空间天文台　Infrared Space Observatory, ISO　06.624
红外面阵　infrared array　06.257
红外太阳　infrared sun　09.025
红外天文干涉仪　infrared astronomical interferometer　06.352
红外天文卫星　Infrared Astronomical Satellite, IRAS　06.621
红外天文学　infrared astronomy　01.028
NASA 红外望远镜　NASA Infrared Telescope Facility,

J

极早期宇宙 very early universe 07.409
极轴 polar axis 06.112
极紫外 extreme-ultraviolet,EUV 04.338
极紫外波 EUV wave 09.319
极紫外后相 EUV late phase 09.333
极紫外亮点 EUV bright point 09.340
极紫外探测器 Extreme Ultra-Violet Explorer, EUVE 06.654
极坐标方向图 polar diagram 06.380
集成光子[学]光谱仪 integrated photonic spectrograph 06.326
集成视场单元 integral field unit,IFU 06.324
集成视场光谱仪 integral field spectrograph 06.323
集光本领 light gathering power 06.027
几何变星 geometric variable 08.249
＊几何天平动 apparent libration 03.156
计都 Ketu 05.130
计时 timing 02.183
计算天文学 computational astronomy 01.005
记时仪 chronograph,time keeper 06.184
纪限仪 Sextant 05.246
纪元 era 02.227
寄主星 host star 08.261
寄主星系 host galaxy 07.091
加利福尼亚星云 California nebula 08.489
加卢斯溪 Rimae Sulpicius Gallus 16.201
加拿大-法国-夏威夷望远镜 Canada-France-Hawaii Telescope,CFHT 06.506
加那利大型望远镜 Gran Telescopio Canarias, GTC 06.522
加斯普拉[小行星] Gaspra 10.117
加斯特山脊 Dorsum Gast 16.036
加图山脊 Dorsa Cato 16.017
贾科比尼流星群 Giacobinids 17.014
贾木纳 Jamuna 18.074
尖点 cusp 07.595
尖峰爆发 spike burst 09.127
茧星 cocoon star 08.205
＊茧状星云 cocoon nebula 08.499
＊AP 检验 Alcock-Paczynski test 07.335
减速参数 deceleration parameter 07.284
＊减速因子 deceleration parameter 07.284
剪切量 shear 07.345
剪切张量 shear tensor 07.346
简并气体 degenerate gas 04.139
简并物质 degenerate matter 04.305
简并星 degenerate star 08.217
简并压 degeneracy pressure 04.304
简化儒略日期 modified Julian date,MJD 02.210
简平仪 elementary astrolabe 05.271
简仪 abridged armilla 05.236
＊见落[型]陨石 observed fall 10.196
剑鱼S型星 S Dor star 08.387
＊剑鱼座30 Great Looped Nebula 08.536
剑鱼座 Dorado 11.033
健神星 Hygiea 10.108
渐近[巨星]支 asymptotic branch 08.055
渐近巨星支变星 AGB variable 08.154
渐近巨星支星 asymptotic giant branch star 08.161
渐台二 Sheliak,Shelyak,Shiliak 05.111
渐晕 vignetting 04.265
降交点 descending node 03.060
降序 downsizing 07.248
交点 nodes 03.058
＊交点年 eclipse year 02.223
交点退行 regression of the node 03.080
交点线 nodal line 03.057
交点月 nodical month 02.216
交食概况 circumstances of eclipse 03.133
交食要素 element of eclipse 03.134
焦比衰退 focal ratio degradation 06.035
焦面仪器 focal plane instrument 06.043
焦面阵 focal plane array 06.044
焦散线 caustics 07.348
礁湖星云 Lagoon Nebula 08.562
角动量极 pole of angular momentum 02.075
角功率谱 angular power spectrum 07.323
＊角关联函数 angular correlation function 07.317
角秒 arcsecond,as 01.088
角相关函数 angular correlation function 07.317
角宿一 Spica,Azimech,Epi,Spica Virginis 05.097
＊角直径 apparent diameter 04.258
角直径距离 angular diameter distance 07.257
脚印星云 Footprint Nebula 08.526
较差测光 differential photometry 04.021
较差观测 differential observation 01.047
较差天体测量 differential astrometry 02.276
较差弯沉 differential flexure 06.125

较差星表　differential star catalogue　02.244
较差自转　differential rotation　03.040
阶梯光栅　echelle grating　06.312
阶梯光栅光谱仪　echelle spectrograph　06.311
节气　solar term　05.007
杰武尔斯基坑链　Catena Dziewulski　16.004
洁化　clean　06.363
结构形成　structure formation　07.299
截断因子　guillotine factor　04.136
截面法　method of surface of section　03.030
界海　Mare Marginis　16.078
界面区成像光谱仪　Interface Region Imaging Spectrograph, IRIS　06.605
金模型　King model　07.165
＊金牛 CM　Tian-guan guest star　05.156
金牛宫　Taurus　12.002
金牛 T 阶段后恒星　post T-Tauri star　08.343
金牛流星群　Taurids　17.026
金牛山脉　Montes Taurus　16.119
金牛星团　Taurus cluster　08.670
金牛 RV 型星　RV Tauri star　08.385
金牛 T 型星　T Tauri star　08.433
金牛座　Taurus　11.078
金牛座 α　Aldebaran　14.014
金牛座 β　Elnath　14.027
金属度　metallicity　08.093
金属丰度　metal abundance　04.118
金属线星　metallic-line star, metal-line star　08.305
金斯波长　Jeans wavelength　07.156
金斯定理　Jeans theorem　07.155
金斯质量　Jeans mass　07.157
金星　Venus　10.039
＊金星-哈雷号　VEnera-GAllei, VEGA　06.546
金星号　Venera　06.537
金星快车　Venus Express　06.569
紧致化　compactification　07.653
近地层自适应光学　ground-layer adaptive optics, GLAO　06.172
近地点　perigee　03.063
近地空间　near-earth space　10.255
近地天体　near-earth object, earth-approaching object, NEO　10.023
近地天体广域红外巡天　Near-Earth Object WISE, NEOWISE　06.634
近地小行星　near-earth asteroid, earth-approaching asteroid　10.086
＊近地小行星会合-舒梅克　Near Earth Asteroid Rendezvous Shoemake, NEAR Shoemaker　06.554
近点　periapsis　03.053
近点幅角　argument of periapsis　03.072
近点角　anomaly　03.075
近点经度　longitude of periapsis　03.176
近点年　anomalistic year　02.222
近点月　anomalistic month　02.217
＊近拱点　periapsis　03.053
近核现象　near the nuclear phenomena　10.167
近红外　near infrared, near IR, NIR　04.381
近极星　polarissima　08.339
近距恒星　nearby star　08.312
近邻星系　nearby galaxy　07.089
近日点　perihelion　03.061
近日点进动　advance of the perihelion　03.079
近相接双星　near-contact binary　08.313
近心点　pericenter　03.065
近星点　periastron　03.067
近星星表　catalogue of nearby stars　08.017
近银心点　perigalacticon, perigalacticum, Galactic pericentre　08.096
近银心点距　perigalactic distance　08.094
近紫外　near ultraviolet, NUV　04.382
浸没光栅　immersion grating, immersed grating　06.306
禁戒跃迁　forbidden transition　04.160
禁线　forbidden line　04.176
经典北冕 R 型星　classical R CrB star　08.197
经典大陵双星　classical Algol system　08.194
经典积分　classical integral　03.022
经典金牛 T 型星　classical T Tauri star　08.198
经典柯伊伯带天体　Cubewano, classical Kuiper belt object, classical KBO　10.029
＊经典 γ 射线暴源　γ-ray burster, γ-ray burst source　08.474
＊经典新星　classical nova　08.196
＊经典行星　classical planet　10.003
经典造父变星　classical cepheid　08.195
经天平动　libration in longitude　03.158
惊蛰　Awakening from Hibernation, Waking of Insects, Insects Awakening　13.003
精灵暗能量　quintom dark energy　07.529

*精密导星仪　fine guiding sensor, FGS　06.146
*精密转向镜　fine-steering mirror　06.098
精确视向速度仪　precision radial-velocity spectrometer　06.319
精细导星传感器　fine guiding sensor, FGS　06.146
精细结构常数　fine-structure constant　04.342
精细调节问题　fine tuning problem　07.527
精质　quintessence　07.531
鲸鱼弧形星云　cetus arc　08.495
鲸鱼流星群　Cetids　17.009
*鲸鱼 ZZ 型变星　ZZ Cet variable　08.470
鲸鱼 UV 型变星　UV Cet variable star　08.447
*鲸鱼 UV 型星　UV Cet star　08.447
鲸鱼 ZZ 型星　ZZ Cet star　08.470
鲸鱼座　Cetus　11.021
鲸鱼座β　Diphda　14.051
井上太阳望远镜　Daniel K. Inouye Solar Telescope, DKIST　06.500
景符　shadow definer　05.223
景观　landscape　07.655
景星　splendid star　05.154
径向弧　radial arc　07.354
径向脉动　radial pulsation　04.216
径向脉动星　radial pulsator　08.365
径向运动　radial motion　04.426
径向振荡　radial oscillation　04.427
径移吸积流　advection-dominated accretion flow　04.252
静海　Mare Tranquillitatis　16.087
镜面促动器　mirror actuator　06.179
镜面视宁度　mirror seeing　06.136
镜室　mirror cell　06.126
九道　nine roads, moon's path　05.128
九执历　Navagrāha　05.034
酒海　Mare Nectaris　16.080
酒海纪　Nectarian period　10.239
旧暴胀　old inflation　07.550
居间星系　intervening galaxy　07.095
局部热动平衡　local thermodynamic equilibrium　04.143
局域惯性系　local inertial system　02.257
局域恒星　local star　08.291
*局域静止标准　local standard of rest　08.745
局域偏袒模型　local bias model　07.602
矩尺臂　Norma arm　08.747
矩尺座　Norma　11.057
巨壁　great wall　07.235
巨超新星　hypernova　08.266
巨洞　cosmic void　07.236
巨分子云　giant molecular cloud　08.533
巨分子云复合体　giant molecular cloud complex　08.534
巨极大　giant maximum　09.136
巨极小　giant minimum　09.137
巨爵座　Crater　11.029
*巨脉泽　megamaser　04.368
巨米粒　giant granule　09.058
巨米粒组织　giant granulation　09.059
巨蛇 W 型星　W Ser star　08.458
巨蛇座　Serpens　11.076
巨石天文学　Megalithic astronomy　05.294
巨石阵　stonehenge　05.218
巨微波激射　megamaser　04.368
巨蟹宫　Cancer　12.004
巨蟹座　Cancer　11.012
巨星　giant star　08.250
巨星系　giant galaxy　07.069
巨行星　giant planet　10.019
巨星序　sequence of giants　08.394
巨星支　giant branch　04.065
巨引源　Great Attractor　07.233
巨针状体　macrospicule　09.312
距度　distance angles of 28 Lunar Manssions　05.125
距角　elongation　03.111
距离尺度　distance scale　04.082
距离模数　distance modulus　01.082
距星　determinative star　05.124
聚集参数　concentration parameter　07.591
聚焦成像γ射线望远镜　focusing γ-ray telescope　06.434
聚焦成像 X 射线望远镜　focusing X-ray telescope　06.433
聚星　multiple star　08.631
卷毛星云　Cirrus Nebula　08.497
绝对测光　absolute photometry　04.022
*绝对黑体　absolute black body　04.248
绝对亮度　absolute brightness　01.069
绝对目视星等　absolute visual magnitude　01.076
绝对热星等　absolute bolometric magnitude　04.249
绝对星表　absolute star catalogue　02.245
绝对星等　absolute magnitude　01.075

绝热扰动　adiabatic perturbation　07.304
均轮　deferent　05.180
均匀性问题　homogeneity problem　07.541

K

喀尔巴阡山脉　Montes Carpatus　16.106
喀戎[小行星]　Chiron　10.115
卡尔刻　Chalce　18.049
卡尔斯伯格自动子午环　Carlsberg automatic meridian circle,CAMC　06.501
*卡焦摄谱仪　Cassegrain spectrograph　06.284
卡林顿经度　Carrington longitude　09.043
卡林顿子午圈　Carrington Meridian　09.037
卡林顿自转序　Carrington rotation number　09.044
卡林顿坐标　Carrington Coordinate　09.038
卡鲁扎-克莱因理论　Kaluza-Klein theory　07.647
卡路里盆地　Caloris Basin　10.070
*卡路里平原　Caloris Planitia　10.070
卡佩拉谷　Vallis Capella　16.228
卡普坦望远镜　Jacobus Kapteyn Telescope,JKT　06.502
卡普坦星　Kapteyn's star　08.283
卡普坦选区　Kapteyn Selected Area　08.052
卡塞格林焦点　Cassegrain focus　06.040
卡塞格林摄谱仪　Cassegrain spectrograph　06.284
卡塞格林望远镜　Cassegrain telescope,Cassegrain reflector　06.065
*卡氏焦点　Cassegrain focus　06.040
卡西尼定律　Cassini's law　03.167
卡西尼缝　Cassini division　10.059
卡西尼-惠更斯号土星探测器　Cassini-Huygens　06.555
卡西乌斯　Casius　18.044
卡耶山脊　Dorsum Cayeux　16.033
开暴胀　open inflation　07.548
开尔文海角　Promontorium Kelvin　16.134
开尔文-亥姆霍兹收缩　Kelvin-Helmholtz contraction　04.208
开尔文峭壁　Rupes Kelvin　16.207
开普勒超新星　Kepler's supernova, SN Oph 1604　05.158
开普勒定律　Kepler's law　03.081
开普勒方程　Kepler's equation　03.083
开普勒轨道　Kepler orbit　03.084
开普勒空间望远镜　Kepler Space Telescope　06.630
开普勒盘　Kepler's disk,Keplerian disk　04.226
开普勒望远镜　Keplerian telescope　06.060
开普勒新星　Kepler's nova　08.284
开普勒星　Kepler's star　08.285
开弦　open string　07.649
开宇宙　open universe　07.448
《开元占经》　Kai Yuan Zhan Jing,Prognostication Classic of the Kai-Yuan Reign-period　05.190
凯克望远镜　Keck Telescope　06.510
凯泽效应　Kaiser effect　07.334
坎多尔　Candor　18.043
看守者号核监测卫星　Vela　06.640
康德-拉普拉斯星云假说　Kant-Laplace nebular hypothesis　10.282
康德-拉普拉斯星云说　Kant-Laplace nebular theory　05.207
康普顿 y 参量　Compton y-parameter　07.370
康普顿化　Comptonization　04.313
康普顿软化　down-Comptonization　04.314
康普顿[散射]望远镜　Compton scattering telescope, Compton telescope　06.452
康普顿γ射线天文台　Compton γ-Ray Observatory, CGRO　06.652
康普顿硬化　up-Comptonization　04.154
考古天文学　archaeoastronomy　05.289
*柯比特历　Egypt calendar　05.057
*柯尔施光学系统　Korsch system　06.076
柯克伍德空隙　Kirkwood gap　10.082
柯罗号天文卫星　Convection Rotation and Planetary Transits,CoRoT　06.629
*柯瓦尔天体　Kowal object　10.115
柯西峭壁　Rupes Cauchy　16.206
柯西视界　Cauchy horizon　07.624
柯西溪　Rima Cauchy　16.145
柯伊伯带　Kuiper belt　10.011
柯伊伯带天体　Kuiper belt object,KBO　10.028
柯伊伯机载天文台　Kuiper Airborne Observatory,KAO　06.619
科迪勒拉山脉　Montes Cordillera　16.108
科尔多瓦南天分区星表　Cordoba zone catalogue of south stars　08.019

科姆帕尼茨方程　Kompaneets equation　07.366
科普莱特斯　Coprates　18.054
＊科普特历　Coptic calendar　05.061
科威尔方法　Cowell method　03.092
＊蝌蚪状星云　comma-like nebula　08.503
壳层燃烧　shell burning　08.106
可见光　optical light, visible light　04.395
可见子星　visible component　08.454
克尔黑洞　Kerr black hole　04.244
克拉夫特坑链　Catena Krafft　16.006
克拉里塔斯　Claritas　18.053
克莱芒蒂娜号　Clementine　06.550
克里普岩　KREEP norite, KREEP　10.237
克里斯多菲符号　Christoffel symbol　07.610
克里斯琴森十字　Christiansen cross　06.398
克里斯特尔谷　Vallis Christel　16.229
克里希纳谷　Vallis Krishna　16.231
克鲁兹族彗星　Kreutz Sungrazier　10.136
克洛斯山脊　Dorsum Cloos　16.034
克律塞　Chryse　18.051
克珊忒　Xanthe　18.110
刻布壬尼亚　Cebrenia　18.045
刻耳柏洛斯　Cerberus　18.048
刻克罗皮亚　Cecropia　18.046
刻拉尼俄斯　Ceraunius　18.047
刻索尼苏斯　Chersonesus　18.050
客星　guest star　05.150
＊肯尼克特-施密特定律　Kennicut-Schmidt law　07.130
坑链　catena, crater chain　10.232
坑链　Catena　18.002
＊坑链群　catenae　18.002
空洞　void　07.237
空固坐标系　space-fixed coordinate system　02.148
空基甚长基线干涉测量　space VLBI　06.413
空间　space　01.035
空间分辨率　spatial resolution　04.474
＊空间实验程序 P78-1 号[卫星]　Solwind, P78-1　06.591
空间探索　space exploration　10.261
空间天气　space weather　10.247
空间天体测量学　space astrometry　02.010
空间天文学　space astronomy　01.017
空间望远镜　space telescope, free-flying telescope　06.002
空间望远镜科学数据分析系统　Space Telescope Science Data Analysis System, STSDAS　06.467
孔径测光　aperture photometry　04.036
孔径遮挡干涉测量　aperture masking inteferometry　06.378
孔雀座　Pavo　11.061
孔雀座α　Peacock　14.044
恐怖湖　Lacus Timoris　16.064
库尔恰托夫坑链　Catena Kurchatov　16.007
库克罗匹亚　Cyclopia　18.055
库什曼山脊　Dorsum Cushman　16.035
夸克星　quark star, quark-star　08.361
＊快摆镜　fast steering mirror　06.098
快暴　rapid burst　08.100
＊快暴源　rapid burster　08.464
快变星　rapid variable　08.374
＊快跑中的小鸡星云　Running Chicken Nebula　08.586
快速精细结构　fast fine structure　09.156
快速蓝移事件　rapid blue-shifted event　09.349
快速偏转镜　fast steering mirror　06.098
快速星　fast-moving star　08.239
快速振荡 Ap 星　rapidly oscillating Ap star　08.375
快新星　fast nova, rapid nova　08.238
快转星　rapid rotator　08.373
快子场　tachyonic field　07.533
宽带测光　broadband photometry　04.041
狂暴湾　Sinus Asperitatis　16.214
亏格　genus　07.326
亏凸月　waning gibbous　03.191
窥管　sighting-tube　05.225
窥几　observing table　05.224
馈源　feed　06.393
＊馈源喇叭　horn feed　06.394
＊馈源系统　feed system　06.393
扩展的普雷斯-谢克特形式　extended Press-Schechter formalism　07.584

L

拉格朗日点　Lagrangian points　03.034
拉格朗日行星运动方程　Lagrange's planetary equation

03.091
拉格朗日扰动理论　Lagrangian perturbation theory　07.576
拉马第高能太阳光谱成像仪　Reuven Ramaty High Energy Solar Spectroscopic Imager, RHESSI　06.600
拉姆斯登溪　Rimae Ramsden　16.196
拉普拉斯共振　Laplace resonance　03.196
拉普拉斯岬　Promontorium Laplace　16.135
拉普拉斯矢量　Laplace vector　03.089
*拉索　LHAASO　06.531
拉希尔山　Mons La Hire　16.093
喇叭馈源　horn feed　06.394
莱曼 α 发射体　Lyα emitter, Lyman alpha emitter　07.205
莱曼极限系统　Lyman-limit systems　07.202
莱曼连续区　Lyman continuum　07.201
*莱曼 α 森林　Lyman-α forest, Lyα forest　07.203
莱曼跳变星系　Lyman break galaxy　07.085
莱曼 α 吸收　Lyman-α forest, Lyα absorption　07.204
莱曼 α 线丛　Lyman-α forest, Lyα forest　07.203
莱曼 α 相机　Lyα camera　06.216
莱斯特律贡　Laestrygon, Laestrigon　18.075
兰道尔-桑卓姆模型　Randall-Sundrum model　07.654
蓝离散星　blue straggler　08.177
蓝水平支　blue horizontal branch　08.176
朗道阻尼　Landau damping　07.483
浪海　Mare Undarum　16.088
浪湾　Sinus Aestuum　16.212
劳厄透镜望远镜　Laue lens telescope　06.445
老人星　Canopus, Suhail　05.083
*老新星　postnova, old nova　08.236
勒梅特-托尔曼-邦迪模型　Lemaitre-Tolman-Bondi model, LTB model　07.464
雷达天文学　radar astronomy　04.425
雷神－德尔塔 1 号天文卫星　Thor Delta-1, TD-1　06.617
类地行星　terrestrial planet　10.018
*类光无限远　null infinity　07.606
类空的　spacelike　07.604
*类冥矮行星　Plutoid, plutonian objects　10.032
类冥天体　Plutoid, plutonian objects　10.032
*类冥小天体　plutino　10.033
类木行星　Jovian planet　10.020
类时的　timelike　07.605
*类太阳恒星　sun-like star, solar-like star　08.406
类太阳活动　Sun-like activity　08.142
*类小行星天体　asteroid-like object　10.025
类新星变星　nova-like variable　08.320
类星体　quasi-stellar object, quasar　07.170
*OVV 类星体　optically violent variable quasar, optically violently variable quasar, OVV quassar　07.176
类星体喷流　quasar jet　07.171
*FR 类型　Fanaroff-Riley class　07.183
Ⅰ 类针状体　type Ⅰ spicule　09.347
Ⅱ 类针状体　type Ⅱ spicule　09.348
类轴子粒子　axion-like particle　07.519
累积星等　integrated magnitude　04.047
棱镜光谱仪　prism spectrograph　06.300
棱栅　grism　06.309
棱栅光谱仪　grism spectrograph　06.308
冷暗物质　cold dark matter　07.507
冷暗物质模型　cold dark matter model　07.508
冷光阑　cold stop　06.095
冷海　Mare Frigoris　16.072
*冷流　cooling flow　07.232
冷流星系　cooling flow galaxy　07.105
冷木星　cold Jupiter　10.300
冷却流　cooling flow　07.232
冷星　cool star　08.213
厘米波　centimeter wave　04.279
21 厘米层析　21cm tomography　07.372
21 厘米谱线　21cm line, twenty-one centimeter line　07.371
离轴望远镜　off-axis telescope　06.037
*离子彗尾　cometary plasma tail, plasma tail　10.128
黎曼张量　Riemann tensor　07.611
黎明号小行星探测器　Dawn　06.571
李奥光阑　Lyot stop　06.096
*李奥滤光器　Lyot filter　06.217
李奥日冕仪　Lyot coronagraph　06.339
*李奥星冕仪　Lyot coronagraph　06.339
李比希峭壁　Rupes Liebig　16.208
里差　difference of li　05.172
里菲山脉　Montes Riphaeus　16.115
里奇标量　Ricci scalar　07.612
里奇张量　Ricci tensor　07.613
里乔利溪　Rimae Riccioli　16.197
里特尔溪　Rimae Ritter　16.198

里伊塔月谷　Vallis Rheita　16.234
＊TeVeS 理论　tensor-vector-scalar theory　07.641
理论天体物理学　theoretical astrophysics　04.003
理论天文学　theoretical astronomy　01.004
锂丰度　lithium abundance　07.489
锂星　lithium star, Li star　08.289
力函数　force function　03.010
力学视差　dynamical parallax　08.072
历表　ephemeris　03.101
历年　calendar year　02.219
历书时　ephemeris time　02.170
历书子午线　ephemeris meridian　02.080
《历象考成》　Compendium of Calendrical Science and Astronomy　05.198
历元　epoch　02.131
历元赤道　equator of epoch　02.132
《历志》　Calendrical Treatise　05.184
立春　Beginning of Spring　13.001
立冬　Beginning of Winter　13.019
立秋　Beginning of Autumn　13.013
立夏　Beginning of Summer　13.007
立运环　standing-rotating instrument, vertical revolving circle　05.237
利比亚　Libya　18.077
利克星表　Lick catalogue　07.026
利克指数　Lick indices　07.129
利莫里亚　Lemuria　18.076
利斯特山脊　Dorsa Lister　16.022
利特罗夫溪　Rimae Littrow　16.185
利特罗光谱仪　Littrow spectrometer　06.289
粒子创生　particle creation　04.403
粒子对产生　pair creation, pair production　04.402
粒子对湮灭　pair annihilation　04.401
粒子事件　ground level event, GLE　09.107
粒子视界　particle horizon　04.332
粒子天体物理学　particle astrophysics　04.007
连续孔径　filled aperture　06.370
连续谱　continuum　04.293
连续谱辐射　continuum radiation　04.294
连续吸收系数　continuous absorption coefficient　04.292
莲花漏　lotus clepsydras　05.263
两点相关函数　two-point correlation function　07.318
两色测光　two-color photometry　04.031
亮度　brightness　01.067
亮红星系　luminous red galaxy　07.083
亮巨星　bright giant, luminous giant　08.178
亮颗粒　bright grain　09.182
亮桥　light bridge　09.173
亮温度　brightness temperature　04.114
亮星系表　reference catalogue of bright galaxies　07.023
亮星星表　bright star catalogue, catalogue of bright stars　08.040
亮星云　luminous nebula, bright nebula　08.563
量天尺　sky measuring scale, cosmic yardstick　04.462
量子阱红外探测器　quantum well infrared photodetector, QWIP　06.263
量子引力　quantum gravitation　04.423
量子宇宙学　quantum cosmology　07.009
猎户臂　Orion arm　08.752
＊猎户大星云　Great Nebula in Orion, Great Orion Nebula　08.574
猎户分子云　Orion molecular cloud　08.573
猎户流星群　Orionids　17.020
猎户圈　Orion Loop　08.753
猎户射电支　Orion spur　08.754
猎户四边形天体　Trapezium of orion, Trapezium　08.672
猎户四边形星团　Trapezium cluster　08.671
猎户星集　Orion aggregate　08.638
猎户星协　Orion association　08.639
猎户星云　Orion Nebula　08.574
猎户腰带　Orion's belt　08.755
猎户座　Orion　11.060
猎户座α　Betelgeuse　14.010
猎户座β　Rigel　14.007
猎户座γ　Bellatrix　14.026
猎户座δ　Mintaka　14.067
猎户座ε　Alnilam　14.029
猎户座ζ　Alnitak　14.033
猎户座κ　Saiph　14.059
猎犬 RS 型双星　RS CVn binary　08.383
猎犬座　Canes Venatici　11.013
邻近效应　proximity effect　07.194
林伯方程　Limber equation　07.319
林德布拉德共振　Lindblad resonance　03.172
林神星　Sylvia　10.111
林忠四郎线　Hayashi line　04.209
临边昏暗　limb darkening, darkening towards the limb　04.128

临边昏暗系数　limb-darkening coefficient　09.050
临边增亮　limb brightening, brightening towards the limb　04.129
临界等位面　critical equipotential surface　08.067
临界密度　critical density　07.445
临界面密度　critical surface density　07.352
临界倾角　critical inclination　03.088
临界质量　critical mass　04.299
灵台　numinous observatory　05.278
《灵台仪象志》　On the Armillary Sphere and Celestial Globe of the Observatory　05.197
《灵宪》　Ling Xian, Spiritual Constitution of the Universe　05.188
玲珑仪　iingenious planetarium　05.239
凌　transit　03.145
凌星测光法　transit photometry, transit method　10.307
凌星时间变分法　transit timing variation method　10.308
凌星系外行星巡天卫星　Transiting Exoplanet Survey Satellite, TESS　06.636
零龄水平支　zero-age horizontal branch　04.068
零龄主序　zero-age main sequence　04.210
零速度面　surface of zero velocity　03.025
零无限远　null infinity　07.606
[零指令]主序后星　post-main-sequence star, evolved star　08.344
留　stationary　03.119
* 流浪行星　rogue planet　10.291
流量　flux　04.343
流量标准星　flux standard star　04.344
流量密度　flux density　04.185
流体力学近似　magnetohydrodynamic approximation　09.298
流星　meteor, shooting star, falling star　10.181
流星暴　meteor storm, meteor outburst　10.186
流星群　meteoric stream, meteoroid stream, meteor swarm　10.180
流星体　meteoroid, meteoric body　10.178
流星余迹　meteor trail, meteor train　10.188
流星雨　meteoric shower, meteor shower　10.183
流星雨辐射点　radiant of meteor shower　10.184
六分仪 SW 型星　SW Sex star　08.426
六分仪座　Sextans　11.077
六杆式装置　hexapod mounting　06.123
六合　six cardinal points, contrary months　05.159
六合星　sextuple star　08.655
六合仪　component of the six cardinal points　05.228
六十干支周　sexagesimal cycle　05.005
龙虾眼 X 射线望远镜　lobster-eye X-ray telescope　06.440
漏壶　drip vessel　05.259
漏箭　indicator-rod　05.260
漏刻　Clepsydra　05.258
[漏水转]浑天仪　celestial globe moved by a clepsydra　05.231
卢克莱修坑链　Catena Lucretius　16.008
鲁比山脊　Dorsa Rubey　16.024
鲁道夫星表　Rudolphine table　05.123
鲁克山脉　Montes Rook　16.116
鹿豹 Z 型星　Z Cam star　08.468
鹿豹座　Camelopardalis　11.011
露湾　Sinus Roris　16.221
露罩　dew-cap, dew-shield　06.132
吕姆克尔山　Mons Ruemker　16.098
吕姆克山　Mons Rümker　16.099
旅行者 1 号飞船　Voyager 1　06.542
旅行者 2 号飞船　Voyager 2　06.543
《律历志》　Lu Li Zhi, Tone and Calendar Treatise　05.185
* 滤波器组频谱仪　filter bank spectrometer　06.407
滤光片转轮　filter wheel　06.092
卵形星云　Egg Nebula　08.519
掠日彗星　Sungrazier, sungrazing comet　10.135
掠射　grazing incidence　04.349
掠射望远镜　grazing incidence telescope　06.436
伦琴 X 射线天文台　Röntgen Satellite, ROSAT　06.653
伦斯-瑟林效应　Lense-Thirring effect　07.621
罗伯森-沃克度规　Robertson-Walker metric　07.422
[罗伯特·伯德]绿岸[射电]望远镜　Robert C. Byrd Green Bank Telescope, Green Bank Telescope, GBT　06.482
罗睺　Rāhu　05.129
罗默溪　Rimae Römer　16.199
罗盘座　Pyxis　11.069
罗塞塔号彗星探测器　Rosetta　06.565
罗西 X 射线时变探测器　Rossi X-ray Timing Explorer, RXTE　06.656
螺旋星云　Helix Nebula　08.546
洛希瓣　Roche lobe　08.102

洛希瓣溢流　Roche-lobe overflow　08.103
洛希缝　Roche division　10.063
洛希极限　Roche limit　03.044

M

马尔可夫链蒙特卡罗方法　Markov chain Monte Carlo method, MCMC method　07.397
马腹一　Agena, Hadar　05.092
马赫原理　Mach's principle　07.424
马卡良星系　Markarian galaxy　07.182
马克苏托夫改正镜　Maksutov corrector　06.082
马克苏托夫望远镜　Maksutov telescope　06.073
马里乌斯溪　Rima Marius　16.156
马姆奎斯特偏差　Malmquist bias　07.400
马纳吉尔　al-manazil　05.051
马上漏刻　clepsydra on horseback　05.264
马蹄式装置　horseshoe mounting　06.117
＊马蹄星云　Horseshoe Nebula　08.572
马头星云　Horsehead Nebula, Barnard 33　08.549
马约拉纳粒子　Majorana particle　07.388
马约拉纳质量项　Majorana mass term　07.386
马约拉纳中微子　Majorana neutrino　07.387
玛雅历日　atautun　05.040
玛雅天文学　Mayan astronomy　05.292
码盘　coded disk　06.124
埋沟型 CCD　buried-channel CCD　06.246
迈克耳孙干涉仪　Michelson interferometer　06.316
迈克耳孙恒星干涉仪　Michelson stellar interferometer　06.376
麦克劳林盘　MacLaurin disk　07.162
麦克劳林球体　MacLaurin spheroid　08.089
麦克劳林旋转椭球体　MacLaurin spheroid　03.170
麦克利尔溪　Rimae Maclear　16.186
麦克马思-皮尔斯太阳望远镜　McMath-Pierce Solar Telescope　06.496
麦克诺特彗星　comet McNaught　10.151
麦克斯韦山脉　Maxwell Montes　10.073
麦克斯韦望远镜　James Clerk Maxwell Telescope, JCMT　06.474
麦罗埃　Meroe　18.079
麦哲伦号金星探测器　Magellan　06.549
麦哲伦流　Magellanic stream　07.033
麦哲伦望远镜　Magellan Telescope　06.517
麦哲伦云　Magellanic clouds, Nubeculae　07.030
脉冲太阳耀斑　impulsive solar flare　09.222
脉冲相　impulsive phase　09.215
脉冲星　pulsar　08.357
脉冲星后端　pulsar back end　06.411
脉冲星计时法　pulsar timing　10.310
脉冲星行星　pulsar planet　10.288
脉动　pulsation　08.098
脉动变星　pulsating variable, pulsation variable　08.359
脉动不稳定带　pulsation instability strip　04.213
脉动极　pulsation pole　04.219
脉动相位　pulsation phase　04.218
脉动星　pulsating star, pulsator　08.358
＊满月　full moon　03.153
漫游集模型　excursion set model　07.585
慢滚暴胀　slow-roll inflation　07.551
慢滚近似　slow-roll approximation, slow-rolling approximation　07.552
慢新星　slow nova, novoid　08.403
芒角　ray and horn　05.214
芒种　Grain in Ear　13.009
猫眼星云　cat's eye nebula　08.492
猫爪星云　cat's paw nebula　08.493
卯酉圈　prime vertical　02.022
昴星团　Pleiades　08.641
昴星团望远镜　Subaru Telescope　06.514
昴宿星云　Merope nebula　08.564
玫瑰分子云　Rosette Molecular Cloud　08.584
玫瑰花结　rosette　09.228
玫瑰星云　Rosette Nebula　08.585
眉月湾　Sinus Lunicus　16.219
梅萨罗斯效应　Mészáros effect, Meszaros effect　07.574
梅森溪　Rimae Mersenius　16.190
梅斯特林溪　Rimae Maestlin　16.187
梅西叶编号　Messier number　08.034
梅西叶天体　Messier object　08.035
梅西叶溪　Rima Messier　16.157
梅西叶星表　Messier catalogue　08.033
煤袋星云　coalsack dark nebula, coalsack nebula, southern coalsack　08.498
每小时天顶方向流星数　zenithal hourly rate, ZHR　10.185

* 美杜莎星云　Gemini Nebula　08. 531
美索不达米亚天文学　Mesopotamian astronomy　05. 293
门捷列夫坑链　Catena Mendeleev　16. 009
门农尼亚　Memnonia　18. 078
蒙德极小期　Maunder minimum　09. 138
锰星　manganese star　08. 301
梦海　Mare Desiderii　16. 070
梦湖　Lacus Somniorum　16. 061
梦沼　Palus Somni　16. 126
弥漫 X 射线背景　diffuse X-ray background　07. 376
弥漫 X 射线辐射　diffuse X-ray emission　07. 379
弥漫物质　diffuse matter　08. 512
弥漫星际介质　diffuse interstellar medium　08. 511
弥漫星际谱带　diffuse interstellar band　08. 069
弥漫星云　diffuse nebula　08. 513
弥漫状星云物质　diffuse nebulosity　08. 514
* 迷你暗晕　minihalo　07. 588
迷踪彗星　lost comet, missing comet　10. 141
米波　meter wave　04. 370
米波暴　meter-wave burst　09. 148
米波天文学　meter-wave astronomy　01. 026
米尔恩模型　Milne model　07. 430
米尔斯十字　Mills cross　06. 397
500 米口径球面射电望远镜　Five-hundred-meter Aperture Spherical radio Telescope, FAST　06. 484
米粒　granule　09. 056
米粒间区　intergranular area　09. 064
米粒组织　granulation　09. 057
米尼劳斯溪　Rimae Menelaus　16. 189
IRAM 30 米望远镜　IRAM 30-m Telescope　06. 473
糸川[小行星]　Itokawa　10. 119
密度波　density wave　07. 117
密度波理论　density-wave theory　04. 306
密度峰　density peak　07. 581
NFW 密度轮廓　Navarro-Frenk-White density profile, NFW density profile　07. 594
密度轮廓　density profile　07. 592
* 密度起伏　density fluctuation　07. 302
密度扰动　density perturbation　07. 301
密度演化　density evolution　07. 140
密度阈值　density threshold　07. 580
密度涨落　density fluctuation　07. 302
密近交会　close encounter　03. 180
* 密近双重天体　close binary system　08. 199
密近双星　close binary star, close binary　08. 199
幂律谱　power-law spectrum　04. 416
E 冕　E corona　09. 075
F 冕　F corona　09. 076
K 冕　K corona　09. 077
冕洞　coronal hole　09. 082
冕环　coronal loop　09. 093
冕盔　coronal helmet　09. 083
冕流　coronal streamer　09. 085
冕区气体　coronal gas　04. 127
冕扇　coronal fan　09. 084
冕苔区　moss region　09. 339
冕雨　coronal rain　09. 086
面积定律　law of area　03. 082
面积速度　areal velocity　03. 179
面亮度　surface brightness　04. 496
面亮度轮廓　surface brightness profile　04. 497
面亮度起伏　surface-brightness fluctuation　07. 264
* 面纱星云　Cirrus Nebula　08. 497
面阵探测器　detector array　06. 223
秒　second, s　01. 091
秒差距　parsec, PC　01. 083
民用晨昏蒙影　civil twilight　04. 096
民用日　civil day　02. 206
民用时　civil time　02. 270
闵可夫斯基泛函　Minkowski functionals　07. 327
闵可夫斯基空间　Minkowski space　07. 608
* 闵氏空间　Minkowski space　07. 608
敏化　sensitization, hypersensitization, hypersensitizing　06. 226
敏捷号 γ 射线天文卫星　Astro-Rivelatore Gamma ad Immagini Leggero, AGILE　06. 664
明视觉　photopic vision　01. 057
冥外行星　trans-Pluto, trans-Plutonian planet　10. 037
冥王星　Pluto　10. 046
冥卫二　Nix　15. 165
冥卫三　Hydra　15. 166
冥卫四　Kerberos　15. 167
冥卫五　Styx　15. 168
冥卫一　Charon　15. 164
冥族小天体　plutino　10. 033
g 模　g mode　09. 029
p 模　p mode　09. 028
模糊暗物质　fuzzy dark matter　07. 518

木星环　Jupiter's ring, Jovian ring, ring of Jupiter　10.064
木星特洛伊群[小行星]　Trojan group of Jupiter, Trojan asteroid of Jupiter　10.092
木星族彗星　Jupiter-family comet, comet of Jupiter family　10.137
*木族彗星　Jupiter-family comet, comet of Jupiter family　10.137
目击[型]陨石　meteorite fall　10.196
目视测光　visual photometry　04.018
目视双星　visual binary, visual double star　08.455
目视星　visual star　08.456
目视星等　visual magnitude　04.046
牧夫巨洞　Bootes void　08.789
牧夫流星群　Bootids　17.005
牧夫λ型星　λ Bootis star　08.479
牧夫座　Boötes　11.009
牧夫座α　Arcturus　14.004
牧夫座ε　Izar　14.074
牧羊犬卫星　shepherd satellite　10.055

N

纳秒　nanosecond, ns　01.094
纳耀斑　nanoflare　09.208
钠[引]导星　sodium guide star　06.176
奈伊-艾伦星云　Ney-Allen Nebula　08.569
南点　south point　02.299
南非大型望远镜　Southern African Large Telescope, SALT　06.521
南海　Mare Australe　16.067
南河三　Procyon　05.089
*南环状星云　Eight Burst Nebula　08.520
南黄极　south ecliptic pole　02.050
南极-艾特肯盆地　South Pole-Aitken basin　10.234
南极点望远镜　South Pole Telescope, SPT　06.475
南极天文学　Antarctic astronomy　01.019
南极星　Polaris Australis　05.114
南极座　Octans　11.058
*南煤袋　coalsack dark nebula, coalsack nebula, southern coalsack　08.498
南门二　Rigil Kent, Rigil Kentaurus　05.084
南冕流星群　Corona Australids　17.010
南冕座　Corona Australis　11.026
南三角座　Triangulum Australe　11.081
南三角座α　Atria　14.042
南十字-盾牌臂　Crux-Scutum arm　08.688
南十字座　Crux　11.030
南十字座α　Acrux　14.013
南十字座β　Mimosa　14.020
南十字座γ　Gacrux　14.025
*南十字座κ星团　Jewel Box　08.622
南天恒星　southern star　08.407
南天极　south celestial pole　02.029
南银冠　south galactic cap　07.029
南银极　south galactic pole　02.061
南鱼流星群　Piscis Australids　17.023
南鱼座　Piscis Austrinus　11.067
南鱼座α　Fomalhaut　14.018
内爆　implosion　09.321
内禀红移　intrinsic redshift　07.270
内[侧]行星　inferior planet, interior planet　10.014
内彗发　inner coma　10.165
内激波　internal shock　04.359
内克塔　Nectar　18.081
内拉格朗日点　inner Lagrangian point　03.037
内冕　inner corona　09.079
内彭西斯　Nepenthes　18.082
内氏焦点　Nasmyth focus　06.041
内氏焦点摄谱仪　Nasmyth spectrograph　06.285
内太阳系　inner solar system　10.008
内因变星　intrinsic variable star　08.278
能层　ergosphere　04.247
能级图　energy-level diagram　04.328
能量分布　energy distribution　04.324
能量集中度　encircled energy　06.030
能量条件　energy condition　07.635
能流[量]　energy flux, energy-flux density　04.325
能流密度　energy-flux density　04.327
能谱　energy spectrum　04.326
X-γ能谱探测器　Spectrum-Röntgen-Gamma, Spectrum-RG, Spektr-RG, SRG　06.106
能视域　field of regard　06.023
尼格利山脊　Dorsum Niggli　16.040
尼科尔山脊　Dorsum Nicol　16.039
尼罗角　Nilokeras　18.083
尼罗瑟提斯　Nilosyrtis　18.084

＊逆大陵变星　antalgol　08.159
逆康普顿散射　inverse Compton scattering　04.363
逆康普顿效应　inverse Compton effect　04.153
逆留　retrograde stationary　03.118
逆行　retrograde motion　03.116
年　year　02.218
＊年轻大质量星团　super star cluster　08.667
年轻星团　young star cluster　08.678
鸟神星　Makemake　10.049
宁静日珥　quiescent prominence　09.189
宁静太阳　quiet sun　09.006
宁静太阳射电辐射　quiet solar radio radiation　09.026
宁静态　quiescence, quiescent　08.099
宁静星系　quiescent galaxy　07.100
牛顿规范　Newtonian gauge　07.617
牛顿焦点　Newtonian focus　06.039
牛顿望远镜　(1) Isaac Newton telescope, INT, (2) Newtonian telescope　06.061
XMM 牛顿望远镜　X-ray Multi-Mirror Newton, XMM-Newton　06.659
牛顿望远镜 Hα 测光巡天　Isaac Newton telescope photometric H-alpha survey　08.032
牛顿宇宙学　Newtonian cosmology　07.008
＊牛郎星　Altair　05.093
挪亚　Noachis　18.085
女巫头星云　Witch Head Nebula　08.596

O

欧几里得宇宙　Euclidean universe　07.446
欧拉溪　Rima Euler　16.149
欧诺斯托斯　Eunostos　18.064
欧文山脊　Dorsum Owen　16.042
欧洲南方天文台慕尼黑图像数据分析系统　European southern observatory-Münich image data analysis system, ESO-MIDAS　06.465
欧洲 X 射线天文卫星　European X-ray Observatory Satellite, EXOSAT　06.650
欧洲甚长基线干涉网　European VLBI Network, EVN　06.493
偶发流星　sporadic meteor　10.187
偶极磁场　dipole magnetic field　04.308
偶极辐射　dipole radiation　04.309
偶极天线阵　dipole array　06.396
偶极星云　bipolar nebula　08.483

P

帕克斯中性氢巡天　H Ⅰ Parkes all sky survey　08.028
帕克太阳探测器　Parker Solar Probe　06.606
帕里溪　Rimae Parry　16.191
帕利奇谷　Vallis Palitzsch　16.232
帕洛玛天图　Palomar Sky Survey　01.148
潘凯亚　Panchaia　18.090
盘　disc, disk　07.107
α 盘　α-disc　07.191
盘标长　disk scale length　08.692
盘冲击　disk shocking　08.693
盘吸积　disk accretion　04.310
盘星系　disk galaxy　07.054
盘鱼星云　fish on the platter, Barnard 144　08.524
盘族　disk population　08.691
盘族球状星团　disk globular cluster　08.608
盘族星团　disk cluster　08.607
庞加莱变量　Poincaré variable　03.173
庞加莱截面　Poincaré surface of section　03.174
旁瓣　side lobe　06.382
抛物面镜　paraboloidal mirror, paraboloid mirror, parabolic mirror　06.385
抛物面天线　paraboloid antenna, paraboloidal antenna, parabolic antenna　06.384
泡海　Mare Spumans　16.085
泡沫海　Mare Spumans　16.086
佩蒂特溪　Rimae Pettit　16.192
喷流　jet stream, jet　04.183
喷流星系　jet galaxy　07.178
＊彭罗斯图　Penrose diagram　07.253
蓬星　sailing star　05.153
膨胀臂　expanding arm　08.695
膨胀宇宙　expanding universe　07.452
碰撞星系　colliding galaxy　07.073
碰撞致宽　collision broadening　04.286
皮埃尔·俄歇天文台　Pierre Auger Observatory　06.530
皮科山　Mons Pico　16.095

皮通山　Mons Piton　16. 097
疲劳光子模型　tired-light model　07. 268
偏带观测　off-band observation　01. 048
偏近点角　eccentric anomaly　03. 078
偏食　partial eclipse　03. 124
偏食双星　partially eclipsing binary　08. 329
偏袒参数　bias parameter　07. 601
偏振标准星　polarimetric standard star, polarization standard star　04. 106
偏振参数　polarization parameter　04. 413
偏振测量　polarimetry, polarization measurement　04. 412
偏振分束器　polarization beam-splitter　06. 332
*偏振分析器　polarimeter　06. 327
偏振计　polarimeter　06. 327
偏振调制器　polarization modulator　06. 329
偏置导星　offset guiding　06. 140
偏置导星装置　offset guiding device　06. 141
偏轴式装置　off-axis mounting　06. 122
漂移扫描　drift scan, drift scanning　06. 160
CCD 拼接　CCD mosaic　06. 242
拼接镜　segmented mirror　06. 055
拼接镜面望远镜　segmented mirror telescope　06. 056
贫金属球状星团　metal-poor globular cluster　08. 625
贫金属天体　metal-poor object　04. 369
贫金属星　metal-poor star, metal-deficient star　08. 306
贫金属星团　metal-poor cluster　08. 624
*贫气体并合　dry merger　07. 227
贫氢星　hydrogen-deficient star, H deficient star, hydrogen-poor star　08. 264
贫星区　star poor region　08. 658
频率突漂　sudden frequency drift, SFD　09. 110
*频谱　spectrum　04. 483
平场　flat fielding　01. 122
平场改正　flat field correction　01. 123
平场透镜　field flattener, field flattening lens　06. 085
平赤道　mean equator　02. 134
平赤经　mean right ascension　02. 292
平赤纬　mean declination　02. 291
平春分点　mean equinox　02. 136
平根数　mean element　03. 052
平恒星日　mean sidereal day　02. 293
平恒星时　mean sidereal time　02. 157
平滑质点流体动力学　smoothed-particle hydrodynamics　07. 596
平黄赤交角　mean obliquity　02. 137
平极　mean pole　02. 135
平近点角　mean anomaly　03. 076
平经度　mean longitude　03. 175
平均法　averaging method　03. 093
平均绝对星等　mean absolute magnitude　08. 090
平均视差　mean parallax　08. 092
平均星等　mean magnitude, average magnitude　08. 091
u-v 平面　(u, v) plane　06. 360
u-v 平面覆盖　(u, v) plane coverage　06. 359
平年　common year　02. 230
平谱　flat spectrum　04. 181
平谱源　flat-spectrum source　08. 243
*平时　mean time　02. 162
平太阳　mean sun　02. 160
平太阳日　mean solar day　02. 204
平太阳时　mean solar time　02. 162
平坦问题　flatness problem　07. 542
*平坦宇宙　flat universe　07. 447
平坦自转曲线　flat rotation curve　07. 503
*平天极　mean pole　02. 135
平天说　discourse on the flat heaven, theory of the flat heavens　05. 166
平位置　mean position, mean place　02. 138
*平行圈　altitude circle　02. 020
平仪　planisphere astrolabe　05. 270
平原　Planitia, planitiae　18. 019
平运动　mean motion　03. 074
平运动共振　mean motion resonance　03. 182
平正午　mean noon　02. 161
平直宇宙　flat universe　07. 447
*坡带　labēs　18. 011
坡地　Labes　18. 011
普遍摄动　general perturbation　03. 005
普朗克谷　Vallis Planck　16. 233
普朗克密度　Planck density　07. 537
普朗克时间　Planck time　07. 535
普朗克探测器　Planck　06. 613
*普朗克卫星　Planck Surveyor　07. 016
普朗克溪　Rima Planck　16. 159
普朗克巡天器　Planck Surveyor　07. 016
普朗克长度　Planck length　07. 536
普雷斯-谢克特质量函数　Press-Schechter mass function　07. 583

普利纽斯溪　Rimae Plinius　16. 194
普林茨溪　Rimae Prinz　16. 195
普洛彭提斯　Propontis　18. 094
普适图像传输系统　Flexible Image Transport System, FITS　06. 462
普通天文学　general astronomy　01. 002
谱斑　plage, flocculus　09. 184
U 谱线　U line　08. 041
谱线　spectral line, spectrum line　04. 477
谱线分裂　line splitting, spectral line splitting　04. 172
谱线覆盖　line blanketing, line blocking　04. 173
谱线轮廓　line profile, line contour　04. 167
谱线轮廓变星　line-profile variable　08. 288
谱线位移　line displacement, line shift, spectral line shift　04. 163
谱线展宽　spectral line broadening　04. 476
谱线证认　line identification　04. 161
谱线致宽　line broadening　04. 171
谱线自然致宽　natural line-broadening　04. 380

Q

七十二候　seventy-two micro-season　05. 009
七曜　seven luminaries　05. 138
七政　seven celestial bodies　05. 137
* 七政仪　Orrery　05. 275
齐克尔山脊　Dorsum Zirkel　16. 046
* 齐明系统　aplanatic system　06. 063
奇克苏鲁伯陨石坑　Chicxulub crater　10. 211
奇异等温球　singular isothermal sphere　07. 164
奇异粒子　strange particle, exotic particle　04. 492
奇异星　exotic star, strange star　08. 233
耆那历　Jaina calendar　05. 060
麒麟流星群　Monocerids　17. 018
麒麟座　Monoceros　11. 055
启明星　Phospherus　05. 145
* 起伏　fluctuations　07. 300
* 起源-光谱判读-资源鉴定-安全-风化层探测器　Origins-Spectral Interpretation-Resource Identification-Security-Regolith Explorer, OSIRIS-Rex　06. 583
起源号探测器　Genesis　06. 559
气尘复合体　gas-dust complex　08. 529
* 气辉　airglow　10. 253
气壳星　shell star, envelope star　08. 399
* 气孔　pore　09. 161
气态巨行星　gas giant planet　10. 021
气体电子倍增器　gas electron multiplier, GEM　06. 421
气体闪烁正比计数器　gas scintillation proportional counter　06. 424
气体星云　gaseous nebula, gas nebula　08. 530
气体云　gas cloud　04. 347
汽海　Mare Vaporum　16. 089
恰普雷金气体　Chaplygin gas　07. 534
* 牵牛星　Altair　05. 093
牵星术　method of reckoning by the stars　05. 295
前导黑子　leading sunspot, preceding sunspot　09. 166
前端　front end　06. 402
前锋山脉　Montes Harbinger　16. 110
* 前景　foreground radiation　07. 374
前景辐射　foreground radiation　07. 374
前景减除　foreground removal, foreground subtraction　07. 375
前景星　foreground star　01. 110
前景星系　foreground galaxy　07. 094
前酒海纪　pre-Nectarian period　10. 238
前身天体　progenitor, precursor object, progenitor object　08. 350
前身星　progenitor, progenitor star, precursor star　08. 351
前太阳星云　pre-solar nebula　10. 274
前星系　pre-galaxy　07. 244
前星系云　pre-galactic cloud　07. 243
钱德拉塞卡动力摩擦　Chandrasekhar dynamical friction　07. 158
钱德拉塞卡极限　Chandrasekhar limit　04. 207
钱德拉 X 射线天文台　Chandra X-ray Observatory　06. 658
钱德勒周期　Chandler period　02. 191
潜像　latent image　06. 240
潜在威胁天体　potentially hazardous object, PHO　10. 256
堑沟　Fossa　18. 010
* 堑沟群　fossae　18. 010
嵌埋星团　embedded cluster　08. 610
强度干涉仪　intensity interferometer　06. 377
强度映射　intensity mapping　07. 373
强氦星　helium-strong star　08. 255

强射电星　radioloud star　08.372
强引力透镜　strong lensing　07.341
强子期　hadron era　07.467
墙象限仪　mural quadrant　05.243
墙仪　mural circle　05.242
＊羟基脉泽　hydroxyl maser　04.355
羟基微波激射　hydroxyl maser　04.355
乔·邦德溪　Rima G. Bond　16.151
乔托号彗星探测器　Giotto　06.547
巧合问题　coincidence problem　07.526
峭壁　Rupes　18.021
＊峭壁群　rupēs　18.021
峭度　kurtosis　07.325
翘曲星系　warped galaxy　08.783
切尔尼-特纳光谱仪　Czerny-Turner spectrometer　06.287
切弧　tangential arc　07.353
切伦科夫[式]中微子望远镜　Cherenkov neutrino telescope　06.459
切趾法　apodization　06.340
切趾瞳李奥星冕仪　apodized-pupil Lyot coronagraph　06.341
钦天监监正　head of the imperial astronomer bureau　05.287
轻元素丰度　light element abundance　07.490
轻子期　lepton era　07.468
轻子生成　leptogenesis　07.470
氢谱斑　hydrogen flocculus　09.186
氢燃烧　hydrogen burning　04.200
氢钟　hydrogen clock　06.192
氢主序　hydrogen main sequence　04.214
＊倾角章动　nutation in obliquity　02.124
倾斜　tilt　07.312
倾斜镜　tip-tilt mirror　06.183
清明　Fresh Green, Clear and Bright, Pure Brightness　13.005
＊情人星云　Valentine Nebula　08.585
穹天说　discourse on the vaulting heaven　05.165
丘留莫夫-格拉西缅科彗星　comet Churyumov-Gerasimenko　10.153
秋分　Autumnal Equinox　13.016
秋分点　autumnal equinox, autumnal point　02.034
秋湖　Lacus Autumni　16.048
球对称吸积　spherical accretion　04.485
＊C 球粒陨石　carbonaceous chondrite　10.200
球粒陨石　chondrite　10.199
球面反照率　spherical albedo　04.486
球面天文学　spherical astronomy　02.002
球坍缩　spherical collapse　07.578
球载天文学　balloon astronomy　01.018
球状次系　spherical subsystem　08.775
球状体　globule　08.535
球状星团　globular star cluster, globular cluster　08.612
球状星系　spherical galaxy, globular galaxy　07.061
球状子系　spherical component　08.774
区时　zone time　02.165
曲率波前传感器　curvature wavefront sensor　06.170
曲率辐射　curvature radiation　04.300
曲率扰动　curvature perturbation　07.305
去极度　north polar distance, codeclination　05.127
圈量子引力　loop quantum gravity　07.642
全动射电望远镜　fully steerable radio telescope　06.392
全耗尽 PN 结 CCD　fully depleted PN-junction CCD　06.251
全环食　total-annular eclipse　03.126
全球定位系统　Global Positioning System, GPS　02.251
全球太阳振荡监测网　Global Oscillation Network Group, GONG　06.497
全食　total eclipse, totality　03.123
全食带　zone of totality　03.135
全息原理　holographic principle　07.656
全帧式 CCD　full-frame CCD　06.248
犬后星群　Hecuba group　08.379

R

让桑溪　Rimae Janssen　16.184
扰动功率谱　perturbation power spectrum　07.310
热暗物质　hot dark matter　07.506
热斑　hot spot, warm spot　04.184
热不稳定性　heat instability, thermal instability　04.352
热电子测辐射热计　hot electron bolometer, HEB　06.268
热辐射　thermal radiation　04.148
热改正　bolometric correction　04.274
热光变曲线　bolometric light curve　04.070
热光度　bolometric luminosity　04.275
热核剧涨　thermonuclear runaway　04.202

热寂　heat death　07.416
热木星　hot Jupiter　10.301
热史　thermal history　07.466
热通道　hot channel　09.324
热像元　hot pixel　06.239
热星等　bolometric magnitude　01.081
热演化　thermal evolution　07.465
人马 A　Sagittarius A　08.684
人马 A*　Sagittarius A*　08.772
人马 X-1　Sagittarius X-1　08.389
人马臂　Sagittarius arm　08.773
*人马-船底臂　Carina arm　08.683
人马宫　Sagittarius　12.009
人马座　Sagittarius　11.072
人马座 ε　Kaus Australis　14.038
人马座 σ　Nunki　14.053
人造卫星　artificial satellite, sputnik　10.053
人择原理　anthropic principle　07.425
仁慈湖　Lacus Bonitatis　16.049
韧致辐射　Bremsstrahlung, braking radiation　04.150
妊神星　Haumea　10.050
日　day　02.200
日本纪元　Japanese era　05.065
日躔　solar equation　05.016
日出太阳卫星　Hinode, Solar-B　06.602
日地关系　solar-terrestrial relationship　09.116
日地关系天文台　Solar Terrestrial Relations Observatory, STEREO　06.603
日地环境　solar-terrestrial environment　09.104
日地物理学　solar-terrestrial physics　09.105
日珥　solar prominence　09.188
日晷　sundial　05.254
日环食　annular solar eclipse　03.125
日界线　date line　02.166
日浪　surge　09.225
日芒　mottle　09.326
日冕　solar corona　09.074
日冕活动　coronal activity　09.097
日冕加热　coronal heating　09.090
日冕禁线　coronal forbidden line　09.089
日冕连续谱　coronal continuum　09.098
日冕亮点　coronal bright point　09.092
日冕凝区　coronal condensation　09.078
日冕射线　coronal ray　09.087
日冕瞬变　coronal transient　09.091
日冕物质抛射　coronal mass ejection　09.088
日冕仪　coronagraph, coronograph　06.213
日面　solar disk　09.033
日面经度　heliographic longitude　09.047
日面喷焰　solar puff　09.230
日面事件　disk event　09.344
日面图　heliographic chart　09.034
日面纬度　heliographic latitude　09.046
日面耀斑　disk flare　09.343
日面综合图　carte synoptique(法)　09.036
日面坐标网　heliocentric coordinate network　09.035
日面坐标系　heliographic coordinate system　09.045
日喷　spray　09.226
日球层　heliosphere　09.101
日球层顶　heliopause　09.102
日球磁层　heliomagnetosphere　09.109
日食　solar eclipse　03.121
日食限　solar eclipse limit　03.137
日心角　heliocentric angle　09.039
日心经度　heliocentric longitude　02.324
日心距离　heliocentric distance　09.040
日心说　heliocentric theory　05.181
日心体系　heliocentric system　05.182
日心纬度　heliocentric latitude　02.323
日心引力常数　heliocentric gravitational constant　02.238
日心坐标　heliocentric coordinate　02.067
日月食仪　instrument for solar and lunar eclipses　05.276
日月岁差　lunisolar precession　02.116
日月章动　lunisolar nutation　02.122
日运动　daily motion　02.086
日震学　helioseismology　09.027
荣誉湾　Sinus Honoris　16.217
容许谱线　permitted line　04.407
容许跃迁　permitted transition, allowable transition, allowed transition　04.158
肉眼观测　naked-eye observation　01.040
铷钟　rubidium clock　06.190
儒略纪元　Julian era　05.037
儒略历　Julian calendar　02.229
儒略历书日期　Julian ephemeris date, JED　02.209
儒略年　Julian year　02.225
儒略日　Julian day　05.054

儒略日期　Julian date,JD　02.207
儒略日数　Julian day number　02.208
儒略世纪　Julian century　02.226
*蠕洞　wormhole　07.633
入凌　ingress　03.146
入宿度　determinative star distance　05.126
软 X 射线　soft X-ray　04.466
软 γ 射线　soft γ-ray　04.468
软 γ 射线复现源　soft gamma repeater, soft γ-ray repeater　08.476
软 X 射线源　soft X-ray source　04.467
软 γ 射线源　soft γ-ray source　04.469
软双星　soft binary　08.404
瑞楚德胡瑞方程　Raychudhuri equation　07.620
瑞利[引]导星　Rayleigh guide star　06.177
瑞轮蓂荚　mechanical calendar　05.232
瑞士乳酪模型　Swiss-cheese model　07.463
瑞星　auspicious star　05.155
闰秒　leap second　02.178
闰年　leap year　02.233
闰日　leap day　02.231
闰余　epact　05.022
闰月　leap month　02.232
闰周　intercalary cycle　05.021
弱氦星　helium-weak star　08.256
弱相互作用大质量粒子　weakly interacting massive particle　07.512
*弱相互作用重粒子　weakly interacting massive particle　07.512
弱引力透镜效应　weak lensing　07.342

S

*萨德伯里盆地　Sudbury crater　10.213
萨德伯里陨石坑　Sudbury crater　10.213
萨尔皮特初始质量函数　Salpeter initial mass function　07.146
萨哈方程　Saha equation　04.147
萨哈罗夫条件　Sakharov conditions　07.469
萨克斯-沃尔夫效应　Sachs-Wolfe effect　07.364
萨姆纳坑链　Catena Sumner　16.010
塞曼-多普勒成像法　Zeeman-Doppler imaging　06.337
塞曼分裂　Zeeman splitting　04.520
塞奇山脉　Montes Secchi　16.117
塞西克轮廓　Sersic profile　07.128
赛德娜[小行星]　Sedna　10.099
赛弗特星系　Seyfert galaxy, Seyfert　07.180
赛路里桁架　Serrurier truss　06.127
三辰　three kinds of celestial bodies　05.134
三辰仪　ecliptic, colure and movable equatorial rings　05.229
三点相关函数　three-point correlation function　07.320
三反消像散系统　three-mirror anastigmat, TMA　06.076
三光　three luminaries　05.135
三 α 过程　triple-α process　04.504
三合星　triple star　08.673
三角视差　trigonometric parallax　02.100
三角仪　triquetum　05.272
三角座　Triangulum　11.080
*三裂星云　Trifid Nebula　08.594
*三千秒差距臂　three-kiloparsec arm　08.695
三色测光　three-color photometry　04.032
三体碰撞　triple collision　03.027
三体问题　three-body problem　03.016
三统历　three sequences calendar, Santong calendar　05.032
三统说　theory of three interconnected systems　05.030
三相 CCD　three-phase CCD　06.245
三叶星云　Trifid Nebula　08.594
三垣　three enclosures　05.077
三正　three kinds of different first month　05.029
*三正说　theory of three interconnected systems　05.030
散焦　defocusing　06.153
*散粒噪声　shot noise　07.401
*散乱流星　sporadic meteor　10.187
扫电荷器件　swept charge device　06.428
扫描大圆　scanning great circle　02.254
*扫帚星　broom star, sweeping star　05.152
色球　chromosphere　09.066
色球爆发　chromospheric eruption　09.315
色球活动　chromospheric activity　04.125
色球精细结构　chromospheric fine structure　09.314
色球日冕过渡区　chromosphere corona transition region　09.073
色球网络　chromospheric network　09.069
色球望远镜　chromospheric telescope　06.214
色球压缩区　chromospheric condensation　09.068

[色球]针状物 chromospheric spicule, spicule 09.311
色球蒸发 chromospheric evaporation, chromospheric ablation 09.067
色散 dispersion 04.311
色温度 color temperature 04.108
色余 color excess 04.049
色指数 color index 04.048
铯钟 cesium clock, cesium-beam clock 06.191
沙库拉-苏尼阿耶夫盘 Shakura-Sunyaev disc 07.190
沙利叶宇宙 Charlier universe 07.462
沙漏 sand glass, sand filter 05.261
沙漏星云 Hourglass Nebula 08.550
沙罗周期 saros 05.038
沙普利-艾姆斯亮星系表 Shapley-Ames catalogue of bright galaxies 07.020
沙丘 Unda 18.027
＊沙丘群 undae 18.027
山 Mons 18.016
山案座 Mensa 11.053
山脊 Dorsum 18.008
＊山脊群 dorsa 18.008
山口 Patera 18.018
＊山口群 paterae 18.018
＊山脉 montes 18.016
山丘 Tholus 18.026
＊山丘群 tholi 18.026
闪变 flickering 04.221
闪光谱 flash spectrum 09.071
＊闪视比较仪 blink comparator 06.194
闪视仪 blink comparator 06.194
闪烁 scintillation, twinkling 04.090
闪烁计数器 scintillation counter 06.422
＊闪烁体 scintillator 06.422
扇形边界 sector boundary 09.310
扇形结构 sector structure 09.100
熵扰动 entropy perturbation 07.307
熵限 entropy bound 07.634
上帝的手指 finger of God 07.234
上蛾眉月 waxing crescent 03.192
上合 superior conjunction 03.104
上弦 first quarter 03.152
上行光行时 up-leg light time 02.311
上元 grand epoch 05.001
上元积年 accumulated years from the grand epoch 05.002
上中天 upper culmination 02.090
舌状地 Lingula, lingulae 18.013
蛇夫流星群 Ophiuchids 17.019
蛇夫座 Ophiuchus 11.059
蛇夫座 α Rasalhague 14.057
蛇夫座 η Sabik 14.082
蛇海 Mare Anguis 16.066
蛇形暗云 Snake Nebula 08.510
蛇状脊 Serpens 18.023
＊蛇状脊群 serpentes 18.023
射电瓣 radio lobe 04.439
＊射电暴 radio burst 09.125
射电爆发 radio burst 09.125
射电臂 radio arm 08.769
射电变源 variable radio source 08.640
射电[波] radio wave 04.445
射电窗口 radio window 04.099
射电对应体 radio counterpart 04.100
射电辐射 radio emission 04.434
＊射电辐射强度 radio brightness 04.179
射电干涉 radio interference 04.436
射电光度 radio luminosity 04.441
射电活跃恒星 radio active star 08.366
射电类星体 radio loud quasar, radio quasar 07.172
射电亮度 radio brightness 04.179
射电流量 radio flux 04.435
[射电]脉冲双星 binary pulsar 08.169
射电脉冲星 radio pulsar 08.369
射电宁静类星体 radio quiet quasar 07.173
射电宁静星系 radio quiet 04.443
射电喷流 radio jet 04.437
射电偏振测量 radio polarimetry 04.442
射电谱线 radio line, radio spectral line 04.438
射电谱指数 radio spectral index 04.444
射电强星系 radio loud 04.440
射电日像仪 radio heliograph 06.222
射电双星 radio binary 08.367
射电太阳 radio sun 09.004
射电天体测量学 radio astrometry 02.009
射电天文干涉仪 radio astronomical interferometer 06.351
射电天文号卫星 RadioAstron 06.614
射电天文接收机 radio astronomical receiver 06.401

射电天文探测器　Radio Astronomy Explorer, RAE　06. 608
射电天文学　radio astronomy　01. 023
射电天线　radio antenna　04. 433
射电望远镜　radio telescope　06. 011
射电新星　radio nova　08. 368
射电星　radio star　08. 371
射电星系　radio galaxy　07. 079
射电余辉　radio afterglow　04. 432
射电源　radio source　08. 370
射电源参考系　radio source reference system　02. 153
射电源计数　radio source count, radio-source counting　07. 287
射电展源　extended radio source　08. 076
射电指数　radio index　04. 180
X 射线　X-ray　04. 519
γ 射线　γ-ray　04. 522
X 射线 CCD　X-ray CCD　06. 427
X 射线暴　X-ray burst　04. 240
γ 射线暴　γ-ray burst, gamma-ray burst　04. 241
X 射线暴源　X-ray burster, X-ray burst source　08. 464
γ 射线暴源　γ-ray burster, γ-ray burst source　08. 474
X 射线背景辐射　X-ray background radiation　07. 378
X 射线变源　variable X-ray source　08. 450
X 射线对应体　X-ray counterpart　04. 102
γ 射线对应体　γ-ray counterpart　04. 103
X 射线分析和数据应用包　X-ray Analysis and Data Utilization, XANADU　06. 472
γ 射线光度　γ-ray luminosity　04. 418
X 射线光栅能谱仪　X-ray grating spectrometer　06. 447
X 射线亮点　X-ray bright point　09. 341
X 射线脉冲星　X-ray pulsar　08. 466
γ 射线脉冲星　γ-ray pulsar　08. 475
γ 射线谱线　γ-ray line, γ-ray spectral line　04. 188
γ 射线谱线辐射　γ-ray line emission　04. 189
γ 射线谱线天文学　γ-ray line astronomy　04. 006
* γ 射线轻型成像天文探测器　Astro-Rivelatore Gamma ad Immagini Leggero, AGILE　06. 664
X 射线食变星　eclipsing X-ray source, eclipsing X-ray star, X-ray eclipsing star, X-ray eclipsing system　08. 226
X 射线双星　binary X-ray source, X-ray binary　08. 172
X 射线太阳　X-ray sun　09. 005
X 射线天文学　X-ray astronomy　01. 030
γ 射线天文学　γ-ray astronomy　01. 031
X 射线望远镜　X-ray telescope　06. 015
γ 射线望远镜　γ-ray telescope　06. 016
X 射线新星　X-ray nova　08. 465
X 射线星　X-ray star, extar　08. 467
γ 射线巡天　γ-ray survey　04. 523
X 射线展源　extended X-ray source　08. 077
γ 射线证认　γ-ray identification　04. 528
摄动　perturbation, disturbance　03. 003
摄动函数　disturbing function　03. 009
摄动理论　perturbation theory　03. 004
摄动力　perturbative force　03. 181
摄动体　disturbing body　03. 007
* 摄谱轨道　spectroscopic orbit　08. 108
* 摄谱解　spectroscopic orbit　08. 108
摄谱仪　spectrograph　06. 281
CCD 摄谱仪　CCD spectrograph　06. 283
深度撞击彗星探测器　Deep Impact　06. 567
深谷　Chasma　18. 005
* 深谷群　chasmata　18. 005
深耗尽 CCD　deep-depletion CCD　06. 247
深空　deep space, deep sky　01. 112
深空天体　deep sky object　01. 115
深埋红外源　deeply embedded infrared source　08. 216
甚大望远镜　Very Large Telescope, VLT　06. 515
甚大望远镜干涉仪　Very Large Telescope Inteferometer, VLTI　06. 516
* 甚大阵　Very Large Array, VLA　06. 487
甚高能辐射成像望远镜阵　Very Energetic Radiation Imaging Telescope Array System, VERITAS　06. 527
甚长基线干涉测量　very long baseline interferometry, VLBI　02. 250
甚长基线干涉仪　very long baseline interferometer, VLBI　06. 412
甚长基线[射电望远镜]阵　Very Long Baseline Array, VLBA　06. 491
升交点　ascending node　03. 059
升交点经度　longitude of ascending node　03. 073
升交角距　argument of latitude　03. 203
生光　third contact　03. 143
生物天文学　bioastronomy　01. 012
生长曲线　curve of growth, growth curve　04. 169
声光频谱仪　acousto-optical spectrometer, AOS　06. 408
圣杯号月球探测器　Gravity Recovery and Interior Laboratory, GRAIL　06. 579

圣诞树星团　Christmas Tree Cluster　08.601
失败的爆发　failed eruption　09.336
*失踪彗星　lost comet, missing comet　10.141
狮子宫　Leo　12.005
狮子流星群　Leonids　17.015
狮子座　Leo　11.046
狮子座α　Regulus　14.021
狮子座β　Denebola　14.060
狮子座γ　Algieba　14.050
施蒂勒山脊　Dorsa Stille　16.027
施洛特月谷　Vallis Schröteri　16.236
施密特定律　Schmidt law　07.130
施密特改正镜　Schmidt correcting plate, Schmidt corrector, Schmidt plate　06.081
施密特-卡塞格林望远镜　Schmidt-Cassegrain telescope　06.072
施密特望远镜　Schmidt telescope　06.067
施密特照相机　Schmidt camera　06.068
施皮茨贝尔根山脉　Montes Spitzbergen　16.118
施瓦西黑洞　Schwarzschild black hole　04.243
湿并合　wet merger　07.228
湿海　Mare Humorum　16.074
十二辰　twelve Chen, twelve double-hours　05.012
十二次　twelve Jupiter-stations, duodenary series, twelve-fold equatorial division　05.013
十二生肖　animal cycle　05.209
十米波　decameter wave, decametric wave　04.301
十字架二　Acrux　05.095
十字架三　Becrux, Mimosa　05.101
*石氏星表　Star Classic of Master Shi, Star Catalogue of Master Shi　05.187
《石氏星经》　Star Classic of Master Shi, Star Catalogue of Master Shi　05.187
石铁陨石　stony-iron meteorite, siderolite　10.203
石英钟　quartz clock, quartz crystal clock　06.186
石陨石　stony meteorite　10.198
石质小行星　rocky asteroid　10.097
时标　time scale　04.500
时差　equation of time　02.163
时号　time signal　02.184
时号改正数　correction to time signal　02.186
时号站　time signal station　02.185
时间　time　01.036
时间服务　time service　02.179
时间同步　time synchronization　02.187
时角　hour angle　02.045
时角度盘　hour circle　06.114
时距日震学　time-distance helioseismology　09.032
时距图　space-time diagram　09.346
时空奇点　space-time singularity　04.473
时令湖　Lacus Temporis　16.063
时秒　second of time　02.298
时区　time zone　02.301
时宪历　Shixian calendar　05.036
时延　time delay　02.253
时延积分　time-delay integration, TDI　06.161
时钟比对　clock comparison　02.271
时钟座　Horologium　11.041
实测天体物理学　observational astrophysics　04.002
实测天文学　observational astronomy　01.003
实心超新星遗迹　plerion, plerionic remnant　08.336
实用天文学　practical astronomy　02.003
食　eclipse　03.120
食变星　eclipsing variable, eclipsing system, eclipsing star　08.225
《食典》　Canon der Finsternisse(德)　03.132
食分　magnitude of eclipse　03.139
食既　second contact　03.141
食年　eclipse year　02.223
食甚　middle of eclipse　03.142
食双星　eclipsing binary, eclipsing double star, eclipsing system, eclipsing star　08.224
食相　phase of eclipse　03.138
史密斯海　Mare Smythii　16.084
矢量磁像仪　vector magnetograph　06.221
矢量天体测量学　vectorial astrometry　02.011
示臂天体　spiral arm tracer　08.776
示距参数　distance indicator　08.071
示距天体　distance indicator　08.070
世界时　universal time　02.167
D-K 式卡塞格林望远镜　Dall-Kirkham Cassegrain telescope　06.074
似然度　likelihood　07.393
事件视界　event horizon　04.331
视半径　apparent semi-diameter　04.259
视差　parallax　02.096
视差动　parallactic motion　02.129
*视差天平动　diurnal libration　03.160

视差椭圆　parallactic ellipse　02.098
视差位移　parallactic displacement　02.097
视场　field of view　01.120
视超光速运动　apparent superluminal motion　07.187
视地平　apparent horizon　02.322
视界　horizon　04.333
视界穿越　horizon crossing　07.626
视界进入点　horizon entry　07.569
*视界问题　homogeneity problem　07.541
*视界疑难　homogeneity problem　07.541
视亮度　apparent brightness　01.068
视面积　apparent area　09.041
[视]目视星等　apparent visual magnitude　01.074
视宁度　seeing　01.096
视宁度监测仪　seeing monitor　06.133
视宁像　seeing image　01.097
视宁圆面　seeing disk　01.098
视热星等　apparent bolometric magnitude　04.257
视双星　apparent binary　08.325
*视太阳时　apparent solar time　02.159
视天平动　apparent libration　03.156
视网膜星云　retina nebula　08.582
视位置　apparent place, apparent position　02.143
*视线方向磁场　longitudinal magnetic field　09.247
视向速度　radial velocity　02.130
视向速度变星　velocity variable, variable-velocity star　08.453
视向速度标准星　radial-velocity standard star, standard star for radial-velocity, standard-velocity star　04.107
*视向速度二维分布图　Dopplergram　04.165
视向速度法　padial velocity method　10.309
视向速度描迹　radial-velocity trace, radial-velocity tracing　04.166
视向速度扫描仪　radial-velocity scanner, RVS　06.317
视星等　apparent magnitude　01.073
*视圆面　apparent disc　01.099
视直径　apparent diameter　04.258
视轴　boresight　06.036
室女GW不稳定带　GW Virginis instability strip　08.251
室女宫　Virgo　12.006
室女[团]引力波探测器　Virgo Gravitational Wave Detector　06.535
*室女GW型变星　GW Virginis variable　08.252
室女W型变星　W Vir type variable, W Vir variable　08.460
室女GW型星　GW Virginis star, GW Vir star　08.252
*室女W型星　W Vir type star　08.460
室女座　Virgo　11.086
室女座α　Spica　14.016
室女座超团　Virgo supercluster　07.040
室女座星系团　Virgo cluster, Virgo galaxy cluster　07.038
室女座星系团中心流　virgocentric flow　07.039
嗜极生物　extremophile　10.302
收缩宇宙　contracting universe　07.453
手枪星云　Pistol Nebula　08.578
手征性　chirality　09.286
守　staying　05.045
守时　time keeping　02.181
*寿星　Canopus, Suhail　05.083
受迫跃迁　forced transition　04.159
受迫章动　forced nutation　02.278
受摄体　disturbed body　03.008
受透镜作用星系　lensed galaxy　07.339
授时历　Shoushi calendar　05.035
授时星表　catalogue of time services　08.018
*瘦身　downsizing　07.248
舒梅克-列维9号彗星　Shoemaker-Levy 9 comet　10.148
疏散星团　open cluster of stars, open cluster, open star cluster　08.637
束缚-束缚跃迁　bound-bound transition　04.157
束缚耀斑　confined flare　09.345
束缚-自由跃迁　bound-free transition　04.156
数字[化]巡天　digital sky survey　01.113
*衰减莱曼阿尔法系统　damped Lyman α system　07.206
*双侧喷流　bipolar jet　04.271
双层暗条　double-deck filament　09.317
双重星团　double cluster　08.609
双重星系　binary galaxies　08.788
双带耀斑　two ribbon flare　09.203
双光束偏振计　double-beam polarimeter, dual-beam polarimeter　06.331
双环星云　Eight Burst Nebula　08.520
双极黑子　bipolar sunspots　09.165
双极扩散　ambipolar diffusion　09.275

双极喷流　bipolar jet　04.271
双极群　bipolar group　09.176
双极行星状星云　bipolar planetary nebula　08.484
双类星体　binary quasar, double quasar, twin quasar　07.177
双模变星　double-mode variable star　08.220
双频多普勒　Doppler system with dual frequency　02.264
双谱　bispectrum　07.322
双谱分光双星　double-lined spectroscopic binary, double-lined binary　08.219
＊双谱双星　double-spectrum binary, two-spectrum binary　08.219
双色图　two-color diagram, color-color diagram, color-color plot　04.061
双射电源　double radio source　07.184
双筒天体照相仪　double astrograph　06.270
双小行星　binary asteroid, double asteroid　10.085
双星　binary star, double star, binary　08.170
双星出现率　binary frequency　08.056
双星绕转　rotation of binary　08.104
双星系统　binary system　08.171
双压电晶片镜　bimorph mirror　06.181
双鱼宫　Pisces　12.012
双鱼座　Pisces　11.066
双折射滤光器　birefringent filter　06.217
双子宫　Gemini　12.003
双子流星群　Geminids　17.013
双子望远镜　Gemini Telescope　06.513
双子星云　Gemini Nebula　08.531
双子 U 型双星　U gem binary　08.439
双子 U 型星　U geminorum star, U Gem star　08.440
双子座　Gemini　11.038
双子座α　Castor　14.024
双子座β　Pollux　14.017
双子座γ　Alhena　14.043
霜降　First Frost, Descent of Hoar Frost, Frost's Descent　13.018
水晶天　crystalline heaven　05.176
＊水脉泽　water maser　04.517
＊水母星云　Gemini Nebula　08.531
水内行星　intra-Mercurial planet, intra-Mercurian planet　10.035
水平磁场　horizontal magnetic field　09.329
水平式摄谱仪　horizontal spectrograph　09.244
水平式子午环　horizontal transit circle, horizontal meridian circle　06.204
水平支　horizontal branch　04.067
水平支恒星　horizontal-branch star　08.260
水蛇座　Hydrus　11.043
＊水手谷　Valles Marineris　10.077
水手号　Mariner　06.538
＊水手号大峡谷　Valles Marineris　10.077
水手号谷　Valles Marineris　10.077
水微波激射　water maser　04.517
水委一　Achernar　05.090
水星　Mercury　10.038
＊水星表面、空间环境、地化学及测距［探测器］　Mercury Surface Space Environment Geochemistry and Ranging, MESSENGER　06.564
水星近日点进动　advance of Mercury's perihelion　03.177
水运仪象台　clockwork water-driven armillary sphere, water-driven astronomical clock tower　05.235
水钟　water-clock　05.266
顺留　direct stationary　03.117
顺行　direct motion　03.115
瞬时赤道　equator of date　02.133
瞬现［活动］区　ephemeral active region　09.132
朔　new moon　03.151
朔策　length of lunation, synodic month　05.020
朔日　first day of lunar month　05.015
朔实　length of the lunation, synodic month　05.020
朔望月　synodic month　02.214
司天监　directoralte of astronomy and calendar, astronomical bureau　05.286
＊丝状结构　filament structure　07.239
斯波勒定律　Spörer's law　09.141
斯波勒极小期　Spörer minimum　09.139
斯堤克斯　Styx　18.098
斯堪的亚　Scandia　18.096
斯米尔诺夫山脊　Dorsa Smirnov　16.025
斯涅尔谷　Vallis Snellius　16.237
斯皮策空间望远镜　Spitzer Space Telescope　06.627
斯特列尔比　Strehl ratio　06.031
＊斯托克斯参量　Stokes paramter　04.413
锶星　strontium star　08.416
撕裂模不稳定性　tearing model instability　09.284
死湖　Lacus Mortis　16.057

四方点　cardinal points　02.030
四分历　quarter-remainder calendar　05.033
四合星　quadruple star　08.647
四棱锥波前传感器　pyramid wave-front sensor　06.171
四色测光　four-color photometry　04.033
＊四色测光系统　uvby system　04.028
四象　four symbolic animals, images of the four directions, four Xiang　05.072
四游仪　component of the four displacements, sighting-tube ring　05.230
苏黎世成像偏振计　Zürich imaging polarimeter, ZIMPOL　06.335
苏黎世[黑子]分类　Zürich classification　09.153
苏黎世黑子相对数　Zürich relative sunspot number　09.154
苏黎世数　Zürich number　09.129
苏尼阿耶夫-泽尔多维奇热效应　thermal Sunyaev-Zel'dovich effect　07.368
苏尼阿耶夫-泽尔多维奇效应　Sunyaev-Zel'dovich effect　07.367
苏尼阿耶夫-泽尔多维奇运动学效应　kinetic Sunyaev-Zel'dovich effect　07.369
《苏州石刻天文图》　Suzhou Inscriptive Planisphere　05.194
速度弥散　dispersion of velocities　04.312
速度椭球　velocity ellipsoid　08.785
速逃星　runaway star　08.384
＊随机分布的高斯性　Gaussianity　07.402
岁差　precession　02.114
岁实　tropical year　05.019
岁星　Jupiter　05.142
＊岁星　Jupiter　10.042
岁星纪年　Jupiter cycle　05.026
＊岁阴　counter-Jupiter　05.144
损失锥　loss cone　09.266
隼鸟号小行星探测器　Hayabusa　06.563
缩焦器　focal reducer, focuser　06.077
索比山脊　Dorsa Sorby　16.026
索菲亚平流层红外天文台　Stratospheric Observatory for Infrared Astronomy, SOFIA　06.632
索贺太阳和日球层探测器　Solar and Heliospheric Observatory, SOHO　06.597
索杰纳号火星巡视器　Sojourner　06.553
索西琴尼溪　Rimae Sosigenes　16.200

T

塔尔西斯　Tharsis　18.102
塔利-费希尔关系　Tully-Fisher relation　07.132
塔纳伊斯　Tanais　18.100
＊塔式望远镜　tower telescope　06.208
台地　Terra, terrae　18.025
太白　Venus　05.140
＊太白　Venus　10.039
太初历　Taichu calendar　05.031
＊太空探索　space exploration　10.261
＊太空天气　space weather　10.247
太史令　astronomer-royal, head of the imperial astronomical bureau　05.285
太岁　counter-Jupiter　05.144
太岁纪年　counter-Jupiter annual system　05.027
太微垣　supreme subtlety enclosure　05.079
太阳　sun　09.001
太阳半径　solar radius　01.085
太阳爆发　solar eruption　09.158
[太阳]背点　solar antapex　08.053
太阳扁率　solar oblateness　09.010
太阳常数　solar constant　09.008
太阳成像光谱仪　solar imaging spectrograph　09.245
太阳磁像仪　solar magnetograph　09.242
太阳磁周　solar magnetic cycle　09.140
太阳大气　solar atmosphere　09.014
太阳单色光观测镜　spectrohelioscope　09.240
太阳单色光照相术　spectroheliography　09.232
太阳单色光照相仪　spectroheliograph　06.215
太阳单色像　spectroheliogram, solar filtergram　09.231
太阳动力学天文台　Solar Dynamics Observatory, SDO　06.604
太阳发电机　solar dynamo　09.274
太阳风　solar wind　09.099
太阳风暴　solar storm　09.108
太阳风卫星　Solwind, P78-1　06.591
太阳峰年　solar maximum year　09.142
太阳服务　solar service　09.123
太阳辐射卫星　Solar Radiation Satellite, SOLRAD　06.587
太阳辐射与大气实验卫星　Solar Radiation and Climate

Experiment,SORCE 06.601
太阳辐照度 solar irradiance 09.009
太阳高能粒子 solar energetic particle 09.018
太阳谷年 solar minimum year 09.143
太阳光电磁像仪 solar photoelectric magnetograph 09.235
太阳光度 solar luminosity 01.087
太阳光谱 solar spectrum 09.021
太阳光谱-单色光照相仪 spectra-spectroheliograph, S2HG 09.241
太阳光谱仪 solar spectrograph 09.239
太阳过渡区 solar transition region 09.022
[太阳]黑子 sunspot 09.159
太阳黑子群 sunspot group 09.160
太阳活动 solar activity 09.124
太阳活动区 solar active region 09.131
太阳活动预报 solar activity prediction, prediction of solar activity 09.150
太阳活动周 solar cycle 09.135
太阳极大使者 Solar Maximum Mission,SMM 06.592
*太阳历 solar calendar 05.023
太阳脉动 solar pulsation 09.019
太阳内部 solar interior 09.011
*太阳年 solar year 02.220
太阳日 solar day 02.203
太阳软 X 射线暴 solar soft X-ray burst 09.152
太阳射电频谱图 radio spectrohelio-gram 09.238
太阳 X 射线暴 solar X-ray burst 09.149
太阳 γ 射线暴 solar γ-ray burst 09.144
*太阳摄谱仪 solar spectrograph 09.239
太阳视差 solar parallax 02.104
太阳塔 solar tower 06.208
太阳望远镜 solar telescope 06.207
太阳微波暴 solar microwave burst 09.151
太阳物理学 solar physics 09.246
太阳系 solar system 10.001
[太阳]系外地球型行星 earth-like exoplanet, extrasolar earth analog 10.298
太阳系外彗星 extrasolar comet 08.335
[太阳]系外类地行星 extrasolar ter-restrial planet 10.297
[太阳]系外类木行星 Jovian exoplanet, exo-Jupiter, Jupiter-like exoplanet 10.299
太阳系外生命 extrasolar life 08.583
[太阳]系外行星 extrasolar planet, exoplanet 10.287
[太阳]系外行星凌星 exoplanet transit 10.306
[太阳]系外行星系 extrasolar planetary system, exoplanet system 10.285
[太阳]系外行星学 exoplanetology, exoplanetary science 10.286
太阳系小天体 small solar system body, SSSB 10.005
太阳系行星 solar system planet 10.003
太阳系仪 Orrery 05.275
[太阳系]质心天球参考系 Barycentric Celestial Reference System, BCRS 02.314
太阳向点 solar apex 08.054
太阳星云 solar nebula 10.275
太阳型恒星 solar-type star, solar star 08.406
太阳巡视 solar patrol 09.122
太阳宇宙线 solar cosmic rays 09.017
太阳照相仪 heliograph, photoheliograph 09.234
太阳振荡 solar oscillation 09.313
太阳质量 solar mass 01.086
太阳质量恒星 solar-mass star 08.405
[太阳]质子事件 [solar] proton event 09.210
[太阳]质子耀斑 [solar] proton flare 09.209
太阳中微子 solar neutrino 09.015
太阳中微子单位 solar neutrino unit, SNU 09.013
太阳中微子亏缺 solar neutrino deficit 09.012
太阳自转 solar rotation 09.020
太阳总辐射 total solar irradiance 09.016
*太阴 counter-Jupiter 05.144
*太阴 moon 10.218
*太阴历 lunar calendar 05.024
泰尔米埃山脊 Dorsum Termier 16.044
泰纳里厄姆海角 Promontorium Taenarium 16.136
坍缩 collapse 08.064
坍缩比例 collapse fraction 07.582
坍缩天体 collapsed object 04.285
坍缩星 collapsar, collapsed star, collapsing star 08.206
坍缩云 collapsing cloud 08.500
檀君纪年 Dangun Era 05.067
坦普尔 1 号彗星 Comet Tempel 1 10.152
CMOS 探测器 CMOS detector 06.254
探险者 11 号天文卫星 Explorer 11, S15 06.639
碳氮循环 carbon-nitrogen cycle 04.198
碳氮氧循环 carbon-nitrogen-oxygen cycle 04.199
碳氢星 CH star 08.192

碳燃烧 carbon burning 04.278
碳星 carbon star 08.185
碳序 carbon sequence 08.184
碳质球粒陨石 carbonaceous chondrite 10.200
碳质小行星 carbonaceous asteroid 10.096
汤博区 Tombaugh region 10.080
逃逸速度 escape velocity 03.095
*逃逸锥 escape cone 09.266
陶玛西亚 Thaumasia 18.103
陶寺观象台 Taosi Observatory 05.277
特埃特图斯溪 Rimae Theaetetus 16.202
特超巨星 hypergiant star, hypergiant 08.265
特高光度红外星系 ultraluminous infrared galaxy 07.084
特高能宇宙线 ultra-high energy cosmic ray 07.384
特朗普勒分类 Trumpler's classification 08.674
特朗普勒星团 Trumpler's star cluster 08.675
特里那克里亚 Trinacria 18.106
*特罗央群 Trojan group of Jupiter, Trojan asteroid of Jupiter 10.092
特洛伊卫星 Trojan moon 10.056
特洛伊型小行星 Trojan asteroid, Trojans 10.091
特内里费山脉 Montes Teneriffe 16.120
特殊摄动 special perturbation 03.006
特殊星系 peculiar galaxy 07.045
特征年龄 characteristic age 04.280
滕比 Tempe 18.101
提丢斯-波得定则 Titius-Bode law 10.267
鹈鹕星云 Pelican Nebula 08.576
体积限制的样本 volume-limited sample 07.294
体流 bulk flow 07.241
n 体模拟 *n*-body simulation 03.032
体相全息光栅 volume-phase holographic grating, VPH grating 06.307
天测距离 astrometric distance 04.084
*天测双星 astrometric binary 08.160
天秤宫 Libra 12.007
天秤流星群 Librids 17.016
天秤座 Libra 11.049
天赤道 celestial equator 02.031
天底 nadir 02.017
天电突增 sudden enhancement of atmospherics, SEA 09.115
天顶 zenith 02.016
天顶距 zenith distance 02.025
天顶望远镜 zenith telescope 06.102
天顶仪 zenith instrument, zenith telescope 06.198
天鹅 X-1 Cygnus X-1 08.689
天鹅暗云 Cygnus Cloud 08.507
*天鹅臂 Norma arm 08.747
*天鹅-矩尺臂 Norma arm 08.747
天鹅流星群 Cygnids 17.011
天鹅圈 Cygnus loop, network nebula 08.215
天鹅射电源 A Cygnus A 08.602
天鹅 X 射线天文卫星 Hakucho, Corsa-B 06.647
*天鹅星云 Swan Nebula 08.572
天鹅 P 型星 P-Cygni star, P-Cygni type star 08.330
天鹅云状结构 swan-like structure 08.592
天鹅座 Cygnus 11.031
天鹅座 α Deneb 14.019
天鹅座 γ Sadr 14.068
天鹅座 ε Aljanah 14.088
天干 celestial stem 05.003
天鸽座 Columba 11.024
天宫图 horoscope 05.217
天狗周 Sepedet 05.049
天关客星 Tian-guan guest star 05.156
天光光谱 sky spectrum 04.463
天光平场 sky flat 06.149
*天河 Milky way 05.115
天鹤座 Grus 11.039
天鹤座 α Alnair 14.031
天鹤座 β Tiaki 14.062
天极 celestial pole 02.027
天极偏差 celestial pole offsets 02.316
天箭座 Sagitta 11.071
天津四 Deneb, Deneb Cygni, Sudr 05.100
天空背景 sky background 04.087
天空背景辐射 sky background radiation 04.461
天空亮度 sky brightness 04.088
天空实验室载人空间站 Skylab 06.589
天狼伴星 Sirian companion 08.402
天狼年 Sothic year 05.056
[天]狼星 Sirius 05.082
天龙流星群 Draconids 17.012
天龙 BY 型变星 BY dra variable 08.182
天龙座 Draco 11.034
天龙座 γ Eltanin 14.069

天炉座　Fornax　11.037
＊天马号 X 射线天文卫星　Tenma, Astro-B　06.649
天马天文卫星　Tenma, Astro-B　06.649
天猫座　Lynx　11.051
天平动　libration　03.155
天琴流星群　Lyrids　17.017
天琴 β 型变星　β Lyr-type variable　08.472
天琴 RR 型变星　RR Lyrae variable　08.159
＊天琴 β 型星　β Lyrae star　08.472
＊天琴 RR 型星　RR Lyrae star　08.159
天琴座　Lyra　11.052
天琴座α　Vega　14.005
天球　celestial sphere　02.013
天球参考系　celestial reference system, CRS　02.307
天球历书极　celestial ephemeris pole, CEP　02.150
天球中间参考系　Celestial Intermediate Reference System, CIRS　02.315
天球中间极　Celestial Intermediate Pole, CIP　02.313
天球中间零点　Celestial Intermediate Origin, CIO　02.312
天球坐标　celestial coordinates　02.269
天球坐标系　celestial coordinate system　02.014
天然卫星　natural satellite　10.052
天人合一　correspondence between man and heaven　05.212
天市垣　celestial market enclosure　05.080
天枢　Dubhe　05.106
天坛座　Ara　11.006
天体　celestial body, astronomical object　01.037
＊BN 天体　Becklin-Neugebauer object, BN object　08.168
＊QB1 天体　Cubewano, classical Kuiper belt object, classical KBO　10.029
天体测光　astronomical photometry, astrophotometry　04.016
＊天体测量距离　astrometric distance　04.084
天体测量双星　astrometric binary　08.160
天体测量位置　astrometric position, astrometric place　02.144
天体测量学　astrometry　02.001
天体地理学　astrogeography　01.010
天体地质学　astrogeology　01.011
天体光谱学　astrospectroscopy, astronomical spectroscopy　04.011
天体化学　astrochemistry　01.009
天体力学　celestial mechanics　03.001
＊天体力学分析方法　general perturbation　03.005
＊天体力学数值方法　special perturbation　03.006
＊天体粒子物理　astroparticle physics　04.007
天体年代学　astrochronology　01.021
天体偏振测量　astronomical polarimetry, astropolarimetry　04.053
天体摄谱仪　astrospectrograph, astronomical spectrograph　06.282
天体生物学　astrobiology　01.014
天体物理方法　astrophysical method　04.264
天体物理学　astrophysics　04.001
天体演化学　cosmogony　04.013
天体仪　stellar globe, celestial globe　05.245
《天体运行论》　On the Revolution of the Heavenly Spheres　05.203
天体照相学　astrophotography, astronomical photography, astrography　04.012
天体照相仪　astrograph, astrophotograph　06.269
天兔座　Lepus　11.048
天王星　Uranus　10.044
天王星环　Uranian ring, ring of Uranus, Uranus' ring　10.065
天卫八　Bianca　15.130
天卫二　Umbriel　15.124
天卫二十　Stephano　15.142
天卫二十二　Francisco　15.144
天卫二十六　Mab　15.148
天卫二十七　Cupid　15.149
天卫二十三　Margaret　15.145
天卫二十四　Ferdinand　15.146
天卫二十五　Perdita　15.147
天卫二十一　Trinculo　15.143
天卫九　Cressida　15.131
天卫六　Cordelia　15.128
天卫七　Ophelia　15.129
天卫三　Titania　15.125
天卫十　Desdemona　15.132
天卫十八　Prospero　15.140
天卫十二　Portia　15.134
天卫十九　Setebos　15.141
天卫十六　Caliban　15.138
天卫十七　Sycorax　15.139

土卫一　Mimas　15.060
土星　Saturn　10.043
土星环　Saturnian ring, ring of Saturn　10.058
团内气体　intracluster gas　07.195
团星　cluster star　08.604
团星系　cluster galaxy　07.093
团中心　cluster center　08.049
退行速度　recession velocity, velocity of recession, regression velocity　07.278
退耦　decoupling　07.480
吞食　cannibalism　07.231
托勒玫体系　Ptolemaic system　05.177
托勒玫星座　Ptolemaic constellation　05.118
托·迈耶溪　Rima T. Mayer　16.165
托斯卡内利峭壁　Rupes Toscanelli　16.211
驼峰造父变星　hump cepheid　08.263
椭球变星　ellipsoidal variable　08.228
椭球双星　ellipsoidal binary　08.227
椭球星系　spheroidal galaxy　07.060
椭圆星系　elliptical galaxy, elliptical, elliptical system　07.058
椭圆型限制性三体问题　elliptic restricted three-body problem　03.019
拓扑缺陷　topological defect　07.559

W

外部色散干涉仪　externally dispersed interferometer　06.322
外[侧]行星　superior planet　10.015
*外空生物学　xenobiology　01.013
外拉格朗日点　outer Lagrangian points　03.038
外冕　outer corona　09.080
外太阳系　outer solar system　10.009
*外星生命　extraterrestrial life　01.140
外因变星　extrinsic variable　08.234
外缘旋臂　outer arm　08.756
外晕　outer halo　08.757
外遮星冕仪　external occultor coronagraph　06.348
外遮星器　external occultor, starshade　06.349
弯月[形]薄镜　thin meniscus mirror　06.054
弯月形改正镜　meniscus corrector　06.084
弯月形透镜　meniscus lens, meniscus　06.083
完美宇宙学原理　perfect cosmological principle　07.419
完全电离气体　fully ionized gas　04.346
晚型星　late-type star　08.287
晚型星系　late-type galaxy　07.052
万花尺星云　Spirograph Nebula　08.591
亡神星　Orcus　10.100
网罟座　Reticulum　11.070
网络[磁]场　network [magnetic] field　09.263
网络化甚长基线干涉测量　e-VLBI　06.414
网络内[磁]场　intranetwork [magnetic] field　09.264
网络内元　intranetwork element　09.304
网状结构　network structure　08.568
网状星云　network nebula　08.567
望　full moon　03.153
望气　to observe cloud and vapour　05.216
*望筒　sighting-tube　05.225
*Boomerang 望远镜　Balloon Observations of Millimetric Extragalactic Radiation and Geophysics Telescope, Boomerang telescope　07.015
MMT 望远镜　MMT Telescope　06.508
望远镜机架　telescope mounting, telescope mount　06.100
望远镜座　Telescopium　11.079
危海　Mare Crisium　16.069
威尔金森微波各向异性探测器　Wilkinson Microwave Anisotropy Probe, WMAP　06.612
威尔逊凹陷　Wilson depression　09.168
威尔逊效应　Wilson effect　08.147
威廉·戈登望远镜　William E. Gordon Telescope　06.483
威斯特彗星　comet West　10.147
微波背景辐射　microwave background radiation　04.371
微波动态电感探测器　microwave kinetic induction detector, MKID　06.264
微波激射源　maser source　08.302
*微光 CCD　low light level CCD, L3CCD　06.252
微角秒　microarcsec, μas　01.090
微角秒天体测量　microarcsec astrometry　02.295
微晶玻璃　cervit, zerodur, glass-ceramic　06.051
*微孔光学系统　micropore optics, MPO　06.441
微量能器　microcalorimeter　06.432
微流星体　micrometeoroid　10.179
微秒　microsecond, microsec, μs　01.093
微秒脉冲星　microsecond pulsar　08.307

微通道板 microchannel plate, MCP 06.234
微通道板光学系统 microchannel plate optics, MCP optics 06.441
＊微行星 planetesimal 10.277
微耀斑 microflare, miniflare 09.207
微引力透镜效应 microgravitational lensing, microlensing, mini gravitational lensing, mini lensing 07.343
微陨石 micrometeorite 10.194
＊微陨星 micrometeorite 10.194
韦恩改正镜组 Wynne corrector 06.088
韦斯特博克综合孔径射电望远镜 Westerbork Synthesis Radio Telescope, WSRT 06.485
围罩 enclosure 06.128
维尔特2号彗星 comet Wild 2 10.154
维加号 VEnera-GAllei, VEGA 06.546
＊维里定理 virial theorem 04.081
纬度变化 latitude variation 02.189
纬天平动 libration in latitude 03.159
卫星 satellite 10.051
＊COBE 卫星 Cosmic Background Explorer, COBE 06.609
卫星多普勒测量 satellite Doppler tracking 02.247
卫星激光测距 satellite laser ranging, SLR 02.249
卫星星系 satellite galaxy 07.090
卫星星系缺失问题 missing satellite problem 07.504
未见伴星 unseen companion 08.444
未来光锥 future light cone 04.405
未现子星 unseen component 08.445
位力定理 virial theorem 04.081
位力化 virialization 07.153
位力平衡 virial equilibrium 04.516
位力质量 virial mass 07.154
位置角 position angle 02.094
位置灵敏正比计数器 position sensitive proportional counter 06.419
温暗物质 warm dark matter 07.510
温布拉 Umbra 18.108
温度起伏 temperature fluctuation 07.359
＊温度涨落 temperature fluctuation 07.359
温热星系际介质 warm-hot intergalactic medium 07.197
温柔湖 Lacus Lenitatis 16.055
温室效应 greenhouse effect 04.175
纹形 texture 07.563
吻切根数 osculating element 03.051
吻切平面 osculating plane 03.048
吻切椭圆 osculating ellipse 03.049
稳恒态宇宙学 steady-state cosmology 07.011
涡状星系 Whirlpool Galaxy 07.036
蜗牛星云 snail-shaped nebula 08.588
沃尔夫-拉叶星 Wolf-Rayet star 08.463
沃尔夫-拉叶星系 Wolf-Rayet galaxy 07.181
＊沃尔夫-拉叶星云 Wolf-Rayet nebula 08.597
＊沃尔夫数 Wolf number 09.128
沃尔特-史瓦西型 X 射线望远镜 Wolter-Schwarzschild X-ray telescope 06.439
沃尔特 Ⅰ 型 X 射线望远镜 Wolter type-Ⅰ X-ray telescope 06.438
乌呼鲁 uhuru 04.187
乌呼鲁号 X 射线卫星 Uhuru, Small Astronomical Satellite-1, SAS-1 06.641
乌呼鲁 X 射线源表 Uhuru catalogue of X-ray sources 08.042
乌普萨拉星系总表 Uppsala General Catalogue of Galaxies 07.019
乌托邦 Utopia 18.109
乌托邦平原 Utopia Planitia 10.078
乌鸦座 Corvus 11.028
无边界猜想 no-boundary conjecture 07.538
无缝光谱 slitless spectrum, slitless spectrogram 04.465
无缝摄谱仪 slitless spectrograph 06.296
无力场 force-free field 04.123
无球粒陨石 achondrite 10.201
无限薄盘 razor-thin disk 08.770
五车二 Capella, Singer, Alhajoth 05.087
五帝座一 Deneb Alased, Deneb Aleet, Denebola, Denebolan 05.108
五宫 five palaces 05.081
五合星团 quintuplet cluster, quintu plet star cluster 08.648
五星 five planets 05.136
五星连珠 assembly of five planets 05.148
五行 five elements 05.299
武仙 X-1 Hercules X-1 08.738
武仙大星团 Great Cluster of Hercules 08.614
＊武仙 AM 型星 AM Her star 08.338
武仙 BL 型星 BL Herculis star 08.173
＊武仙 DQ 型星 DQ Her star 08.275

武仙 UU 型星　UU Her star　08.446
武仙座　Hercules　11.040
物端光栅　objective grating　06.303
物端棱镜　objective prism　06.302
物端棱镜光谱仪　object prism spectrograph　06.301
* 物理变星　physical variable　08.278
物理双星　physical double, physical pair　08.334
物理天平动　physical libration　03.157
物态　state of matter　04.488
物态方程　equation of state　04.329
物质臂　material arm　08.746
物质-辐射等量　matter-radiation equality　07.475
* 物质占优期　matter dominated era　07.476
物质主导期　matter dominated era　07.476
误差棒　error bar　01.127
误差框　error box　01.128
* 悟空号天文卫星　Dark Matter Particle Explorer, DAMPE　06.670
雾沼　Palus Nebularum　16.123

X

夕没　heliacal setting　05.043
西大距　(1) greatest western elongation, (2) western elongation　03.114
西点　west point　02.304
西尔克衰减　Silk damping　07.482
西尔维斯特坑链　Catena Sylvester　16.011
西方照　western quadrature　03.110
西利格佯谬　Seeliger paradox　07.414
西奈　Sinai　18.097
《西洋新法历书》　Treatise on Calendrical Science According to the New Western Methods　05.196
西域仪象　seven astronomical instruments from the western regions　05.244
吸积　accretion　04.222
吸积流　accretion stream, accretion flow　04.224
吸积盘　accretion disk　04.223
吸积双星　accreting binary　08.151
吸积柱　accretion column　04.225
吸收　atmospheric absorption　04.093
吸收谱斑　absorption flocculus　09.187
吸收[谱]线　absorption line　04.250
* 希伯来历　Jewish calendar　05.059
希底结　Hiddekel　18.070
* 希尔伯特作用量　Einstein-Hilbert Lagrangian　07.615
希尔稳定性　Hill stability　03.039
希尔问题　Hill problem　03.020
希吉努斯溪　Rima Hyginus　16.155
希拉山脊　Dorsum Scilla　16.043
希腊　Hellas　18.067
希腊纪元　Grecian era　05.069
希腊群　Greek group　10.094
希腊字母命名　Greek alphabet　05.119
希帕蒂娅溪　Rimae Hypatia　16.183
希普尚克斯溪　Rima Sheepshanks　16.162
希萨利斯溪　Rima Sirsalis　16.163
希望湖　Lacus Spei　16.062
悉檀多历算书　siddhānta　05.201
稀化因子　dilution factor　04.140
熄火彗星　extinct comet　10.140
R-C 系统　Ritchey-Chretien system　06.066
UBV 系统　UBV system　04.027
uvby 系统　uvby system　04.028
系外行星特性探测卫星　characterising exoplanet satellite, CHEOPS　06.637
细链　filigree　09.227
细盘　slim disc　07.108
阋神星　Eris　10.048
峡谷　Vallis　18.028
* 峡谷群　valles　18.028
狭缝　slit　06.294
狭缝光谱仪　slit spectrograph　06.295
* 狭义的月壤　lunar soil　10.228
下蛾眉月　waning crescent　03.190
下合　inferior conjunction　03.105
下行光行时　down-leg light time　02.309
下中天　lower culmination　02.091
夏湖　Lacus Aestatis　16.047
夏克-哈特曼波前传感器　Shack-Hartmann wavefront sensor　06.169
夏令时　summer time, daylight saving time　02.168
夏普溪　Rima Sharp　16.161
《夏小正》　Xia Xiao Zheng, Lesser Annual of the Xia Dynasty　05.186
夏至　June Solstice, Summer Solstice　13.010

夏至点　summer solstice　02.039
仙后 A　Cas A　08.186
仙后 X-1　Cas X-1　08.187
仙后流星群　Cassiopeids　17.007
仙后星云　Cassiopeia nebula　08.491
仙后 γ 型星　γ Cassiopeiae star　08.473
仙后座　Cassiopeia　11.018
仙后座 α　Schedar　14.070
仙后座 β　Caph　14.073
仙后座 γ　Navi　14.086
仙女流星群　Andromedids　17.001
仙女星系　Andromeda galaxy, Andromeda nebula　07.034
仙女座　Andromeda　11.001
仙女座 β　Mirach　14.055
仙女座 γ　Almach　14.072
仙女座 α/飞马座 δ　Alpheratz　14.056
仙王流星群　Cepheids　17.008
仙王 VV 型星　VV Cep star　08.457
仙王 β 型星　β Cephei star　08.471
仙王座　Cepheus　11.020
＊先进技术太阳望远镜　Advanced Technology Solar Telescopl　06.500
先驱者 10 号飞船　Pioneer 10　06.540
先驱者 11 号飞船　Pioneer 11　06.541
先驱者金星号　Pioneer Venus　06.545
先兆　precursor　09.111
纤维状结构　filament structure　07.239
纤维状星云　filamentary nebula, fibrous nebula　08.523
＊纤耀斑　nanoflare　09.208
弦论　string theory　07.648
显微镜座　Microscopium　11.054
限制性三体问题　restricted three-body problem　03.017
线宽　line width　04.365
线心　line core, core of a line, line center　04.170
线性扰动功率谱　linear perturbation power spectrum　07.311
线性增长因子　linear growth factor　07.330
线翼　line wing　04.366
相对论天体物理学　relativistic astrophysics　04.009
相对论效应　relativistic effect　04.450
相对论性粒子　relativistic particle　04.451
相对论宇宙学　relativistic cosmology　07.010
＊相对星表　differential star catalogue　02.244
相关函数　correlation function　07.316
相互作用星系　interacting galaxy　07.072
相交式德拉贡望远镜　crossed-Dragone telescope　06.075
相接双星　contact binary, contact system　08.212
相控阵　phased array　06.399
相控阵馈源　phased array feed　06.400
相似耀斑　homologous flare　09.204
相位参考法　phase referencing　06.369
相位突异　sudden phase anomaly, SPA　09.118
相位遮罩星冕仪　phase mask coronagraph　06.343
相应耀斑　sympathetic flare　09.205
香漏　burning incense-clock　05.265
向日彗尾　sunward tail　10.129
＊K 项　K term　08.744
＊Z 项　Z term　02.190
象限仪　quadrant zenith sector, Quadrant　05.241
象限仪流星群　Quadrantids　17.024
像场改正　field correction　01.121
像场改正镜　field lens, field corrector　06.086
像场消旋器　field derotator　06.080
像管　image tube　06.228
像消旋器　image derotator　06.089
DEPFET 像元传感器　depleted P-channel field effect transistor pixel sensor, DEPFET pixel sensor　06.429
像增强 CCD　intensified CCD, ICCD　06.253
＊像增强器　image intensifier　06.228
消光　extinction　04.121
消光系数　extinction coefficient　04.336
消极演化　passive evolution　07.101
消零干涉仪　nulling interferometer　06.347
消零星冕仪　nulling coronagraph　06.346
消球差系统　aplanatic system　06.063
小寒　Slight Cold, Lesser Cold　13.023
小黑点　pore　09.161
＊小彗星　cometoid　10.121
小马座　Equuleus　11.035
＊小麦云　Small Magellanic Cloud, SMC　07.032
小麦哲伦星云　Small Magellanic Cloud, SMC　07.032
小满　Grain Fills, Lesser Fullness　13.008
小丘　Collis　18.006
＊小丘群　colles　18.006
小犬座　Canis Minor　11.015
小犬座 α　Procyon　14.008
小狮座　Leo Minor　11.047

小暑　Slight Heat, Lesser Heat　13.011
小天文卫星 2 号　Small Astronomical Satellite-2, SAS-2　06.642
小天文卫星 3 号　Small Astronomical Satellite-3, SAS-3　06.643
小纤维　fibril　09.229
小行星　minor planet, asteroid　10.006
小行星带　asteroid belt, asteroid zone, asteroidal belt　10.010
小行星群　minor-planet group, asteroid group, group of asteroids　10.083
＊小行星主带　main asteroid belt　10.010
小行星族　asteroid family, family of asteroids, minor-planet family　10.084
小熊流星群　Ursa Minorids, Ursids　17.027
小熊座　Ursa Minor　11.084
小熊座 α　Polaris　14.048
小熊座 β　Kochab　14.058
小雪　Slight Snow, Light Snow　13.020
K 效应　*K* effect　08.744
蝎虎天体　BL Lacertae object, Lacertid　07.185
蝎虎座　Lacerta　11.045
协变的　covariant　07.603
协方差矩阵　covariance matrix　07.395
协调世界时　coordinated universal time, UTC　02.177
邪恶轴心　axis of evil　07.360
偕日法　method of contiguity　05.047
谢克特函数　Schechter function　07.138
＊谢因–沃特嫩星表　Shane and Wirtanen　07.026
蟹云脉冲星　Crab pulsar　08.214
蟹状星云　Crab Nebula　08.505
＊蟹状星云脉冲星　Baade's star　08.163
心宿二　Antares, Cor Scorpii　05.096
昕天说　discourse on the tilting of the heavens　05.167
新暴胀　new inflation　07.549
新技术望远镜　New Technology Telescope, NTT　06.509
新生星　new star, newly formed star　08.316
新视野号飞船　New Horizons　06.570
新太阳望远镜　New Solar Telescope, NST　06.498
新星　nova　08.196
《新仪象法要》　New Design for an Armillary Clock　05.193
信赖湾　Sinus Fidei　16.216
信使号水星探测器　Mercury Surface Space Environment Geochemistry and Ranging, MESSENGER　06.564
Ae 星　Ae star　08.153
＊AGB 星　asymptotic giant branch star　08.161
＊Am 星　Am star　08.305
Ap 星　peculiar A star　08.331
Be 星　Be star　08.167
＊CH 星　CH star　08.192
CN 星　CN star　08.203
Fm 星　Fm star　08.244
星斑　starspot, starpatch　08.120
星斑周期　starspot cycle　08.119
星暴　star burst, starburst　04.205
星暴星系　starburst galaxy　07.102
星表　star catalogue　01.133
＊BD 星表　Bonner Durchmusterung　04.059
＊FK5 星表　Fünfter fundamental katalog　08.025
HD 星表　Henry Draper Catalogue　01.149
SAO 星表　Smithsonian astrophysical observatory star catalog, SAO catalog　08.038
＊UGC 星表　Uppsala General Catalogue of Galaxies　07.019
星表分点　catalogue equinox　02.155
星尘号彗星探测器　Stardust　06.557
星等　magnitude　01.071
U 星等　U-magnitude　08.043
星等标　magnitude scale　01.072
星等–红移关系　magnitude-redshift relation　07.276
星等限制的样本　magnitude-limited sample　07.293
星风　stellar wind　08.140
星官　asterism　05.070
星晷　star-dial　05.257
星集　stellar aggregate, stellar aggregation　08.660
星际边界探测器　Interstellar Boundary Explorer, IBEX　06.665
星际尘埃　interstellar dust　08.555
星际尘粒　interstellar grain　08.557
星际分子　interstellar molecule　08.559
星际行星　interstellar planet　10.291
星际红化　interstellar reddening　08.086
星际化学　interstellar chemistry　08.005
星际彗星　interstellar comet　10.293
星际介质　interstellar medium　08.558
星际空间　interstellar space　08.051
星际弥漫物质　interstellar diffuse matter　08.554

星际泡　interstellar bubble　08.743
星际偏振　interstellar polarization　08.085
星际谱带　interstellar band　08.082
星际谱线　interstellar line　04.360
星际气体　interstellar gas　08.556
星际散射　scattering by interstellar media　04.456
星际闪烁　interstellar scintillation　08.087
星际视差　interstellar parallax　08.084
星际天体　interstellar object　10.290
*星际物质　interstellar matter　08.558
星际吸收　interstellar absorption　08.080
星际吸收线　interstellar absorption line　08.081
星际消光　interstellar extinction　08.083
星际小行星　interstellar asteroid　10.292
星际云　interstellar cloud　08.553
《星空史》　Geschichte des Fixsternhimmels　05.206
星链　stellar chain　08.662
星流　stellar stream, star streaming, star drift, drift of stars, drift　08.664
星冕　stellar corona　08.128
星冕活动　coronal activity　04.126
星冕仪　stellar coronagraph, coronagraph　06.338
星盘　astrolabe　05.269
星群视差　group parallax　08.078
星食　stellar eclipse　08.131
星图　star map　01.134
星图集　star atlas　01.135
O 星团　O cluster　08.635
OB 星团　OB cluster　08.636
星团　star cluster, stellar cluster, cluster of stars, cluster　08.657
星团变星　cluster variable, cluster-type variable　08.202
星团成员　cluster member　08.201
*星团视差　cluster parallax　08.078
星团造父变星　cluster cepheid, cluster-type cepheid　08.200
星团自转　cluster rotation　08.603
星位角　parallactic angle　02.093
*星位仪　organon parallaction　05.272
星系　galaxy　07.002
cD 星系　central-dominated galaxy　07.070
"E+A"星系　E+A galaxy　07.082
*LSB 星系　low surface-brightness galaxy, LSB galaxy　07.071
N 星系　N galaxy　07.081
*S0 星系　S0 galaxy　07.078
*WR 星系　WR galaxy　07.181
星系棒　galactic bar, galaxy bar　07.125
*APM 星系表　automatic plate measuring galaxy catalogue　07.022
星系并合　merge of galaxy, galaxy merging, galactic merging　07.223
星系超泡　galactic superbubble　08.731
星系动力学　galactic dynamics　07.006
星系分布　galaxy distribution　07.135
星系风　galactic wind　07.151
星系光度函数　luminosity function of galaxies　07.136
*星系和星系团表　Zwicky catalogue, catalogue of galaxies and clusters of galaxies　07.021
星系核　galactic nucleus, nucleus of galaxy, galaxy nucleus　07.121
星系核风　nuclear wind　07.152
星系核球　galactic bulge　07.123
星系计数　galaxy count, galaxy counting　07.286
星系际尘埃　intergalactic dust　07.200
星系际介质　intergalactic medium　07.196
星系际气体　intergalactic gas　07.199
星系际桥　intergalactic bridge　07.198
星系际吸收　intergalactic absorption　07.210
星系年龄　galactic age　07.141
星系盘　galactic disk　07.106
星系泡　galactic bubble　08.701
星系碰撞　galactic collision　08.580
星系群　group of galaxies　07.211
星系天文学　galactic astronomy, galaxy astronomy　07.005
星系团　galaxy cluster, cluster of galaxies, cluster　07.214
星系团成员　cluster member　08.792
星系团的 β 模型　β model of clusters of galaxy　07.218
星系团内物质　intraclusler matter　07.216
星系形成　galaxy formation, formation of galaxy　07.245
星系形态　galaxy morphology　07.047
星系巡天　galaxy survey　07.291
星系演化　galaxy evolution, galactic evolution　07.246
星系演化探测器　Galaxy Evolution Explorer, GALEX　06.626
星系晕　galactic halo, halo of galaxy　07.124
星系自转曲线　galactic rotation curve　07.110

Y

湮灭　annihilation　04.254
延迟线　delay line　06.372
延伸包层　extended envelope　08.075
延伸晕　broad halo　08.790
颜色-光度图　color-luminosity diagram　04.288
颜色-红移图　color-redshift diagram　04.289
颜色-视星等图　color-apparent magnitude diagram　04.287
颜色-星等图　color-magnitude diagram, c-m diagram　04.062
掩　occultation　03.148
掩带　occultation band　03.185
掩食变星　occultation variable, veil variable star　08.323
演化程　evolutionary track　04.211
演化晚期星　highly evolved star　08.258
蝘蜓座　Chamaeleon　11.022
央　jansky　04.186
央斯基甚大阵　Karl G. Jansky Very Large Array, Jansky VLA　06.487
羊八井 ARGO 实验　Astrophysical Radiation Ground-based Observatory at YangBaJing, ARGO-YBJ　06.528
阳光太阳卫星　Yohkoh　06.595
阳历　solar calendar　05.023
＊仰釜日晷　upward-looking bowl sundial　05.253
仰仪　upward-looking bowl sundial　05.253
氧燃烧　oxygen burning　04.399
氧星　oxygen star　08.328
遥射电天文卫星　Highly Advanced Laboratory for Communications and Astronomy, HALCA, MUSES-B　06.610
钥匙孔星云　Keyhole Nebula　08.560
耀斑　flare　09.201
[耀斑]爆发相　explosive phase　09.214
耀斑核　flare kernel　09.211
耀斑后环　post flare loop　09.216
耀斑环收缩　contraction of flaring loop　09.320
耀斑级别　flare class, flare importance　09.221
耀斑[亮]带　flare ribbon　09.220
[耀斑]闪相　flash phase　09.213
耀变体　blazar　07.186
耀发　flare　04.220
耀发变星　flare variable　08.242
＊耀星　flare variable　08.242
＊耶鲁亮星星表　bright star catalogue, catalogue of bright stars　08.040
野鸭星团　Wild Duck Cluster, Wild Duck Nebula　08.677
业余天文学　amateur astronomy　01.034
叶凯士分类系统　Yerkes classification system　08.044
夜光云　night cloud, noctilucent cloud　10.252
＊夜辉　airglow　10.253
夜间定时仪　nocturnal　05.268
＊夜空辐射　night glow, night sky light, light of the night sky　10.254
夜天光　night glow, night sky light, light of the night sky　10.254
夜天亮度　night brightness, nightsky brightness　04.388
夜天透明度　night transparency　04.389
液态镜面望远镜　liquid mirror telescope　06.058
《伊尔汗历表》　Al-Zij-Ilkhani, Zīj-i īlkhānī　05.200
伊卡里亚　Icaria　18.072
伊克西翁[小行星]　Ixion　10.102
伊什塔台地　Ishtar Terra　10.072
伊斯兰历　Mohammedan calendar, Islamic calendar　05.062
衣架星团　Coathanger Cluster　08.605
＊依巴谷-第谷星表　Hipparcos-Tycho Catalogue　01.151
依巴谷天文卫星　High Precision Parallax Collecting Satellite, Hipparcos　06.622
依巴谷星表　Hipparcos Catalogue　01.150
依数法　dependence method　02.242
欹斜度　skewness　07.324
仪器偏振　instrumental polarization　06.328
仪器星等　instrumental magnitude　06.152
《仪象考成》　Compendium of the Imperial Astronomical Instruments　05.199
宜居行星　habitable planet, life-bearing planet　10.304
移动星群　moving group　08.630
移动星团　moving cluster　08.628
移动星团辐射点　radiant of moving cluster　08.650
移动星团视差　moving cluster parallax　08.629
《乙巳占》　Yi Si Zhan, Yisi Treatise on Astrology　05.189
疫沼　Palus Epidemiarum　16.122
因吉拉米谷　Vallis Inghirami　16.230
阴历　lunar calendar　05.024
阴阳　yin and yang, negative and positive principles　05.298
阴阳历　lunisolar calendar　05.025

银棒　Galactic bar　08.700
银道　galactic equator　02.062
银道面　galactic plane　08.725
银道坐标　galactic coordinates　08.708
银道坐标系　galactic coordinate system　02.058
银河　Milky way　05.115
银河背景　Galactic background　08.699
银河臂　Galactic arm　08.697
银河超新星　Galactic supernova　08.248
银河磁穴　Galactic magnetic cavity　08.719
银河次系　Galactic subsystem　08.730
银河号[X 射线天文卫星]　Ginga, Astro-C　06.651
银河弥漫光　Galactic diffuse light　08.710
银河年　Galactic year　08.732
银河喷流　Galactic fountain　08.714
银河喷射源　Galactic gusher　08.715
银河射电支　Galactic radio spur, Galactic spur　08.727
银河系　the Galaxy, milky way galaxy, Galactic system　08.735
银河系臂族　Galactic arm-population　08.698
银河系磁场　Galactic magnetic field　08.720
银河系动力学　Galactic dynamics　08.003
银河系光度　Galactic luminosity　08.718
银河系核球　Galactic bulge　08.702
银河系较差自转　differential Galactic rotation　08.690
银河系结构　Galactic structure　08.729
银河系冕　corona of the galaxy　08.687
银河系模型　Galactic model　08.721
银河系翘曲　galactic warp　07.120
银河系势　Galactic potential　08.726
银河系天文学　Galactic astronomy　08.002
银河系通道　Galactic Chimney　08.705
银河系演化　Galactic evolution　08.713
银河系运动学　Galactic kinematics　08.004
银河系噪声　Galactic noise　08.722
银河系子系　Galactic component　08.706
银河系自转　rotation of the galaxy, Galactic rotation　08.771
银河系自转曲线　Galactic rotation curve　08.728
银河新星　Galactic nova　08.247
*银河星团　Galactic cluster　08.637
银河星云　Galactic nebula　08.528
*银河烟囱　Galactic Chimney　08.705
银河云　Galactic cloud　08.527
银河造父变星　Galactic cepheid　08.246
银核　Galactic nucleus, Galactic core　08.723
银极　galactic poles　02.059
银经　galactic longitude　02.063
银冕　Galactic corona　08.709
银面聚度　Galactic concentration　08.707
银盘　Galactic disk　08.711
银盘族　Galactic disk-population　08.712
银纬　galactic latitude　02.064
银心　Galactic center　08.703
银心轨道　Galactic orbit　08.724
银心距　Galactocentric distance　08.734
IAU 银心距　IAU Galactocentric distance　08.739
银心聚度　Galactocentric concentration　08.733
银心区　Galactic center region　08.704
银晕　Galactic halo　08.716
银晕族　Galactic halo-population　08.717
引导星　guide star　06.138
DGP 引力　Dvali-Gabadadz-Porrati gravity, DGP gravity　07.643
$f(R)$引力　$f(R)$ gravity　07.640
引力波　gravitational wave　04.239
引力波天文学　gravitational wave astronomy　04.010
引力波望远镜　gravitational wave telescope　06.019
引力不稳定性　gravitational instability　07.573
*引力辐射　gravitational radiation　04.239
引力红移　gravitational redshift　04.238
引力收缩　gravitational contraction　04.237
引力坍缩　gravitational collapse　04.236
引力透镜　gravitational lens　07.337
引力透镜效应　gravitational lensing, gravitational lens effect　07.336
引力微子　gravitino　07.517
引力子　graviton　07.645
隐带　zone of avoidance　08.787
隐物质　invisible matter　07.497
隐质量　hidden mass　07.498
印第安座　Indus　11.044
印度纪元　Indian era　05.063
英澳望远镜　Anglo-Australian Telescope, AAT　06.504
英国红外望远镜　UK Infrared Telescope, UKIRT　06.507
英国式装置　English mounting　06.119
英仙臂　Perseus Arm　08.758

英仙流星群　Perseids　17.021
英仙射电源 A　Perseus A　08.436
英仙双星团　η and χ Persei　08.616
英仙 α 星团　α Persei cluster　08.679
英仙 η 星团　η Persei cluster　08.617
英仙 χ 星团　χ Persei cluster　08.680
英仙座　Perseus　11.063
英仙座 α　Mirfak　14.035
英仙座 β　Algol　14.061
*鹰鹫星云　Eagle Nebula　08.518
鹰状星云　Eagle Nebula　08.518
荧光辐射　fluorescent radiation　04.151
荧惑　Mars　05.141
盈缩　being ahead and lag　05.018
盈凸月　waxing gibbous　03.193
盈月　crescent moon　03.194
硬 X 射线　hard X-ray　04.351
硬 X 射线调制望远镜　Hard X-Ray Modulation Telescope, HXMT　06.671
硬双星　hard binary　08.253
永恒暴胀　eternal inflation　07.553
勇气号火星巡视器　Spirit　06.561
忧伤湖　Lacus Doloris　16.050
*幽浮　unidentified flying object, UFO　01.147
幽灵暗能量　phantom dark energy　07.530
尤利西斯号太阳探测器　Ulysses　06.594
尤因山脊　Dorsa Ewing　16.019
犹克罗尼亚　Uchronia　18.107
犹太纪元　Jewish era　05.064
犹太历　Jewish calendar　05.059
“友之友”寻团算法　friends-of-friends cluster finder algorithm　07.598
有缝光谱　slit spectrum, slit spectrogram　04.464
*有缝光谱仪　slit spectrograph　06.295
有效孔径　effective aperture　06.024
*有效口径　effective aperture　06.024
有效温度　effective temperature　04.109
有质量中微子　massive neutrino　07.389
右枢　Adib, Thuban　05.107
右旋说　right-handed rotation theory　05.168
幼发拉底　Euphrates　18.065
宇宙　cosmos, universe　07.001
宇宙背景探测器　Cosmic Background Explorer, COBE　06.609
宇宙标度因子　cosmic scale factor　07.455
宇宙测绘学　cosmography　07.014
宇宙尘　cosmic dust, cosmic spherule　10.266
*宇宙尺度因子　cosmic scale factor　07.455
宇宙的均匀性　homogeneity of universe　07.420
宇宙方差　cosmic variance　07.399
宇宙丰度　cosmic abundance　04.117
宇宙纪年术　cosmochronology　04.015
宇宙加速度　cosmic acceleration　07.456
宇宙距离阶梯　cosmic distance ladder　07.260
*宇宙论　cosmology　07.007
宇宙年龄　cosmic age, age of the universe　07.458
宇宙膨胀　cosmic expansion, expansion of the universe　07.451
宇宙平均密度　cosmic mean density　07.444
宇宙起源　origin of the universe　07.411
宇宙切变　cosmic shear　07.347
宇宙曲率　curvature of the universe　07.457
宇宙生物学　cosmobiology　01.015
宇宙拓扑　topology of universe　07.426
宇宙网　cosmic web　07.238
宇宙微波背景　cosmic microwave background, cosmic microwave background radiation　07.356
宇宙微波背景各向异性　cosmic microwave background anisotropy　07.358
*宇宙微波背景极化　cosmic microwave background polarization　07.357
宇宙微波背景偏振　cosmic microwave background polarization　07.357
宇宙微波背景实验装置　cosmic microwave background experiment, CMB experiment　06.010
宇宙微扰论　cosmological perturbation theory　07.013
宇宙弦　cosmic string　07.362
宇宙线　cosmic ray　07.380
宇宙线簇射　cosmic-ray shower　07.383
宇宙线丰度　cosmic-ray abundance　07.381
宇宙线谱　cosmic-ray spectrum　07.382
CCD 宇宙线事件　CCD cosmic-ray events　06.244
宇宙线望远镜　cosmic-ray telescope　06.017
宇宙线卫星 B 号　Cosmic-Ray Satellte-B, COS-B　06.644
宇宙学　cosmology　07.007
宇宙学参数　cosmological parameter　07.441
宇宙学常数　cosmological constant, cosmic constant

07.524
宇宙学红移　cosmological redshift　07.269
宇宙学距离尺度　cosmological distance scale　07.266
宇宙学模拟　cosmological simulation　07.443
宇宙学模型　cosmological model　07.427
宇宙学相变　cosmological phase transition　07.560
*宇宙学与天体物理先进卫星　Advanced Satellite for Cosmology and Astrophysics, ASCA, Astro-D　06.655
宇宙学原理　cosmological principle　07.418
宇宙噪声突然吸收　sudden cosmic noise absorption, SCNA　09.117
*宇宙志　cosmography　07.014
雨海　Mare Imbrium　16.075
雨海纪　Imbrian period　10.240
雨水　Rain Water　13.002
*雨燕号　Swift　06.662
玉夫流星群　Sculptorids　17.025
玉夫座　Sculptor　11.074
御夫ζ型星　ζ Aurigae star　08.478
御夫 RW 型星　RW Aurigae star, RW Aur star　08.386
御夫座　Auriga　11.008
御夫座α　Capella　14.006
御夫座β　Menkalinan　14.041
御夫座γ　Elnath　14.027
元气说　original qi hypothesis　05.297
元素丰度　element abundance, abundance of element, elemental abundance　04.321
元素起源　origin of elements　04.396
元素宇宙丰度　cosmic abundance of element　04.298
*元佑浑天仪象　clockwork water-driven armillary sphere, water-driven astronomical clock tower　05.235
原波束　primary beam　06.383
原初功率谱　primordial spectrum　07.308
原初黑洞　primordial black hole　07.521
原初元素丰度　primordial element abundance　04.421
原恒星　protostar, original star, primordial star　08.353
原恒星盘　protostellar disk　08.354
原恒星喷流　protostellar jet　08.355
原始丰度　primordial abundance　07.486
原始火球　primeval fireball, primor-dial fireball　07.434
原始星系　primeval galaxy　07.098
原始星云　primeval nebula, primordial nebula　04.419
原始原子　primeval atom　07.433
原太阳　protosun　09.002
原星团　proto-cluster　08.646
原星系　protogalaxy　07.242
原星云　primitive nebula, protonebula　04.420
原行星　proto planet, protoplanet　10.278
原行星盘　proplyd, protoplanetary disc　10.276
原行星系　protoplanetary system　08.241
原行星状星云　proto-planetary nebula　08.352
原银河系　proto-galaxy　08.768
原银河云　protogalactic cloud　08.767
原子谱线　atomic line　04.267
原子时　atomic time　02.175
原子钟　atomic clock　06.187
圆顶　dome　06.129
圆顶平场　dome flat　06.148
圆顶视宁度　dome seeing　06.135
*圆顶室　cupola　06.129
圆顶随动　dome servo　06.130
圆规座　Circinus　11.023
圆面　disc, disk　01.099
圆型限制性三体问题　circular restricted three-body problem　03.018
源计数　source count, source counting　07.285
源亮度　source brightness　04.470
源提取器　source-extractor, SExtractor　06.468
源巡天　source survey　04.472
源证认　source identification　04.471
远地点　apogee　03.064
远点　apoapsis　03.054
*远拱点　apoapsis　03.054
远红外　far infrared, Far IR, FIR　04.339
远距双星　wide binary, wide pair　08.462
远距小行星　distant minor planet　10.095
远距星　remote star　08.380
远日点　aphelion　03.062
远心点　apocenter　03.066
远星点　apoastron　03.068
远银心点　apogalacticon　08.047
远紫外　far ultraviolet, FUV　04.340
远紫外分光探测器　Far Ultraviolet Spectroscopic Explorer, FUSE　06.625
怨恨湖　Lacus Odii　16.058
月　month　02.212
月孛　Yue-bei　05.131
月尘　lunar dust　10.229

Z

脏雪球模型　dirty-snowball model　10.130
早期宇宙　early universe　07.408
早型星　early-type star　08.223
早型星系　early-type galaxy　07.053
灶神星　Vesta　10.106
造父变星　cepheid, cepheid variable　08.191
造父变星不稳定带　cepheid instability strip　08.190
造父距离　cepheid distance　08.057
造父距离标尺　Cepheid distance scale　07.263
造父视差　cepheid parallax　08.058
造父一　Cepheid　05.110
噪暴　noise storm　09.126
泽尔多维奇薄饼　Zel'dovich pancakes　07.240
泽尔多维奇近似　Zel'dovich approximation　07.577
仄费里亚　Zephyria　18.111
增强网络　enhanced network　09.070
增长因子　growth factor　07.329
窄带测光　narrow-band photometry　04.043
窄线区　narrow-line region　07.192
占星术　astrology　05.210
占星术士　astrologer　05.211
[詹姆斯·]韦布空间望远镜　James Webb Space Telescope, JWST　06.638
斩波　chopping　06.155
斩波副镜　chopping secondary　06.157
斩波器　chopper　06.156
站心坐标　topocentric coordinate　02.065
张量模　tensor mode　07.567
张量扰动　tensor perturbation　07.568
张量-矢量-标量理论　tensor-vector-scalar theory　07.641
章动　nutation　02.121
涨落　fluctuations　07.300
沼　Palus, paludes　18.017
照度　illuminance, illumination, luminous flux density　01.054
照相测光　photographic photometry　04.019
照相磁像仪　photographic magnetograph　09.236
照相观测　photographic observation　01.041
CCD 照相机　CCD camera　06.272
照相天顶筒　photographic zenith tube　06.200
照相天体测量学　photographic astrometry　02.008
照相星表　photographic star catalogue　02.243
照相星等　photographic magnitude　01.077
照准标　mire　06.206
遮光罩　baffle　06.094
折反射望远镜　catadioptric telescope, reflector-corrector　06.047
折射望远镜　refractor, refracting telescope, dioptric telescope　06.045
折向点年龄　turn-off age　04.505
折向点质量　turn-off mass　04.506
折轴焦点　coude focus　06.042
折轴摄谱仪　coude spectrograph　06.286
帧转移 CCD　frame transfer CCD　06.249
真赤道　true equator　02.139
真赤经　true right ascension　02.302
真赤纬　true declination　02.303
真春分点　true equinox　02.141
真恒星时　apparent sidereal time　02.156
真近点角　true anomaly　03.077
真空波长　vacuum wavelength　04.029
真空能量　vacuum energy　07.525
*真空太阳塔　vacuum solar telescope, vacuum solar tower　06.209
真空太阳望远镜　vacuum solar telescope, vacuum solar tower　06.209
真太阳时　apparent solar time　02.159
真天极　true pole　02.140
真位置　true place, true position　02.142
振荡宇宙　oscillating universe, pulsating universe　07.454
振动谱线　vibrational line　04.030
振子强度　oscillator strength　04.135
*震波、测地和热传输法内部探测器　Interior Exploration Using Seismic Investigations, Geodesy and Heat Transport, InSight　06.585
镇星　Saturn　05.143
正常星系　normal galaxy　07.046
正常旋涡星系　normal spiral galaxy　07.056
正电子素　positronium　04.414
正方案　square table　05.240
[正负电子]对生成望远镜　pair production telescope　06.453
正规化变换　regularization transformation　03.029
正交转移 CCD　orthogonal transfer CCD, OTCCD　06.250
正入射[式]望远镜　normal incidence telescope　06.435
正朔　beginning of the year　05.010
正向天体　face-on object　01.116
正向星系　face-on galaxy　07.087

证认　identification　01. 049
证认图　finding chart, identification chart　01. 053
知海　Mare Cognitum　16. 068
* 织女星　Vega, Fidis　05. 086
织女一　Vega, Fidis　05. 086
* 蜘蛛星云　Great Looped Nebula　08. 536
直壁　Rupes Recta　16. 210
直列山脉　Montes Recti　16. 114
指环星云　Annular Nebula, Ring Nebula　08. 481
指极星　Pointers　08. 337
指纹星云　Thumbprint Nebula　08. 593
指向抖动　pointing jitter　06. 147
*《至大论》　Almagest　05. 202
k 质　k-essence　07. 532
质光比　mass-to-light ratio, mass-luminosity ratio, mass-to-luminosity ratio　04. 080
质光关系　mass-luminosity relation　04. 077
质量函数　mass function　04. 075
质量损失　mass loss　04. 232
质量损失率　mass-loss rate　04. 233
质心力学时　barycentric dynamical time, TDB　02. 174
质心坐标　barycentric coordinate　02. 070
质心坐标时　barycentric coordinate time, TCB　02. 173
质子过程　p-process　04. 400
质子-质子反应　proton-proton reaction　04. 197
质子-质子链　proton-proton chain　04. 422
致密射电源　compact radio source　08. 157
致密天体　compact object　08. 277
致密星　compact star　08. 208
致密星系团　compact cluster of galaxy, compact cluster　07. 215
致密耀斑　compact flare　09. 206
智海　Mare Ingenii　16. 076
智神星　Pallas　10. 104
中带测光　intermediate band photometry, medium-band photometry　04. 042
中等质量黑洞　intermediate-mass black hole　04. 358
中等质量恒星　intermediate-mass star　08. 276
* 中宫　purple forbidden enclosure　05. 078
中国甚长基线干涉网　Chinese VLBI Network, CVN　06. 492
中国探月工程　Chinese Lunar Exploration Program, CLEP　10. 244
中国天文学会　Chinese Astronomical Society, CAS　01. 154
* 中国天眼　Five-hundred-meter Aperture Spherical radio Telescope, FAST　06. 484
中红外　mid-infrared　04. 372
中间轨道　intermediate orbit　03. 086
中介次系　intermediate subsystem　08. 742
中介偏振星　intermediate polar system, intermediate polar　08. 275
中介星族　intermediate population　08. 741
中介子系　intermediate component　08. 740
中米粒　mesogranule　09. 060
中米粒组织　mesogranulation　09. 061
中气　mid-terms　05. 008
中天　culminations, transits　02. 089
中天观测　meridian observation　02. 294
中天射电望远镜　transit radio telescope　06. 391
中天望远镜　transit telescope　06. 103
中微子背景　neutrino background　07. 479
中微子混合　neutrino mixing　07. 390
* 中微子天体物理学　neutrino astronomy　04. 008
中微子天文学　neutrino astronomy　04. 008
中微子退耦　neutrino decoupling　07. 478
中微子望远镜　neutrino telescope　06. 018
中微子振荡　neutrino oscillation　07. 391
中心差　equation of the center　03. 161
中心构形　central configuration　03. 028
中心食　central eclipse　03. 127
* 中心主导星系　central-dominated galaxy　07. 070
中星仪　transit instrument　06. 201
中性流片　neutral current sheet　04. 384
* 中性片　neutral sheet　09. 254
中性氢　neutral hydrogen　04. 385
中性氢复合体　H Ⅰ complex　08. 540
中性氢流　H Ⅰ stream　08. 542
中性氢区　H Ⅰ region, neutral hydrogen zone, neutral hydrogen region　08. 541
中性氢吸收　H Ⅰ absorption　08. 079
中性氢云　H Ⅰ cloud　08. 539
中性微子　neutralino　07. 516
中央湾　Sinus Medii　16. 220
中子俘获　neutron capture　04. 386
中子化　neutronization　04. 387
中子星　neutron star　08. 315
钟差　clock offset　02. 272

钟楼　clock tower　05. 283
钟速　clock rate　02. 273
*重力回溯及内部结构实验室　Gravity Recovery and Interior Laboratory, GRAIL　06. 579
重子　baryon　04. 269
重子暗物质　baryonic dark matter　07. 511
重子不对称性　baryon asymmetry　07. 472
重子-光子比　baryon-to-photon ratio　07. 473
重子-光子流体　baryon-photon fluid　07. 477
重子缺失问题　missing baryon problem　07. 209
重子生成　baryogenesis　07. 471
*重子声波振荡　baryon acoustic oscillation　07. 328
重子声学振荡　baryon acoustic oscillation　07. 328
重子物质　baryonic matter　04. 270
重子星　baryon star　08. 166
周公测景台　Observatory of the Duke of Zhou　05. 279
周光关系　period-luminosity relation　04. 072
周光色关系　period-luminosity-color relation　04. 073
周年差　annual equation　03. 165
周年光行差　annual aberration　02. 109
周年视差　annual parallax　02. 099
周年运动　annual motion　02. 088
周谱关系　period-spectrum relation　04. 074
周期变星　periodic variable　08. 317
周期轨道　periodic orbit　03. 085
周期摄动　periodic perturbation　03. 012
周日光行差　diurnal aberration　02. 108
周日视差　diurnal parallax　02. 102
周日天平动　diurnal libration　03. 160
周日运动　diurnal motion　02. 087
啁啾变换频谱仪　chirp transform spectrometer　06. 409
轴子　axion　04. 268
帚星　broom star, sweeping star　05. 152
*朱鸟　vermilion bird, red bird　05. 076
朱诺号木星探测器　Juno　06. 578
朱雀　vermilion bird, red bird　05. 076
朱雀X射线天文卫星　Suzaku, Astro-E Ⅱ　06. 663
侏罗山　Montes Jura　16. 111
侏罗山脉　Montes Jura　16. 112
侏儒星云　Homunculus Nebula　08. 548
主瓣　main lobe　06. 381
主并合　major merger　07. 225
*主波束　main beam　06. 381
主带彗星　main-belt comet　10. 134
主带小行星　main-belt asteroid　10. 081
主动光学　active optics　06. 166
主动屏蔽　active shielding　06. 415
主反射镜　main reflector, primary reflector　06. 387
*主反射面　main reflector, primary reflector　06. 387
主焦点　principal focus, prime focus　06. 038
主镜　primary mirror　06. 049
主星　primary, primary component, primary star, primite　08. 349
主序　main sequence　04. 063
主序带　main-sequence band　08. 300
*主序拐点　turn-off point from main-sequence　04. 507
主序后　post main sequence　08. 342
*主序后星　post-main-sequence star, evolved star　08. 344
主序后演化　post-main-sequence evolution　04. 415
主序前　pre-main sequence　04. 417
主序前星　pre-main sequence star　08. 346
主序星　main sequence star　08. 299
主序折向点　turn-off point from main-sequence　04. 507
主章动　principal nutation　02. 297
柱密度　column density　04. 290
祝融星　Vulcan　05. 147
专家号火星探测器　Mars Atmosphere and Volatile Evolution, MAVEN　06. 582
*转移方程　transfer equation　04. 146
转移函数　transfer function　07. 575
转动谱线　rotational line　04. 455
转动跃迁　rotational transition　04. 454
转动-振动光谱　rotation-vibration spectrum　04. 452
*转动-振动谱带　rotation-vibration band　04. 452
转仪装置　driving mechanism　06. 111
*S状暗星云　dark S nebula　08. 510
*撞击坑　lmpact crater, crater　10. 230
撞击坑　Crater　18. 007
*撞击坑群　craters　18. 007
锥状星云　Cone Nebula　08. 504
准直镜　collimator　06. 097
准周期变星　quasi-periodic variable　08. 362
准周期振荡　quasi-periodic oscillation　04. 424
桌山　Mensa　18. 015
*桌山群　mensae　18. 015
姿态参数　attitude parameter　02. 256
兹威基星系表　Zwicky catalogue, catalogue of galaxies and

其　他

www.sciencep.com

（SCPC-BZBEZD17-0011）

ISBN 978-7-03-076435-5

9 787030 764355 >

定　价：198.00元